微课堂学电脑

AutoCAD 2016 中文版入门与应用

文杰书院　编著

清华大学出版社
北　京

内容简介

本书是“微课堂学电脑”系列丛书的一个分册，以通俗易懂的语言、精挑细选的实用技巧、翔实生动的操作案例，全面介绍了 AutoCAD 2016 中文版入门与应用方面的知识。本书的主要内容包括 AutoCAD 2016 轻松入门、AutoCAD 的基本操作、设置绘图环境、绘制二维图形、编辑二维图形对象、二维图形对象高级设置、面域/查询与图案填充、文字与表格工具、尺寸标注、图块与外部参照、三维绘图基础、绘制三维图形、编辑三维图形和三维图形的显示与渲染等方面的知识及操作技巧。

本书非常适合无 CAD 基础又需要快速掌握 AutoCAD 2016 的读者使用，同时对有经验的 AutoCAD 2016 使用者也有很高的参考价值，学校还可以将本书作为初、中级的电脑课堂教材推广给广大学生使用。

图书在版编目(CIP)数据

AutoCAD 2016 中文版入门与应用/文杰书院编著. —北京：清华大学出版社，2017
(微课堂学电脑)
ISBN 978-7-302-46840-0

Ⅰ. ①A… Ⅱ. ①文… Ⅲ. ①AutoCAD 软件 Ⅳ. ①TP391.72

中国版本图书馆 CIP 数据核字(2017)第 064029 号

责任编辑：魏 莹 李玉萍
装帧设计：杨玉兰
责任校对：李玉茹
责任印制：沈 露

出版发行：清华大学出版社
网 址：http://www.tup.com.cn，http://www.wqbook.com
地 址：北京清华大学学研大厦 A 座 **邮 编**：100084
社 总 机：010-62770175 **邮 购**：010-62786544
投稿与读者服务：010-62776969，c-service@tup.tsinghua.edu.cn
质 量 反 馈：010-62772015，zhiliang@tup.tsinghua.edu.cn
印 装 者：北京嘉实印刷有限公司
经 销：全国新华书店
开 本：185mm×260mm **印 张**：22.25 **字 数**：541 千字
版 次：2017 年 7 月第 1 版 **印 次**：2017 年 7 月第 1 次印刷
印 数：1～3000
定 价：58.00 元

产品编号：067786-01

致读者

“微课堂学电脑”系列丛书立足于“全新的阅读与学习体验”，整合电脑和手机同步视频课程推送功能，提供了全程学习与工作技术指导服务，汲取了同类图书作品的成功经验，帮助读者从图书开始学习基础知识，进而通过微信公众号和互联网站进一步深入学习与提高。

我们力争打造一个线上和线下互动交流的立体化学习模式，为您量身定做一套完美的学习方案，为您奉上一道丰盛的学习盛宴！创造一个全方位多媒体互动的全景学习模式，是我们一直以来的心愿，也是我们不懈追求的动力，愿我们为您奉献的图书和视频课程可以成为您步入神奇电脑世界的钥匙，并祝您在最短时间内能够学有所成、学以致用。

➢➢ 这是一本与众不同的书

“微课堂学电脑”系列丛书汇聚作者 20 年技术之精华，是读者学习电脑知识的新起点，是您迈向成功的第一步！本系列丛书涵盖电脑应用各个领域，为各类初、中级读者提供全面的学习与交流平台，适合学习计算机操作的初、中级读者，也可作为大中专院校、各类电脑培训班的教材。热切希望通过我们的努力能满足读者的需求，不断提高我们的服务水平，进而达到与读者共同学习、共同提高的目的。

- 全新的阅读模式：看起来不累，学起来不烦琐，用起来更简单。
- 进阶式学习体验：基础知识+专题课堂+实践经验与技巧+有问必答。
- 多样化学习方式：看书学、上网学、用手机自学。
- 全方位技术指导：PC 网站+手机网站+微信公众号+QQ 群交流。
- 多元化知识拓展：免费赠送配套视频教学课程、素材文件、PPT 课件。
- 一站式 VIP 服务：在官方网站免费学习各类技术文章和更多的视频课程。

➢➢ 全新的阅读与学习体验

我们秉承“打造最优秀的图书、制作最优秀的电脑学习软件、提供最完善的学习与工作指导”的原则，在本系列图书编写过程中，聘请电脑操作与教学经验丰富的老师和来自工作一线的技术骨干倾力合作编著，为您系统化地学习和掌握相关知识与技术奠定扎实的基础。

1. 循序渐进的高效学习模式

本套图书特别注重读者学习习惯和实践工作应用，针对图书的内容与知识点，设计了更加贴近读者学习的教学模式，采用"基础知识学习+专题课堂+实践经验与技巧+有问必答"的教学模式，帮助读者从初步了解到掌握到实践应用，循序渐进地成为电脑应用高手与行业精英。

2. 简洁明了的教学体例

为便于读者学习和阅读本书，我们聘请专业的图书排版与设计师，根据读者的阅读习惯，精心设计了赏心悦目的版式，全书图案精美、布局美观。在编写图书的过程中，注重内容起点低、操作上手快、讲解言简意赅，读者不需要复杂的思考，即可快速掌握所学的知识与内容。同时针对知识点及各个知识板块的衔接，科学地划分章节，知识点分布由浅入深，符合读者循序渐进与逐步提高的学习习惯，从而使学习达到事半功倍的效果。

(1) 本章要点：以言简意赅的语言，清晰地表述了本章即将介绍的知识点，读者可以有目的地学习与掌握相关知识。

(2) 基础知识：主要讲解本章的基础知识、应用案例和具体知识点。读者可以在大量的实践案例练习中，不断提高操作技能和经验。

(3) 专题课堂：对于软件功能和实际操作应用比较复杂的知识，或者难于理解的内容，进行更为详尽的讲解，帮助读者拓展、提高与掌握更多的技巧。

(4) 实践经验与技巧：主要介绍的内容为与本章内容相关的实践操作经验及技巧，读者通过学习，可以不断提高自己的实践操作能力和水平。

(5) 有问必答：主要介绍与本章内容相关的一些知识点，并对具体操作过程中可能遇到的常见问题给予必要的解答。

>> 图书产品和读者对象

"微课堂学电脑"系列丛书涵盖电脑应用各个领域，为各类初、中级读者提供了全面的学习与交流平台，帮助读者轻松实现对电脑技能的了解、掌握和提高。本系列图书本次共计出版 14 个分册，具体书目如下：

- 《Adobe Audition CS6 音频编辑入门与应用》
- 《计算机组装·维护与故障排除》
- 《After Effects CC 入门与应用》
- 《Premiere CC 视频编辑入门与应用》

- 《Flash CC 中文版动画设计与制作》
- 《Excel 2013 电子表格处理》
- 《Excel 2013 公式 · 函数与数据分析》
- 《Dreamweaver CC 中文版网页设计与制作》
- 《AutoCAD 2016 中文版入门与应用》
- 《电脑入门与应用(Windows 7+Office 2013 版)》
- 《Photoshop CC 中文版图像处理》
- 《Word · Excel · PowerPoint 2013 三合一高效办公应用》
- 《淘宝开店 · 装修 · 管理与推广》
- 《计算机常用工具软件入门与应用》

➢➢ 完善的售后服务与技术支持

为了帮助您顺利学习、高效就业，如果您在学习与工作中遇到疑难问题，欢迎来信与我们及时交流与沟通，我们将全程免费答疑。希望我们的工作能够让您更加满意，希望我们的指导能够为您带来更大的收获，希望我们可以成为志同道合的朋友！

1. 关注微信公众号——获取免费视频教学课程

读者关注微信公众号“文杰书院”，不但可以学习最新的知识和技巧，同时还能获得免费网上专业课程学习的机会，可以下载书中所有配套的视频资源。

获得免费视频课程的具体方法为：扫描右侧二维码关注“文杰书院”公众号，同时在本书前言末页找到本书唯一识别码，例如 2016017，然后将此识别码输入到官方微信公众号下面的留言栏并点击【发送】按钮，读者可以根据自动回复提示地址下载本书的配套教学视频课程资源。

2. 访问作者网站——购书读者免费专享服务

我们为读者准备了与本书相关的配套视频课程、学习素材、PPT 课件资源和在线学习资源，敬请访问作者官方网站“文杰书院”免费获取，网址：http://www.itbook.net.cn。

扫描右侧二维码访问作者网站，除可以获得本书配套视频资源以外，还能获得更多的网上免费视频教学课程，以及免费提供的各类技术文章，让读者能汲取来自行业精英的经验分享，获得全程一站式贵宾服务。

3．互动交流方式——实时在线技术支持服务

为方便学习，如果您在使用本书时遇到问题，可以通过以下方式与我们取得联系。

QQ 号码：18523650

读者服务 QQ 群号：185118229 和 128780298

电子邮箱：itmingjian@163.com

文杰书院网站：www.itbook.net.cn

最后，感谢您对本系列图书的支持，我们将再接再厉，努力为读者奉献更加优秀的图书。衷心地祝愿您能早日成为电脑高手！

编　者

前言

AutoCAD 2016 作为一款目前功能最为强大的工程绘图软件，其组件已经涵盖了工程和建筑应用的所有领域。为帮助读者快速掌握与应用 AutoCAD 2016 绘图软件的功能，编者精心编写了这本《AutoCAD 2016 中文版入门与应用》，希望读者在日常的工作学习中能学以致用。

本书在编写过程中，针对 AutoCAD 2016 软件尚无经验的初学者，采用由浅入深、由易到难的讲解方式，读者可以根据个人对软件的掌握情况，循序渐进地学习。全书结构清晰，内容丰富，主要内容包括以下 5 个方面。

1．AutoCAD 2016 的基本操作

本书第 1～3 章，分别介绍了 AutoCAD 2016 轻松入门、AutoCAD 的基本操作和设置绘图环境方面的知识与技巧。

2．二维图形的编辑与设置

本书第 4～6 章，全面介绍了绘制二维图形、编辑二维图形对象和二维图形对象高级设置方面的知识与操作技巧。

3．AutoCAD 2016 高级工具的应用

本书第 7～10 章，介绍了面域/查询与图案填充、文字与表格工具、尺寸标注和图块与外部参照方面的知识与操作方法。

4．三维图形的创建与编辑

本书第 11～13 章，介绍了三维绘图基础、绘制三维图形和编辑三维图形的相关知识与操作方法。

5．图形显示与渲染的应用技巧

本书第 14 章，介绍了三维图形的显示与渲染方面的知识和相关操作方法。

本书由文杰书院组织编写，参与本书编写的有李军、罗子超、袁帅、文雪、肖微微、李强、高桂华、蔺丹、张艳玲、李统财、安国英、贾亚军、蔺影、李伟、冯臣、宋艳辉等。

为方便学习，读者可以访问网站 http://www.itbook.net.cn 获得更多学习资源，如果您在使用本书时遇到问题，可以加入 QQ 群 128780298 或 185118229，也可以发邮件至 itmingjian@163.com 与我们交流和沟通。

前言

为了方便读者快速获取本书的配套视频教学课程、学习素材、PPT教学课件和在线学习资源，读者可以在文杰书院网站中搜索本书书名，或者扫描右侧的二维码，在打开的本书技术服务支持网页中，选择相关的配套学习资源。

我们提供了本书配套学习素材和视频课程，请关注**微信公众号“文杰书院”**免费获取。读者还可以订阅**QQ部落“文杰书院”**进一步学习与提高。

我们真切希望读者在阅读本书之后，可以开阔视野，增长实践操作技能，并从中学习和总结操作的经验和规律，达到灵活运用的水平。鉴于编者水平有限，书中疏漏和考虑不周之处在所难免，热忱欢迎读者予以批评、指正，以便我们编写更好的图书。

编　者

2016009

目录

目录

目录

第1章

AutoCAD 2016 轻松入门

本章要点

- 认识 AutoCAD
- AutoCAD 2016 的工作界面
- 专题课堂——工作空间

本章主要内容

本章主要介绍认识 AutoCAD 和熟悉 AutoCAD 2016 工作界面的知识，并且在本章的专题课堂环节中，还将介绍认识与切换工作空间的知识与技巧。通过本章的学习，读者可以掌握 AutoCAD 2016 基础入门方面的知识，为深入学习 AutoCAD 2016 知识奠定基础。

Section 1.1 认识 AutoCAD

导读　AutoCAD 2016 是欧特克(Autodesk)公司发布的一款计算机辅助设计软件，与旧版本相比，该版本增强了 PDF 输出、尺寸标注与文字编辑等功能，大幅度地改善了绘图环境，可以使用户以更快的速度、更高的准确性绘制出具有丰富视觉的设计图和文档。

1.1.1 AutoCAD 的行业应用

微课堂 00 分 48 秒

AutoCAD 软件在土木建筑、装饰装潢、工业制图、电子工业、服装加工等领域得到越来越广泛的应用，而建筑行业和机械行业是使用该软件比较多的行业。下面介绍 AutoCAD 软件在建筑行业和机械行业的应用。

1 建筑行业

AutoCAD 2016 技术在建筑领域中应用的特点是精确、快速、效率高，而掌握 AutoCAD 2016 是从事建筑设计工作的基本要求。在使用 AutoCAD 2016 绘制建筑设计图时，需要严格按照国家标准，精确地绘制出建筑框架图、房屋装修图等，如图 1-1 所示。

2 机械行业

由于 AutoCAD 2016 具有精确绘图的特点，所以能够绘制各种机械图，如螺丝、扳手、钳子、打磨机和齿轮等。使用 AutoCAD 2016 绘制机械图时，需要严格按照国家标准，如图 1-2 所示。

图 1-1

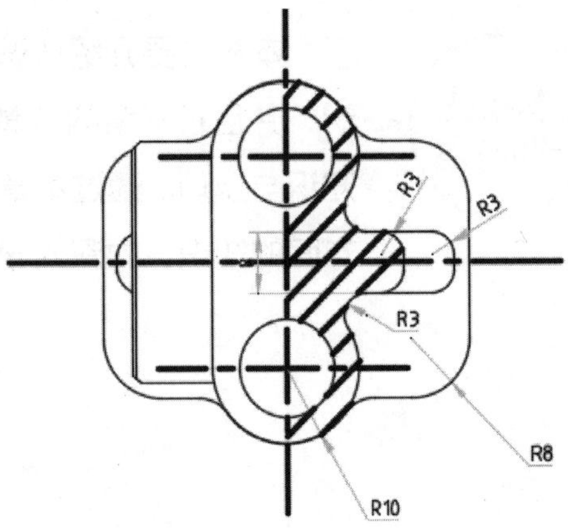

图 1-2

1.1.2 快速掌握 AutoCAD 的要领

微课堂 01 分 42 秒

AutoCAD 2016 中文版中包含了多项可加速 2D 与 3D 设计、创建文件和协同工作流程的新特性，用户想要灵活地操作该软件，就需要快速地了解 AutoCAD 2016 的各项功能。下面介绍快速掌握 AutoCAD 2016 的要领。

1 掌握基本的操作方法

在使用 AutoCAD 2016 绘图软件之前，首先要熟悉软件的操作界面，如菜单栏、工具栏、状态栏、工作区等。熟悉操作界面后，可以对各种功能的设置进行了解，如绘图工具、线型、图层、标注形式、输出打印等。多操作练习，循序渐进，便可以掌握 AutoCAD 2016 基本的操作方法。

2 熟记常用的命令

在 AutoCAD 2016 中，熟记常用的命令可以提高操作速度，也可以在功能菜单栏中查找常用的命令选项。总之，键盘与鼠标操作结合使用，可以快速提高绘图速度，为深入学习 AutoCAD 奠定良好的基础。

3 灵活运用功能键

除了输入命令、调用工具栏和菜单来完成某些命令外，还可以灵活运用软件中的功能键，如 F1(打开帮助对话框)、F2(显示或隐藏文本窗口)、F3(调用对象捕捉设置对话框)、F4(标准数字化仪开关)、F5(不同向的轴侧图之间的转换开关)、F6(坐标显示模式转换开关)、F7(栅格模式转换开关)、F8(正交模式转换开关)、F9(间隔捕捉模式转换开关)等，使用这些功能键可快速实现各功能之间的转换。

4 操作技巧的妙用

在绘制图形的过程中，通过使用一些操作技巧可以达到事半功倍的效果，下面介绍 AutoCAD 2016 中的几个常用操作技巧。

- Esc 键：当输入错误或需要退出操作时，可以在键盘上按 Esc 键中断或退出命令，然后重新输入或进行下一步操作。
- Space 键或 Enter 键：在使用绘图工具(如圆、直线等)绘制图形时，在键盘上按 Space 键或 Enter 键，可以确定或者重复上次操作，大大提高绘图速度。
- 捕捉命令：开启捕捉命令，可以快速捕捉图形上的点，精确绘图。
- Save 命令：在绘制图形时，为了防止突然断电或系统软件崩溃，避免数据丢失，应及时按 Ctrl+S 组合键，保存文件。
- U 命令：使用该命令，可以撤销最近一次的错误操作。

知识拓展：学会找帮助

用户在使用 AutoCAD 2016 软件的过程中遇到困难时，可以在键盘上按 F1 功能键，打开 AutoCAD 帮助功能界面，通过查看视频或者参阅 AutoCAD 基础知识手册等方式来解决遇到的难题。

Section 1.2 AutoCAD 2016 的工作界面

导读 AutoCAD 2016 的工作界面包括【应用程序】按钮、标题栏、【快速访问】工具栏、菜单栏、功能区、工具栏和绘图区等，熟悉 AutoCAD 2016 的工作界面，可以方便、有效地进行绘制图形，本节将重点介绍 AutoCAD 2016 中文版工作界面的知识。

1.2.1 【应用程序】按钮

微课堂 00 分 44 秒

【应用程序】按钮位于工作界面的左上方，单击该按钮，会弹出 AutoCAD 图形文件管理菜单，其中包括【新建】、【打开】、【保存】、【另存为】、【输出】及【关闭】等命令，在【最近使用的文档】区域中可以查看最近打开的文件，同时还能调整文档图标的大小及排列的顺序，如图 1-3 所示。

在【应用程序】按钮中还有一个搜索功能，在搜索文本框中输入命令名称，如 Line，即会弹出与之相关的命令列表，选择对应的命令即可直接操作，如图 1-4 所示。

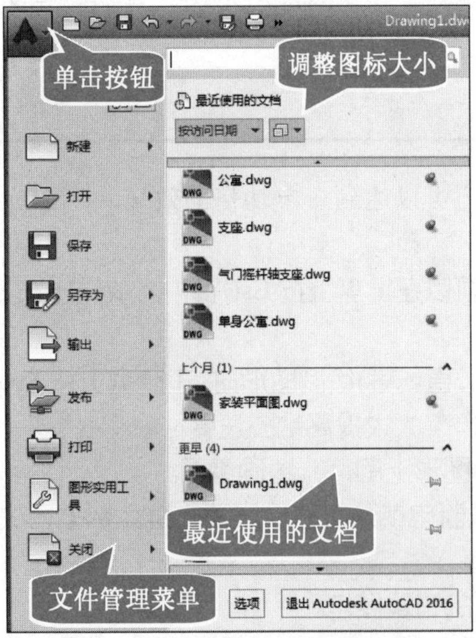

图 1-3

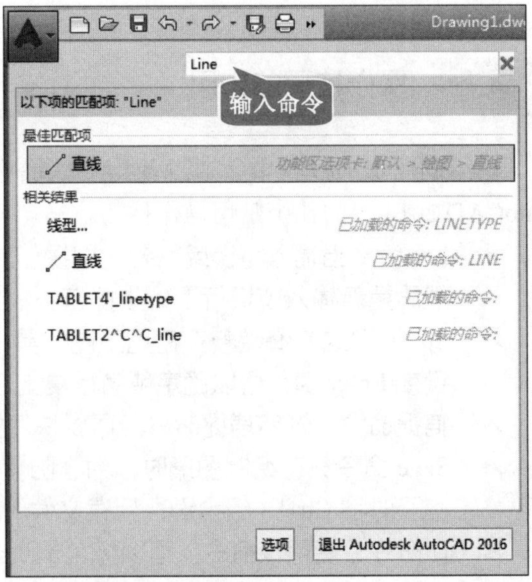

图 1-4

1.2.2 标题栏

微课堂 00 分 24 秒

标题栏位于应用程序窗口最上方，用于显示当前正在运行的程序和文件名称等信息，包括【应用程序】按钮、【快速访问】工具栏、软件名称、【搜索】按钮、用户登录器、【最小化】按钮、【最大化】按钮和【关闭】按钮，如图 1-5 所示。

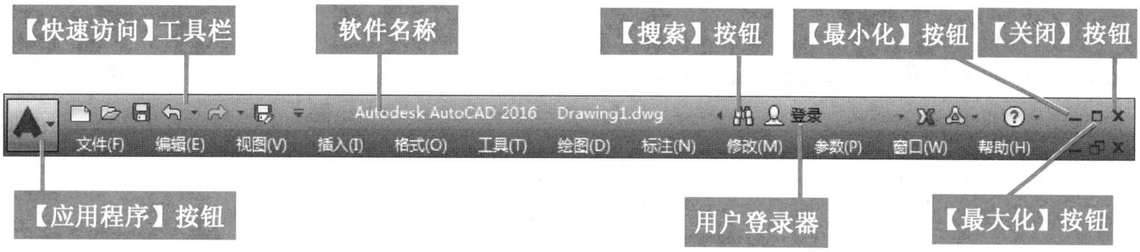

图 1-5

1.2.3 【快速访问】工具栏

微课堂 00 分 22 秒

【快速访问】工具栏位于标题栏的左上角，包含了【新建】、【打开】、【保存】、【另存为】、【打印】和【放弃】等常用的快捷按钮。通过【自定义快速访问工具栏】按钮，可以显示或隐藏常用的快捷按钮，如图 1-6 所示。

图 1-6

1.2.4 菜单栏

微课堂 00 分 22 秒

AutoCAD 2016 的菜单栏包括【文件】、【编辑】、【视图】、【插入】、【格式】、【工具】、【绘图】、【标注】、【修改】、【参数】、【窗口】和【帮助】等主菜单，使用这些主菜单，用户可以方便地查找并使用相应功能，如图 1-7 所示。

图 1-7

1.2.5 功能区

微课堂 00 分 23 秒

一般来说，AutoCAD 2016 的功能区相当于传统版本中的菜单栏和工具栏，由很多的选项卡组成。它是将 AutoCAD 常用的命令进行分类，分别在【草图与注释】、【三维基础】和【三维建模】工作空间中出现并被使用。下面以【草图与注释】工作空间为例来介绍功能区的组成。

【草图与注释】工作空间包括【默认】、【插入】、【注释】、【参数化】、【视图】、【管理】、【输出】、【附加模块】、A360、【精选应用】等选项卡，选项卡又包含多个面板，面板中放置了若干个按钮。为了节省时间、提高工作效率，AutoCAD 2016 默认显示当前操作的选项卡，如图 1-8 所示。

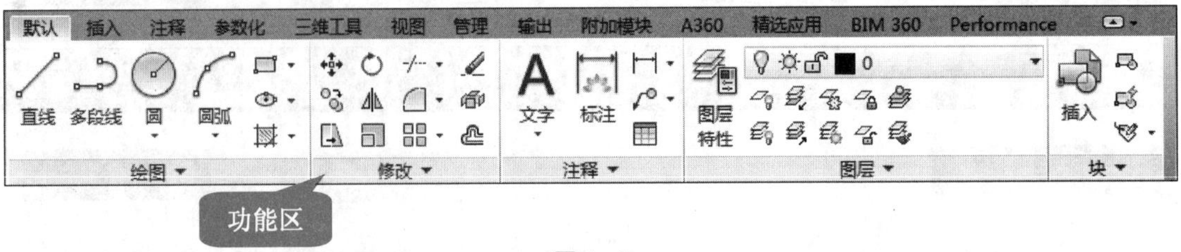

图 1-8

1.2.6 工具栏

微课堂 00 分 17 秒

工具栏包含了多种绘图辅助工具，在菜单栏中，***1.*** 选择【工具】菜单，***2.*** 在弹出的下拉菜单中选择【工具栏】命令，***3.*** 在弹出的子菜单中选择 AutoCAD 命令，***4.*** 选择该菜单下的各子菜单命令，即可调出相应的工具栏，如图 1-9 所示。

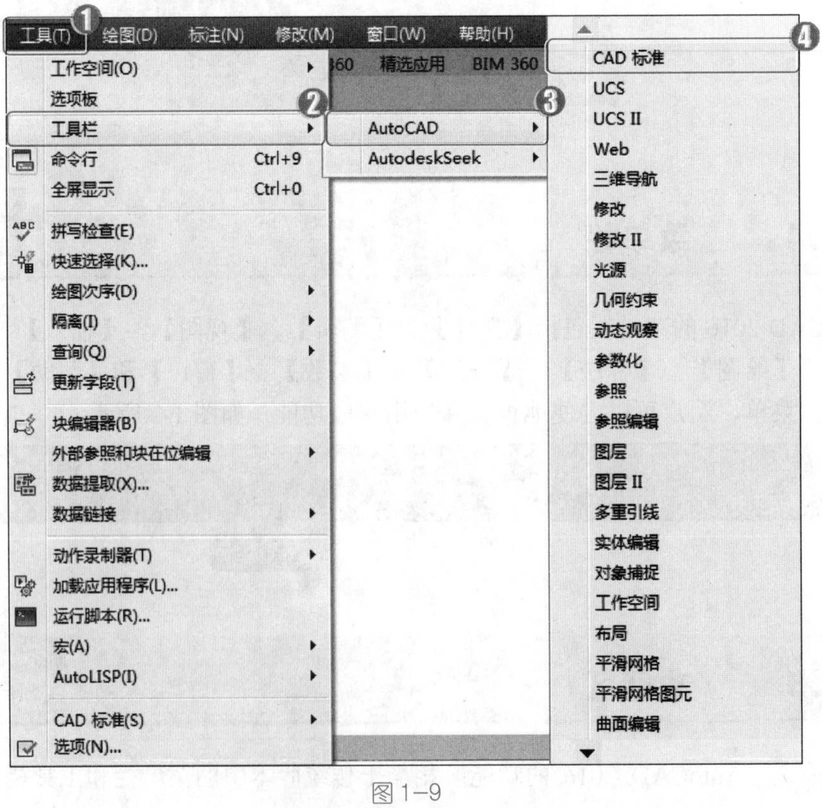

图 1-9

1.2.7 绘图区

微课堂 00 分 23 秒

绘图区是绘制和编辑二维或三维图形的主要区域，由坐标系图标、视口控件、视图控件、视觉样式控件、ViewCube 和导航栏组成，是一个无限大的图形窗口，使用时可以通过【缩放】、【平移】等命令查看绘制的对象，如图 1-10 所示。

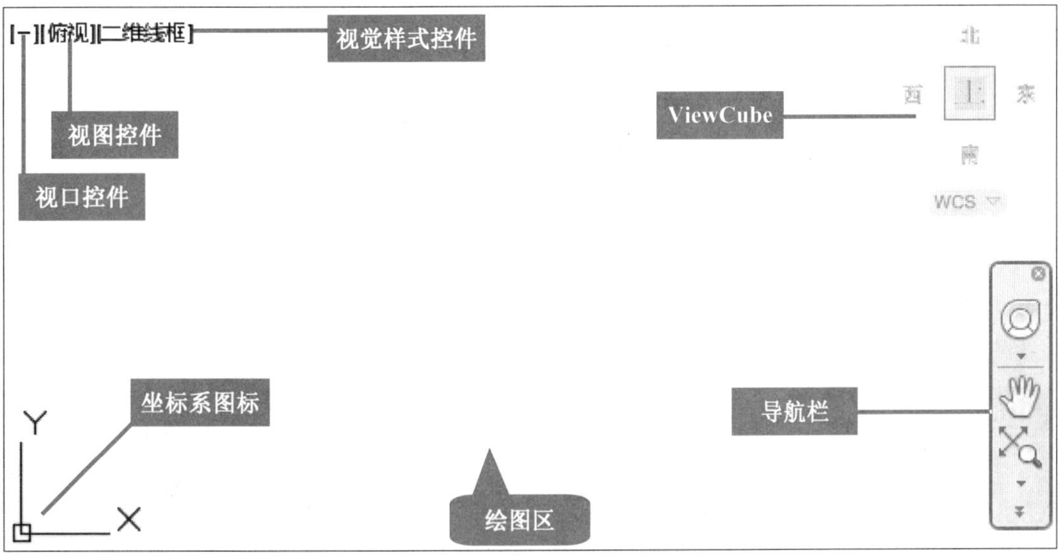

图 1-10

1.2.8 命令窗口与文本窗口

微课堂 00 分 26 秒

在 AutoCAD 2016 中，命令窗口通常固定在绘图窗口的底部，用于提示信息和输入命令。命令窗口由命令历史区和命令行组成，如图 1-11 所示。

文本窗口则用于记录对文档进行的所有操作，文本窗口在 AutoCAD 2016 中默认不显示，可以直接在键盘上按功能键 F2 来调用文本窗口，如图 1-12 所示。

图 1-11

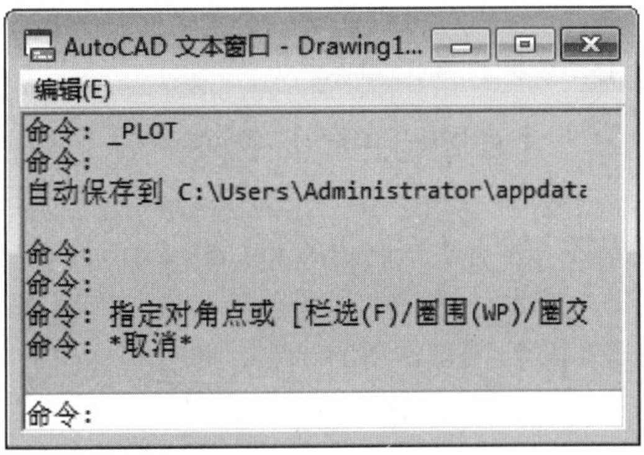

图 1-12

1.2.9 状态栏

微课堂 00 分 15 秒

状态栏位于工作界面的底部，主要用于显示 AutoCAD 的工作状态，由快速查看工具、坐标值、绘图辅助工具、注释工具和工作空间工具等组成，如图 1-13 所示。

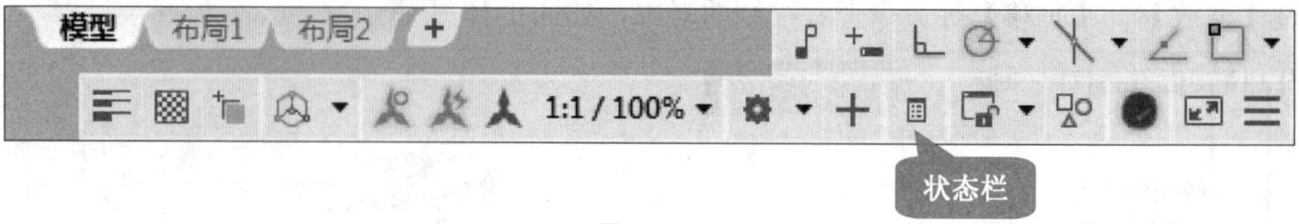

图 1-13

■ 指点迷津

在 AutoCAD 2016 中，默认情况下菜单栏不显示在初始界面中，而且 3 种工作空间都不显示。用户可以单击【快速访问】工具栏上右侧的【自定义快速访问工具栏】按钮，在弹出的下拉菜单中，选择【显示菜单栏】命令来显示菜单栏。

Section 1.3 专题课堂——工作空间

导读

在绘制不同图形时，需要选择相对应的工作空间。在使用工作空间时，只会显示与任务相关的菜单、工具栏和选项板等。在 AutoCAD 2016 中，常用的工作空间分为【草图与注释】空间、【三维基础】空间和【三维建模】空间，本节将重点介绍 AutoCAD 2016 中文版工作空间方面的知识与操作技巧。

1.3.1 认识工作空间

微课堂 00 分 48 秒

AutoCAD 2016 的工作空间是由分组组织的菜单、工具栏、选项板和功能区控制面板组成的集合，使用户可以在专门的、面向任务的绘图环境中工作。下面介绍 AutoCAD 2016 的几种工作空间方面的知识。

1 【草图与注释】空间

【草图与注释】空间是 AutoCAD 2016 默认的工作空间，其包括【应用程序】按钮、命令行、状态栏、选项卡和面板等，该工作空间的选项卡和面板相当于工具栏和菜单栏，包括了绘制二维图形常用的绘制、修改和标注命令等，是绘制和编辑二维图形时经常使用的工作空间。下面介绍在 AutoCAD 2016 中【草图与注释】空间工作界面的组成，如图 1-14 所示。

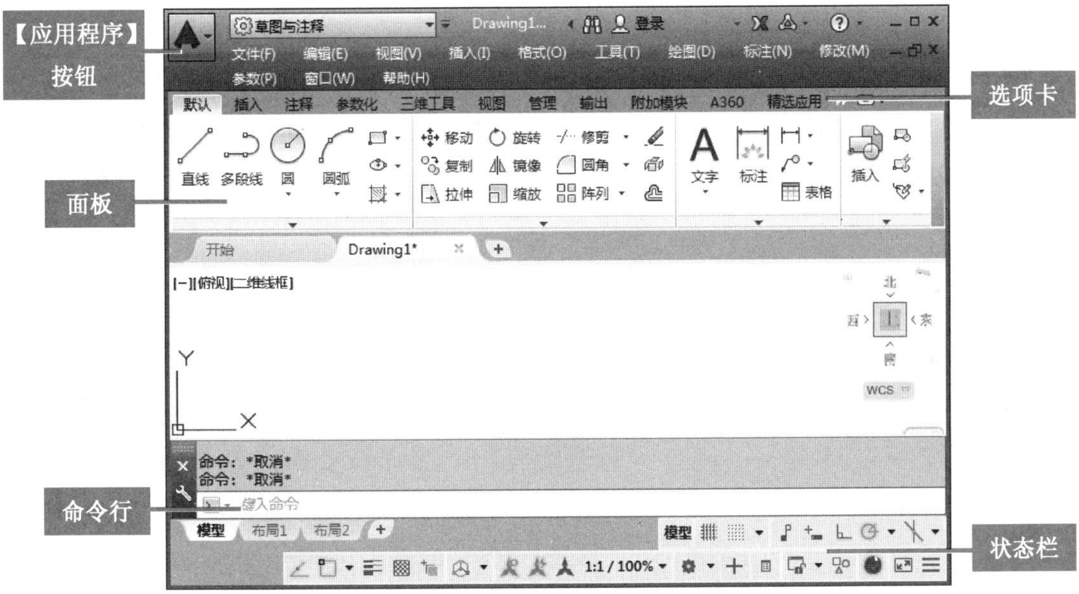

图 1–14

2 【三维基础】空间

【三维基础】空间包括【应用程序】按钮、命令行、状态栏、选项卡和面板等，其中在选项卡和面板中，包括了绘制与修改三维图形的基本工具，可以非常方便地创建简单的基本三维模型。下面介绍在 AutoCAD 2016 中，【三维基础】空间的工作界面组成，如图 1-15 所示。

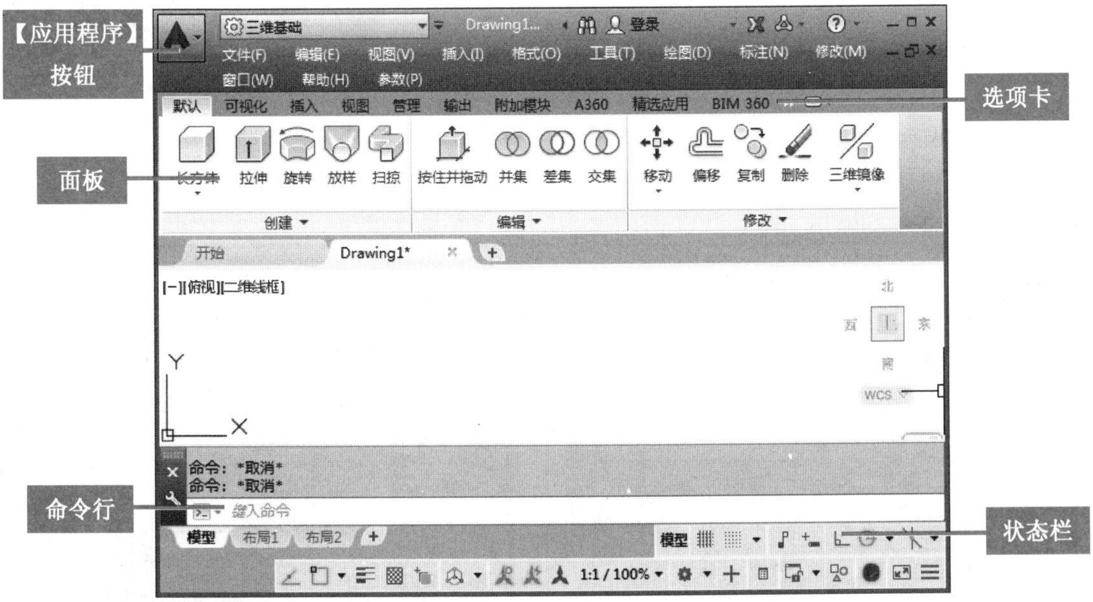

图 1–15

3 【三维建模】空间

【三维建模】空间集中了三维图形绘制与修改的全部命令，同时也包含了常用的二维图形绘制与编辑命令。AutoCAD 2016 的【三维建模】空间界面包括【应用程序】按钮、命令行、状态栏、选项卡和面板等，如图 1-16 所示。

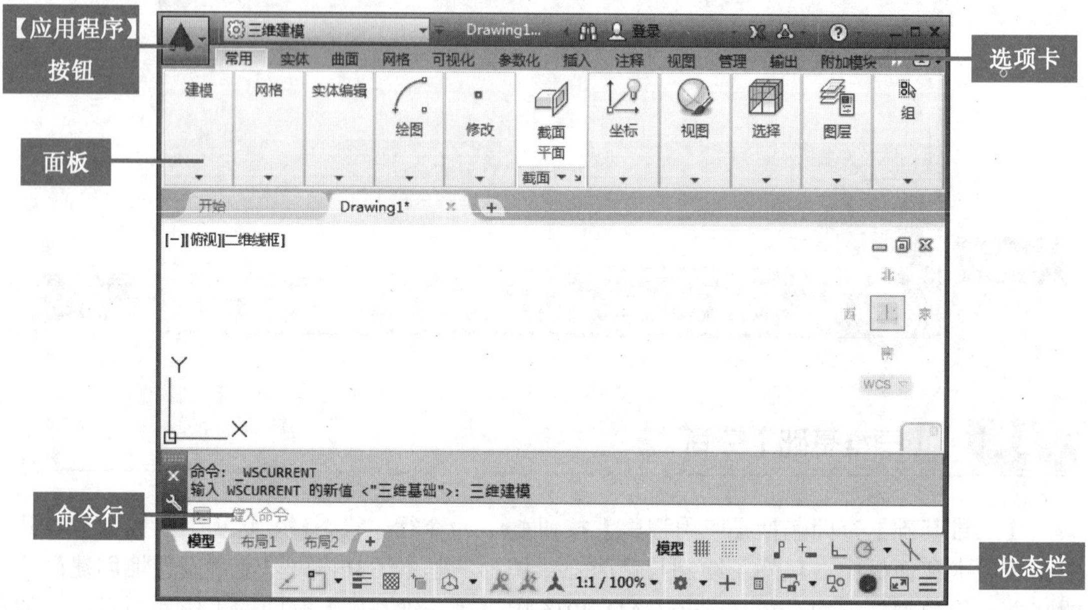

图 1-16

1.3.2 切换工作空间

微课堂 00 分 15 秒

在 AutoCAD 2016 中，因绘制二维和三维图形的需要，可以在 3 种工作空间中进行自由切换，以选择合适的工作空间。下面介绍切换工作空间的操作方法。

操作步骤 >> Step by Step

第 1 步 新建 CAD 空白文档，在【草图与注释】空间的【快速访问】工具栏中单击【工作空间】下拉按钮，如图 1-17 所示。

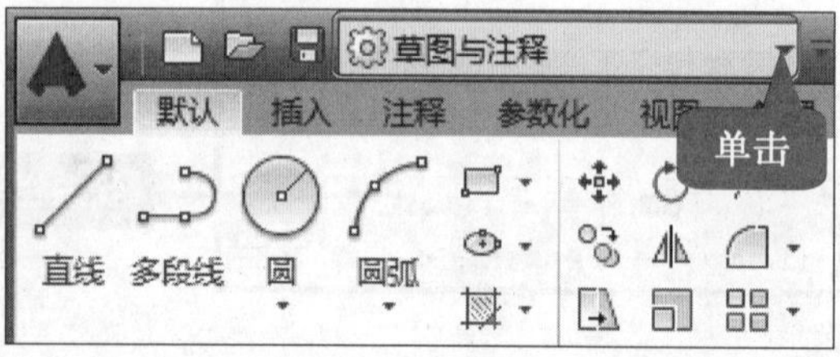

图 1-17

第 2 步 在弹出的下拉菜单中，选择【三维基础】命令，即可完成切换工作空间的操作，如图 1-18 所示。

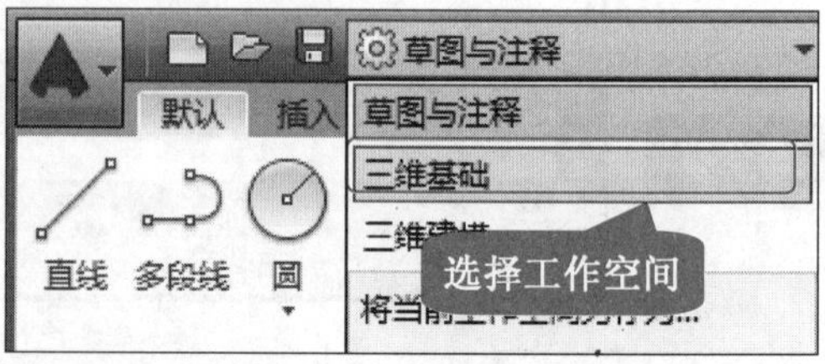

图 1-18

知识拓展：切换工作空间的其他方式

在 AutoCAD 2016 的菜单栏中，选择【工具】菜单，在弹出的下拉菜单中选择【工作空间】命令，在弹出的子菜单中选择要切换的工作空间即可。或者在状态栏中，单击【切换工作空间】按钮，在弹出的子菜单中选择相应的工作空间即可。

Section 1.4 实践经验与技巧

导读

通过本章的学习，读者已经熟悉了 AutoCAD 2016 的工作空间、工作界面方面的知识，本节将通过几个实践案例的操作，加深读者对所学知识的理解，以达到巩固学习、拓展提高的目的。

1.4.1 显示菜单栏

微课堂 00 分 20 秒

在 AutoCAD 2016 中，因菜单栏在默认情况下不显示在初始界面中，需要将隐藏状态下的菜单栏显示出来。下面介绍显示菜单栏的操作方法。

操作步骤 >> Step by Step

第 1 步 新建 CAD 空白文档，切换到【草图与注释】空间，***1.*** 在标题栏中，单击【工作空间】下拉按钮，***2.*** 在弹出的下拉菜单中，选择【显示菜单栏】命令，如图 1-19 所示。

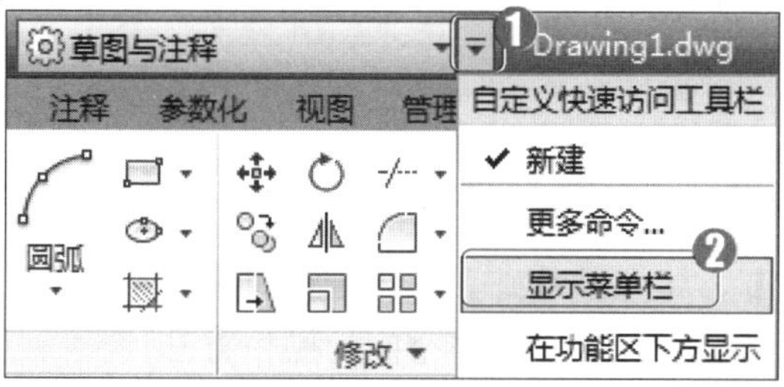

图 1-19

第 2 步 菜单栏则显示在【快速访问】工具栏的下方，通过以上步骤即可完成显示菜单栏的操作，如图 1-20 所示。

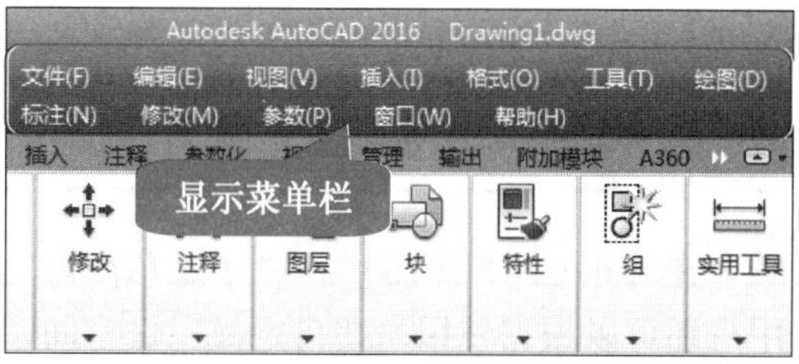

图 1-20

1.4.2 调用工具栏

微课堂 00 分 27 秒

在 AutoCAD 2016 中，对于找不到的绘图工具都可以从工具栏中调用，下面以调用【修改】工具栏为例，介绍调用工具栏的操作方法。

操作步骤 >> Step by Step

第 1 步 新建 CAD 空白文档，***1.*** 在菜单栏中，选择【工具】菜单，***2.*** 在弹出的下拉菜单中，选择【工具栏】命令，***3.*** 在子菜单中选择 AutoCAD 命令，***4.*** 在弹出的子菜单中选择【修改】命令，如图 1-21 所示。

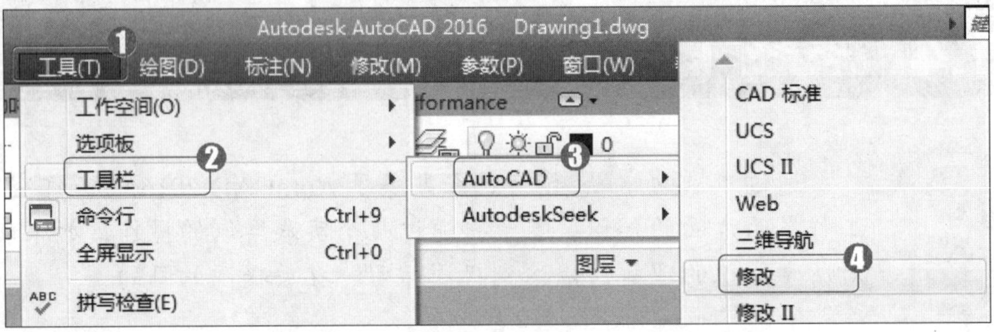

图 1–21

第 2 步 打开【修改】工具栏，通过以上步骤即可完成调用工具栏的操作，如图 1-22 所示。

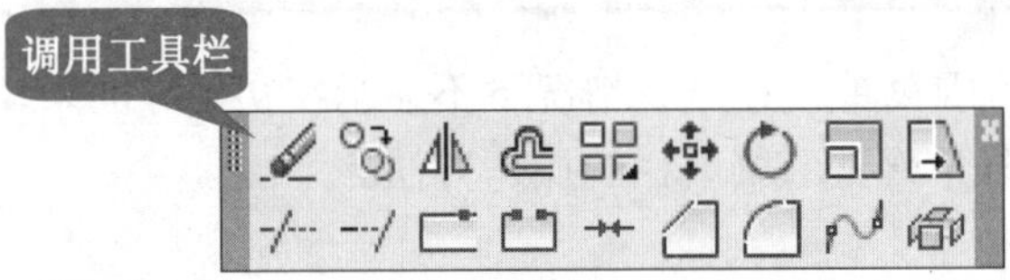

图 1–22

一点即通：调用功能区面板

在 AutoCAD 2016 中，功能区面板消失不见时，可以在菜单栏中选择【工具】菜单，在弹出的下拉菜单中选择【选项板】命令，在子菜单中选择【功能区】命令，即可调用功能区面板。用同样的方法也可以调用【图层】、【特性】等面板。

1.4.3 自定义工作空间

微课堂 00 分 36 秒

在 AutoCAD 2016 中，除了【草图与注释】、【三维基础】和【三维建模】空间外，用户还可以根据使用习惯自定义工作空间，下面介绍自定义工作空间的操作方法。

操作步骤 >> Step by Step

第 1 步 在 Windows XP 桌面上，双击 AutoCAD 2016 快捷方式图标，启动 AutoCAD 2016 软件，如图 1-23 所示。

第 2 步 打开 AutoCAD 2016 的初始操作界面，在【开始】标签右侧，单击【新图形】按钮，新建空白图形文件，如图 1-24 所示。

图 1–23

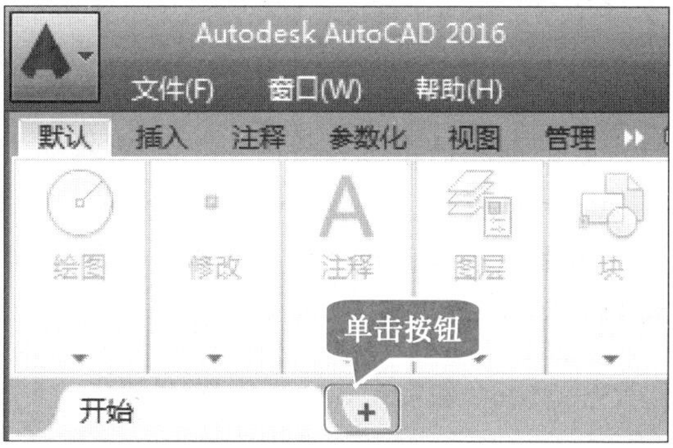

图 1–24

第 3 步　在状态栏中，*1.* 单击【切换工作空间】下拉按钮，*2.* 在弹出的下拉菜单中，选择【将当前工作空间另存为】命令，如图 1-25 所示。

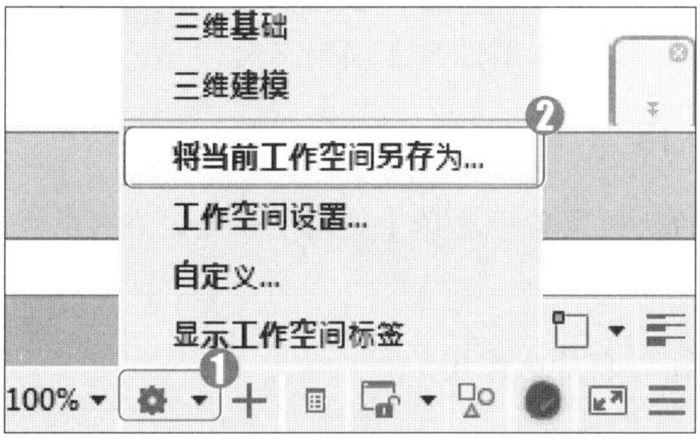

图 1–25

第 4 步　弹出【保存工作空间】对话框，*1.* 在【名称】下拉列表框中，输入新的工作空间名称，*2.* 单击【保存】按钮 保存 ，即可完成创建自定义工作空间的操作，如图 1-26 所示。

图 1–26

一点即通：调整光标大小

在 AutoCAD 2016 中，在绘图区空白处右击，在弹出的快捷菜单中选择【选项】命令，弹出【选项】对话框。选择【显示】选项卡，在【十字光标大小】区域，拖动滑块确定光标大小，单击【确定】按钮 确定 ，返回到绘图区，可以看到光标大小已经改变。

Section 1.5 有问必答

1. 如何将【快速访问】工具栏中不需要的命令按钮隐藏?

可以在 AutoCAD 2016 的标题栏中，单击【工作空间】下拉按钮，在弹出的下拉菜单中选择要隐藏的命令按钮，即可将不需要的命令按钮隐藏。

2. 如何将不需要的工作空间删除?

在标题栏的【工作空间】下拉菜单中，选择【自定义】命令，在弹出的【自定义用户界面】对话框中，在展开的 ACAD→【工作空间】折叠列表中，选择要删除的工作空间名称，右击，在弹出的快捷菜单中，选择【删除】命令，弹出 AutoCAD 对话框，单击【是】按钮，即可删除不需要的工作空间。

3. AutoCAD 2016 的操作界面颜色太暗，影响视觉，如何更改?

可以在绘图区的空白处右击，在弹出的快捷菜单中选择【选项】命令，弹出【选项】对话框，选择【显示】选项卡，在【窗口元素】区域中选择【配色方案】下拉列表中的【明】选项，单击【确定】按钮，即可更改操作界面的颜色。

4. 如何在其他位置显示工作空间的名称?

在绘图区下方的状态栏中，单击【切换工作空间】下拉按钮，在弹出的下拉菜单中，选择【显示工作空间标签】命令，即可在状态栏中显示当前工作空间的名称。

5. 在 AutoCAD 2016 中，如何将功能区关闭?

右击功能区中的任意一个选项卡，在弹出的快捷菜单中选择【关闭】命令，即可将整个功能区关闭。

6. 在功能区中的面板底部都有一个下拉按钮，有什么作用?

由于软件的空间限制，部分工具按钮不能全部显示在面板中，所以这部分工具都被隐藏在面板底端的下拉菜单中。需要使用时，在面板中单击底端的下拉按钮，在弹出的下拉菜单中选择相应的按钮即可。

第2章

AutoCAD 的基本操作

本章要点

- 基本命令操作
- 管理图形文件
- 视图操作
- 专题课堂—— 坐标系

本章主要内容

本章主要介绍 AutoCAD 基本命令操作和视图操作方面的知识，同时还将讲解管理图形文件的知识与操作技巧。在本章的专题课堂环节中，将详细介绍坐标系的知识。通过本章的学习，读者可以掌握 AutoCAD 2016 基本的操作知识，为深入学习 AutoCAD 2016 知识奠定基础。

Section 2.1 基本命令操作

导读　在 AutoCAD 2016 中，绘制图形之前需要先掌握如何调用命令，以及一些基本的命令操作，如放弃命令、重做命令、退出命令及重复调用命令等，本节将详细介绍 AutoCAD 2016 基本命令操作方面的知识。

2.1.1 调用命令绘制图形

微课堂 00 分 55 秒

在进行绘图工作之前，需要先调用相应的命令，然后才能进行图形绘制。在 AutoCAD 2016 中，一般情况下，调用命令绘制图形的方式有 4 种，分别为在命令行输入命令、使用工具栏调用命令、使用菜单栏调用命令和使用功能区调用命令。下面将以绘制几何图形圆为例，分别介绍几种调用命令的操作方法。

操作步骤 >> Step by Step

第 1 步 新建 CAD 空白文档，在【草图与注释】空间中，在命令行输入圆命令 CIRCLE，然后按 Enter 键，即可完成使用在命令行输入命令的操作，如图 2-1 所示。`

图 2-1

第 2 步 新建 CAD 空白文档，在【草图与注释】空间中，调用【绘图】工具栏。在【绘图】工具栏上，单击【圆】按钮，即可完成使用工具栏调用命令的操作，如图 2-2 所示。

图 2-2

第 3 步 新建 CAD 空白文档，切换到【草图与注释】空间，*1.* 在菜单栏中，选择【绘图】菜单，*2.* 在弹出的下拉菜单中，选择【圆】命令，*3.* 在【圆】子菜单中选择【圆心，半径】命令，即可完成使用菜单栏调用命令的操作，如图 2-3 所示。

第 4 步 新建 CAD 空白文档，切换到【草图与注释】空间，*1.* 在功能区面板中，选择【默认】选项卡，*2.* 在【绘图】面板中，单击【圆】下拉按钮，*3.* 在弹出的下拉菜单中，选择【圆心，半径】命令，即可完成使用功能区调用命令的操作，如图 2-4 所示。

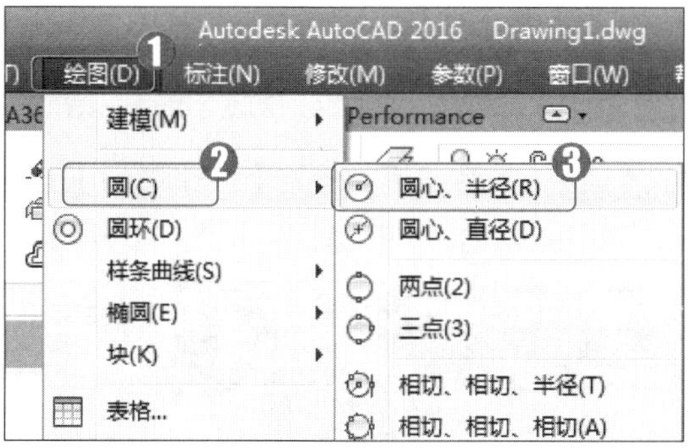

图 2-3

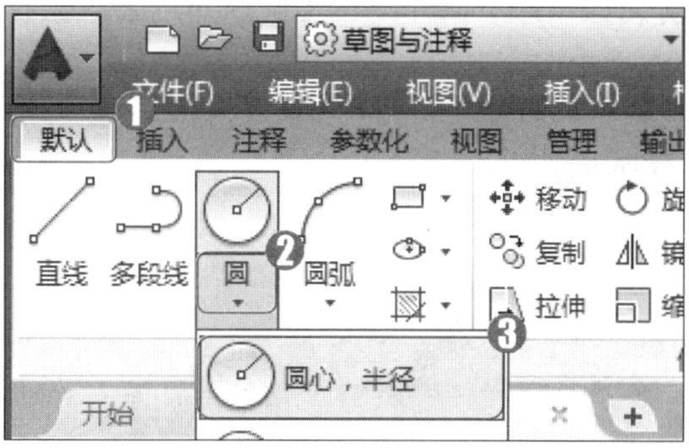

图 2-4

2.1.2　放弃命令

微课堂

00 分 08 秒

在绘制图形的过程中，当需要撤销当前操作，返回到上一个操作时，可以使用放弃命令实现该操作。下面介绍在【快速访问】工具栏中使用放弃命令的操作方法。

操作步骤　>>　Step by Step

第 1 步　在【快速访问】工具栏中，单击【放弃】按钮，如图 2-5 所示。

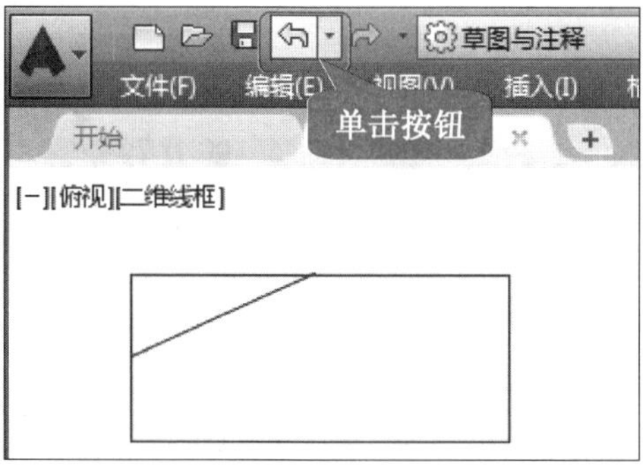

图 2-5

第 2 步　之后即可完成在【快速访问】工具栏中使用放弃命令的操作，如图 2-6 所示。

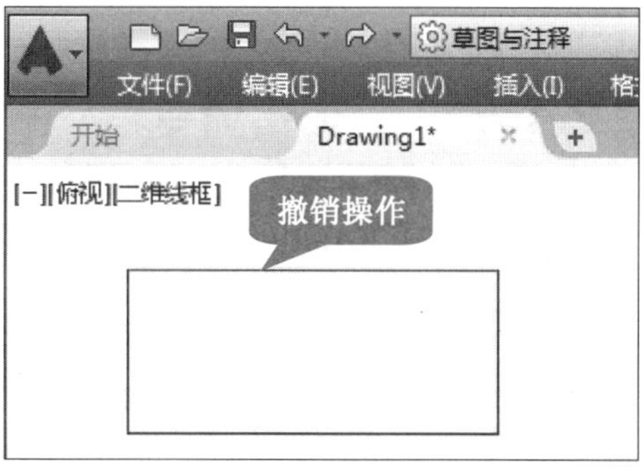

图 2-6

知识拓展：其他调用放弃命令的方式

在菜单栏中，选择【编辑】菜单，在弹出的下拉菜单中选择【放弃】命令；或者在命令行中输入 UNDO 或 U 命令，然后按 Enter 键，都可以调用放弃命令来撤销当前操作。另外，还可以使用组合键 Ctrl+Z 来撤销当前的操作。

2.1.3　重做命令

微课堂

00 分 11 秒

在绘制图形的过程中，误将完成的操作撤销了，这时可以使用重做命令来返回到撤销前的操作。下面介绍在【快速访问】工具栏中使用重做命令的操作方法。

操作步骤 >> Step by Step

第 1 步 在【快速访问】工具栏中，单击【重做】按钮，如图 2-7 所示。

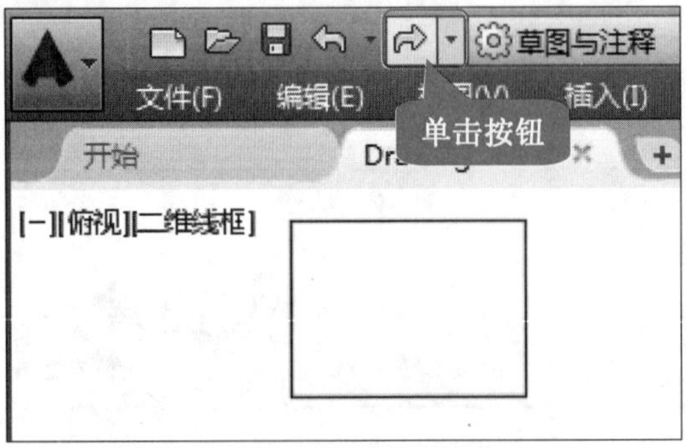

图 2-7

第 2 步 之后即可完成在【快速访问】工具栏中使用重做命令的操作，如图 2-8 所示。

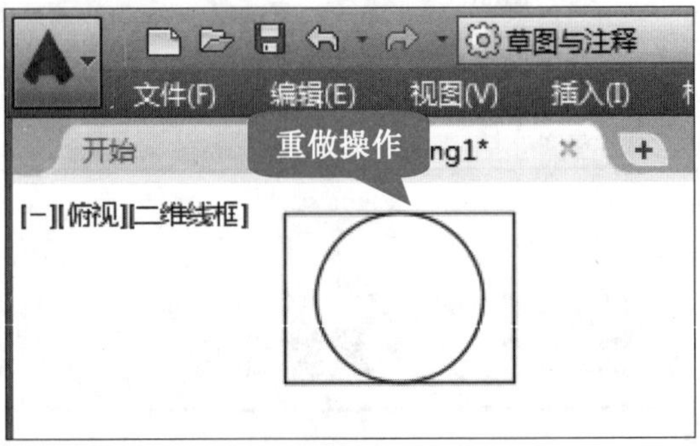

图 2-8

知识拓展：其他调用重做命令的方式

在菜单栏中，选择【编辑】菜单，在弹出的下拉菜单中选择【重做】命令，或者在命令行中输入 REDO 命令，然后按 Enter 键，都可以调用重做命令来返回到上一步操作。另外，还可以使用组合键 Ctrl+Y 来执行重做命令。

2.1.4 退出命令

微课堂 00 分 26 秒

在 AutoCAD 2016 中，退出命令是用来退出当前使用的命令。下面以退出直线命令为例，介绍使用退出命令的操作方法。

操作步骤 >> Step by Step

第 1 步 在直线端点处，***1.*** 右击，***2.*** 在弹出的快捷菜单中，选择【取消】命令，如图 2-9 所示。

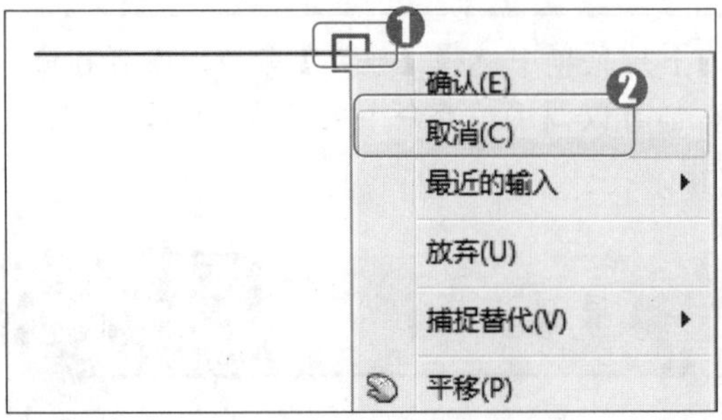

图 2-9

第 2 步 之后即可完成退出直线命令的操作，如图 2-10 所示。

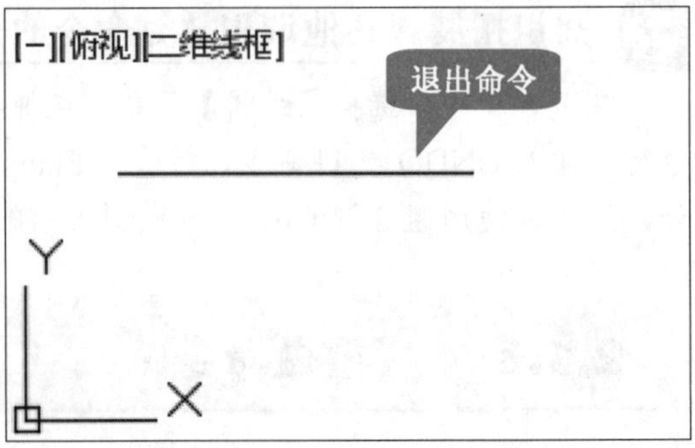

图 2-10

知识拓展：退出命令快捷键

在 AutoCAD 2016 中，当需要退出某一命令时，还可以在键盘上直接按 Esc 功能键，退出当前命令。另外，有些命令(如直线、多段线等)可以在绘图区空白处右击，在弹出的快捷菜单中，选择【确认】命令来退出当前命令。

2.1.5 重复调用命令

微课堂 00 分 36 秒

在 AutoCAD 2016 中，当需要连续绘制同一图形时，可以在首次使用该命令后，使用重复调用命令再次使用该命令，在键盘上按 Enter 键或 Space 键，也可以通过命令行和快捷菜单来调用重复命令。下面以调用圆命令为例，介绍在 AutoCAD 2016 中使用快捷菜单重复调用命令的操作方法。

操作步骤 >> Step by Step

第 1 步 新建 CAD 空白文档，*1.* 在【草图与注释】空间的绘图区中绘制圆图形，在空白处右击，*2.* 在弹出的快捷菜单中，选择【重复 CIRCLE】命令，如图 2-11 所示。

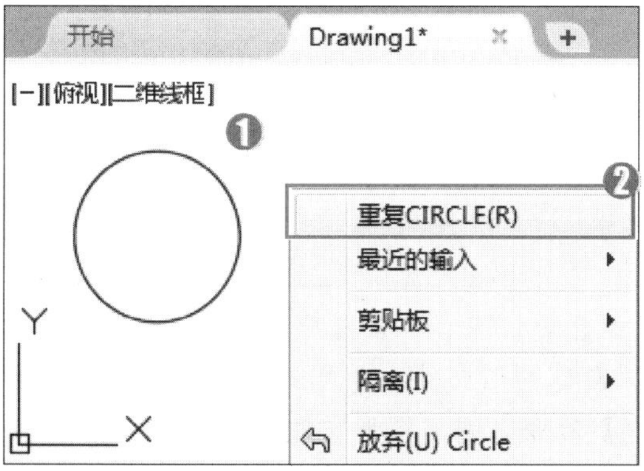

图 2-11

第 2 步 鼠标指针变为实心十字形状，圆命令已经被调用，通过以上方法即可完成重复调用命令的操作，如图 2-12 所示。

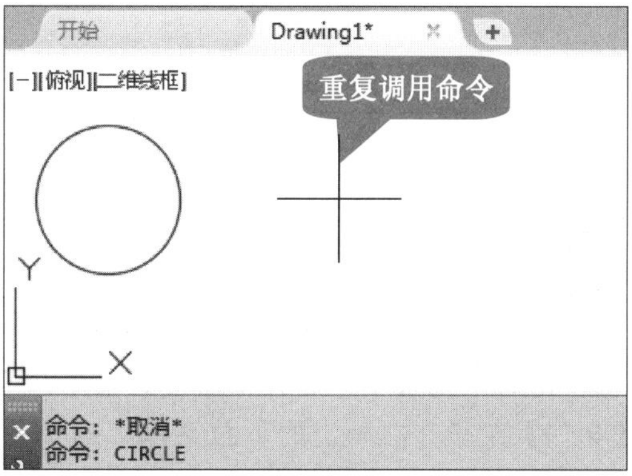

图 2-12

Section 2.2 管理图形文件

导读

在 AutoCAD 2016 中，对图形文件的基本操作一般包括新建、打开、保存、关闭和输出图形文件等。AutoCAD 图形文件管理的操作方法与 Windows 其他软件文件管理的操作方法基本相同。本节将详细介绍在 AutoCAD 2016 中，管理图形文件的知识与操作技巧。

2.2.1 新建图形文件

微课堂 00 分 16 秒

启动 AutoCAD 2016 软件时，系统将创建一个默认以 acadiso.dwt 为样板的文件。如需要一个全新的文件，可以手动新建图形文件。下面介绍新建空白图形文件的操作方法。

操作步骤 >> Step by Step

第 1 步 启动 AutoCAD 2016 软件，在【草图与注释】空间的【快速访问】工具栏中单击【新建】按钮，如图 2-13 所示。

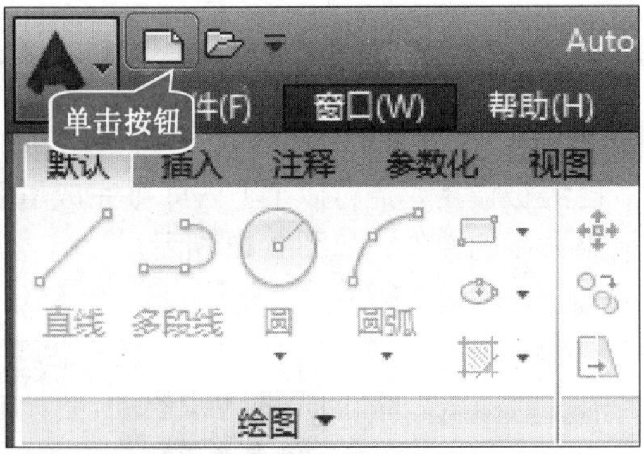

图 2–13

第 2 步 弹出【选择样板】对话框，**1.** 在【名称】列表框中，选择要应用的图形样板文件，**2.** 单击【打开】按钮 打开(O)，即可完成新建图形文件的操作，如图 2-14 所示。

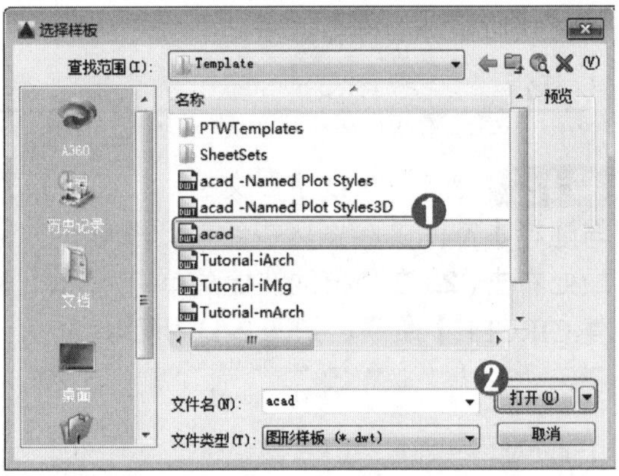

图 2–14

知识拓展：新建图形文件方式

在 AutoCAD 2016 中，在键盘上按 Ctrl+N 组合键；或者单击【应用程序】按钮，在弹出的下拉菜单中选择【新建】命令，都可以新建图形文件；也可以在菜单栏中，选择【文件】菜单，在弹出的下拉菜单中选择【新建】命令来创建图形文件。

2.2.2 打开图形文件

微课堂 00 分 16 秒

在 AutoCAD 2016 中，当要查看或编辑已经保存的图形文件时，需要将文件重新打开，下面介绍打开图形文件的操作方法。

操作步骤 >> Step by Step

第 1 步 启动 AutoCAD 2016 软件，在【草图与注释】空间的【快速访问】工具栏中，单击【打开】按钮，如图 2-15 所示。

第 2 步 弹出【选择文件】对话框，**1.** 在【名称】列表框中，选择要打开的图形文件，**2.** 单击【打开】按钮 打开(O)，即可完成打开图形文件的操作，如图 2-16 所示。

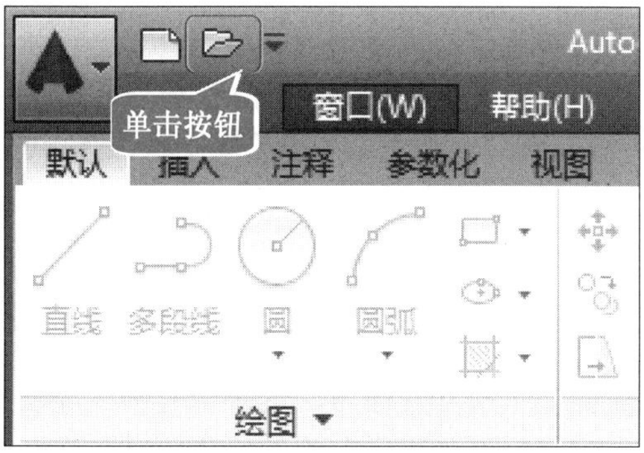

图 2–15

图 2–16

2.2.3　保存图形文件

微课堂 00 分 39 秒

在 AutoCAD 2016 中，对于新绘制的或修改过的图形文件，要及时地保存到计算机的磁盘中，以免因为死机、断电等意外情况而丢失数据。保存图形的方法可分为直接保存与另存为两种，下面介绍保存图形文件的操作方法。

1　直接保存

对于第一次创建的文件，或者已经存在但被修改过的文件，使用的是直接保存方式。下面以保存新建文件为例，介绍直接保存文件的操作方法。

操作步骤 >> Step by Step

第 1 步 启动 AutoCAD 2016 软件，在【草图与注释】空间中，***1.*** 新建 CAD 空白文档，***2.*** 在【快速访问】工具栏中，单击【保存】按钮，如图 2-17 所示。

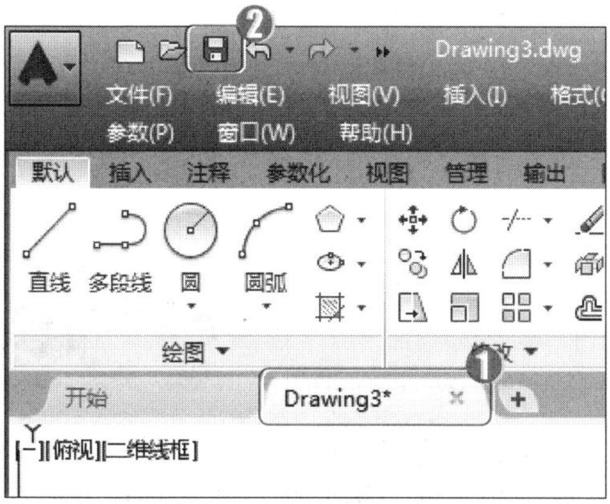

图 2–17

第 2 步 弹出【图形另存为】对话框，***1.*** 在【文件名】文本框中，设置要保存的文件名称，***2.*** 单击【保存】按钮 保存(S) ，即可完成保存图形文件的操作，如图 2-18 所示。

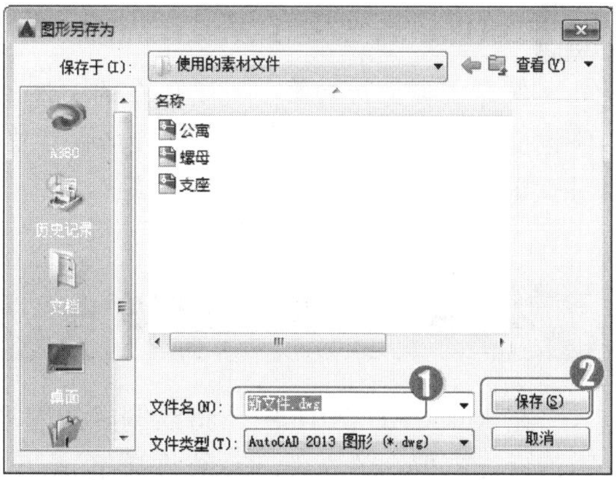

图 2–18

知识拓展：保存图形文件方式

在键盘上按 Ctrl+S 组合键；或者在菜单栏中，选择【文件】菜单，在弹出的下拉菜单中选择【保存】命令；也可以在命令行输入 SAVE 命令，然后按 Enter 键，打开【图形另存为】对话框，对指定的文件进行保存操作。

2 另存为

在 AutoCAD 2016 中还有另一种保存文件的方式，名为另存为，这种保存方式不会覆盖原文件，可以单独保存，原文件将继续保留。下面介绍文件另存为的操作方法。

操作步骤 >> Step by Step

第 1 步 启动 AutoCAD 2016 软件，在【草图与注释】空间中，**1.** 打开一个保存过的文件，**2.** 在【快速访问】工具栏中，单击【另存为】按钮，如图 2-19 所示。

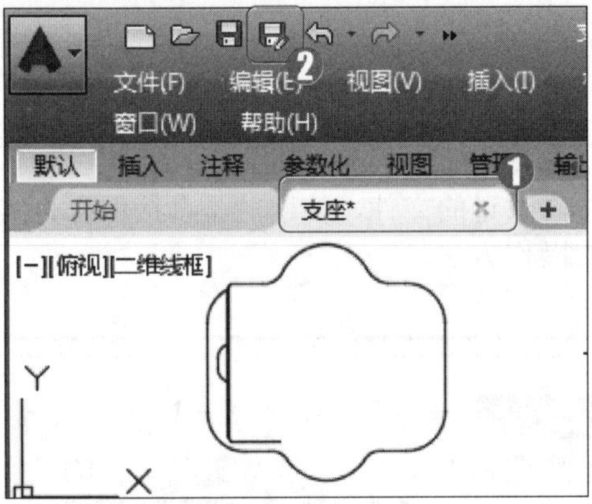

图 2-19

第 2 步 弹出【图形另存为】对话框，**1.** 在【文件名】文本框中，设置要另存为的文件名称，**2.** 单击【保存】按钮 保存(S)，即可完成文件另存为的操作，如图 2-20 所示。

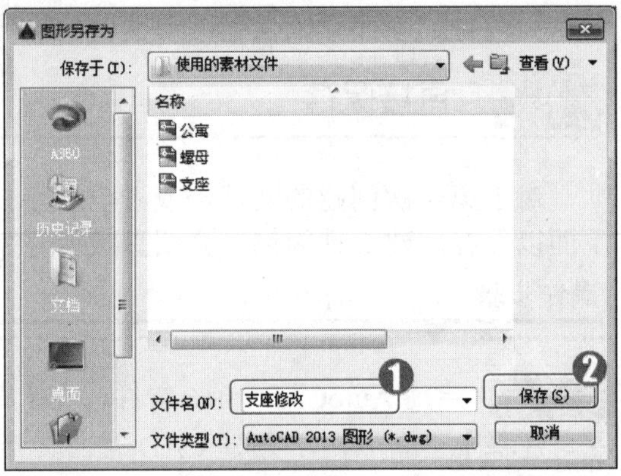

图 2-20

知识拓展：保存与另存为的区别

保存主要是针对第一次要保存的文件，或是已经保存过的文件、但在原始文件上做过修改的文件；另存为是指用新文件名保存当前图形的副本。在实际操作的过程，用户可以根据需要选择保存图形文件的方式。

2.2.4 关闭图形文件

微课堂 00 分 20 秒

在 AutoCAD 2016 中，将绘制好的图形文件保存后，可以将图形窗口关闭。对于修改图形后没有保存的文件，系统将弹出 AutoCAD 提示对话框，询问是否将改动保存到该文件。下面以关闭未保存的文件为例，介绍关闭图形文件的操作。

操作步骤 >> Step by Step

第 1 步　启动 AutoCAD 2016 软件，在【草图与注释】空间中，*1.* 打开一个图形文件并修改，*2.* 在命令行输入 CLOSE 命令，然后按 Enter 键，如图 2-21 所示。

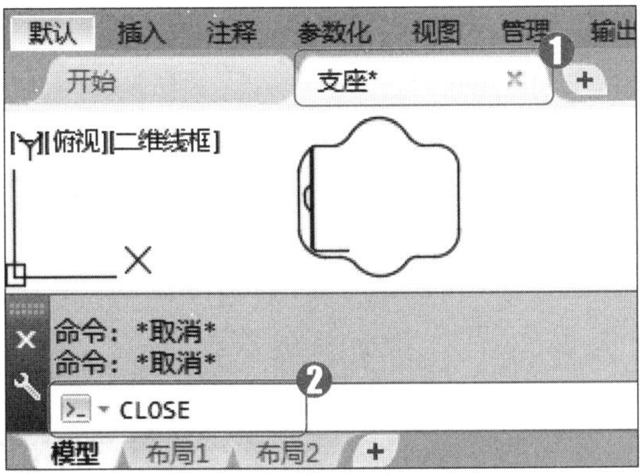

图 2-21

第 2 步　弹出 AutoCAD 提示对话框，*1.* 单击【是】按钮，文件执行保存并关闭操作，*2.* 单击【否】按钮，文件执行不保存并关闭操作，*3.* 单击【取消】按钮，撤销关闭操作，通过以上步骤即可完成关闭图形文件的操作，如图 2-22 所示。

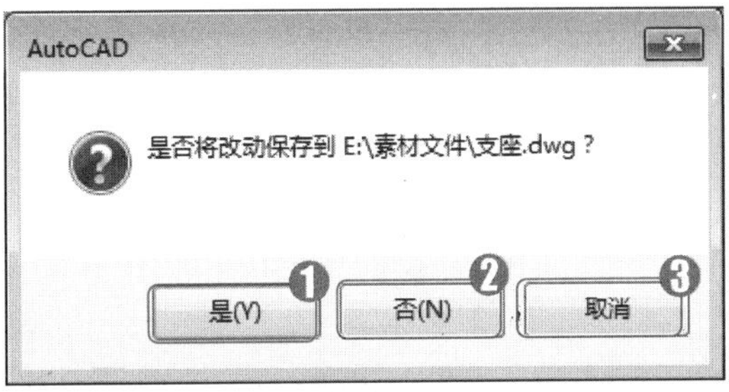

图 2-22

知识拓展：关闭图形文件方式

对已修改且已经保存过的图形文件执行关闭操作时，可以在【快速访问】工具栏上单击【关闭】按钮；或者在菜单栏中选择【文件】菜单，在弹出的下拉菜单中选择【关闭】命令，直接将图形文件关闭。

2.2.5　输出图形文件

微课堂 00 分 22 秒

AutoCAD 2016 中的输出图形文件功能，可以将 AutoCAD 文件转换成其他格式的文件进行保存，方便在其他软件中使用。输出图形文件的类型有以下几种。

- DWF：输出 DWF 文件。
- DWFx：输出 DWFx 文件。
- 三维 DWF：输出三维 DWF 文件。
- PDF：输出 PDF 文件。
- DGN：输出 DGN 文件。
- FBX：输出 FBX 文件。

下面以输出 PDF 文件为例，介绍输出图形文件的操作方法。

操作步骤 >> Step by Step

第 1 步　打开要输出的图形文件，切换到【草图与注释】空间，*1.* 在【快速访问】工具栏中单击【应用程序】按钮，*2.* 在弹出的下拉菜单中，选择【输出】命令，*3.* 在其子菜单中选择 PDF 命令，如图 2-23 所示。

第 2 步　弹出【另存为 PDF】对话框，*1.* 在【保存于】下拉列表框中，选择输出文件的保存位置，*2.* 在【文件名】文本框中，输入文件的名称，*3.* 单击【保存】按钮，即可完成输出图形文件的操作，如图 2-24 所示。

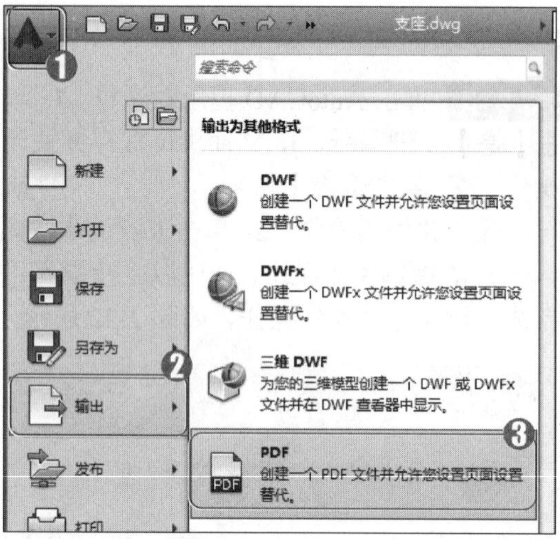

图 2-23

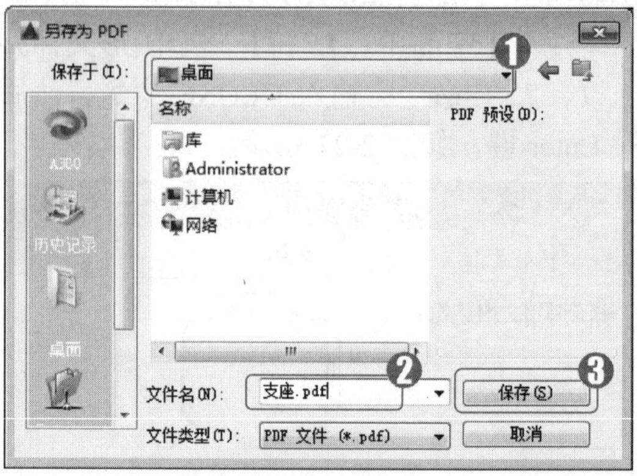

图 2-24

Section 2.3 视图操作

导读

在绘制图形时，需要对视图进行一些操作来查看图形的不同细节。在 AutoCAD 2016 中，为了更方便地观察图形细节以更好地绘制图形，可以对视图进行缩放和平移操作，还可以进行命名、重画、重生成视图和命名视口等操作。本节将介绍视图基础操作方面的知识。

2.3.1 视图缩放

微课堂 00 分 14 秒

视图缩放是通过缩小和放大功能来更改视图显示比例的操作，可以查看较大的图形范围，也能看到图形的细节，但不改变实际图形的大小。视图缩放工具包括窗口缩放、动态缩放、比例缩放、圆心缩放、对象缩放、放大、缩小和全部缩放等，如图 2-25 所示。

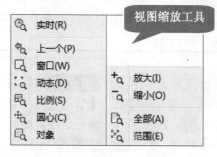

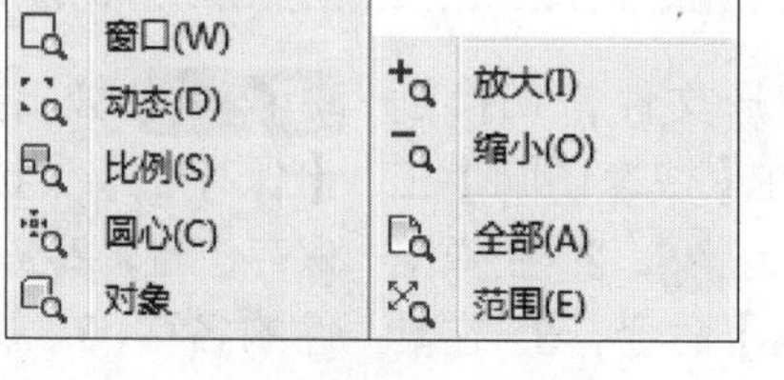

图 2-25

下面以放大图形为例，介绍在 AutoCAD 2016 中，使用缩放工具缩放图形的操作方法。

操作步骤 >> Step by Step

第 1 步 在 AutoCAD 2016 软件中，打开一个图形文件，切换到【草图与注释】空间，*1.* 在菜单栏中，选择【视图】菜单，*2.* 在弹出的下拉菜单中，选择【缩放】命令，*3.* 在【缩放】子菜单中，选择【放大】命令，如图 2-26 所示。

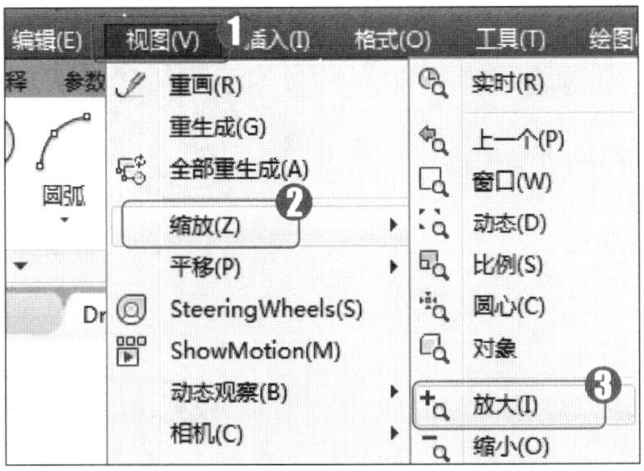

图 2-26

第 2 步 绘图区中的图形即被放大，通过以上步骤，即可完成使用缩放工具缩放图形的操作，如图 2-27 所示。

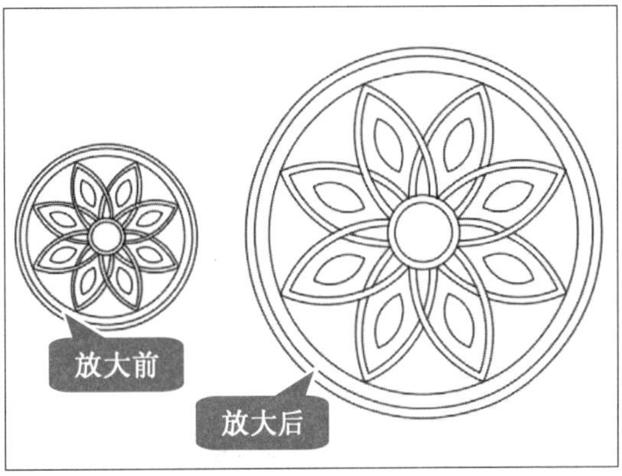

图 2-27

知识拓展：缩放视图其他方式

在 AutoCAD 2016 中，可以在绘图区右侧导航栏的【缩放】下拉列表中，选择缩放图形的方式；或者通过滑动鼠标滚轮，对打开的图形文件进行放大、缩小等缩放操作；在命令行中则可以输入 ZOOM 或 Z 命令，来调用相应的缩放命令。

2.3.2 视图平移

微课堂 00 分 17 秒

在 AutoCAD 2016 中，可以在不改变图形位置的情况下对视图进行移动，方便查看图形的其他部分。视图平移分为实时平移和定点平移，下面以实时平移图形为例，介绍视图平移的操作方法。

知识拓展：实时平移和定点平移

在 AutoCAD 2016 中，使用实时平移工具移动图形时，图形跟随鼠标指针向一个方向移动；而定点平移图形，则是通过指定平移图形的基点和平移到的目标点的方式，来进行图形的平移操作。

操作步骤 >> Step by Step

第 1 步 在 AutoCAD 2016 软件中，打开一个图形文件，切换到【草图与注释】空间，***1.*** 在菜单栏中，选择【视图】菜单，***2.*** 在弹出的下拉菜单中，选择【平移】命令，***3.*** 在【平移】子菜单中选择【实时】命令，如图 2-28 所示。

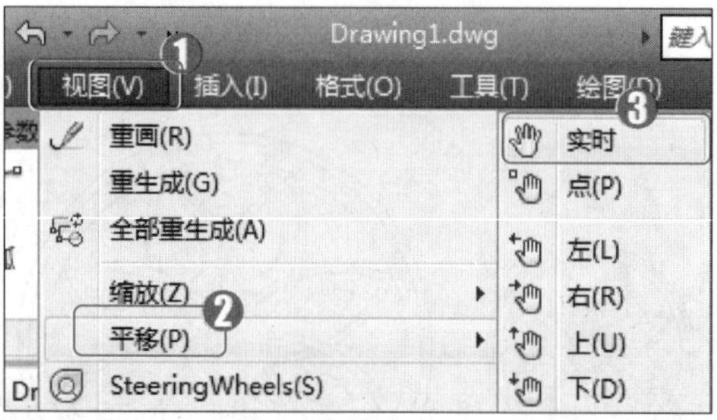

图 2–28

第 2 步 此时鼠标指针变为手形，***1.*** 单击并按住鼠标左键向右拖动图形，***2.*** 在指定位置释放鼠标左键即可完成视图平移的操作，如图 2-29 所示。

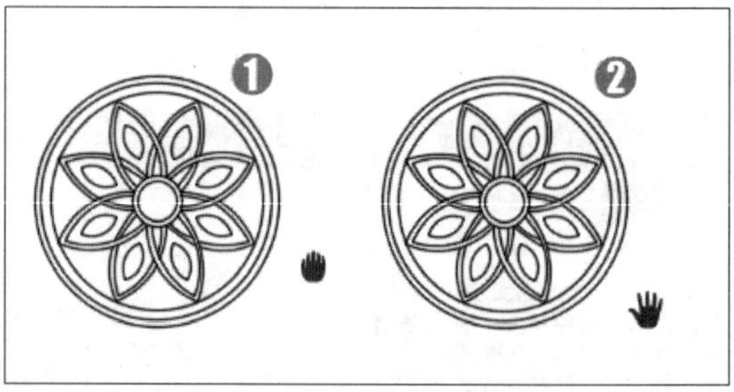

图 2–29

2.3.3 命名视图

微课堂 00 分 33 秒

在绘制图形的过程中，根据工作需要，会经常更改视图模式，这时可以将更改的视图模式保存起来进行重新命名，方便以后随时使用，下面介绍命名视图的操作方法。

操作步骤 >> Step by Step

第 1 步 在 AutoCAD 2016 软件中，打开一个图形文件，切换到【草图与注释】空间，***1.*** 在菜单栏中，选择【视图】菜单，***2.*** 在弹出的下拉菜单中，选择【命名视图】命令，如图 2-30 所示。

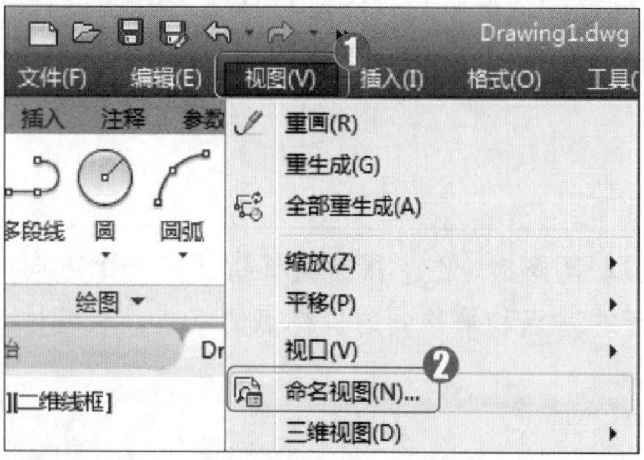

图 2–30

第 2 步 弹出【视图管理器】对话框，单击【新建】按钮 新建(N)... ，如图 2-31 所示。

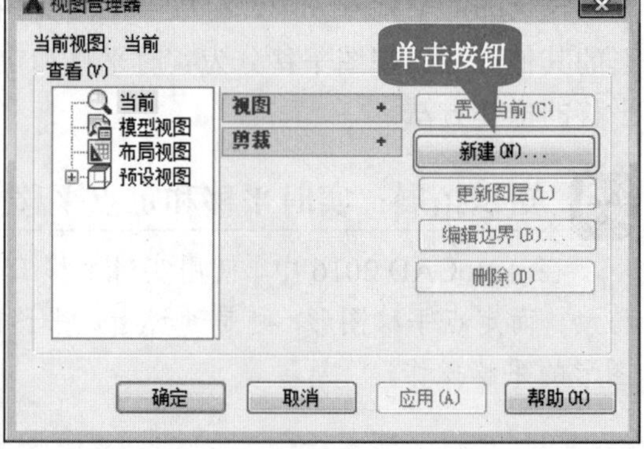

图 2–31

第 3 步　弹出【新建视图/快照特性】对话框，***1.*** 在【视图名称】文本框中输入视图名称，***2.*** 单击【确定】按钮 确定 ，如图 2-32 所示。

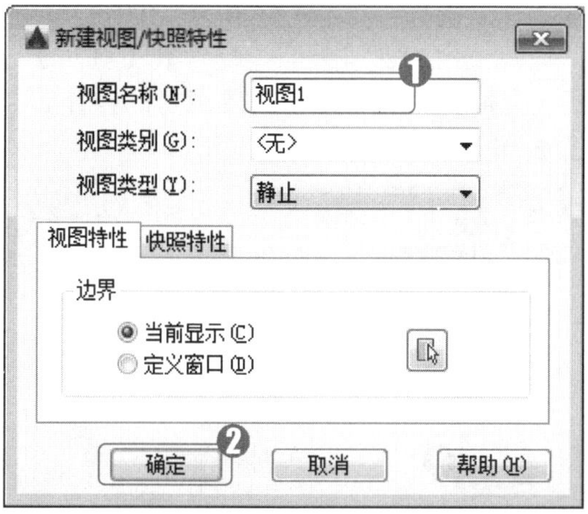

图 2-32

第 4 步　返回【视图管理器】对话框，***1.*** 在【查看】列表框【模型视图】下可以看到新建视图的名称，***2.*** 单击【确定】按钮 确定 ，即可完成命名视图的操作，如图 2-33 所示。

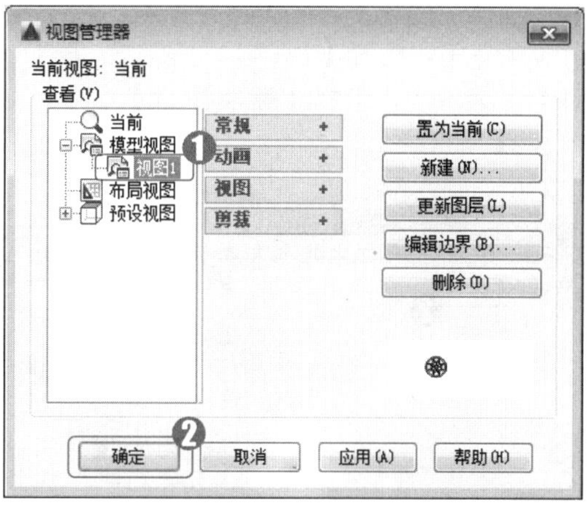

图 2-33

2.3.4　重画与重生成视图

微课堂 00 分 31 秒

在 AutoCAD 2016 中，在进行设计绘图和编辑绘图的过程中，屏幕上常常留下对象的拾取标记，这些临时标记并不是图形中的对象，有时会使当前图形画面显得混乱，这时就可以使用重画与重生成视图功能清除这些临时标记。下面介绍重画与重生成视图的区别。

- 重画：使用【重画】命令(REDRAW)，可以更新用户使用的当前视区。
- 重生成：重生成与重画在本质上是不同的，使用【重生成】命令(REGEN)可重生成屏幕，但更新屏幕花费时间较长，操作会变慢。

知识拓展：调用重画与重生成的方式

在 AutoCAD 2016 的菜单栏中，选择【视图】菜单，在弹出的下拉菜单中选择【重画】或【重生成】命令，即可调用【重画】或【重生成】功能；也可以在命令行中输入 REDRAW 或 REGEN 命令进行调用。

2.3.5　新建和命名视口

微课堂 00 分 57 秒

在 AutoCAD 2016 中，为了方便观察图形，可以通过使用【新建视口】命令，将绘图窗口分成几个视图窗口来显示，下面介绍新建与命名视口的操作方法。

操作步骤 >> Step by Step

第 1 步 在 AutoCAD 2016 软件，打开一个图形文件，切换到【草图与注释】空间，*1.* 在菜单栏中，选择【视图】菜单，*2.* 在弹出的下拉菜单中，选择【视口】命令，*3.* 在【视口】子菜单中，选择【新建视口】命令，如图 2-34 所示。

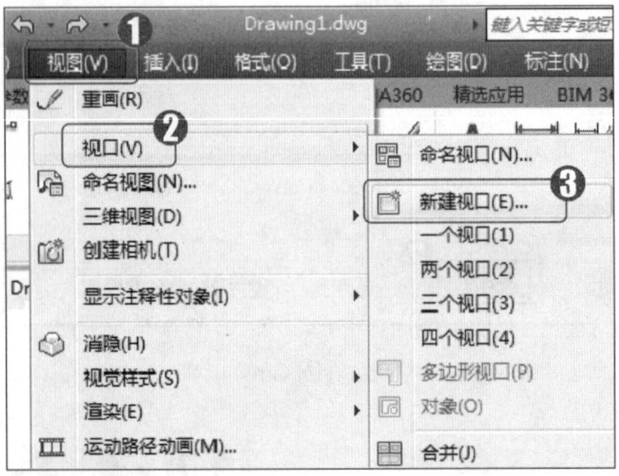

图 2-34

第 2 步 弹出【视口】对话框，*1.* 选择【新建视口】选项卡，*2.* 在【新名称】文本框中，输入视口名称，*3.* 在【标准视口】列表框中，选择要使用的视口类型，*4.* 单击【确定】按钮 确定 ，即可完成新建视口的操作，如图 2-35 所示。

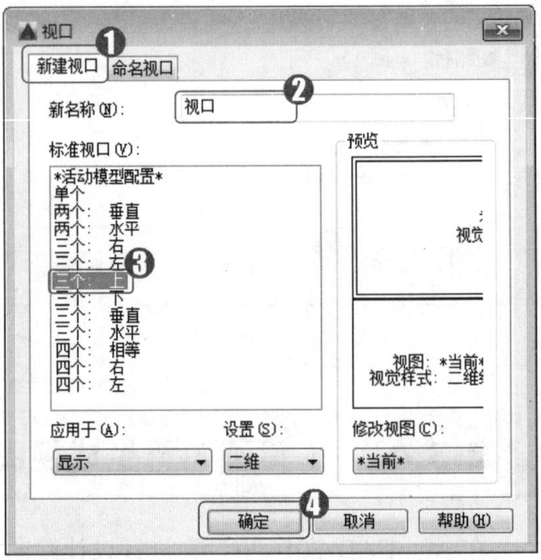

图 2-35

第 3 步 再次打开【视口】对话框，*1.* 选择【命名视口】选项卡，*2.* 在【命名视口】列表框中，右击视口名称，在弹出的快捷菜单中，选择【重命名】命令，如图 2-36 所示。

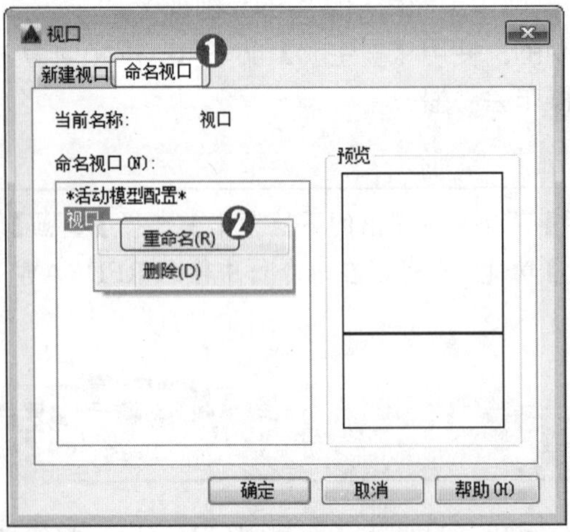

图 2-36

第 4 步 重新命名视口，*1.* 在文本框中输入重命名的视口名称，*2.* 单击【确定】按钮 确定 ，即可完成新建和命名视口的操作，如图 2-37 所示。

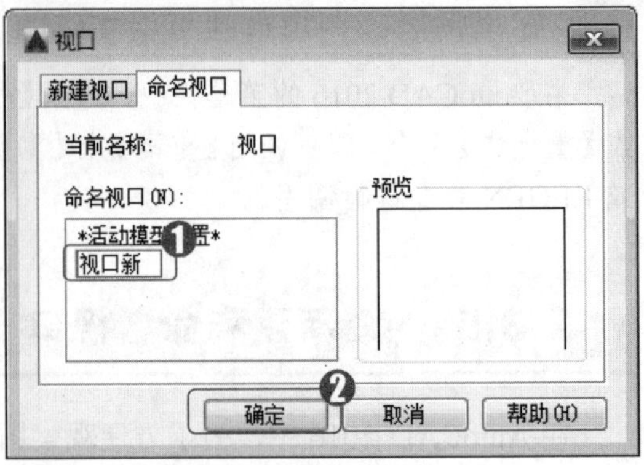

图 2-37

知识拓展：合并视口

在 AutoCAD 2016 中，对于不方便查看的视口，可以将视口进行合并后再查看。在菜单栏中，选择【视图】菜单，在弹出的下拉菜单中选择【视口】命令，在子菜单中选择【合并】命令，即可将视口合并为一个视口。但要注意的是，只有水平或垂直方向的视口才可以进行合并。

Section 2.4 专题课堂——坐标系

导读 在 AutoCAD 2016 中，WCS(世界坐标系)和 UCS(用户坐标系)是两种非常重要的坐标系，在绘制图形的过程中，如果需要精确定位某个图形对象的位置，应以 WCS 或 UCS 作为参照，本节将重点介绍坐标系方面的知识。

2.4.1 世界坐标系

微课堂 00 分 32 秒

世界坐标系 WCS(World Coordinate System)是 AutoCAD 2016 的基本坐标系，由 X 轴和 Y 轴组成，三维空间中还包括 Z 轴，坐标系原点一般位于绘图窗口的左下角，X 轴水平向右和 Y 轴垂直向上的方向被规定为正方向。新建图形文件时，世界坐标系为当前默认的坐标系，如图 2-38 所示。

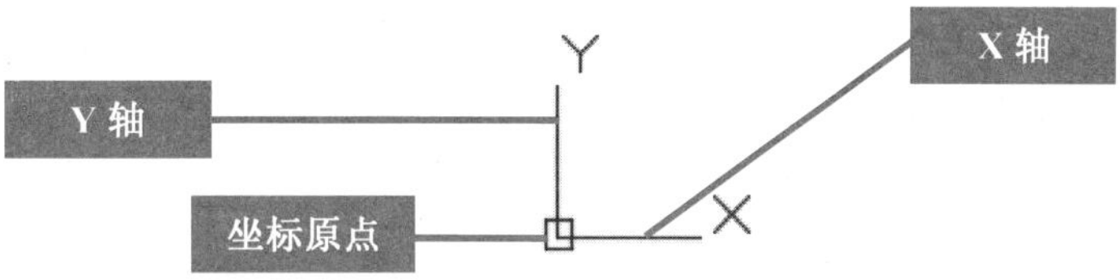

图 2-38

2.4.2 用户坐标系

微课堂 00 分 20 秒

在 AutoCAD 2016 中，修改过坐标系原点位置和坐标方向的世界坐标被称作用户坐标系 UCS(User Coordinate System)。用户坐标系的 X、Y 和 Z 轴方向以及原点都可以旋转或移动，具备良好的灵活性，如图 2-39 所示。

图 2-39

知识拓展：UCS 图标设置

在 AutoCAD 2016 中，右击用户坐标系图标，在弹出的快捷菜单中，选择【图标设置】命令，在弹出的 UCS 图标设置对话框中，可以对 UCS 坐标系图标进行大小、颜色和样式的设置。

2.4.3 坐标输入方式

微课堂 01 分 47 秒

在 AutoCAD 2016 中，坐标的输入方式有绝对直角坐标、绝对极坐标、相对直角坐标和相对极坐标等，这些坐标输入方式能更好地辅助绘图。下面介绍这些坐标输入方式。

1 绝对直角坐标

绝对直角坐标系又被称为笛卡尔坐标系，是以坐标原点为基点，由两条互相垂直的坐标构成，在命令行中输入绝对直角坐标的方式为“X, Y”，如图 2-40 所示。

图 2-40

2 绝对极坐标

绝对极坐标是用一对坐标值(L<a)来定义一个点，L 代表距离坐标原点的长度，<a 代表角度，是输入某点离原点的距离，以及它在 XY 平面中的角度来确定该点。例如 100＜45，表示离原点的距离为 100，相对于 X 轴的角度为 45° 的某点。在命令行中输入绝对极坐标的方式为“100<45”，如图 2-41 所示。

图 2-41

3 相对直角坐标

相对直角坐标是以某一点为参考点，输入与这个参考点相对的坐标值来确定另一点的位置坐标，它与原点坐标系没有联系。输入方式与绝对直角坐标的输入方式类似，只需在绝对直角坐标前加“@”符号即可，如输入绝对直角坐标“200,100”，则输入相对直角坐标方式为“@200,100”。

4　相对极坐标

相对极坐标是以上一个操作点作为极点，来输入相对应的坐标值确定另一个点的位置，在非动态输入模式下的输入格式为“@A<角度”，A 代表指定点到特定点的距离。如果输入“@10<45”，表示该点距上一点的距离为 10，和上一个点的连线与 X 轴成 45°。

Section 2.5 实践经验与技巧

导读　通过本章的学习，读者已经熟悉了 AutoCAD 2016 的基本命令操作、管理图形文件和视图操作方面的知识，本节将通过几个实践案例的操作，加深对所学知识的理解，以达到巩固学习、拓展提高的目的。

2.5.1 隐藏命令窗口

微课堂 00 分 15 秒

在 AutoCAD 2016 中绘制图形时，如果绘图空间不够，可以将命令窗口暂时隐藏，下面介绍隐藏命令窗口的操作方法。

操作步骤 >> Step by Step

第 1 步 启动 AutoCAD 2016 软件，切换到【草图与注释】空间，在绘图区下方的命令窗口中单击【关闭】按钮 X，如图 2-42 所示。

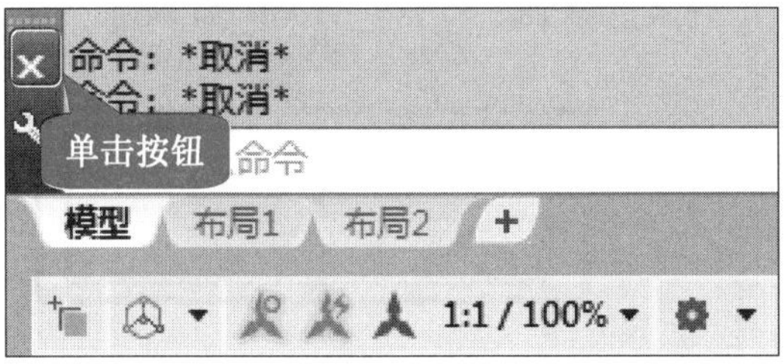

图 2-42

第 2 步 弹出【命令行 - 关闭窗口】对话框，单击【是】按钮，即可完成隐藏命令窗口的操作，如图 2-43 所示。

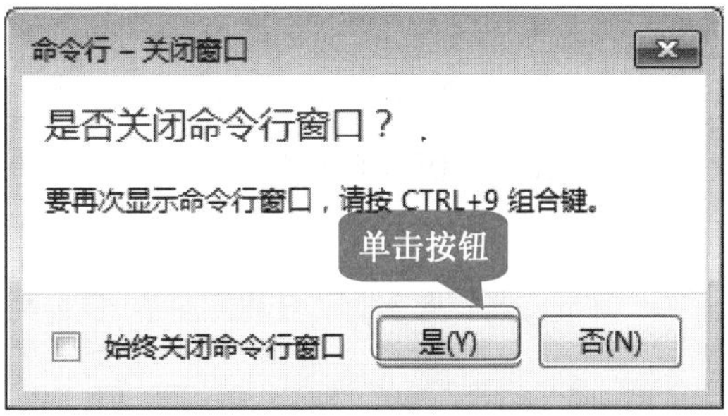

图 2-43

一点即通：显示命令窗口

在 AutoCAD 2016 中，需要再次显示命令窗口时，按 Ctrl+9 组合键，即可打开命令窗口。

2.5.2 绘制抽屉

微课堂 00 分 47 秒

通过使用 AutoCAD 2016 命令，可以绘制很多图形，下面以绘制抽屉为例，介绍这些命令的操作方法。

操作步骤 >> Step by Step

第 1 步 启动 AutoCAD 2016 软件，新建空白文档，切换到【草图与注释】空间，***1.*** 在功能区面板中，选择【默认】选项卡，***2.*** 在【绘图】面板中，单击【矩形】下拉按钮，***3.*** 在弹出的下拉菜单中，选择【矩形】命令，如图 2-44 所示。

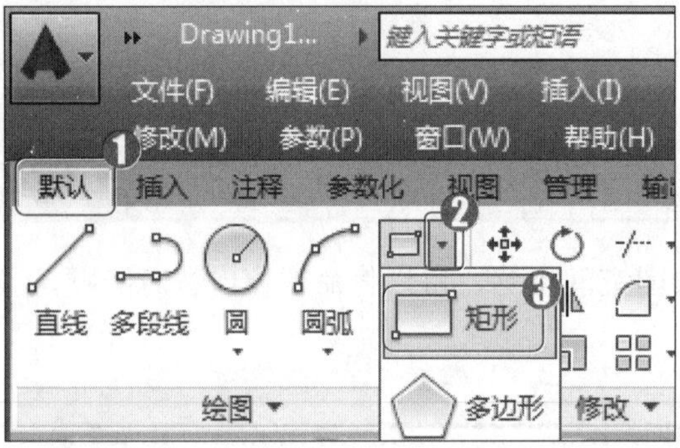

图 2-44

第 3 步 在【绘图】面板中，单击【圆】按钮，如图 2-46 所示。

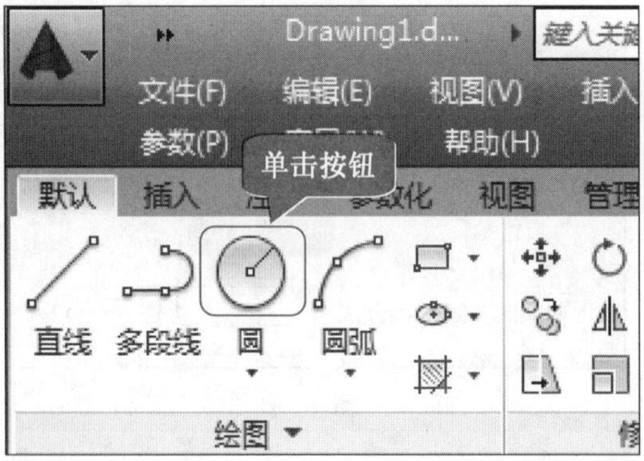

图 2-46

第 2 步 返回到绘图区，***1.*** 在空白处绘制一个大矩形，***2.*** 按 Enter 键，再次调用【矩形】命令，绘制一个小矩形，如图 2-45 所示。

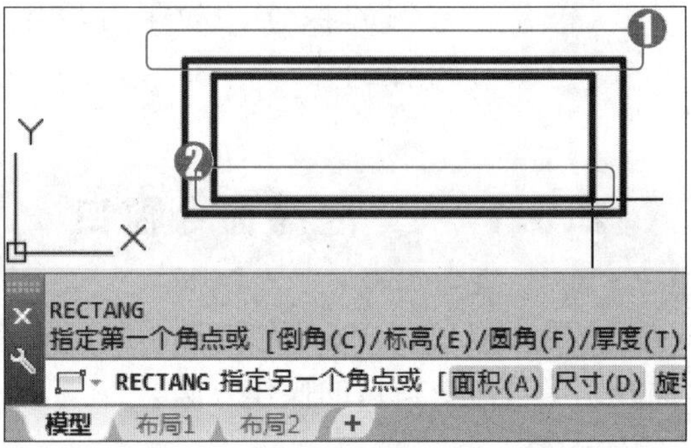

图 2-45

第 4 步 在小矩形中绘制一个圆作为抽屉的把手，抽屉绘制完成。通过以上步骤即可完成绘制抽屉的操作，如图 2-47 所示。

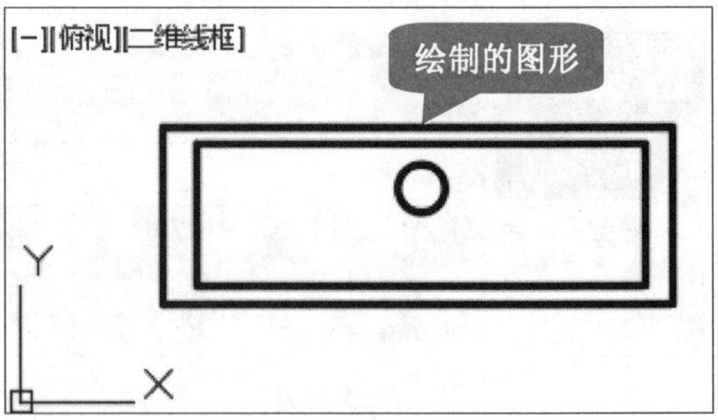

图 2-47

2.5.3 使用坐标绘制图形

微课堂 00 分 32 秒

在 AutoCAD 2016 中绘制图形时，也可以使用输入坐标的方式来绘制图形，下面以绘制直线为例，介绍输入绝对直角坐标的操作方法。

操作步骤 >> Step by Step

第 1 步 启动 AutoCAD 2016 软件，新建空白文档，切换到【草图与注释】空间，*1.* 在功能区面板中，选择【默认】选项卡，*2.* 在【绘图】面板中，单击【直线】按钮，如图 2-48 所示。

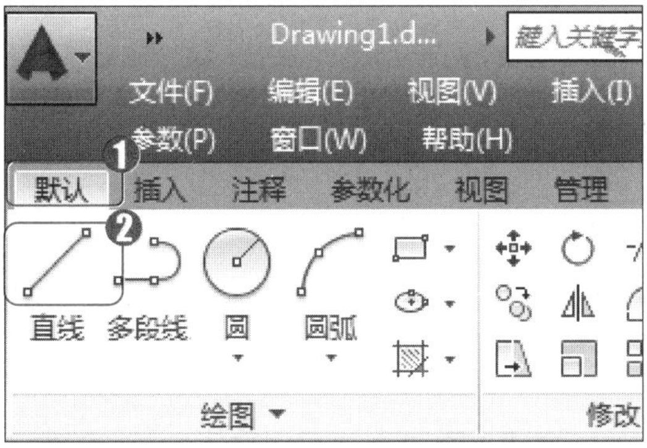

图 2-48

第 2 步 命令行提示“LINE 指定第一个点”，在命令行中输入第一点的绝对直角坐标“200,100”，然后按 Enter 键，如图 2-49 所示。

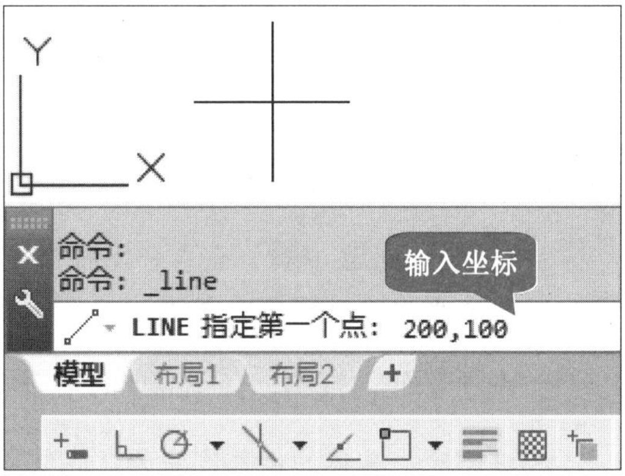

图 2-49

第 3 步 命令行提示“LINE 指定下一点或[放弃(U)]”，在命令行中输入第二点的绝对直角坐标“500, 100”，然后按 Enter 键，如图 2-50 所示。

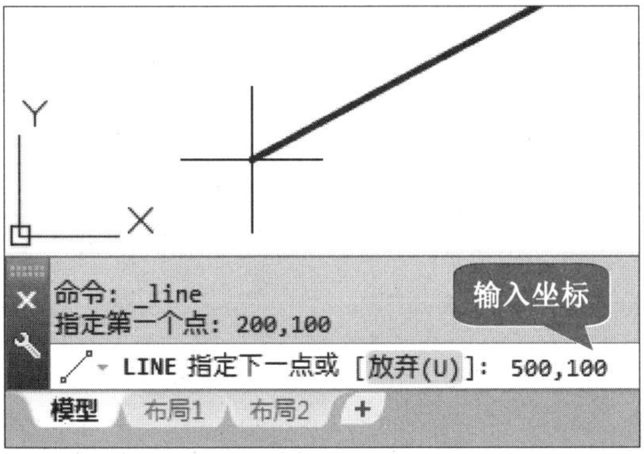

图 2-50

第 4 步 然后按 Esc 键，退出直线命令，绘制直线操作完成，通过以上方法即可完成使用坐标绘制图形的操作，如图 2-51 所示。

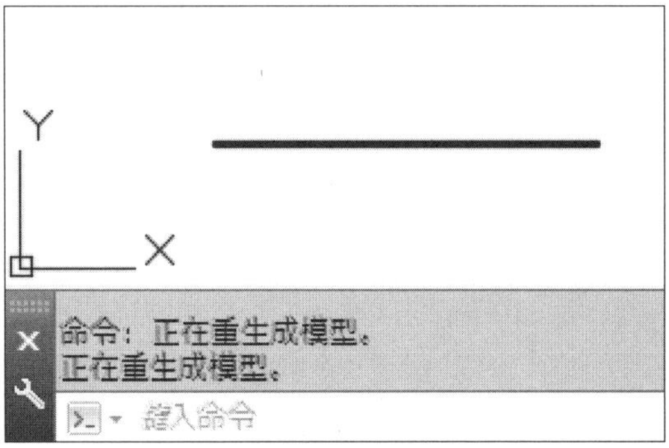

图 2-51

Section 2.6 有问必答

1. 按 Ctrl+9 组合键后，无法显示隐藏的命令窗口，什么原因?

Ctrl+9 组合键中的数字键，不能使用小键盘上的数字 9，要使用主键盘上的 9 数字键，这样才能按 Ctrl+9 组合键打开隐藏的命令窗口；在菜单栏中，选择【工具】菜单，在弹出的下拉菜单中选择【命令行】命令，也可以打开命令窗口。

2. 在命令行中输入坐标时，提示“点无效”是怎么回事?

在输入坐标时，中间的逗号必须是英文符号，因为 AutoCAD 2016 程序识别不了英文符号以外的符号。输入其他符号也要是英文状态下的，而且在输入绝对直角坐标和绝对极坐标时，还要将【动态输入】功能关闭。

3. 在 AutoCAD 2016 中，视图平移的快捷键是什么?

快捷键为 P，按 P 键，会在命令行出现命令提示，选择 P(PAN)选项，绘图区中的鼠标指针变为手形，这时可以对视图进行平移操作。

4. 对于创建的视图，在不需要时可以删除吗?

可以删除，具体的操作方法为：在菜单栏中，选择【视图】菜单，在弹出的下拉菜单中选择【命名视图】命令，在弹出的【视图管理器】对话框中，选中要删除的视图，单击【删除】按钮，然后单击【确定】按钮，即可删除不需要的视图。

5. 在 AutoCAD 2016 中，可以使用鼠标对图形进行平移操作吗?

可以，选中图形后按住鼠标滚轮并拖动，可以快速将视图进行平移；还可以在菜单栏中选择【视图】菜单，在弹出的下拉菜单中选择【平移】命令，在弹出的子菜单中选择【上】、【下】、【左】、【右】命令，对视图进行平移一段距离的操作。

第3章

设置绘图环境

本章要点

- 图形界限与量度单位
- 捕捉与栅格
- 精确定位
- 绘图辅助工具
- 专题课堂——设计中心

本章主要内容

本章主要介绍 AutoCAD 2016 设置图形界限与量度单位、开启捕捉与栅格和精确定位方面的知识与技巧，同时还将讲解绘图辅助工具的知识，在本章的专题课堂环节中，将详细介绍设计中心方面的知识。通过本章的学习，读者可以掌握在 AutoCAD 2016 中，设置绘图环境的知识与操作技巧，为深入学习 AutoCAD 2016 奠定基础。

Section 3.1 图形界限与量度单位

导读　在绘制一些图形时，需要按照标准对图形的大小和单位进行统一，所以在绘图之前，需要设置好绘图单位和图形界限。本节将重点介绍在 AutoCAD 2016 中设置图形界限和量度单位的知识与操作技巧。

3.1.1 设置图形界限

微课堂 00 分 29 秒

图形界限，简称“图限”，是 AutoCAD 的绘图区域，为了避免在绘图时超出工作区域，需要使用图形界限来标明边界。下面将介绍设置图形界限的操作方法。

操作步骤 >> Step by Step

第 1 步　新建 CAD 空白文档，切换到【草图与注释】空间，*1.* 在菜单栏中，选择【格式】菜单，*2.* 在弹出的下拉菜单中，选择【图形界限】命令，如图 3-1 所示。

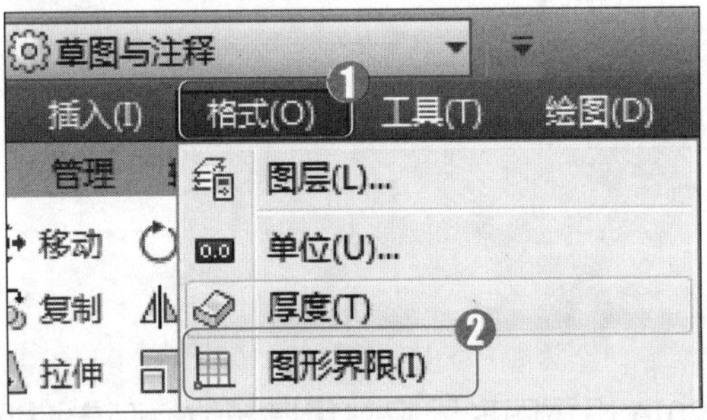

图 3-1

第 2 步　命令行提示“LIMITS 指定左下角点或开[(ON)关(OFF)]”，在命令行中输入左下角点坐标“0, 0”，然后按 Enter 键，如图 3-2 所示。

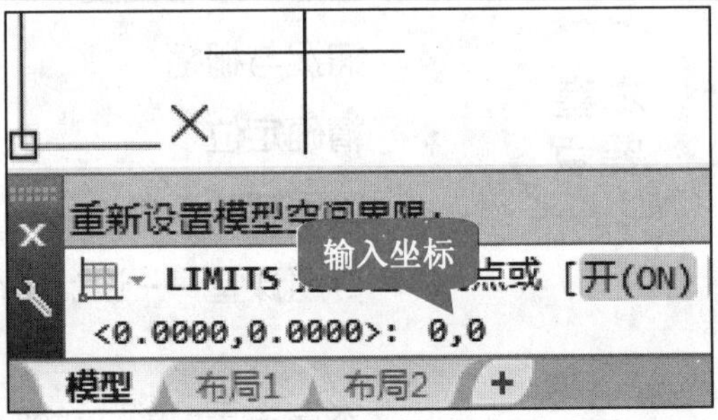

图 3-2

第 3 步　命令行提示“LIMITS 指定右上角点”，在命令行中输入右上角点坐标“210, 297”，然后按 Enter 键，即可完成设置图形界限的操作，如图 3-3 所示。

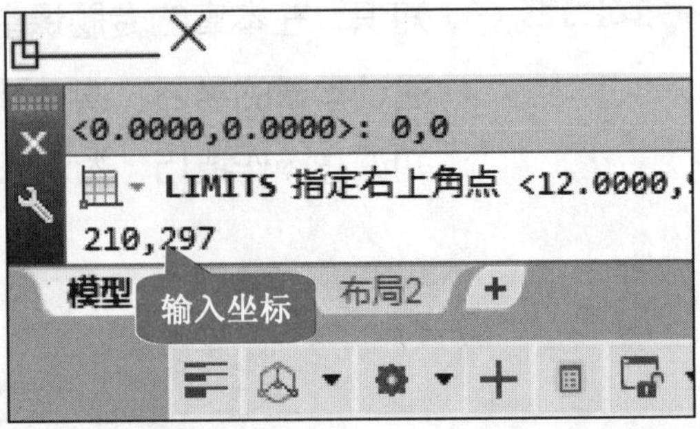

图 3-3

■ 指点迷津

在 AutoCAD 2016 中，可以在命令行输入 LIMITS 命令，然后按 Enter 键，来调用图形界限命令。

3.1.2 设置量度单位

微课堂 00 分 19 秒

因绘制的图形不同，用户可以根据需要来设置文档的长度、角度单位和方向等。下面讲解设置绘图单位的操作方法。

操作步骤 >> Step by Step

第 1 步 新建 CAD 空白文档，切换到【草图与注释】空间，**1.** 在菜单栏中，选择【格式】菜单，**2.** 在弹出的下拉菜单中，选择【单位】命令，如图 3-4 所示。

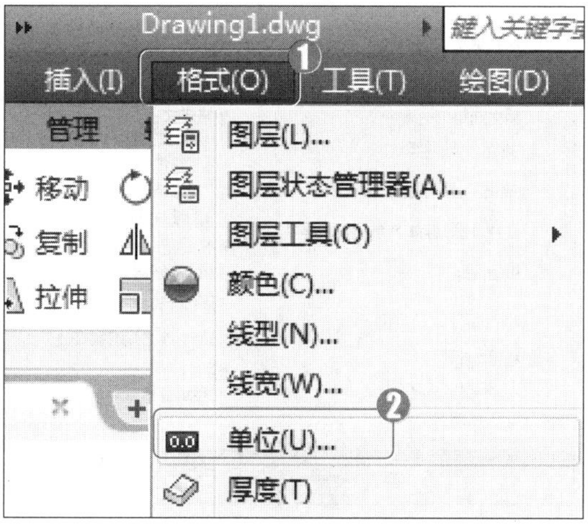

图 3-4

第 2 步 弹出【图形单位】对话框，**1.** 设置【长度】区域相应的参数值，**2.** 设置【角度】区域相应的参数值，**3.** 单击【确定】按钮 确定 ，即完成设置绘图单位的操作，如图 3-5 所示。

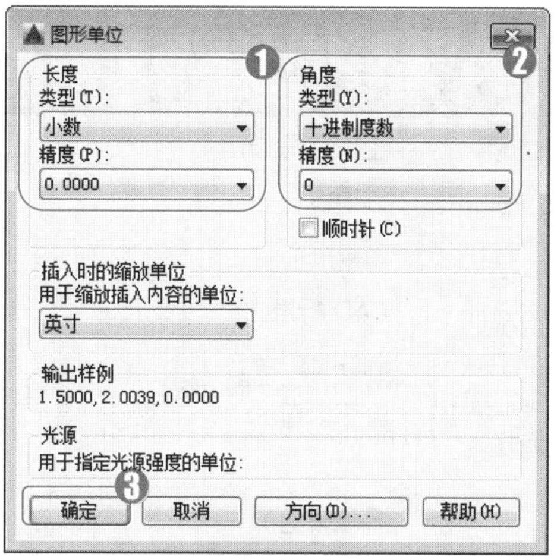

图 3-5

知识拓展：量度单位的设置要求

在 AutoCAD 2016 中，默认的绘图单位为毫米（mm），而在国内的工程绘图领域中最常用的绘图单位也是毫米（mm），因此在绘制图形的过程中，可以省略设置图形量度单位这一步骤。

Section 3.2 捕捉与栅格

导读

在 AutoCAD 2016 中，捕捉功能用于限制鼠标指针移动的距离，依靠栅格上的点来进行捕捉。栅格是由距离相等的网格组成的，能直观地显示图形界限的范围。本节将介绍在 AutoCAD 2016 中使用捕捉与栅格功能方面的知识。

3.2.1 使用捕捉

微课堂 00 分 41 秒

在 AutoCAD 2016 中，捕捉功能捕捉的对象是栅格上的点，经常与栅格配合使用。下面介绍使用捕捉功能的操作方法。

操作步骤 >> Step by Step

第 1 步 新建 CAD 空白文档，切换到【草图与注释】空间，**1.** 在菜单栏中，选择【工具】菜单，**2.** 在弹出的下拉菜单中，选择【绘图设置】命令，如图 3-6 所示。

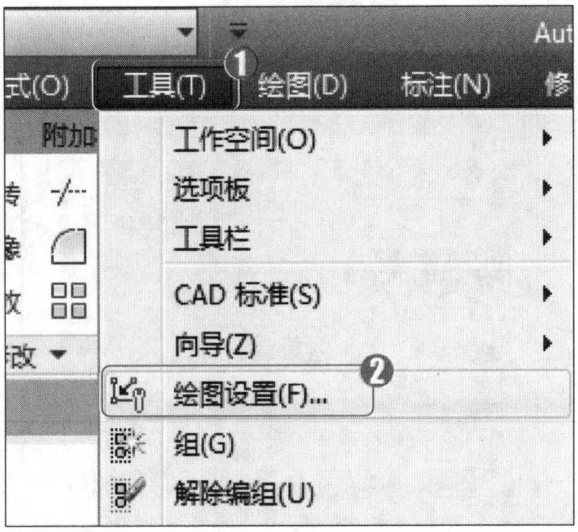

图 3-6

第 2 步 弹出【草图设置】对话框，**1.** 选择【捕捉和栅格】选项卡，**2.** 选中【启用捕捉】复选框，**3.** 单击【确定】按钮 确定 ，如图 3-7 所示。

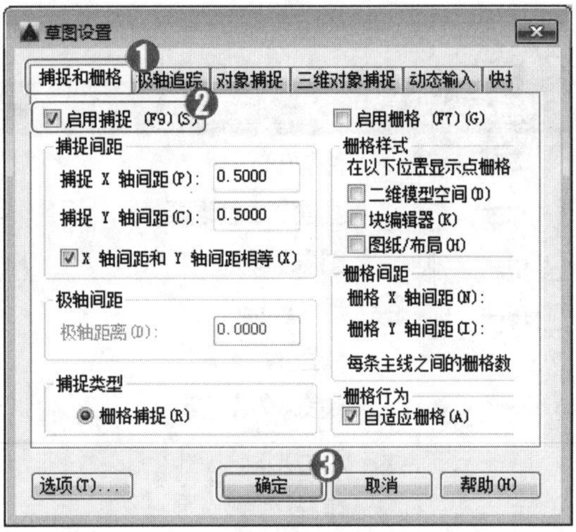

图 3-7

第 3 步 返回到绘图区，**1.** 在功能区面板中选择【默认】选项卡，**2.** 在【绘图】面板中，单击【圆】按钮，如图 3-8 所示。

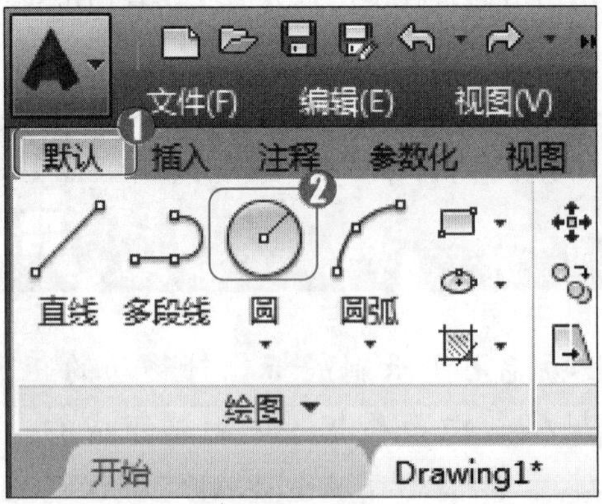

图 3-8

第 4 步 此时可以看到鼠标指针在栅格上的点上移动，按住鼠标左键并移动绘制圆形，通过以上步骤即可完成使用捕捉功能的操作，如图 3-9 所示。

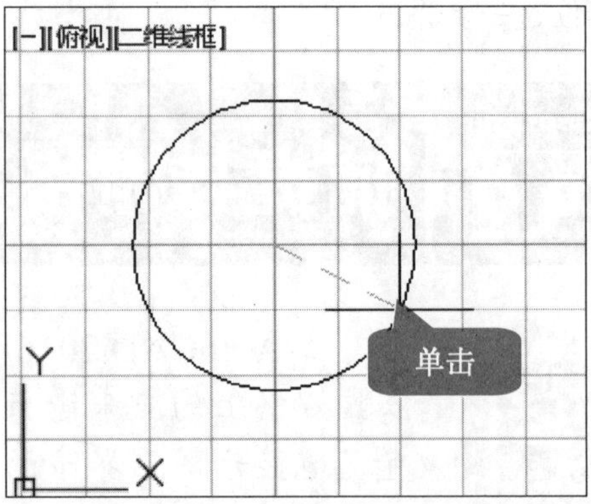

图 3-9

3.2.2 栅格辅助定位

微课堂 00 分 30 秒

栅格辅助定位功能在绘图时能起到很大的用处，而且通过该功能可以设置图纸的界限，避免在绘图时超出图纸的范围。下面介绍启动栅格功能的操作方法。

操作步骤 >> Step by Step

第 1 步 新建 CAD 空白文档，切换到【草图与注释】空间，*1.* 在菜单栏中，选择【工具】菜单，*2.* 在弹出的下拉菜单中，选择【绘图设置】命令，如图 3-10 所示。

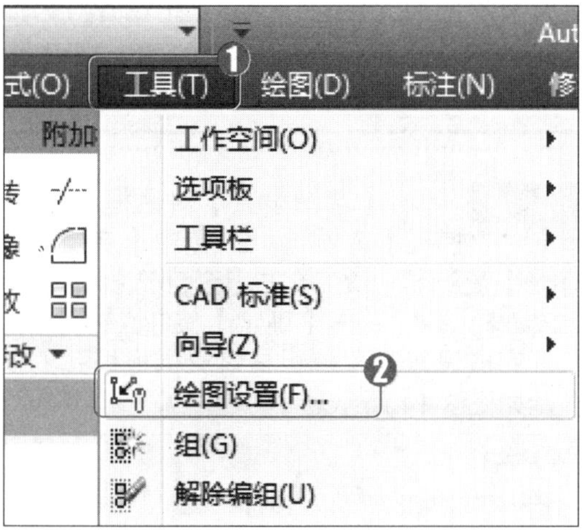

图 3-10

第 2 步 弹出【草图设置】对话框，*1.* 选择【捕捉和栅格】选项卡，*2.* 选中【启用栅格】复选框，*3.* 单击【确定】按钮 确定 ，如图 3-11 所示。

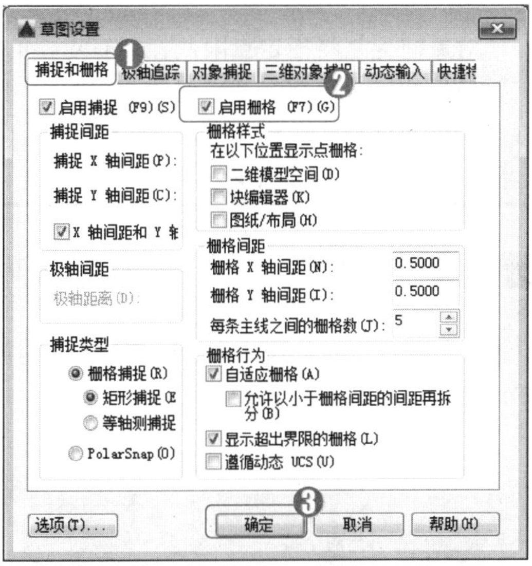

图 3-11

第 3 步 在绘图区中显示栅格，通过以上步骤即可完成开启栅格功能的操作，如图 3-12 所示。

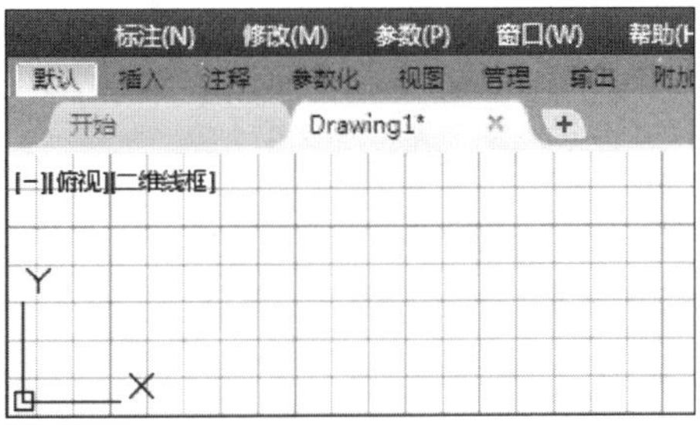

图 3-12

■ 指点迷津

在 AutoCAD 2016 中，在键盘上按 F7 键，可以快速开启捕捉功能；在键盘上按 F9 键，可以快速开启栅格功能。

知识拓展：开启捕捉和栅格功能的其他方式

在 AutoCAD 2016 中，单击状态栏上的【显示图形格栅】按钮或【捕捉到图形栅格】按钮，都可以开启捕捉与栅格功能。

Section 3.3 精确定位

导读

AutoCAD 2016 提供的精确定位功能，可以帮助用户快速准确地绘制图形，包括对象捕捉、极轴追踪、对象捕捉追踪和正交模式，本节将重点介绍使用这些精准定位工具的知识。

3.3.1 对象捕捉

微课堂 00 分 45 秒

对象捕捉是将指定点限制在现有对象的确切位置上，如中点、端点、交点等。为确定需要捕捉的点，需要在开启对象捕捉时，同时设置对象的捕捉模式。下面介绍设置对象捕捉与对象捕捉模式的操作方法。

操作步骤 >> Step by Step

第 1 步 新建 CAD 空白文档，切换到【草图与注释】空间，*1.* 在菜单栏中，选择【工具】菜单，*2.* 在弹出的下拉菜单中，选择【绘图设置】命令，如图 3-13 所示。

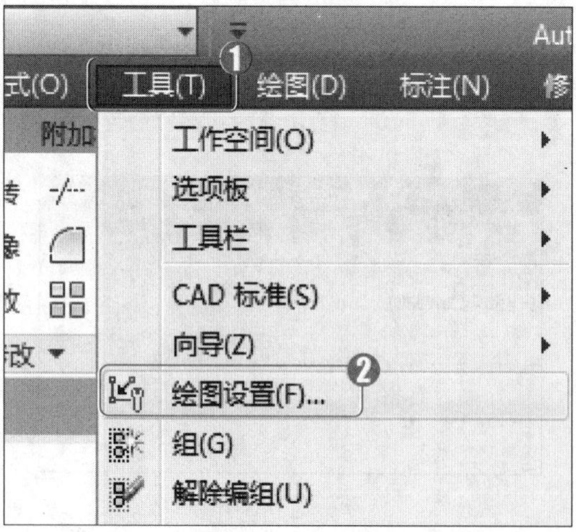

图 3-13

第 2 步 弹出【草图设置】对话框，*1.* 选择【对象捕捉】选项卡，*2.* 选中【启用对象捕捉】复选框，*3.* 单击【全部选择】按钮 全部选择，*4.* 单击【确定】按钮 确定，即可完成设置对象捕捉与对象捕捉模式的操作，如图 3-14 所示。

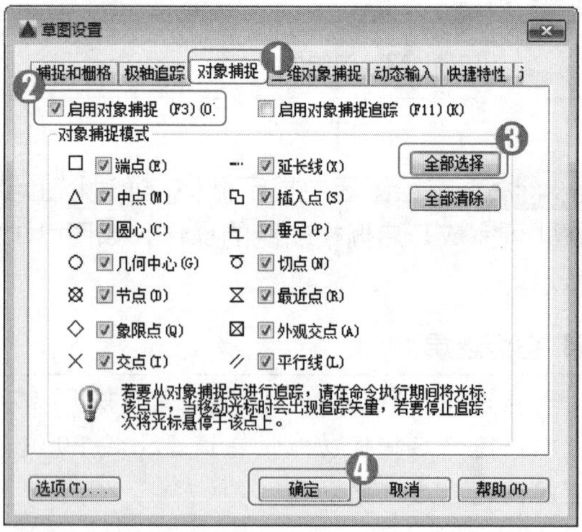

图 3-14

知识拓展：快速开启与关闭对象捕捉功能

在 AutoCAD 2016 中，单击状态栏上的【对象捕捉】按钮，或者按 F3 键，都可以快速开启与关闭对象捕捉功能。

3.3.2　极轴追踪

微课堂 00 分 29 秒

极轴追踪是绘图时可以沿某一角度追踪的功能，在 AutoCAD 2016 中，极轴追踪增量角度包括 90°、30°、45° 等。下面介绍何设置极轴追踪的操作方法。

操作步骤 >> Step by Step

第 1 步　新建 CAD 空白文档，切换到【草图与注释】空间，**1.** 在菜单栏中，选择【工具】菜单，**2.** 在弹出的下拉菜单中，选择【绘图设置】命令，如图 3-15 所示。

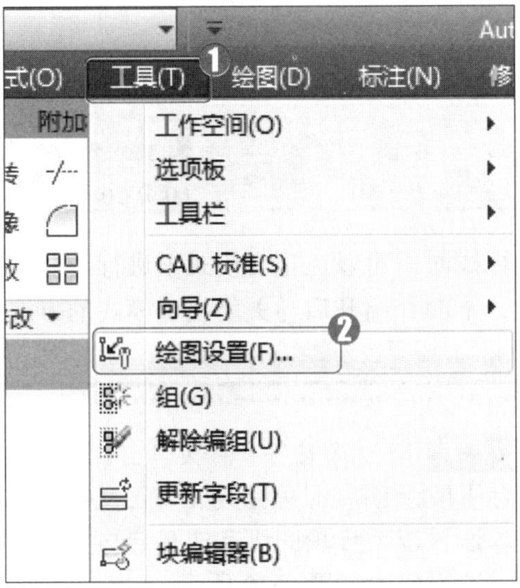

图 3-15

第 2 步　弹出【草图设置】对话框，**1.** 选择【极轴追踪】选项卡，**2.** 选中【启用极轴追踪】复选框，**3.** 在【极轴角设置】区域的【增量角】下拉列表中，选择 45 选项，**4.** 单击【确定】按钮 确定 ，即可完成设置极轴追踪的操作，如图 3-16 所示。

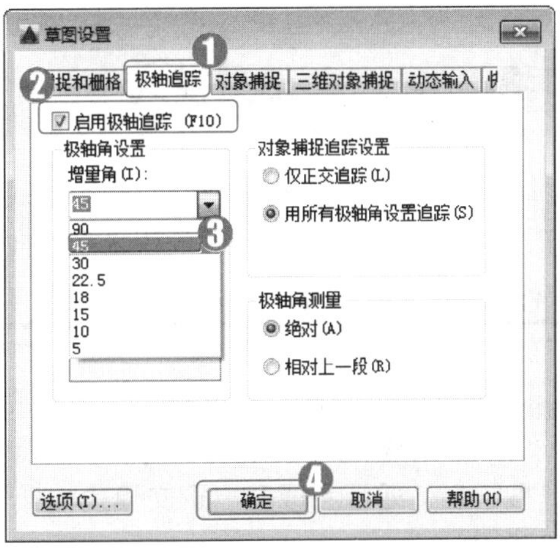

图 3-16

3.3.3　对象捕捉追踪

微课堂 00 分 23 秒

对象捕捉追踪是对象捕捉功能与极轴追踪功能的综合体现，该功能须与对象捕捉功能配合使用。对象捕捉追踪是指捕捉到特定点后，用户可以继续对其他的点进行捕捉追踪，如到端点、中点、交点和象限点等特殊点。下面介绍设置对象捕捉追踪的操作方法。

操作步骤 >> Step by Step

第 1 步　新建 CAD 空白文档，切换到【草图与注释】空间，**1.** 在菜单栏中，选择【工具】菜单，**2.** 在弹出的下拉菜单中，选择【绘图设置】命令，如图 3-17 所示。

第 2 步　弹出【草图设置】对话框，**1.** 选择【对象捕捉】选项卡，**2.** 选中【启用对象捕捉追踪】复选框，**3.** 单击【确定】按钮 确定 ，即可完成设置对象捕捉追踪的操作，如图 3-18 所示。

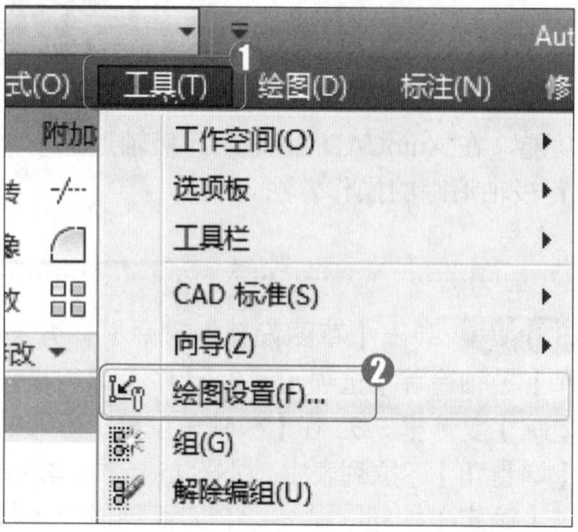

图 3–17

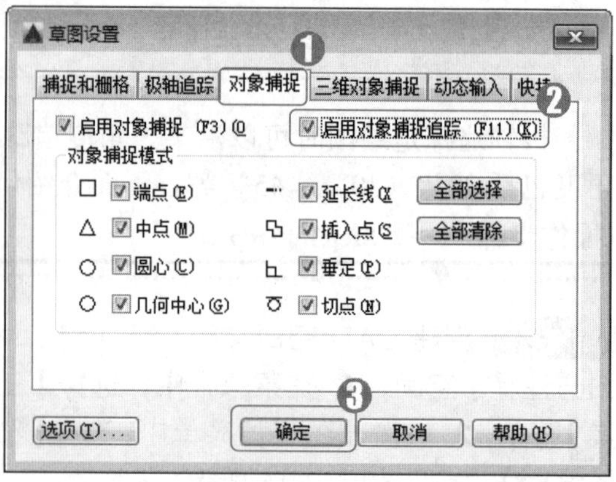

图 3–18

3.3.4 正交模式

微课堂 00 分 20 秒

在 AutoCAD 2016 中，绘制水平直线或垂直直线时，可以在正交模式下进行绘制，开启正交功能后，只能画出水平或垂直方向的直线。下面介绍开启与关闭正交模式的方法。

操作步骤 >> Step by Step

第 1 步 新建 CAD 空白文档，在【草图与注释】空间的状态栏中，单击【正交限制光标】按钮，即可完成开启正交模式的操作，如图 3-19 所示。

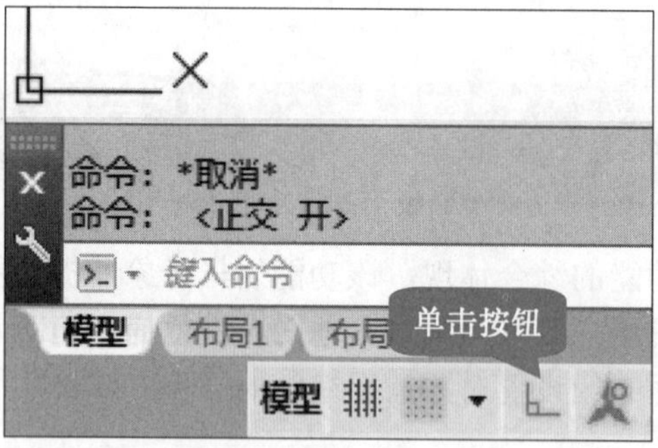

图 3–19

第 2 步 在状态栏中，再次单击【正交限制光标】按钮，即可完成关闭正交模式的操作。通过以上步骤即可完成开启与关闭正交模式的操作，如图 3-20 所示。

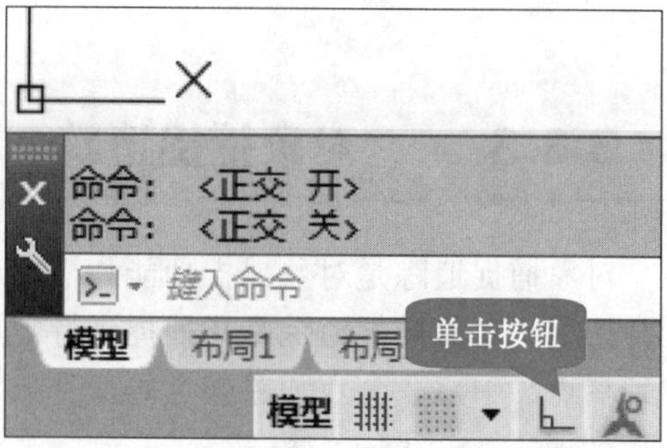

图 3–20

知识拓展：在正交模式下绘制直线

开启正交模式后，在绘制一定长度的直线时，由于正交功能已经限制了直线的方向，只需要在绘制直线时输入直线的长度，即可绘制出水平或垂直方向的直线。在 AutoCAD 2016 中，可以按 F8 键快速开启正交模式。

Section 3.4 绘图辅助工具

导读

在 AutoCAD 2016 中，使用绘图辅助工具，用户可以更加方便、快速地绘制图形。绘图辅助工具包括动态输入、显示/隐藏线宽和快捷特性等。本节将介绍绘图辅助工具方面的知识与操作方法。

3.4.1 动态输入

微课堂 00 分 47 秒

在 AutoCAD 2016 中绘制图形时，启用动态输入功能后，可以直接在鼠标指针附近显示信息、输入值，用户可以直接输入绘制图形的数值确定图形的大小。下面介绍设置动态输入功能的操作方法。

操作步骤 >> Step by Step

第 1 步 新建 CAD 空白文档，切换到【草图与注释】空间，*1.* 在菜单栏中，选择【工具】菜单，*2.* 在弹出的下拉菜单中，选择【绘图设置】命令，如图 3-21 所示。

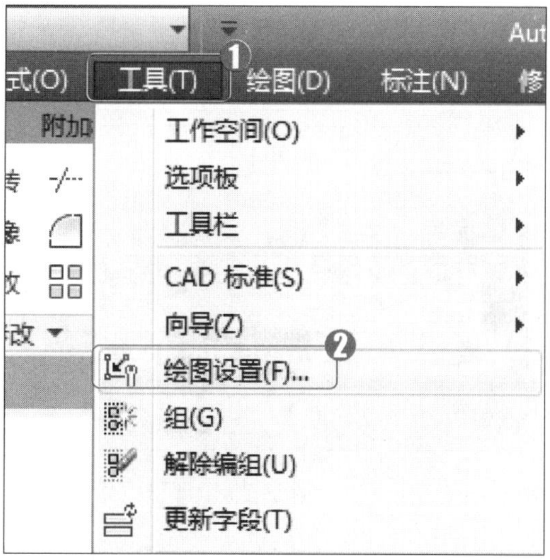

图 3-21

第 2 步 弹出【草图设置】对话框，*1.* 选择【动态输入】选项卡，*2.* 选中【启用指针输入】复选框，*3.* 选中【可能时启用标注输入】复选框，*4.* 单击【确定】按钮 确定 ，如图 3-22 所示。

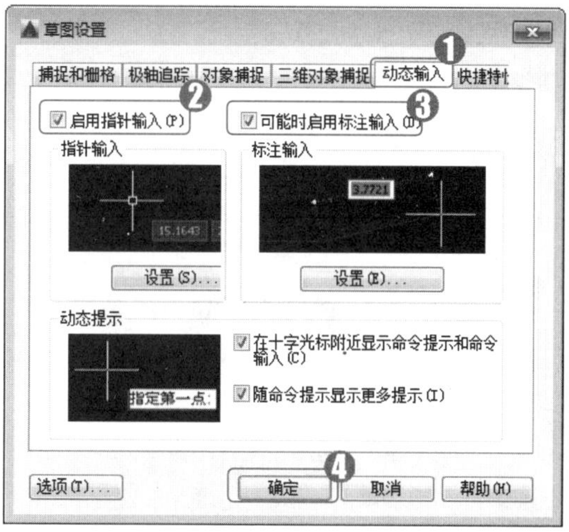

图 3-22

第 3 步 动态输入功能开启，*1.* 在功能区面板中，选择【默认】选项卡，*2.* 在【绘图】面板中，单击【直线】按钮，如图 3-23 所示。

第 4 步 返回到绘图区，可以看到开启动态输入的效果。通过以上步骤即可完成开启动态输入的操作，如图 3-24 所示。

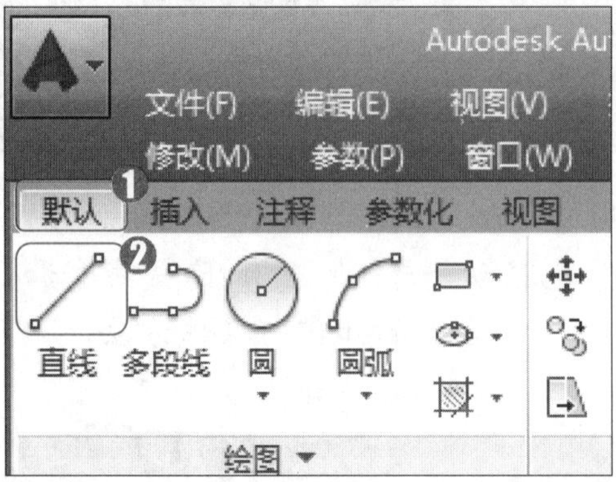

图 3-23

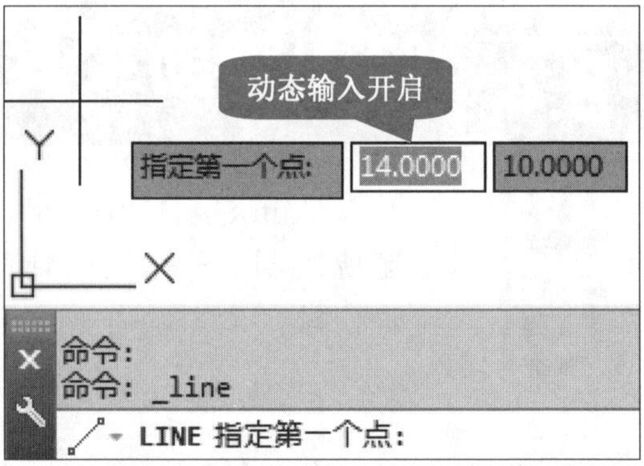

图 3-24

3.4.2 显示/隐藏线宽

微课堂 00 分 19 秒

线宽是图形对象的一个基本属性，在 AutoCAD 2016 中，为了绘图的方便，需要为线条设置应用的宽度，主要作用就是控制图形在打印时的宽度，下面介绍显示和隐藏线宽的操作方法。

操作步骤 >> Step by Step

第 1 步 新建 CAD 空白文档，切换到【草图与注释】空间，在状态栏中，单击【显示/隐藏线宽】按钮，即可完成开启显示线宽的操作，如图 3-25 所示。

第 2 步 在状态栏中，再次单击【显示/隐藏线宽】按钮，即可完成隐藏线宽的操作。通过以上步骤即可完成显示和隐藏线宽的操作，如图 3-26 所示。

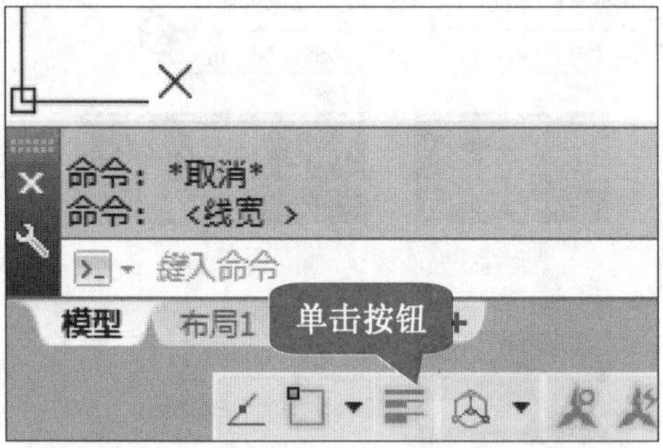

图 3-25

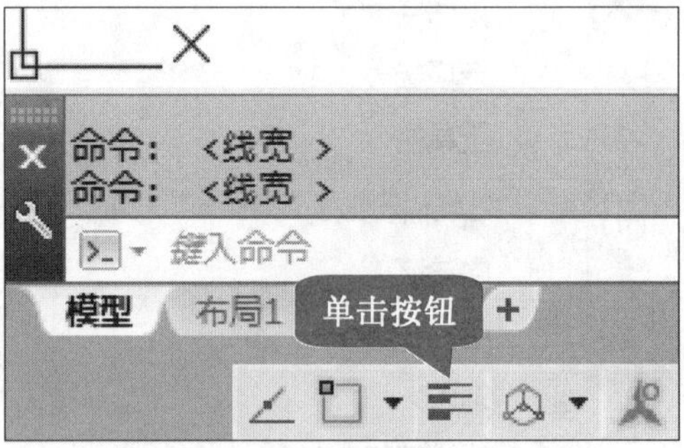

图 3-26

3.4.3 快捷特性

微课堂 00 分 25 秒

在 AutoCAD 2016 中，开启快捷特性功能后，选中绘制的图形，可以在快捷特性面板中快速地了解图形和修改图形的颜色、线型、坐标等特性。下面介绍使用快捷特性功能的操作方法。

操作步骤 >> Step by Step

第 1 步 打开 CAD 图形文件，切换到【草图与注释】空间，在状态栏中，单击【快捷特性】按钮▣，开启快捷特性功能，如图 3-27 所示。

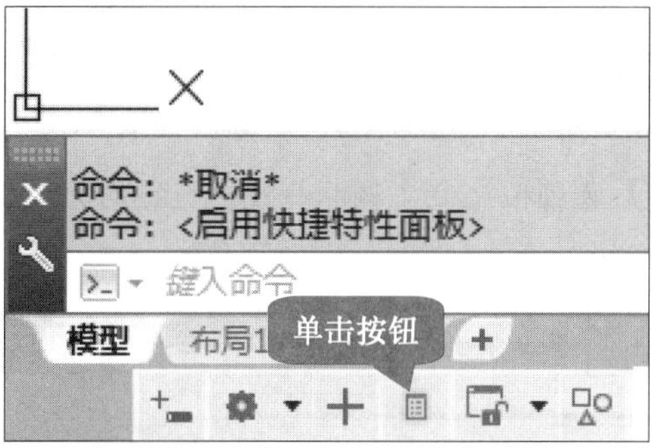

图 3-27

第 2 步 返回到绘图区，单击选择图形，可以看到该图形的所有特性。通过以上步骤即可完成使用快捷特性功能的操作，如图 3-28 所示。

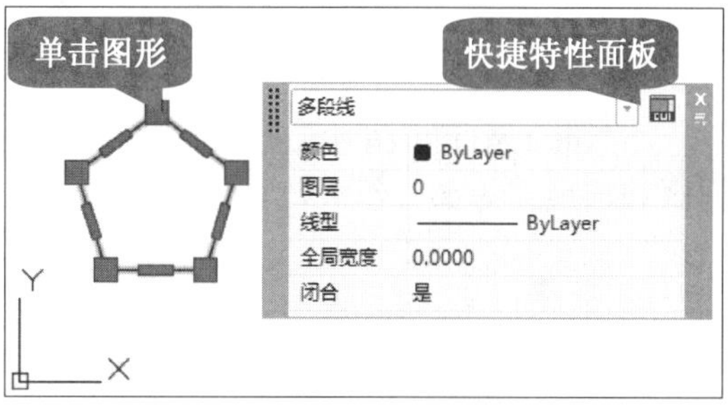

图 3-28

知识拓展：设置快捷特性

右击【快捷特性】按钮▣，在弹出的快捷菜单中，选择【快捷特性设置】命令，在弹出的【草图设置】对话框中，选择【快捷特性】选项卡，在该选项卡中可以设置该面板显示的位置、针对显示的对象等属性。

Section 3.5 专题课堂——设计中心

导读

在 AutoCAD 2016 中，AutoCAD 设计中心主要用于组织图形、图案填充和其他图形内容的操作。本节将介绍 AutoCAD 设计中心基础方面的操作技巧。

3.5.1 AutoCAD 设计中心概述

微课堂 00 分 22 秒

AutoCAD 设计中心(AutoCAD Design Center，简称 ADC)是一个与 Windows 资源管理器作用类似的管理工具，可以迅速地将图形文件、图块等功能添加到文件中，并且可以浏览、打开、搜索指定的图形资源，其拥有以下优点：

- 可以浏览用户计算机、网络驱动器和 Web 页上的图形内容(如图形或符号库)。
- 查看任意图形文件中块和图层的定义表，然后将定义插入、附着、复制和粘贴到当前图形中。

- 创建指向常用图形、文件夹和 Internet 网址的快捷方式。
- 更新(重定义)块定义。向图形中添加内容(如外部参照、块和图案填充)，在新窗口中打开图形文件。
- 将图形、块和图案填充拖动到工具选项板上以便于访问。
- 可以在打开的图形之间复制和粘贴内容(如图层定义、布局和文字样式)。

3.5.2 认识【设计中心】选项板

微课堂 00 分 11 秒

在 AutoCAD 2016 中，AutoCAD【设计中心】选项板主要由树状视图区、内容区、按钮区和选项卡等部分组成，如图 3-29 所示。

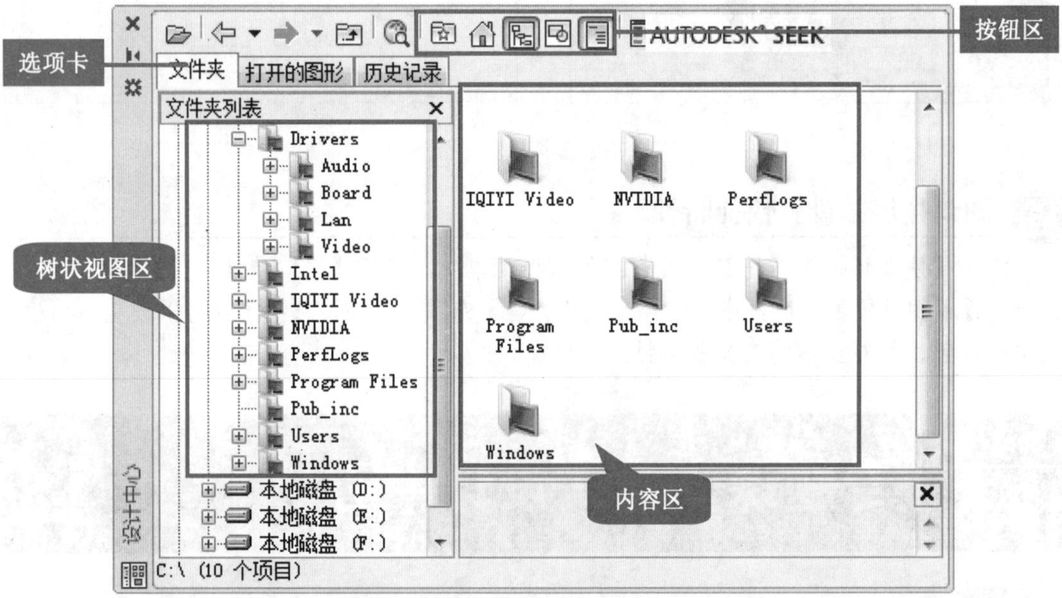

图 3-29

知识拓展：打开【设计中心】选项板

在 AutoCAD 2016 的菜单栏中，选择【工具】菜单，在弹出的下拉菜单中选择【选项板】命令，在【选项板】子菜单中选择【设计中心】命令；或者选择【视图】选项卡，在【选项板】面板中单击【设计中心】按钮，都可以打开【设计中心】选项板。

3.5.3 从设计中心搜索内容并加载到内容区

微课堂 00 分 43 秒

在 AutoCAD 2016 中，可以在设计中心中搜索内容并将其加载到内容区，以方便查询使用。下面介绍从设计中心搜索内容并加载到内容区的操作方法。

操作步骤 >> Step by Step

第 1 步 新建 CAD 空白文档，切换到【草图与注释】空间，*1.* 在功能区面板中选择【视图】选项卡，*2.* 在【选项板】面板中，单击【设计中心】按钮，如图 3-30 所示。

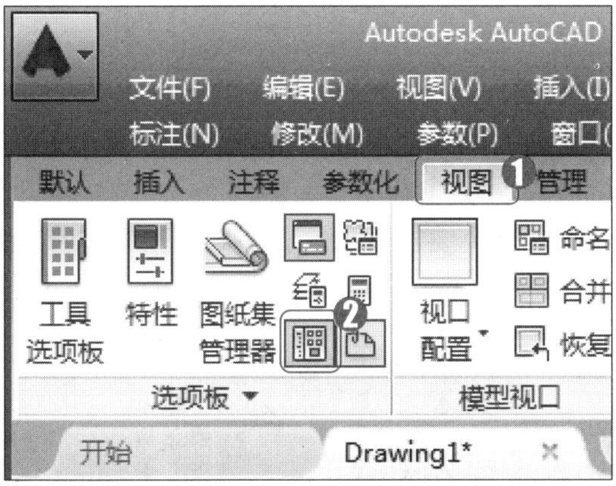

图 3-30

第 2 步 打开【设计中心】选项板，在按钮区中，单击【搜索】按钮，如图 3-31 所示。

图 3-31

第 3 步 弹出【搜索】对话框，*1.* 在【于】下拉列表中，选择要搜索文件的磁盘位置，*2.* 在【搜索文字】文本框输入搜索的文件名，*3.* 单击【立即搜索】按钮 立即搜索(N)，如图 3-32 所示。

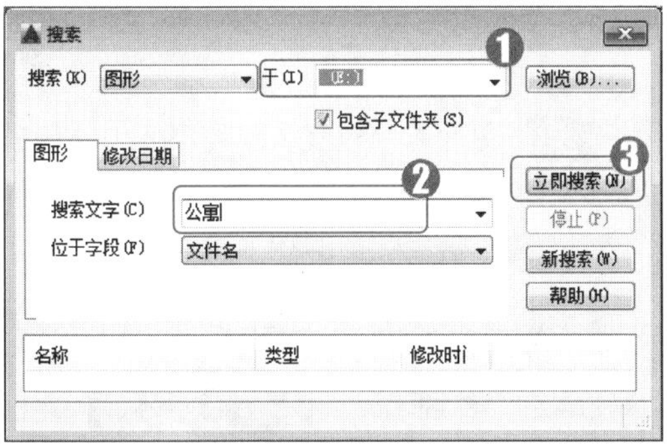

图 3-32

第 4 步 搜索信息完成后，*1.* 在【检索】区域中，右击搜索到的文件名，*2.* 在弹出的快捷菜单中，选择【加载到内容区中】命令，如图 3-33 所示。

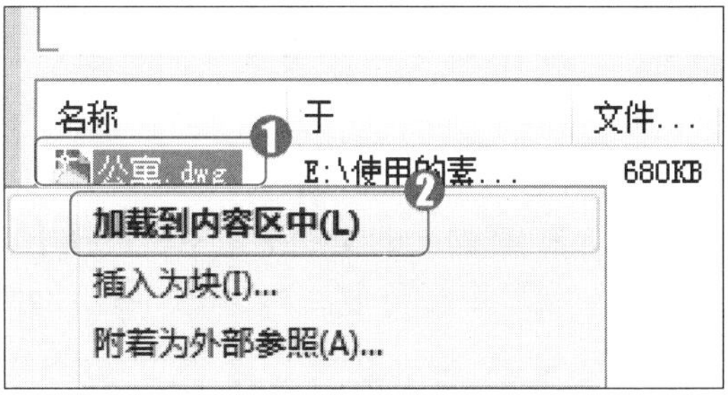

图 3-33

第 5 步 返回到【设计中心】选项板，可以看到搜索的文件已经添加到内容区中，这样即完成了从设计中心搜索内容并加载到内容区的操作，如图 3-34 所示。

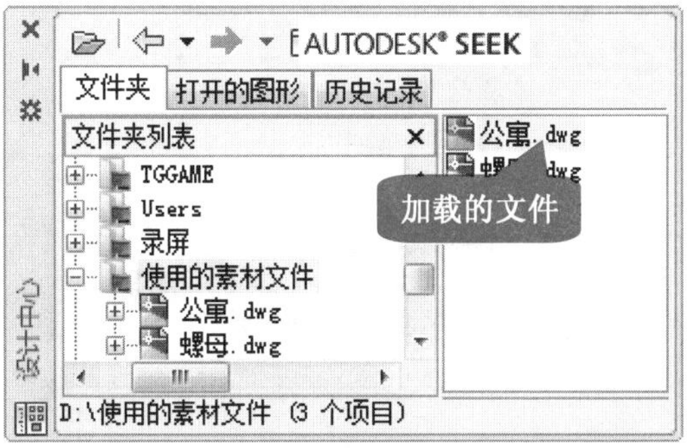

图 3-34

■ 指点迷津

在【搜索】对话框进入搜索文件状态时，如需停止搜索，单击【停止】按钮即可。

3.5.4 通过设计中心打开图形文件的操作

微课堂 00 分 40 秒

在 AutoCAD 2016 中，通过设计中心可以对文件和图形进行打开、查找内容和添加内容等操作，还可以通过设计中心插入图形资源，并且能够方便地进行插入图块和重定义图块操作。下面介绍通过设计中心打开图形文件的操作方法。

操作步骤 >> Step by Step

第 1 步 新建 CAD 空白文档，切换到【草图与注释】空间，*1.* 在功能区面板中选择【视图】选项卡，*2.* 在【选项板】面板中，单击【设计中心】按钮，如图 3-35 所示。

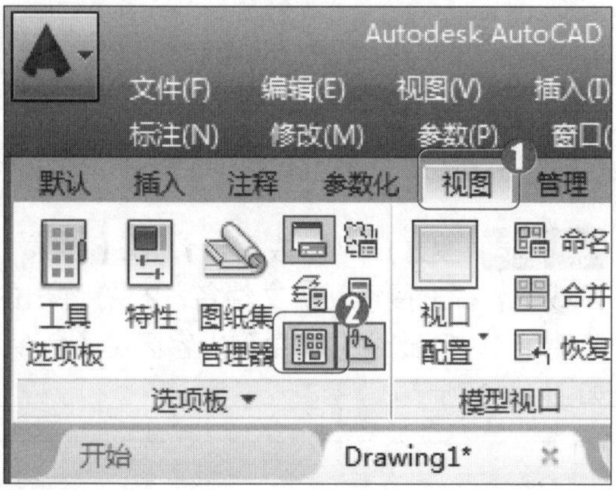

图 3-35

第 2 步 打开【设计中心】选项板，*1.* 选择【文件夹】选项卡，*2.* 在左侧的树状视图区中，选择要打开的文件夹，如图 3-36 所示。

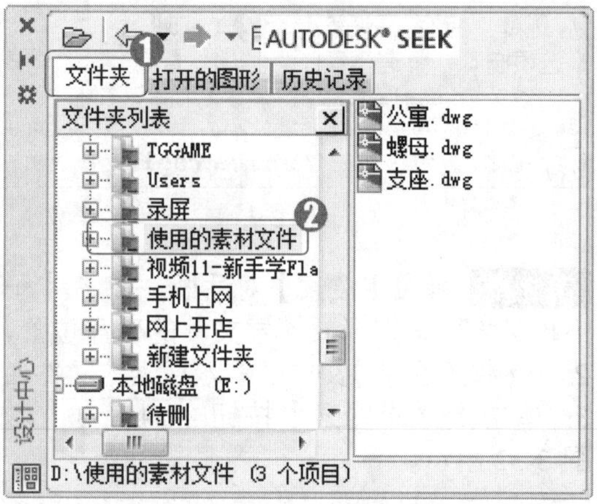

图 3-36

第 3 步 在内容区中，*1.* 右击要打开的文件名称，*2.* 在弹出的快捷菜单中，选择【在应用程序窗口中打开】命令，如图 3-37 所示。

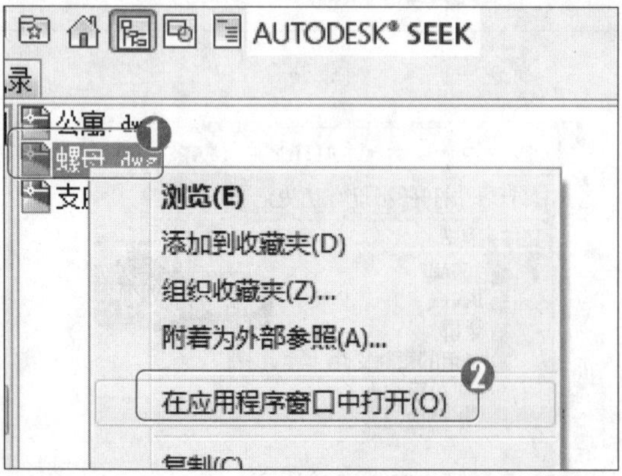

图 3-37

第 4 步 文件在 AutoCAD 绘图区中打开，通过以上步骤即可完成通过设计中心打开图形文件的操作，如图 3-38 所示。

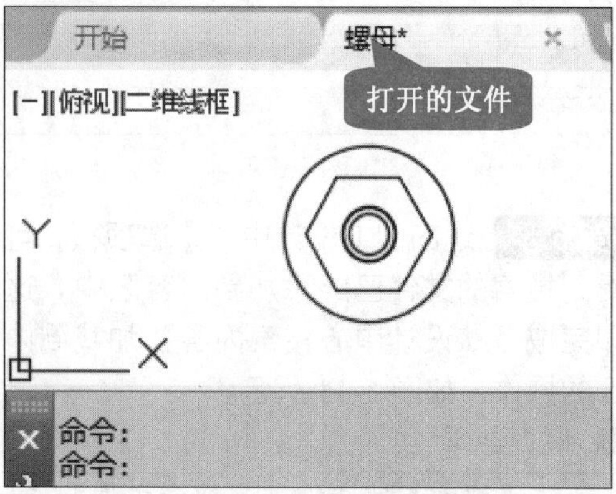

图 3-38

Section 3.6 实践经验与技巧

导读

在本节的学习过程中，将侧重介绍和讲解与本章知识点有关的实践经验和技巧，主要内容将包括设置绘图区背景色、设置线宽及加载线型方面的知识，以达到巩固学习、拓展提高的目的。

3.6.1 设置绘图区背景色

微课堂 00 分 50 秒

在 AutoCAD 2016 中，绘图区的背景颜色默认为黑色，在制作和编辑图形时，用户可以根据自己的爱好和使用习惯来更改绘图区的背景颜色。下面介绍设置绘图区背景颜色的操作方法。

操作步骤 >> Step by Step

第 1 步 新建 CAD 空白文档，切换到【草图与注释】空间，**1.** 在菜单栏中，选择【工具】菜单，**2.** 在弹出的下拉菜单中，选择【选项】命令，如图 3-39 所示。

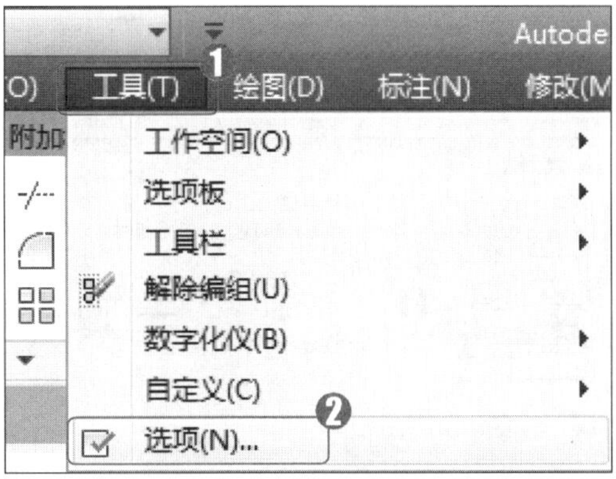

图 3-39

第 2 步 弹出【选项】对话框，**1.** 选择【显示】选项卡，**2.** 在【窗口元素】区域中，单击【颜色】按钮 颜色(C)... ，如图 3-40 所示。

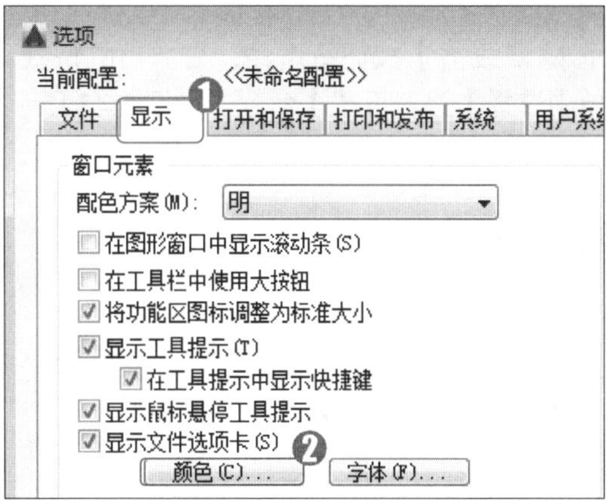

图 3-40

第 3 步 弹出【图形窗口颜色】对话框，**1.** 在【上下文】列表框中，选择【二维模型空间】选项，**2.** 在【界面元素】列表框中，选择【统一背景】选项，**3.** 在【颜色】下拉列表中，选择要设置的背景颜色，如黄色，**4.** 单击【应用并关闭】按钮 应用并关闭(A) ，如图 3-41 所示。

第 4 步 这时可以看到绘图区的背景颜色改变了，返回到【选项】对话框，单击【确定】按钮 确定 ，即可完成设置绘图区背景色的操作，如图 3-42 所示。

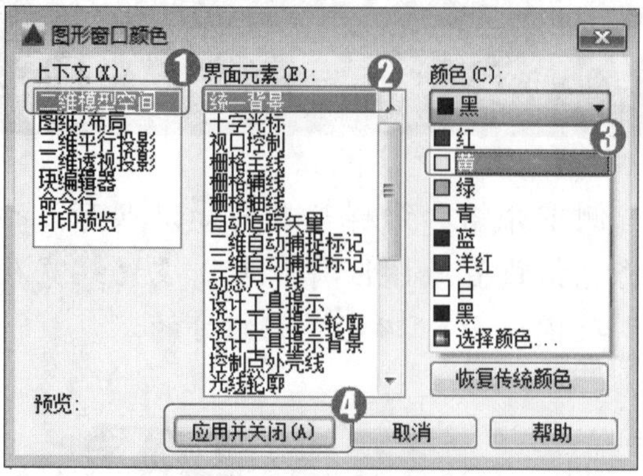

图 3-41

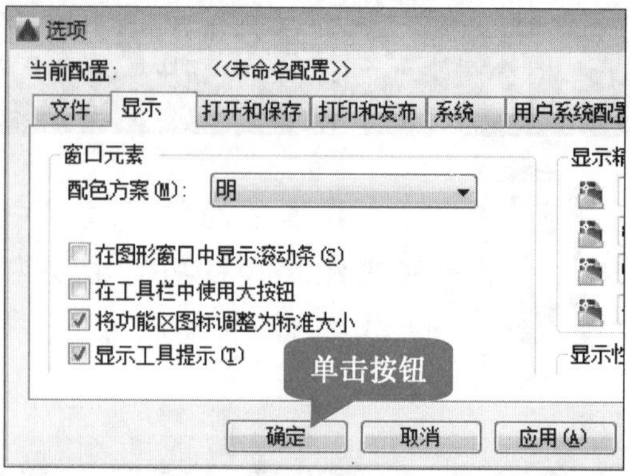

图 3-42

3.6.2 设置线宽

微课堂 00 分 25 秒

在 AutoCAD 2016 中，当绘制复杂的图形时，需要使用不同粗细的线条来区别所绘制的图形，并且在打印图形时可以清楚地看到效果，这时可以使用设置线宽功能来设置线条的粗细。下面将介绍设置线宽的操作方法。

操作步骤 >> Step by Step

第 1 步 新建 CAD 空白文档，切换到【草图与注释】空间，***1.*** 在状态栏中，右击【显示/隐藏线宽】按钮，***2.*** 在弹出的快捷菜单中选择【线宽设置】命令，如图 3-43 所示。

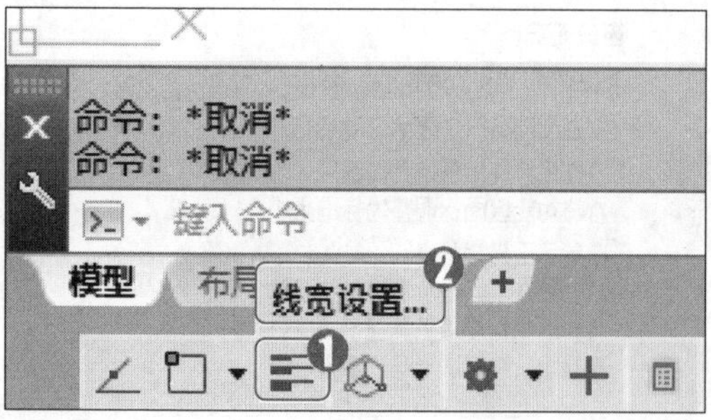

图 3-43

第 2 步 弹出【线宽设置】对话框，***1.*** 在【线宽】列表框中，选择要使用的线宽，如 0.30mm，***2.*** 单击【确定】按钮 确定，即可完成设置线宽的操作，如图 3-44 所示。

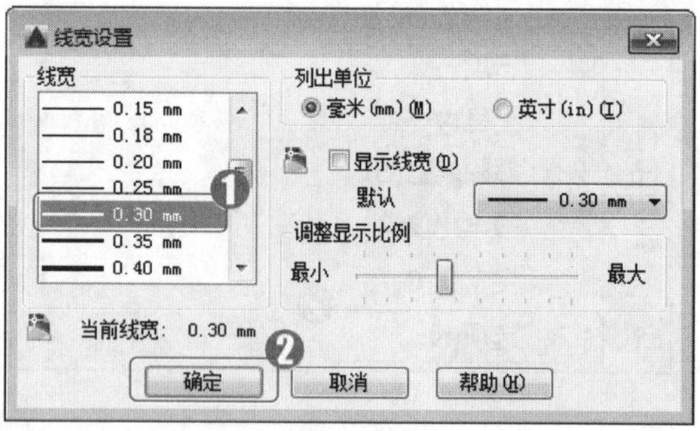

图 3-44

3.6.3 加载线型

微课堂 00 分 39 秒

在 AutoCAD 2016 中绘制复杂的建筑图形时，需要使用各种不同的线型，如虚线、点划线、中心线等，但默认情况下系统只显示 3 种线型，这时需要加载更多的线型来满足绘图需求。下面介绍加载线型的操作方法。

操作步骤 >> Step by Step

第 1 步 新建 CAD 空白文档，切换到【草图与注释】空间，**1.** 在功能区面板中，选择【默认】选项卡，**2.** 在【特性】面板中，单击【线型】下拉按钮，如图 3-45 所示。

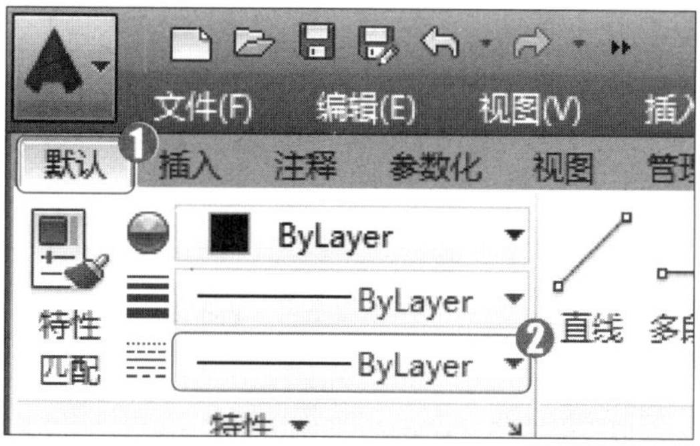

图 3-45

第 3 步 弹出【线型管理器】对话框，单击【加载】按钮 加载(L)... ，如图 3-47 所示。

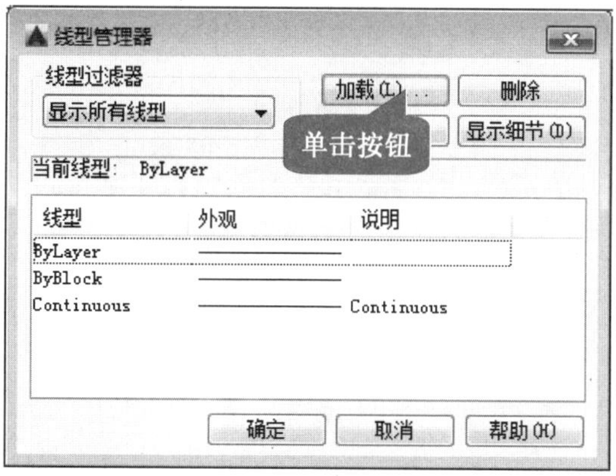

图 3-47

第 5 步 返回到【线型管理器】对话框，单击【确定】按钮 确定 ，即可完成加载线型的操作，如图 3-49 所示。

■ 指点迷津

如果要同时加载多种线型，可以按住 Ctrl 键不放，用鼠标选择更多需要加载的线型，加载后的线型会在【线型】列表框中显示。

第 2 步 在弹出的下拉列表中，选择【其他】选项，如图 3-46 所示。

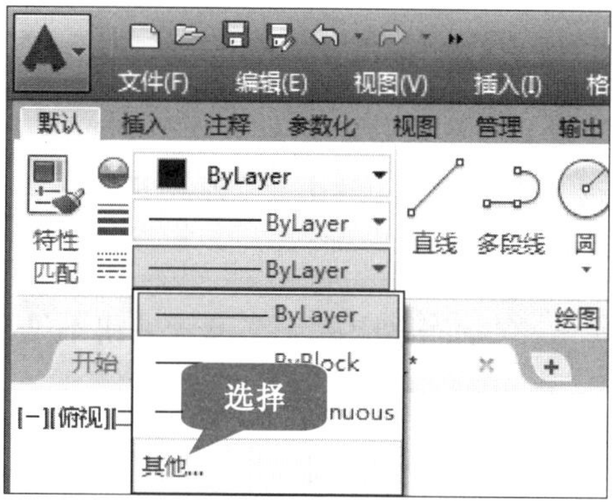

图 3-46

第 4 步 弹出【加载或重载线型】对话框，**1.** 在【可用线型】列表框中，选择要加载的线型，**2.** 单击【确定】按钮 确定 ，如图 3-48 所示。

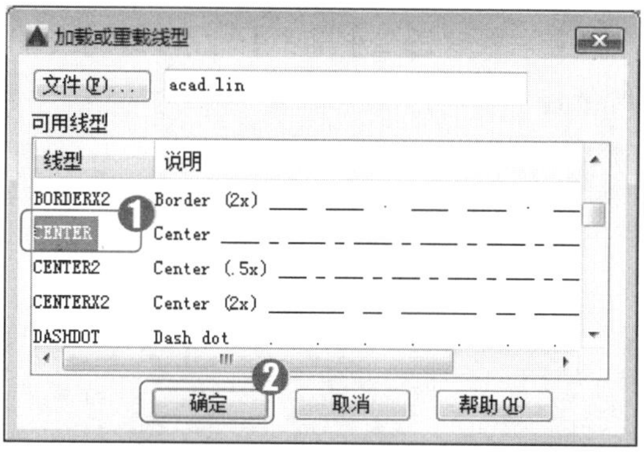

图 3-48

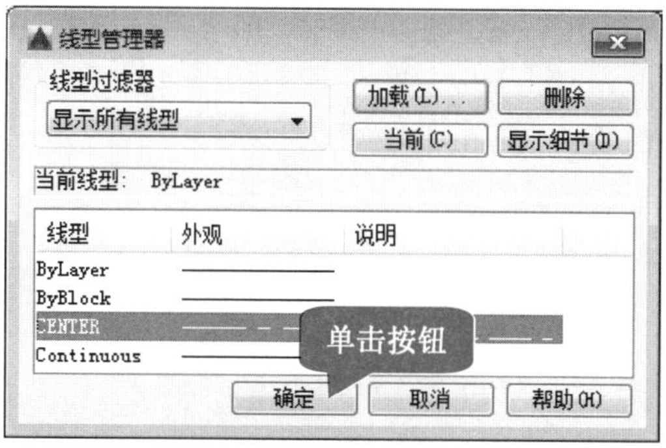

图 3-49

Section 3.7 有问必答

1. 在使用捕捉功能时，捕捉不到点怎么解决?

可以重新设置捕捉功能。在菜单栏中选择【工具】菜单，在弹出的下拉菜单中选择【绘图设置】命令，在弹出的【草图设置】对话框中选择【捕捉和栅格】选项卡，重新选中【启用捕捉】复选框即可。

2. 在状态栏中的正交模式按钮不见了，如何找到?

可以在状态栏的最右侧单击【自定义】按钮☰，在弹出的下拉菜单中选择【正交模式】命令，【正交模式】按钮∟即可显示在状态栏中。

3. 在 AutoCAD 2016 中，设置了线宽但画出来的线条还是细的，如何解决?

有可能是显示线宽功能没有打开，或者是设置的线宽小于 0.30mm；可以开启显示线宽功能，或者将线宽设置为大于 0.30mm。

4. 开启对象捕捉功能后，在绘图时捕捉不到圆的圆心，如何解决?

可以在状态栏中单击【对象捕捉】下拉按钮□▾，在弹出的下拉菜单中，选择【圆心】命令。

第4章

绘制二维图形

本章要点

- 绘制点
- 绘制线
- 绘制矩形与多边形
- 绘制圆
- 绘制圆弧
- 专题课堂——椭圆和椭圆弧

本章主要内容

本章主要介绍在 AutoCAD 2016 中绘制二维图形方面的知识，包括点、线、矩形与多边形、圆和圆弧等图形的绘制，同时还将讲解椭圆和椭圆弧方面的知识。通过本章的学习，读者可以掌握使用 AutoCAD 2016 绘制二维图形的方法与操作技巧，并且能够熟练使用绘图命令进行简单的图形绘制，为深入学习 AutoCAD 2016 奠定基础。

Section 4.1 绘制点

导读

点是组成图形的基本元素之一，对于捕捉和相对偏移有很大的作用。在 AutoCAD 2016 中，点的形式有很多种，包括单点、多点、定数等分点和定距等分点等，点样式也是多种多样的，本节将重点介绍设置点样式以及绘制点的知识与操作技巧。

4.1.1 设置点样式

微课堂 00 分 21 秒

在 AutoCAD 2016 中，默认情况下，点显示为一个黑点，为了方便观察，可以更改点的样式，下面将介绍设置点样式的操作方法。

操作步骤 >> Step by Step

第 1 步 新建 CAD 空白文档，切换到【草图与注释】空间，**1.** 在菜单栏中，选择【格式】菜单，**2.** 在弹出的下拉菜单中，选择【点样式】命令，如图 4-1 所示。

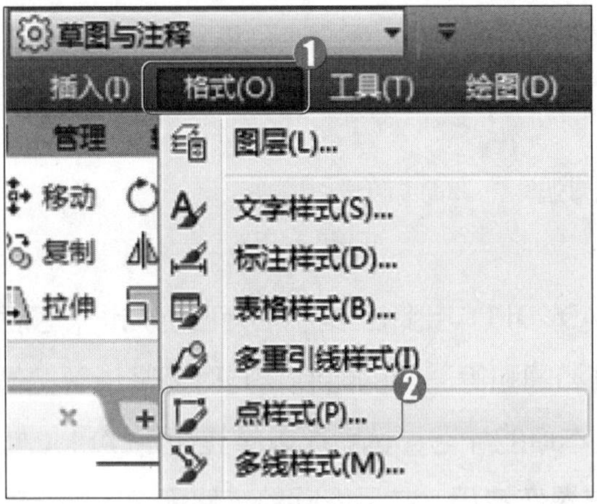

图 4-1

第 2 步 弹出【点样式】对话框，**1.** 选择点样式类型，**2.** 在【点大小】文本框中，输入数值更改点的大小，**3.** 单击【确定】按钮 确定，即可完成设置点样式的操作，如图 4-2 所示。

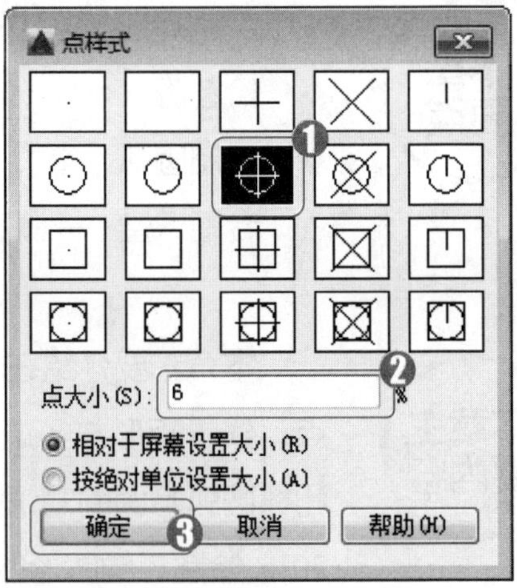

图 4-2

知识拓展：调用点样式的其他方式

在 AutoCAD 2016 中，选择【默认】选项卡，在【实用工具】面板中，单击【点样式】按钮；或者在命令行输入 DDPTYPE 命令，然后按 Enter 键，都可以打开【点样式】对话框进行设置点样式的操作。

4.1.2　绘制单点和多点

微课堂 00 分 51 秒

单点绘制就是一次只能绘制一个点，而多点绘制可以连续绘制多个点，下面介绍绘制单点和多点的操作方法。

操作步骤 >> Step by Step

第 1 步　新建 CAD 空白文档，切换到【草图与注释】空间，***1.*** 在菜单栏中，选择【绘图】菜单，***2.*** 在弹出的下拉菜单中，选择【点】命令，***3.*** 在子菜单中选择【单点】命令，如图 4-3 所示。

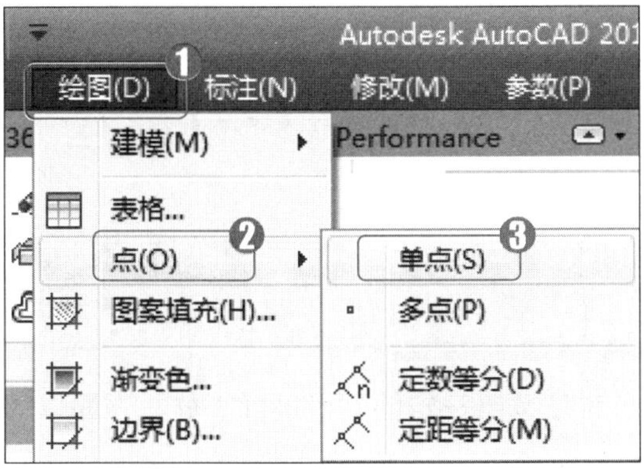

图 4–3

第 3 步　此时可以看到绘制好的点，通过以上步骤即可完成绘制单点的操作，如图 4-5 所示。

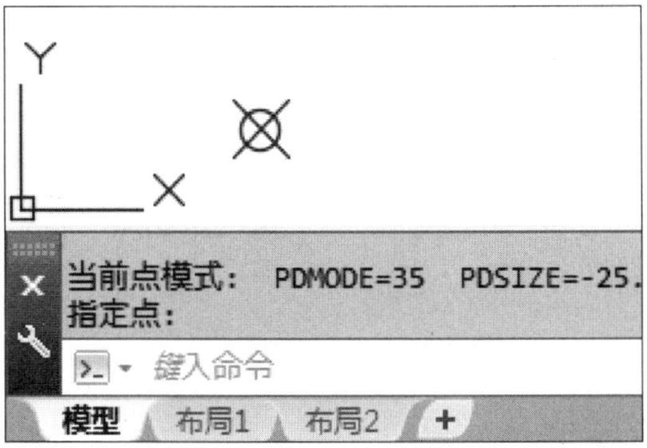

图 4–5

第 5 步　返回到绘图区，***1.*** 命令行提示"POINT 指定点"，***2.*** 在空白处连续单击，绘制多个点，如图 4-7 所示。

第 2 步　返回到绘图区，***1.*** 命令行提示"POINT 指定点"，***2.*** 在空白处单击，指定点的位置，如图 4-4 所示。

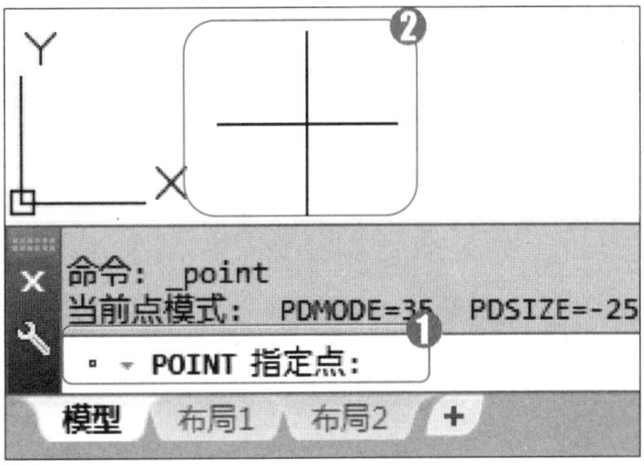

图 4–4

第 4 步　删除前面步骤绘制的单点，***1.*** 在菜单栏中，选择【绘图】菜单，***2.*** 在弹出的下拉菜单中，选择【点】命令，***3.*** 在子菜单中选择【多点】命令，如图 4-6 所示。

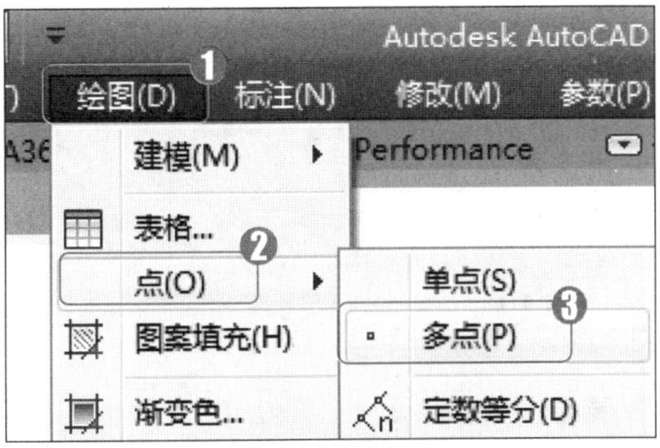

图 4–6

第 6 步　按 Esc 键退出多点绘制命令，即可完成绘制多点的操作，如图 4-8 所示。

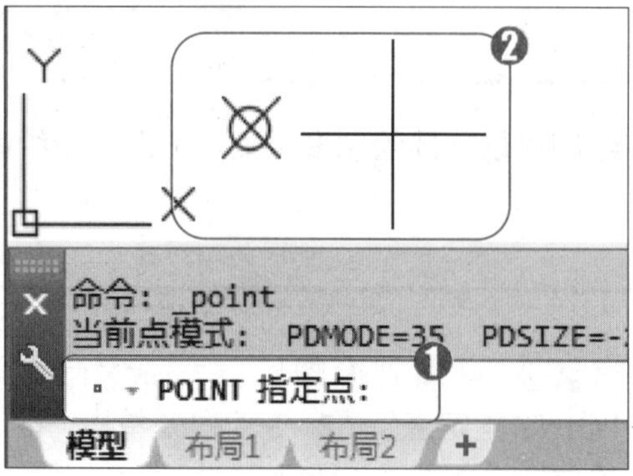

图 4-7

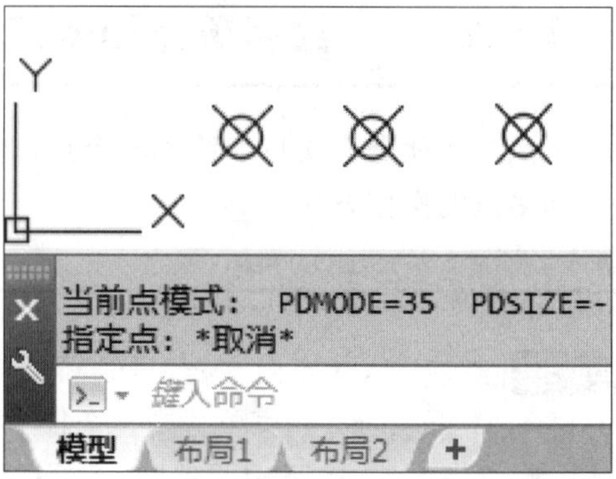

图 4-8

知识拓展：调用单点与多点命令的其他方式

在 AutoCAD 2016 中，还可以在命令行输入 POINT 或 PO 命令，然后按 Enter 键，即可调用【单点】命令；在【默认】选项卡中，单击【绘图】面板中的【多点】按钮，也可以调用【多点】命令进行绘制多点的操作。

4.1.3 绘制定数等分点

微课堂 00 分 30 秒

在 AutoCAD 2016 中，定数等分是指将图形对象按照一定的数量进行等分，下面以等分线段为例，介绍绘制定数等分点的操作方法。

操作步骤 >> Step by Step

第 1 步 新建 CAD 空白文档，切换到【草图与注释】空间，***1.*** 在功能区面板中，选择【默认】选项卡，***2.*** 在【绘图】面板中，单击【直线】按钮，如图 4-9 所示。

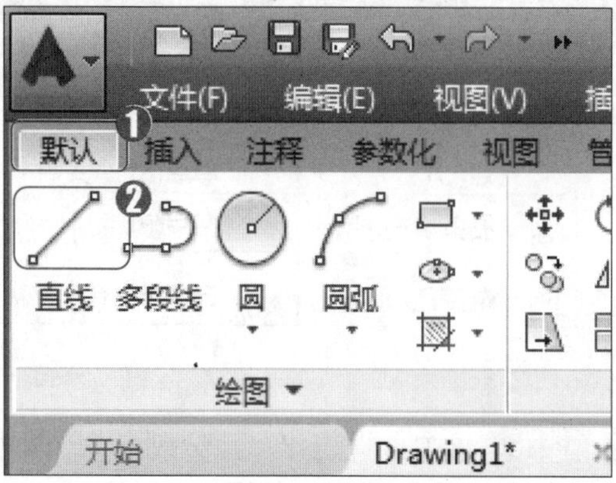

图 4-9

第 2 步 返回到绘图区，***1.*** 在空白处单击确定线段的起点，***2.*** 移动鼠标指针至终点处单击，即可绘制一条线段，如图 4-10 所示。

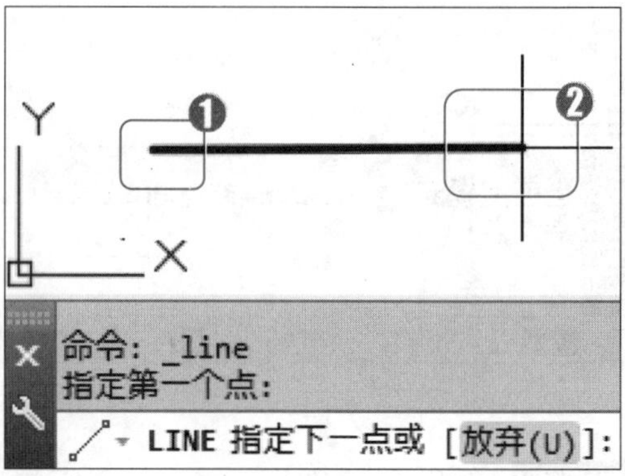

图 4-10

第 3 步 返回到【绘图】面板中，在面板中单击【定数等分】按钮，如图 4-11 所示。

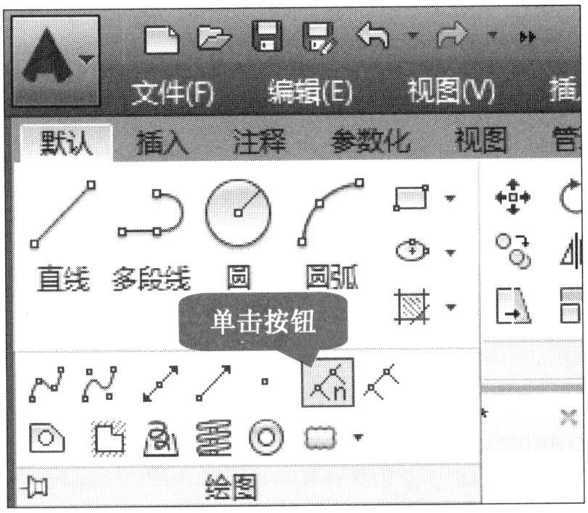

图 4-11

第 5 步 命令行提示“DIVIDE 输入线段数目或[块(B)]”，在命令行中输入等分线段的数目如 3，然后按 Enter 键，如图 4-13 所示。

图 4-13

第 4 步 返回到绘图区，*1.* 命令行提示“DIVIDE 选择要定数等分的对象”，*2.* 单击选择图形，如图 4-12 所示。

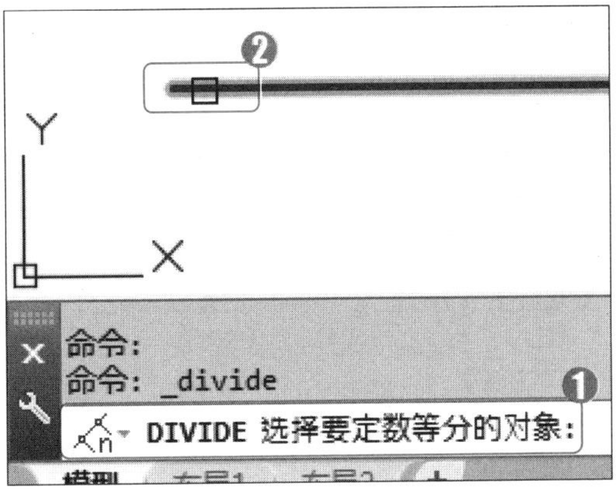

图 4-12

第 6 步 线段已经被等分为 3 段，通过以上步骤即可完成绘制定数等分点的操作，如图 4-14 所示。

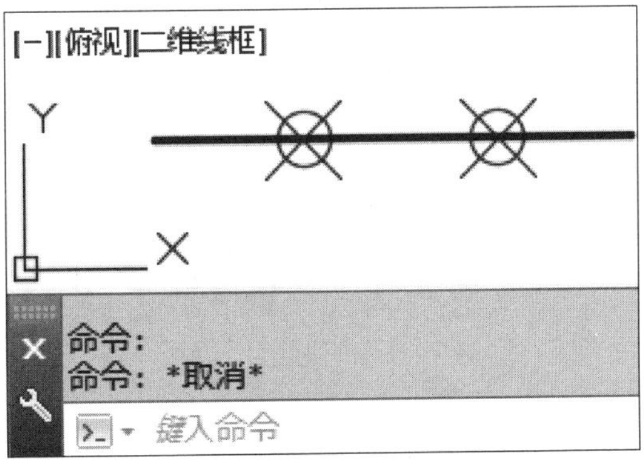

图 4-14

知识拓展：在菜单栏调用定数等分命令

在 AutoCAD 2016 的菜单栏中，选择【绘图】菜单，在弹出的下拉菜单中，选择【点】命令，在子菜单中选择【定数等分】命令，即可调用【定数等分】命令对图形进行等分操作。另外，也可以在命令行中输入 DIVIDE 或 DIV 命令来调用【定数等分】命令。

4.1.4 绘制定距等分点

微课堂 00 分 39 秒

在 AutoCAD 2016 中，定距等分功能可以将图形对象按一定的长度进行等分，但由于定距等分指定的长度不确定，在等分对象后可能会出现剩余线段，下面以直线为例，介绍绘制定距等分点的操作方法。

操作步骤 >> Step by Step

第 1 步 新建 CAD 空白文档，切换到【草图与注释】空间，*1.* 在功能区面板中，选择【默认】选项卡，*2.* 在【绘图】面板中，单击【直线】按钮 ，如图 4-15 所示。

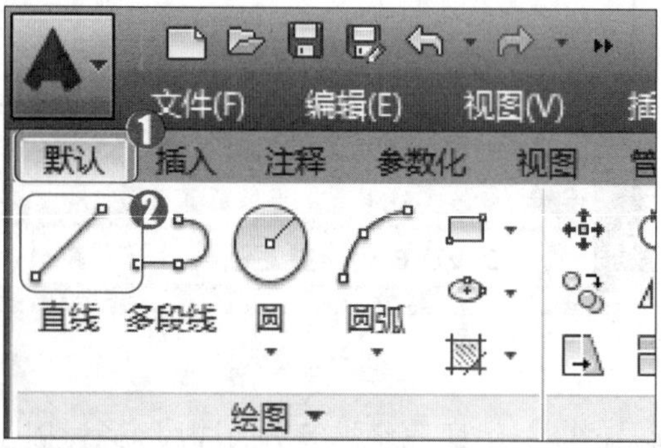

图 4–15

第 2 步 返回到绘图区，*1.* 在空白处单击确定线段的起点，*2.* 移动鼠标指针至终点处单击，即可绘制一条线段，如图 4-16 所示。

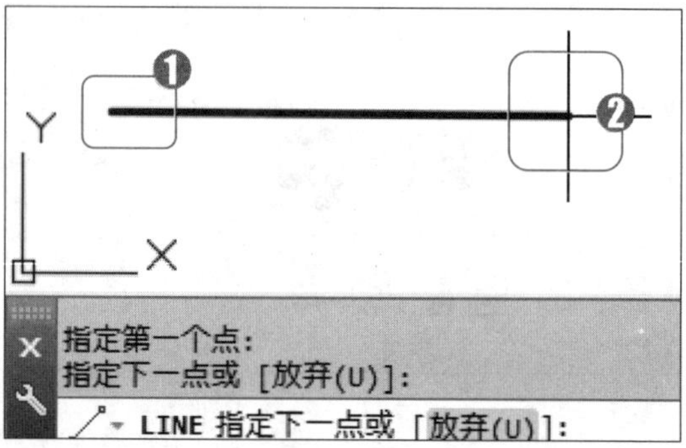

图 4–16

第 3 步 返回到【绘图】面板中，在面板中单击【定距等分】按钮 ，如图 4-17 所示。

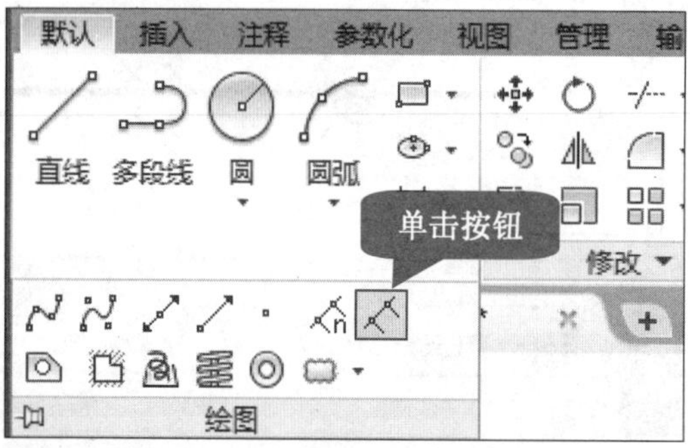

图 4–17

第 4 步 返回到绘图区，*1.* 命令行提示 “MEASURE 选择要定距等分的对象”，*2.* 单击选择图形，如图 4-18 所示。

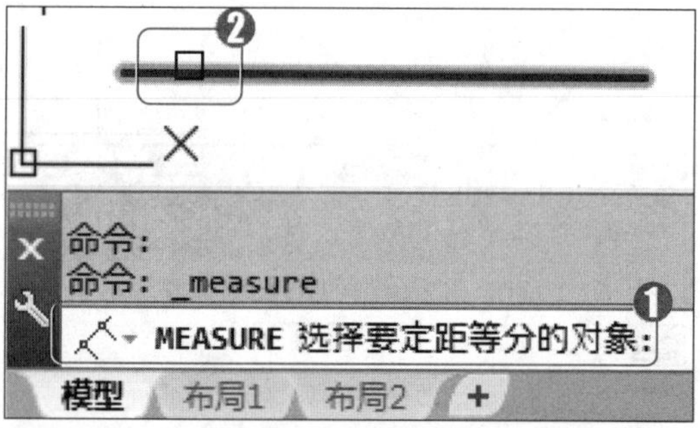

图 4–18

第 5 步 根据命令行提示 “MEASURE 指定线段长度或[块(B)]”，在命令行中，输入线段长度如 4，然后按 Enter 键，如图 4-19 所示。

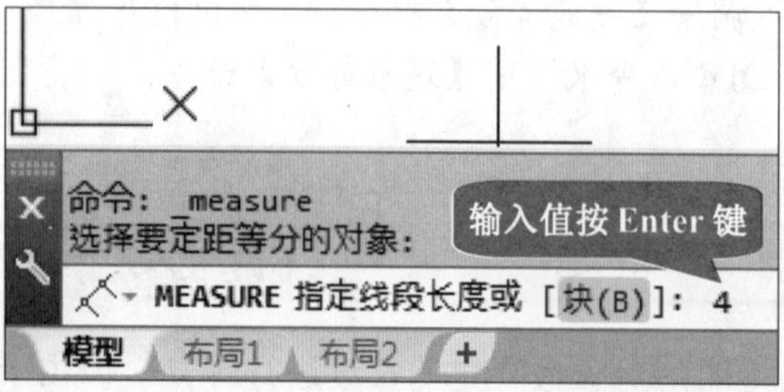

图 4–19

第 6 步 线段已经按长度被等分，通过以上步骤即可完成绘制定距等分点的操作，如图 4-20 所示。

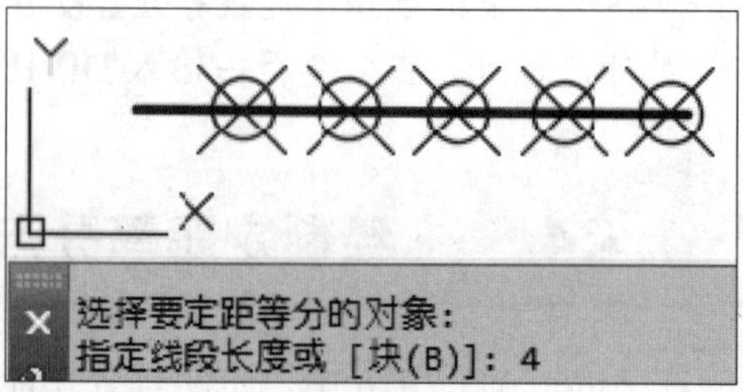

图 4–20

Section 4.2 绘制线

导读

线是 AutoCAD 绘图中最常用的图形，直线是最基本的二维对象。在 AutoCAD 2016 中，线的种类有很多，包括直线、构造线、射线、多线和多段线等，本节将重点介绍绘制线方面的知识与操作技巧。

4.2.1 绘制直线

微课堂 00 分 20 秒

在 AutoCAD 2016 中，直线是基本的二维图形对象，可以帮助用户快速绘制基本图形，下面介绍绘制直线的操作方法。

操作步骤 >> Step by Step

第 1 步　新建 CAD 空白文档，切换到【草图与注释】空间，**1.** 在菜单栏中，选择【绘图】菜单，**2.** 在弹出的下拉菜单中，选择【直线】命令，如图 4-21 所示。

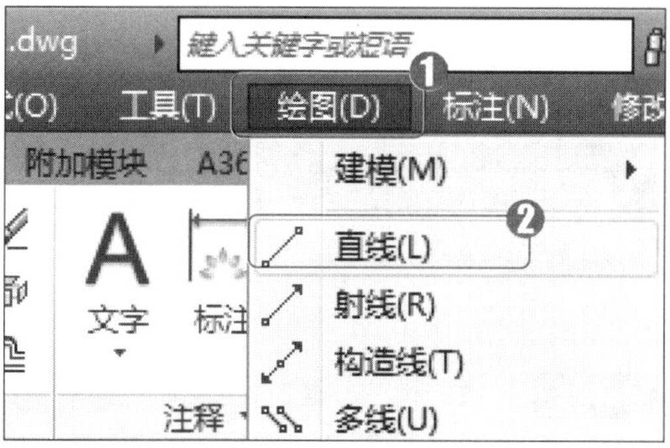

图 4-21

第 2 步　返回到绘图区，**1.** 命令行提示“LINE 指定第一个点”，**2.** 在空白处单击，确定要绘制直线的起点，如图 4-22 所示。

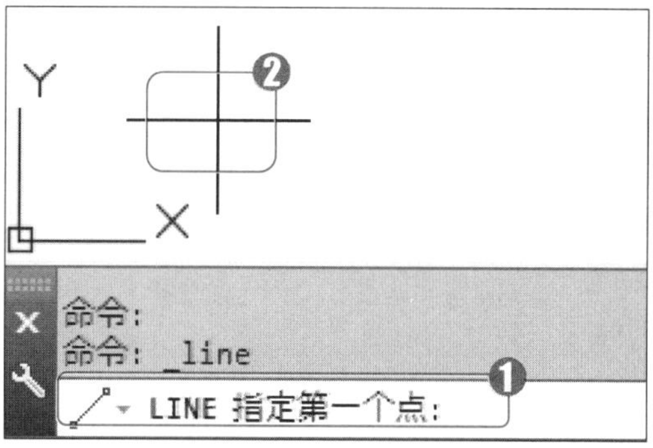

图 4-22

第 3 步　移动鼠标指针，根据命令行提示，在指定位置单击确定直线的终点，如图 4-23 所示。

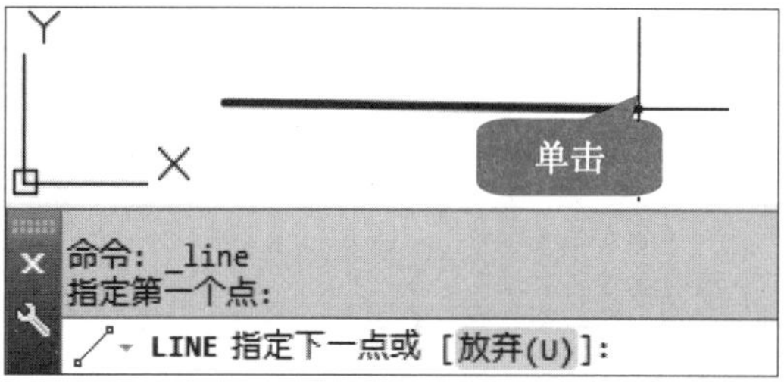

图 4-23

第 4 步　然后按 Esc 键退出直线命令，通过以上步骤即可完成绘制直线的操作，如图 4-24 所示。

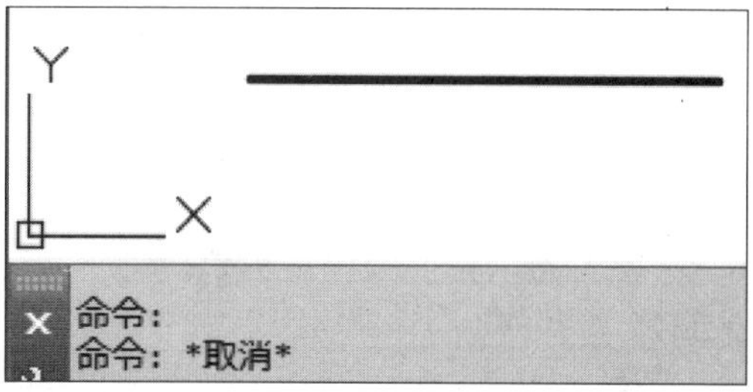

图 4-24

知识拓展：调用直线命令的方式

在 AutoCAD 2016 中，可以在功能区面板中选择【默认】选项卡，在【绘图】面板中单击【直线】按钮；或者在命令行输入 LINE 或 L 命令，然后按 Enter 键，调用直线命令绘制直线。

4.2.2 绘制构造线

微课堂 00 分 24 秒

构造线是一条向两边无限延伸的辅助线，在 AutoCAD 2016 中，一般作为绘制图形对象的参照线来使用，下面介绍绘制构造线的操作方法。

操作步骤 >> Step by Step

第 1 步 新建 CAD 空白文档，切换到【草图与注释】空间，**1.** 在功能区面板中，选择【默认】选项卡，**2.** 在【绘图】面板中，单击【构造线】按钮，如图 4-25 所示。

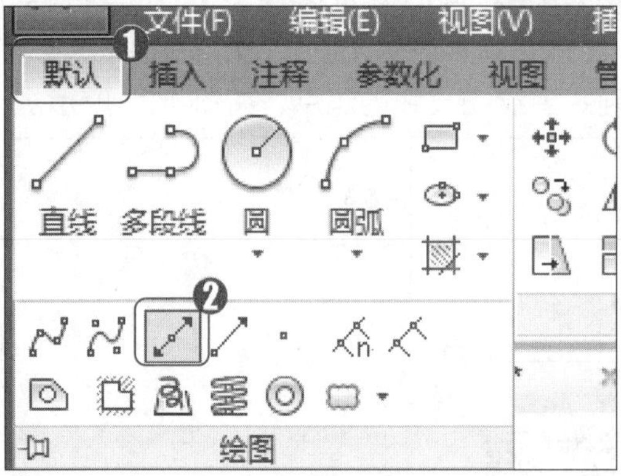

图 4–25

第 2 步 返回到绘图区，**1.** 命令行提示“XLINE 指定点”，**2.** 在空白处单击确定要绘制构造线的起点，如图 4-26 所示。

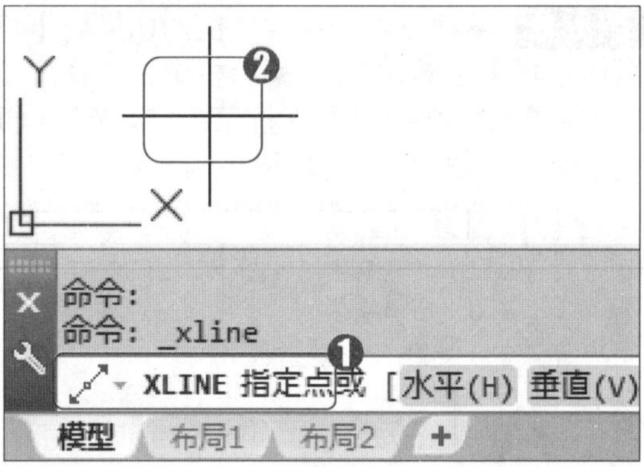

图 4–26

第 3 步 移动鼠标指针，**1.** 命令行提示“XLINE 指定通过点”，**2.** 在指定位置单击指定通过点，如图 4-27 所示。

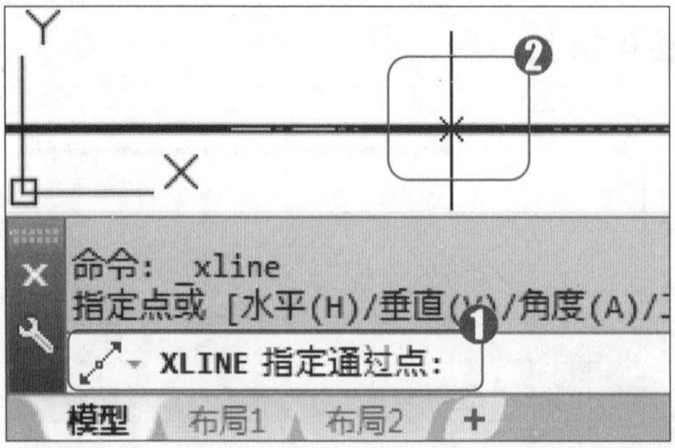

图 4–27

第 4 步 然后按 Esc 键退出构造线命令，通过以上步骤即可完成绘制构造线的操作，如图 4-28 所示。

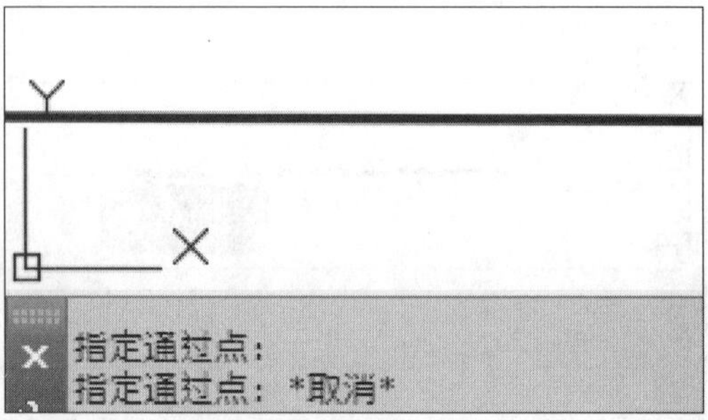

图 4–28

知识拓展：调用构造线命令的其他方式

在 AutoCAD 2016 的菜单栏中，选择【绘图】菜单，在弹出的下拉菜单中选择【构造线】命令；或者在命令行中输入 XLINE 或 XL 命令，然后按 Enter 键，都可以调用构造线命令进行绘制构造线的操作。

4.2.3 绘制射线

微课堂 00 分 22 秒

在 AutoCAD 2016 中，射线是一条一端固定、另一端无限延伸的直线，使用射线命令，用户可以绘制多条射线，下面介绍绘制射线的操作方法。

操作步骤 >> Step by Step

第 1 步 新建 CAD 空白文档，切换到【草图与注释】空间，*1.* 在菜单栏中，选择【绘图】菜单，*2.* 在弹出的下拉菜单中，选择【射线】命令，如图 4-29 所示。

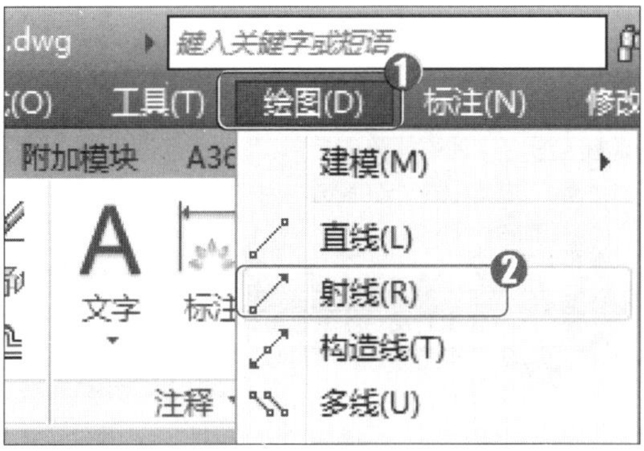

图 4-29

第 2 步 返回到绘图区，*1.* 命令行提示"RAY_ray 指定起点"，*2.* 在空白处单击确定射线的起点，如图 4-30 所示。

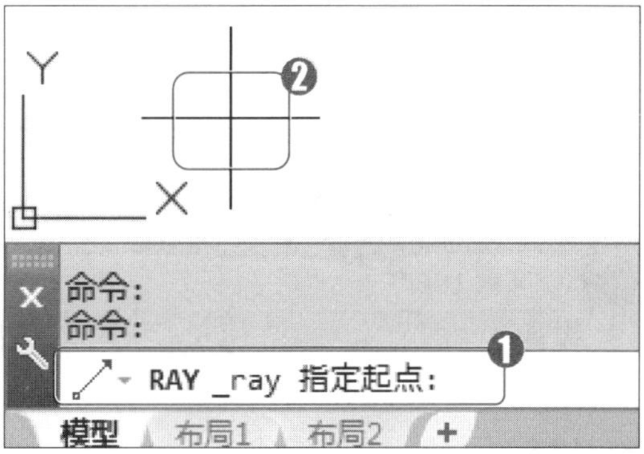

图 4-30

第 3 步 移动鼠标指针，*1.* 命令行提示"RAY 指定通过点"，*2.* 在指定位置单击，指定通过点，如图 4-31 所示。

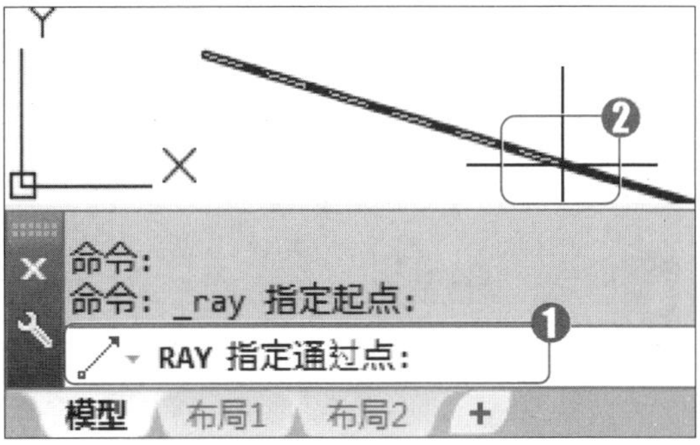

图 4-31

第 4 步 然后按 Esc 键退出射线命令，通过以上步骤即可完成绘制射线的操作，如图 4-32 所示。

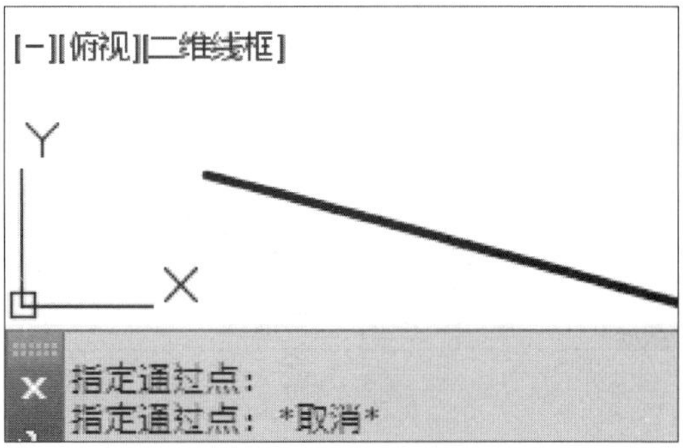

图 4-32

知识拓展：绘制多条射线

在 AutoCAD 2016 的功能区面板中选择【默认】选项卡，在【绘图】面板中单击【射线】按钮，返回到绘图区，在空白处单击确定射线起点后，可以依次在不同位置单击指定射线通过点，从而绘制出多条射线。

4.2.4 绘制多线

微课堂 00 分 26 秒

多线是由两条或两条以上直线构成的相互平行的直线，并且可以设置成不同的颜色和线型，下面将具体介绍绘制多线的操作方法。

操作步骤 >> Step by Step

第 1 步 新建 CAD 空白文档，切换到【草图与注释】空间，在命令行中输入多线命令 MLINE，然后按 Enter 键，如图 4-33 所示。

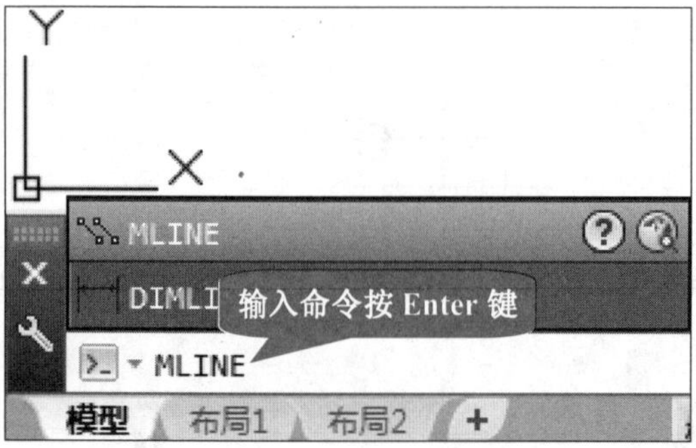

图 4-33

第 2 步 返回到绘图区，**1.** 命令行提示"MLINE 指定起点"，**2.** 在空白处单击，确定要绘制多线的起点，如图 4-34 所示。

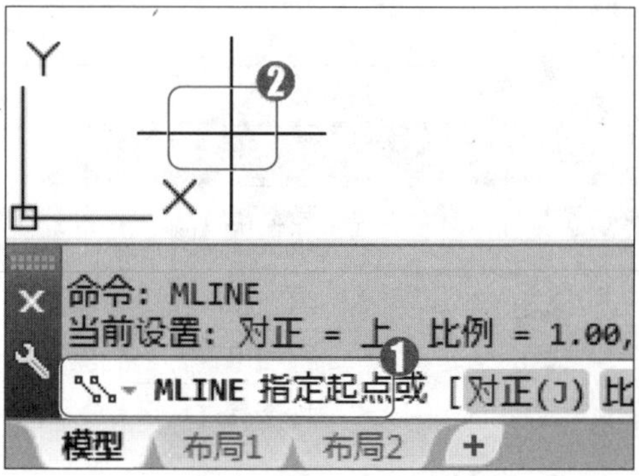

图 4-34

第 3 步 移动鼠标指针，**1.** 命令行提示"MLINE 指定下一点"，**2.** 在指定位置单击，指定下一点，如图 4-35 所示。

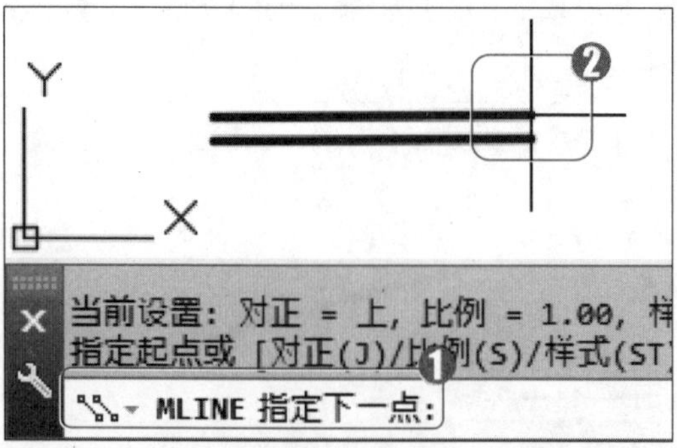

图 4-35

第 4 步 然后按 Esc 键退出多线命令，通过以上步骤即可完成绘制多线的操作，如图 4-36 所示。

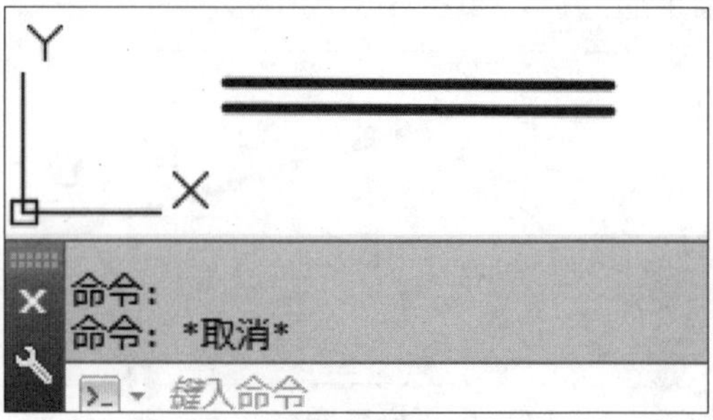

图 4-36

知识拓展：调用多线命令

可以在 AutoCAD 2016 的命令行中输入 MLINE 或 ML 命令，然后按 Enter 键，调用【多线】命令；也可以在菜单栏中，选择【绘图】菜单，在弹出的下拉菜单中选择【多线】命令，调用多线命令。

4.2.5 绘制多段线

微课堂 00 分 32 秒

多段线是作为单个对象创建的相互连接的序列线段，在 AutoCAD 2016 中，用户可以创建直线段、弧线段或两者的组合线段，下面将介绍绘制多段线的操作方法。

操作步骤 >> Step by Step

第 1 步 新建 CAD 空白文档，切换到【草图与注释】空间，*1.* 在功能区面板中，选择【默认】选项卡，*2.* 在【绘图】面板中，单击【多段线】按钮，如图 4-37 所示。

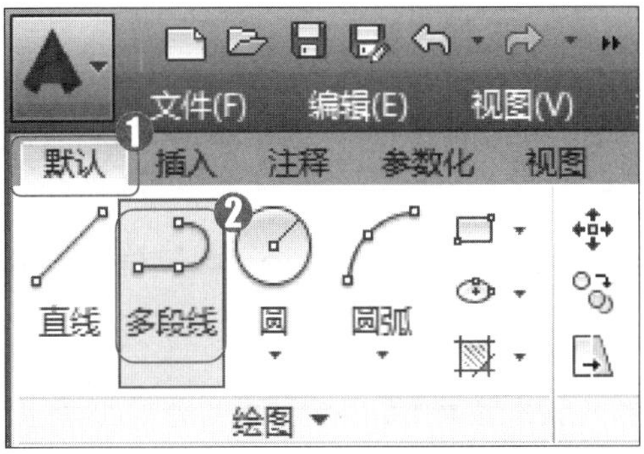

图 4-37

第 2 步 返回到绘图区，*1.* 命令行提示“PLINE 指定起点”，*2.* 在空白处单击确定要绘制的多段线的起点，如图 4-38 所示。

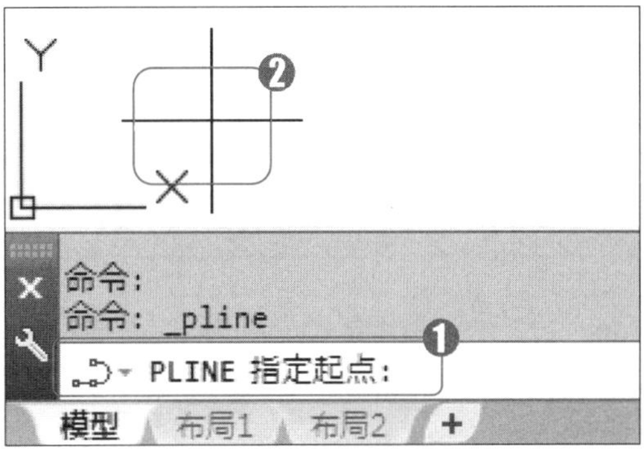

图 4-38

第 3 步 移动鼠标指针，*1.* 命令行提示“PLINE 指定下一个点”，*2.* 在指定位置单击，指定下一点，如图 4-39 所示。

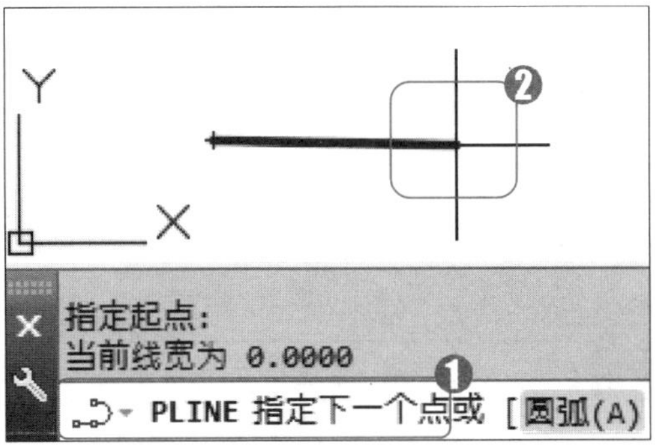

图 4-39

第 4 步 再次移动鼠标指针，重复步骤 3 的操作，在指定位置单击，指定下一点，如图 4-40 所示。

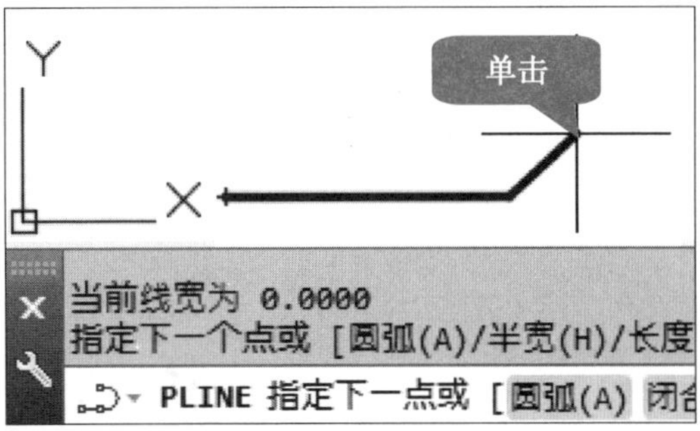

图 4-40

第 5 步 然后按 Esc 键退出多段线命令，通过以上步骤即可完成绘制多段线的操作，如图 4-41 所示。

■ 指点迷津

在 AutoCAD 2016 中，还可以在调用多段线命令后，在命令行输入 A，切换为绘制圆弧线段的模式，来绘制圆弧多段线。

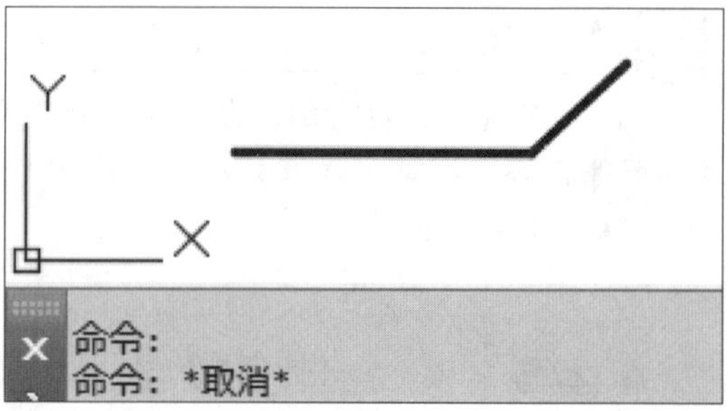

图 4-41

Section 4.3 绘制矩形与多边形

导读

矩形和多边形常用于绘制复杂的图形，在 AutoCAD 2016 中，可以绘制直角矩形、倒角矩形和圆角矩形等，还可以绘制不同边数的多边形，本节将重点介绍绘制矩形与多边形的操作方法。

4.3.1 绘制直角矩形

微课堂 00 分 24 秒

直角矩形是所有内角均为直角的平行四边形，使用绘制矩形的命令可以精确地画出用户需要的矩形，下面介绍绘制直角矩形的操作方法。

操作步骤 >> Step by Step

第 1 步 新建 CAD 空白文档，切换到【草图与注释】空间，*1.* 在菜单栏中，选择【绘图】菜单，*2.* 在弹出的下拉菜单中，选择【矩形】命令，如图 4-42 所示。

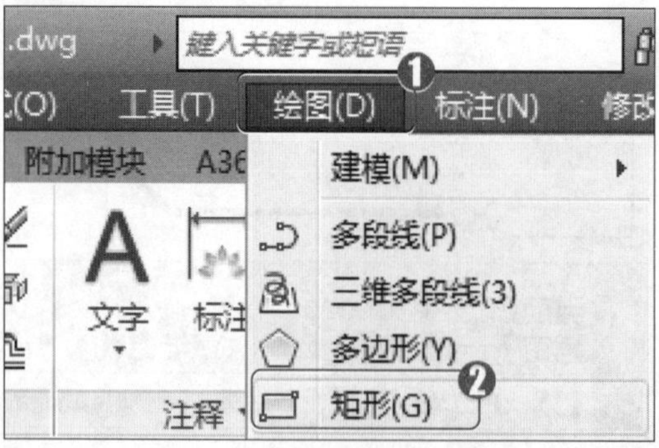

图 4-42

第 2 步 返回到绘图区，*1.* 命令行提示“RECTANG 指定第一个角点”，*2.* 在空白处单击，确定要绘制的矩形的第一个角点，如图 4-43 所示。

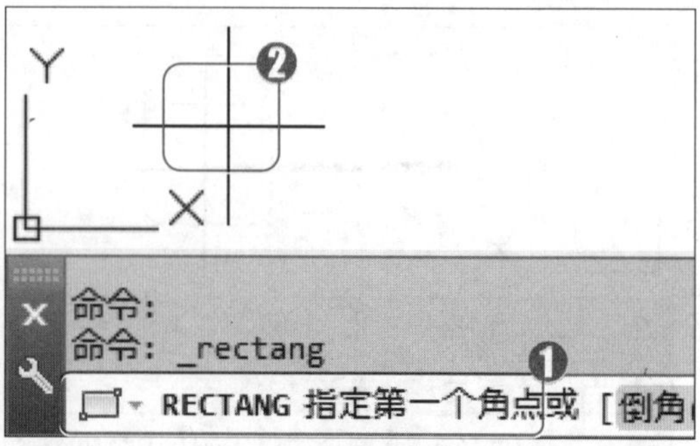

图 4-43

第 3 步 移动鼠标指针，根据命令行提示，在指定位置单击，指定矩形的另一个角点，如图 4-44 所示。

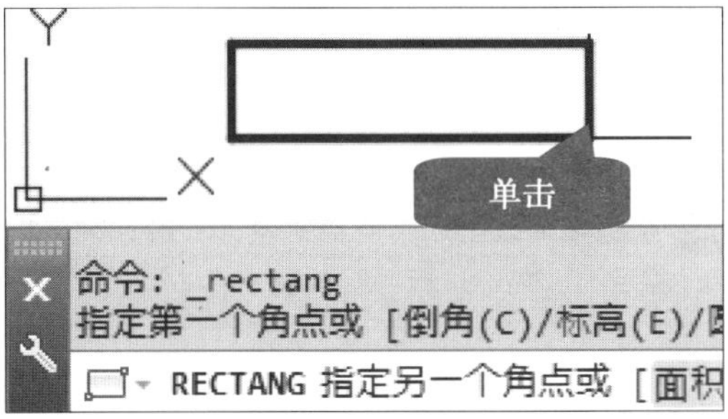

图 4-44

第 4 步 在绘图区中可以看到绘制完成的矩形，通过以上步骤即可完成绘制直角矩形的操作，如图 4-45 所示。

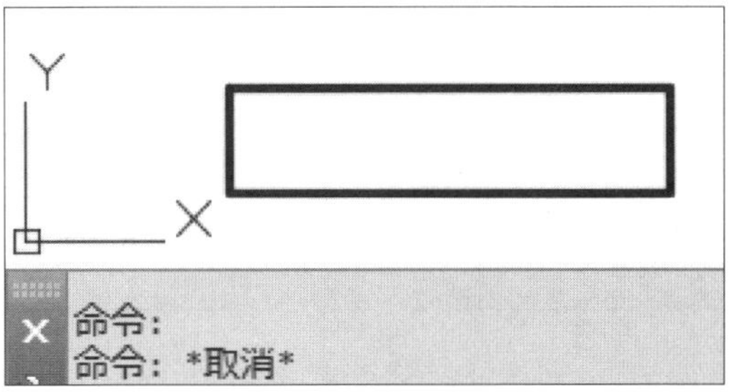

图 4-45

知识拓展：调用矩形命令的其他方式

在 AutoCAD 2016 中，还可以在功能区面板中选择【默认】选项卡，在【绘图】面板中单击【矩形】下拉按钮，在弹出的下拉菜单中选择【矩形】命令；或者在命令行中输入 RECTANG 或 REC 命令，然后按 Enter 键，来调用矩形命令。

4.3.2 绘制倒角矩形

微课堂 00 分 31 秒

在 AutoCAD 2016 中，调用矩形命令，用户还可以精确地绘制带倒角的矩形，下面介绍绘制倒角矩形的操作方法。

操作步骤 >> Step by Step

第 1 步 新建 CAD 空白文档，切换到【草图与注释】空间，***1.*** 在菜单栏中，选择【绘图】菜单，***2.*** 在弹出的下拉菜单中，选择【矩形】命令，如图 4-46 所示。

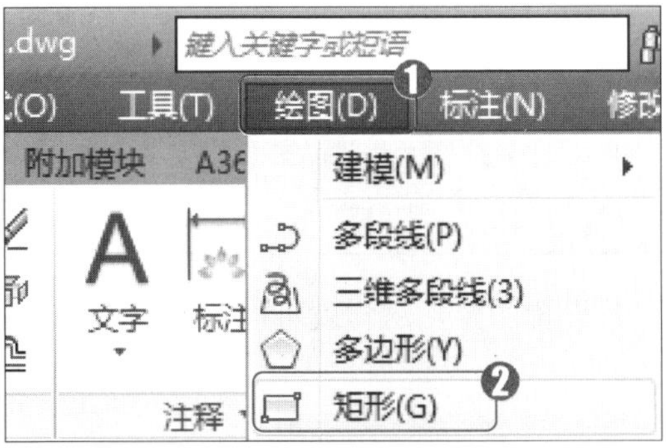

图 4-46

第 2 步 返回到绘图区，在命令行输入【倒角】选项命令 C，然后按 Enter 键，如图 4-47 所示。

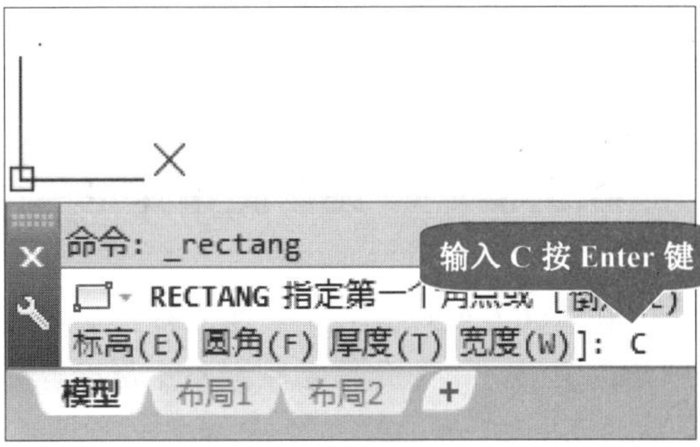

图 4-47

第 3 步 命令行提示"RECTANG 指定矩形的第一个倒角距离"，在命令行中输入倒角距离的值如 2，然后按 Enter 键，如图 4-48 所示。

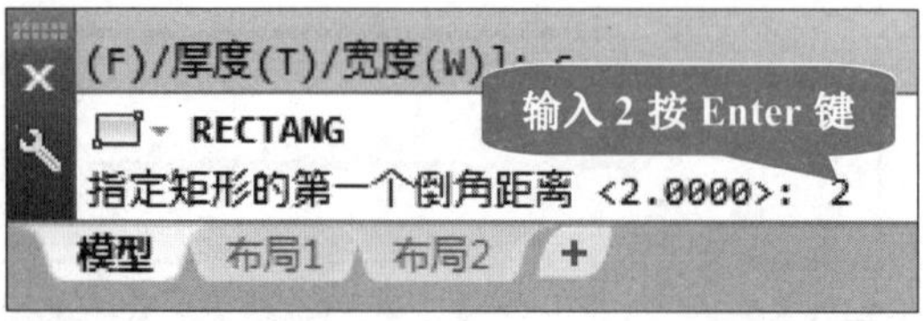

图 4-48

第 4 步 命令行提示"RECTANG 指定矩形的第二个倒角距离"，在命令行中输入倒角距离的值如 2，然后按 Enter 键，如图 4-49 所示。

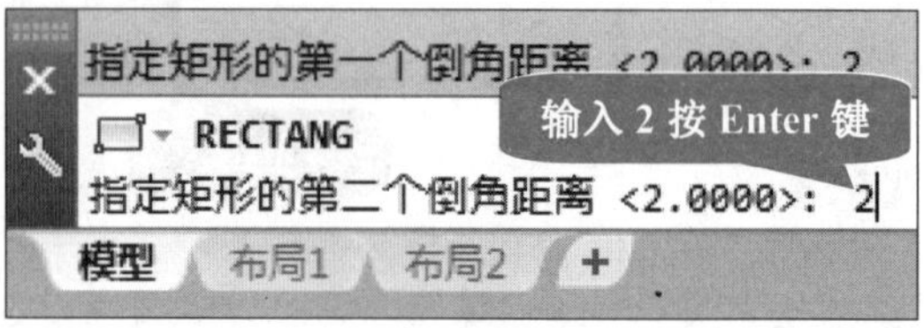

图 4-49

第 5 步 返回到绘图区，根据命令行提示，在空白处单击，指定矩形的另一个角点，如图 4-50 所示。

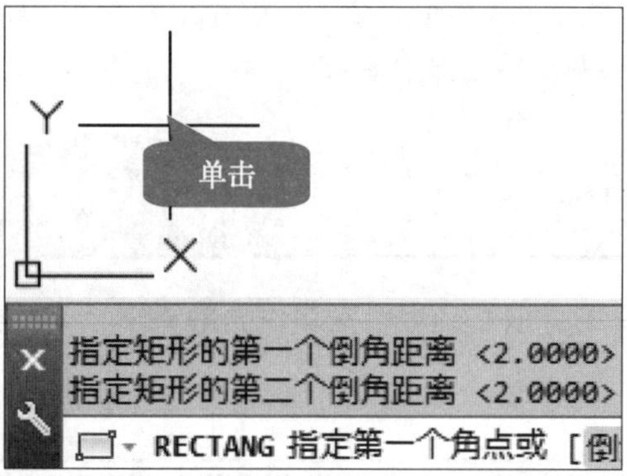

图 4-50

第 6 步 移动鼠标指针，根据命令行提示，在空白处单击，指定矩形的另一个角点，矩形绘制完成，通过以上步骤即可完成绘制倒角矩形的操作，如图 4-51 所示。

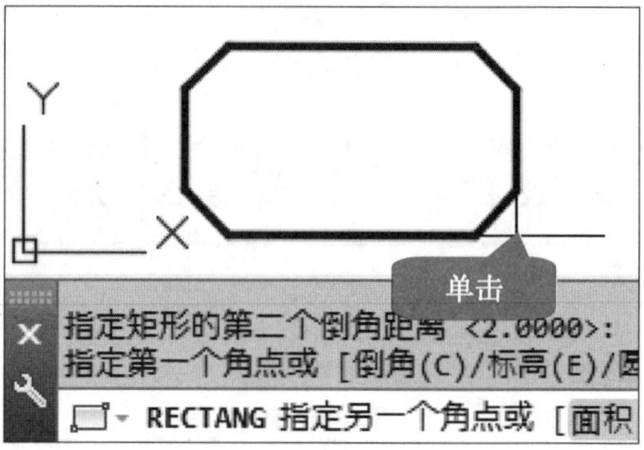

图 4-51

知识拓展：矩形的倒角与直角

在 AutoCAD 2016 中，一般情况下，使用【倒角】命令绘制图形后，系统会将倒角矩形设为默认值，当再次调用【矩形】命令时，绘制出的矩形仍为倒角矩形。若需要绘制直角矩形，将矩形的倒角距离设置为 0 即可。

4.3.3 绘制圆角矩形

微课堂 00 分 37 秒

在 AutoCAD 2016 中，绘制矩形时也可以为其设置圆角，这样就可以精确地绘制出带圆角的矩形，下面介绍绘制圆角矩形的操作方法。

操作步骤 >> Step by Step

第 1 步 新建 CAD 空白文档，切换到【草图与注释】空间，*1.* 在功能区面板中，选择【默认】选项卡，*2.* 在【绘图】面板中，单击【矩形】下拉按钮▾，*3.* 在弹出的下拉菜单中，选择【矩形】命令，如图 4-52 所示。

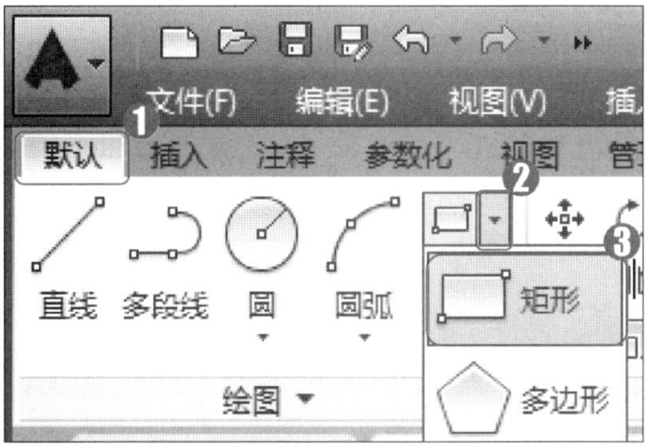

图 4-52

第 3 步 命令行提示“RECTANG 指定矩形的圆角半径”，在命令行中输入圆角半径的值如 2，然后按 Enter 键，如图 4-54 所示。

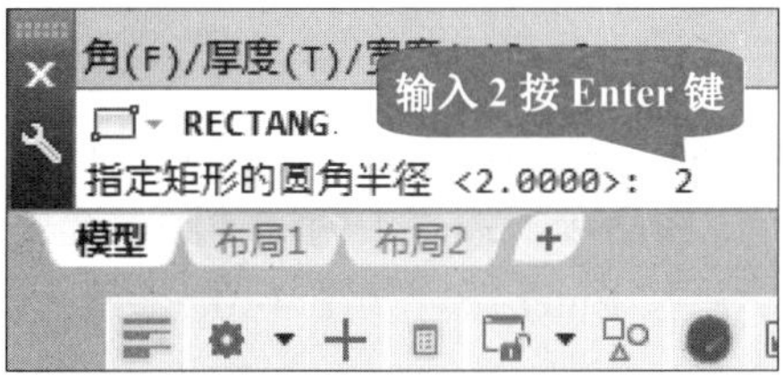

图 4-54

第 5 步 移动鼠标指针，根据命令行提示，在空白处单击，指定矩形的另一个角点，如图 4-56 所示。

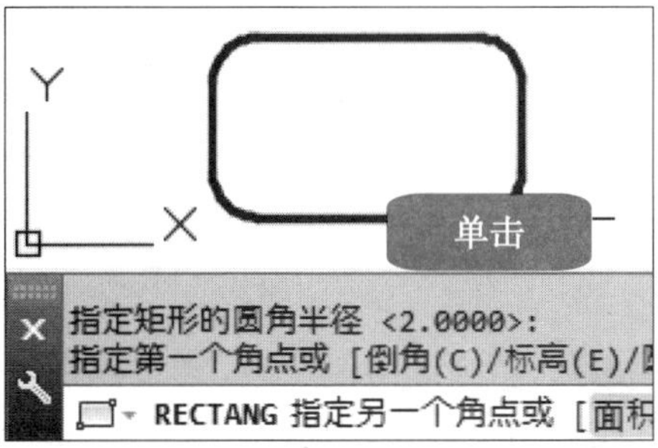

图 4-56

第 2 步 返回到绘图区，在命令行输入【圆角】选项命令 F，然后按 Enter 键，如图 4-53 所示。

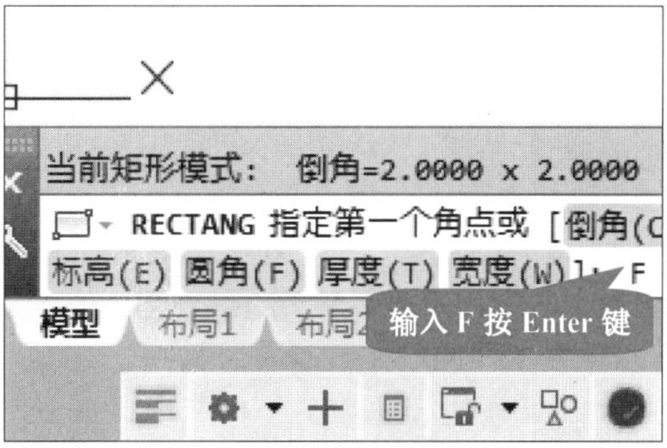

图 4-53

第 4 步 返回到绘图区，根据命令行提示，在空白处单击，指定矩形的第一个角点，如图 4-55 所示。

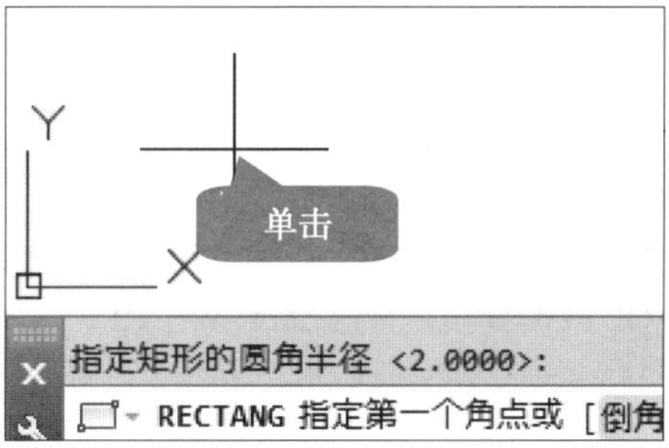

图 4-55

第 6 步 矩形绘制完成，通过以上步骤即可完成绘制圆角矩形的操作，如图 4-57 所示。

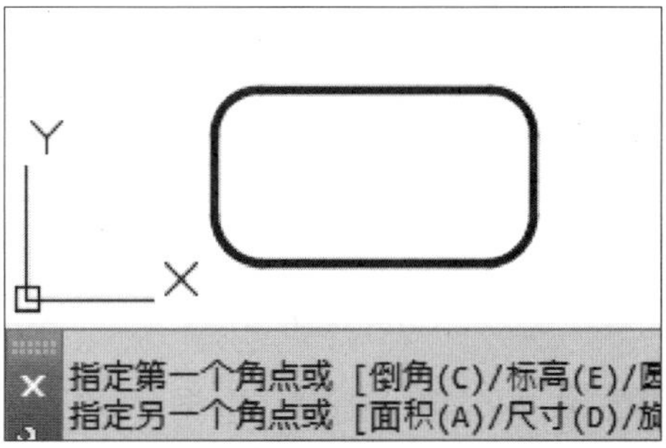

图 4-57

4.3.4 绘制多边形

微课堂 00 分 40 秒

由 3 条或 3 条以上的线段首尾顺次连接所组成的闭合图形叫作多边形。在 AutoCAD 2016 中，多边形需要指定边数、位置和大小来进行绘制，下面以八边形为例，介绍绘制多边形的操作方法。

操作步骤 >> Step by Step

第 1 步 新建 CAD 空白文档，切换到【草图与注释】空间，***1.*** 在菜单栏中，选择【绘图】菜单，***2.*** 在弹出的下拉菜单中，选择【多边形】命令，如图 4-58 所示。

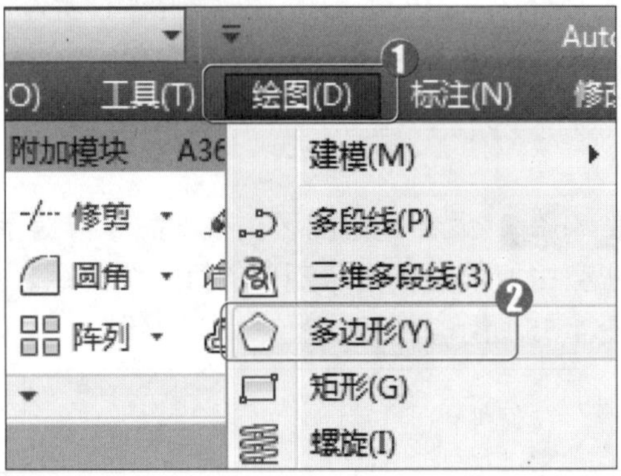

图 4-58

第 2 步 返回到绘图区，命令行提示“POLYGON 输入侧面数”，在命令行输入要绘制多边形的边数 8，然后按 Enter 键，如图 4-59 所示。

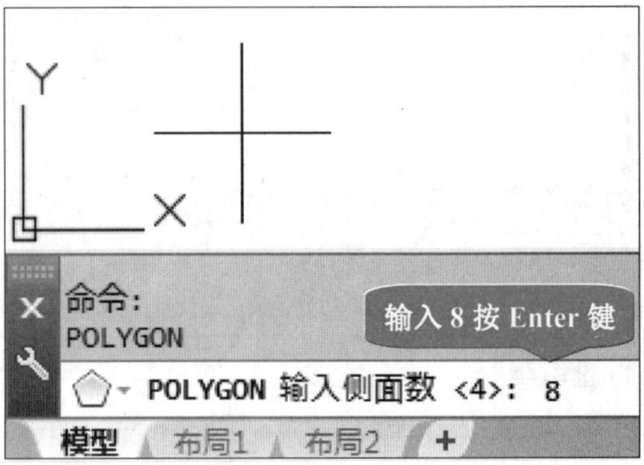

图 4-59

第 3 步 返回到绘图区，***1.*** 命令行提示“POLYGON 指定正多边形的中心点”，***2.*** 在空白处单击，指定多边形的中心点，如图 4-60 所示。

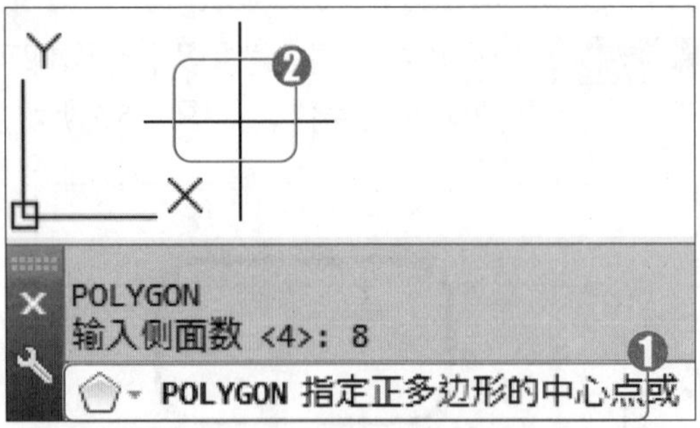

图 4-60

第 4 步 命令行提示“POLYGON 输入选项”，在命令行输入【内接于圆】选项命令 I，然后按 Enter 键，如图 4-61 所示。

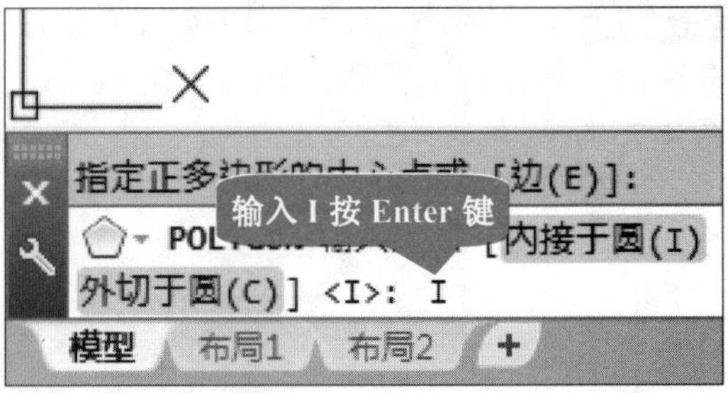

图 4-61

第 5 步 移动鼠标指针，根据命令行提示，在指定位置单击，指定圆的半径，如图 4-62 所示。

第 6 步 多边形绘制完成，通过以上步骤即可完成绘制多边形的操作，如图 4-63 所示。

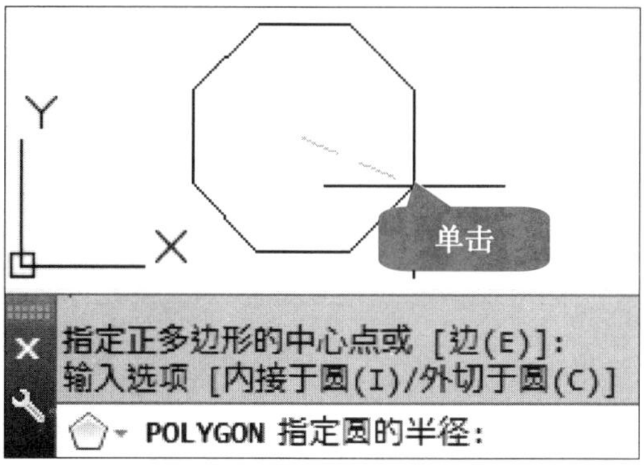

图 4-62

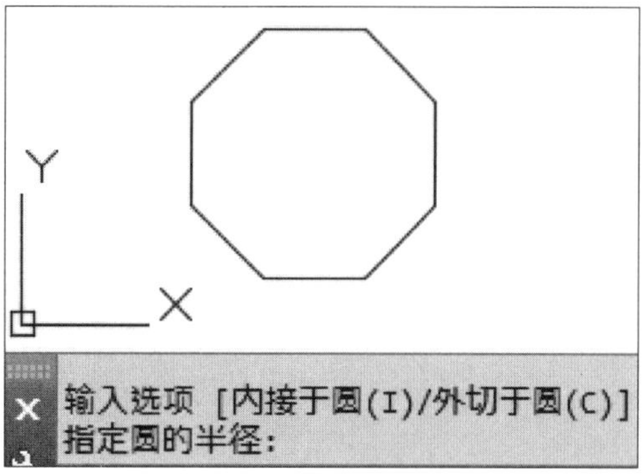

图 4-63

知识拓展：调用多边形命令的方式

在 AutoCAD 2016 中，可以在功能区面板中选择【默认】选项卡，在【绘图】面板中单击【矩形】下拉按钮，在弹出的下拉菜单中选择【多边形】命令；还可以在命令行中输入 POLYGON 或 POL 命令，然后按 Enter 键，来调用多边形命令。

Section 4.4 绘制圆

导读

在同一平面内，到定点的距离等于定长的点的集合叫作圆。在 AutoCAD 2016 中，绘制圆的方式包括圆心方式绘制、两点方式绘制、三点方式绘制等 6 种方式，本节将重点介绍这些绘制圆的方式与操作技巧。

4.4.1 “圆心，半径”绘制方法

微课堂 00 分 24 秒

在 AutoCAD 2016 中，确定圆心位置和圆半径即可绘制出圆，下面介绍使用“圆心，半径”方式绘制圆的操作方法。

操作步骤 >> Step by Step

第 1 步 新建 CAD 空白文档，切换到【草图与注释】空间，**1.** 在功能区面板中，选择【默认】选项卡，**2.** 在【绘图】面板中，单击【圆】下拉按钮，**3.** 在弹出的下拉菜单中，选择【圆心，半径】命令，如图 4-64 所示。

第 2 步 返回到绘图区，**1.** 命令行提示“CIRCLE 指定圆的圆心”，**2.** 在空白处单击，确定要绘制圆的圆心位置，如图 4-65 所示。

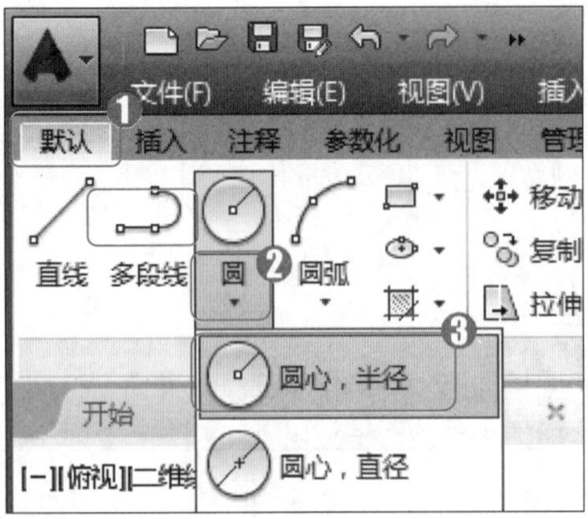

图 4-64

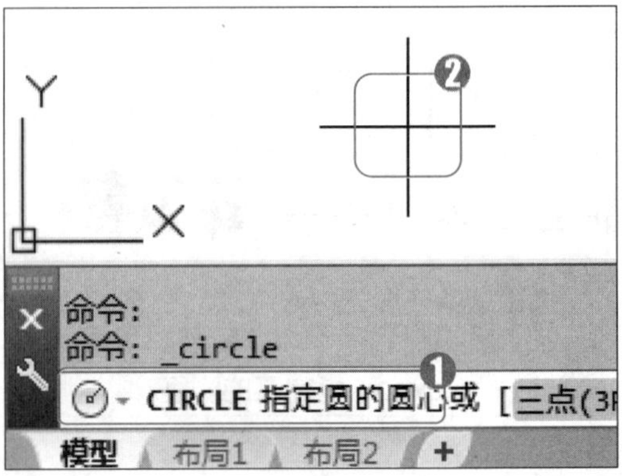

图 4-65

第 3 步 命令行提示“CIRCLE 指定圆的半径”，移动鼠标指针，在指定位置单击，确定圆的半径，如图 4-66 所示。

第 4 步 圆形绘制完成，通过以上步骤，即可完成使用“圆心，半径”方式绘制圆的操作，如图 4-67 所示。

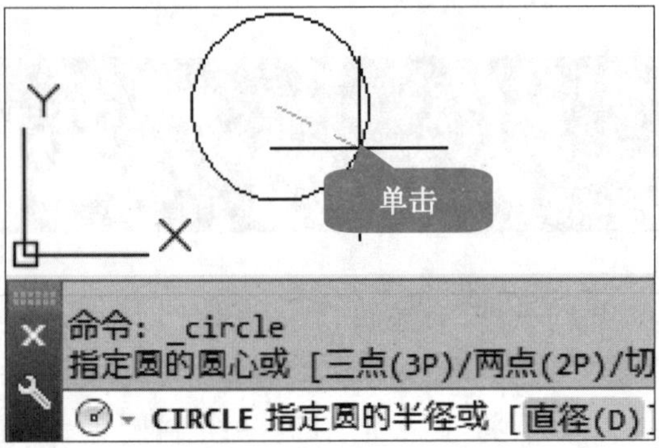

图 4-66

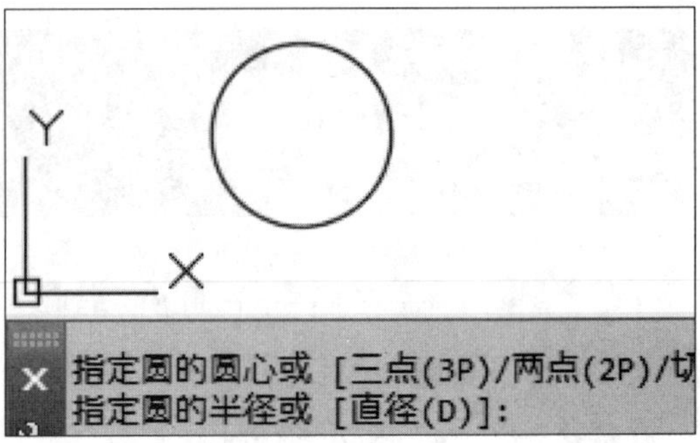

图 4-67

专家解读：绘制固定大小的圆

在使用“圆心，半径”的方式绘制圆图形时，对于绘制圆的半径大小有要求时，可以在命令行提示“CIRCLE 指定圆的半径”时，在命令行输入圆的半径值，然后按 Enter 键即可，若没有具体的要求，可以通过移动鼠标指针来确定半径大小。

4.4.2 “圆心，直径”绘制方法

微课堂
00 分 39 秒

在 AutoCAD 2016 中，确定圆心位置和圆半径即可绘制出圆，下面介绍使用“圆心，直径”方式绘制圆的操作方法。

操作步骤 >> Step by Step

第 1 步 新建 CAD 空白文档，切换到【草图与注释】空间，*1.* 在菜单栏中，选择【绘图】菜单，*2.* 在弹出的下拉菜单中，选择【圆】命令，*3.* 在子菜单中选择【圆心，直径】命令，如图 4-68 所示。

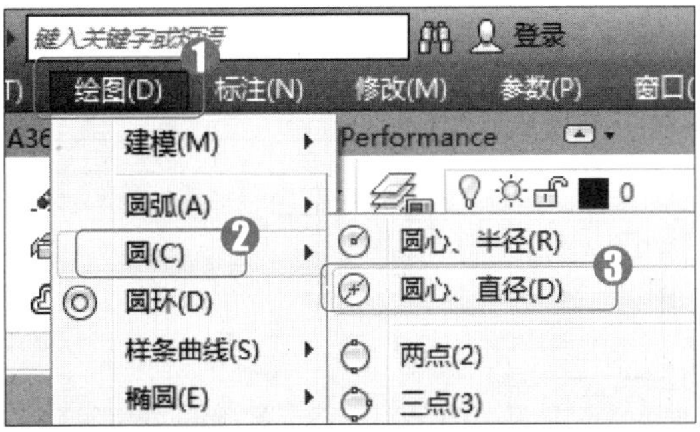

图 4-68

第 2 步 返回到绘图区，*1.* 命令行提示“CIRCLE 指定圆的圆心”，*2.* 在空白处单击，确定要绘制圆的圆心位置，如图 4-69 所示。

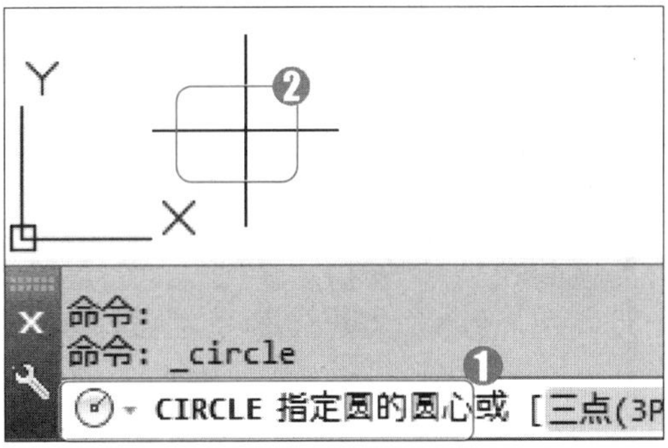

图 4-69

第 3 步 命令行提示“CIRCLE 指定圆的半径或[直径(D)]”，在命令行输入直径命令 D，然后按 Enter 键，如图 4-70 所示。

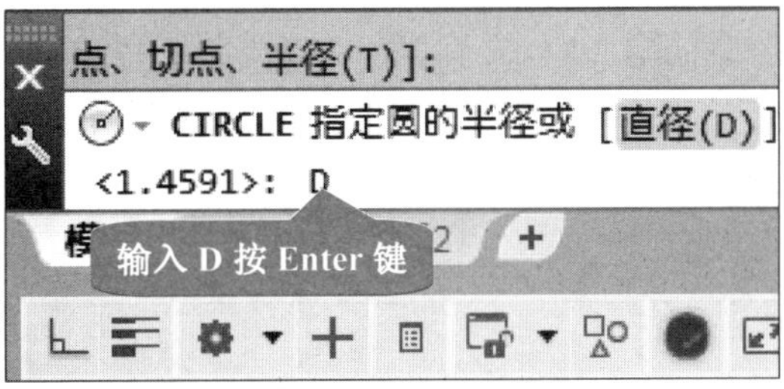

图 4-70

第 4 步 移动鼠标指针，根据命令行提示，在指定位置单击，确定圆的直径，如图 4-71 所示。

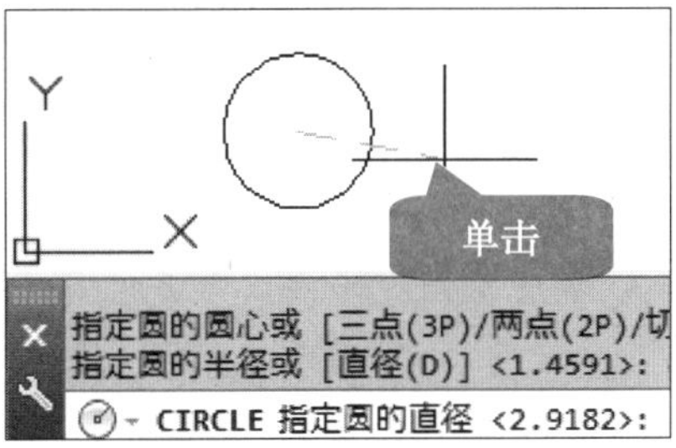

图 4-71

第 5 步 圆形绘制完成，通过以上步骤，即可完成使用“圆心，直径”方式绘制圆的操作，如图 4-72 所示。

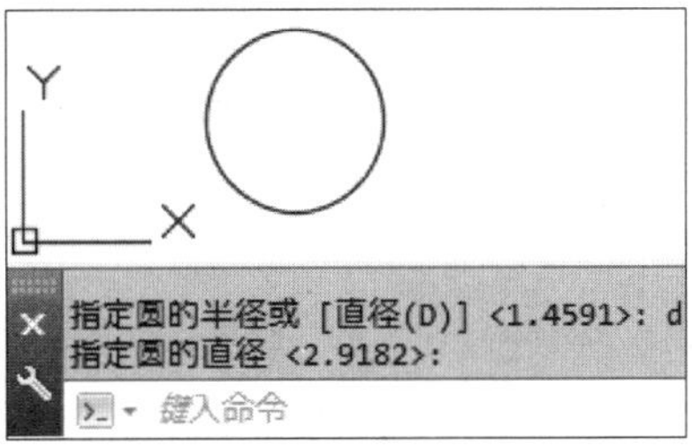

图 4-72

■ 指点迷津

在 AutoCAD 2016 中，使用“圆心，直径”方式绘制圆时，也可以在命令行输入直径的值来确定圆的大小。

4.4.3 “两点”绘制方法

微课堂 00 分 25 秒

在 AutoCAD 2016 中，两点绘制法是指用圆的直径的两个端点来创建圆，下面将详细介绍使用“两点”方式绘制圆的操作方法。

操作步骤 >> Step by Step

第 1 步 新建 CAD 空白文档，切换到【草图与注释】空间，**1.** 在功能区面板中，选择【默认】选项卡，**2.** 在【绘图】面板中，单击【圆】下拉按钮 圆 ，**3.** 在弹出的下拉菜单中，选择【两点】命令，如图 4-73 所示。

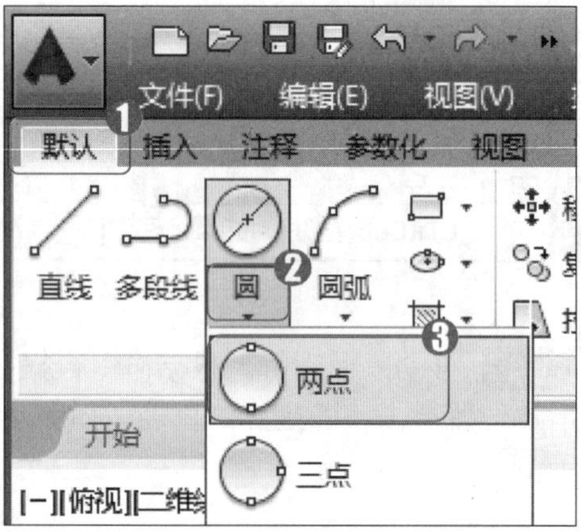

图 4-73

第 2 步 返回到绘图区，**1.** 命令行提示“CIRCLE 指定圆的圆心”，**2.** 在空白处单击，确定要绘制圆的圆心位置，如图 4-74 所示。

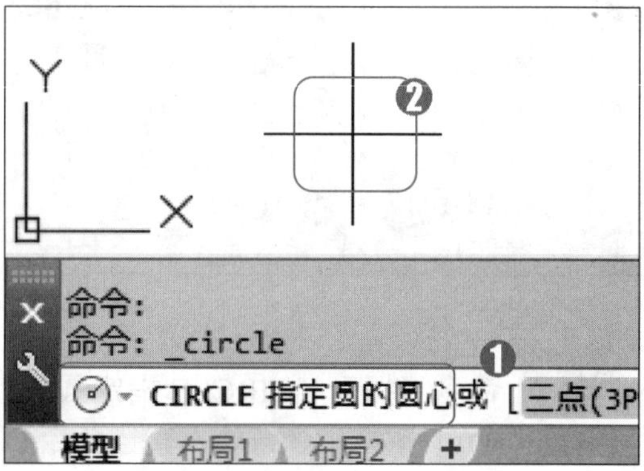

图 4-74

第 3 步 命令行提示“CIRCLE 指定圆直径的第二个端点”，移动鼠标指针，在指定位置单击，确定圆直径的第二个点，如图 4-75 所示。

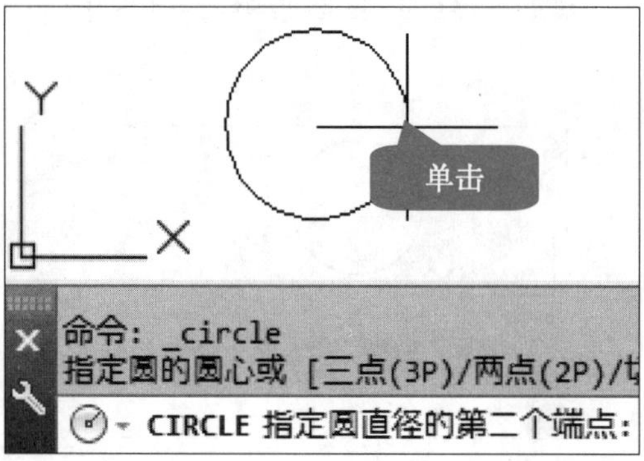

图 4-75

第 4 步 圆形绘制完成，通过以上步骤，即可完成使用“两点”方式绘制圆的操作，如图 4-76 所示。

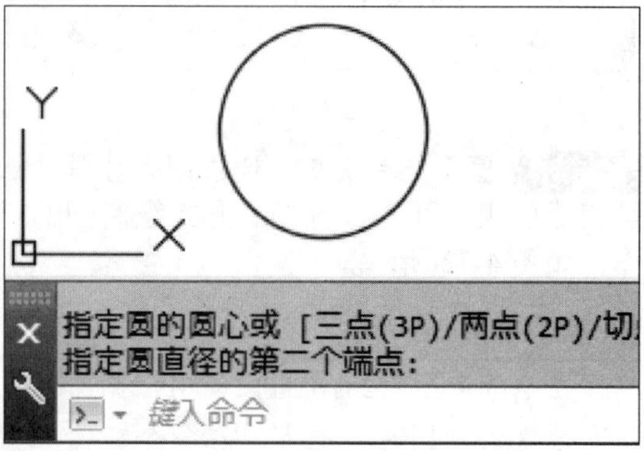

图 4-76

4.4.4 “三点”绘制方法

微课堂 00 分 31 秒

在 AutoCAD 2016 中，三点绘制法是指用圆周上的 3 个点来创建圆，下面将详细介绍使用“三点”方式绘制圆的操作方法。

操作步骤 >> Step by Step

第 1 步 新建 CAD 空白文档，切换到【草图与注释】空间，在命令行中输入【圆】命令 CIRCLE，然后按 Enter 键，如图 4-77 所示。

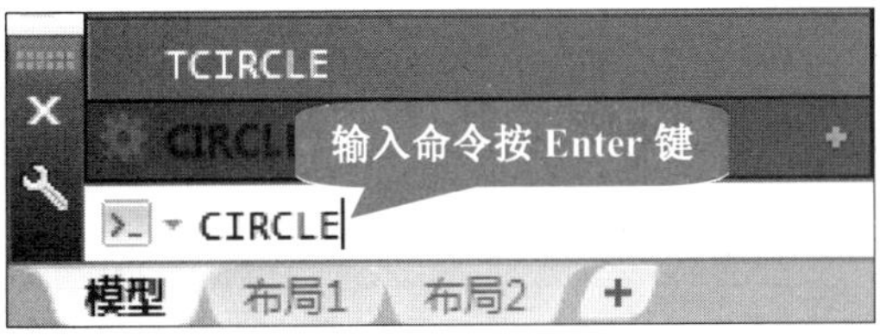

图 4-77

第 2 步 返回到绘图区，在命令行输入【三点】选项命令 3P，然后按 Enter 键，如图 4-78 所示。

图 4-78

第 3 步 返回到绘图区，*1.* 命令行提示“CIRCLE 指定圆上的第一个点”，*2.* 在空白处单击，指定圆的第一个点，如图 4-79 所示。

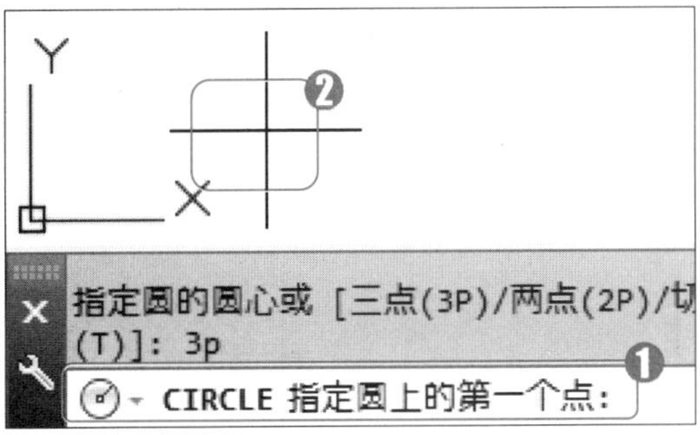

图 4-79

第 4 步 移动鼠标指针，*1.* 命令行提示“CIRCLE 指定圆上的第二个点”，*2.* 在空白处单击，指定圆的第二个点，如图 4-80 所示。

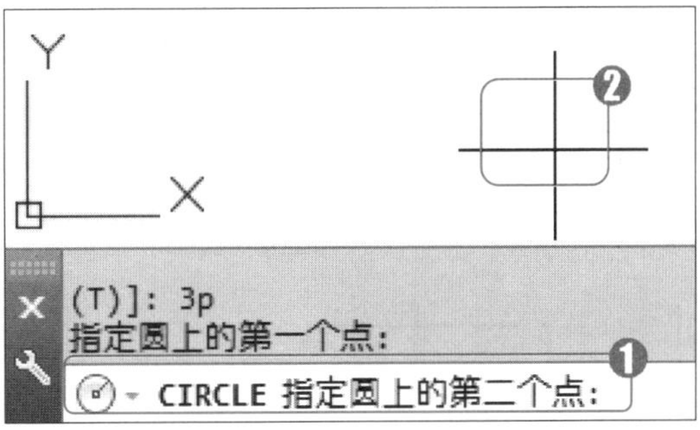

图 4-80

第 5 步 移动鼠标指针，*1.* 命令行提示“CIRCLE 指定圆上的第三个点”，*2.* 在空白处单击，指定圆的第三个点，如图 4-81 所示。

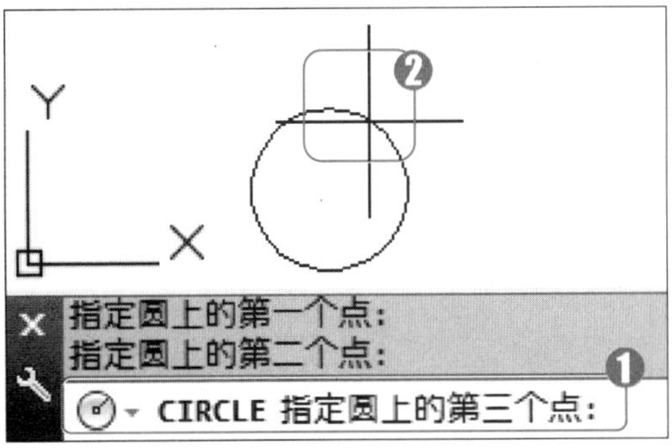

图 4-81

第 6 步 圆形绘制完成，通过以上步骤，即可完成使用“三点”方式绘制圆的操作，如图 4-82 所示。

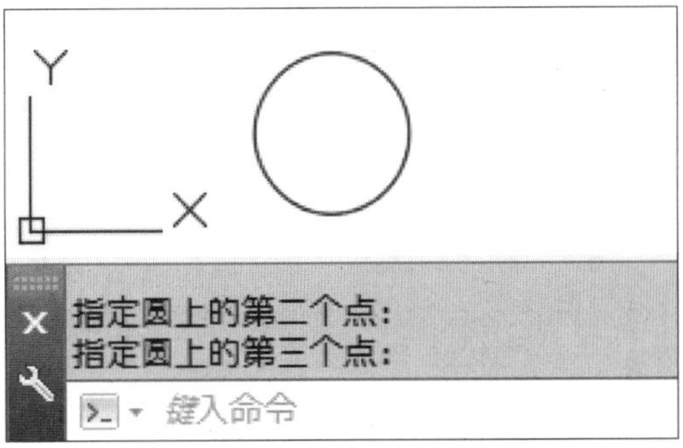

图 4-82

4.4.5 “相切，相切，半径”绘制方法

微课堂 00 分 41 秒

在 AutoCAD 2016 中，可以指定半径创建相切于两个对象的圆，这种方式叫作“相切，相切，半径”绘制法，下面介绍使用“相切，相切，半径”方式绘制圆的操作方法。

操作步骤 >> Step by Step

第 1 步 新建 CAD 空白文档，切换到【草图与注释】空间，在命令行中输入【圆】命令 CIRCLE，然后按 Enter 键，如图 4-83 所示。

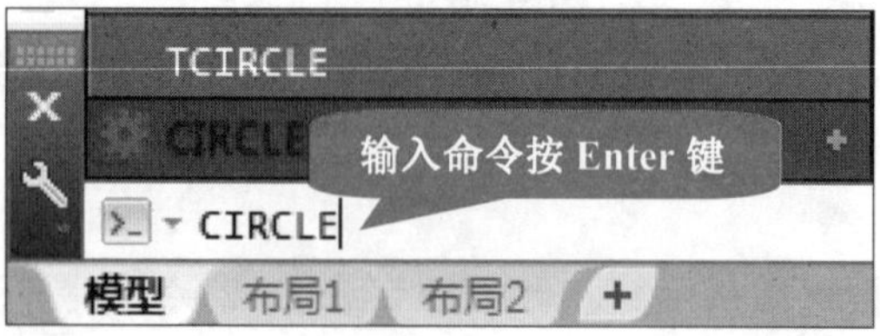

图 4–83

第 2 步 返回到绘图区，在命令行输入【切点，切点，半径】选项命令 T，然后按 Enter 键，如图 4-84 所示。

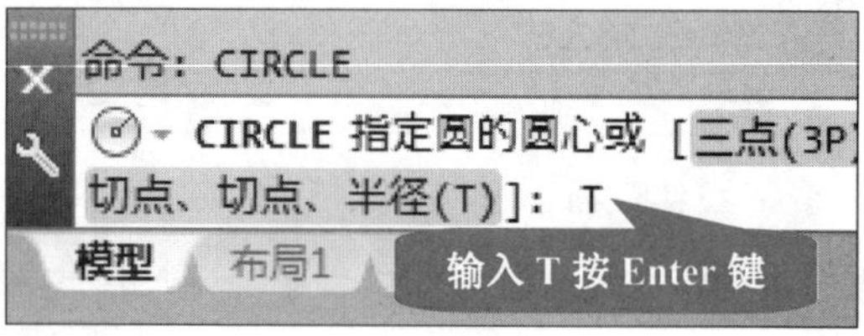

图 4–84

第 3 步 返回到绘图区，**1.** 命令行提示“CIRCLE 指定对象与圆的第一个切点”，**2.** 在出现的切点提示位置单击，指定第一个切点，如图 4-85 所示。

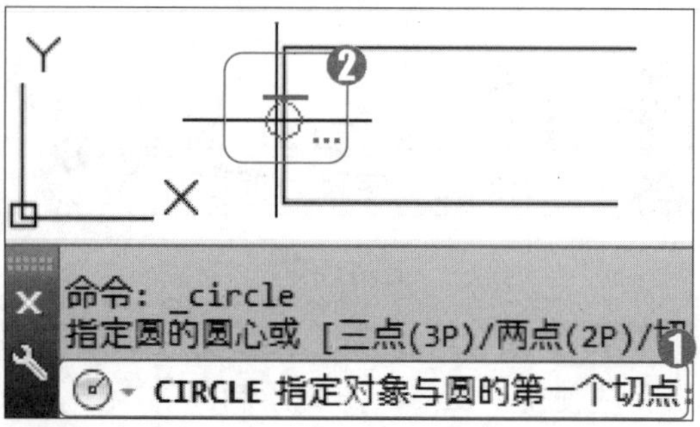

图 4–85

第 4 步 移动鼠标指针，**1.** 命令行提示“CIRCLE 指定对象与圆的第二个切点”，**2.** 在出现的切点提示位置单击，指定第二个切点，如图 4-86 所示。

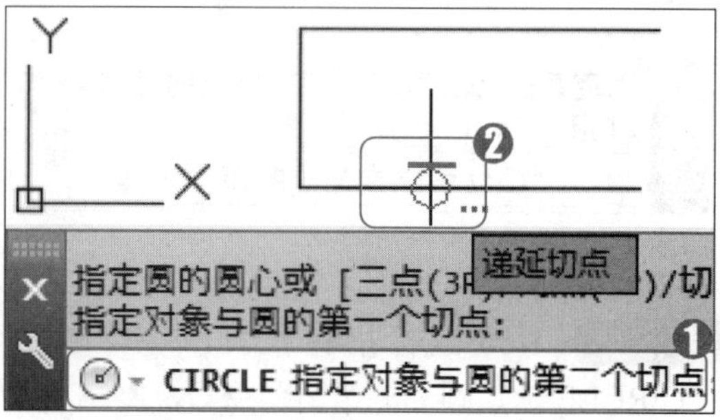

图 4–86

第 5 步 根据命令行提示，在命令行输入圆的半径 3，然后按 Enter 键，如图 4-87 所示。

图 4–87

第 6 步 圆形绘制完成，通过以上步骤，即可完成使用“相切，相切，半径”方式绘制圆弧的操作，如图 4-88 所示。

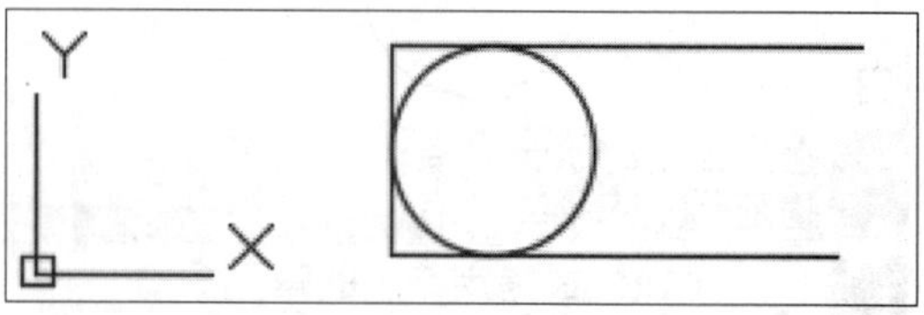

图 4–88

专家解读：确定圆的半径

在使用“相切，相切，半径”的方式绘制圆时，系统会提示指定圆的第一个切点和第二个切点，在确定圆的半径时，系统会自动提示，这时只要按 Enter 键，即可绘制一个圆。

4.4.6　“相切，相切，相切”绘制方法

微课堂 00 分 37 秒

在 AutoCAD 2016 中，还可以使用相切于 3 个对象的方式来创建圆，下面介绍使用“相切，相切，相切”方式绘制圆的操作方法。

操作步骤 >> Step by Step

第 1 步 新建 CAD 空白文档，切换到【草图与注释】空间，***1.*** 在菜单栏中，选择【绘图】菜单，***2.*** 在弹出的下拉菜单中，选择【圆】命令，***3.*** 在子菜单中选择【相切，相切，相切】命令，如图 4-89 所示。

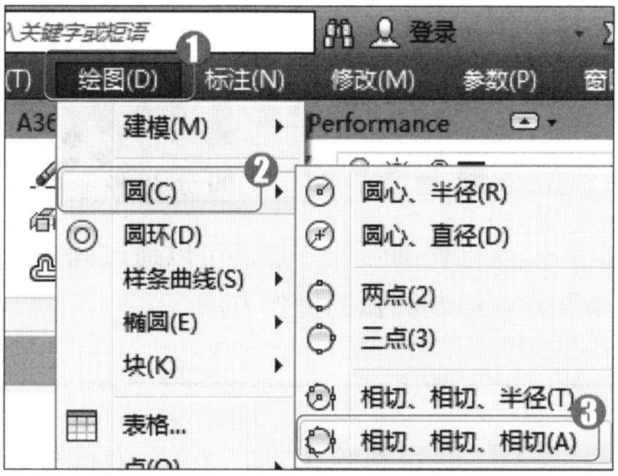

图 4–89

第 2 步 返回到绘图区，***1.*** 命令行提示“_3p 指定圆上的第一个点：_tan 到” ***2.*** 在出现的切点提示位置单击，指定第一个切点，如图 4-90 所示。

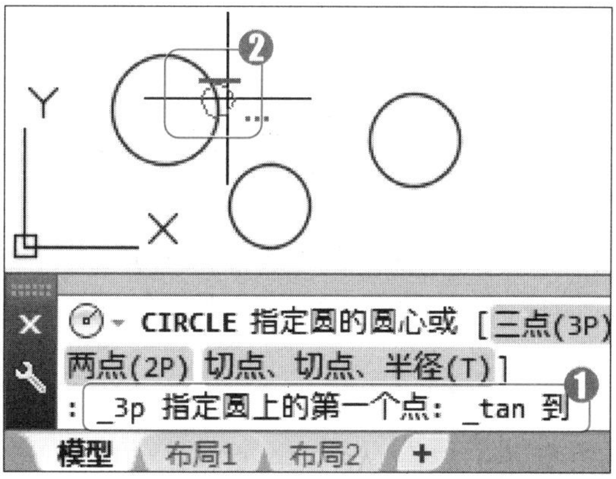

图 4–90

第 3 步 移动鼠标指针，在出现的切点提示位置单击，指定第二个切点，如图 4-91 所示。

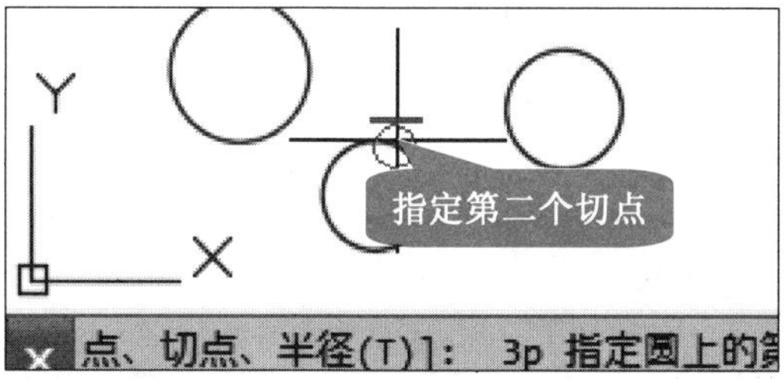

图 4–91

第 4 步 移动鼠标指针，在出现的切点提示位置单击，指定第三个切点，如图 4-92 所示。

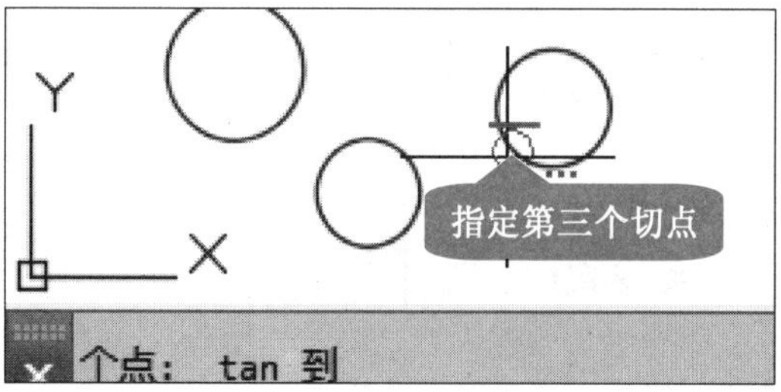

图 4–92

第 5 步 圆形绘制完成，通过以上步骤，即可完成使用“相切，相切，相切”方式绘制圆的操作，如图 4-93 所示。

■ 指点迷津

在 AutoCAD 2016 中，还可以在【绘图】面板中，选择【圆】下拉菜单中的【相切，相切，相切】命令来绘制圆。

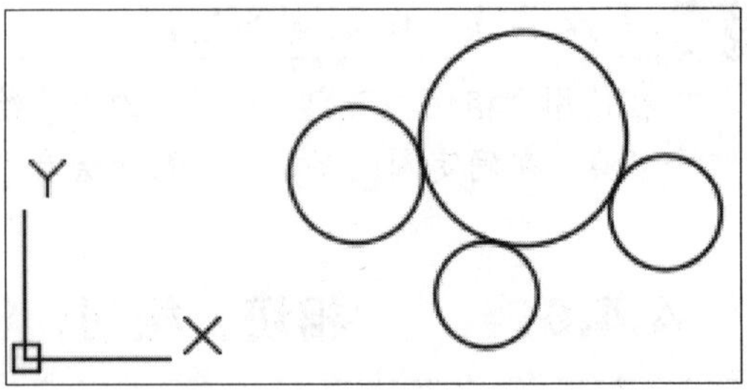

图 4-93

Section 4.5 绘制圆弧

导读

圆上任意两点间的部分叫作圆弧，在 AutoCAD 2016 中，用户可以运用“三点”“起点，圆心，端点”“起点，圆心，角度”和“起点，端点，方向”等 11 种方式绘制圆弧，本节将重点介绍其中 4 种绘制圆弧的知识与操作技巧。

4.5.1 “三点”绘制方法

微课堂 00 分 30 秒

在 AutoCAD 2016 中，圆弧的起点、通过点和端点称作圆弧的三点，可以通过确定圆弧的这三个点来绘制圆弧，下面介绍运用“三点”方式绘制圆弧的操作方法。

操作步骤 >> Step by Step

第 1 步 新建 CAD 空白文档，切换到【草图与注释】空间，***1.*** 在功能区面板中，选择【默认】选项卡，***2.*** 在【绘图】面板中，单击【圆弧】下拉按钮 圆弧，***3.*** 在弹出的下拉菜单中，选择【三点】命令，如图 4-94 所示。

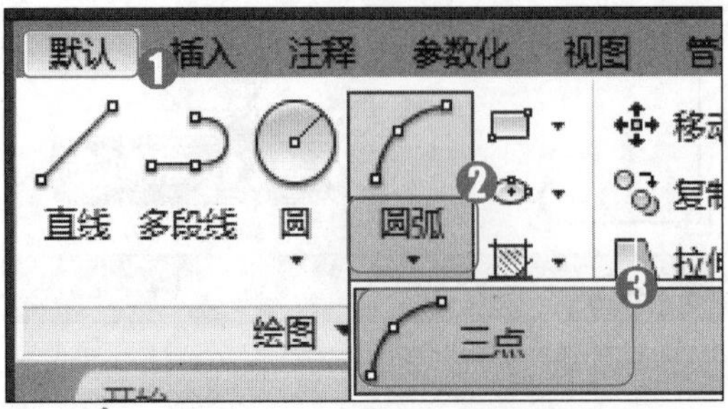

图 4-94

第 2 步 返回到绘图区，***1.*** 命令行提示“ARC 指定圆弧的起点”，***2.*** 在空白处单击，确定要绘制圆弧的起点位置，如图 4-95 所示。

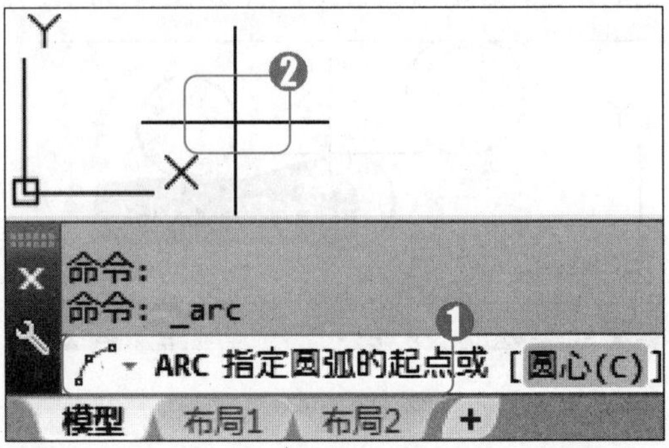

图 4-95

第 3 步 移动鼠标指针，*1.* 命令行提示“ARC 指定圆弧的第二个点”，*2.* 在指定位置单击，确定圆弧的第二个点，如图 4-96 所示。

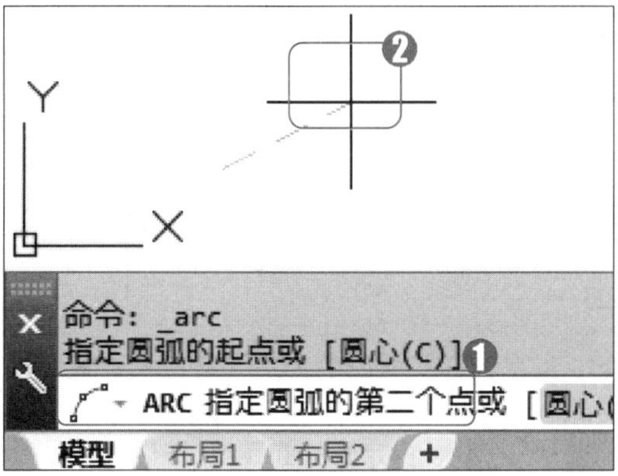

图 4-96

第 4 步 移动鼠标指针，*1.* 命令行提示“ARC 指定圆弧的端点”，*2.* 在指定位置单击，确定圆弧的端点，即可完成运用“三点”方式绘制圆弧的操作，如图 4-97 所示。

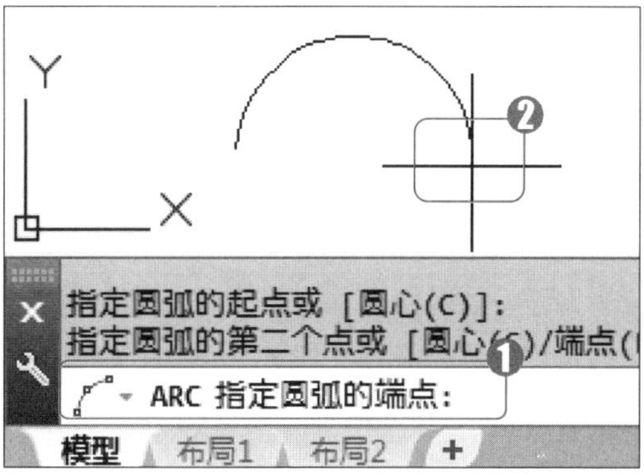

图 4-97

4.5.2 “起点，圆心，端点”绘制方法

微课堂 00 分 36 秒

在 AutoCAD 2016 中，可以使用“起点，圆心，端点”的方式来绘制圆弧，这种方式始终是从起点按逆时针来绘制圆弧的，下面介绍运用“起点，圆心，端点”方式绘制圆弧的操作方法。

操作步骤 >> Step by Step

第 1 步 新建 CAD 空白文档，切换到【草图与注释】空间，*1.* 在菜单栏中，选择【绘图】菜单，*2.* 在弹出的下拉菜单中，选择【圆弧】命令，*3.* 在子菜单中选择【起点，圆心，端点】命令，如图 4-98 所示。

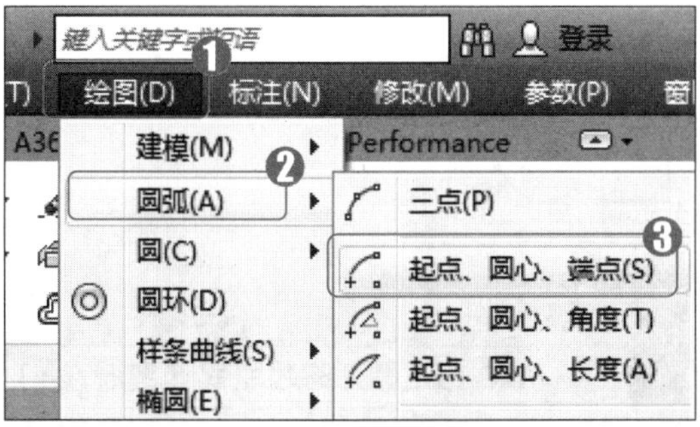

图 4-98

第 2 步 返回到绘图区，*1.* 命令行提示“ARC 指定圆弧的起点”，*2.* 在空白处单击，确定要绘制圆弧的起点位置，如图 4-99 所示。

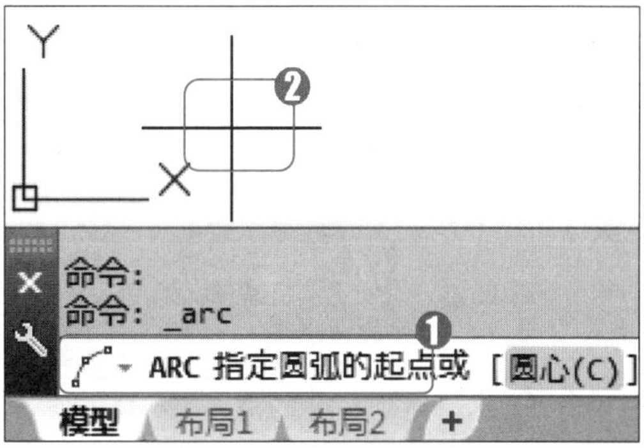

图 4-99

第 3 步 移动鼠标指针，*1.* 命令行提示“ARC 指定圆弧的圆心”，*2.* 在指定位置单击，确定圆弧的圆心，如图 4-100 所示。

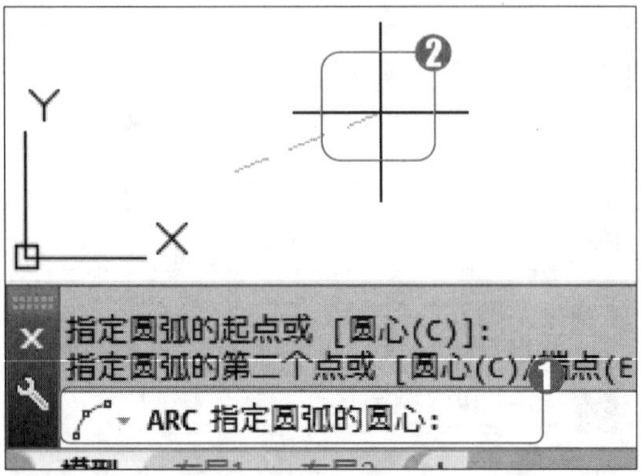

图 4–100

第 4 步 移动鼠标指针，*1.* 命令行提示“ARC 指定圆弧的端点”，*2.* 在指定位置单击，确定圆弧的端点，即可完成运用“起点，圆心，端点”方式绘制圆弧的操作，如图 4-101 所示。

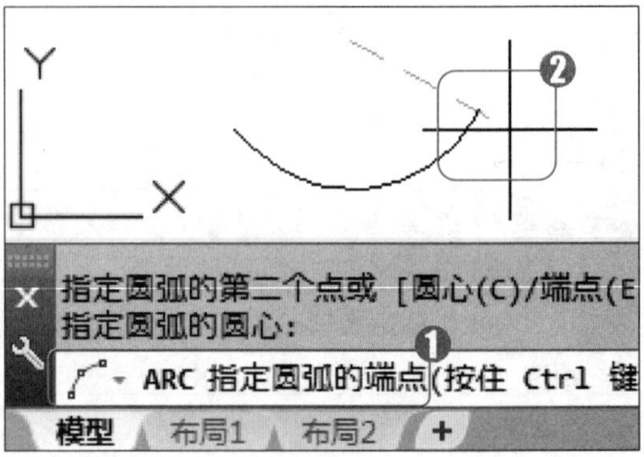

图 4–101

4.5.3 “起点，圆心，角度”绘制方法

微课堂 00 分 39 秒

使用“起点，圆心，角度”方式绘制圆弧，首先要指定圆弧的起点和圆心位置，最后指定角度来确定圆弧的弯度，下面介绍在 AutoCAD 2016 中，运用“起点，圆心，角度”方式绘制圆弧的操作方法。

操作步骤 >> **Step by Step**

第 1 步 新建 CAD 空白文档，切换到【草图与注释】空间，*1.* 在菜单栏中，选择【绘图】菜单，*2.* 在弹出的下拉菜单中，选择【圆弧】命令，*3.* 在子菜单中选择【起点，圆心，角度】命令，如图 4-102 所示。

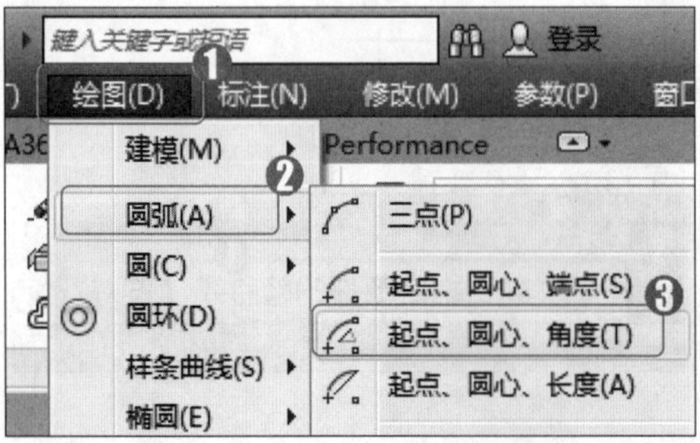

图 4–102

第 2 步 返回到绘图区，*1.* 命令行提示“ARC 指定圆弧的起点”，*2.* 在空白处单击，确定要绘制圆弧的起点位置，如图 4-103 所示。

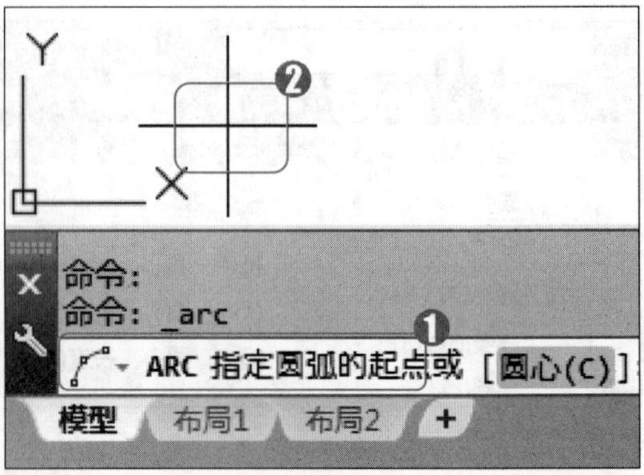

图 4–103

第 3 步 移动鼠标指针，*1.* 命令行提示“ARC 指定圆弧的圆心”，*2.* 在指定位置单击，确定圆弧的圆心，如图 4-104 所示。

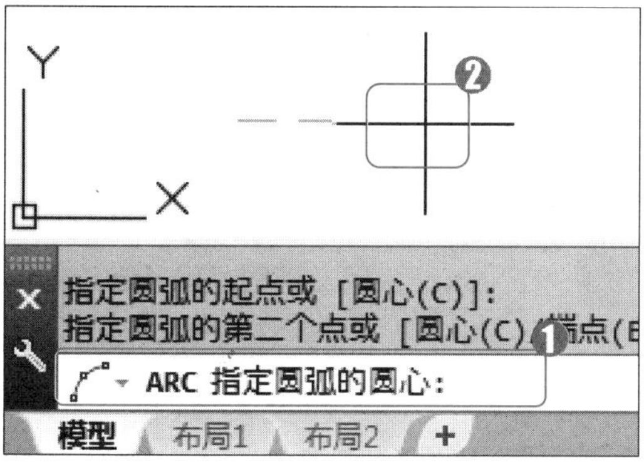

图 4-104

第 4 步 移动鼠标指针，*1.* 命令行提示“ARC 指定夹角”，*2.* 在指定位置单击，确定圆弧的夹角，如图 4-105 所示。

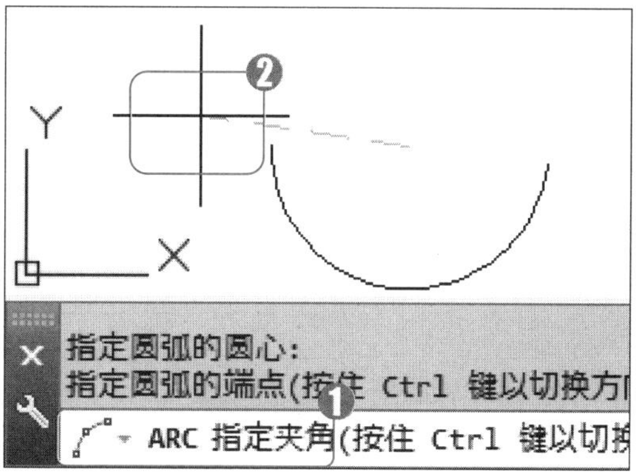

图 4-105

第 5 步 圆弧绘制完成，通过以上步骤，即可完成运用“起点，圆心，角度”方式绘制圆弧的操作，如图 4-106 所示。

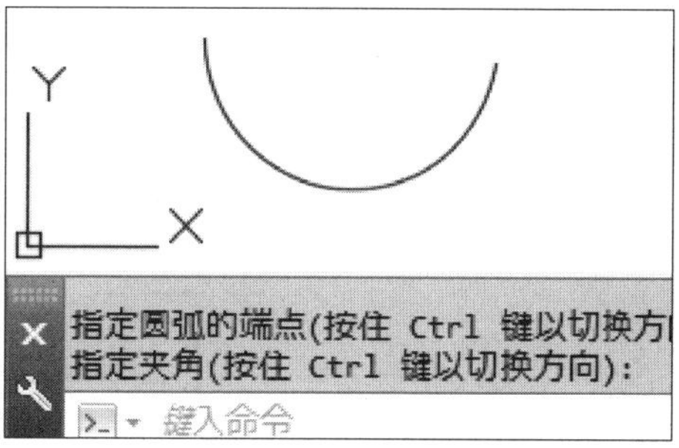

图 4-106

■ 指点迷津

在 AutoCAD 2016 中，绘制圆弧时，可以根据需要，按住 Ctrl 键来改变要绘制的圆弧方向。

知识拓展：调用圆弧命令的方式

在 AutoCAD 2016 的菜单栏中，选择【绘图】菜单下的【圆弧】命令，在【圆弧】子菜单下选择要运用的方式即可；也可以在【绘图】面板的【圆弧】下拉菜单中选择要运用的绘制方式；【圆弧】命令为 ARC 或 A。

4.5.4 “起点，端点，方向”绘制方法

微课堂 00 分 33 秒

在 AutoCAD 2016 中，可以通过先确定圆弧的起点和端点，再确定圆弧方向的方式来绘制圆弧，下面介绍运用“起点，端点，方向”的方式绘制圆弧的操作方法。

操作步骤 >> Step by Step

第 1 步 新建 CAD 空白文档，切换到【草图与注释】空间，*1.* 在功能区面板中，选择【默认】选项卡，*2.* 在【绘图】面板中，单击【圆弧】下拉按钮圆弧，*3.* 在弹出的下拉

第 2 步 返回到绘图区，*1.* 命令行提示“ARC 指定圆弧的起点”，*2.* 在空白处单击，确定要绘制的圆弧起点位置，如图 4-108 所示。

菜单中，选择【起点，端点，方向】命令，如图 4-107 所示。

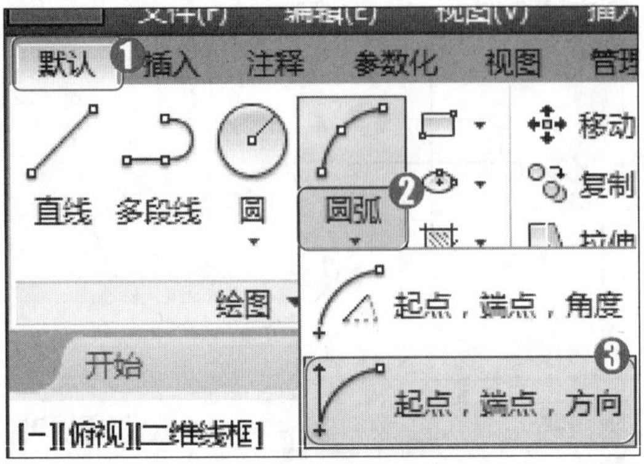

图 4-107

第 3 步 移动鼠标指针，***1.*** 命令行提示“ARC 指定圆弧的端点”，***2.*** 在指定位置单击，确定圆弧的端点，如图 4-109 所示。

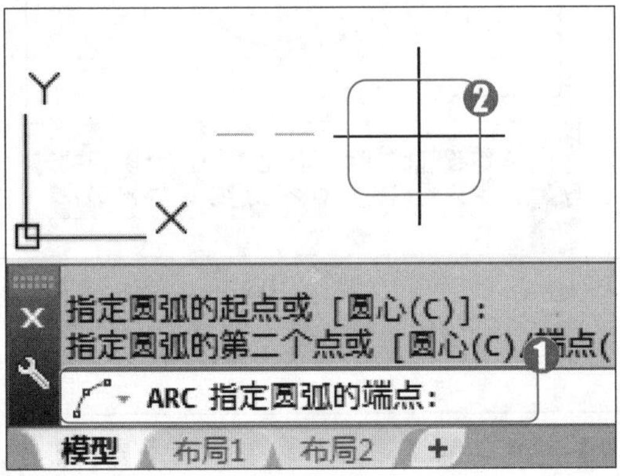

图 4-109

第 5 步 圆弧绘制完成，通过以上步骤，即可完成运用“起点，端点，方向”方式绘制圆弧的操作，如图 4-111 所示。

■ 指点迷津

在 AutoCAD 2016 中，绘制圆弧时，需要注意起点与端点的顺序，这个顺序决定绘制的圆弧方向。

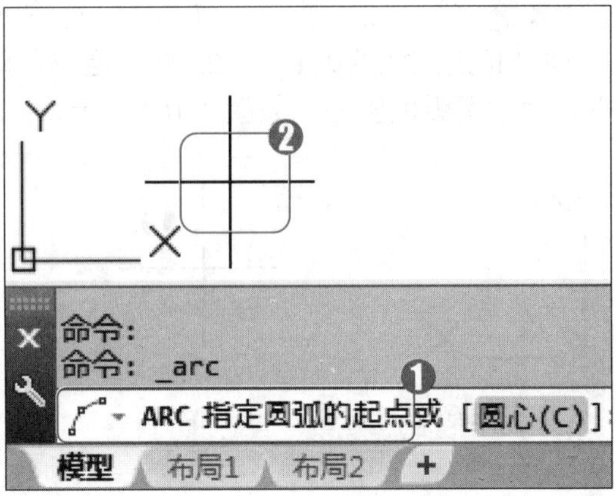

图 4-108

第 4 步 移动鼠标指针，***1.*** 命令行提示“ARC 指定圆弧起点的相切方向”，***2.*** 在指定位置单击，确定圆弧起点的方向，如图 4-110 所示。

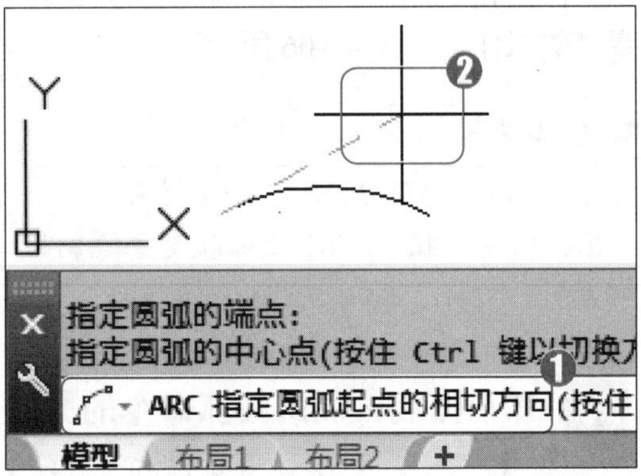

图 4-110

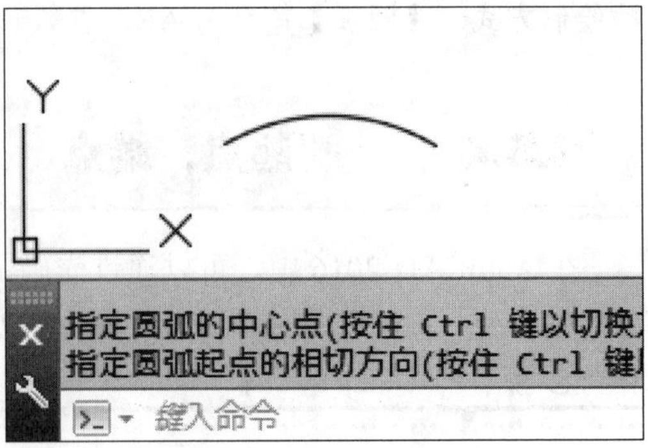

图 4-111

知识拓展：其他圆弧命令

在 AutoCAD 2016 中，另外 7 种绘制圆弧的方式，分别为【起点，圆心，长度】、【起点，端点，角度】、【起点，端点，半径】、【圆心，起点，端点】、【圆心，起点，角度】、【圆心，起点，长度】和【连续】方式。

Section 4.6 专题课堂——椭圆和椭圆弧

导读　在 AutoCAD 2016 中绘制一些复杂的图形时也常用到椭圆或椭圆弧，用户可以使用“中心”法或“轴，端点”法来绘制椭圆和圆弧，本节将重点介绍绘制椭圆和椭圆弧的知识与操作技巧。

4.6.1　“中心”绘制方法

微课堂 00 分 35 秒

椭圆是平面上到两定点的距离之和为常值的点之轨迹。在 AutoCAD 2016 中，“中心”法绘制椭圆就是先指定椭圆的中心点，然后指定椭圆的第一个轴的端点和第二个轴的长度来创建椭圆，下面介绍使用“中心”法绘制椭圆的操作方法。

操作步骤 >> Step by Step

第 1 步　新建 CAD 空白文档，切换到【草图与注释】空间，*1.* 在功能区面板中，选择【默认】选项卡，*2.* 在【绘图】面板中，单击【圆心】下拉按钮，*3.* 在弹出的下拉菜单中，选择【圆心】命令，如图 4-112 所示。

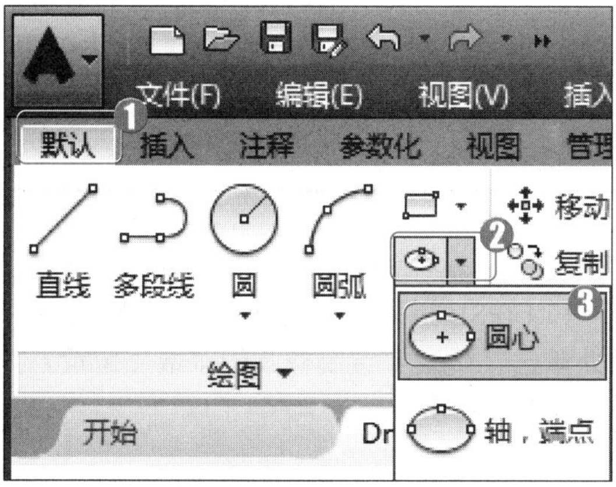

图 4-112

第 2 步　返回到绘图区，*1.* 命令行提示“ELLIPSE 指定椭圆的中心点”，*2.* 在空白处单击，确定要绘制椭圆的中心点位置，如图 4-113 所示。

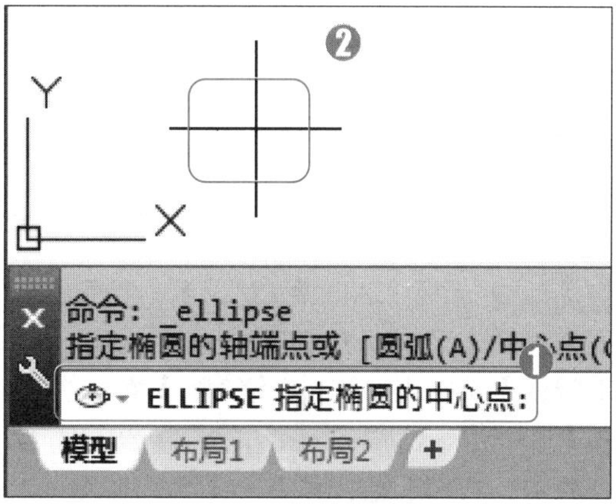

图 4-113

第 3 步　移动鼠标指针，**1.** 命令行提示“ELLIPSE 指定轴的端点”，**2.** 在指定位置单击，确定椭圆的端点，如图 4-114 所示。

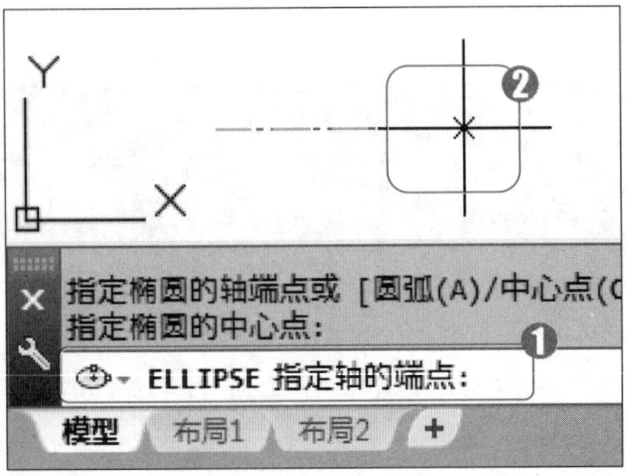

图 4-114

第 4 步　移动鼠标指针，**1.** 命令行提示“ELLIPSE 指定另一条半轴长度”，**2.** 在指定位置单击，确定椭圆半轴长度，如图 4-115 所示。

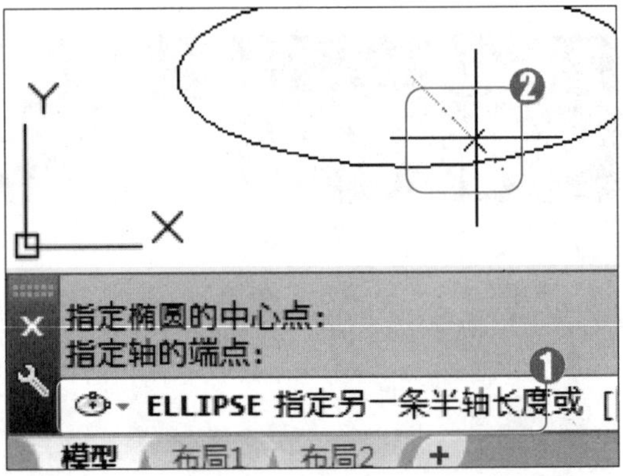

图 4-115

第 5 步　椭圆绘制完成，通过以上步骤，即可完成使用“中心”方式绘制椭圆的操作，如图 4-116 所示。

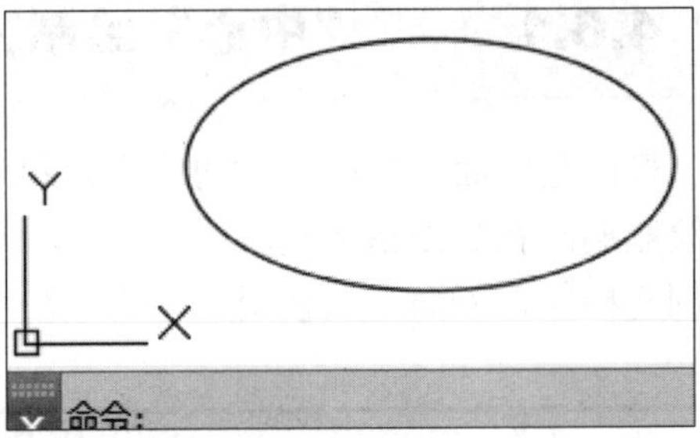

图 4-116

■ 指点迷津

在 AutoCAD 2016 中，可以在命令行中，输入【椭圆】命令 ELLIPSE，然后按 Enter 键来调用椭圆命令绘制图形。

4.6.2　“轴，端点”绘制方法

微课堂 00 分 35 秒

以椭圆上的两个点确定第一条轴的位置和长度，以第三个点确定椭圆的圆心与第二条轴的端点之间的距离来绘制椭圆的方法叫作“轴，端点”法，下面介绍使用“轴，端点”法绘制椭圆的操作方法。

操作步骤 >> **Step by Step**

第 1 步　新建 CAD 空白文档，切换到【草图与注释】空间，**1.** 在功能区面板中，选择【默认】选项卡，**2.** 在【绘图】面板中，单击【圆心】下拉按钮，**3.** 在弹出的下拉菜单中，选择【轴，端点】命令，如图 4-117 所示。

第 2 步　返回到绘图区，**1.** 命令行提示“ELLIPSE 指定椭圆的轴端点”，**2.** 在空白处单击，确定要绘制椭圆的轴端点位置，如图 4-118 所示。

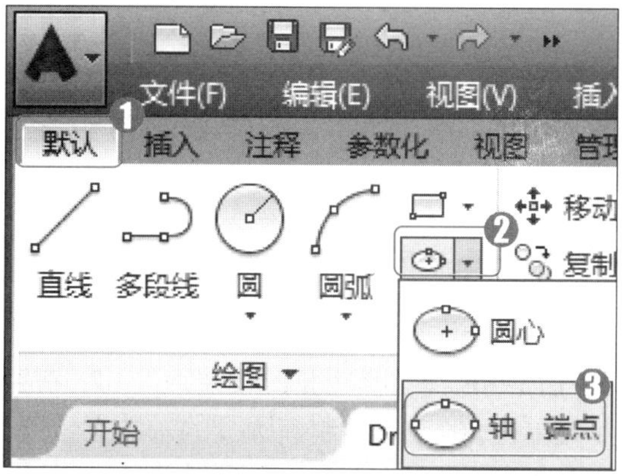

图 4-117

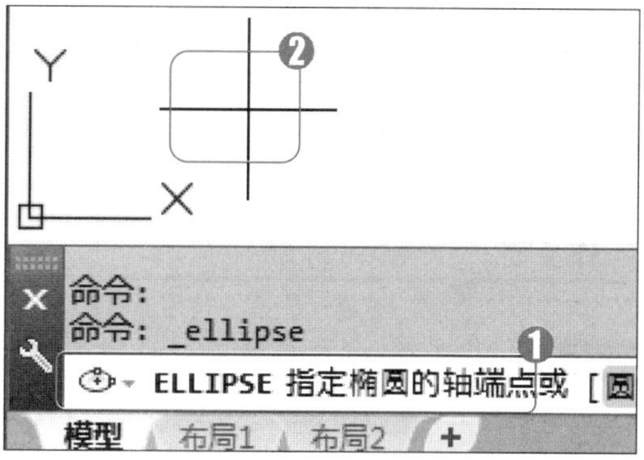

图 4-118

第 3 步 移动鼠标指针，**1.** 命令行提示“ELLIPSE 指定轴的另一个端点”，**2.** 在指定位置单击，确定椭圆的另一个端点，如图 4-119 所示。

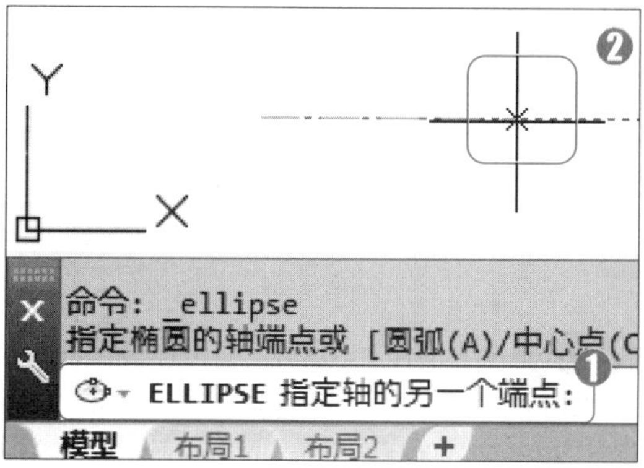

图 4-119

第 4 步 移动鼠标指针，**1.** 命令行提示“ELLIPSE 指定另一条半轴长度”，**2.** 在指定位置单击，确定椭圆半轴长度，如图 4-120 所示。

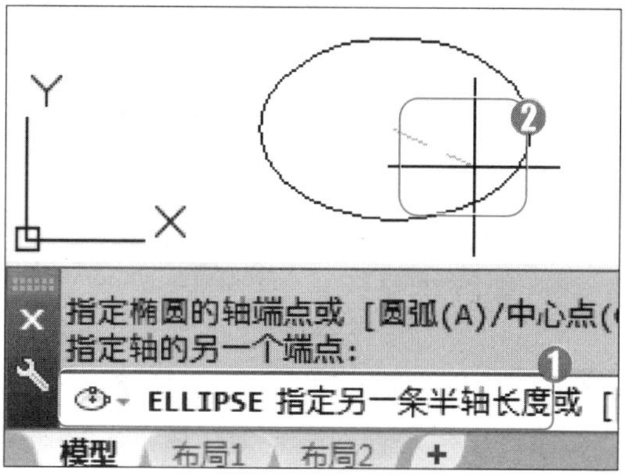

图 4-120

第 5 步 椭圆绘制完成，通过以上步骤，即可完成使用“轴，端点”方式绘制椭圆的操作，如图 4-121 所示。

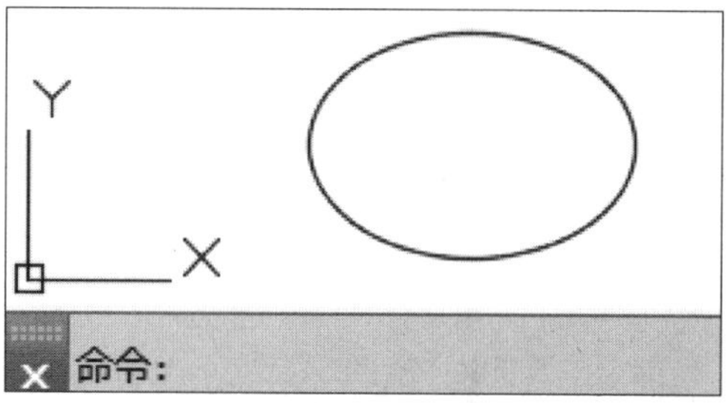

图 4-121

■ 指点迷津

在 AutoCAD 2016 中，可以选择菜单栏中的【绘图】菜单，在弹出的下拉菜单中选择【椭圆】命令，在子菜单中选择【轴，端点】命令来绘制椭圆。

专家解读：如何创建多段线椭圆

在 AutoCAD 中，绘制的椭圆默认的控制点只有 5 个(含圆心)，可以在命令行中输入 PELLIPSE 命令，在出现的“输入 PELLIPSE 的新值”信息提示下，输入 1 并按 Enter 键，此时调用椭圆命令绘制的椭圆即为多段线椭圆(拥有多个控制点)。

4.6.3 绘制椭圆弧

微课堂 00 分 54 秒

椭圆弧是椭圆的一部分，是指未封闭的椭圆弧线，下面介绍在 AutoCAD 2016 中绘制椭圆弧的操作方法。

操作步骤 >> Step by Step

第 1 步 新建 CAD 空白文档，切换到【草图与注释】空间，***1.*** 在菜单栏中，选择【绘图】菜单，***2.*** 在弹出的下拉菜单中，选择【椭圆】命令，***3.*** 在子菜单中选择【圆弧】命令，如图 4-122 所示。

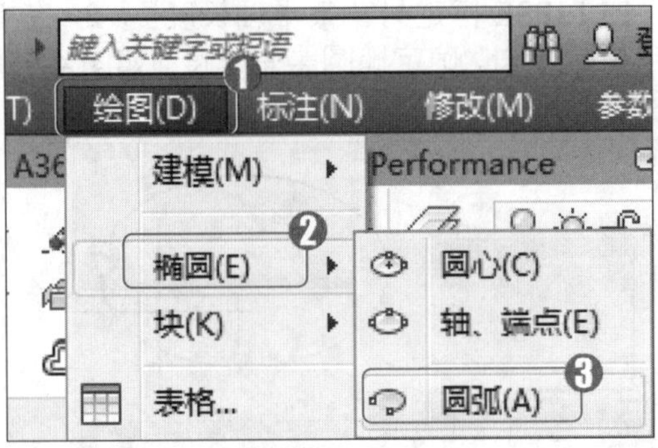

图 4-122

第 2 步 返回到绘图区，***1.*** 命令行提示“ELLIPSE 指定椭圆弧的轴端点”，***2.*** 在空白处单击，确定要绘制椭圆弧的轴端点位置，如图 4-123 所示。

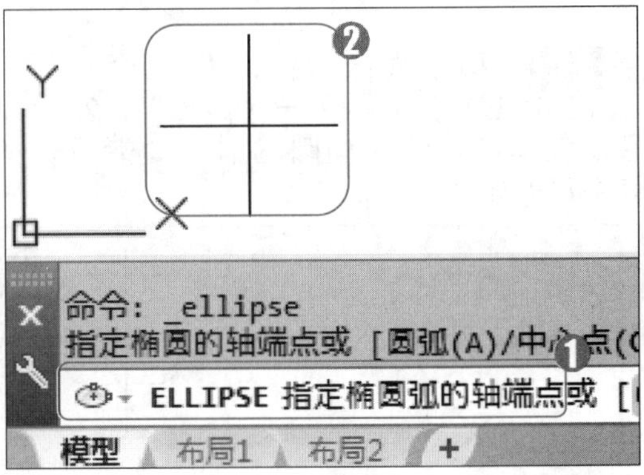

图 4-123

第 3 步 移动鼠标指针，***1.*** 命令行提示“ELLIPSE 指定轴的另一个端点”，***2.*** 在指定位置单击，确定椭圆弧的另一个端点，如图 4-124 所示。

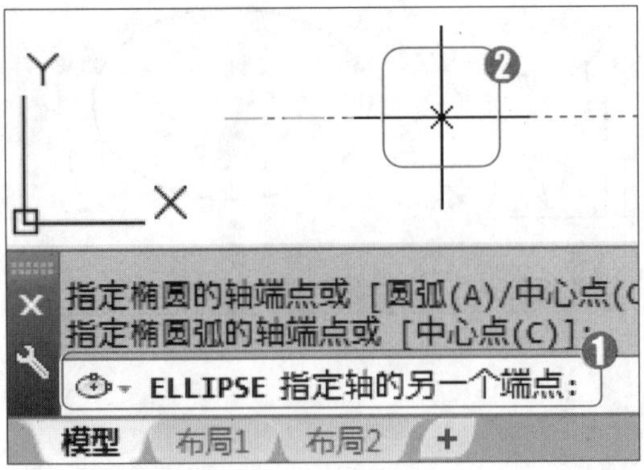

图 4-124

第 4 步 移动鼠标指针，***1.*** 命令行提示“ELLIPSE 指定另一条半轴长度”，***2.*** 在指定位置单击，确定椭圆弧半轴长度，如图 4-125 所示。

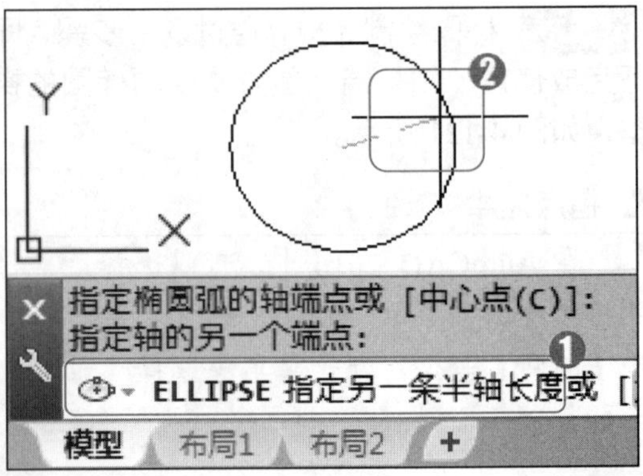

图 4-125

第 5 步 根据命令行提示，在命令行输入椭圆弧指定起点角度 120，然后按 Enter 键，如图 4-126 所示。

第 6 步 根据命令行提示，在命令行输入椭圆弧指定起点角度 270，然后按 Enter 键，如图 4-127 所示。

图 4-126

第 7 步 椭圆弧绘制完成，通过以上步骤即可完成绘制椭圆弧的操作，如图 4-128 所示。

■ 指点迷津

在 AutoCAD 2016 中，可以在【绘图】面板中，选择【圆心】下拉菜单中的【椭圆弧】命令来绘制椭圆弧。

图 4-127

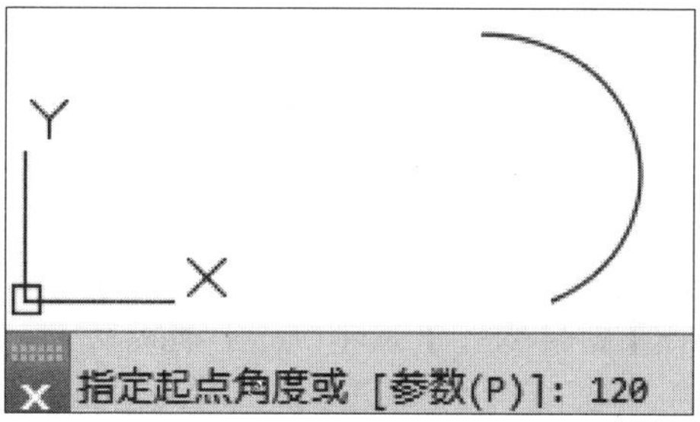

图 4-128

专家解读：使用椭圆弧命令绘制椭圆

在 AutoCAD 2016 绘制椭圆弧时，当命令行提示输入“起点角度”和“端点角度”，输入的起点与端点角度设为同一数值时，画出的图形即是椭圆。

Section 4.7 实践经验与技巧

导读

通过本章的学习，读者已经基本掌握 AutoCAD 2016 绘制二维图形方面的知识与操作技巧，包括绘制点、直线、矩形与多边形、圆和圆弧及椭圆和椭圆弧的内容。本节将介绍几个实践案例，巩固本章所学的知识要点。

4.7.1 新建多线样式

微课堂 00 分 56 秒

在 AutoCAD 2016 中，默认情况下多线为两条直线，通过多线样式可以设置多线的直线数量、颜色等，下面将介绍新建多线样式的操作方法。

操作步骤 >> Step by Step

第 1 步 新建 CAD 空白文档，切换到【草图与注释】空间，*1.* 在菜单栏中，选择【格式】菜单，*2.* 在弹出的下拉菜单中，选择【多线样式】命令，如图 4-129 所示。

第 2 步 弹出【多线样式】对话框，在对话框的右侧单击【新建】按钮 新建(N)...，如图 4-130 所示。

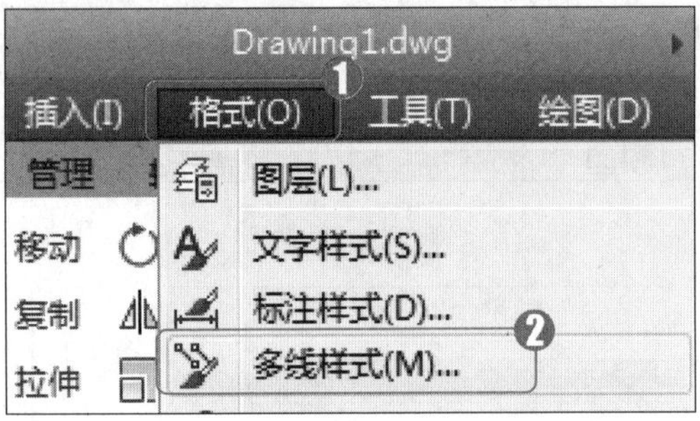

图 4-129

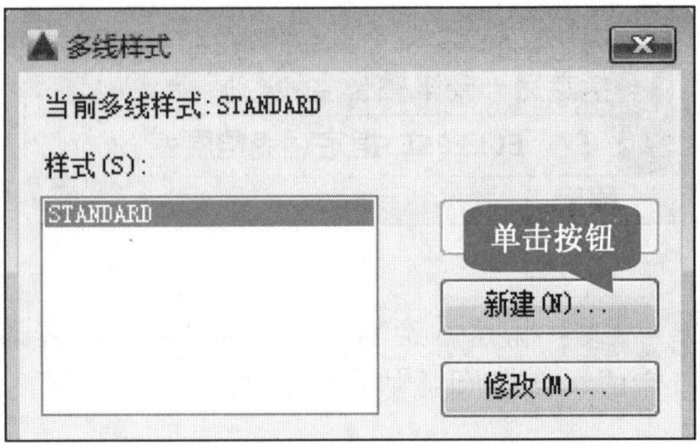

图 4-130

第 3 步 弹出【创建新的多线样式】对话框，***1.*** 在【新样式名】文本框中，输入新样式的名称“样式 1”，***2.*** 单击【继续】按钮 继续 ，如图 4-131 所示。

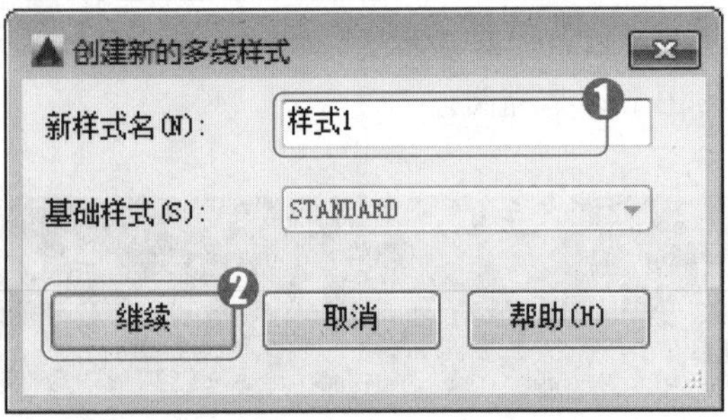

图 4-131

第 4 步 弹出【新建多线样式：样式 1】对话框，***1.*** 在【图元】区域，单击【添加】按钮 添加(A) ，增加线条数量，***2.*** 在【颜色】下拉列表框中，设置添加的线条颜色，***3.*** 单击【确定】按钮 确定 ，如图 4-132 所示。

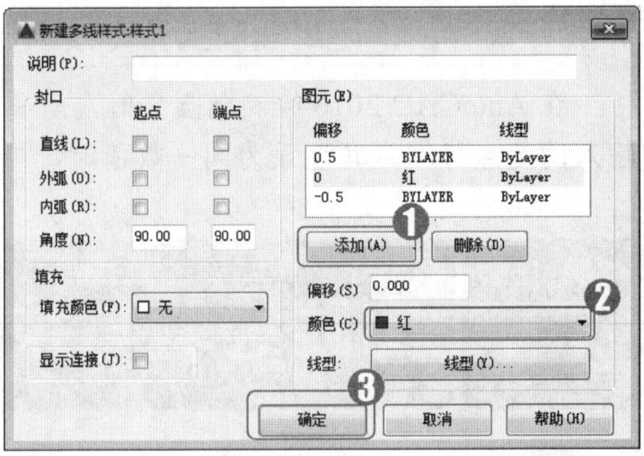

图 4-132

第 5 步 返回到【多线样式】对话框，***1.*** 在【样式】列表框中，可以看到新建的样式，***2.*** 在【预览】列表框中，可以看到新建的多线样式效果，***3.*** 单击【确定】按钮 确定 ，即可完成新建多线样式的操作，如图 4-133 所示。

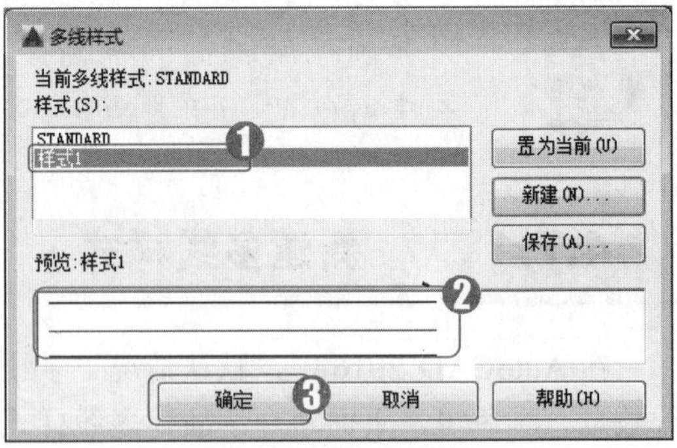

图 4-133

■ 指点迷津

除了可以新建多样式，还可以对现有和新建的样式进行修改、删除和重命名等操作。

4.7.2 绘制座椅

微课堂 00 分 53 秒

通过本章所学的绘制二维图形方面的知识，可以灵活运用绘图工具进行简单的图形绘制，下面介绍运用【圆】、【直线】和【圆弧】命令绘制圆形座椅的操作方法。

操作步骤 >> Step by Step

第 1 步　新建 CAD 空白文档，切换到【草图与注释】空间，*1.* 在菜单栏中，选择【绘图】菜单，*2.* 在弹出的下拉菜单中选择【圆】命令，*3.* 子菜单中选择【圆心，半径】命令，如图 4-134 所示。

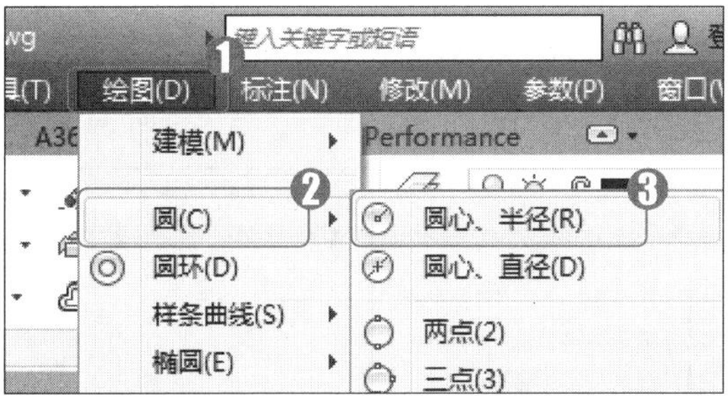

图 4–134

第 3 步　在功能区面板中，*1.* 选择【默认】选项卡，*2.* 在【绘图】面板中，单击【圆弧】下拉按钮，*3.* 在弹出的下拉菜单中，选择【三点】命令，如图 4-136 所示。

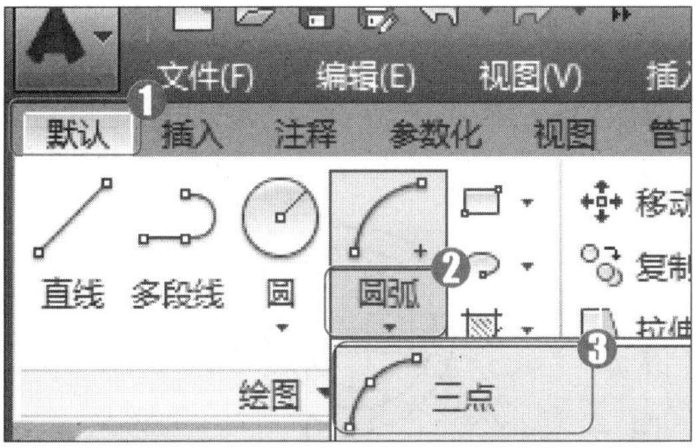

图 4–136

第 5 步　在命令行输入【直线】命令 LINE，然后按 Enter 键，如图 4-138 所示。

图 4–138

第 2 步　返回到绘图区，在空白位置绘制一个圆，如图 4-135 所示。

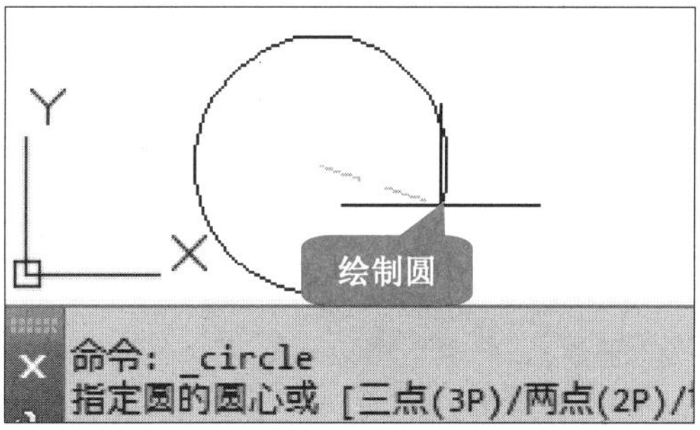

图 4–135

第 4 步　返回到绘图区，在绘制的圆的外部绘制一条圆弧，作为座椅的靠背，如图 4-137 所示。

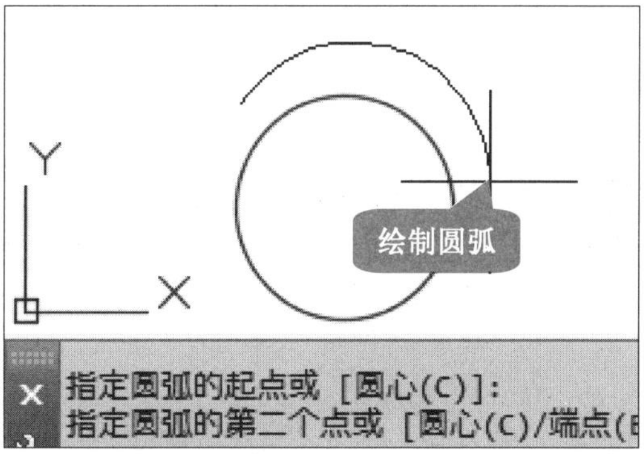

图 4–137

第 6 步　在圆弧的两个端点分别绘制一条直线，即可完成绘制座椅的操作，如图 4-139 所示。

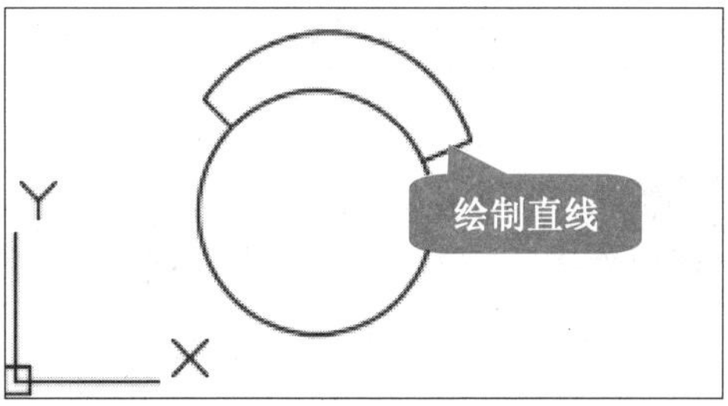

图 4–139

4.7.3 绘制螺旋

微课堂 00 分 42 秒

在机械和建筑制图中会经常用到螺旋功能，一般使用该功能创建弹簧、螺纹和环形楼梯等，下面介绍在 AutoCAD 2016 中绘制螺旋的操作方法。

操作步骤 >> Step by Step

第 1 步 新建 CAD 空白文档，切换到【草图与注释】空间，**1.** 在功能区面板中，选择【默认】选项卡，**2.** 在【绘图】面板中，单击【螺旋】按钮，如图 4-140 所示。

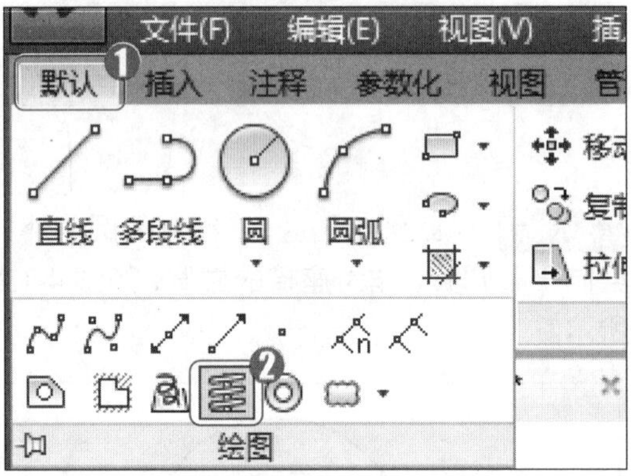

图 4-140

第 2 步 返回到绘图区，**1.** 命令行提示"HELIX 指定底面的中心点"，**2.** 在空白处单击，确定要绘制螺旋的底面中心点，如图 4-141 所示。

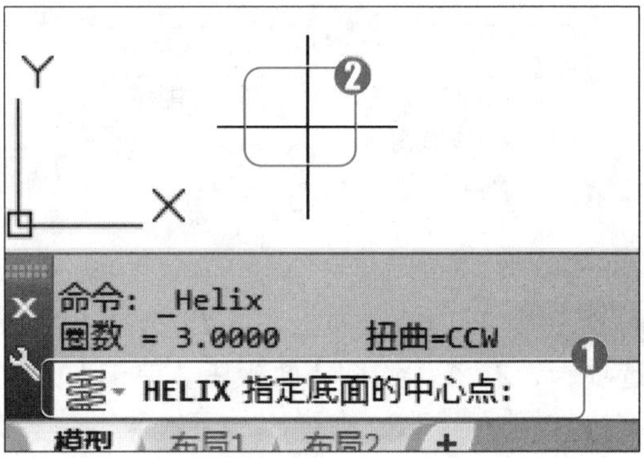

图 4-141

第 3 步 移动鼠标指针，**1.** 命令行提示"HELIX 指定底面半径"，**2.** 在指定位置单击，确定螺旋的底面半径，如图 4-142 所示。

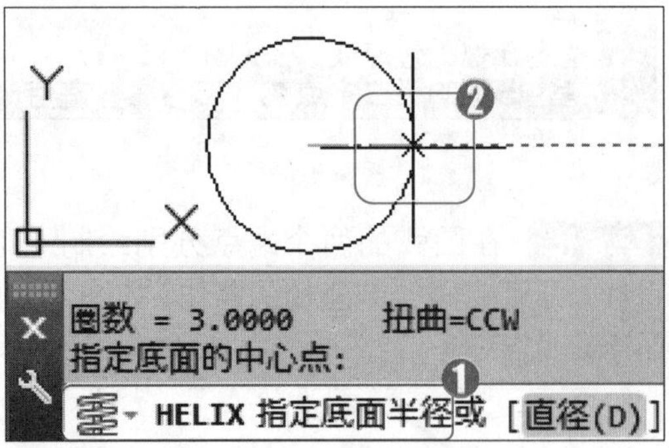

图 4-142

第 4 步 移动鼠标指针，**1.** 命令行提示"HELIX 指定顶面半径"，**2.** 在指定位置单击，确定螺旋的顶面半径，如图 4-143 所示。

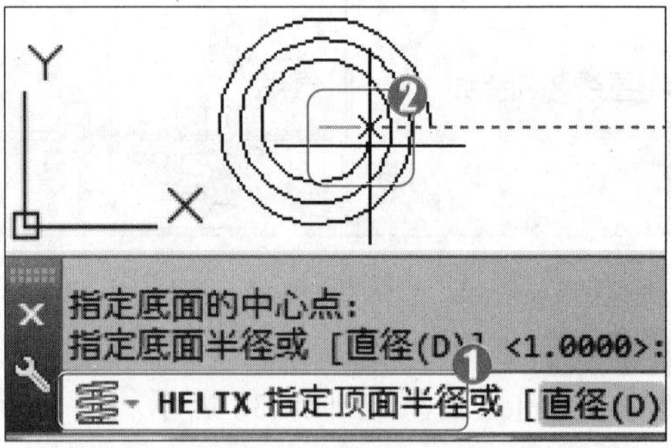

图 4-143

第 5 步 移动鼠标指针，**1.** 命令行提示"HELIX 指定螺旋高度"，**2.** 在指定位置单击，确定螺旋的高度，如图 4-144 所示。

第 6 步 螺旋绘制完成，通过以上步骤即可完成绘制旋转的操作，如图 4-145 所示。

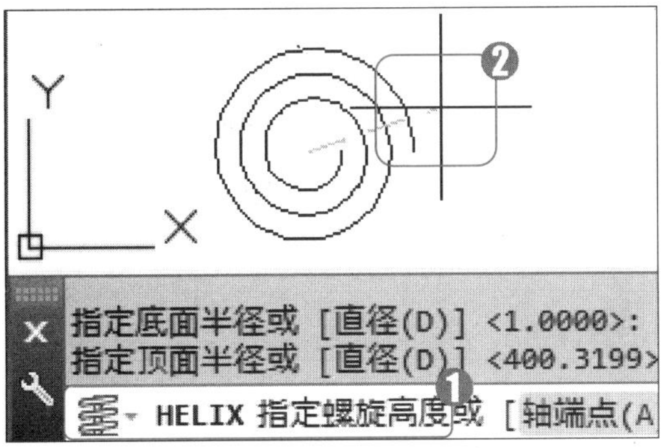

图 4–144

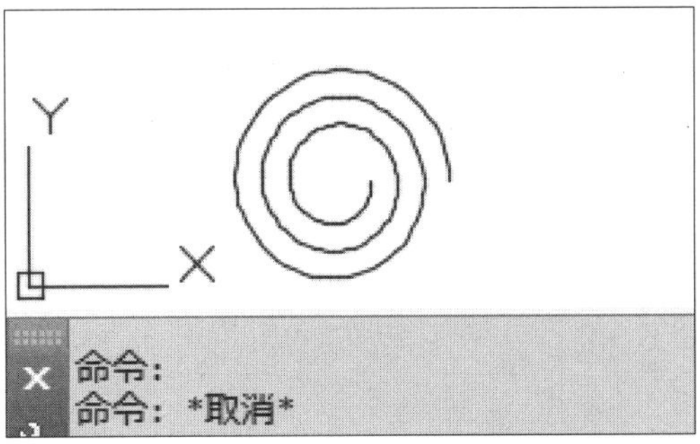

图 4–145

4.7.4　绘制圆环

微课堂 00 分 33 秒

在 AutoCAD 2016 中，圆环是一个空心的圆，由两个圆心相同、半径不同的同心圆组成，下面介绍绘制圆环的操作方法。

操作步骤 >> Step by Step

第 1 步　新建 CAD 空白文档，切换到【草图与注释】空间，在命令行中输入【圆环】命令 DONUT，然后按 Enter 键，如图 4-146 所示。

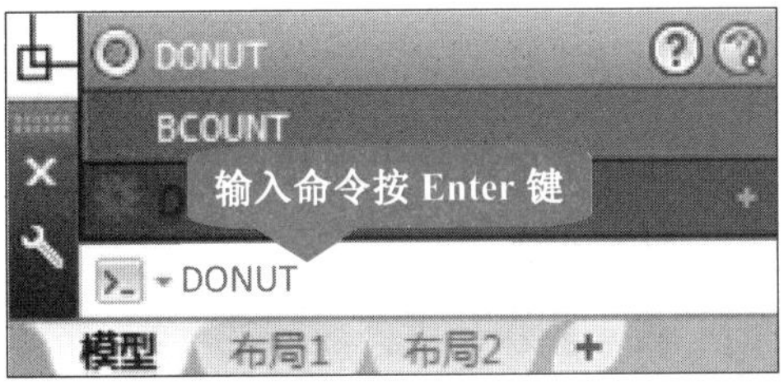

图 4–146

第 2 步　根据命令行提示“DONUT 指定圆环的内径”信息，在命令行输入圆环内径值 3，然后按 Enter 键，如图 4-147 所示。

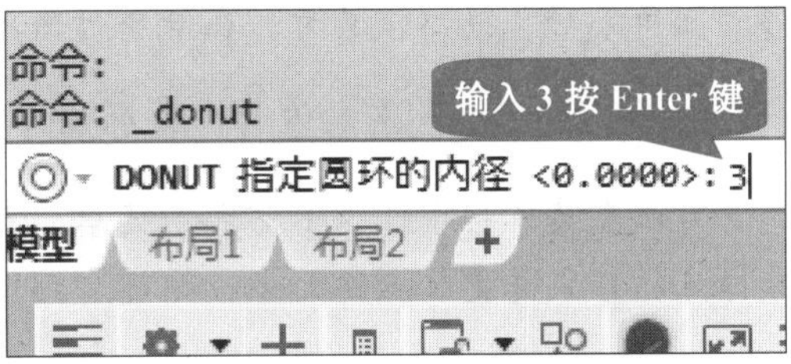

图 4–147

第 3 步　根据命令行提示“DONUT 指定圆环的外径”信息，在命令行输入圆环的外径值 5，然后按 Enter 键，如图 4-148 所示。

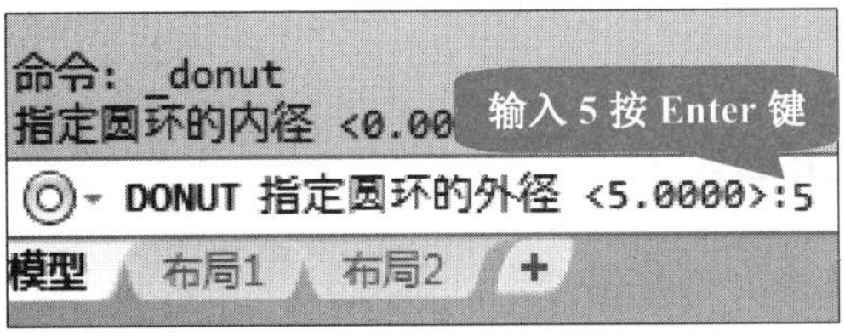

图 4–148

第 4 步　返回到绘图区，在空白处单击，绘制圆环，如图 4-149 所示。

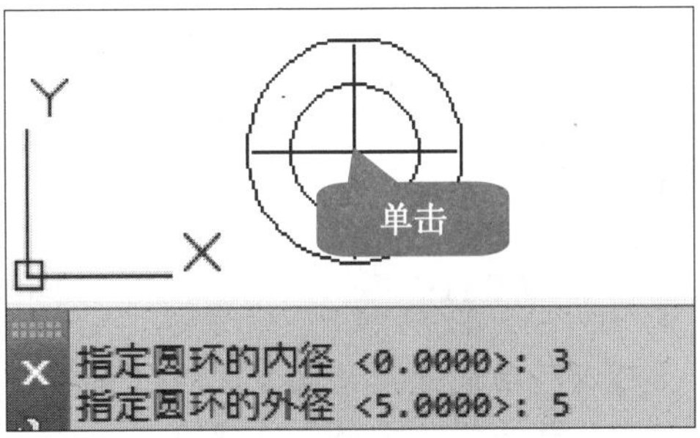

图 4–149

第 5 步 然后按 Esc 键退出圆环命令，即可完成绘制圆环的操作，如图 4-150 所示。

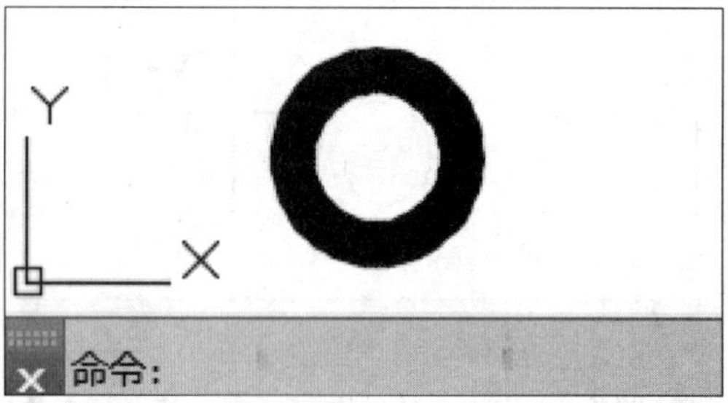

图 4-150

■ 指点迷津

在 AutoCAD 2016 绘制圆环时，将圆环的内径设置为 0 时，绘制的圆环则变为填充圆。

一点即通：绘制不填充圆环

在 AutoCAD 2016 中，可以在绘制圆环之前，在命令行输入 FILL 命令并按 Enter 键，当出现“输入模式[开(ON)关(OFF)]”信息时，在命令行输入 OFF 命令并按 Enter 键，绘制的圆环即为不填充的圆环。

Section 4.8 有问必答

1. 如何将设置的圆角矩形更改为直角矩形?

在调用【矩形】命令后，在命令行激活【圆角(F)】选项，当出现“RECTANG 指定矩形的圆角半径”提示信息时，在命令行输入 0，然后按 Enter 键即可。

2. 在定距等分图形对象时，看不到等分点，怎么解决?

可以在菜单栏中选择【格式】菜单，在弹出的下拉菜单中选择【点样式】命令，然后选择点的样式并更改点的大小，即可看到图形对象上的等分点。

3. 在使用“相切，相切，半径”方法绘制圆时，找不到相切点，如何解决?

可以在状态栏中单击【对象捕捉】按钮，将对象捕捉功能开启，并且同时开启对象捕捉模式，即可在图形对象上显示切点。

4. 多段线命令选项中的【半宽(H)】有什么作用?

在 AutoCAD 2016 中多段线的半宽即多段线的线宽，用于设置多段线的宽度，分为起点宽度与端点宽度，值越大，线宽越粗。

5. 在命令行中输入圆的半径值无效时，如何绘制圆?

可以移动鼠标指针至合适的位置单击，系统会自动把圆心和鼠标指针确定的两点之间的距离，作为圆的半径来绘制圆。

第5章

编辑二维图形对象

本章要点

- 选择图形
- 创建对象副本
- 设置图形对象
- 专题课堂——阵列

本章主要内容

本章主要介绍编辑二维图形对象方面的知识与技巧，包括如何选择图形和创建对象副本，并且讲解如何设置图形对象的操作方法。在专题课堂环节，还将详细介绍阵列方面的知识。通过本章的学习，读者可以掌握编辑二维图形对象方面的知识，为深入学习 AutoCAD 2016 二维图形对象高级设置方面的知识奠定基础。

Section 5.1 选择图形

导读

在 AutoCAD 2016 中，对于绘制好的二维图形，可以通过选择图形对象进行编辑和修改操作，选择图形包括选择单个对象、选择多个对象、套索选择和快速选择等操作，本节将介绍选择图形方面的知识与操作方法。

5.1.1 选择单个对象

微课堂 00 分 18 秒

在 AutoCAD 2016 中，对单个图形对象进行修改或编辑时，可以将鼠标指针移动到要选择的图形对象上，然后单击选中该图形对象，下面将介绍选择单个对象的操作方法。

操作步骤 >> Step by Step

第 1 步 切换到【草图与注释】空间，在绘图区中，将鼠标指针移到要选择的图形上并单击，如图 5-1 所示。

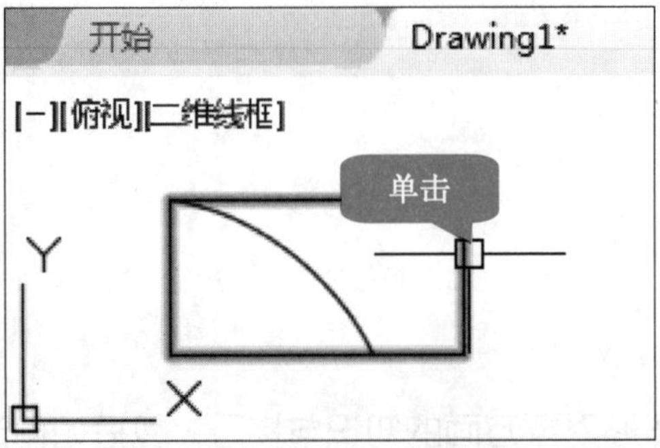

图 5-1

第 2 步 在绘图窗口中图形已经被选中，通过以上方法即可完成选择单个对象的操作，如图 5-2 所示。

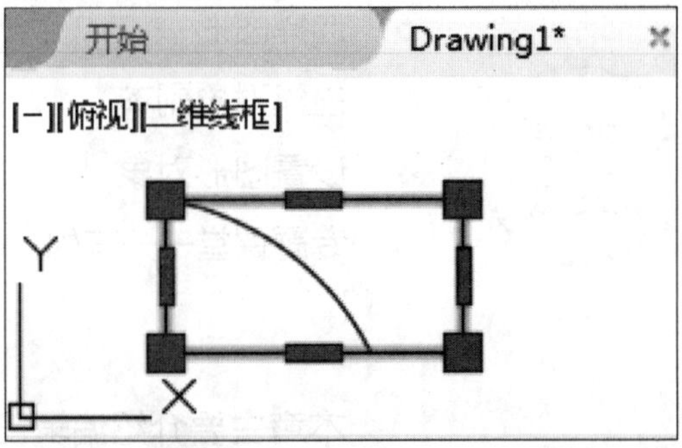

图 5-2

知识拓展：取消选择单个对象

在 AutoCAD 2016 中，按住 Shift 键的同时单击已选中的单个对象，可以取消当前选择的对象。当按 Esc 键时，则可以取消当前选定的全部对象。

5.1.2 选择多个对象

微课堂 00 分 42 秒

在编辑和修改多个对象之前，需要先选择这些对象，在 AutoCAD 2016 中选择多个对象的方式包括窗选、叉选等，下面介绍选择多个对象的操作方法。

1 窗选

在 AutoCAD 2016 中，窗选即窗口选择，指窗口从左向右定义矩形来选择图形对象，只有全部位于矩形窗口中的图形对象才能被选中，与窗口相交或位于窗口外部的则不被选中，下面介绍窗选多个对象的操作方法。

操作步骤 >> Step by Step

第 1 步 切换到【草图与注释】空间，在绘图区中，从左上角单击鼠标并拖动至准备选择图形的右下角，如图 5-3 所示。

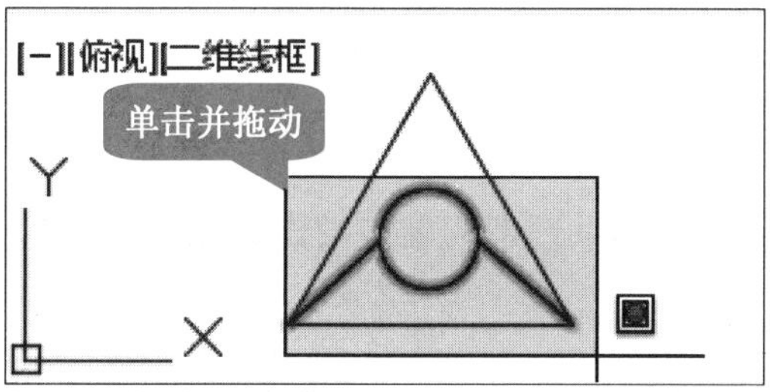

图 5-3

第 2 步 释放鼠标，在绘图窗口中图形已经被选中，通过以上方法即可完成窗选多个对象的操作，如图 5-4 所示。

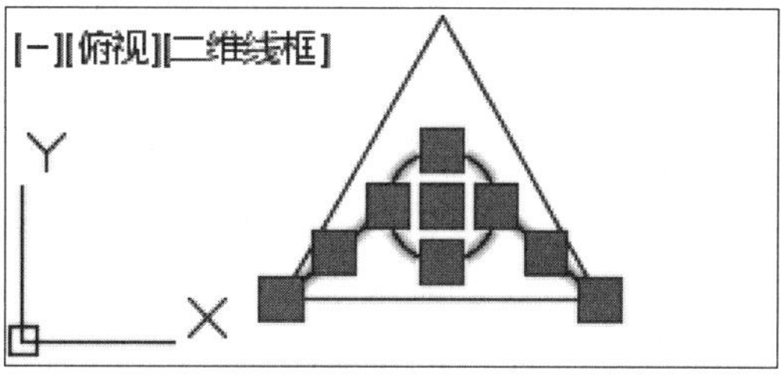

图 5-4

2 叉选

在 AutoCAD 2016 中，叉选即交叉窗口选择，与窗选方式相反，指窗口从右向左定义矩形来选择图形对象，此时无论与窗口相交还是全部位于窗口的对象都会被选择，下面介绍叉选多个对象的操作方法。

操作步骤 >> Step by Step

第 1 步 切换到【草图与注释】空间，在绘图区中，从右下角单击并拖动至准备选择图形的左上角，如图 5-5 所示。

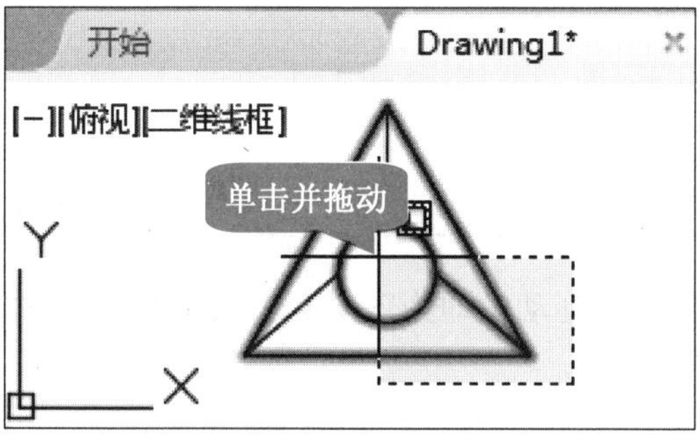

图 5-5

第 2 步 释放鼠标，在绘图窗口中图形已经被选中，通过以上方法即可完成叉选多个对象的操作，如图 5-6 所示。

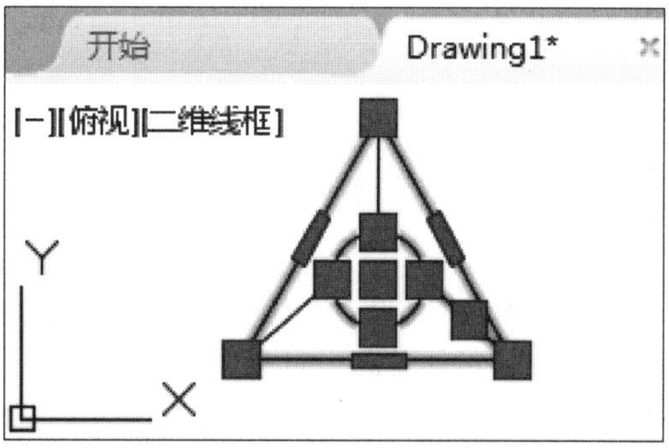

图 5-6

知识拓展：窗选、叉选与鼠标选择

在 AutoCAD 2016 中，窗选对象拉出的选择窗口为蓝色的实线框，叉选对象拉出的选择窗口为绿色的虚线框。需要选择少量多个对象时，可以连续单击要选择的对象，来选择多个对象。

5.1.3 套索选择

微课堂 00 分 19 秒

套索选择是 CAD 软件新增加的功能，按住鼠标左键选择图形对象时，可以生成一个不规则的套索区域，根据拖动方向的不同，套索选择分为窗口套索选择和窗交套索选择。下面介绍这两种套索选择对象的操作方法。

1 窗口套索

在 AutoCAD 2016 中，将鼠标指针按顺时针方向拖动，即为窗口套索选择方式。下面介绍使用窗口套索选择对象的操作方法。

操作步骤 >> Step by Step

第 1 步 切换到【草图与注释】空间，在绘图区的空白处，围绕对象单击鼠标并按顺时针拖动，生成套索选区，如图 5-7 所示。

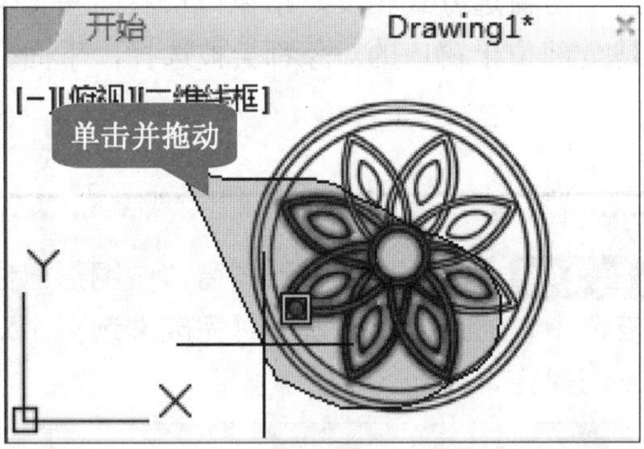

图 5-7

第 2 步 释放鼠标，在绘图窗口中图形已经被选中，通过以上方法即可完成使用窗口套索选择对象的操作，如图 5-8 所示。

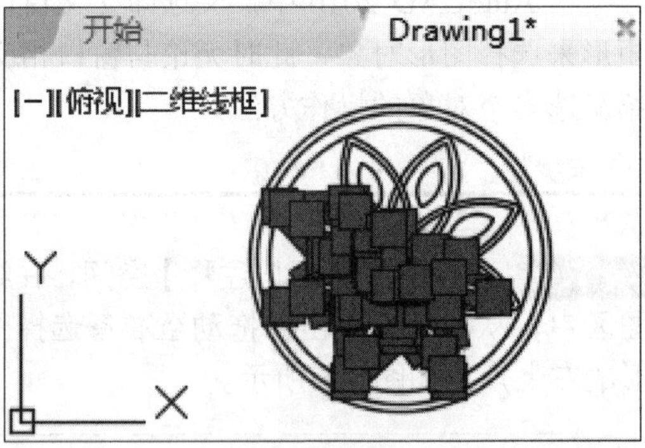

图 5-8

2 窗交套索

在 AutoCAD 2016 中，将鼠标指针按逆时针方向拖动，即为窗交套索选择方式。下面介绍使用窗交套索选择对象的操作方法。

操作步骤 >> Step by Step

第 1 步 切换到【草图与注释】空间，在绘图区的空白处，围绕对象单击鼠标并按逆时针拖动，生成套索选区，如图 5-9 所示。

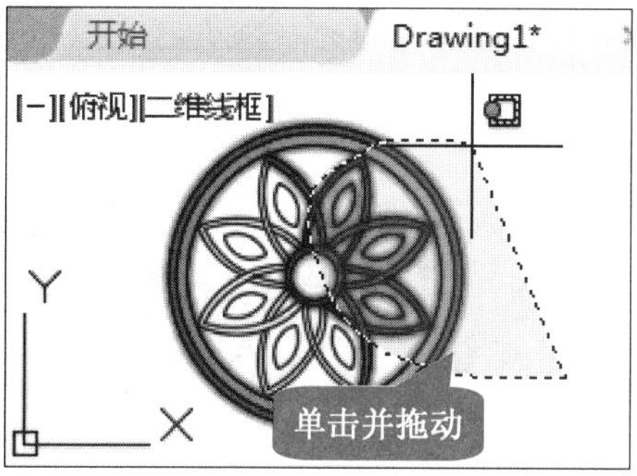

图 5-9

第 2 步 释放鼠标，在绘图窗口中图形已经被选中，通过以上方法即可完成使用窗交套索选择对象的操作，如图 5-10 所示。

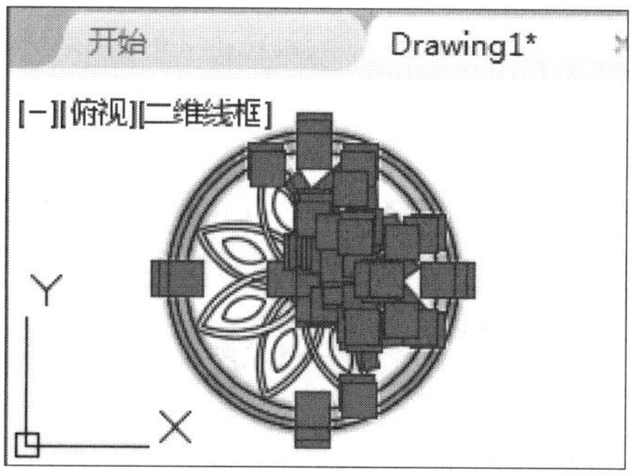

图 5-10

5.1.4 快速选择图形对象

微课堂 00 分 34 秒

在 AutoCAD 2016 中，快速选择是根据对象的特性，如颜色、图层、线型和线宽等，快速选择出一个或多个对象的功能，下面介绍快速选择对象的使用方法。

操作步骤 >> Step by Step

第 1 步 打开 CAD 图形文件，切换到【草图与注释】空间，***1.*** 在菜单栏中，选择【工具】菜单，***2.*** 在弹出的下拉菜单中，选择【快速选择】命令，如图 5-11 所示。

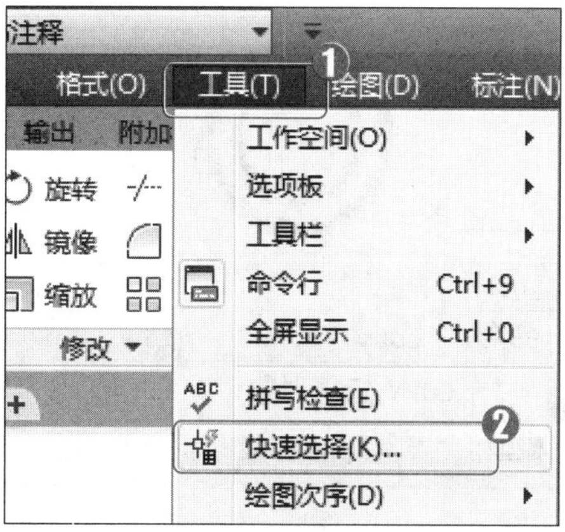

图 5-11

第 2 步 弹出【快速选择】对话框，***1.*** 在【对象类型】下拉列表中，选择【直线】选项，***2.*** 在【特性】列表框中，选择【颜色】选项，***3.*** 在【值】下拉列表中选择【红】，***4.*** 单击【确定】按钮 确定 ，如图 5-12 所示。

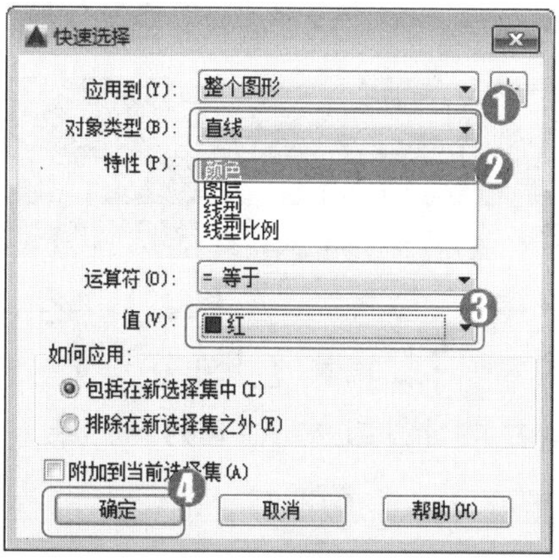

图 5-12

第 3 步 返回到绘图区，满足快速选择设置条件的对象即被选中，通过以上步骤即可完成快速选择对象的操作，如图 5-13 所示。

■ 指点迷津

在 AutoCAD 2016 中，在命令行中输入 QSELECT 命令，然后按 Enter 键，同样可以打开【快速选择】对话框。

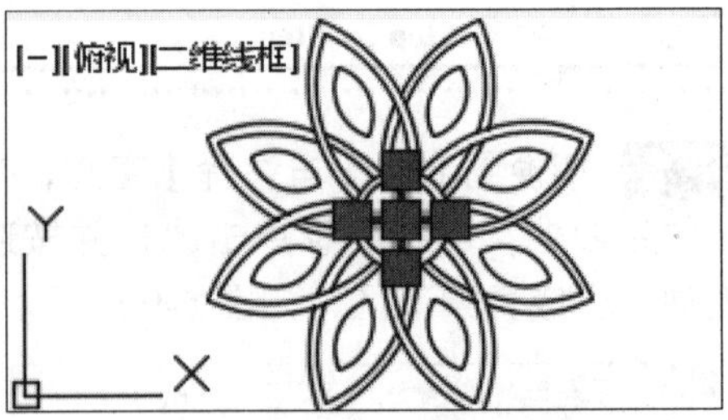

图 5-13

Section 5.2 创建对象副本

导读

在 AutoCAD 2016 中，用户可以根据需要，为图形对象创建一个相同的副本。创建对象副本包括复制对象和镜像对象等，本节将介绍创建对象副本方面的知识与操作技巧。

5.2.1 复制图形对象

微课堂 00 分 38 秒

在实际绘图过程中，用户可以复制已创建的图形对象，来提高绘图速度与准确性，下面介绍在 AutoCAD 2016 中，复制图形的操作方法。

操作步骤 >> Step by Step

第 1 步 新建 CAD 空白文档并绘制图形，切换到【草图与注释】空间，**1.** 在功能区面板中，选择【默认】选项卡，**2.** 在【修改】面板中，单击【复制】按钮，如图 5-14 所示。

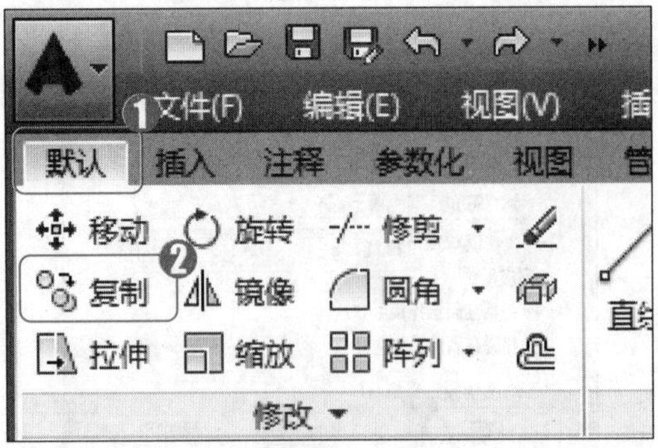

图 5-14

第 2 步 返回到绘图区，**1.** 命令行提示“COPY 选择对象”，**2.** 单击准备复制的对象，如图 5-15 所示。

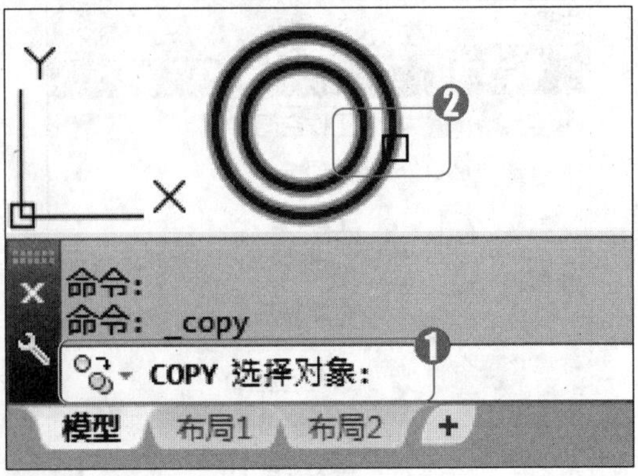

图 5-15

第 3 步　然后按 Enter 键结束选择对象操作，*1.* 命令行提示“COPY 指定基点”，*2.* 在指定的基点位置单击，如图 5-16 所示。

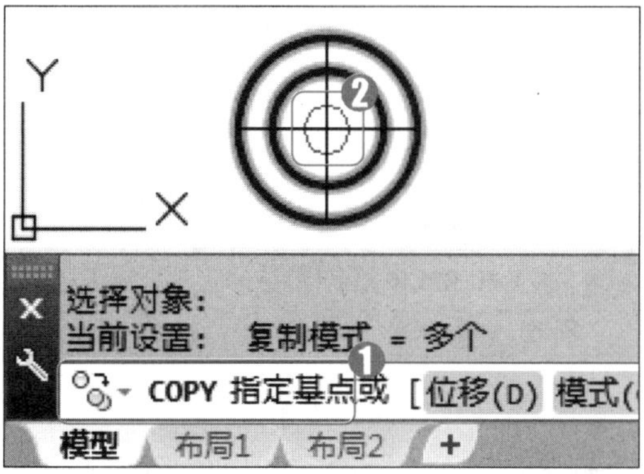

图 5-16

第 4 步　移动鼠标指针，*1.* 命令行提示“COPY 指定第二个点”，*2.* 在合适位置释放鼠标，指定第二个点，如图 5-17 所示。

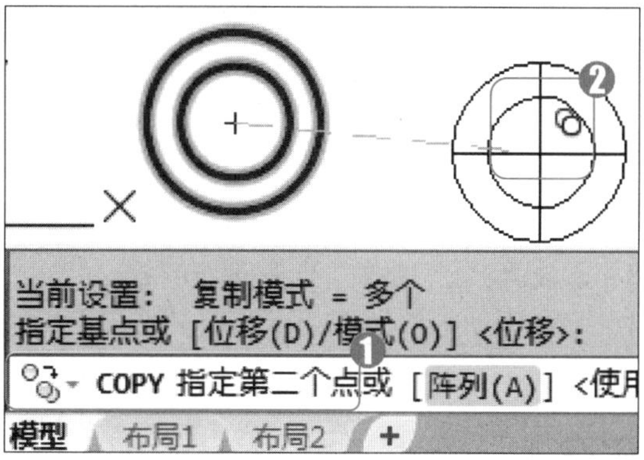

图 5-17

第 5 步　然后按 Esc 键退出复制命令，即可完成复制图形对象的操作，如图 5-18 所示。

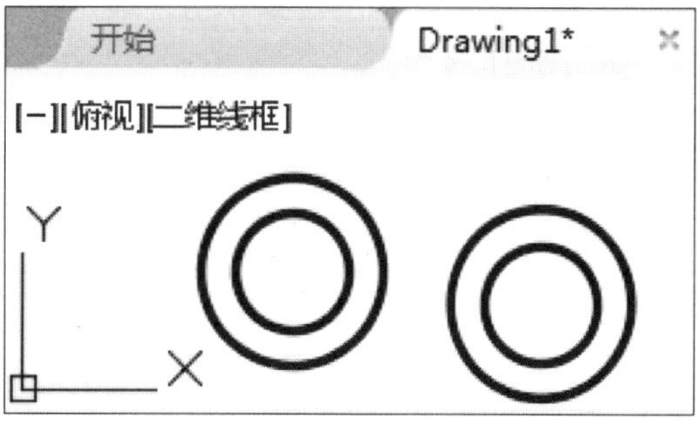

图 5-18

■ 指点迷津

在 AutoCAD 2016 中，在指定复制的基点后，可以在命令行输入【阵列】选项命令 A，对图形进行阵列复制。

知识拓展：调用复制命令的方式

可以在 AutoCAD 2016 的菜单栏中选择【修改】菜单，在弹出的下拉菜单中选择【复制】命令；或者在命令行中输入 COPY 或 CO 命令，然后按 Enter 键，来调用复制命令进行复制图形的操作。

5.2.2　镜像图形对象

微课堂 00 分 44 秒

在 AutoCAD 2016 中，镜像图形对象是以图形上的某个点为基点，通过镜像功能生成一个与源图形相对称的图形副本，并且在生成图形副本后，可以选择是否保留源图形，下面介绍镜像图形对象的操作方法。

操作步骤 >> Step by Step

第 1 步　打开“雕花.dwg”素材文件，切换到【草图与注释】空间，*1.* 在功能区面板中，

第 2 步　返回到绘图区，*1.* 命令行提示“MIRROR 选择对象”，*2.* 单击准备镜像的

选择【默认】选项卡，**2.** 在【修改】面板中，单击【镜像】按钮 ⚠，如图 5-19 所示。

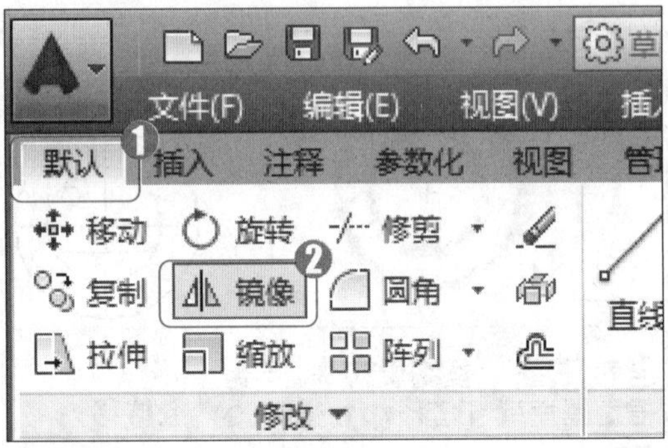

图 5-19

第 3 步 然后按 Enter 键结束选择对象操作，**1.** 命令行提示“MIRROR 指定镜像线的第一点”，**2.** 在指定的位置单击，确定第一点，如图 5-21 所示。

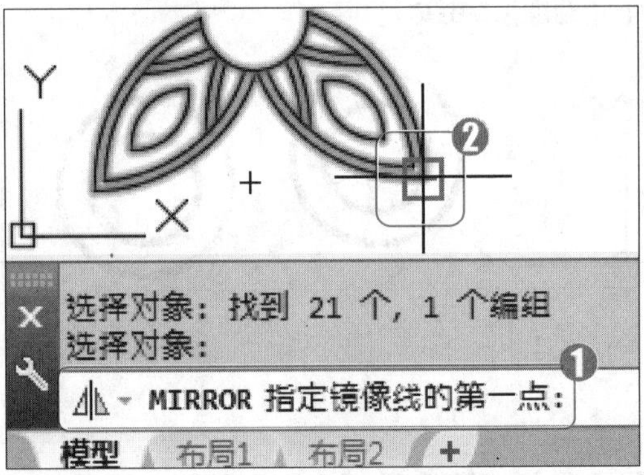

图 5-21

第 5 步 命令行提示“MIRROR 要删除源对象吗？”，按 Enter 键，选择系统默认选项【否】，如图 5-23 所示。

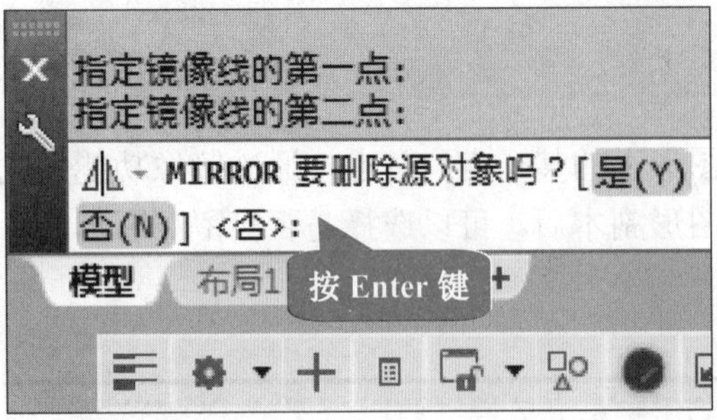

图 5-23

对象，如图 5-20 所示。

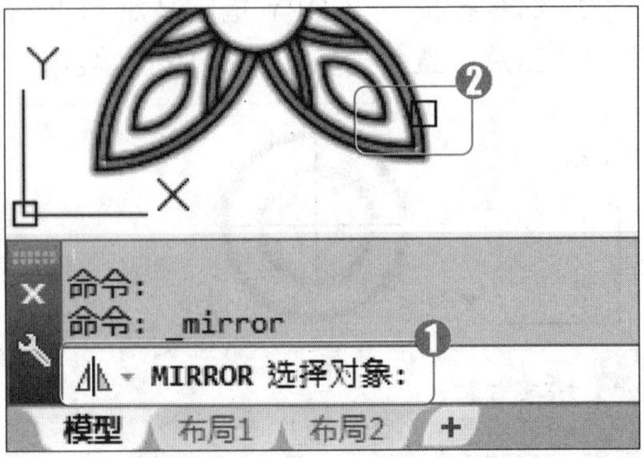

图 5-20

第 4 步 移动鼠标指针，**1.** 命令行提示“MIRROR 指定镜像线的第二点”，**2.** 在合适位置释放鼠标，指定第二点，如图 5-22 所示。

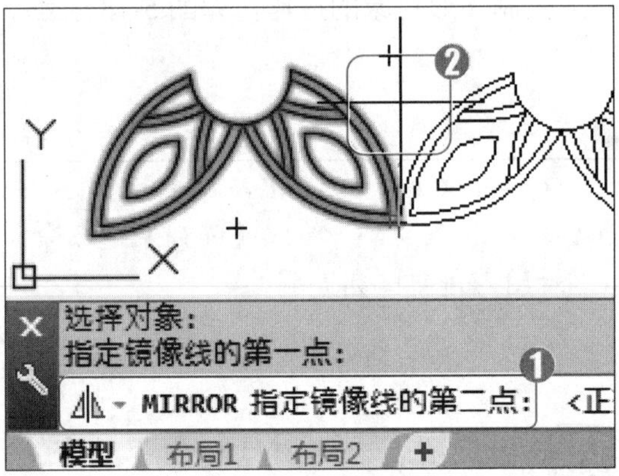

图 5-22

第 6 步 镜像图形完成，通过以上步骤即可完成镜像图形对象的操作，如图 5-24 所示。

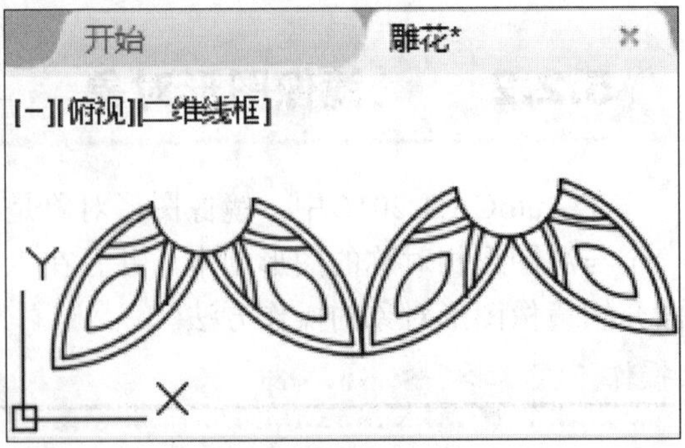

图 5-24

知识拓展：调用镜像命令的方式

可以在菜单栏中选择【修改】菜单，在弹出的下拉菜单中选择【镜像】命令；或者在命令行中输入 MIRROR 或 MI 命令，然后按 Enter 键，来调用镜像命令进行镜像图形的操作。

Section 5.3 设置图形对象

导读　在 AutoCAD 2016 中，用户可以对已创建的图形对象进行设置，包括拉长对象、拉伸对象、移动对象、缩放对象、旋转对象和偏移对象等，本节将重点介绍在 AutoCAD 2016 中，设置图形对象方面的知识与操作技巧。

5.3.1 拉长对象

微课堂 00 分 34 秒

在 AutoCAD 2016 中，使用拉长命令，可以调整图形对象的长短，使其在一个方向上延长或缩短，下面介绍拉长对象的操作方法。

操作步骤 >> Step by Step

第 1 步　打开“箭头.dwg”素材文件，切换到【草图与注释】空间，*1.* 在菜单栏中，选择【修改】菜单，*2.* 在弹出的下拉菜单中，选择【拉长】命令，如图 5-25 所示。

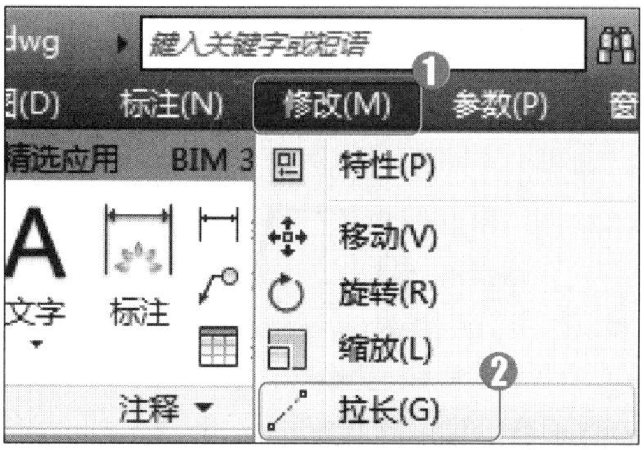

图 5-25

第 3 步　命令行提示“LENGTHEN 指定总长度”，在命令行中输入长度值如 20，然后按 Enter 键，如图 5-27 所示。

第 2 步　在命令行输入【总计】选项命令 T，激活【输入对象的总长度来改变对象的长度】选项，然后按 Enter 键，如图 5-26 所示。

图 5-26

第 4 步　返回到绘图区，*1.* 命令行提示“LENGTHEN 选择要修改的对象”，*2.* 单击选中对象，如图 5-28 所示。

图 5-27

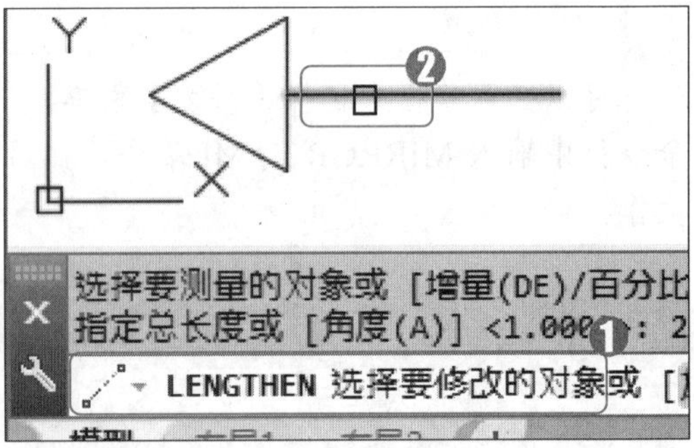

图 5-28

第 5 步 然后按 Esc 键结束拉长命令，选中的图形对象被拉长，通过以上步骤即可完成拉长对象的操作，如图 5-29 所示。

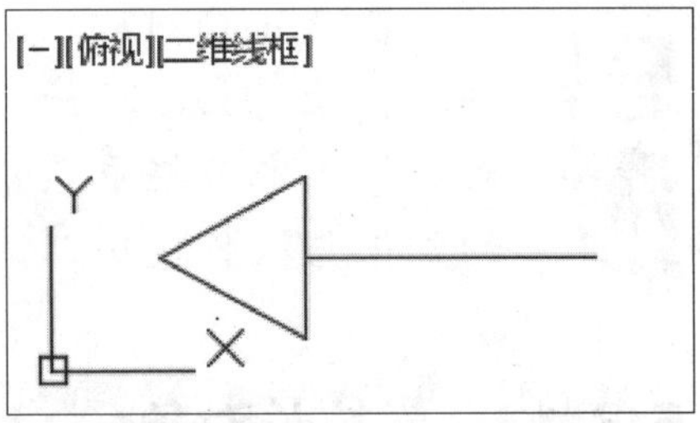

图 5-29

■ 指点迷津

调用【拉长】命令后，当输入的总长度值小于图形的长度时，图形对象将被执行缩短操作。

5.3.2 拉伸对象

微课堂 00 分 31 秒

在 AutoCAD 2016 中，拉伸对象操作指的是对以交叉窗口或交叉多边形选择的对象进行的操作，但圆、椭圆和块这类图形是无法进行拉伸的，下面介绍拉伸对象的操作方法。

操作步骤 >> Step by Step

第 1 步 新建空白文档并绘制多边形，切换到【草图与注释】空间，***1.*** 在功能区面板中，选择【默认】选项卡，***2.*** 在【修改】面板中，单击【拉伸】按钮，如图 5-30 所示。

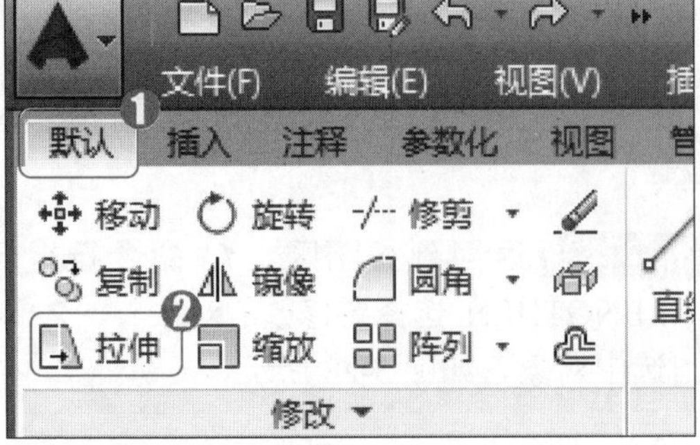

图 5-30

第 2 步 返回到绘图区，***1.*** 命令行提示“STRETCH 选择对象”，***2.*** 使用叉选方式选择要拉伸的图形对象，如图 5-31 所示。

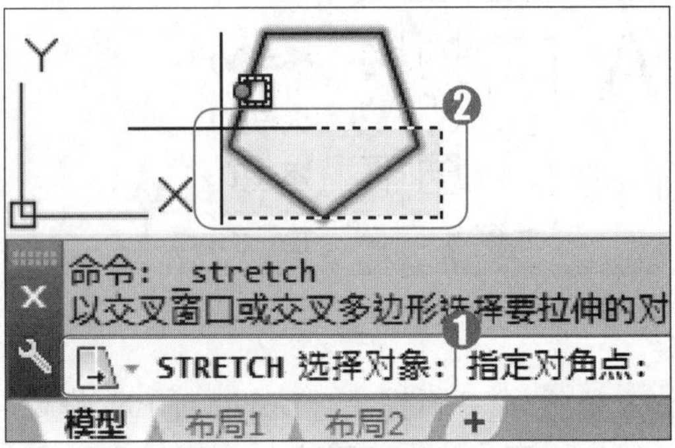

图 5-31

第 3 步 然后按 Enter 键结束选择对象操作，***1.*** 命令行提示“STRETCH 指定基点”，***2.*** 在图形上单击，确定基点位置，如图 5-32 所示。

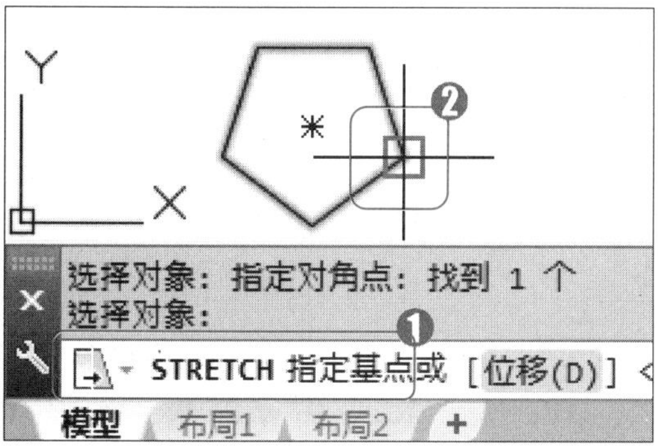

图 5–32

第 4 步 移动鼠标指针，***1.*** 命令行提示“STRETCH 指定第二个点”，***2.*** 移至合适位置释放鼠标，指定第二个点，如图 5-33 所示。

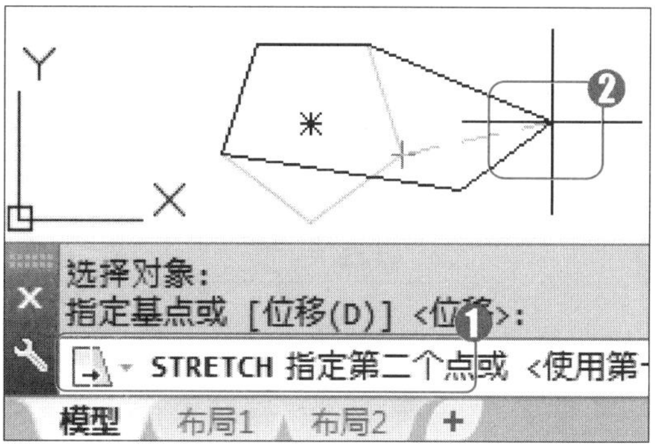

图 5–33

第 5 步 选中的图形对象被拉伸，通过以上步骤即可完成拉伸对象的操作，如图 5-34 所示。

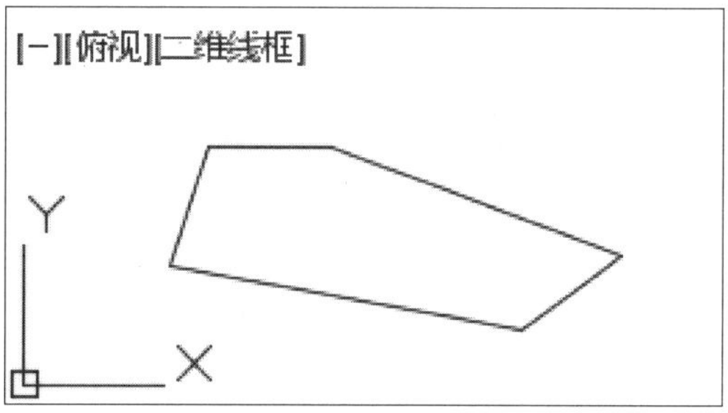

图 5–34

■ 指点迷津

对图形进行拉伸操作时，只有通过窗选和叉选选择的对象才能进行拉伸操作，通过单击和窗口选择的图形只能进行平移操作。

知识拓展：调用拉伸命令的方式

在 AutoCAD 2016 的命令行输入 STRECTH 或 S 命令，然后按 Enter 键；或者在菜单栏中选择【修改】菜单，在弹出的下拉菜单中选择【拉伸】命令，都可以调用拉伸命令对图形进行拉伸操作。

5.3.3　移动对象

微课堂 00 分 33 秒

在 AutoCAD 2016 中，可以将图形对象按照指定的角度和方向进行移动，在移动的过程中图形对象大小保持不变，下面介绍移动对象的操作方法。

操作步骤 >> **Step by Step**

第 1 步 新建空白文档并绘制多边形，切换到【草图与注释】空间，***1.*** 在功能区面板中，选择【默认】选项卡，***2.*** 在【修改】面板中，单击【移动】按钮✥，如图 5-35 所示。

第 2 步 返回到绘图区，***1.*** 命令行提示“MOVE 选择对象”，***2.*** 单击要移动的图形对象，如图 5-36 所示。

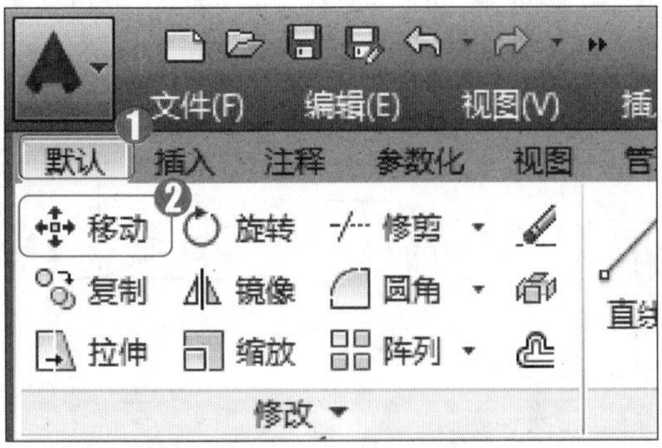

图 5-35

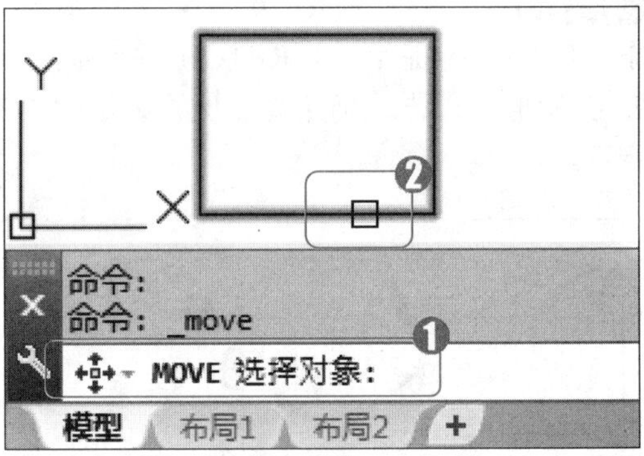

图 5-36

第 3 步 然后按 Enter 键结束选择对象操作，**1.** 命令行提示“MOVE 指定基点”，**2.** 在合适位置单击，确定基点，如图 5-37 所示。

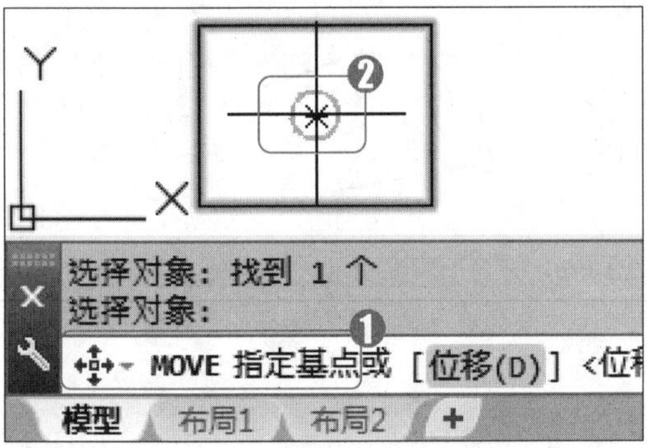

图 5-37

第 4 步 移动鼠标指针，**1.** 命令行提示“MOVE 指定第二个点”，**2.** 移至合适位置释放鼠标，即可完成移动对象的操作，如图 5-38 所示。

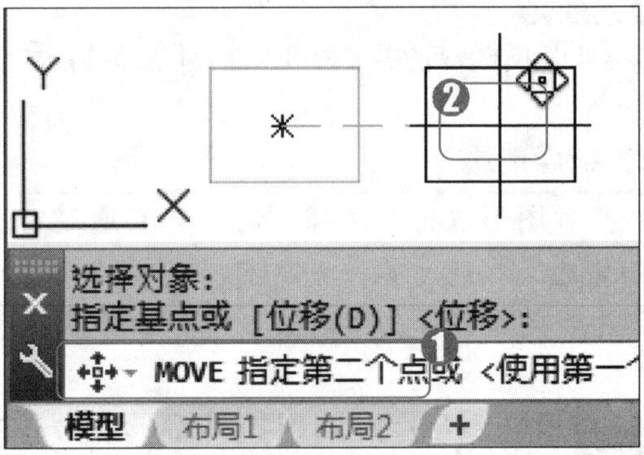

图 5-38

第 5 步 此时图形移动到指定位置，通过以上步骤即可完成移动对象的操作，如图 5-39 所示。

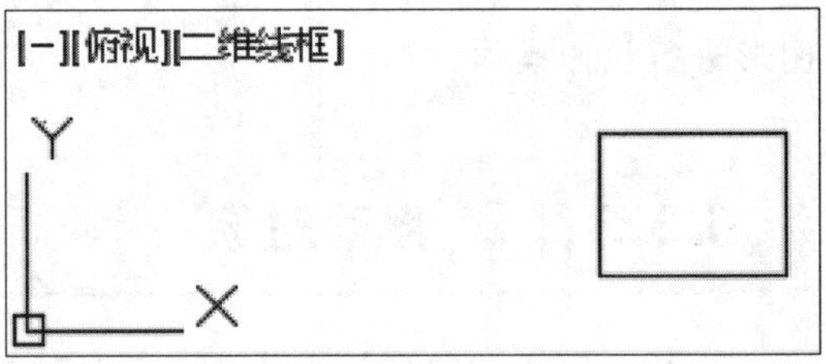

图 5-39

■ 指点迷津

在【修改】菜单下选择【移动】命令；或是在命令行输入 MOVE 或 M 命令，都可以启动【移动】命令。

5.3.4 缩放对象

微课堂 00 分 36 秒

在 AutoCAD 2016 中，缩放对象是指将图形对象按照比例进行放大或缩小的操作。下面以放大图形对象为例，介绍缩放图形对象的操作方法。

操作步骤 >> Step by Step

第 1 步 打开“球场.dwg”素材文件，切换到【草图与注释】空间，**1.** 在菜单栏中，选择【修改】菜单，**2.** 在弹出的下拉菜单中，选择【缩放】命令，如图 5-40 所示。

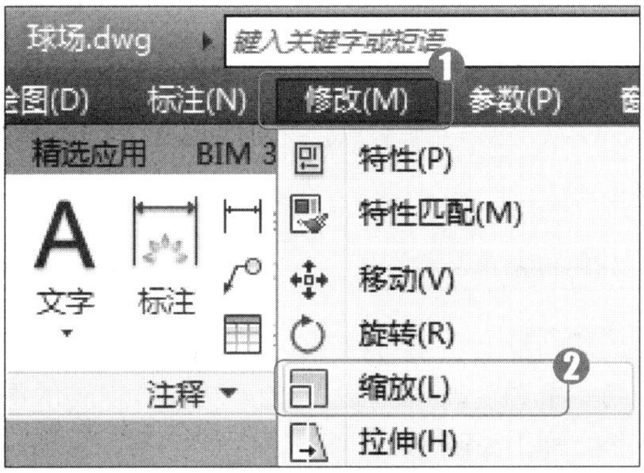

图 5-40

第 2 步 返回到绘图区，**1.** 命令行提示“SCALE 选择对象”，**2.** 使用叉选方式选择要缩放的图形对象，如图 5-41 所示。

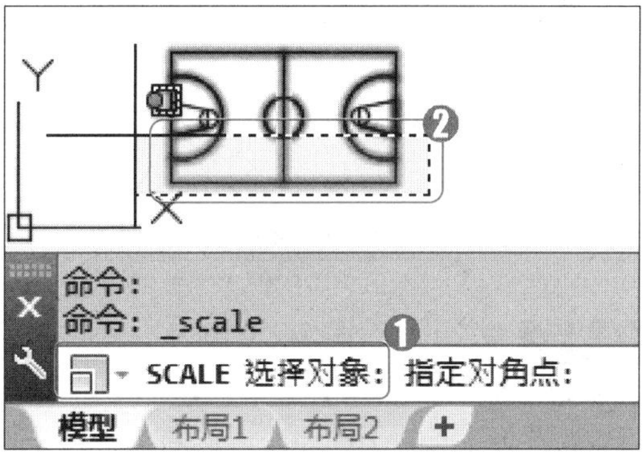

图 5-41

第 3 步 然后按 Enter 键结束选择对象操作，**1.** 命令行提示“SCALE 指定基点”，**2.** 在合适位置单击，确定基点，如图 5-42 所示。

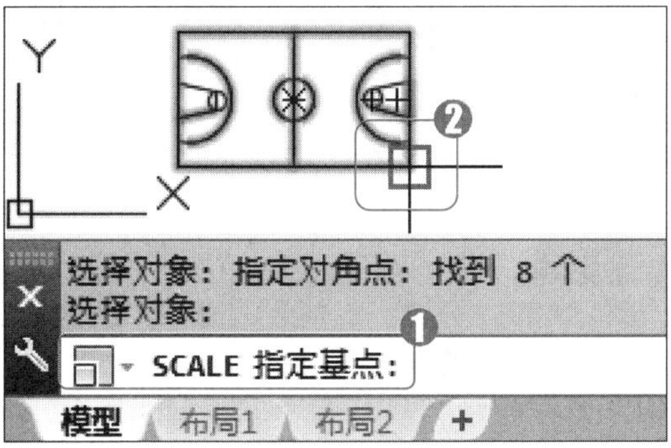

图 5-42

第 4 步 移动鼠标指针，**1.** 命令行提示“SCALE 指定比例因子”，**2.** 移至合适位置释放鼠标，如图 5-43 所示。

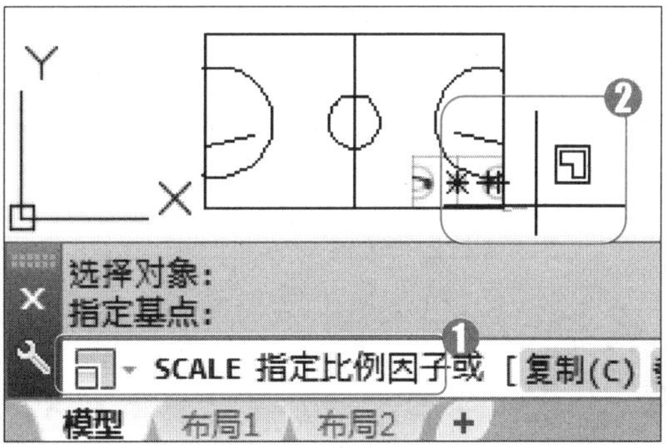

图 5-43

第 5 步 此时选择的图形即被放大，通过以上步骤即可完成放大对象的操作，如图 5-44 所示。

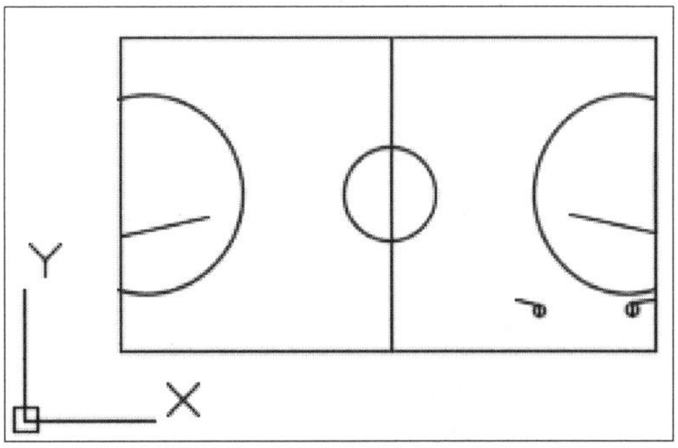

图 5-44

■ 指点迷津

在缩放图形对象时，指定的比例因子大于 1 时为放大图形，小于 1 时为缩小图形。

知识拓展：调用缩放命令的方式

在 AutoCAD 2016 的命令行输入 SCALE 或 SC 命令，然后按 Enter 键；或者在功能区面板中，选择【默认】选项卡，在【修改】面板中单击【缩放】按钮，都可以调用缩放命令对图形进行缩放操作。

5.3.5 旋转对象

微课堂
00 分 35 秒

在 AutoCAD 2016 中，旋转对象是指以图形对象上某点为基点，将图形进行一定角度的旋转，下面介绍旋转对象的操作方法。

操作步骤 >> Step by Step

第 1 步 新建 CAD 空白文档并绘制矩形，切换到【草图与注释】空间，**1.** 在功能区面板中，选择【默认】选项卡，**2.** 在【修改】面板中，单击【旋转】按钮，如图 5-45 所示。

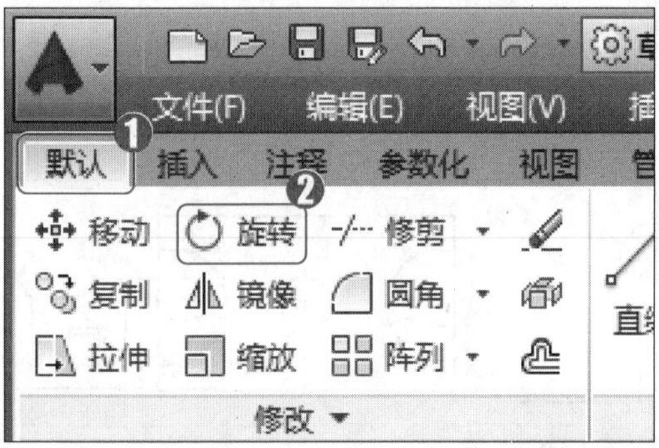

图 5-45

第 3 步 然后按 Enter 键结束选择对象操作，**1.** 命令行提示"ROTATE 指定基点"，**2.** 在图形上单击，确定旋转基点，如图 5-47 所示。

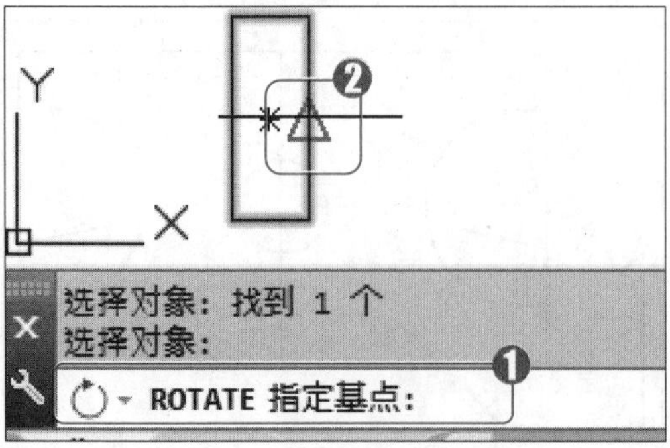

图 5-47

第 2 步 返回到绘图区，**1.** 命令行提示"ROTATE 选择对象"，**2.** 单击要旋转的图形对象，如图 5-46 所示。

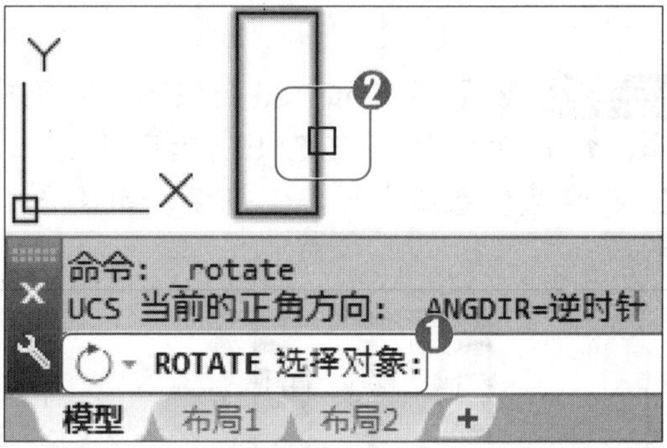

图 5-46

第 4 步 移动鼠标指针，**1.** 命令行提示"ROTATE 指定旋转角度"，**2.** 移至合适位置释放鼠标，如图 5-48 所示。

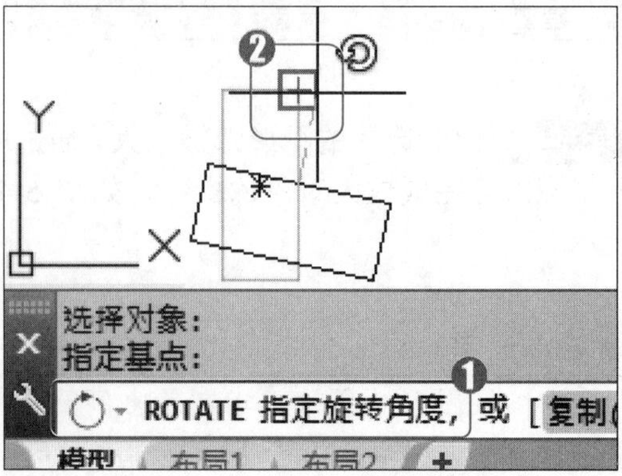

图 5-48

第 5 步 此时选择的图形被旋转，通过以上步骤即可完成旋转对象的操作，如图 5-49 所示。

■ 指点迷津

旋转对象时也可以在命令行输入旋转角度，当输入为正数时，图形按逆时针旋转，为负数时，则按顺时针旋转。

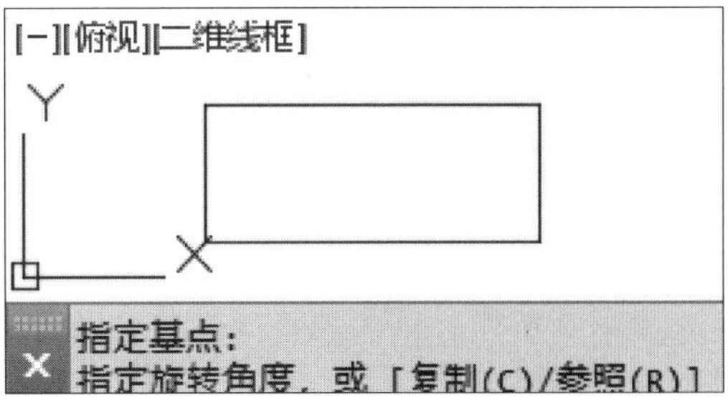

图 5-49

5.3.6 偏移对象

微课堂
00 分 37 秒

在 AutoCAD 2016 中，偏移对象是指按照一定距离，在源对象附近创建一个副本对象，偏移的对象包括圆、矩形、直线、圆弧等，下面以矩形为例，介绍偏移对象的操作方法。

操作步骤 >> Step by Step

第 1 步 新建 CAD 空白文档并绘制矩形，切换到【草图与注释】空间，在命令行中输入【偏移】命令 OFFSET，然后按 Enter 键，如图 5-50 所示。

图 5-50

第 2 步 命令行提示“OFFSET 指定偏移距离”，在命令行中输入 2，然后按 Enter 键，如图 5-51 所示。

图 5-51

第 3 步 返回到绘图区，*1.* 命令行提示“OFFSET 选择要偏移的对象”，*2.* 在图形上单击选中对象，如图 5-52 所示。

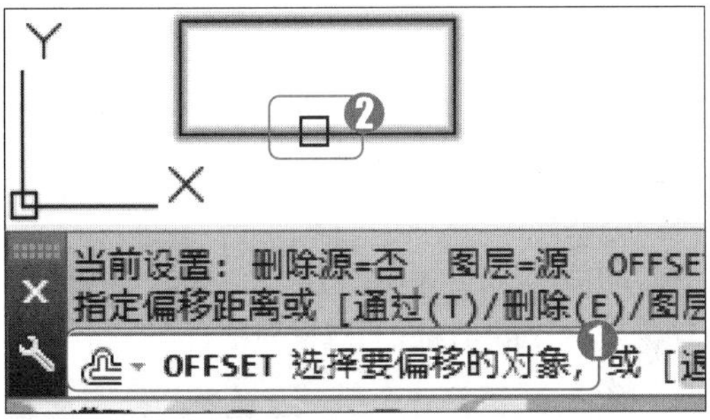

图 5-52

第 4 步 移动鼠标指针，*1.* 命令行提示“OFFSET 指定要偏移的那一侧上的点”，*2.* 在合适位置单击，如图 5-53 所示。

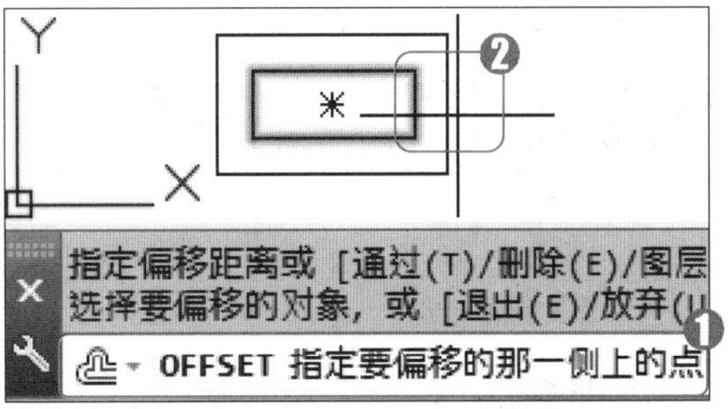

图 5-53

第 5 步 然后按 Enter 键退出偏移命令，通过以上步骤即可完成偏移对象的操作，如图 5-54 所示。

■ 指点迷津

除了在命令行输入偏移距离外，还可以在绘图区任意单击两点，系统会将这两点之间的距离作为偏移的距离。

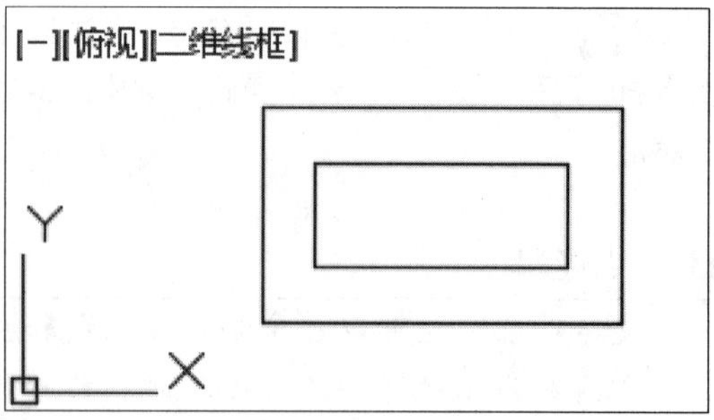

图 5-54

Section 5.4 专题课堂——阵列

导读 在 AutoCAD 2016 中，使用阵列命令可以快速、准确地复制一个或多个图形对象，并且可以根据行数、列数和中心点将图形进行摆放和排列，阵列的方式包括矩形阵列、环形阵列和路径阵列，本节将介绍阵列图形方面的知识与操作技巧。

5.4.1 矩形阵列

微课堂 00 分 33 秒

矩形阵列是将图形对象复制多个并成矩形分布的阵列。下面以阵列圆形为例，介绍在 AutoCAD 2016 中，使用矩形阵列的操作方法。

操作步骤 >> Step by Step

第 1 步 新建 CAD 空白文档并绘制圆形，切换到【草图与注释】空间，*1.* 在菜单栏中，选择【修改】菜单，*2.* 在弹出的下拉菜单中，选择【阵列】命令，*3.* 在子菜单中选择【矩形阵列】命令，如图 5-55 所示。

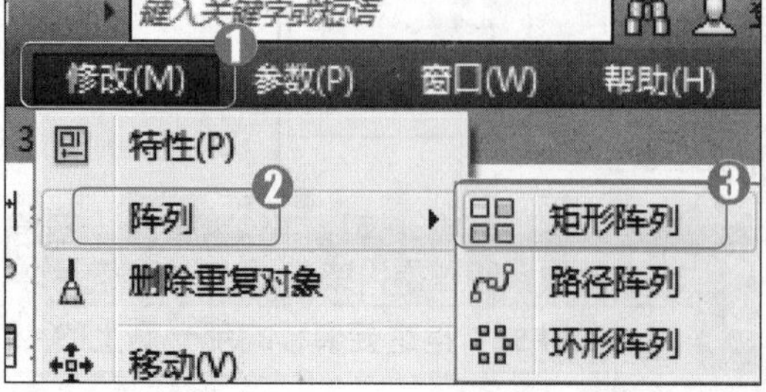

图 5-55

第 2 步 返回到绘图区，*1.* 命令行提示“ARRAYRECT 选择对象”，*2.* 在图形上单击选择对象，如图 5-56 所示。

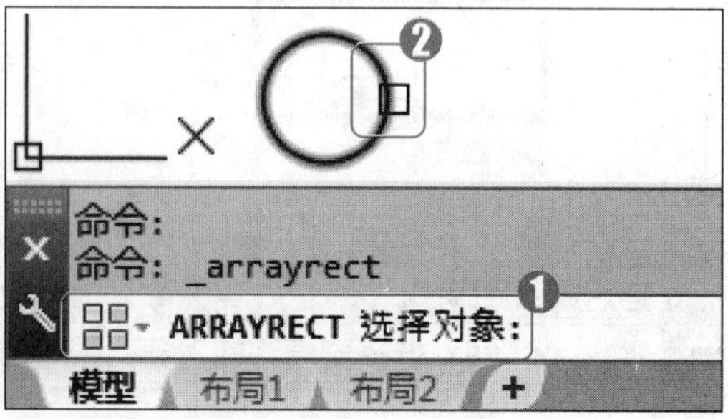

图 5-56

第 3 步 然后按 Enter 键结束选择对象操作，弹出【阵列创建】选项卡，在【列】面板的【列数】文本框中，输入列数 2，如图 5-57 所示。

图 5-57

第 5 步 图形阵列完成，通过以上步骤即可完成矩形阵列的操作，如图 5-59 所示。

■ 指点迷津

在矩形阵列图形的过程中，在输入的列数或行数前面加“-”符号，可以使阵列的图形向相反的方向复制。

第 4 步 *1.* 在【行】面板的【行数】文本框中，输入行数 2，*2.* 在【关闭】面板中单击【关闭阵列】按钮，如图 5-58 所示。

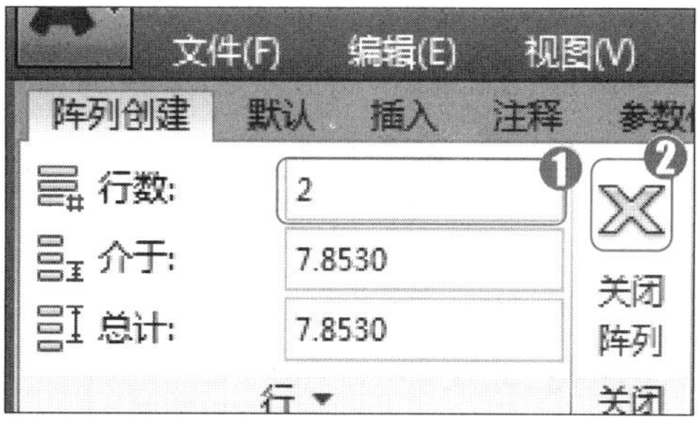

图 5-58

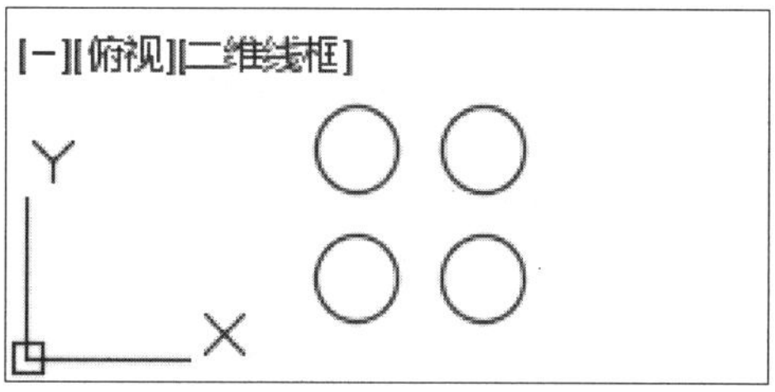

图 5-59

知识拓展：调用矩形阵列命令

可以在功能区面板中选择【默认】选项卡，在【修改】面板中，单击【矩形阵列】下拉按钮，在弹出的下拉菜单中选择【矩形阵列】命令，调用矩形阵列命令。

5.4.2 环形阵列

微课堂 00 分 44 秒

在 AutoCAD 2016 中，环形阵列是指绕某个中心点或旋转轴复制对象进行排列的阵列，阵列的图形呈环形排列，下面介绍使用环形阵列图形的操作方法。

操作步骤 >> Step by Step

第 1 步 新建 CAD 空白文档并绘制圆形，切换到【草图与注释】空间，*1.* 在功能区面板中，选择【默认】选项卡，*2.* 在【修改】面板中，单击【矩形阵列】下拉按钮，*3.* 在弹出的下拉菜单中，选择【环形阵列】命令，如图 5-60 所示。

第 2 步 返回到绘图区，*1.* 命令行提示“ARRAYPOLAR 选择对象”，*2.* 在图形上单击选中对象，如图 5-61 所示。

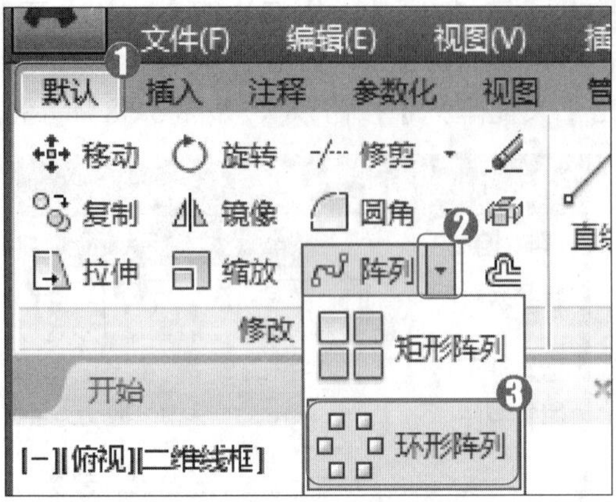

图 5−60

第 3 步 然后按 Enter 键结束选择对象操作，**1.** 命令行提示“ARRAYPOLAR 指定阵列的中心点”，**2.** 在合适位置单击，指定中心点，如图 5-62 所示。

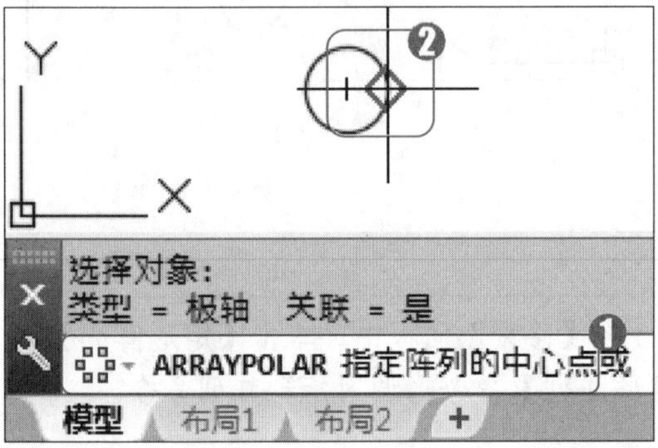

图 5−62

第 5 步 图形阵列完成，通过以上步骤即可完成环形阵列的操作，如图 5-64 所示。

■ 指点迷津

在 AutoCAD 2016 中，选中环形阵列的图形，在弹出的【阵列】选项卡中，可以修改图形的阵列项目数、行数和填充角度等。

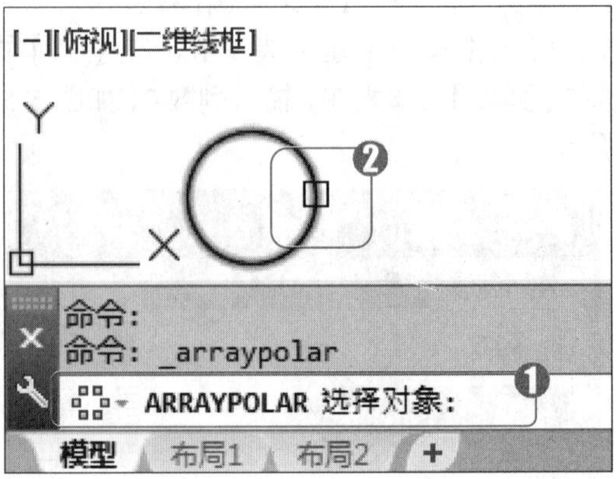

图 5−61

第 4 步 弹出【阵列创建】选项卡，**1.** 在【项目】面板的【项目数】文本框中，输入项目数 5，**2.** 在【关闭】面板中单击【关闭阵列】按钮，如图 5-63 所示。

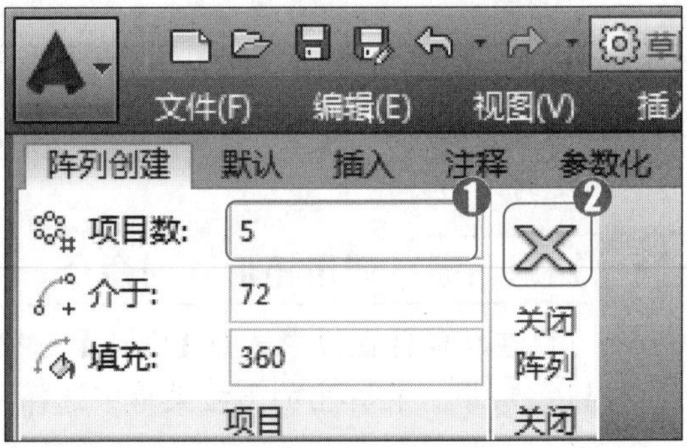

图 5−63

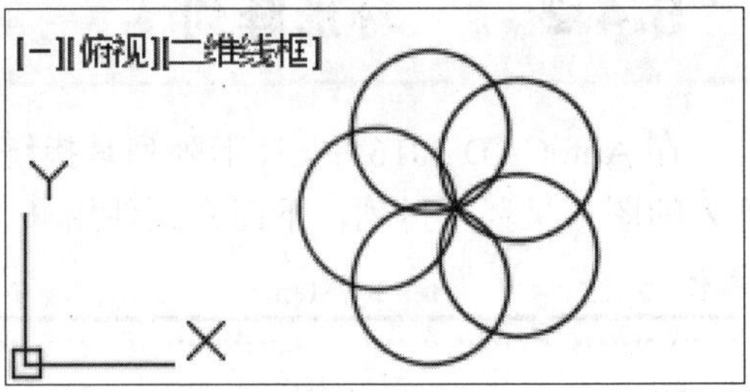

图 5−64

知识拓展：调用环形阵列命令

可以在菜单栏中选择【修改】菜单，在弹出的下拉菜单中选择【阵列】命令，在子菜单中选择【环形阵列】命令；或在命令行输入 ARRAY 命令，在“输入阵列类型”信息提示下，激活【极轴】选项命令，调用环形阵列命令。

5.4.3 路径阵列

微课堂 00 分 35 秒

在 AutoCAD 2016 中，路径阵列是指沿整个路径或部分路径复制图形对象，路径可以是直线、多段线、三维多段线、样条曲线、螺旋、圆弧、圆或椭圆，下面介绍使用路径阵列图形的操作方法。

操作步骤 >> Step by Step

第 1 步 打开“圆与圆弧.dwg”素材文件，切换到【草图与注释】空间，***1.*** 在菜单栏中，选择【修改】菜单，***2.*** 在弹出的下拉菜单中，选择【阵列】命令，***3.*** 在子菜单中选择【路径阵列】命令，如图 5-65 所示。

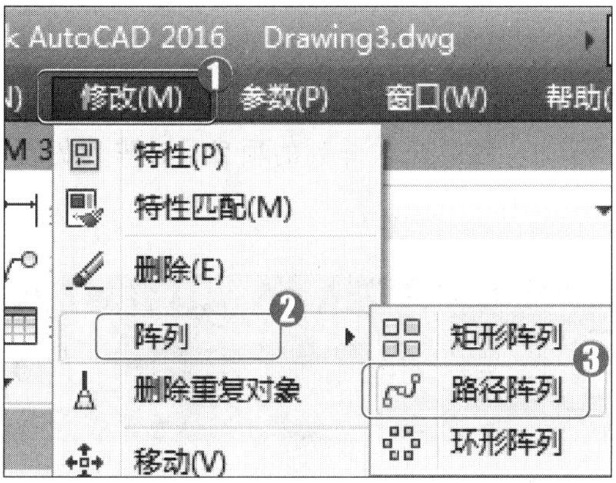

图 5-65

第 2 步 返回到绘图区，***1.*** 命令行提示“ARRAYPATH 选择对象”，***2.*** 在图形上单击选中要进行路径阵列的图形对象，如图 5-66 所示。

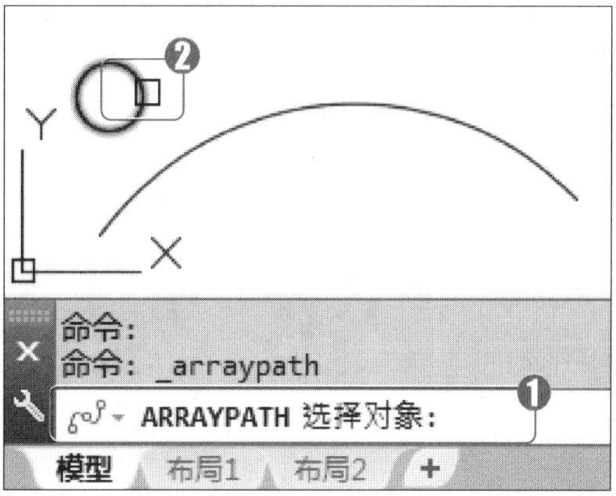

图 5-66

第 3 步 然后按 Enter 键结束选择对象操作，***1.*** 命令行提示“ARRAYPATH 选择路径曲线”，***2.*** 单击选中作为路径曲线的圆弧，如图 5-67 所示。

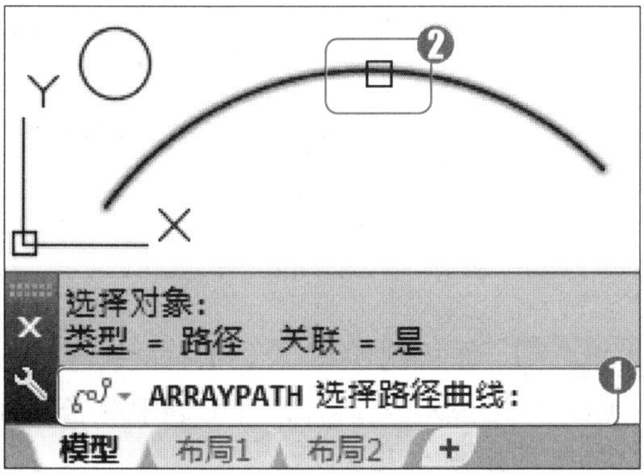

图 5-67

第 4 步 弹出【阵列创建】选项卡，***1.*** 在【项目】面板的【项目数】文本框中，输入 5，***2.*** 在【行】面板的【行数】文本框中，输入行数 1，如图 5-68 所示。

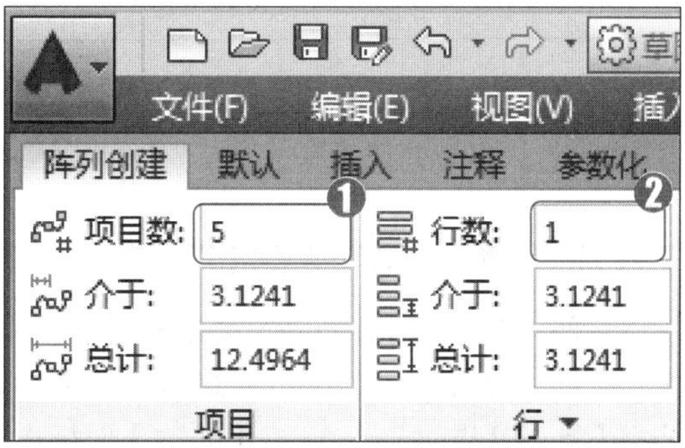

图 5-68

第 5 步 然后按 Enter 键，可以看到图形的变化，在【关闭】面板中单击【关闭阵列】按钮，如图 5-69 所示。

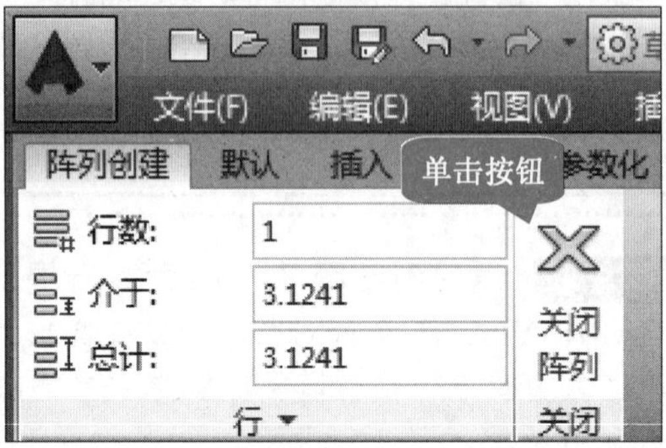

图 5-69

第 6 步 返回到绘图区，路径阵列图形完成，通过以上步骤即可完成对图形进行路径阵列的操作，如图 5-70 所示。

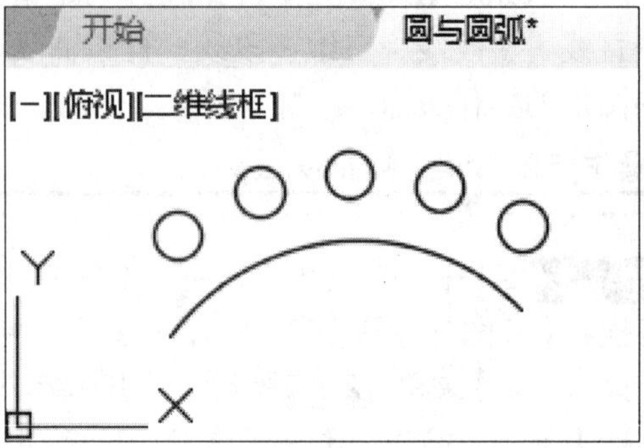

图 5-70

专家解读:【阵列创建】选项卡

在 AutoCAD 2016 中，【阵列创建】选项卡是在选中阵列的图形时出现的，无论是选择矩形阵列、环形阵列还是路径阵列。在该选项卡中，可以修改阵列的项目数、阵列的行数、阵列的基点和旋转方向等。

Section 5.5 实践经验与技巧

导读

通过本章的学习，读者已经基本掌握了编辑二维图形对象方面的知识，以及设置图形对象方面的知识。本节将介绍几个实践案例，巩固本章所学的知识要点。

5.5.1 阵列复制图形

微课堂 00 分 46 秒

在 AutoCAD 2016 中，根据绘图需要，有时需要绘制多个相同的图形，这时可以使用复制功能中的阵列选项来实现，下面将介绍阵列复制图形的操作方法。

操作步骤 >> Step by Step

第 1 步 打开“路灯.dwg”素材文件，切换到【草图与注释】空间，**1.** 在功能区面板中，选择【默认】选项卡，**2.** 在【修改】面板中，单击【复制】按钮，如图 5-71 所示。

第 2 步 返回到绘图区，**1.** 命令行提示“COPY 选择对象”，**2.** 单击选中准备复制的对象，如图 5-72 所示。

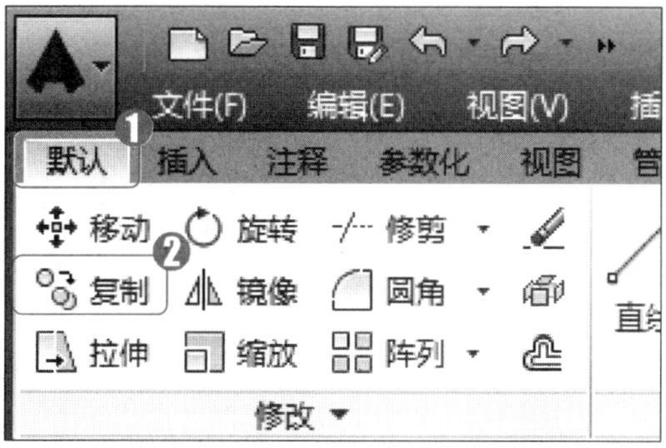

图 5–71

第 3 步　然后按 Enter 键结束选择对象操作，**1.** 命令行提示“COPY 指定基点”，**2.** 在指定的基点位置单击，如图 5-73 所示。

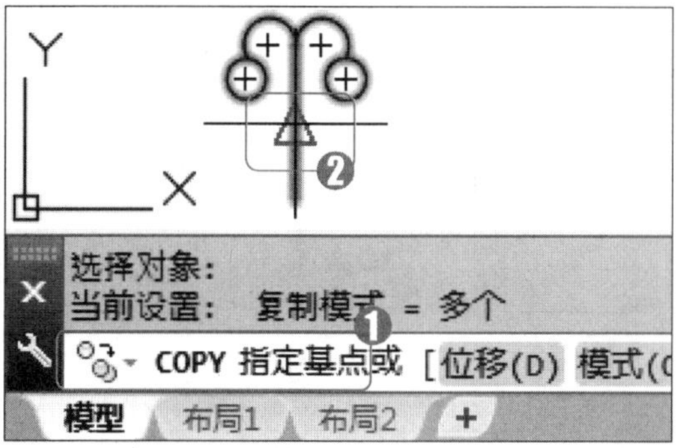

图 5–73

第 5 步　命令行提示“COPY 输入要进行阵列的项目数”信息，在命令行输入阵列的数量 3，然后按 Enter 键，如图 5-75 所示。

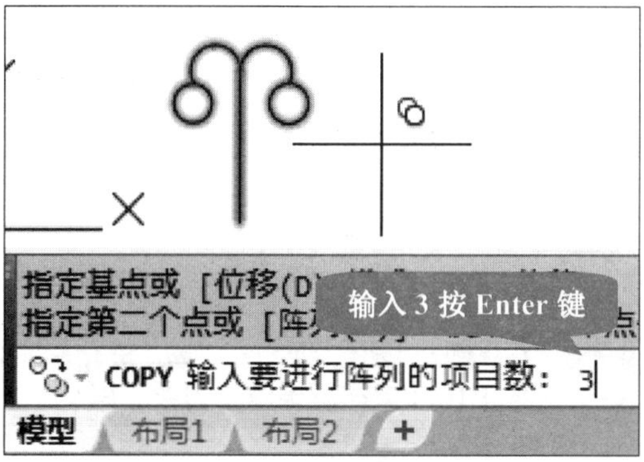

图 5–75

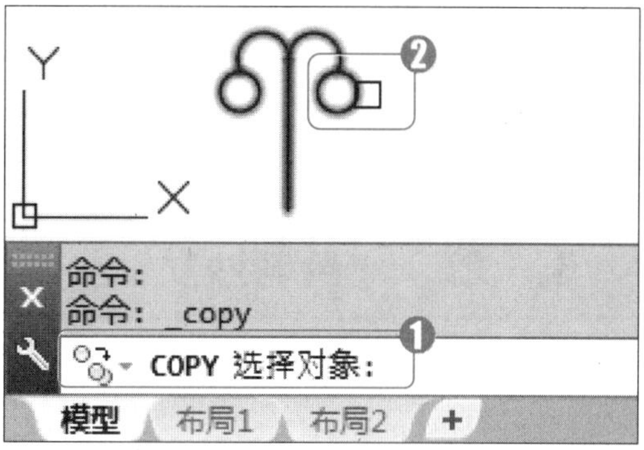

图 5–72

第 4 步　命令行提示“COPY 指定第二个点或[阵列(A)]”信息，在命令行输入【阵列】选项命令 A，然后按 Enter 键，如图 5-74 所示。

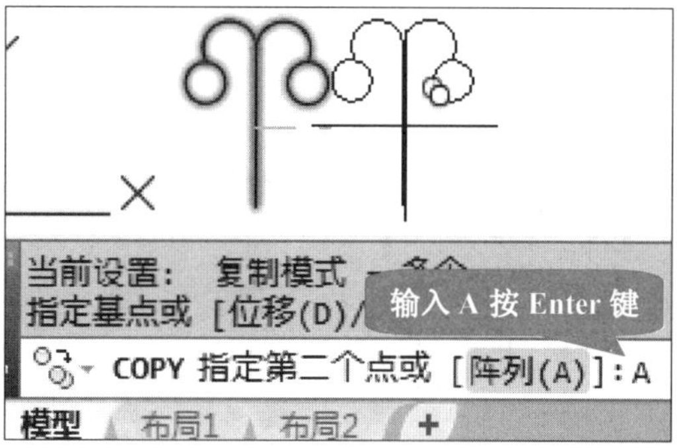

图 5–74

第 6 步　返回到绘图区，**1.** 命令行提示“COPY 指定第二个点”，**2.** 在指定的基点位置单击，然后按 Esc 键退出复制命令，即可完成阵列复制图形的操作，如图 5-76 所示。

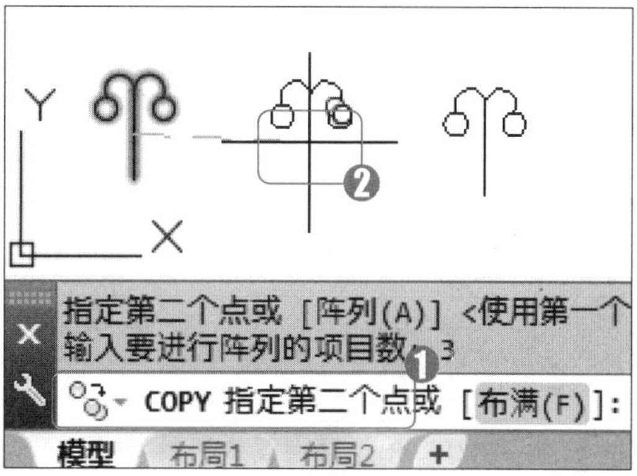

图 5–76

一点即通：阵列复制不同方向的图形

在 AutoCAD 2016 中，在使用【复制】命令阵列图形时，按垂直或水平方向复制可以将【正交模式】开启；反之，可以将鼠标指针移至任意方向来指定复制图形的位置。

5.5.2 绘制沙发

微课堂 00 分 36 秒

在 AutoCAD 2016 中，使用镜像功能可以快速地绘制出对称的图形，下面介绍使用镜像功能绘制沙发的操作方法。

操作步骤 >> Step by Step

第 1 步 打开“沙发.dwg”素材文件，切换到【草图与注释】空间，***1.*** 在功能区面板中，选择【默认】选项卡，***2.*** 在【修改】面板中，单击【镜像】按钮 ，如图 5-77 所示。

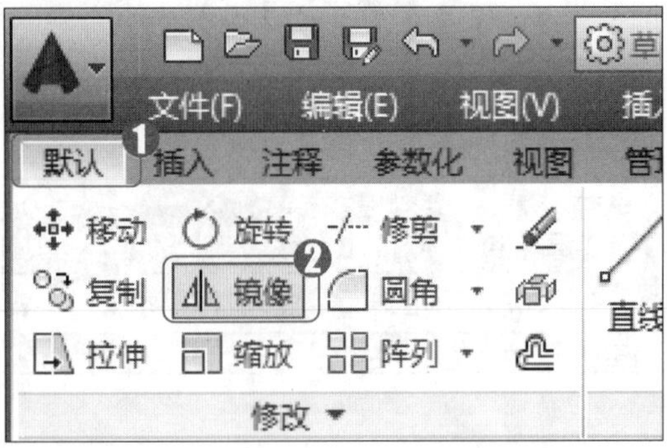

图 5-77

第 2 步 返回到绘图区，***1.*** 命令行提示“MIRROR 选择对象”，***2.*** 使用叉选方式选择准备镜像的图形对象，如图 5-78 所示。

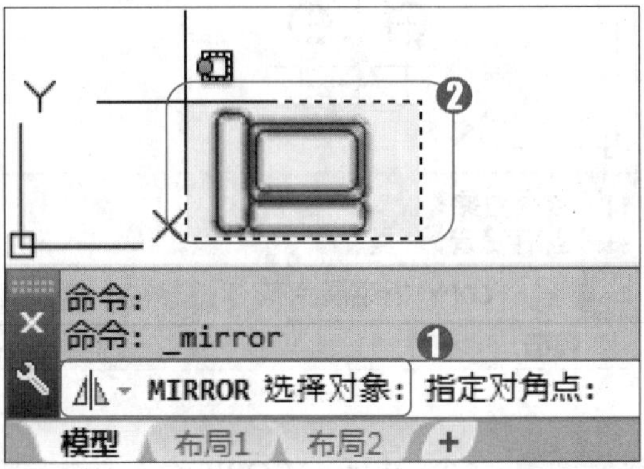

图 5-78

第 3 步 然后按 Enter 键结束选择对象操作，***1.*** 命令行提示“MIRROR 指定镜像线的第一点”，***2.*** 在指定的位置单击，确定第一点，如图 5-79 所示。

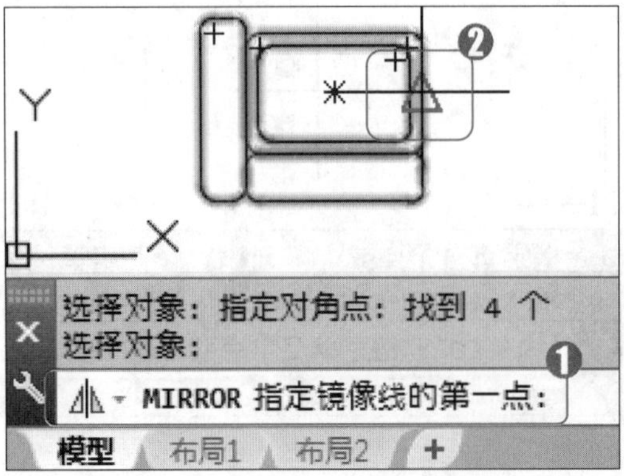

图 5-79

第 4 步 移动鼠标指针，***1.*** 命令行提示“MIRROR 指定镜像线的第二点”，***2.*** 在合适位置释放鼠标，指定第二点，如图 5-80 所示。

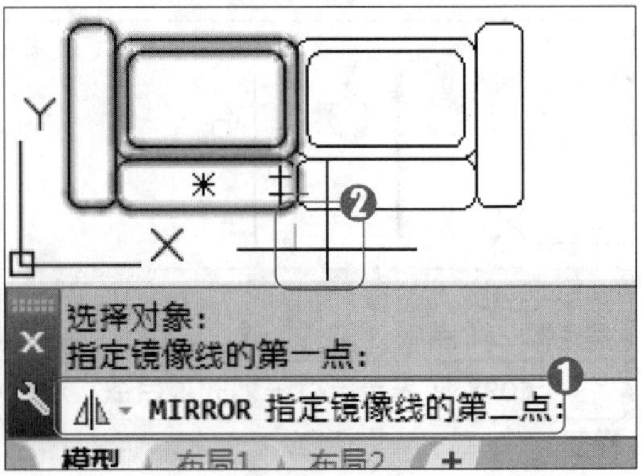

图 5-80

第 5 步 命令行提示“MIRROR 要删除源对象吗？”，按 Enter 键，选择系统默认选项【否】，如图 5-81 所示。

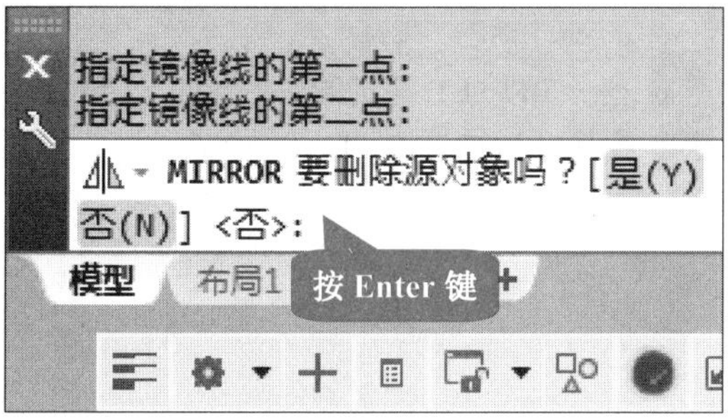

图 5-81

第 6 步 沙发绘制完成，通过以上步骤即可完成镜像图形对象的操作，如图 5-82 所示。

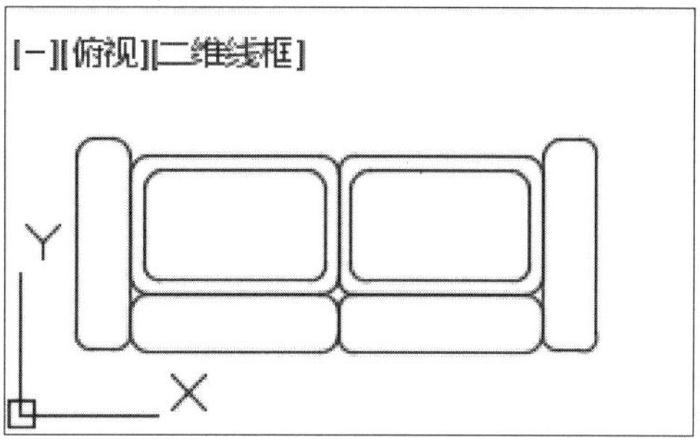

图 5-82

5.5.3 绘制门

微课堂 01 分 08 秒

在 AutoCAD 2016 中，使用偏移功能可以很精确地复制固定距离的图形，下面介绍使用偏移功能绘制门的操作方法。

操作步骤 >> Step by Step

第 1 步 新建 CAD 空白文档，切换到【草图与注释】空间，***1.*** 在菜单栏中，选择【绘图】菜单，***2.*** 在弹出的下拉菜单中，选择【矩形】命令，如图 5-83 所示。

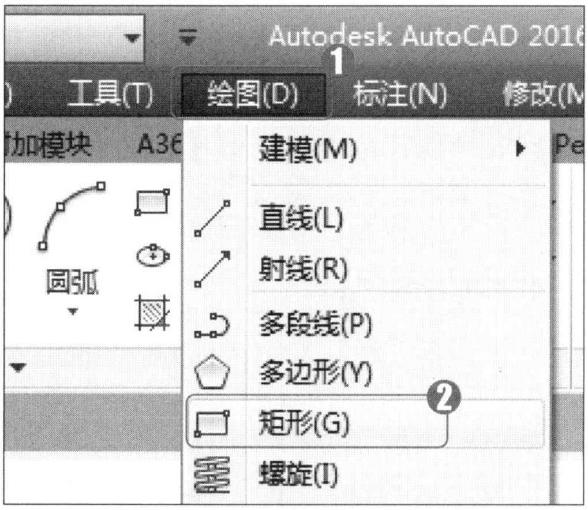

图 5-83

第 2 步 返回到绘图区，在空白处单击，确定矩形的第一个角点与第二个角点，绘制一个矩形，如图 5-84 所示。

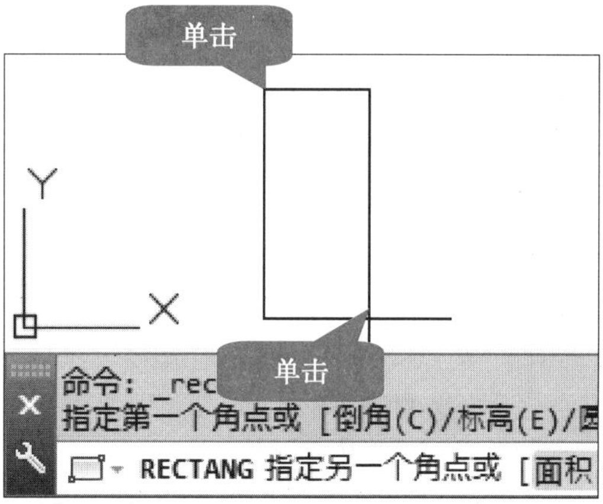

图 5-84

第 3 步 在功能区面板中，***1.*** 选择【默认】选项卡，***2.*** 在【修改】面板中，单击【偏移】按钮，如图 5-85 所示。

第 4 步 命令行提示“OFFSET 指定偏移距离”，在命令行中输入距离 5，然后按 Enter 键，如图 5-86 所示。

图 5–85

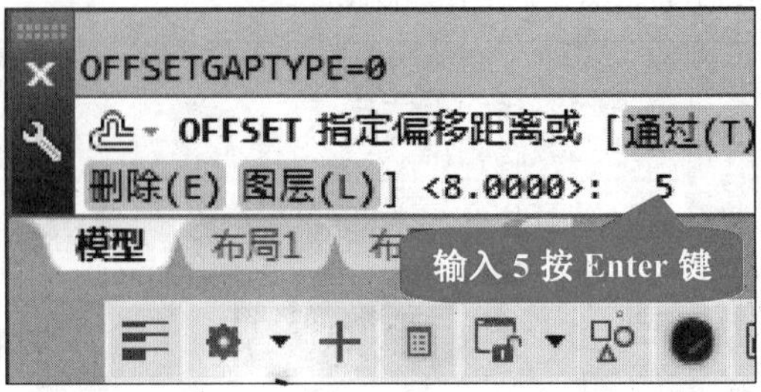

图 5–86

第 5 步 返回到绘图区，**1.** 命令行提示“OFFSET 选择要偏移的对象”，**2.** 在图形上单击选中对象，如图 5-87 所示。

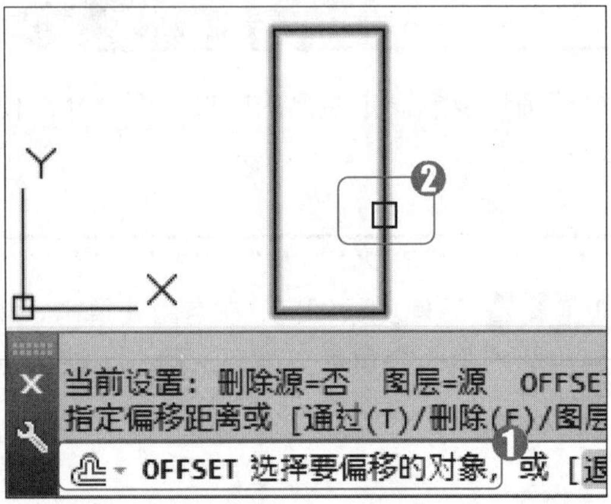

图 5–87

第 6 步 移动鼠标指针，**1.** 命令行提示“OFFSET 指定要偏移的那一侧上的点”，**2.** 在合适位置单击，如图 5-88 所示。

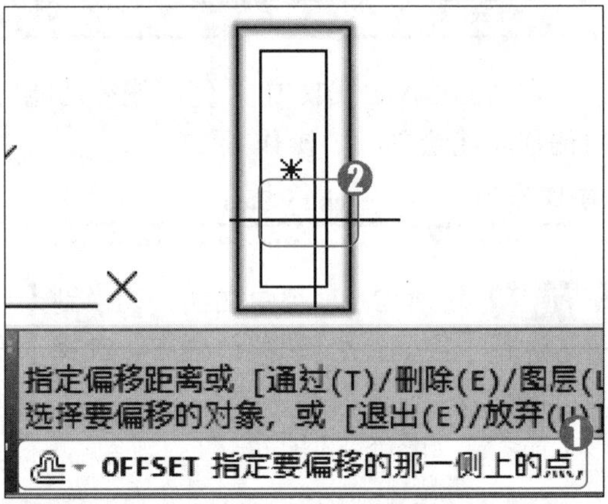

图 5–88

第 7 步 然后按 Esc 键退出偏移命令。再次按 Enter 键，重复调用【偏移】命令，设置偏移距离为 8，偏移图形，如图 5-89 所示。

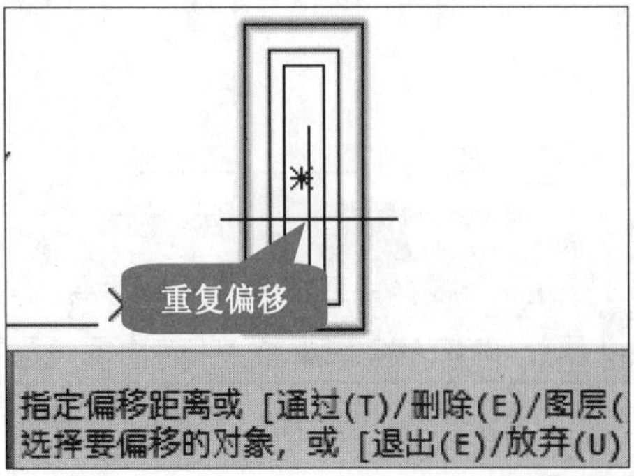

图 5–89

第 8 步 然按 Esc 键退出偏移命令，使用偏移绘制门的操作即完成，如图 5-90 所示。

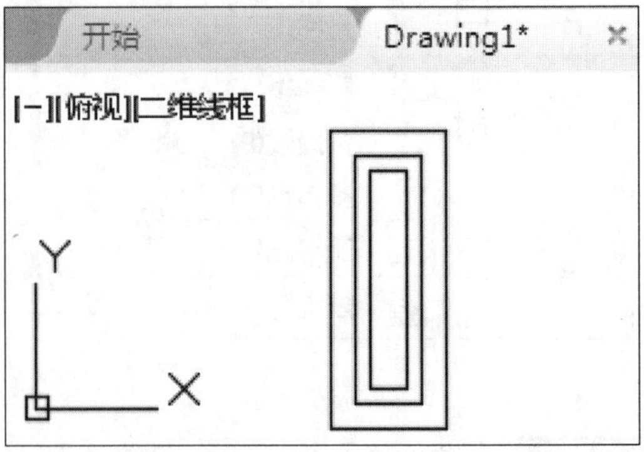

图 5–90

5.5.4 缩短螺栓

微课堂 00 分 38 秒

在 AutoCAD 2016 中，使用拉伸功能可以延长图形，也可以缩短图形，下面介绍具体的操作方法。

操作步骤 >> Step by Step

第 1 步 打开“螺栓.dwg”素材文件，切换到【草图与注释】空间，**1.** 在功能区面板中，选择【默认】选项卡，**2.** 在【修改】面板中，单击【拉伸】按钮，如图 5-91 所示。

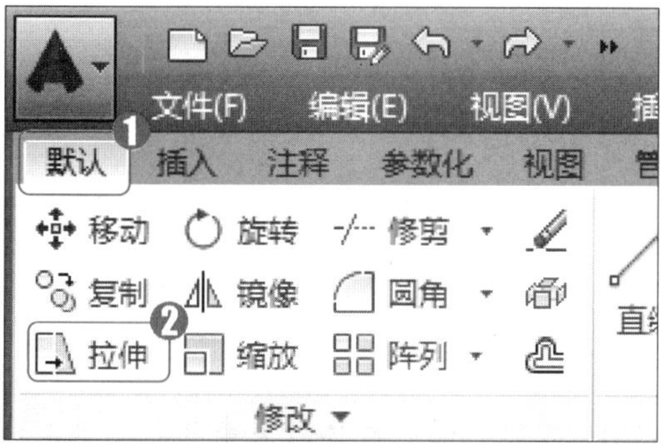

图 5-91

第 2 步 返回到绘图区，**1.** 命令行提示“STRETCH 选择对象”，**2.** 使用叉选方式选择要拉伸的图形对象，如图 5-92 所示。

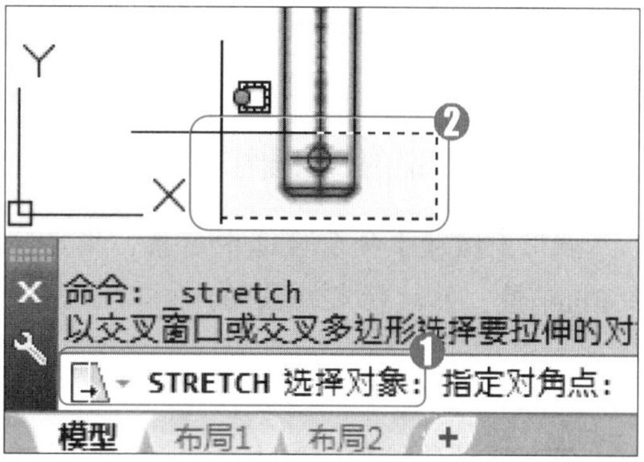

图 5-92

第 3 步 然后按 Enter 键结束选择对象操作，**1.** 命令行提示“STRETCH 指定基点”，**2.** 在图形上单击，确定基点位置，如图 5-93 所示。

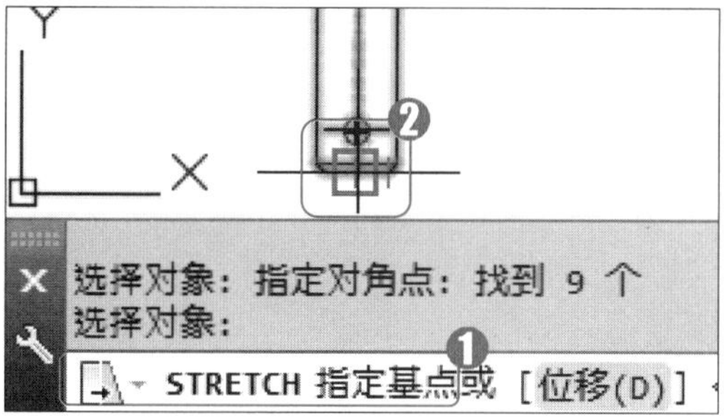

图 5-93

第 4 步 移动鼠标指针，**1.** 命令行提示“STRETCH 指定第二个点”，**2.** 移至合适位置释放鼠标，指定第二个点，如图 5-94 所示。

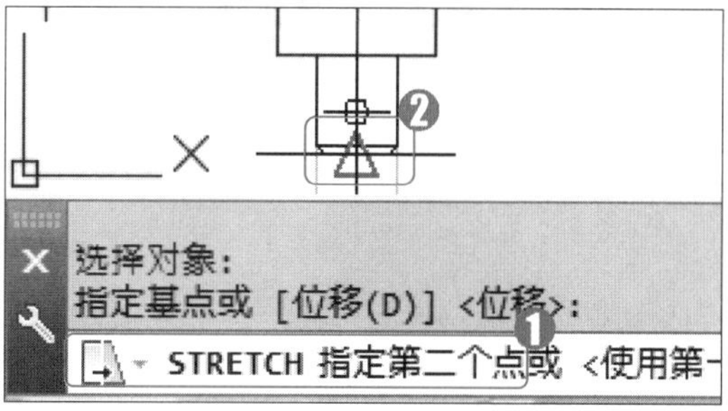

图 5-94

第 5 步 此时图形被缩短，通过以上步骤即可完成使用拉伸功能缩短图形的操作，如图 5-95 所示。

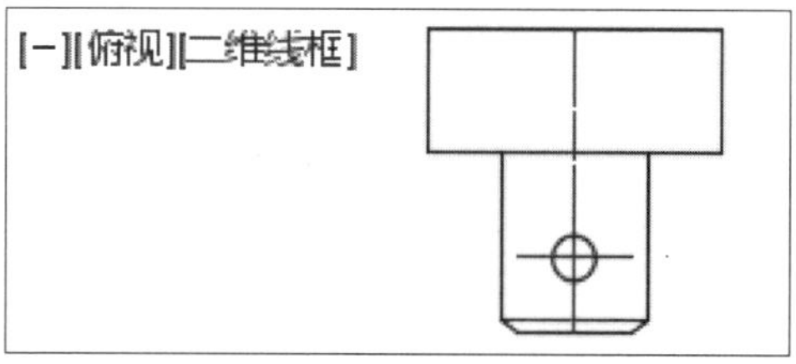

图 5-95

■ 指点迷津

在拉伸图形时，可以开启正交模式，这样可以使图形在拉伸的过程中不变形。

Section 5.6 有问必答

1. 在 AutoCAD 2016 中，将图形拉长并且保持宽度不变，用哪种命令？

可以使用拉伸功能，单击选中图形并按住鼠标左键，将图形沿一个方向拖动，最后将正交模式开启，防止图形变形。

2. 对图形进行偏移操作时，无法偏移对象，如何解决？

有可能是输入的偏移距离值过大，绘图区显示不出来，可以重新在命令行输入偏离距离，或者缩放视图，即可解决该问题。

3. 如何使用缩放复制图形？

调用【缩放】命令后选中对象，指定缩放的基点，在命令行输入【复制】选项命令 C，按 Enter 键，然后指定缩放的比例因子，即可复制一个缩放后的图形。

4. 复制图形到一个新建的 CAD 文件中，指定插入点后找不到图形，如何解决？

可以滑动鼠标滑轮缩小当前的视图，查看 CAD 操作界面的整体效果来找到图形，放大图形即可。

5. 如何使用旋转复制功能？

调用【旋转】命令后选中对象，指定旋转的基点，在命令行输入【复制】选项命令 C，按 Enter 键，然后指定旋转角度，即可复制一个旋转后的图形。

第6章

二维图形对象高级设置

本章要点

- 修剪与延伸
- 分解与打断
- 圆角与倒角
- 合并图形
- 专题课堂——夹点编辑

本章主要内容

本章主要介绍在 AutoCAD 2016 中对图形进行修剪与延伸、分解与打断方面的知识，同时讲解圆角与倒角及合并图形方面的知识与技巧，在专题课堂环节还将介绍夹点编辑方面的内容。通过本章的学习，读者可以掌握二维图形对象高级设置的知识与技巧，为深入学习 AutoCAD 2016 绘图功能奠定基础。

Section 6.1 修剪与延伸

导读

在 AutoCAD 2016 中，可以使用修剪与延伸命令，对图形的局部进行修改或延伸的操作，从而提高绘图的速度与工作效率。本节将重点介绍修剪与延伸命令的知识与操作技巧。

6.1.1 修剪对象

微课堂 00 分 40 秒

在 AutoCAD 2016 中，使用修剪命令可以将图形对象上多余的线段删除掉，下面介绍使用修剪命令修剪对象的操作方法。

操作步骤 >> Step by Step

第 1 步 切换到【草图与注释】空间，在绘图区中，单击选中要修剪的图形，如图 6-1 所示。

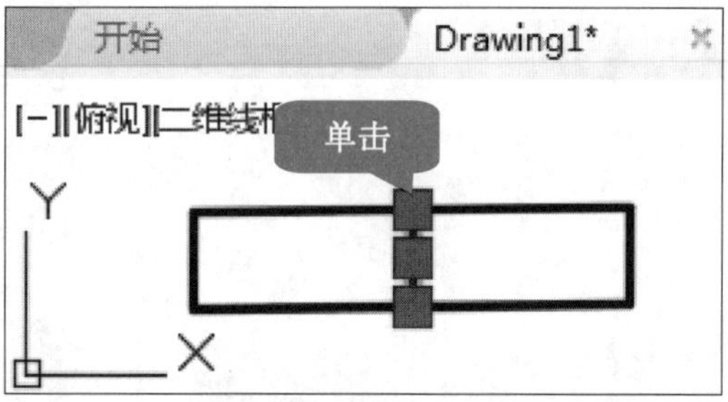

图 6-1

第 2 步 在菜单栏中，*1.* 选择【修改】菜单，**2.** 在弹出的下拉菜单中，选择【修剪】命令，如图 6-2 所示。

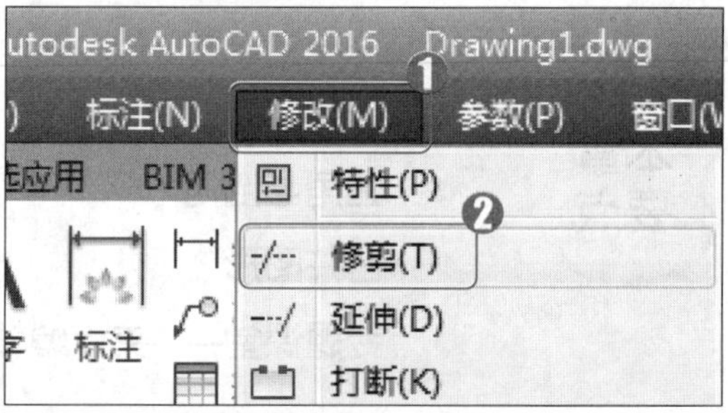

图 6-2

第 3 步 返回到绘图区，单击选中要修剪的对象，如图 6-3 所示。

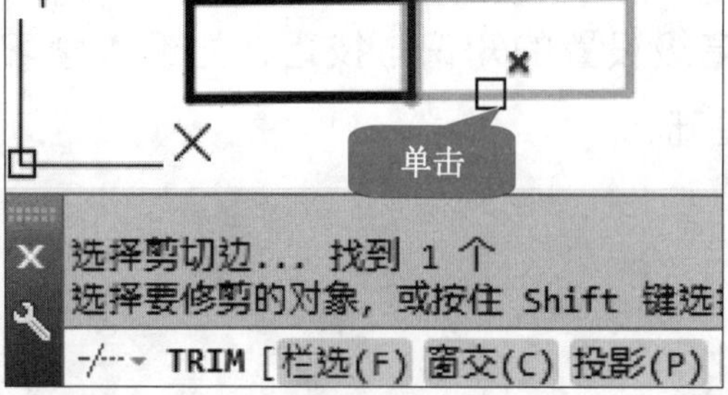

图 6-3

第 4 步 然后按 Esc 键退出修剪命令，即可完成修剪对象的操作，如图 6-4 所示。

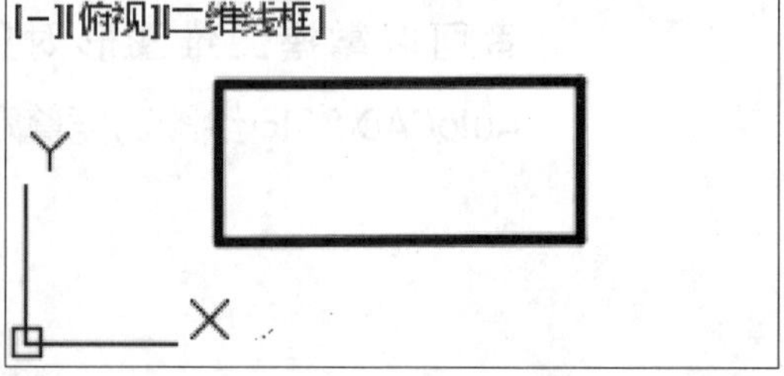

图 6-4

知识拓展：调用修剪命令的方式

在 AutoCAD 2016 中，可以在命令行中输入 TRIM 或 TR 命令，然后按 Enter 键；或者选择【默认】选项卡，在【修改】面板中，单击【修剪】下拉按钮，在弹出的下拉菜单中，选择【修剪】命令，来调用修剪命令。

6.1.2 延伸对象

微课堂 00 分 26 秒

在 AutoCAD 2016 中，延伸对象是指选择图形作为边界，延伸线段至图形边界。下面介绍延伸对象的操作方法。

操作步骤 >> Step by Step

第 1 步 切换到【草图与注释】空间，**1.** 在菜单栏中，选择【修改】菜单，**2.** 在弹出的下拉菜单中，选择【延伸】命令，如图 6-5 所示。

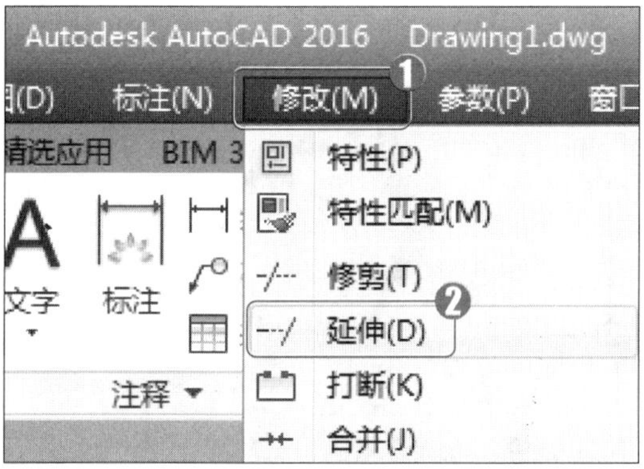

图 6-5

第 2 步 返回到绘图区，**1.** 命令行提示“EXTEND 选择对象”，**2.** 单击选中对象，如图 6-6 所示。

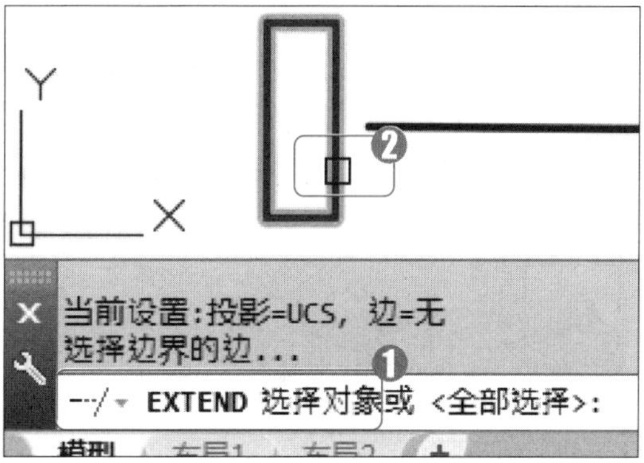

图 6-6

第 3 步 然后按 Enter 键结束选择对象操作，**1.** 命令行提示“选择要延伸的对象”，**2.** 单击选中图形，如图 6-7 所示。

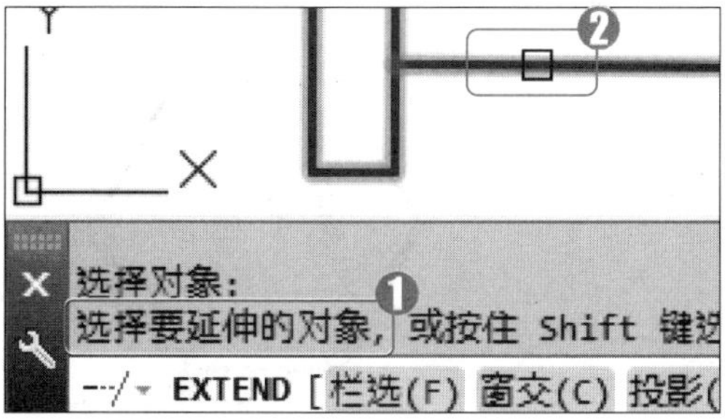

图 6-7

第 4 步 然后按 Esc 键退出延伸命令，通过以上步骤即可完成延伸对象的操作，如图 6-8 所示。

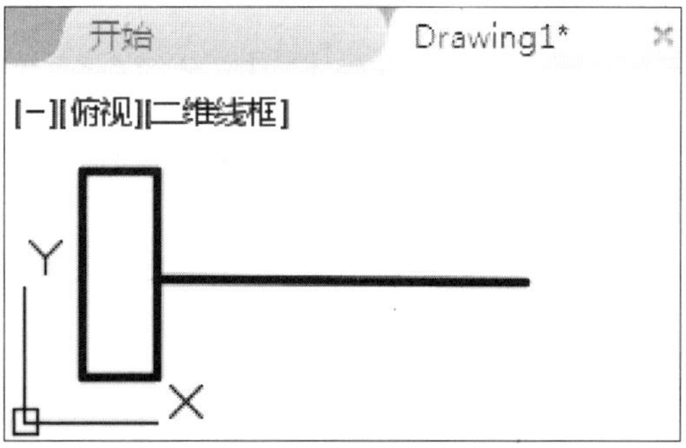

图 6-8

Section 6.2 分解与打断

导读

在 AutoCAD 2016 中，为了方便编辑图形对象，可以使用分解与打断功能对图形进行操作，对于块、多段线和面域等对象则要先进行分解才能编辑，而打断功能可以将直线或线段分解成多个部分，本节将重点介绍分解与打断方面的知识。

6.2.1 分解对象

微课堂 00 分 29 秒

在 AutoCAD 2016 中，对于需要单独进行编辑的图形，要先将对象分解再进行操作，下面介绍分解对象的操作方法。

操作步骤 >> Step by Step

第 1 步 新建 CAD 空白文档并绘制图形，切换到【草图与注释】空间，**1.** 在功能区面板中，选择【默认】选项卡，**2.** 在【修改】面板中，单击【分解】按钮，如图 6-9 所示。

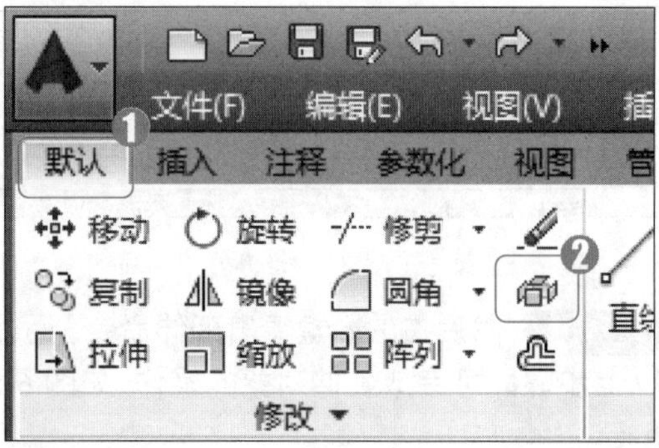

图 6-9

第 2 步 返回到绘图区，**1.** 命令行提示“EXPLODE 选择对象”，**2.** 单击选中准备分解的图形对象，如图 6-10 所示。

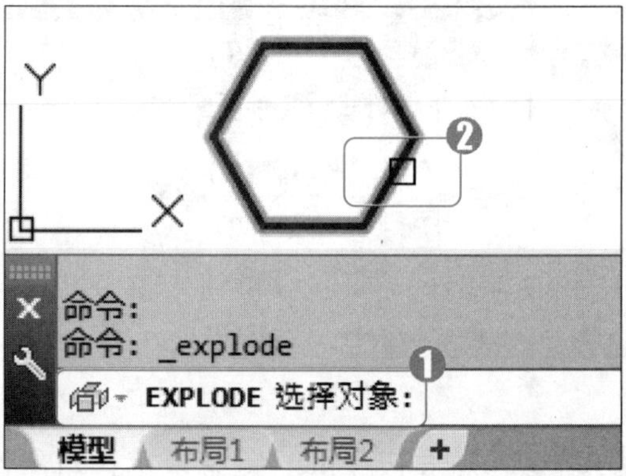

图 6-10

第 3 步 然后按 Enter 键退出分解命令，图形即被分解，通过以上步骤即可完成分解对象的操作，如图 6-11 所示。

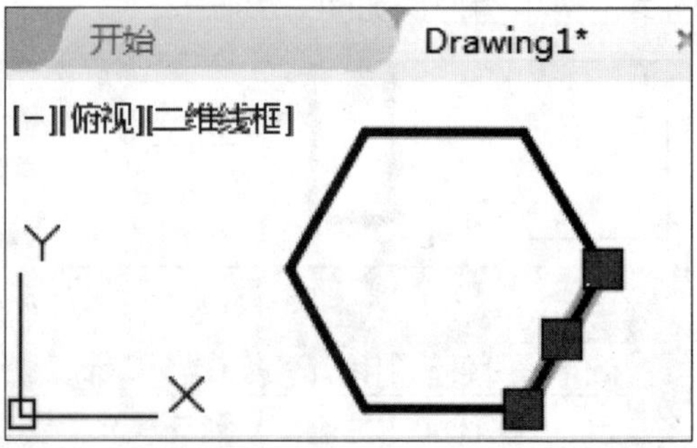

图 6-11

■ 指点迷津

在分解图形时，要注意的是如圆、圆弧和椭圆这类图形是无法进行分解操作的。

知识拓展：调用分解命令的方式

可以在命令行中输入 EXPLODE 或 X 命令，然后按 Enter 键；或者在菜单栏中选择【修改】菜单，在弹出的下拉菜单中，选择【分解】命令，来调用分解命令。

6.2.2 打断对象

微课堂 00 分 38 秒

在 AutoCAD 2016 中，打断对象是指在图形对象上的两个指定点之间创建间隔，将对象打断为两个对象，打断的对象可以是块、文字或直线等，下面介绍打断对象的操作方法。

操作步骤 >> Step by Step

第 1 步 打开“雕花.dwg”素材文件，切换到【草图与注释】空间，*1.* 在功能区面板中，选择【默认】选项卡，*2.* 在【修改】面板中，单击【打断】按钮，如图 6-12 所示。

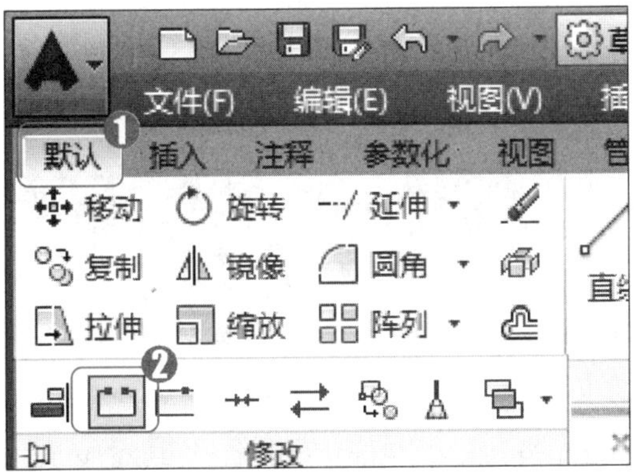

图 6-12

第 2 步 返回到绘图区，*1.* 命令行提示“BREAK 选择对象”，*2.* 单击选中准备打断的图形对象，如图 6-13 所示。

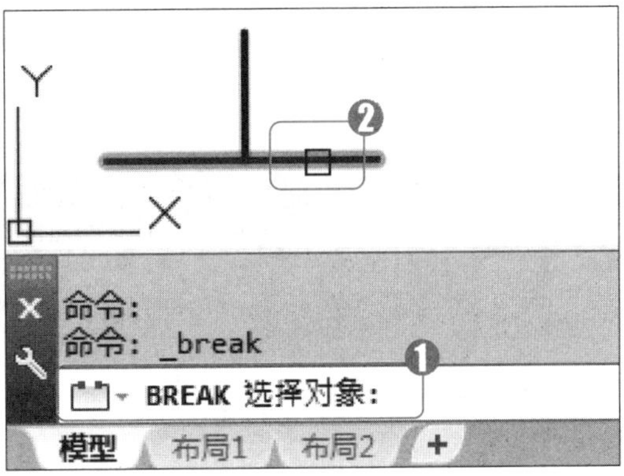

图 6-13

第 3 步 根据命令行提示“BREAK 指定第二个打断点或[第一点(F)]”，在命令行输入 F，然后按 Enter 键，如图 6-14 所示。

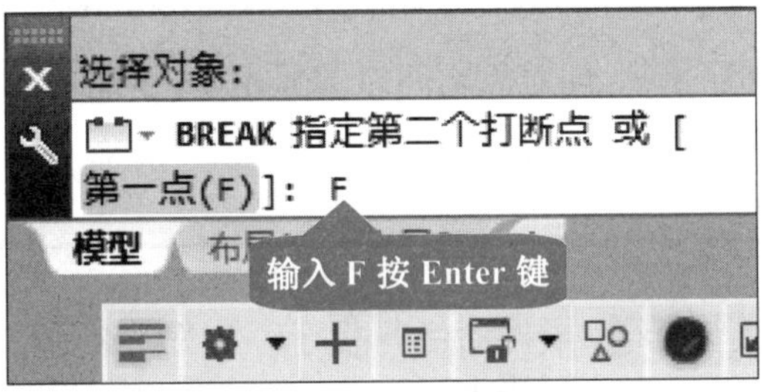

图 6-14

第 4 步 返回到绘图区，*1.* 命令行提示“BREAK 指定第一个打断点”，*2.* 单击选中打断点，如图 6-15 所示。

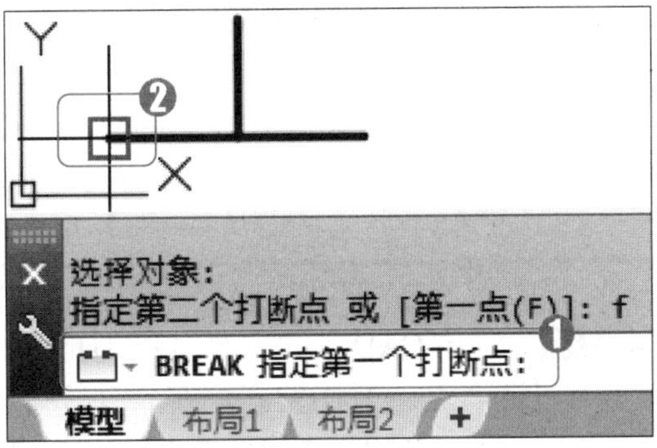

图 6-15

第 5 步 移动鼠标指针，*1.* 命令行提示"BREAK 指定第二个打断点"，**2.** 单击选中打断点，如图 6-16 所示。

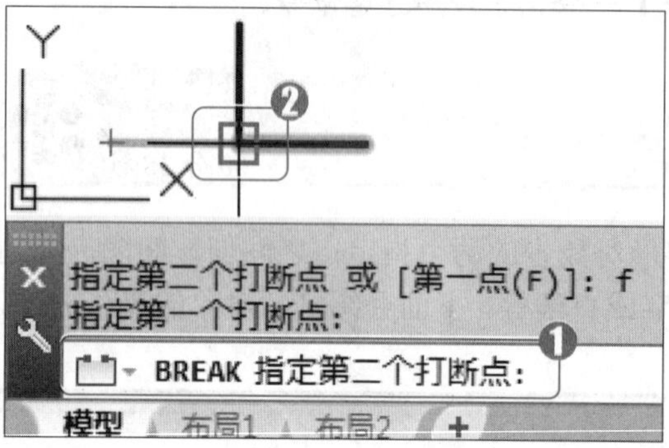

图 6–16

第 6 步 选中的图形即被打断，通过以上步骤即可完成打断对象的操作，如图 6-17 所示。

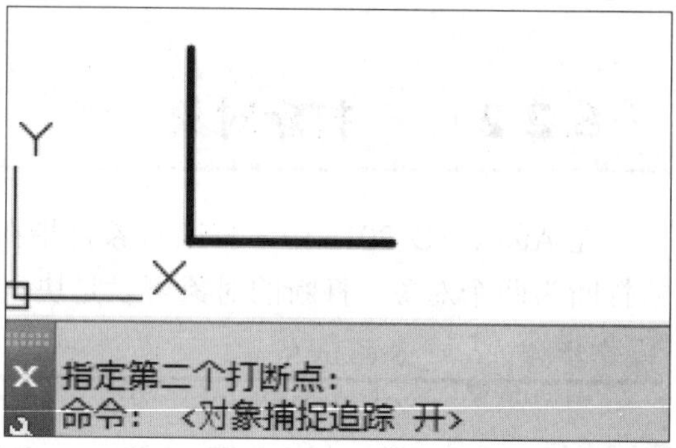

图 6–17

知识拓展：调用打断命令的方式

在 AutoCAD 2016 中，可以在菜单栏中选择【修改】菜单，在弹出的下拉菜单中，选择【打断】命令；或者在命令行中输入 BREAK 或 BR 命令，然后按 Enter 键，来调用打断命令进行打断对象的操作。

Section 6.3 圆角与倒角

导读 圆角是指定一段与角的两边相切的圆弧替换原来的角，圆角的大小用圆弧的半径表示；倒角是指将两条非平行线上的直线或样条曲线，做出有角度的角，本节将介绍圆角与倒角方面的知识与操作技巧。

6.3.1 圆角图形

微课堂 00 分 37 秒

在 AutoCAD 2016 中，使用圆角命令可以将两个线性对象之间以圆弧相连，对多个顶点进行一次性倒圆角操作，下面介绍圆角图形的操作方法。

操作步骤 >> Step by Step

第 1 步 新建 CAD 空白文档并绘制矩形，切换到【草图与注释】空间，在命令行输入【圆角】命令 FILLET，然后按 Enter 键，如图 6-18 所示。

第 2 步 根据命令行提示，在命令行输入 R，激活【半径(R)】选项，然后按 Enter 键，如图 6-19 所示。

图 6-18

第 3 步 命令行提示“FILLET 指定圆角半径”，在命令行中输入半径值如 2，然后按 Enter 键，如图 6-20 所示。

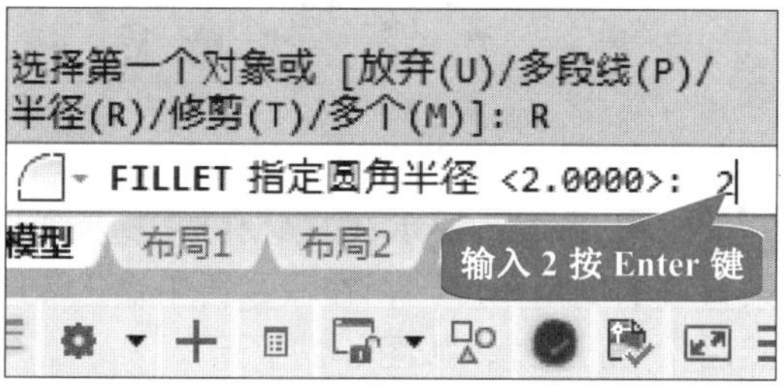

图 6-20

第 5 步 移动鼠标指针，***1.*** 命令行提示“FILLET 选择第二个对象”，***2.*** 在图形上单击选中对象，如图 6-22 所示。

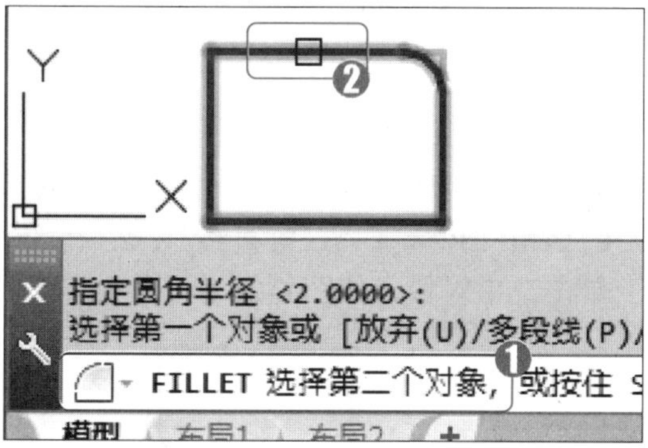

图 6-22

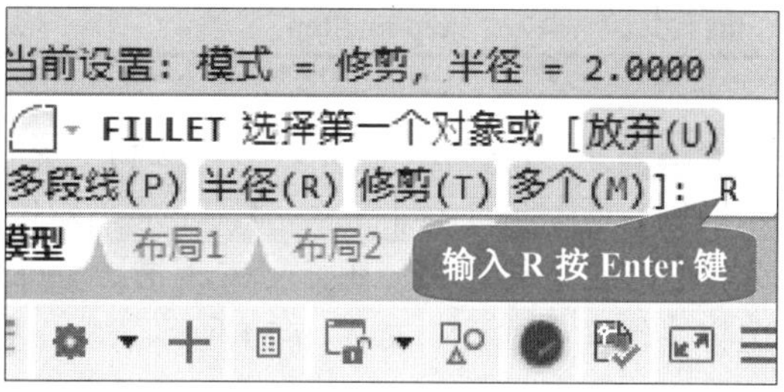

图 6-19

第 4 步 返回到绘图区，***1.*** 命令行提示“FILLET 选择第一个对象”，***2.*** 在图形上单击选中对象，如图 6-21 所示。

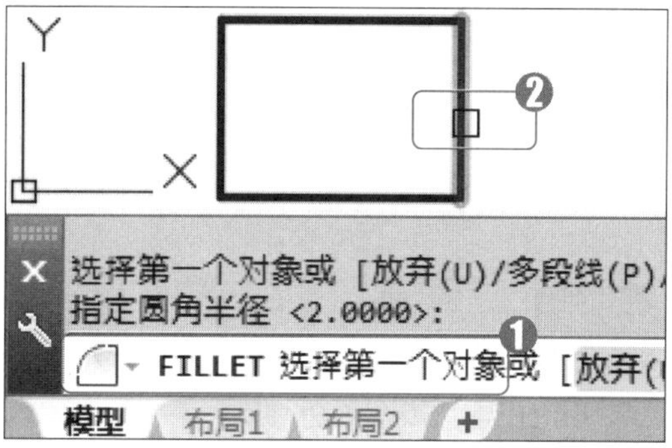

图 6-21

第 6 步 此时可以看到圆角后的图形，通过以上步骤即可完成圆角图形的操作，如图 6-23 所示。

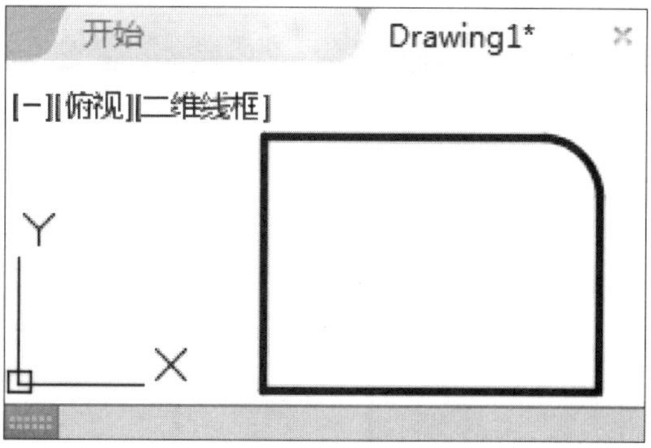

图 6-23

6.3.2 倒角图形

微课堂 00 分 41 秒

在 AutoCAD 2016 中，以平角或倒角使两个对象相连接的方式被称为倒角，下面介绍使用倒角的操作方法。

操作步骤 >> Step by Step

第 1 步 新建 CAD 空白文档并绘制矩形，切换到【草图与注释】空间，**1.** 在菜单栏中，选择【修改】菜单，**2.** 在弹出的下拉菜单中，选择【倒角】命令，如图 6-24 所示。

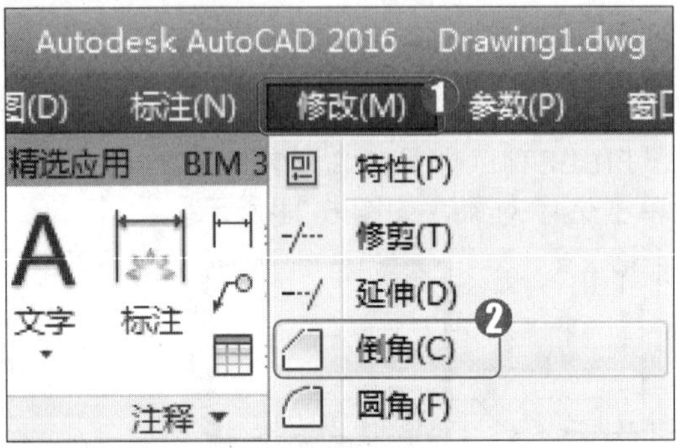

图 6-24

第 2 步 根据命令行提示，在命令行输入 A，激活【角度(A)】选项，然后按 Enter 键，如图 6-25 所示。

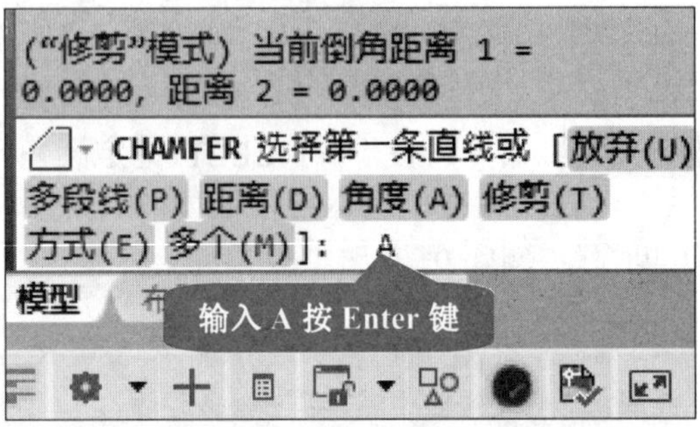

图 6-25

第 3 步 命令行提示“CHAMFER 指定第一条直线的倒角长度”，在命令行中输入 3，然后按 Enter 键，如图 6-26 所示。

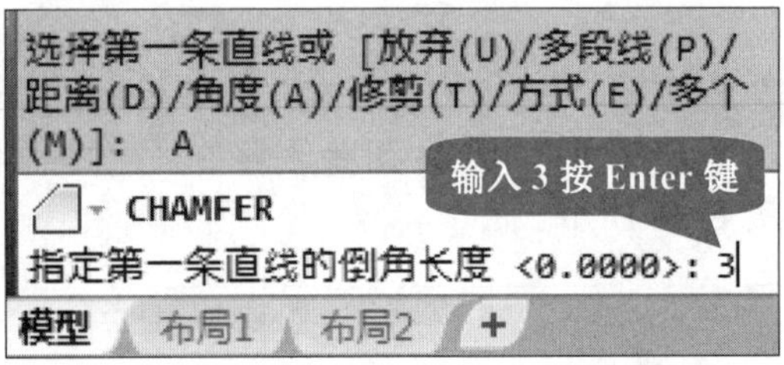

图 6-26

第 4 步 命令行提示“CHAMFER 指定第一条直线的倒角角度”，在命令行中输入 45，然后按 Enter 键，如图 6-27 所示。

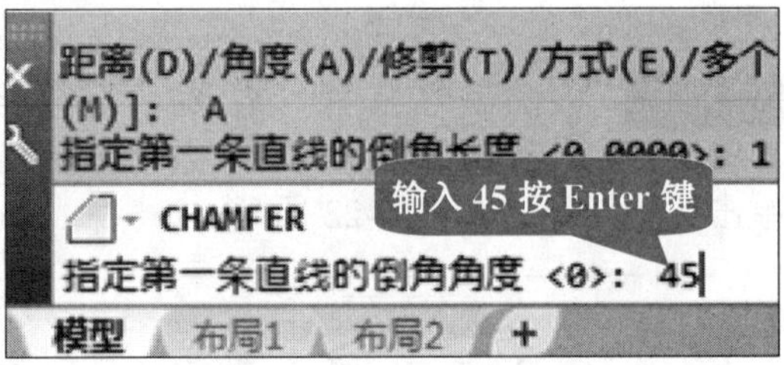

图 6-27

第 5 步 返回到绘图区，**1.** 命令行提示“CHAMFER 选择第一条直线”，**2.** 在图形上单击选中对象，如图 6-28 所示。

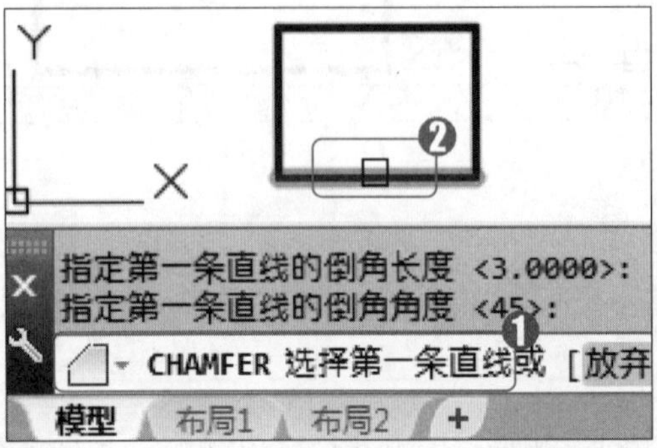

图 6-28

第 6 步 移动鼠标指针，**1.** 命令行提示“CHAMFER 选择第二条直线”，**2.** 在图形上单击选中对象，如图 6-29 所示。

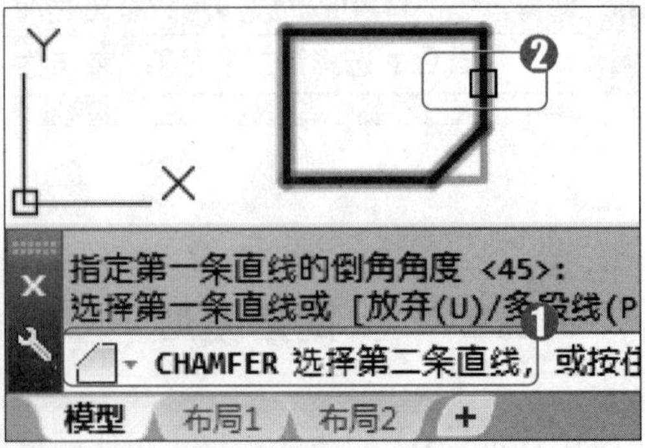

图 6-29

第 7 步 此时可以看到倒角后的图形，通过以上步骤即可完成倒角图形的操作，如图 6-30 所示。

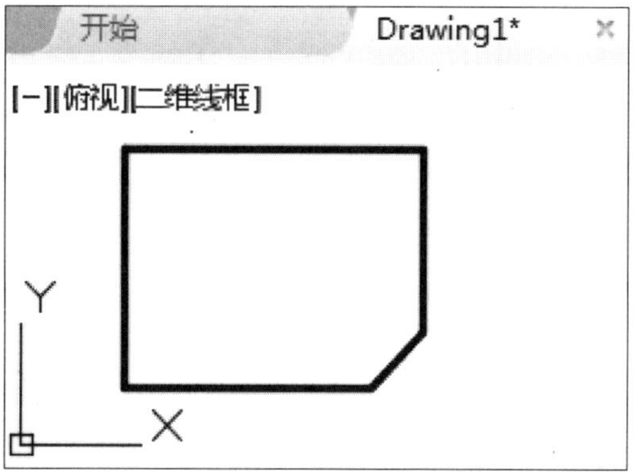

图 6-30

■ 指点迷津

在 AutoCAD 2016 中，使用【倒角】命令中的【多个(M)】选项，可以连续绘制多个倒角。

知识拓展：调用倒角命令的方式

在 AutoCAD 2016 中，可以在命令行中输入 CHAMFER 命令，然后按 Enter 键；或者选择【默认】选项卡，在【修改】面板中，单击【圆角】下拉按钮圆角▾，在弹出的下拉菜单中，选择【倒角】命令，来调用倒角命令。

Section 6.4 合并图形

导读

在 AutoCAD 2016 中，为了方便绘图需要，可以将两个相似的图形对象合并成一个图形对象，合并的对象可以是直线、圆、圆弧、椭圆、椭圆弧和多段线等。本节将介绍合并直线与合并圆弧方面的知识。

6.4.1 合并直线

微课堂 00 分 23 秒

在 AutoCAD 2016 中，要合并的对象必须在同一平面上，如果是直线对象，则这两条直线须保持共线，下面具体介绍将两条在同一平面上的直线，合并成一条直线的操作方法。

操作步骤 >> Step by Step

第 1 步 新建 CAD 空白文档并绘制图形，切换到【草图与注释】空间，***1.*** 在功能区面板中，选择【默认】选项卡，***2.*** 在【修改】面板中，单击【合并】按钮，如图 6-31 所示。

第 2 步 返回到绘图区，***1.*** 命令行提示“JOIN 选择源对象或要一次合并的多个对象”，***2.*** 单击选中图形对象，如图 6-32 所示。

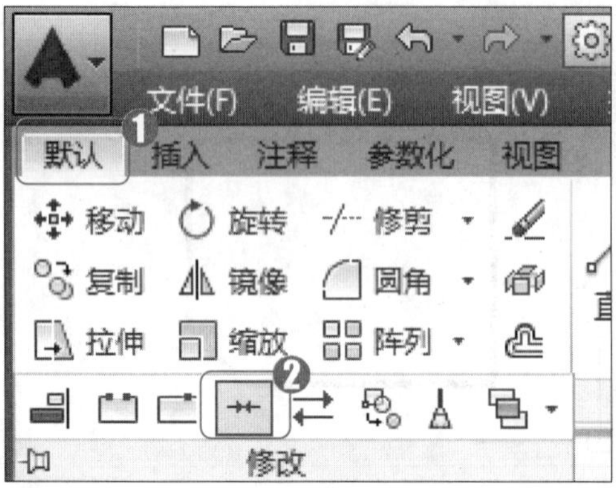

图 6–31

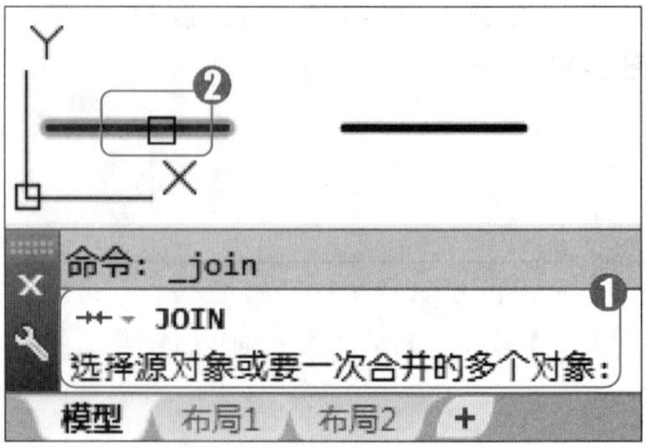

图 6–32

第 3 步 移动鼠标指针，*1.* 命令行提示“JOIN 选择要合并的对象”，**2.** 单击选中要合并的图形对象，如图 6-33 所示。

第 4 步 然后按 Enter 键，合并直线完成，通过以上步骤即可完成合并直线的操作，如图 6-34 所示。

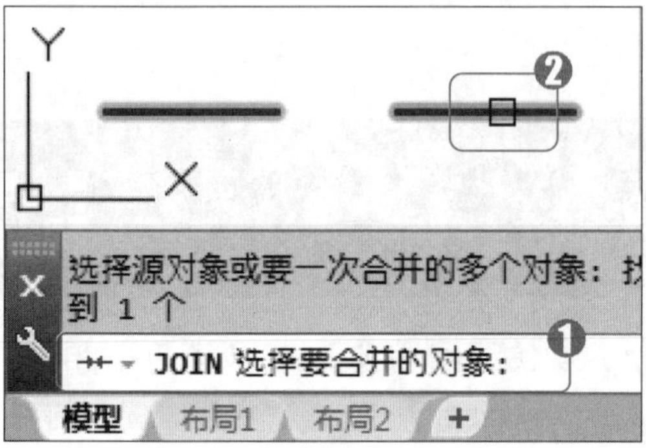

图 6–33

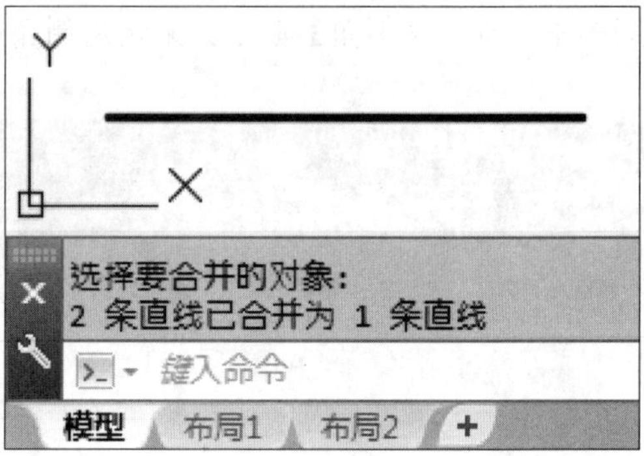

图 6–34

知识拓展：调用合并命令的方式

在 AutoCAD 2016 中，可以在命令行中输入 JOIN 命令，然后按 Enter 键；或者在菜单栏中，选择【修改】菜单，在弹出的下拉菜单中，选择【合并】命令，来调用合并命令。

6.4.2 合并圆弧

微课堂 00 分 21 秒

在 AutoCAD 2016 中，可以将多条圆弧合并成一条圆弧或圆，但必须要保证圆弧和圆心为同一个圆，下面介绍合并圆弧的具体操作方法。

操作步骤 >> Step by Step

第 1 步 新建 CAD 空白文档并绘制圆弧图形，切换到【草图与注释】空间，*1.* 在功能

第 2 步 返回到绘图区，*1.* 命令行提示

区面板中，选择【默认】选项卡，**2.** 在【修改】面板中，单击【合并】按钮，如图 6-35 所示。

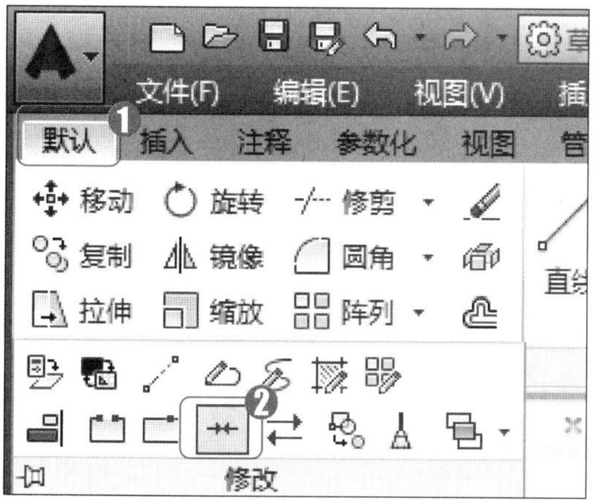

图 6-35

第 3 步 移动鼠标指针，***1.*** 命令行提示“JOIN 选择要合并的对象”，**2.** 单击选中要合并的图形对象，如图 6-37 所示。

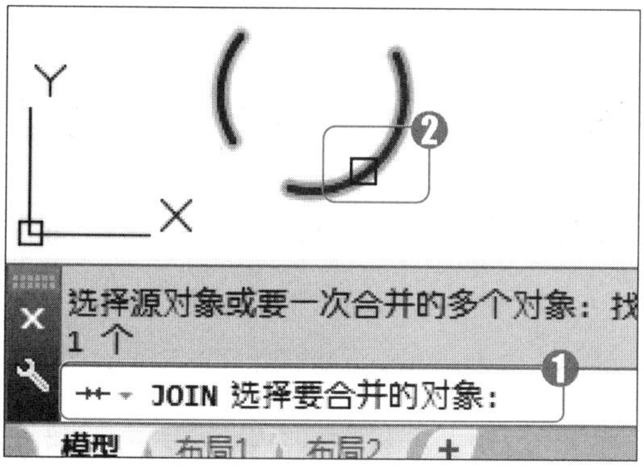

图 6-37

“JOIN 选择源对象或要一次合并的多个对象”，**2.** 单击选中图形对象，如图 6-36 所示。

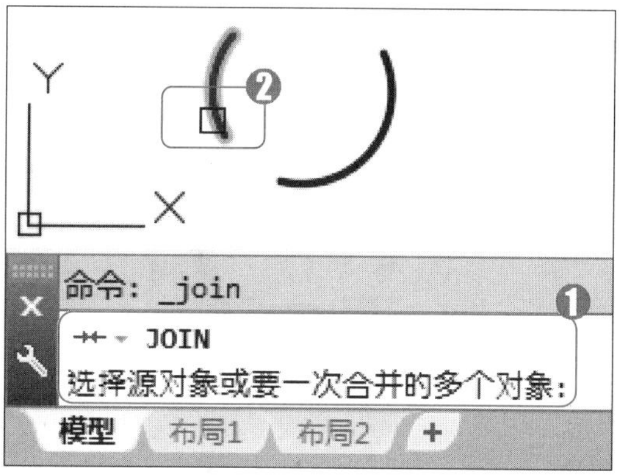

图 6-36

第 4 步 然后按 Enter 键，合并直线完成，通过以上步骤即可完成合并直线的操作，如图 6-38 所示。

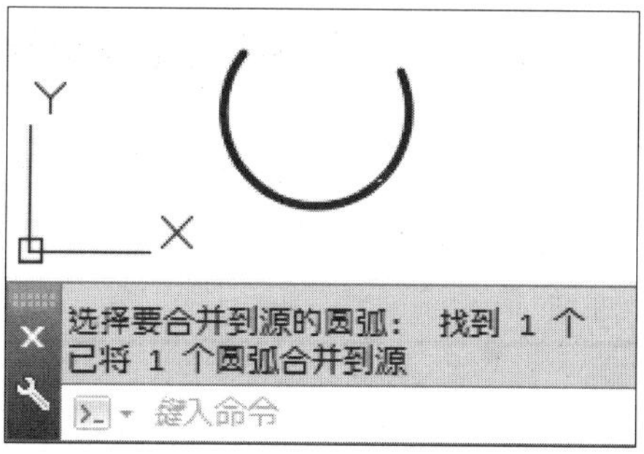

图 6-38

Section 6.5 专题课堂——夹点编辑

导读

在 AutoCAD 2016 中，使用夹点可以对图形的大小、位置和方向等进行编辑，而通过拖动夹点可以快速拉伸、移动、旋转、缩放或镜像图形对象等，选择执行的编辑操作称为夹点编辑模式，本节将重点介绍什么是夹点，以及夹点编辑方面的知识。

6.5.1 什么是夹点

微课堂 00 分 14 秒

图形对象上的一些特殊点，如中心、端点、顶点等被称作“夹点”，在 AutoCAD 2016 的绘图区域中，选中图形将显示夹点，默认情况下为蓝色的小方框，选中状态为红色，同时也可以自定义设置夹点的颜色，如图 6-39 所示。

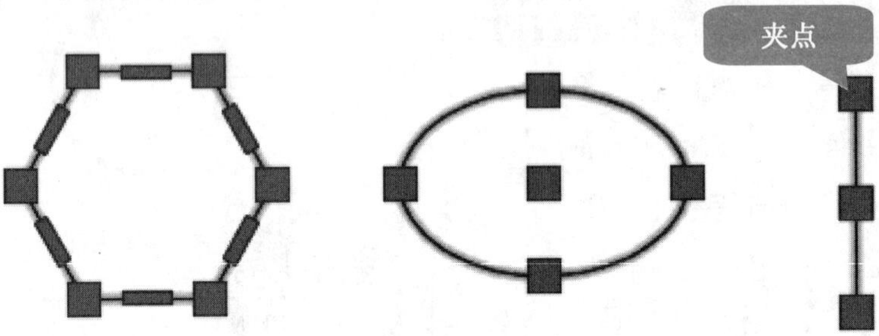

图 6-39

知识拓展：设置夹点参数

在 AutoCAD 2016 的菜单栏中，选择【工具】菜单，在弹出的下拉菜单中选择【选项】命令，在弹出的【选项】对话框中，选择【选择集】选项卡，在【夹点尺寸】和【夹点】区域中，可以对夹点的颜色、显示数量、大小等参数进行设置。

6.5.2 使用夹点拉伸图形对象

微课堂 00 分 25 秒

在 AutoCAD 2016 中，使用夹点可以快速拉伸图形对象，下面以拉伸矩形为例，介绍使用夹点拉伸对象的操作方法。

操作步骤 >> Step by Step

第 1 步 新建 CAD 空白文档并绘制矩形，切换到【草图与注释】空间，单击选中矩形，如图 6-40 所示。

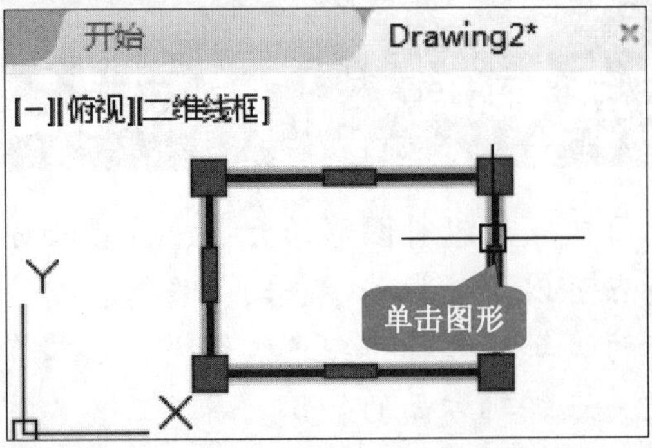

图 6-40

第 2 步 移动鼠标指针至一夹点上，单击并向右侧拖动，如图 6-41 所示。

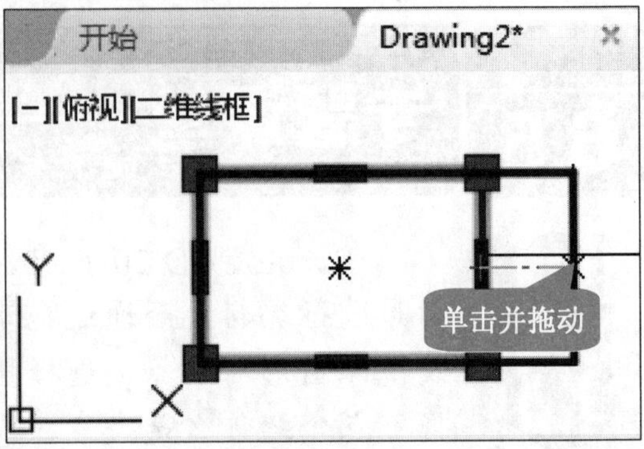

图 6-41

第 3 步 拖动至某一位置，释放鼠标，此时可以看到图形被拉伸，如图 6-42 所示。

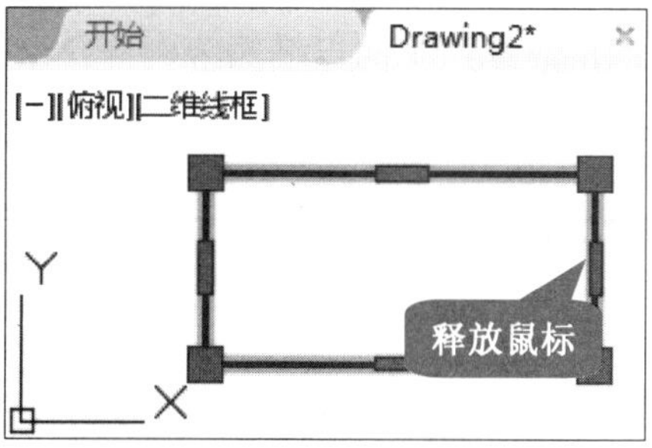

图 6−42

第 4 步 然后按 Esc 键退出夹点编辑状态，即可完成使用夹点拉伸图形的操作，如图 6-43 所示。

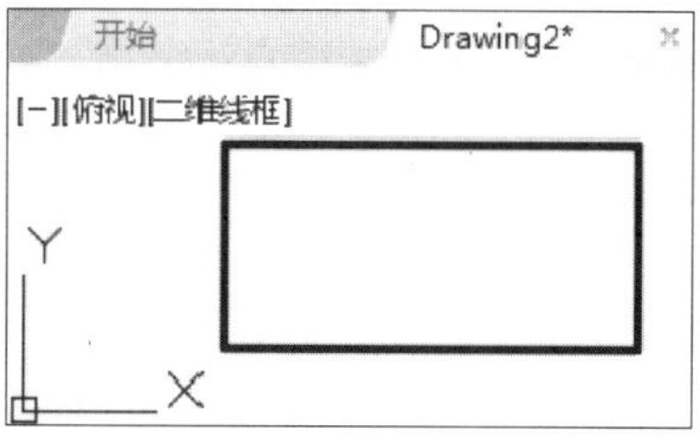

图 6−43

6.5.3 使用夹点移动图形对象

微课堂 00 分 18 秒

在 AutoCAD 2016 中，使用夹点模式，可以快速移动图形对象，下面以椭圆为例，介绍使用夹点移动图形对象的操作方法。

操作步骤 >> Step by Step

第 1 步 新建 CAD 空白文档并绘制圆形，切换到【草图与注释】空间，单击选中圆形，如图 6-44 所示。

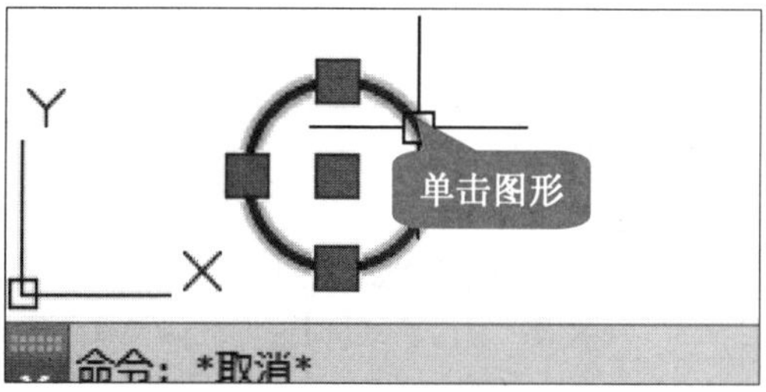

图 6−44

第 2 步 移动鼠标指针至图形的中心点上，单击并向右侧拖动，如图 6-45 所示。

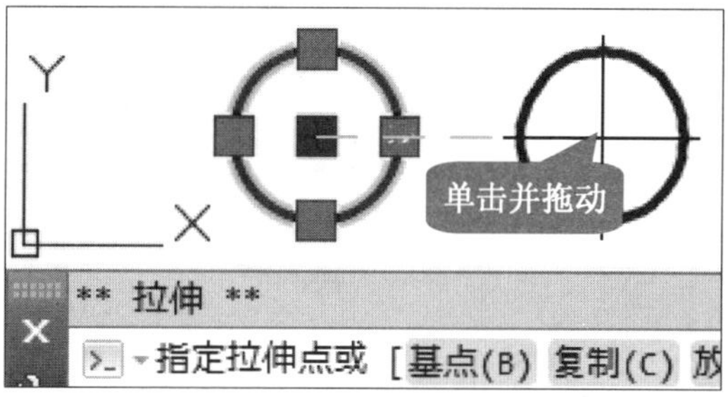

图 6−45

第 3 步 拖动至某一位置，释放鼠标，此时可以看到图形被移动，如图 6-46 所示。

图 6−46

第 4 步 然后按 Esc 键退出夹点编辑状态，即可完成使用夹点移动图形的操作，如图 6-47 所示。

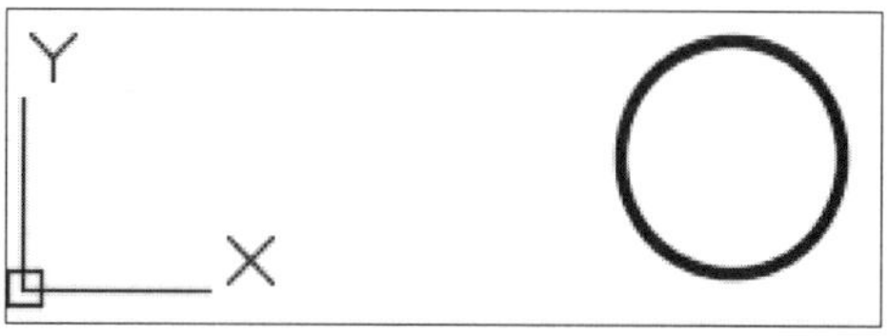

图 6−47

6.5.4 使用夹点缩放对象

微课堂 00 分 28 秒

在 AutoCAD 2016 中，使用夹点可以快速缩放图形对象，下面以椭圆为例，介绍使用夹点缩放图形对象的操作方法。

操作步骤 >> Step by Step

第 1 步 新建 CAD 空白文档并绘制椭圆，在【草图与注释】空间中，单击选中椭圆，如图 6-48 所示。

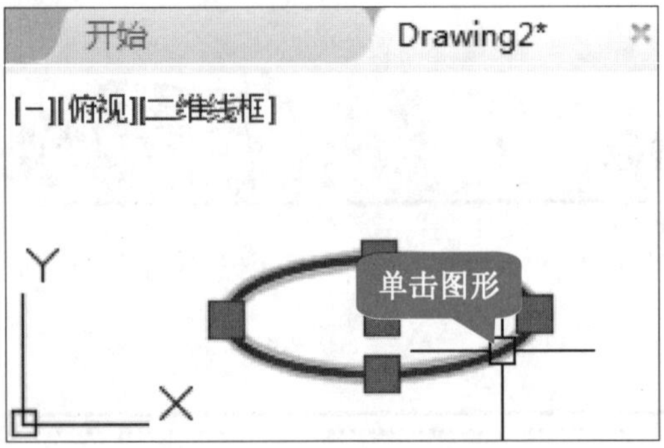

图 6-48

第 2 步 移动鼠标指针至任意夹点上，*1.* 右击该夹点，*2.* 在弹出的快捷菜单中，选择【缩放】命令，如图 6-49 所示。

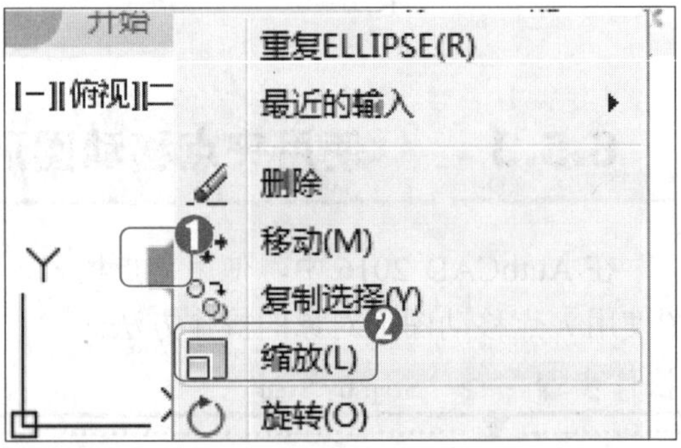

图 6-49

第 3 步 返回到绘图区，*1.* 命令行提示"SCALE 指定基点"，*2.* 在合适位置单击，指定基点，如图 6-50 所示。

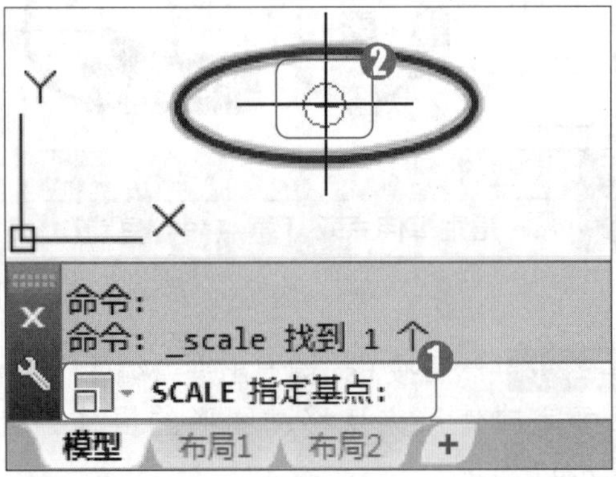

图 6-50

第 4 步 移动鼠标指针，*1.* 命令行提示"SCALE 指定比例因子"，*2.* 在合适位置单击，如图 6-51 所示。

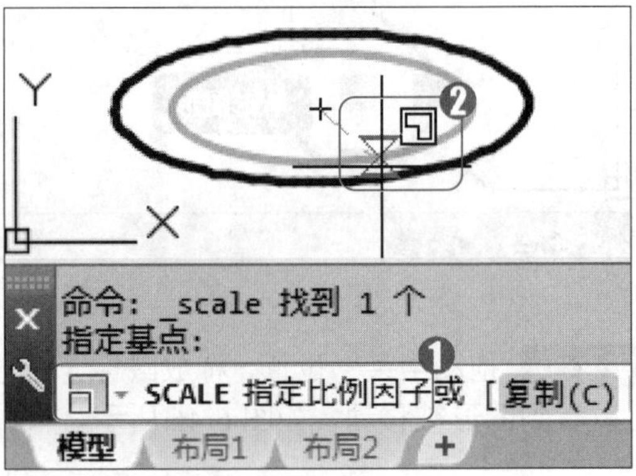

图 6-51

第 5 步 此时即可完成使用夹点缩放对象的操作，如图 6-52 所示。

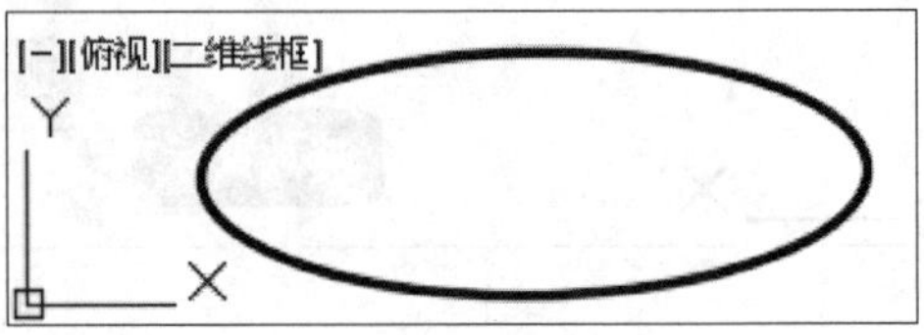

图 6-52

■ 指点迷津

使用夹点缩放图形时，还可以在命令行中直接输入比例因子来确定缩放图形的大小。

6.5.5　使用夹点镜像对象

微课堂 00 分 27 秒

在 AutoCAD 2016 中，使用夹点可以快速镜像图形对象，并删除源对象，下面以旋转矩形为例，介绍使用夹点镜像图形对象的操作方法。

操作步骤 >> Step by Step

第 1 步 新建空白文档并绘制圆弧，在【草图与注释】空间中，单击选择圆弧，并选中要镜像的夹点，如图 6-53 所示。

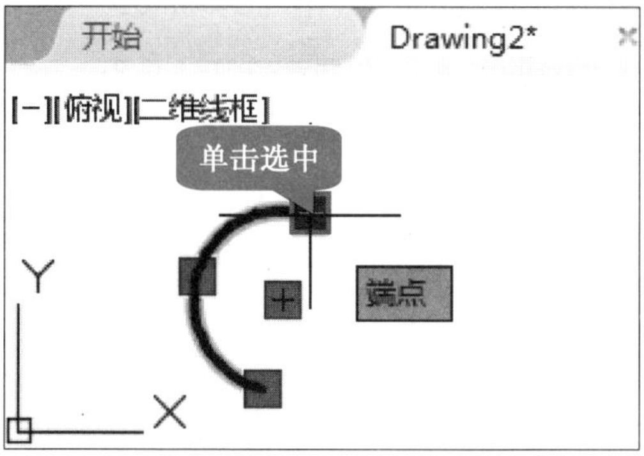

图 6-53

第 2 步 右击该夹点，在弹出的快捷菜单中，选择【镜像】命令，如图 6-54 所示。

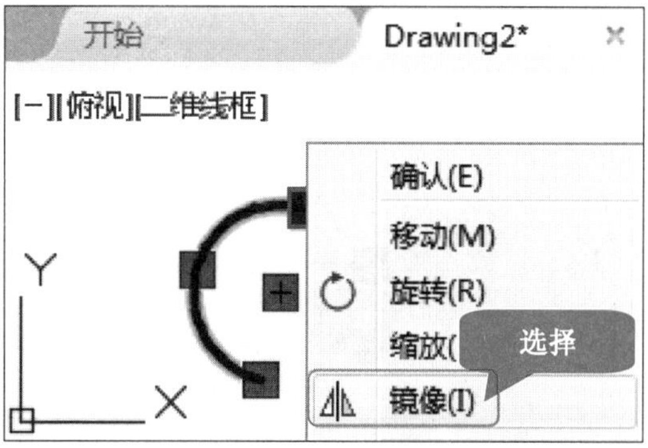

图 6-54

第 3 步 返回到绘图区，***1.*** 命令行提示“指定第二点”，***2.*** 在合适位置单击，指定镜像线的第二点，如图 6-55 所示。

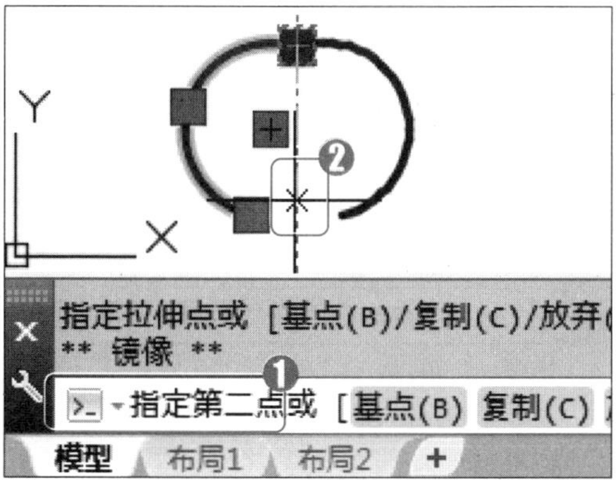

图 6-55

第 4 步 然后按 Esc 键退出夹点编辑状态，即可完成使用夹点镜像图形的操作，如图 6-56 所示。

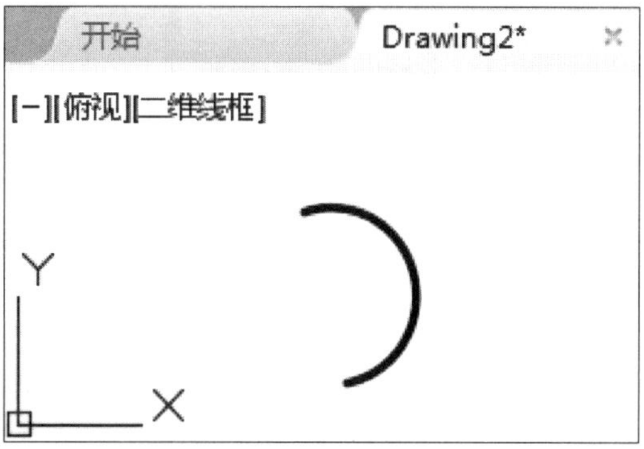

图 6-56

专家解读：夹点镜像

在 AutoCAD 2016 中，使用夹点镜像图形时，系统将默认以选中的夹点，作为镜像线上的第一点，并且在镜像操作完成后删除源图形对象。

6.5.6 使用夹点旋转对象

微课堂 00 分 29 秒

在 AutoCAD 2016 中，使用夹点模式，可以快速旋转图形对象，下面介绍使用夹点旋转图形对象的操作方法。

操作步骤 >> Step by Step

第 1 步 新建 CAD 空白文档并绘制矩形，在【草图与注释】空间中，单击图形，如图 6-57 所示。

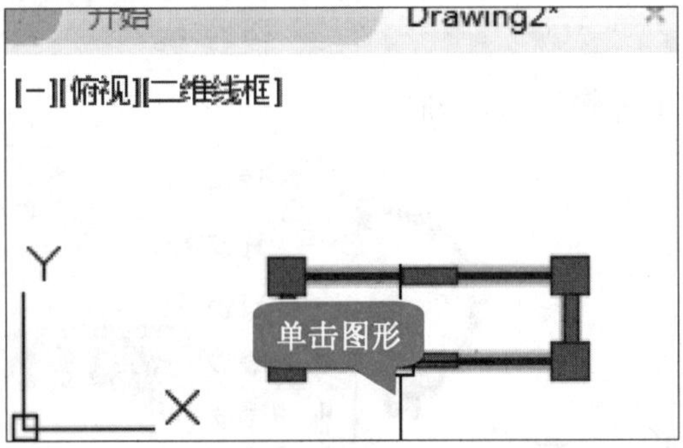

图 6-57

第 2 步 移动鼠标指针至任意夹点上，**1.** 右击该夹点，**2.** 在弹出的快捷菜单中，选择【旋转】命令，如图 6-58 所示。

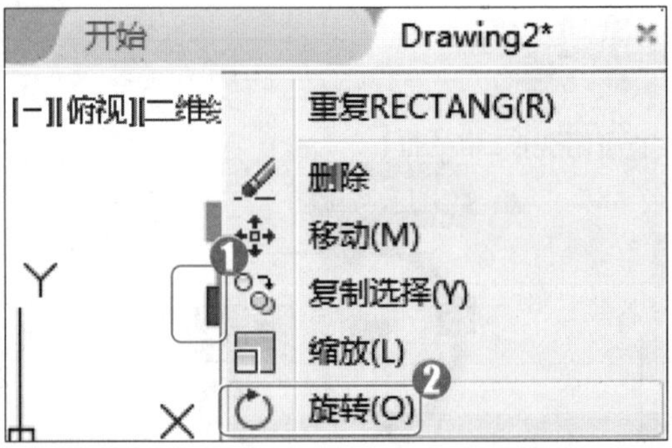

图 6-58

第 3 步 返回到绘图区，**1.** 命令行提示“ROTATE 指定基点”，**2.** 在合适位置单击指定基点，如图 6-59 所示。

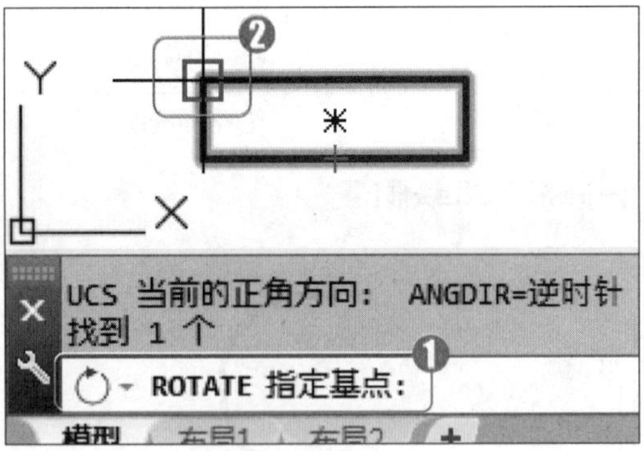

图 6-59

第 4 步 移动鼠标指针，**1.** 命令行提示“ROTATE 指定旋转角度”，**2.** 在合适位置单击，如图 6-60 所示。

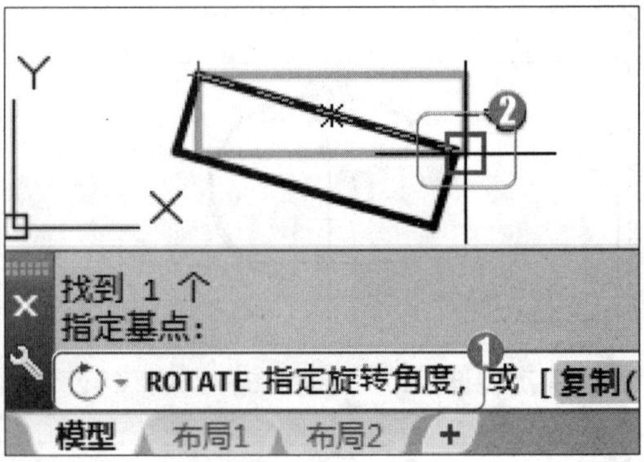

图 6-60

第 5 步 此时即可完成使用夹点旋转对象的操作，如图 6-61 所示。

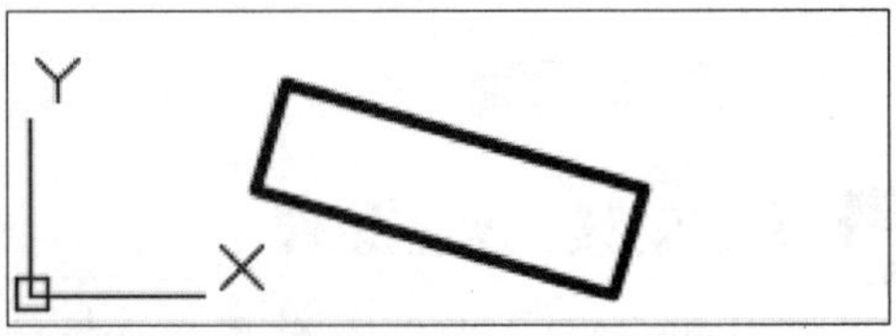

图 6-61

■ 指点迷津

使用夹点旋转图形时，可以在命令行直接输入角度值来确定旋转角度。

Section 6.6 实践经验与技巧

导读

在本节的学习过程中，将侧重介绍和讲解与本章知识点有关的实践经验及技巧，主要内容包括如何修剪、合并和打断等方面的知识与操作技巧。

6.6.1 修剪和圆角图形

微课堂 00 分 59 秒

在 AutoCAD 2016 中，在进行修剪、圆角时习惯性地使用不同的命令，操作比较麻烦，这时可以使用圆角命令同时完成修剪与圆角的功能，下面将介绍对图形进行修剪和圆角图形的操作方法。

操作步骤 >> Step by Step

第 1 步 新建 CAD 空白文档并绘制两条相交的直线，切换到【草图与注释】空间，***1.*** 在菜单栏中，选择【修改】菜单，***2.*** 在弹出的下拉菜单中，选择【圆角】命令，如图 6-62 所示。

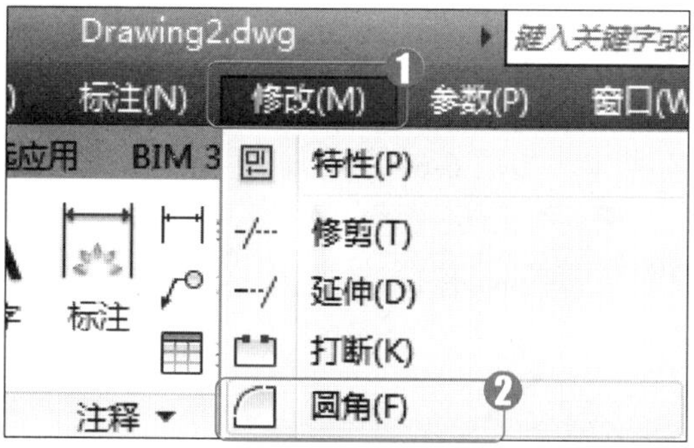

图 6-62

第 2 步 根据命令行提示，在命令行输入 R，激活【半径(R)】选项，然后按 Enter 键，如图 6-63 所示。

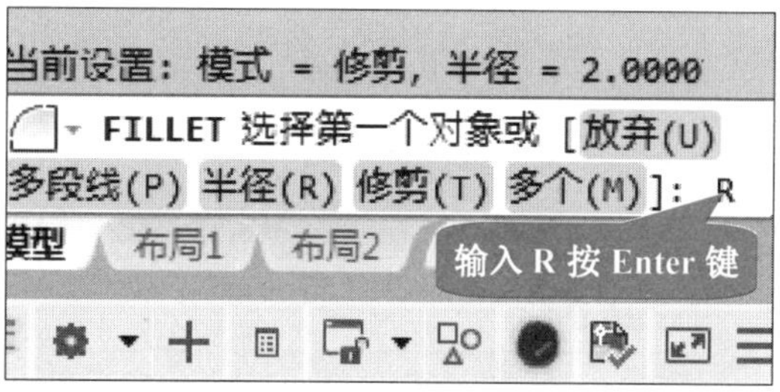

图 6-63

第 3 步 根据命令行提示“FILLET 指定圆角半径”，在命令行中输入半径值如 5，然后按 Enter 键，如图 6-64 所示。

第 4 步 根据命令行提示，在命令行输入 T，激活【修剪(T)】选项，然后按 Enter 键，如图 6-65 所示。

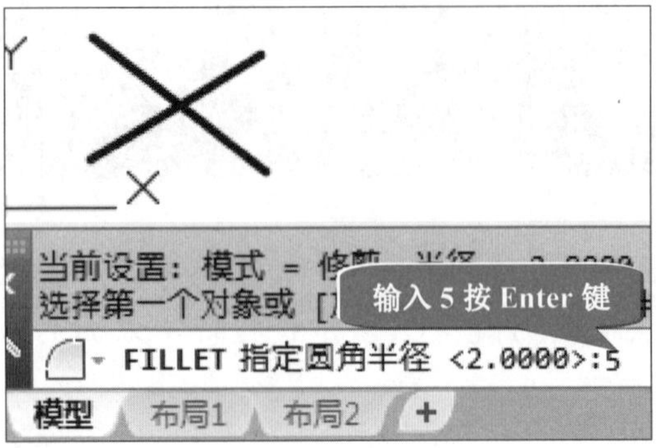

图 6–64

第 5 步 命令行提示“FILLET 输入修剪模式选项”，然后按 Enter 键，选择【修剪】默认选项，如图 6-66 所示。

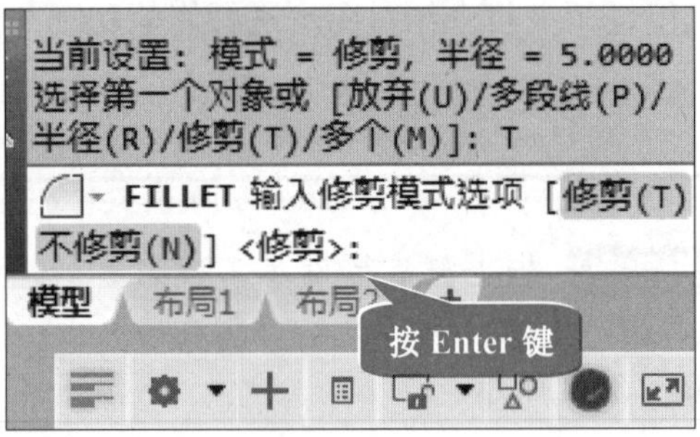

图 6–66

第 7 步 移动鼠标指针，**1.** 命令行提示“FILLET 选择第二个对象”，**2.** 在图形上单击选中对象，如图 6-68 所示。

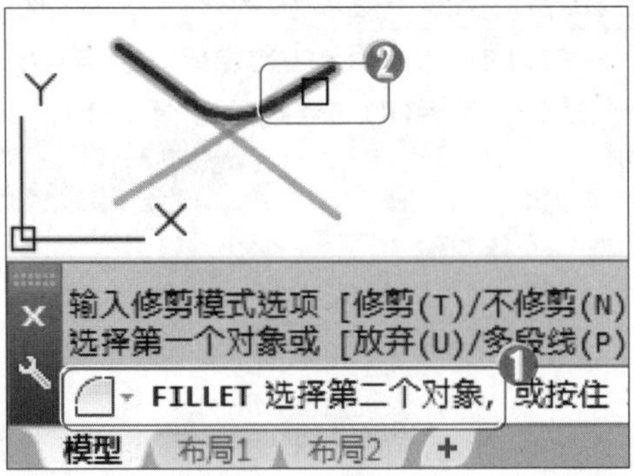

图 6–68

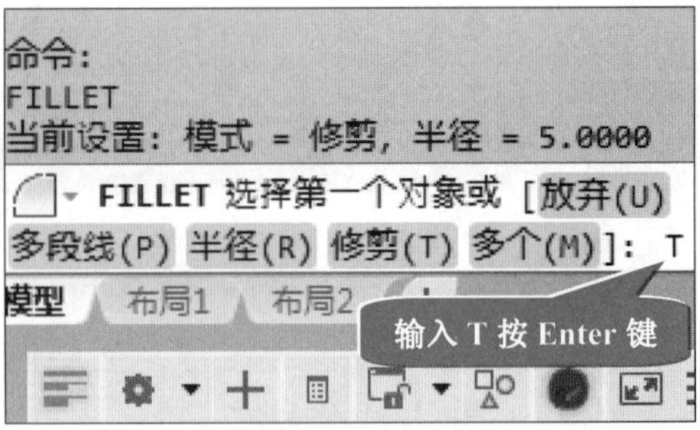

图 6–65

第 6 步 返回到绘图区，**1.** 命令行提示“FILLET 选择第一个对象”，**2.** 在图形上单击选中对象，如图 6-67 所示。

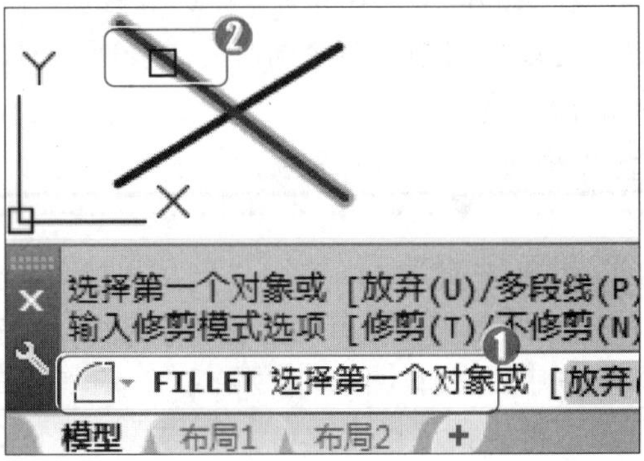

图 6–67

第 8 步 此时可以看到圆角和修剪后的图形，通过以上步骤即可完成圆角和修剪图形的操作，如图 6-69 所示。

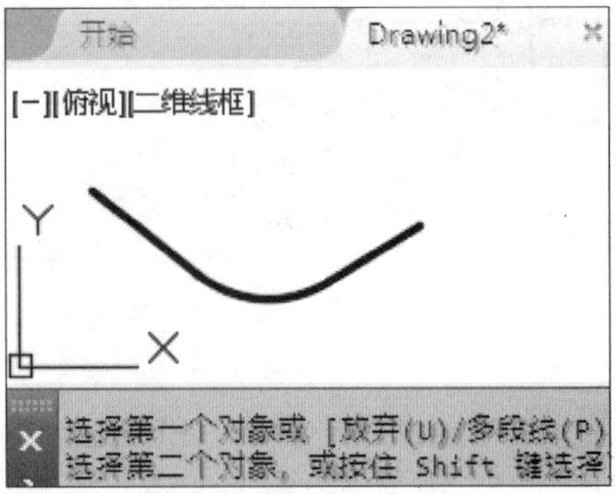

图 6–69

一点即通：圆角多段线

在 AutoCAD 2016 中，【圆角】命令还可以对整个二维多段线进行圆角。在调用圆角命令后，激活【多段线(P)】选项，然后选择多段线，即可看到多段线的每个多段线顶点已被圆角。

6.6.2　合并多段线

微课堂 00 分 38 秒

在 AutoCAD 2016 中，绘制图形时需要将多段线合并，成为一个整体的线段或图形，下面介绍合并多段线的操作。

操作步骤 >> Step by Step

第 1 步　新建 CAD 空白文档并绘制多段线，切换到【草图与注释】空间，***1.*** 在菜单栏中，选择【修改】菜单，***2.*** 在弹出的下拉菜单中，选择【合并】命令，如图 6-70 所示。

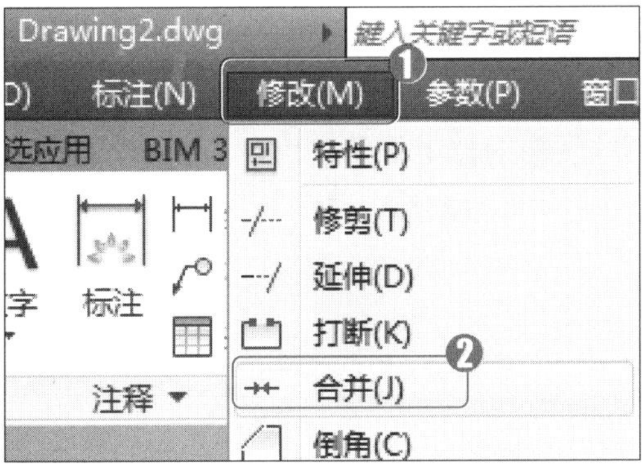

图 6-70

第 2 步　返回到绘图区，***1.*** 命令行提示“JOIN 选择源对象或要一次合并的多个对象”，***2.*** 单击选中图形对象，如图 6-71 所示。

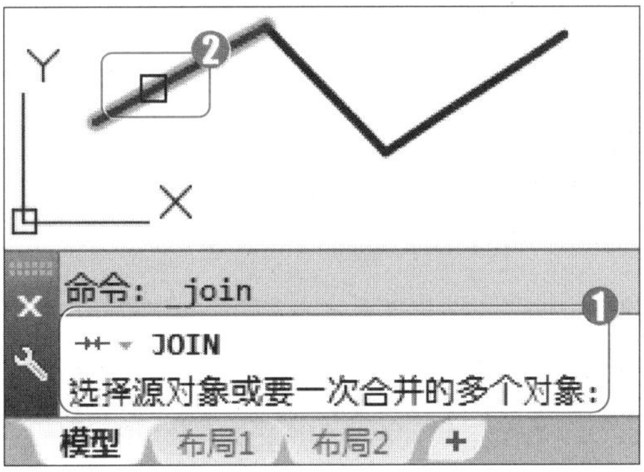

图 6-71

第 3 步　移动鼠标指针，***1.*** 命令行提示“JOIN 选择要合并的对象”，***2.*** 单击选中要合并的图形对象，如图 6-72 所示。

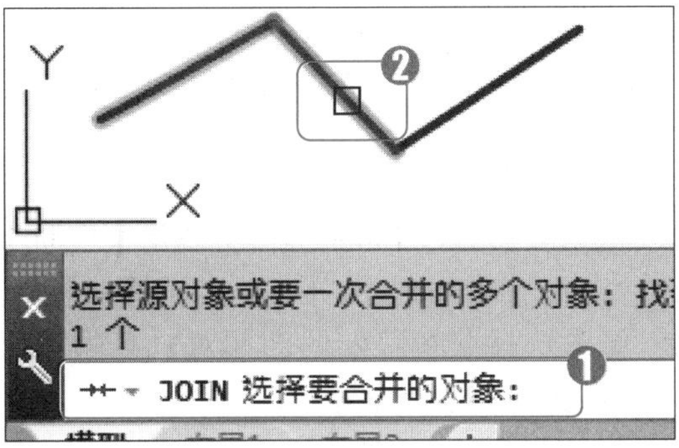

图 6-72

第 4 步　移动鼠标指针，***1.*** 命令行提示“JOIN 选择要合并的对象”，***2.*** 单击选中要合并的对象，如图 6-73 所示。

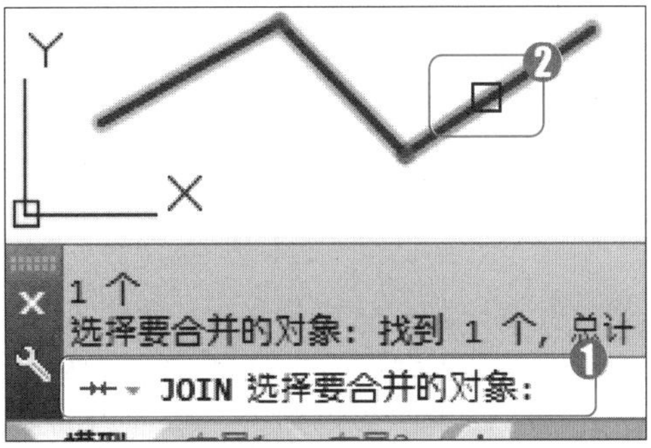

图 6-73

第 5 步 然后按 Enter 键，命令行提示“3 个对象已转换为 1 条多段线”，通过以上步骤即可完成合并多段线的操作，如图 6-74 所示。

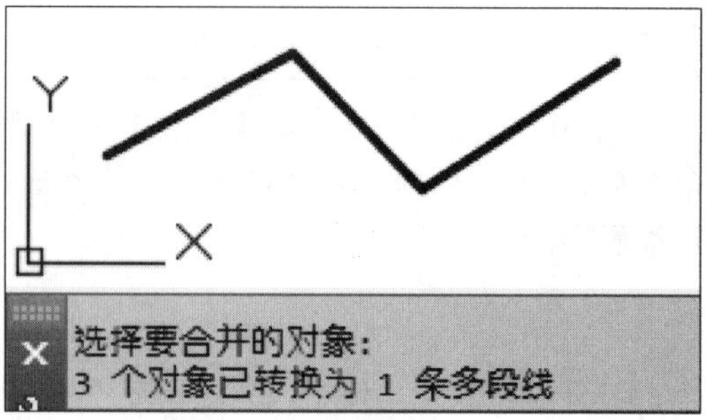

图 6–74

■ 指点迷津

可以在绘图区中绘制两条椭圆弧，然后使用【合并】命令对两条椭圆弧进行合并操作。

6.6.3 绘制底座

微课堂 00 分 40 秒

在 AutoCAD 2016 中，绘制的图形中有许多多余的线段，可以使用打断功能去掉这些线段，下面介绍使用打断命令绘制底座的操作方法。

操作步骤 >> Step by Step

第 1 步 打开“底座.dwg”素材文件，切换到【草图与注释】空间，*1.* 在功能区面板中，选择【默认】选项卡，*2.* 在【修改】面板中，单击【打断】按钮，如图 6-75 所示。

图 6–75

第 3 步 移动鼠标指针，*1.* 命令行提示“BREAK 指定第二个打断点或[第一点(F)]”，*2.* 单击选择打断点，完成打断一条线段的操作，如图 6-77 所示。

第 2 步 返回到绘图区，*1.* 命令行提示“BREAK 选择对象”，*2.* 单击选择准备打断的图形对象上的第一点，如图 6-76 所示。

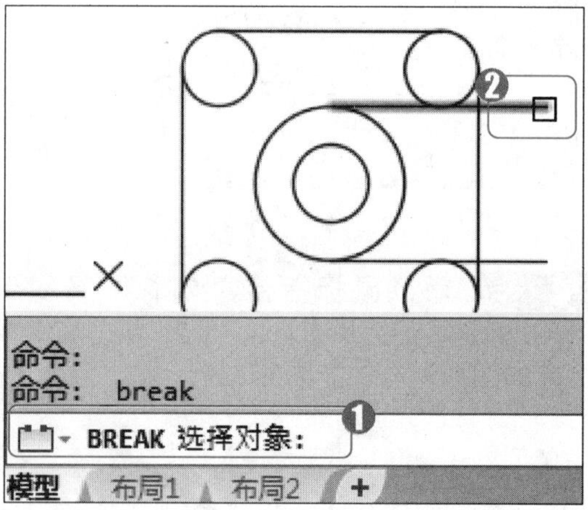

图 6–76

第 4 步 然后按 Enter 键再次调用【打断】命令，*1.* 命令行提示“BREAK 选择对象”，*2.* 单击选择准备打断的图形对象上的第一点，如图 6-78 所示。

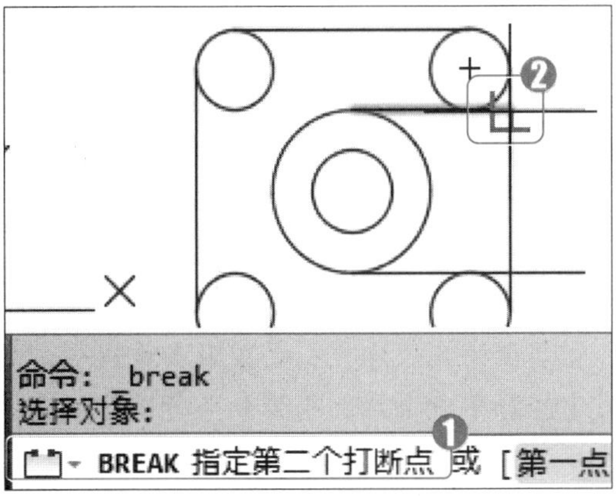

图 6-77

第 5 步 移动鼠标指针，***1.*** 命令行提示“BREAK 指定第二个打断点”，***2.*** 单击选择打断点，如图 6-79 所示。

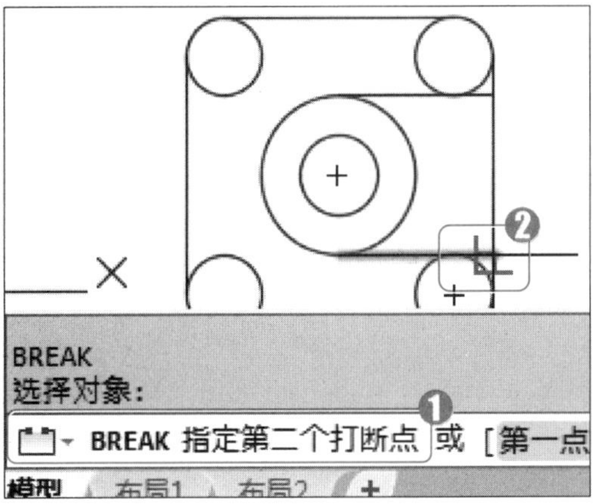

图 6-79

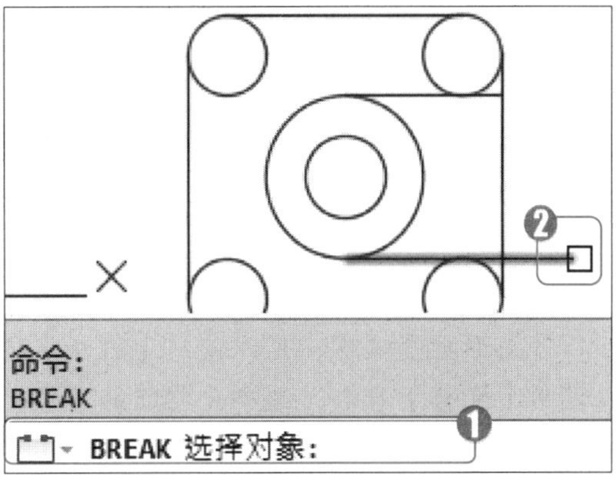

图 6-78

第 6 步 此时选中的图形即被打断，通过以上步骤即可完成使用打断命令绘制底座的操作，如图 6-80 所示。

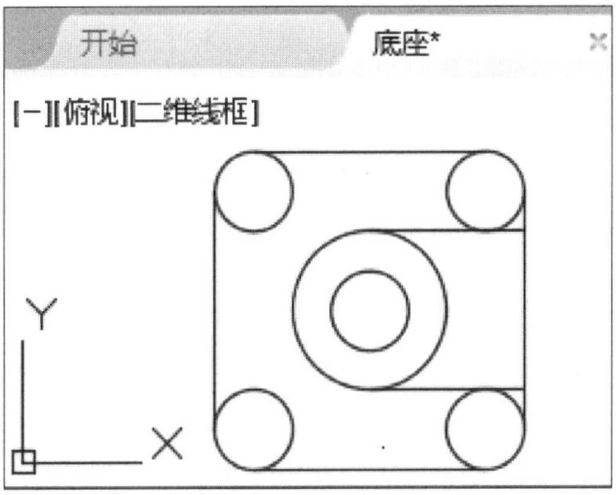

图 6-80

一点即通：打断于点

在 AutoCAD 2016【默认】选项卡的【修改】面板中，单击【打断于点】按钮，可以将图形从某一点打断并分成两部分。可以打断于点的图形对象包括直线、开放的多段线和圆弧等，但不能是圆、矩形、多边形等封闭的图形。

Section 6.7 有问必答

1. 对图形进行倒圆角时，无法选择第二条倒圆角的边，如何解决？

可以看下命令行的提示，是否提示圆角半径太大，若是该提示，在命令行重新输入圆角半径的值即可解决问题。

2. 在延伸对象时，选中要延伸的对象后图形无反应，如何解决？

在 AutoCAD 2016 中，使用【延伸】命令时，首先应选择要延伸到的对象，然后选择要延伸的对象，若选择的顺序不对，延伸操作是无效的。

3. 在 AutoCAD 2016 中，如何连续打断图形？

若图形数量较少，可以使用【打断】命令，重复调用几次即可；若图形数量较多，可以调用【修剪】命令，选中要打断的图形，调用【修剪】命令后，根据命令行提示，选择要打断的图形即可。

4. 如何使用夹点复制图形对象？

选中要复制的图形，右击某夹点，在弹出的快捷菜单中，选择【复制选择】命令，根据命令行提示“COPY 指定基点”，单击确定基点，移动鼠标指针，根据命令行提示“COPY 指定第二个点”，单击确定第二点，然后按 Esc 键退出复制选择命令，即可完成使用夹点复制图形的操作。

5. 在进行倒角图形操作时，不能倒角或看不出倒角差别，如何解决？

可以查看设置的倒角距离或倒角角度，确定距离或是角度是否过大或过小，重新设置倒角距离或倒角角度即可解决该问题。

第7章

面域、查询与图案填充

本章要点

- 面域
- 查询
- 图案填充
- 专题课堂——填充操作

本章主要内容

本章主要介绍 AutoCAD 2016 中面域、查询和图案填充方面的知识与技巧，包括如何创建与编辑面域，如何查询半径、角度和周长等，同时在专题课堂环节将讲解图案填充操作的知识。通过本章的学习，读者可以掌握面域、查询和图案填充的知识，为深入学习 AutoCAD 2016 奠定基础。

Section 7.1 面域

导读

面域是具有边界的平面区域，是用闭合的形状或环创建的二维区域。在 AutoCAD 2016 中，用户可以创建与编辑面域及从面域中提取数据等，本节将重点介绍创建面域、面域布尔运算及从面域中提取数据的知识。

7.1.1 创建与编辑面域

微课堂 00 分 20 秒

在 AutoCAD 2016 中，面域是由封闭区域形成的实体对象，面域不能直接被创建，但可以通过面域命令将封闭图形区域转换成面域，下面介绍创建及编辑面域的操作方法。

操作步骤 >> Step by Step

第 1 步 新建 CAD 空白文档并绘制图形，切换到【草图与注释】空间，*1.* 在功能区面板中，选择【默认】选项卡，*2.* 在【绘图】面板中，单击【面域】按钮，如图 7-1 所示。

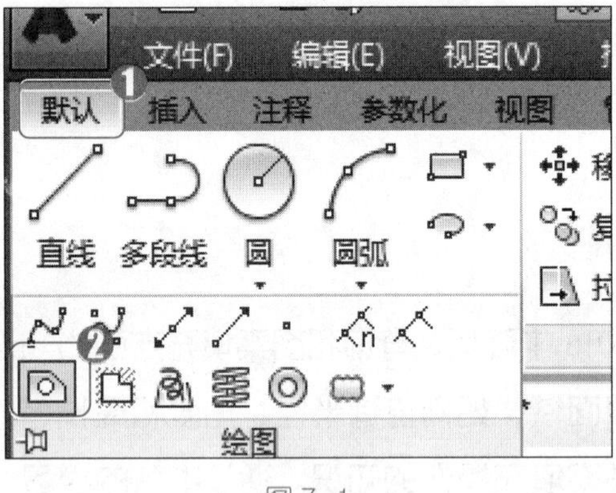

图 7–1

第 2 步 返回到绘图区，*1.* 命令行提示"REGION 选择对象"，*2.* 使用叉选方式选择要进行面域的对象，如图 7-2 所示。

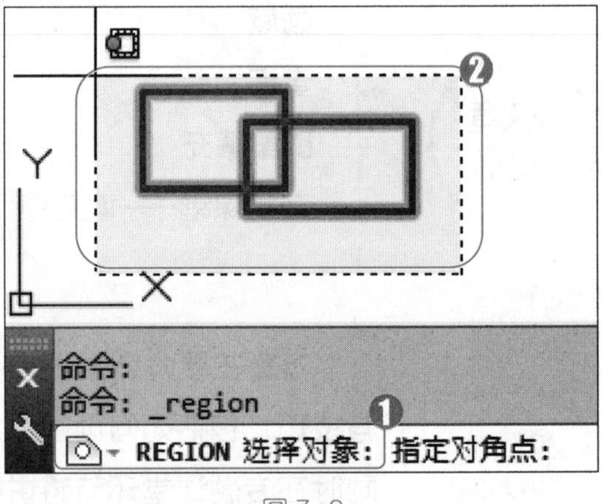

图 7–2

第 3 步 然后按 Enter 键退出面域命令，即可完成创建与编辑面域的操作，如图 7-3 所示。

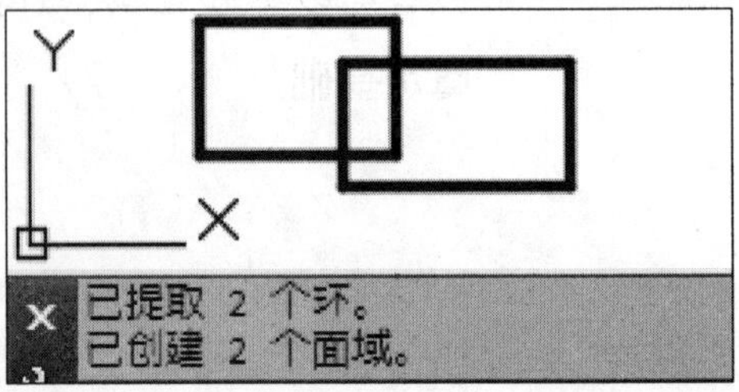

图 7–3

■ 指点迷津

可以在菜单栏中选择【绘图】菜单，在弹出的下拉菜单中选择【边界】命令来创建与编辑面域。

7.1.2 面域布尔运算

微课堂 01 分 26 秒

布尔运算是数字符号化的逻辑推演法，在 AutoCAD 2016 中，面域的布尔运算包括并集、差集和交集 3 种运算，下面将介绍这 3 种布尔运算的知识及操作方法。

1 并集

在 AutoCAD 2016 中，并集运算是指用户将选择的面域相交的部分删除，并将其合并成一个整体，下面介绍使用并集运算的操作方法。

操作步骤 >> Step by Step

第 1 步 新建 CAD 空白文档并绘制两个相交的圆，切换到【三维基础】空间，*1.* 在功能区面板中，选择【默认】选项卡，*2.* 在【编辑】面板中，单击【并集】按钮，如图 7-4 所示。

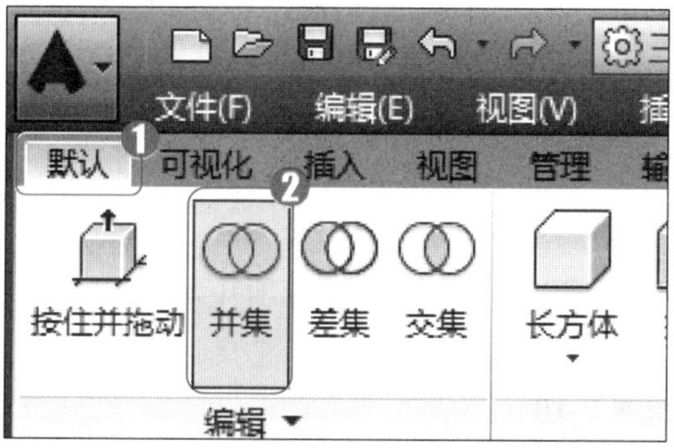

图 7-4

第 2 步 返回到绘图区，*1.* 命令行提示"UNION 选择对象"，*2.* 使用窗选方式选择进行并集运算的对象，如图 7-5 所示。

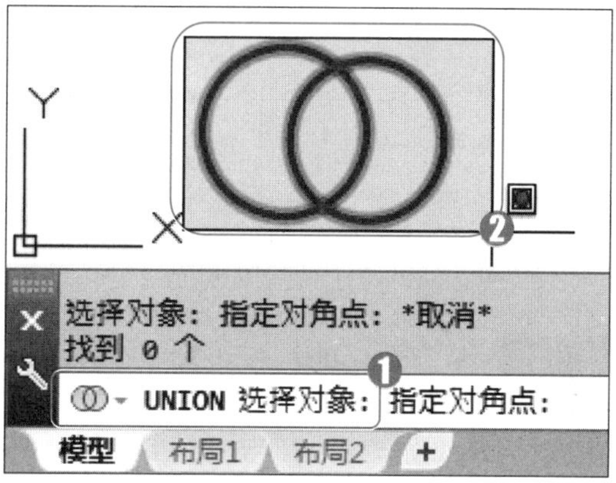

图 7-5

第 3 步 然后按 Enter 键退出并集命令，即可完成使用并集运算的操作，如图 7-6 所示。

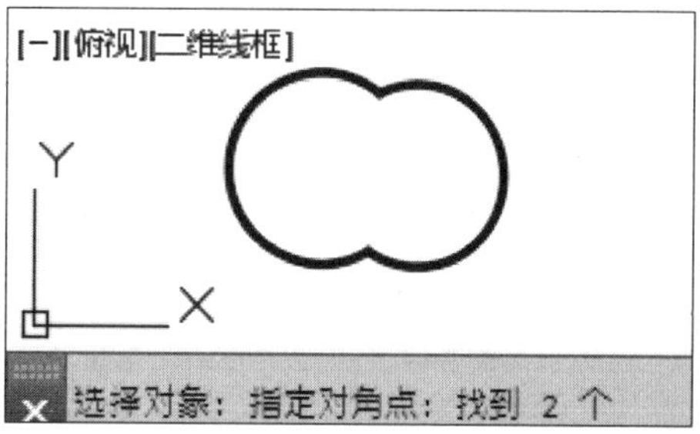

图 7-6

■ 指点迷津

在 AutoCAD 2016 中，在对图形进行布尔运算之前，必须创建图形面域，否则无法进行布尔运算操作。

知识拓展：调用并集运算的方式

可以在菜单栏中选择【修改】菜单，在弹出的下拉菜单中选择【实体编辑】命令，在子菜单中选择【并集】命令，来调用并集运算命令对图形进行并集运算操作。

2 差集

在 AutoCAD 2016 中，差集运算是指在选择的面域上减去与之相交或不相交的其他面域，下面介绍使用差集运算的操作方法。

操作步骤 >> Step by Step

第 1 步 新建 CAD 空白文档并绘制两个相交的圆，切换到【三维基础】空间，*1.* 在功能区面板中，选择【默认】选项卡，*2.* 在【编辑】面板中，单击【差集】按钮，如图 7-7 所示。

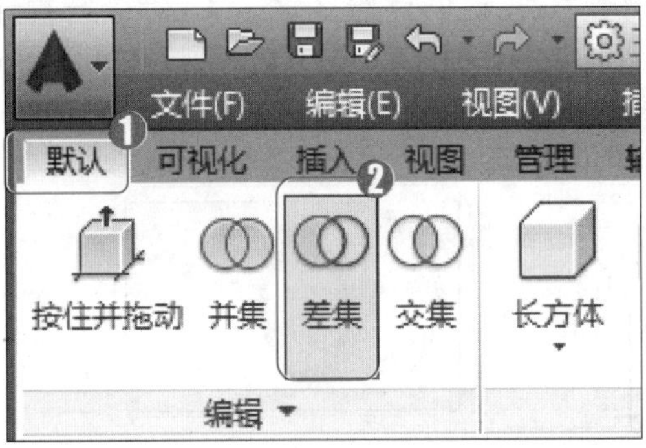

图 7-7

第 2 步 返回到绘图区，*1.* 命令行提示“SUBTRACT 选择对象”，*2.* 单击选中要从中减去的对象，如图 7-8 所示。

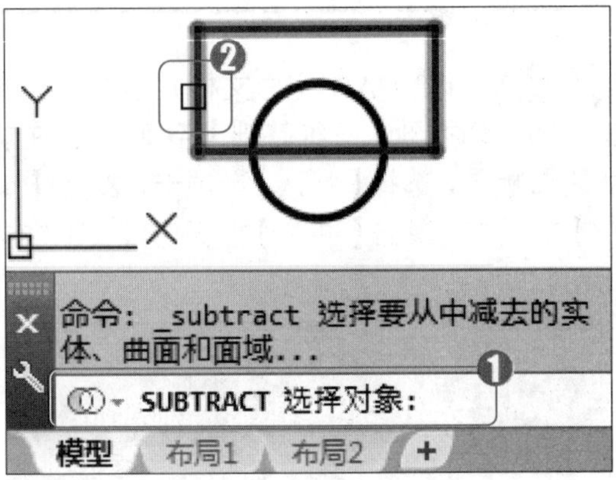

图 7-8

第 3 步 然后按 Enter 键，*1.* 命令行提示“SUBTRACT 选择对象”，*2.* 单击选中要减去的对象，如图 7-9 所示。

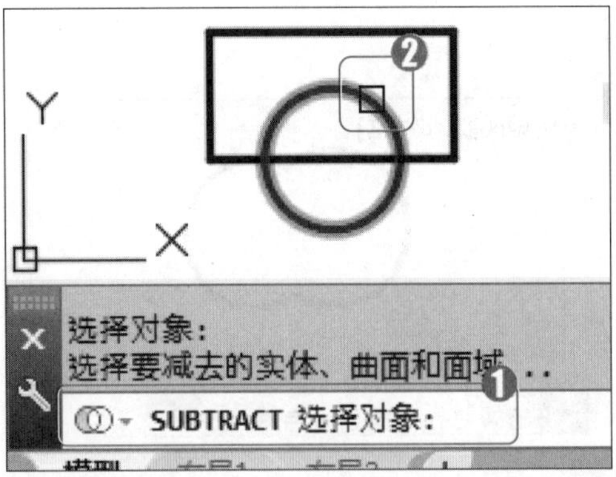

图 7-9

第 4 步 然后按 Enter 键退出差集命令，通过以上步骤即可完成使用差集运算的操作，如图 7-10 所示。

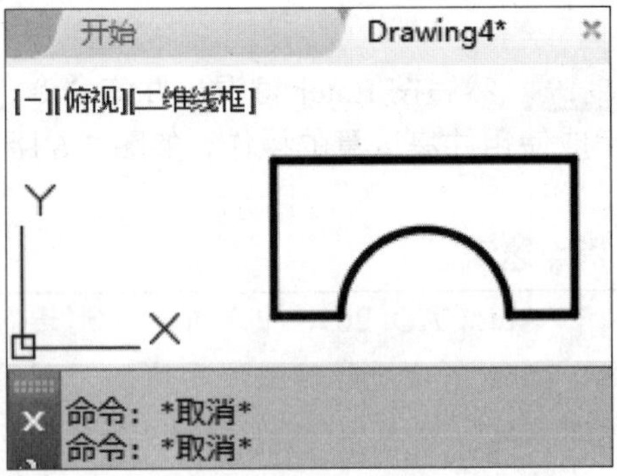

图 7-10

3 交集

在 AutoCAD 2016 中，交集是指在选择的面域上保留选择的面域相交的部分，删除不相交的部分，下面介绍使用交集运算的操作方法。

操作步骤 >> Step by Step

第 1 步 新建 CAD 空白文档并绘制两个相交的圆，切换到【三维基础】空间，**1.** 在功能区面板中，选择【默认】选项卡，**2.** 在【编辑】面板中，单击【并集】按钮，如图 7-11 所示。

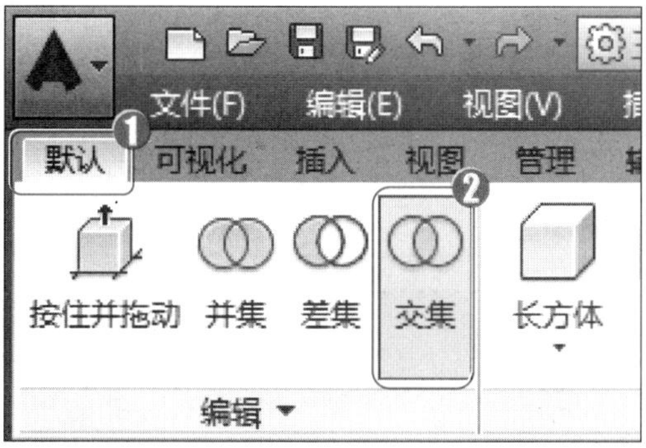

图 7-11

第 2 步 返回到绘图区，**1.** 命令行提示“INTERSECT 选择对象”，**2.** 使用叉选方式选择进行交集运算的对象，如图 7-12 所示。

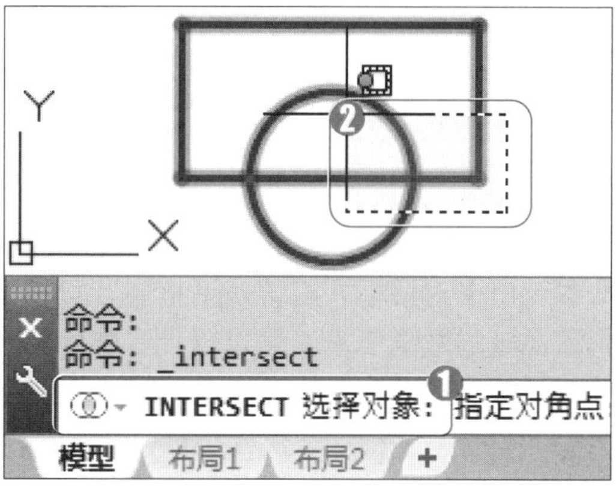

图 7-12

第 3 步 然后按 Enter 键退出交集命令，即可完成使用交集运算的操作，如图 7-13 所示。

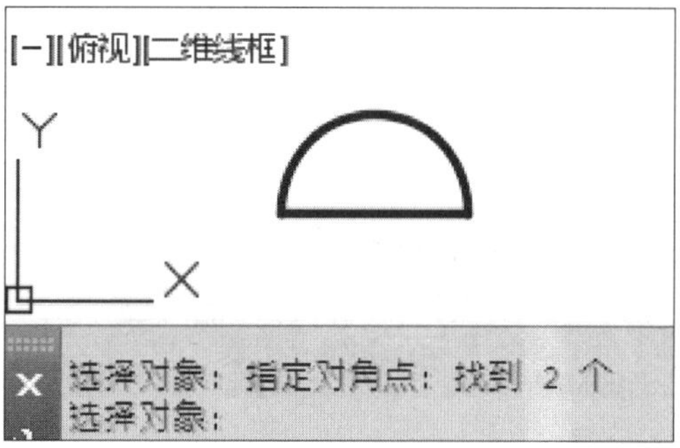

图 7-13

■ 指点迷津

在菜单栏中选择【修改】菜单，在弹出的下拉菜单中，选择【实体编辑】命令，在子菜单中选择【交集】命令也可以调用交集命令。

7.1.3 从面域中提取数据

微课堂 00 分 31 秒

在 AutoCAD 2016 中，用户可以从面域中提取数据，方便查看面域的信息，下面介绍从面域中提取数据的操作方法。

操作步骤 >> Step by Step

第 1 步 切换到【草图与注释】空间，**1.** 在菜单栏中，选择【工具】菜单，**2.** 在弹出的下拉菜单中，选择【查询】命令，**3.** 在子菜单中选择【面域/质量特性】命令，如图 7-14 所示。

第 2 步 返回到绘图区，**1.** 命令行提示“MASSPROP 选择对象”，**2.** 单击选择面域对象，如图 7-15 所示。

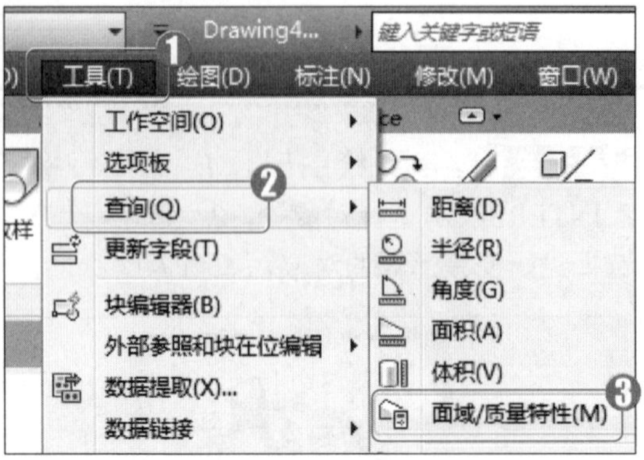

图 7–14

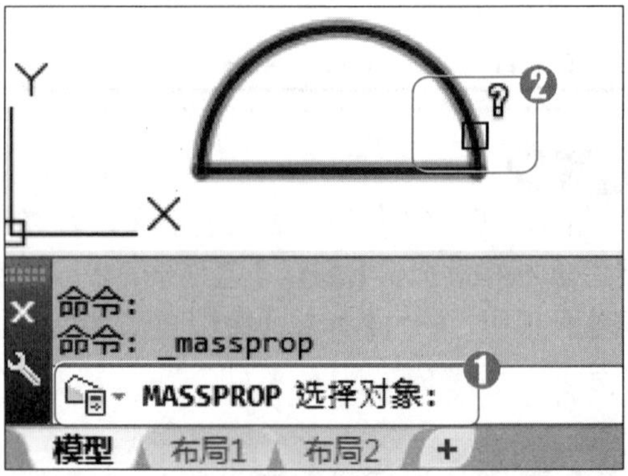

图 7–15

第 3 步 然后按 Enter 键，弹出【AutoCAD 文本窗口】对话框，在该对话框中，可以看到该面域的数据信息，通过以上步骤即可完成从面域中提取数据的操作，如图 7-16 所示。

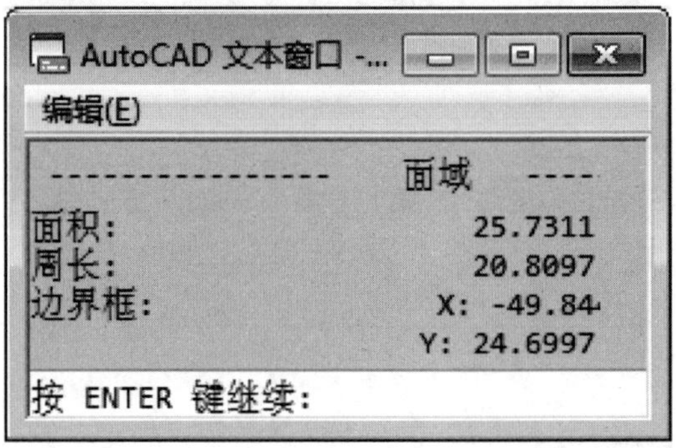

图 7–16

■ 指点迷津

在【AutoCAD 文本窗口】对话框中，按 Enter 键可以继续查看面域中的其他信息。

Section 7.2 查询

导读

在 AutoCAD 2016 中，用户可以使用查询功能查看图形对象的距离、半径、角度、面积及周长和体积等信息，以便编辑和修改图形对象，本节将介绍使用查询功能的知识。

7.2.1 查询距离

微课堂 00 分 30 秒

在 AutoCAD 2016 中，查询距离命令是指测量两点之间或多线段上的距离，一般在绘图和图纸查看过程中会经常用到，下面介绍查询距离的操作方法。

操作步骤 >> Step by Step

第 1 步 新建 CAD 空白文档并绘制直线，切换到【草图与注释】空间，**1.** 在菜单栏中选择【工具】菜单，**2.** 在弹出的下拉菜单中，选择【查询】命令，**3.** 在子菜单中选择【距离】命令，如图 7-17 所示。

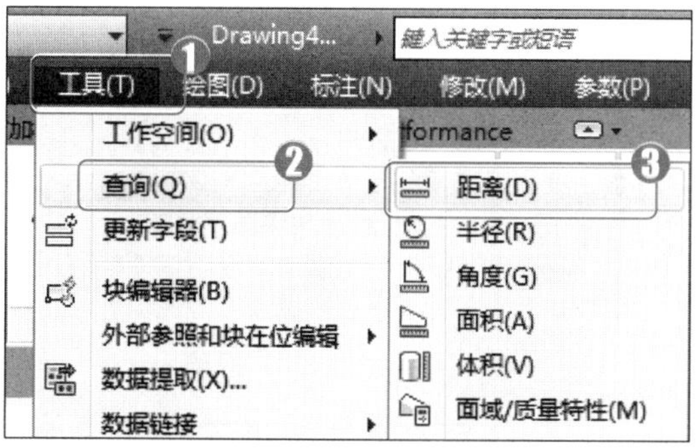

图 7-17

第 2 步 返回到绘图区，**1.** 命令行提示“MEASUREGEOM 指定第一点”，**2.** 单击选择图形上的点，如图 7-18 所示。

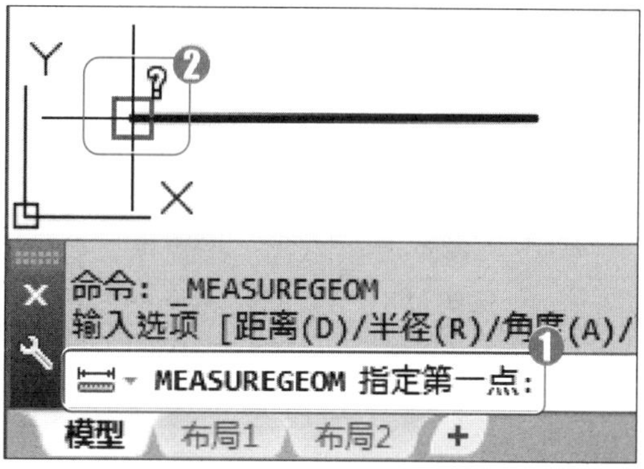

图 7-18

第 3 步 移动鼠标指针，**1.** 命令行提示“MEASUREGEOM 指定第二个点”，**2.** 单击选择图形上的点，如图 7-19 所示。

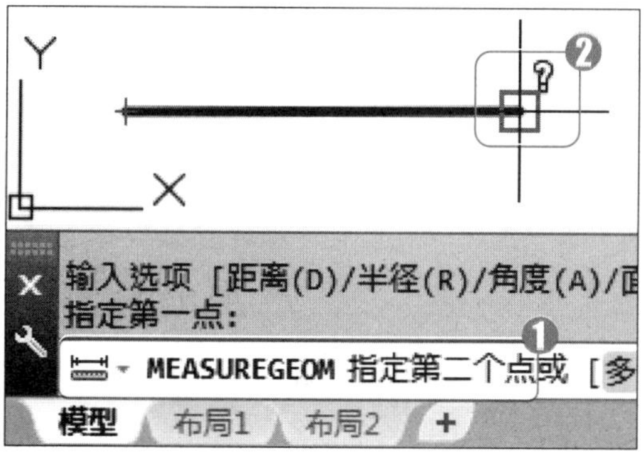

图 7-19

第 4 步 此时在命令行显示该直线的距离，通过以上步骤即可完成查询距离的操作，如图 7-20 所示。

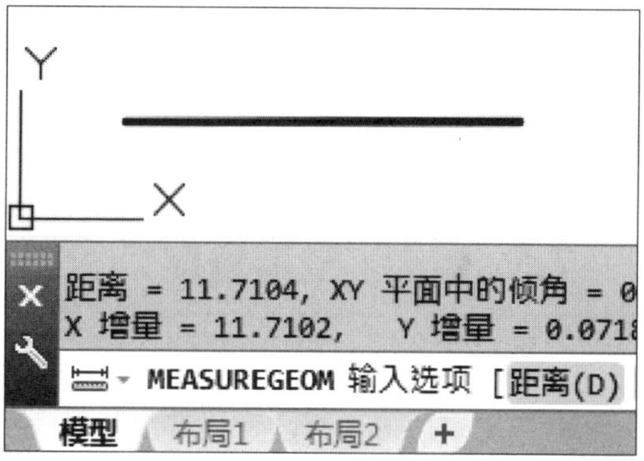

图 7-20

7.2.2 查询半径

微课堂 00 分 25 秒

在 AutoCAD 2016 中，查询半径是指测量指定的圆弧、圆或多段线圆弧的半径和直径，下面以查询圆的半径为例，介绍查询半径的操作方法。

操作步骤 >> Step by Step

第 1 步 新建 CAD 空白文档并绘制圆，切换到【草图与注释】空间，*1.* 在菜单栏中选择【工具】菜单，*2.* 在弹出的下拉菜单中，选择【查询】命令，*3.* 在子菜单中选择【半径】命令，如图 7-21 所示。

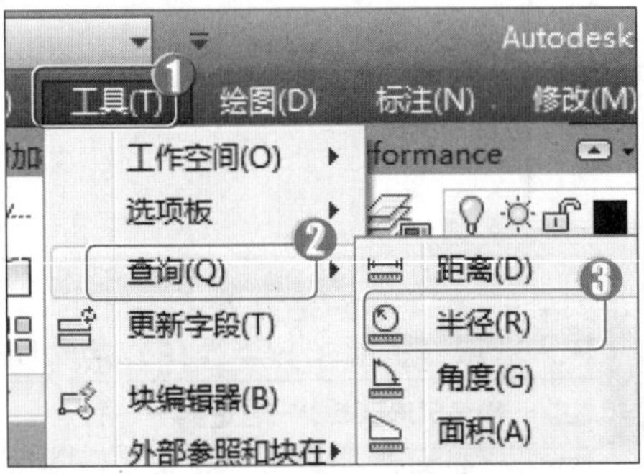

图 7–21

第 2 步 返回到绘图区，*1.* 命令行提示“MEASUREGEOM 选择圆弧或圆”，*2.* 单击选择图形对象，如图 7-22 所示。

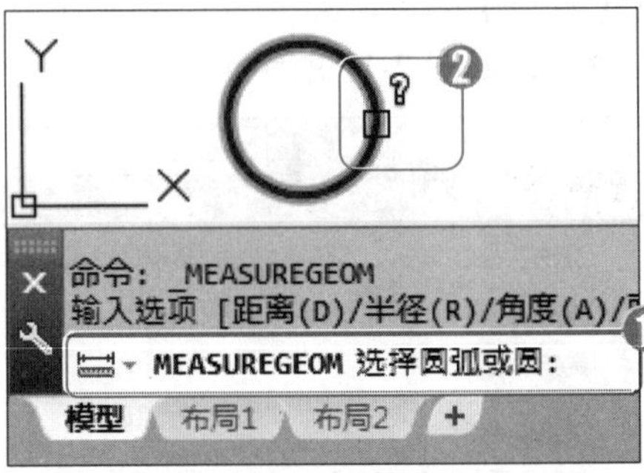

图 7–22

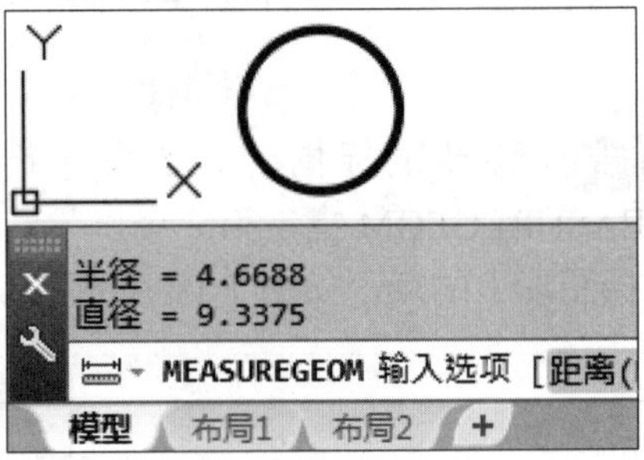

图 7–23

第 3 步 此时在命令行显示该圆的直径与半径的值，通过以上步骤即可完成查询距离的操作，如图 7-23 所示。

■ 指点迷津

可以在命令行中输入 MEASUREGEOM 命令，在出现的【输入选项】提示信息下，输入 R 来激活查询半径选项。

7.2.3 查询角度

微课堂 00 分 38 秒

在 AutoCAD 2016 中，查询角度是指测量圆弧、圆、多段线线段和线对象关联的角度，下面以查询多边形为例，介绍查询角度的操作方法。

操作步骤 >> Step by Step

第 1 步 新建 CAD 空白文档并绘制多边形，切换到【草图与注释】空间，在命令行中输入【查询】命令 MEASUREGEOM，然后按 Enter 键，如图 7-24 所示。

图 7–24

第 2 步 命令行提示“MEASUREGEOM 输入选项”信息，在命令行输入【角度(A)】选项命令 A，然后按 Enter 键，如图 7-25 所示。

图 7–25

第 3 步 返回到绘图区，*1.* 命令行提示“MEASUREGEOM 选择圆弧、圆、直线”，*2.* 单击选择图形上的一条边，如图 7-26 所示。

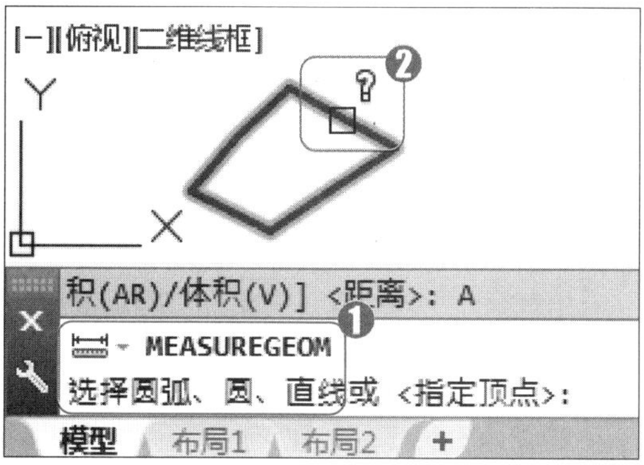

图 7−26

第 5 步 在命令行显示多边形的角度值，查询角度的操作完成，如图 7-28 所示。

■ 指点迷津

除了查询夹角的角度，还可以对圆和圆弧进行角度查询操作。

第 4 步 移动鼠标指针，*1.* 命令行提示“MEASUREGEOM 选择第二条直线”，*2.* 单击选择图形上的另一条边，如图 7-27 所示。

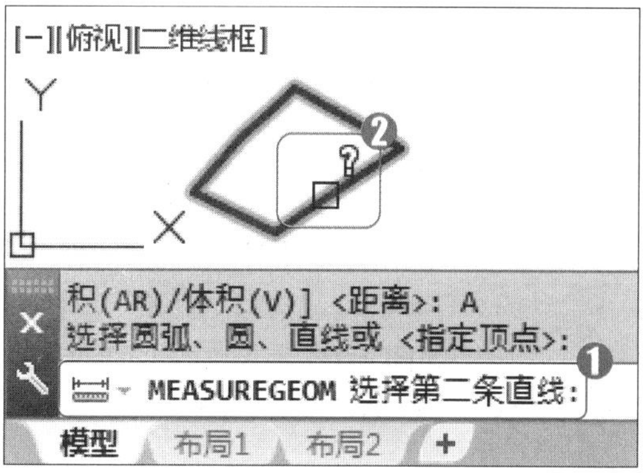

图 7−27

图 7−28

7.2.4 查询面积及周长

微课堂 00 分 52 秒

在 AutoCAD 2016 中，使用查询面积及周长命令可以测量出图形对象的面积和周长，下面介绍查询面积及周长的操作方法。

操作步骤 >> Step by Step

第 1 步 新建 CAD 空白文档并绘制矩形，切换到【草图与注释】空间，在命令行中输入【查询】命令 MEASUREGEOM，然后按 Enter 键，如图 7-29 所示。

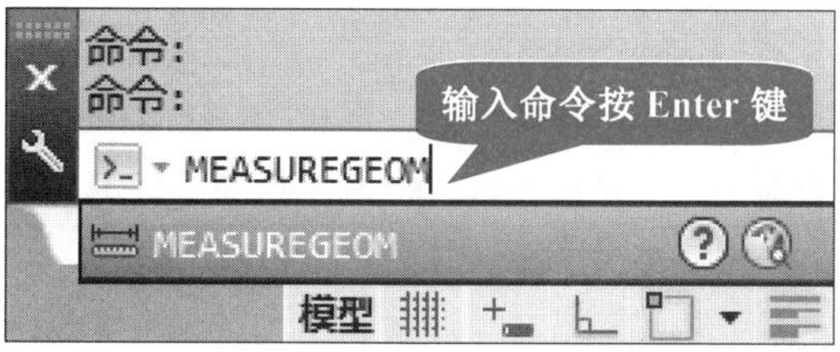

图 7−29

第 2 步 命令行提示“MEASUREGEOM 输入选项”信息，在命令行输入【面积(AR)】选项命令 AR，然后按 Enter 键，如图 7-30 所示。

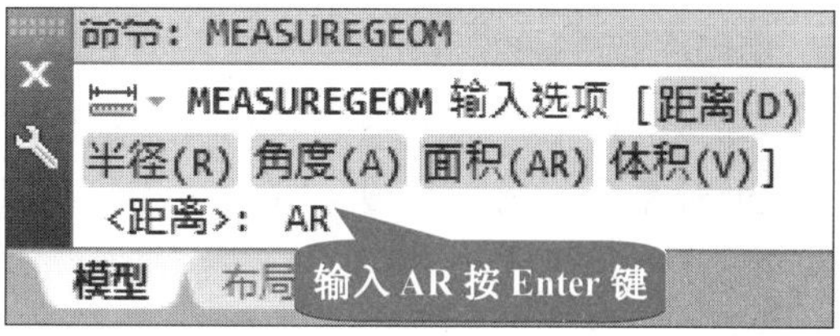

图 7−30

第 3 步 返回到绘图区，***1.*** 命令行提示“MEASUREGEOM 指定第一个角点”，***2.*** 单击选择矩形上的第一点，如图 7-31 所示。

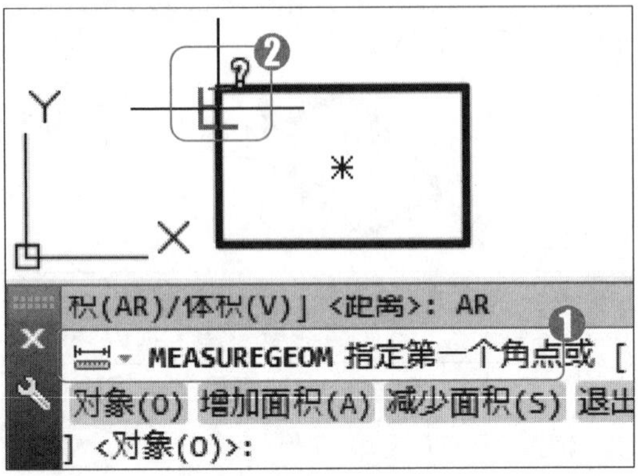

图 7-31

第 4 步 移动鼠标指针，***1.*** 命令行提示“MEASUREGEOM 指定下一个点”，***2.*** 单击选择矩形上的第二点，如图 7-32 所示。

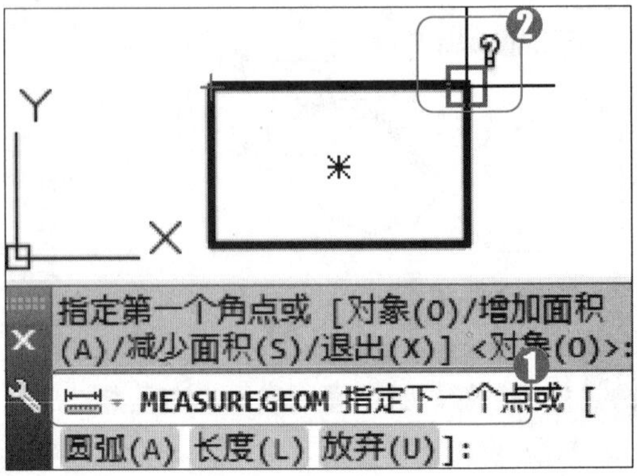

图 7-32

第 5 步 移动鼠标指针，***1.*** 命令行提示“MEASUREGEOM 指定下一个点”，***2.*** 单击选择矩形上的第三点，如图 7-33 所示。

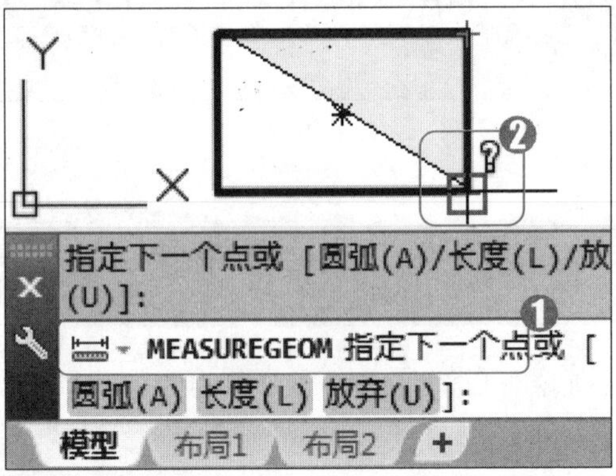

图 7-33

第 6 步 移动鼠标指针，***1.*** 命令行提示“MEASUREGEOM 指定下一个点”，***2.*** 单击选择矩形上的第四点，如图 7-34 所示。

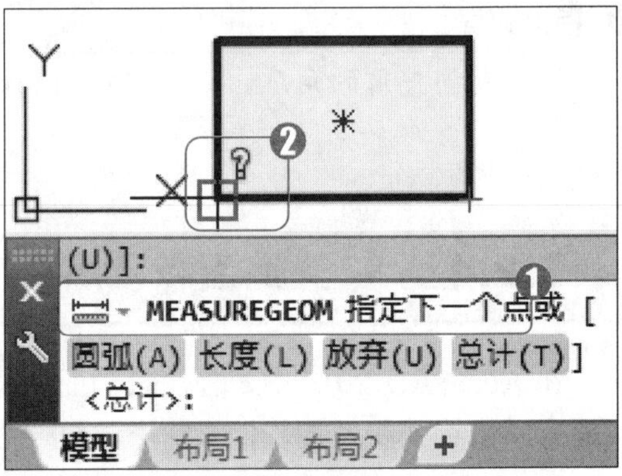

图 7-34

第 7 步 然后按 Enter 键，在命令行显示矩形的面积和周长的值，通过以上步骤即可完成查询面积及周长的操作，如图 7-35 所示。

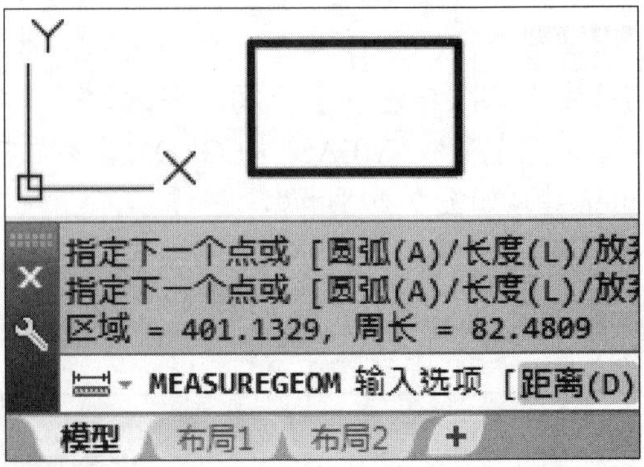

图 7-35

■ 指点迷津

在 AutoCAD 2016 中，可以查询面积与周长的对象包括圆、椭圆、样条曲线、多段线、多边形、面域和实体。

知识拓展：查询面积及周长的方式

可以在命令行中输入 AREA 命令，然后按 Enter 键，或者选择【默认】选项卡，在【实用工具】面板中，单击【测量】下拉按钮，在弹出的下拉菜单中，选择【面积】命令，来调用查询面积命令。

7.2.5 查询体积

微课堂 00 分 46 秒

在 AutoCAD 2016 中，查询体积是指测量对象或定义区域的体积，查询的对象可以是三维实体，也可以是二维对象，下面以长方体为例，介绍查询体积的操作方法。

操作步骤 >> Step by Step

第 1 步 新建 CAD 空白文档，切换到【三维基础】空间绘制长方体，*1.* 在菜单栏中选择【工具】菜单，*2.* 在弹出的下拉菜单中，选择【查询】命令，*3.* 在子菜单中选择【体积】命令，如图 7-36 所示。

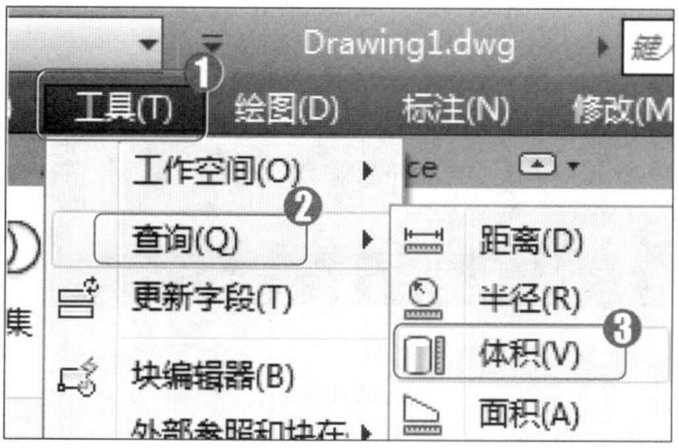

图 7-36

第 2 步 返回到绘图区，*1.* 命令行提示“MEASUREGEOM 指定第一个角点”，*2.* 单击选择长方体上的第一点，如图 7-37 所示。

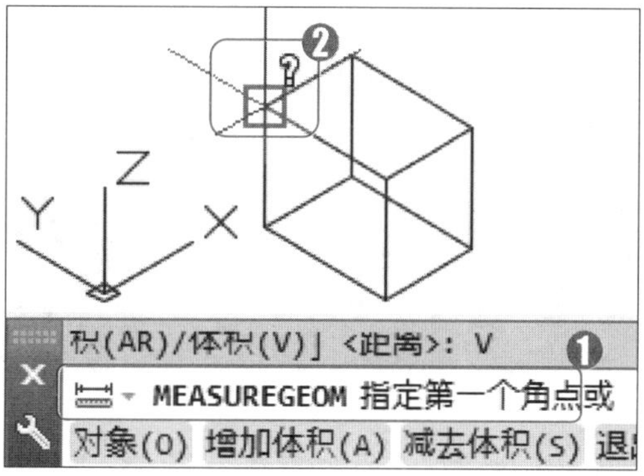

图 7-37

第 3 步 移动鼠标指针，*1.* 命令行提示“MEASUREGEOM 指定下一个点”，*2.* 单击选择第二点，如图 7-38 所示。

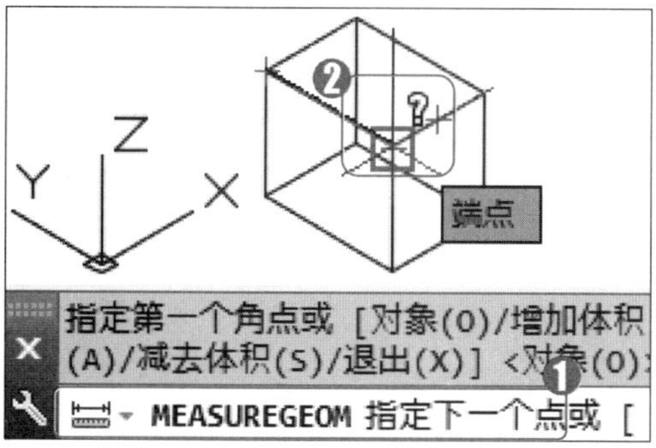

图 7-38

第 4 步 移动鼠标指针，*1.* 命令行提示“MEASUREGEOM 指定下一个点”，*2.* 单击选择第三点，如图 7-39 所示。

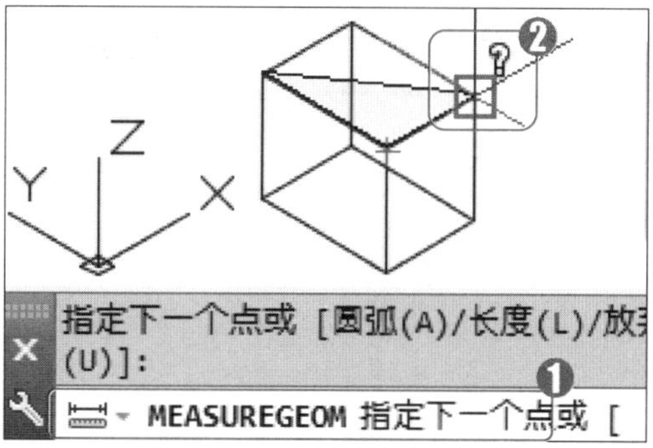

图 7-39

第 5 步 然后按 Enter 键，**1.** 命令行提示“MEASUREGEOM 指定高度”，**2.** 在指定高度的位置处单击，如图 7-40 所示。

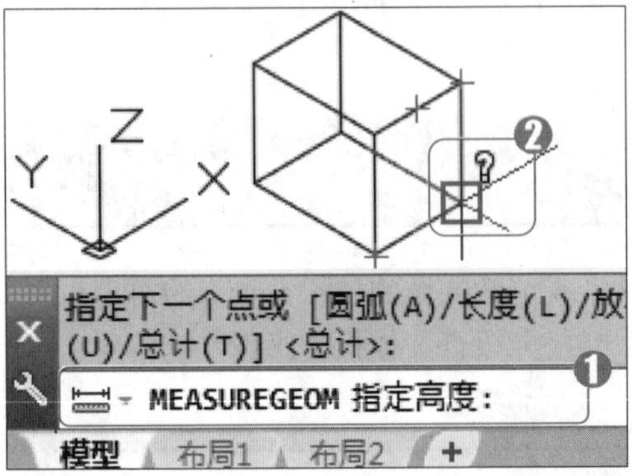

图 7-40

第 6 步 此时在命令行显示该长方体的体积值，通过以上步骤即可完成查询体积的操作，如图 7-41 所示。

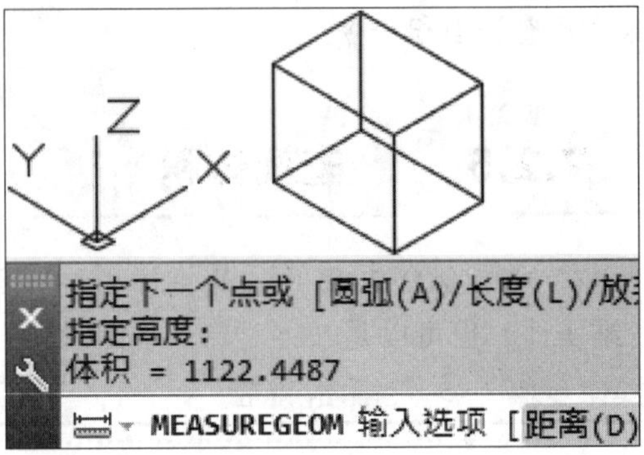

图 7-41

知识拓展：其他查询功能

在菜单栏中选择【工具】菜单，在弹出的【查询】子菜单中，还可以选择【列表】、【点坐标】、【时间】和【信息】命令，对图形对象的列表、点坐标、时间、状态等信息进行查询。

Section 7.3 图案填充

导读

图案填充一般用来区分工程的部件或用来表现组成对象的材质。在 AutoCAD 2016 中，用户可以使用图案或者选定的颜色等来填充指定的区域，本节将重点介绍定义填充图案边界和图案填充方面的知识。

7.3.1 定义填充图案的边界

微课堂 00 分 34 秒

图案边界由封闭区域的图形对象组成，在 AutoCAD 2016 中填充图案之前需要先定义图案的边界，定义填充图案边界方式分为选择定义和拾取点定义，下面介绍使用选择定义方式填充图案的边界。

操作步骤 >> Step by Step

第 1 步 新建 CAD 空白文档并绘制图形，切换到【草图与注释】空间，**1.** 在菜单栏中，选择【绘图】菜单，**2.** 在弹出的下拉菜单中，选择【图案填充】命令，如图 7-42 所示。

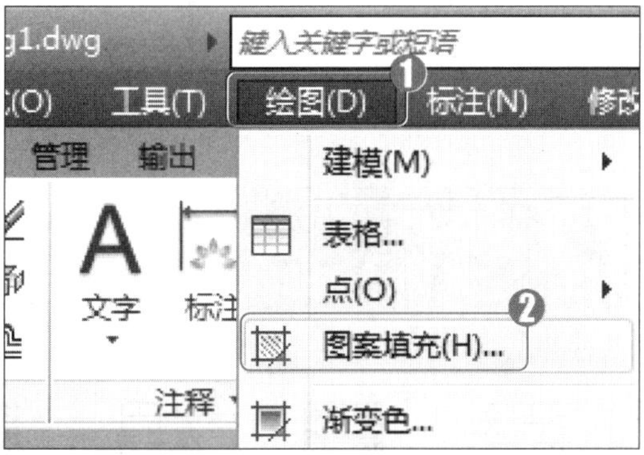

图 7-42

第 2 步 弹出【图案填充创建】选项卡，在【边界】面板中，单击【选择】按钮，如图 7-43 所示。

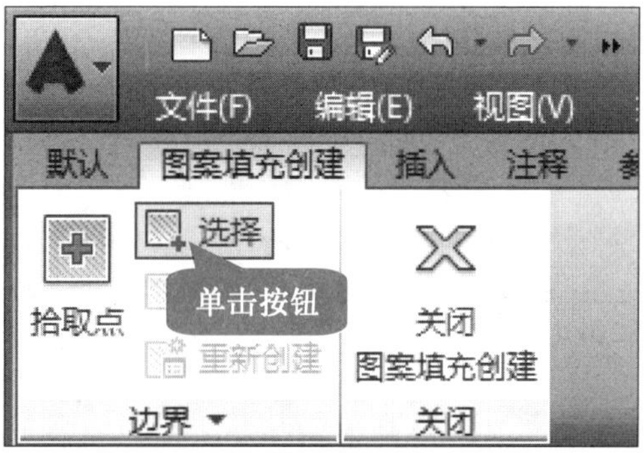

图 7-43

第 3 步 返回到绘图区，**1.** 命令行提示“HATCH 选择对象”，**2.** 单击选择图形对象，如图 7-44 所示。

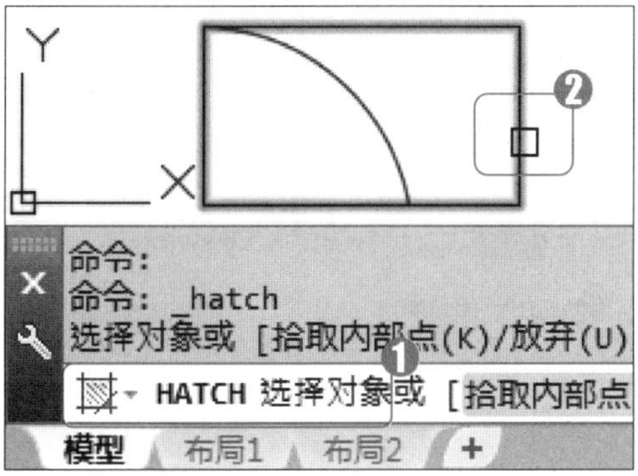

图 7-44

第 4 步 此时可以看到选中的区域作为图案边界被填充了图案，然后按 Enter 键退出【图案填充创建】选项卡，即可完成使用选择方式定义填充图案边界的操作，如图 7-45 所示。

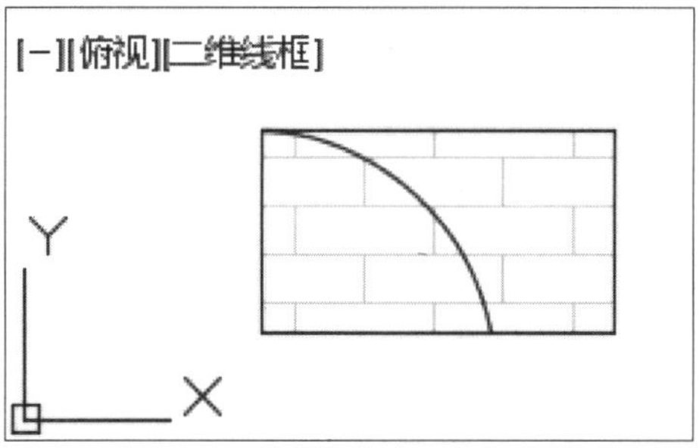

图 7-45

知识拓展：删除图案边界

在 AutoCAD 2016 中，对定义的填充图案边界不满意或不需要时，可以选中该边界，在弹出的【图案填充编辑器】选项卡中，单击【删除边界对象】按钮，然后单击选中要删除的边界对象，按 Enter 键即可完成删除边界的操作。

7.3.2 图案填充操作

微课堂 00 分 26 秒

图案填充是指使用填充图案对封闭区域或选定的对象进行填充的操作，在 AutoCAD

2016 中，图案填充的种类有很多，用户可以根据需要自行选择填充图案，下面介绍选择图案填充的操作方法。

操作步骤 >> Step by Step

第 1 步 新建 CAD 空白文档并绘制图形，切换到【草图与注释】空间，*1.* 在功能区面板中，选择【默认】选项卡，*2.* 在【绘图】面板中，单击【边界】下拉按钮，*3.* 在弹出的下拉菜单中，选择【图案填充】命令，如图 7-46 所示。

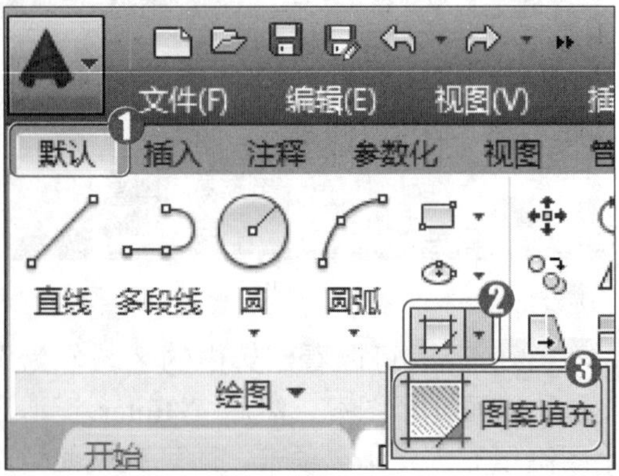

图 7-46

第 2 步 弹出【图案填充创建】选项卡，在【图案】面板中，选择要填充的图案，如图 7-47 所示。

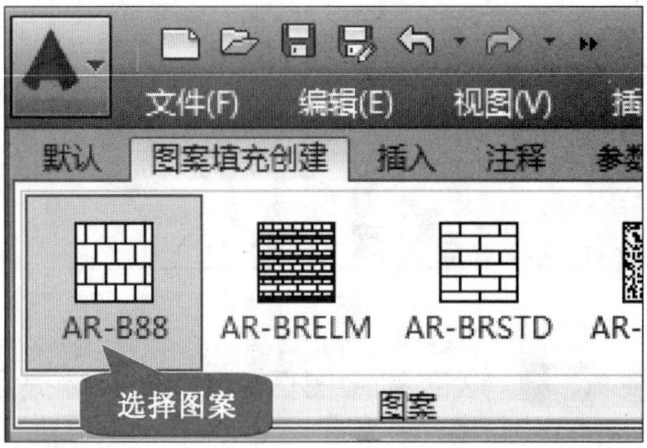

图 7-47

第 3 步 返回到绘图区，*1.* 命令行提示"HATCH 选择对象"，*2.* 单击选择图形对象，如图 7-48 所示。

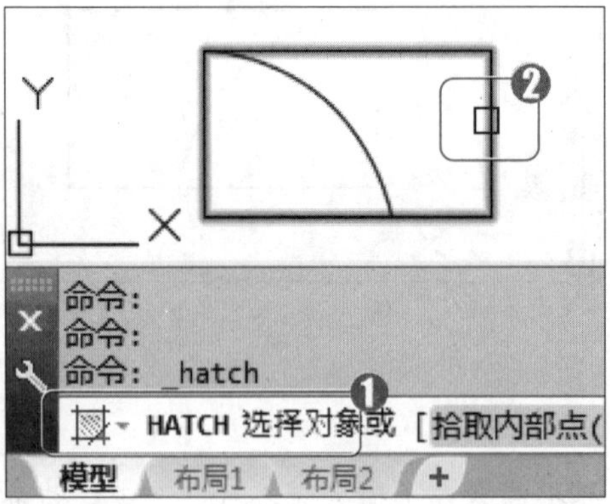

图 7-48

第 4 步 然后按 Enter 键退出【图案填充创建】选项卡，即可完成使用选择方式进行图案填充的操作，如图 7-49 所示。

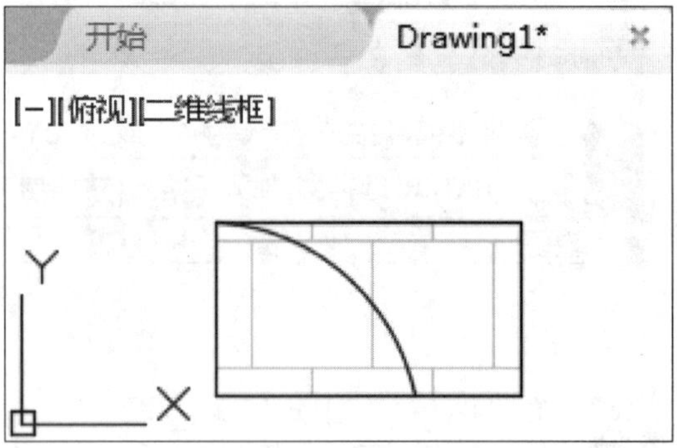

图 7-49

知识拓展：调用图案填充命令

在菜单栏中选择【绘图】菜单，在弹出的下拉菜单中选择【图案填充】命令；或者在命令行中输入 BHATCH 或 BH 命令，然后按 Enter 键，都可以调用图案填充命令来打开【图案填充创建】选项卡，在【图案】面板，选择要应用的图案即可。

Section 7.4 专题课堂——填充操作

导读

在 AutoCAD 2016 中，可以根据需要对图形进行渐变色填充和图案填充，本节将详细介绍设置与创建渐变色填充、无边界图案填充，以及编辑填充图案的知识与操作技巧。

7.4.1 设置与创建渐变色填充

微课堂 00 分 41 秒

在 AutoCAD 2016 中，用户还可以使用渐变色对图形进行填充，下面介绍设置与创建渐变色填充的操作方法。

1 设置渐变色填充

在为图形创建渐变色填充操作之前，需要先设置要填充的渐变颜色，下面将介绍设置渐变色填充的操作方法。

操作步骤 >> Step by Step

第 1 步 新建 CAD 空白文档，切换到【草图与注释】空间，**1.** 在菜单栏中，选择【绘图】菜单，**2.** 在弹出的下拉菜单中，选择【渐变色】命令，如图 7-50 所示。

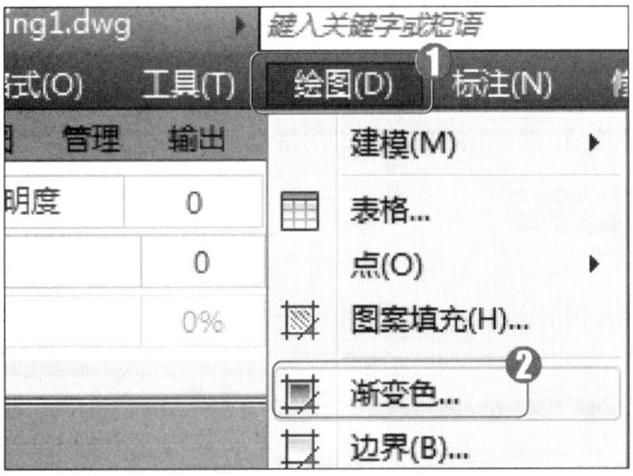

图 7-50

第 2 步 弹出【图案填充创建】选项卡，在【特性】面板中，**1.** 在【图案填充类型】下拉列表中，选择【渐变色】选项，**2.** 在【渐变色 1】下拉列表中，选择颜色为蓝色，**3.** 在【渐变色 2】下拉列表中，选择颜色为黄色，即可完成设置渐变色填充的操作，如图 7-51 所示。

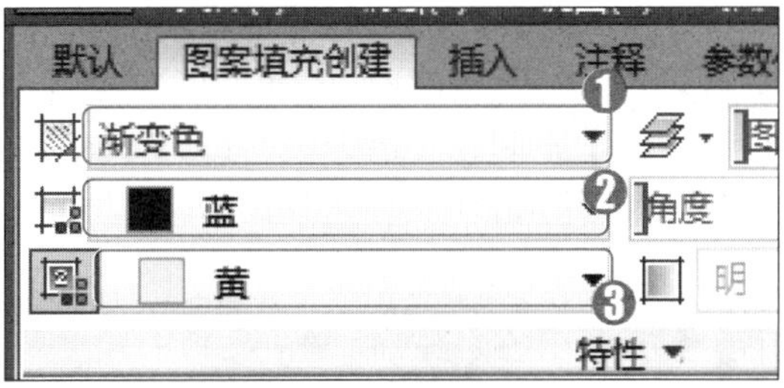

图 7-51

2 创建渐变色填充

在设置好渐变色填充后，即可为图形创建渐变色填充，下面介绍创建渐变色填充的操作方法。

操作步骤 >> Step by Step

第 1 步　切换到【草图与注释】空间，在绘图区中，***1.*** 命令行提示“GRADIENT 选择对象”，***2.*** 单击选择图形对象，如图 7-52 所示。

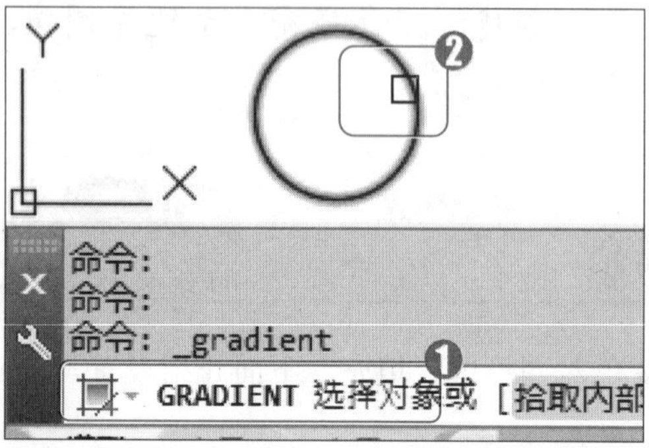

图 7–52

第 2 步　然后按 Enter 键，即可完成创建渐变色填充的操作，如图 7-53 所示。

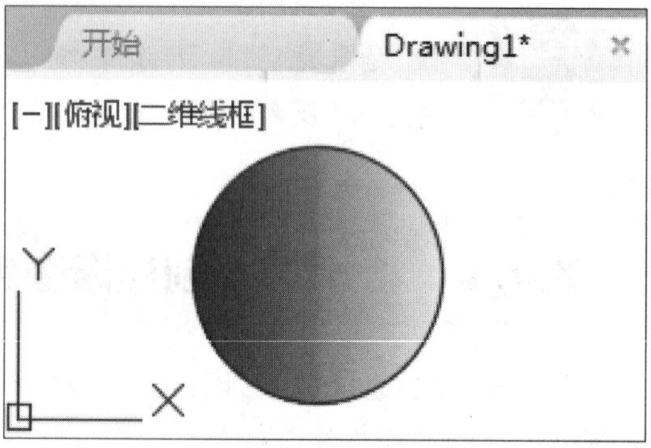

图 7–53

专家解读：如何调用渐变色命令

在 AutoCAD 2016 中，选择【默认】选项卡，在【绘图】面板中单击【边界】下拉按钮，在弹出的下拉菜单中，选择【渐变色】命令；或者在命令行输入 GRADIENT 命令，然后按 Enter 键，来调用渐变色命令。

7.4.2 创建无边界的图案填充

微课堂 00 分 46 秒

在 AutoCAD 2016 中，用户还可以创建无边界的图案填充，下面介绍创建无边界图案填充的操作方法。

操作步骤 >> Step by Step

第 1 步　新建 CAD 空白文档，切换到【草图与注释】空间，在命令行中输入-HATCH 命令，然后按 Enter 键，如图 7-54 所示。

图 7–54

第 2 步　命令行提示“-HATCH 指定内部点”信息，在命令行输入【绘图边界(W)】选项命令 W，然后按 Enter 键，如图 7-55 所示。

图 7–55

第 3 步 命令行提示“-HATCH 是否保留多段线边界?”信息，在命令行输入【否(N)】选项命令 N，然后按 Enter 键，如图 7-56 所示。

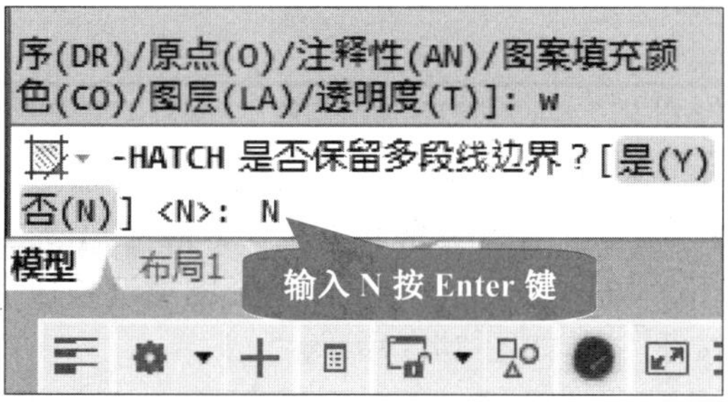

图 7-56

第 4 步 返回到绘图区，***1.*** 命令行提示“-HATCH 指定起点”，***2.*** 在空白处单击指定起点，如图 7-57 所示。

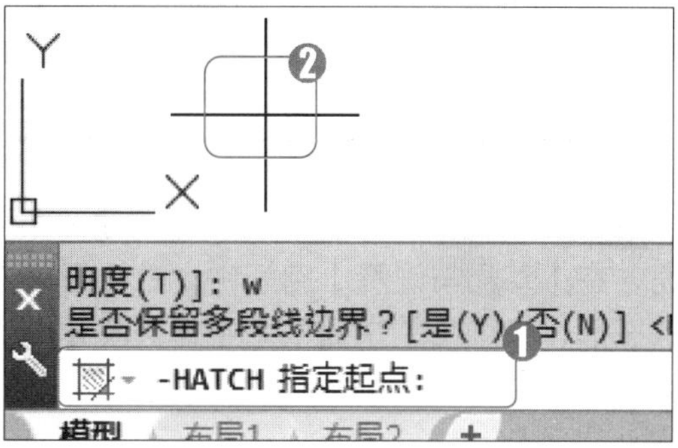

图 7-57

第 5 步 移动鼠标指针，***1.*** 命令行提示“-HATCH 指定下一个点”，***2.*** 单击绘制一个闭合的边界范围，如图 7-58 所示。

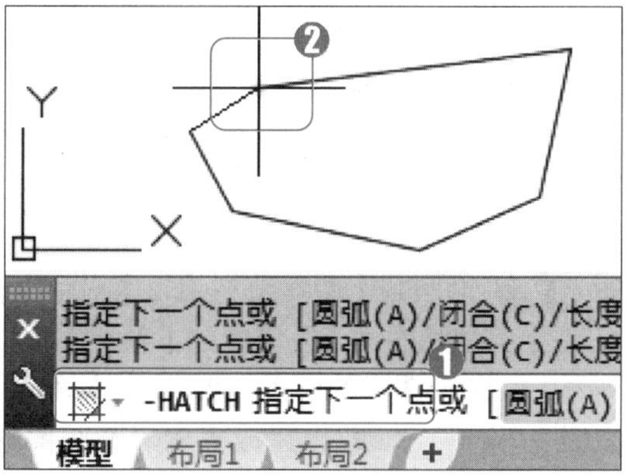

图 7-58

第 6 步 绘制完成后，在命令行输入【闭合(C)】选项命令 C，然后按 Enter 键，如图 7-59 所示。

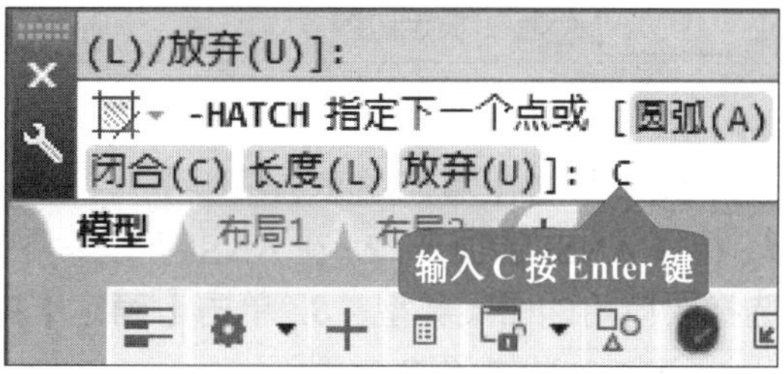

图 7-59

第 7 步 命令行提示“-HATCH 指定新边界的起点”，直接按 Enter 键，选择【接受】默认选项，如图 7-60 所示。

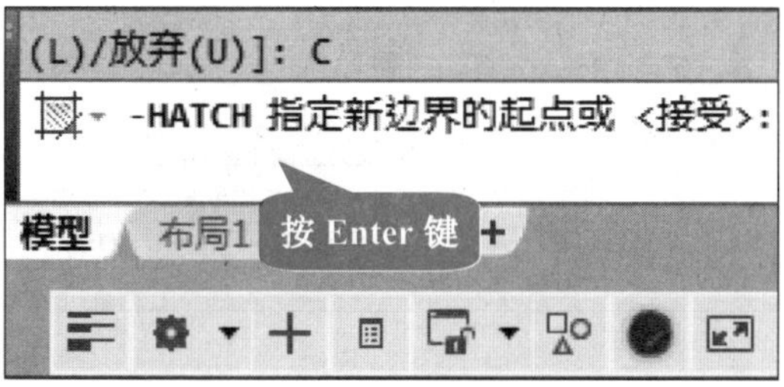

图 7-60

第 8 步 然后再次按 Enter 键，退出绘图边界命令，即可完成创建无边界图案填充的操作，如图 7-61 所示。

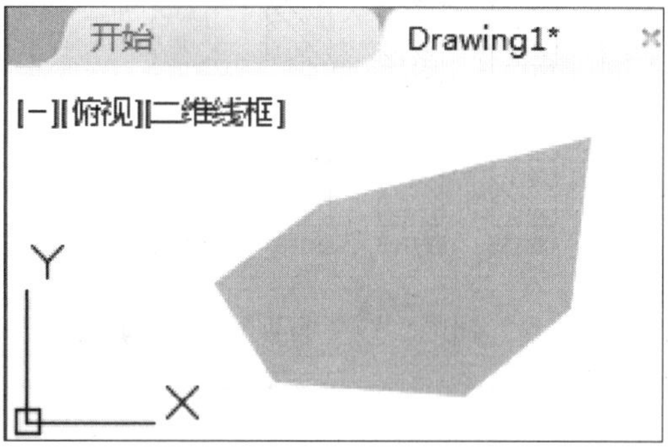

图 7-61

7.4.3 编辑填充的图案

微课堂 00 分 42 秒

在 AutoCAD 2016 中，使用图案填充图形后，如果填充的效果达不到工作要求，用户可以对已经填充的图案进行编辑和修改，下面介绍编辑填充图案的操作方法。

操作步骤 >> Step by Step

第 1 步 新建 CAD 空白文档并创建图案填充，在【草图与注释】空间中，右击已填充的图形，在弹出的快捷菜单中，选择【图案填充编辑】命令，如图 7-62 所示。

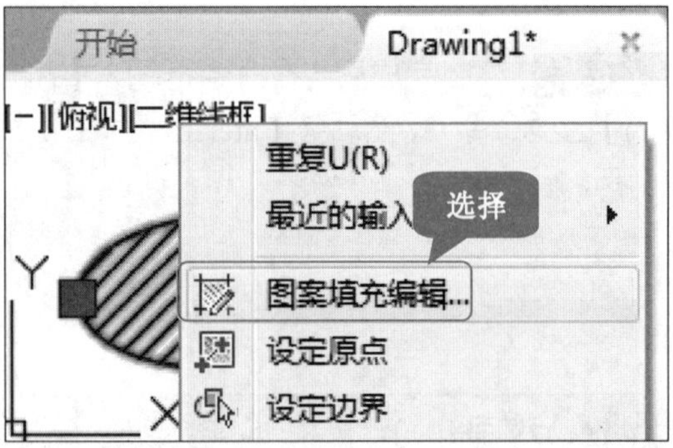

图 7-62

第 2 步 弹出【图案填充编辑】对话框，*1.* 选择【图案填充】选项卡，*2.* 在【类型和图案】区域中，单击【填充图案选项板】按钮[...]，如图 7-63 所示。

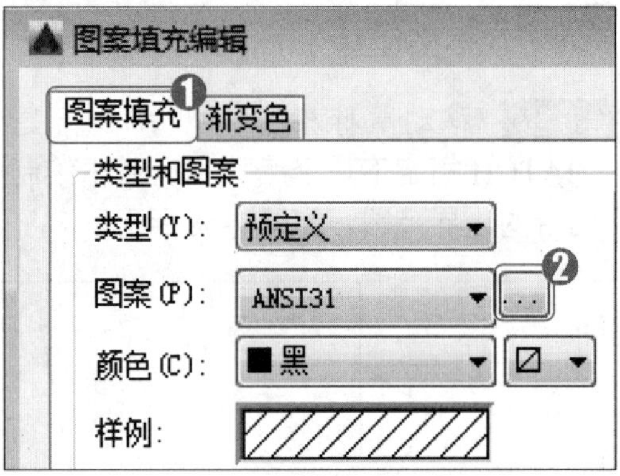

图 7-63

第 3 步 弹出【填充图案选项板】对话框，*1.* 选择 ANSI 选项卡，*2.* 在 ANSI 列表框中，选择要应用的图案类型，*3.* 单击【确定】按钮[确定]，如图 7-64 所示。

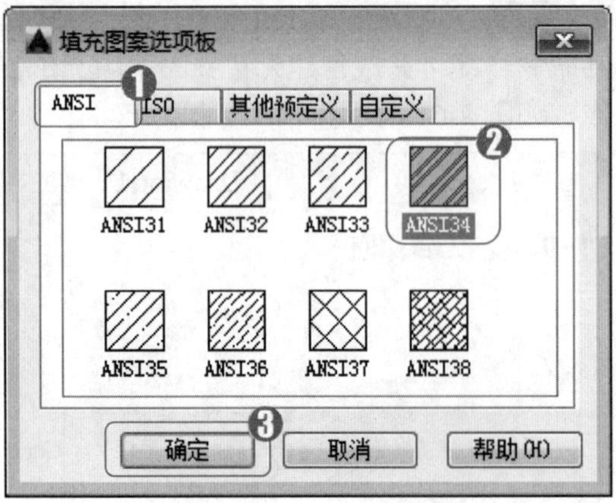

图 7-64

第 4 步 返回到【图案填充编辑】对话框，*1.* 在【类型和图案】区域中的【颜色】下拉列表中，选择图案的颜色，*2.* 单击【确定】按钮[确定]，即可完成编辑填充图案的操作，如图 7-65 所示。

图 7-65

专家解读：如何编辑渐变色填充

右击需填充渐变色的图形，在弹出的快捷菜单中，选择【图案填充编辑】命令，在弹出的【图案填充编辑】对话框中，选择【渐变色】选项卡，在【颜色】区域设置填充颜色，在【颜色】区域下方选择填充颜色的类型，单击【确定】按钮 确定 即可。

Section 7.5 实践经验与技巧

导读　在本节的学习过程中，将侧重介绍和讲解与本章知识点有关的实践经验及技巧，主要内容包括如何使用边界命令创建面域，以及如何使用图案填充和渐变色填充等方面的知识与操作技巧。

7.5.1 使用边界命令创建面域

微课堂 00 分 40 秒

在 AutoCAD 2016 中，还可以使用边界命令来创建面域，下面介绍使用边界命令创建面域的操作方法。

操作步骤 >> Step by Step

第 1 步　新建 CAD 空白文档并绘制图形，切换到【草图与注释】空间，***1.*** 在菜单栏中，选择【绘图】菜单，***2.*** 在弹出的下拉菜单中，选择【边界】命令，如图 7-66 所示。

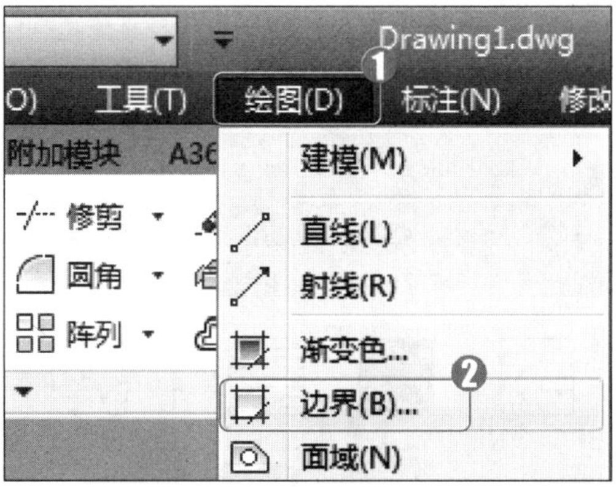

图 7-66

第 2 步　弹出【边界创建】对话框，***1.*** 在【边界保留】区域中，选择【对象类型】下拉列表中的【面域】选项，***2.*** 单击【确定】按钮 确定 ，如图 7-67 所示。

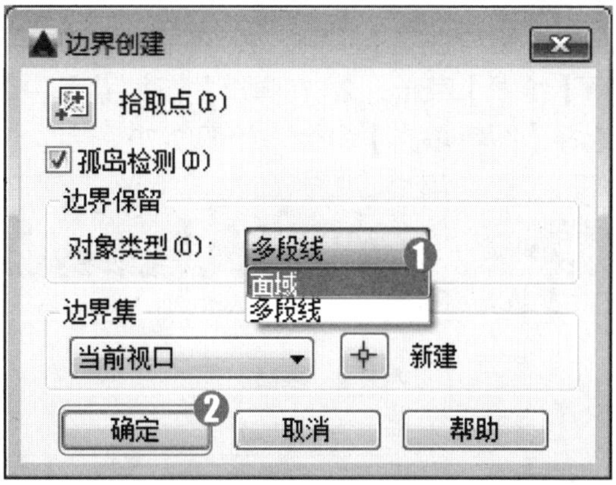

图 7-67

第 3 步 返回到绘图区，*1.* 命令行提示“BOUNDARY 拾取内部点”，*2.* 在图形内部任意一点单击，如图 7-68 所示。

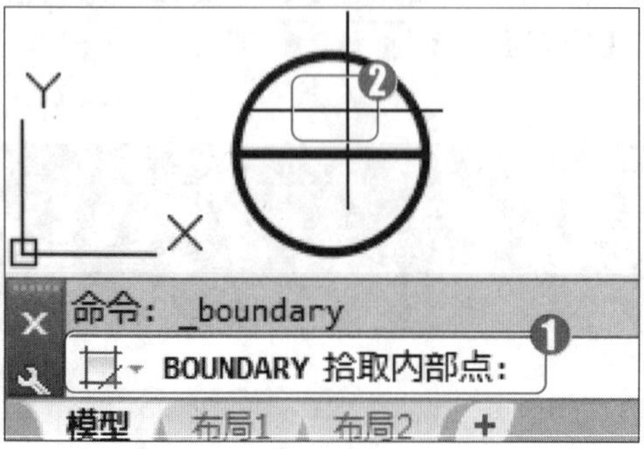

图 7-68

第 4 步 然后按 Enter 键退出边界命令，单击创建的边界图形，可以看到创建的面域，通过以上步骤即可完成使用边界命令创建面域的操作，如图 7-69 所示。

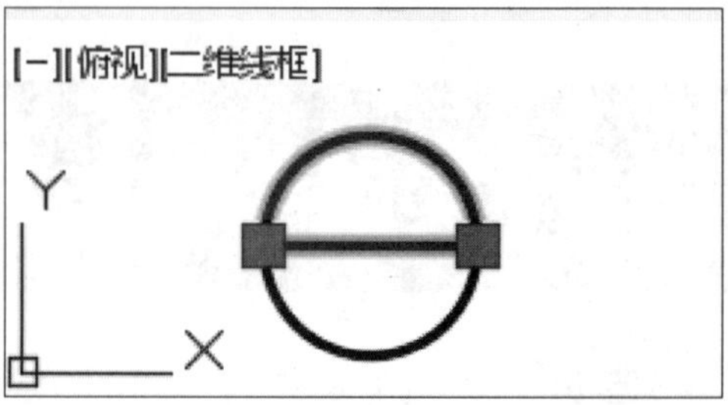

图 7-69

一点即通：使用边界命令创建多段线

在 AutoCAD 2016 的菜单栏中，选择【绘图】菜单，在弹出的下拉菜单中选择【边界】命令，弹出【边界创建】对话框，在【边界保留】区域中的【对象类型】下拉列表中，选择【多段线】选项后，在图形上拾取点所创建的图形对象将为多段线，而不是面域。

7.5.2 绘制草坪

微课堂 00 分 44 秒

在 AutoCAD 2016 中，在绘制图形时会经常用到各种各样的图案，此时可以使用图案填充来达到绘制的效果，下面介绍绘制草坪的操作方法。

操作步骤 >> Step by Step

第 1 步 打开“草坪.dwg”素材文件，切换到【草图与注释】空间，*1.* 在菜单栏中，选择【绘图】菜单，*2.* 在弹出的下拉菜单中，选择【图案填充】命令，如图 7-70 所示。

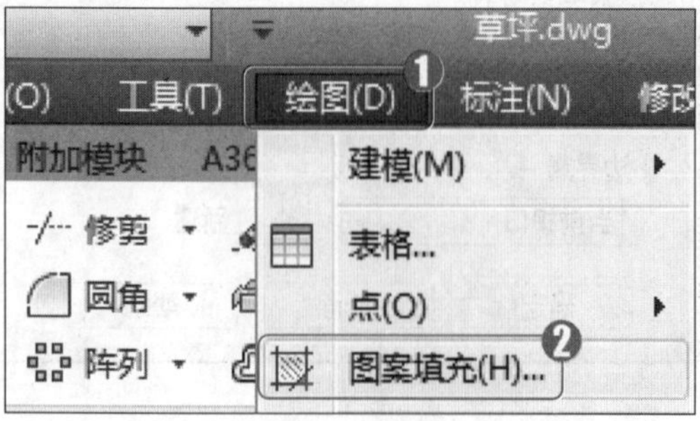

图 7-70

第 2 步 弹出【图案填充创建】选项卡，在【图案】面板中，选择要填充的草坪图案 CROSS，如图 7-71 所示。

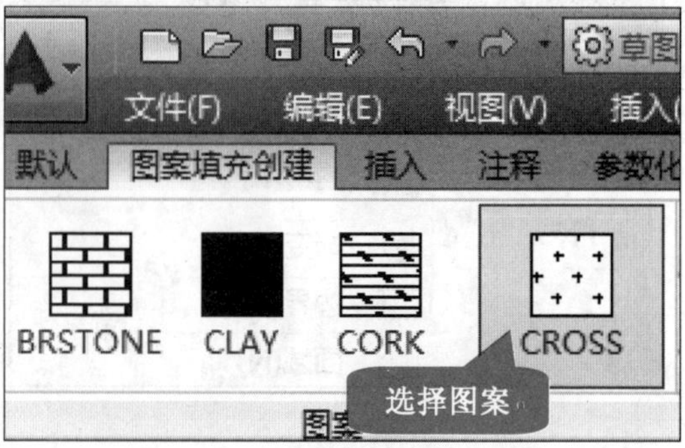

图 7-71

第 3 步 在【特性】面板的【图案填充比例】列表框中，设置比例值为 5，如图 7-72 所示。

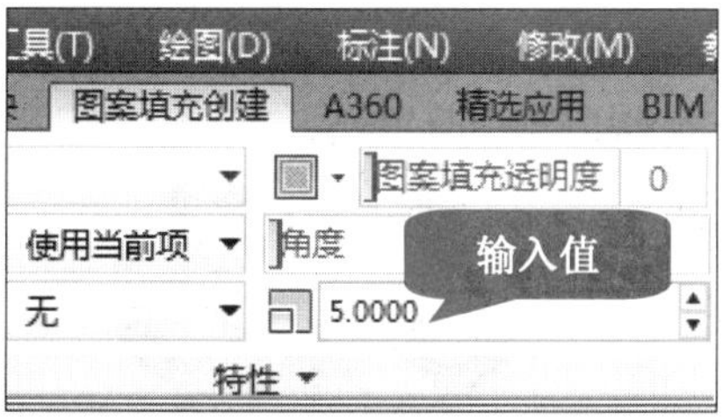

图 7–72

第 4 步 返回到绘图区，单击选择草坪图形，如图 7-73 所示。

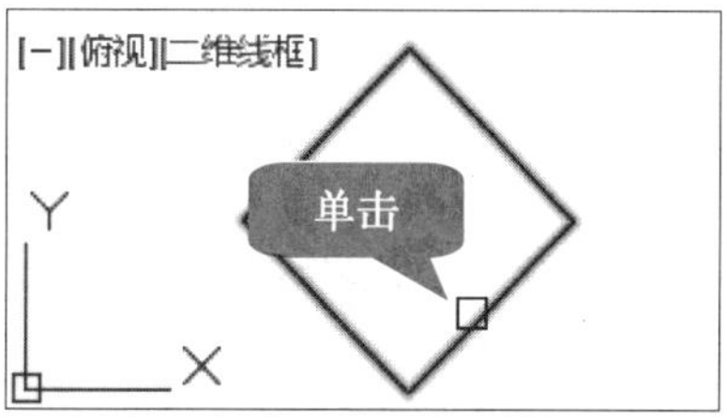

图 7–73

第 5 步 此时图案被填充到图形上，在【图案填充创建】选项卡中，单击【关闭图案填充创建】按钮，如图 7-74 所示。

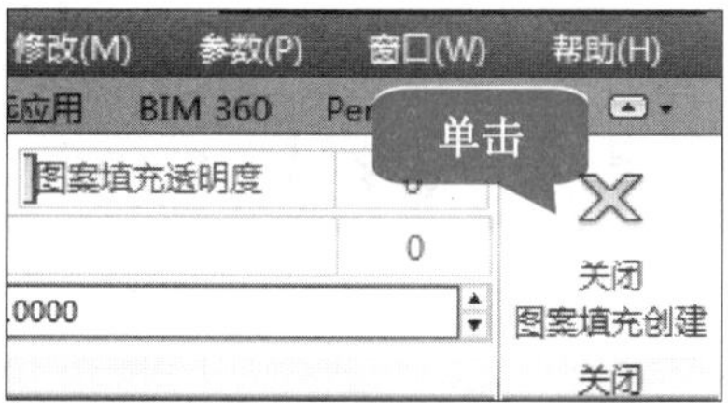

图 7–74

第 6 步 【图案填充创建】选项卡关闭，通过以上步骤即可完成绘制草坪的操作，如图 7-75 所示。

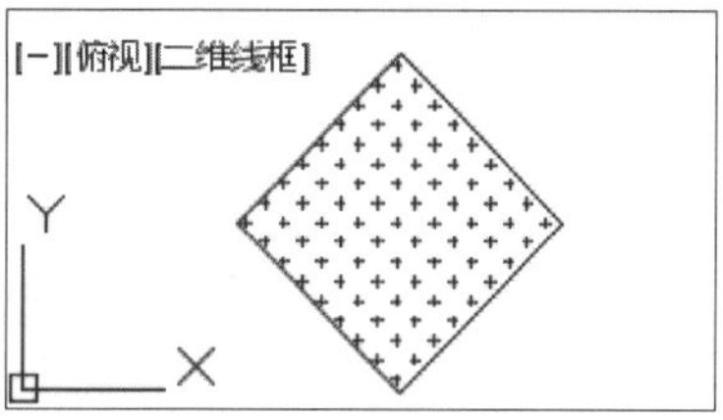

图 7–75

7.5.3 为花朵着色

微课堂 00 分 29 秒

在 AutoCAD 2016 中，绘制好的图形若填充上图案和颜色，可以更加形象地体现所绘制的图形，下面介绍为百合花着色的操作方法。

操作步骤 >> Step by Step

第 1 步 打开“百合花.dwg”素材文件，切换到【草图与注释】空间，在命令行中输入【渐变色】命令 GRADIENT，然后按 Enter 键，如图 7-76 所示。

图 7–76

第 2 步 弹出【图案填充创建】选项卡，在【图案】面板中，选择要填充的颜色类型，如图 7-77 所示。

图 7–77

第 3 步 返回到绘图区，单击选择百合花图形，如图 7-78 所示。

图 7–78

第 4 步 然后按 Enter 键退出渐变色命令，即可完成为百合花着色的操作，如图 7-79 所示。

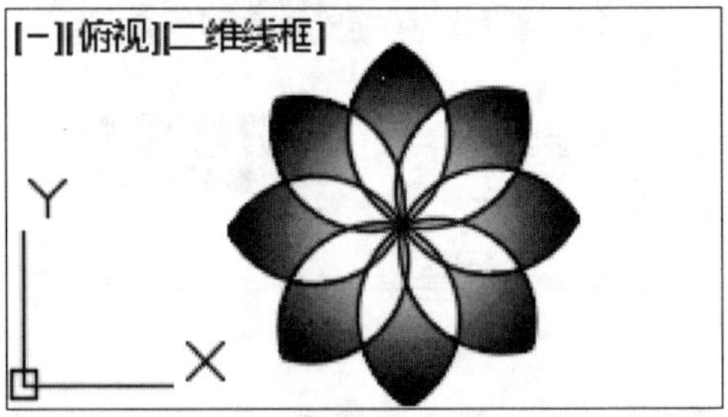

图 7–79

Section 7.6 有问必答

1. 在进行差集运算时，选择图形对象后，看不到运算的结果该如何解决?

是因为选择的减去与被减去对象的区域不对，可以根据命令行的提示，重新选择从中减去的对象，以及被减去的对象。

2. 创建无边界图案填充提示“无法用实体填充边界”，如何解决?

可以重新调用创建无边界图案填充命令，在绘制闭合边界后，在命令行输入【闭合】命令，然后按 Enter 键即可。

3. 在创建面域操作完成后，命令行提示已创建 0 个面域，如何解决?

可能是创建面域的图形不是闭合图形，查看并将图形进行闭合后，重新调用面域命令创建面域即可。

4. 为什么使用边界命令创建面域时，显示为创建多段线?

是因为边界的对象类型没有设置，可以在【边界创建】对话框的【边界保留】区域中，将【对象类型】设置为面域，即可解决该问题。

5. 如何快速编辑图案填充?

可以双击选中已进行图案填充的图形对象，在弹出的【图案填充编辑器】选项卡中，更改图案填充的颜色、比例大小和图案样式等。

第8章

文字与表格工具

本章要点

- 设置文字样式
- 输入单行文字
- 输入多行文字
- 创建表格
- 编辑表格
- 专题课堂——特殊命令应用

本章主要内容

本章主要介绍设置文字样式、输入单行文字和多行文字方面的知识，同时还将讲解创建表格和编辑表格方面的知识。通过本章的学习，读者可以掌握文字与表格工具的知识，为深入学习 AutoCAD 2016 奠定基础。

Section 8.1 设置文字样式

导读 文字样式是一组可随图形保存的文字设置的集合，这些设置包括字体、文字高度以及特殊效果等，在 AutoCAD 2016 中，用户可以对文字样式进行创建和修改操作。本节将介绍文字样式方面的知识。

8.1.1 创建文字样式

微课堂 00 分 41 秒

在 AutoCAD 2016 中，系统默认文字样式为 Standard，若该样式满足不了文字注释的要求，用户可以自行创建文字样式，文字样式的设置在【文字样式】对话框中实现，下面介绍创建文字样式的操作方法。

操作步骤 >> Step by Step

第 1 步 新建 CAD 空白文档，切换到【草图与注释】空间，***1.*** 在菜单栏中，选择【格式】菜单，***2.*** 在弹出的下拉菜单中，选择【文字样式】命令，如图 8-1 所示。

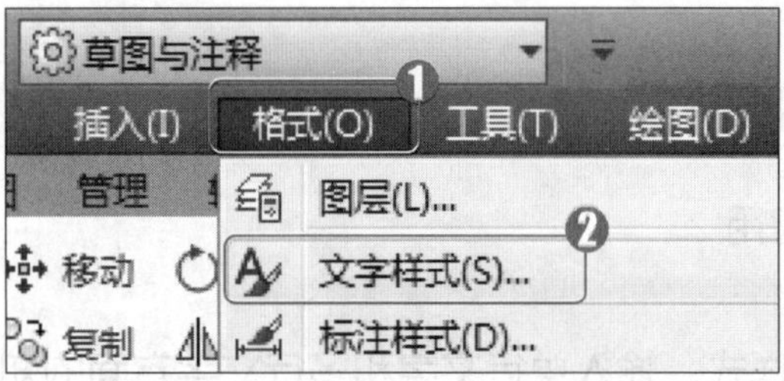

图 8-1

第 2 步 弹出【文字样式】对话框，单击【新建】按钮 新建(N)...，如图 8-2 所示。

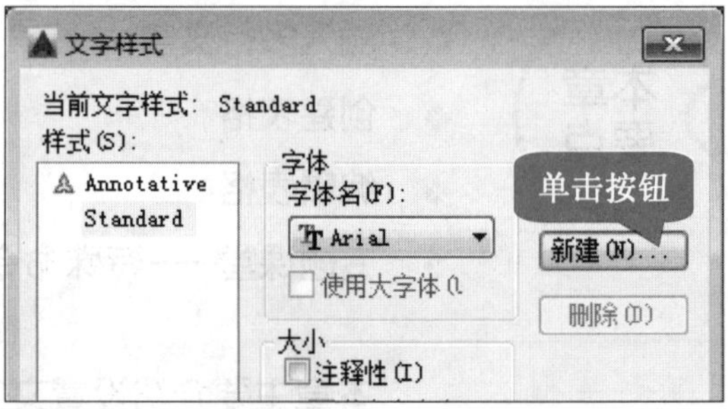

图 8-2

第 3 步 弹出【新建文字样式】对话框，***1.*** 在【样式名】文本框中输入新样式名称，***2.*** 单击【确定】按钮 确定，如图 8-3 所示。

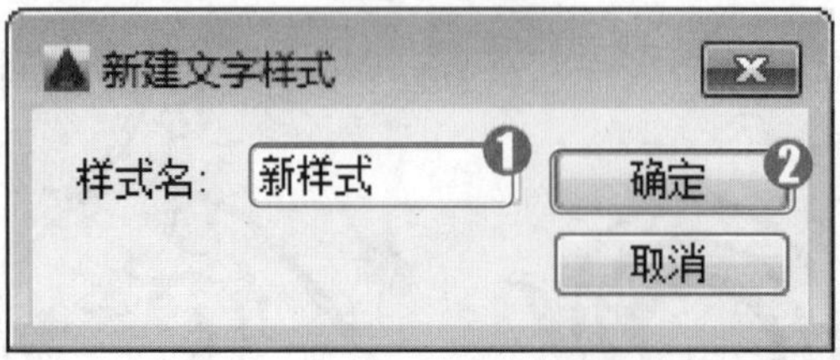

图 8-3

第 4 步 返回到【文字样式】对话框，***1.*** 在【字体】区域中，在【字体名】下拉列表中选择要使用的字体，***2.*** 在【大小】区域的【高度】文本框中，输入文字高度，***3.*** 单击【应用】按钮 应用(A)，***4.*** 单击【关闭】按钮 关闭，即可完成创建文字样式的操作，如图 8-4 所示。

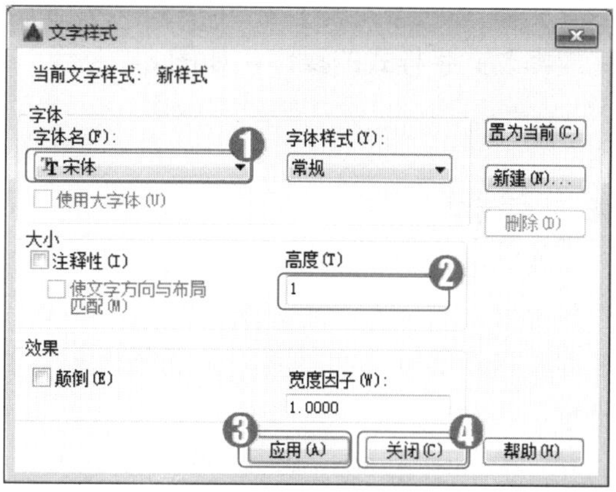

图 8-4

■ 指点迷津

如果对创建的文字样式进行重命名操作，可以在【文字样式】对话框中，右击【样式】列表框中要重命名的文字样式，在弹出的快捷菜单中，选择【重命名】命令即可，但默认的【Standard】样式是无法重命名的。

知识拓展：打开【文字样式】对话框

在 AutoCAD 2016 中，选择【注释】选项卡，单击【文字】面板右下角的【文字样式】按钮；或者在命令行输入 SYTLE 或 ST 命令，然后按 Enter 键，执行以上操作都可以打开【文字样式】对话框。

8.1.2 修改文字样式

微课堂 00 分 30 秒

在 AutoCAD 2016 中，用户可随时更改已经创建的文字样式，通过更改文字的字体等样式，让文字显示更加美观，下面以更改文字高度为例，介绍修改文字样式的操作方法。

操作步骤 >> Step by Step

第 1 步 新建 CAD 空白文档，切换到【草图与注释】空间，***1.*** 在功能区面板中，选择【注释】选项卡，***2.*** 单击【文字样式】下拉按钮，***3.*** 在弹出的下拉列表中，选择【管理文字样式】命令，如图 8-5 所示。

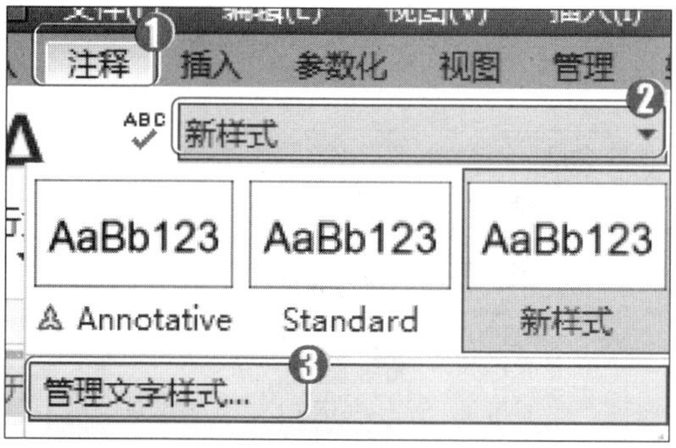

图 8-5

第 2 步 弹出【文字样式】对话框，***1.*** 在【大小】区域中的【高度】文本框中，输入高度值，***2.*** 单击【应用】按钮 应用(A)，如图 8-6 所示。

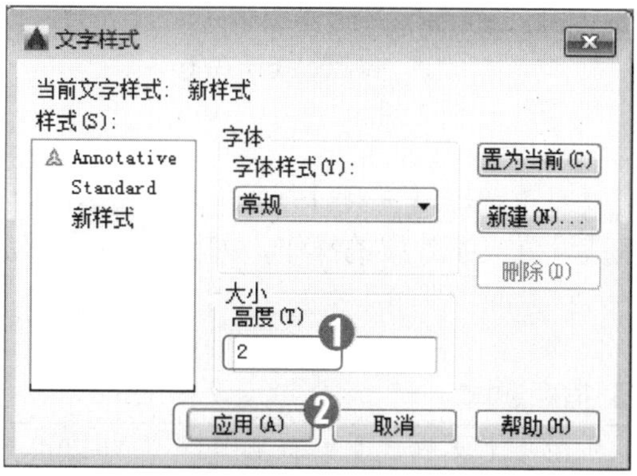

图 8-6

第 3 步 单击【关闭】按钮 关闭(C) ，即可完成修改文字样式的操作，如图 8-7 所示。

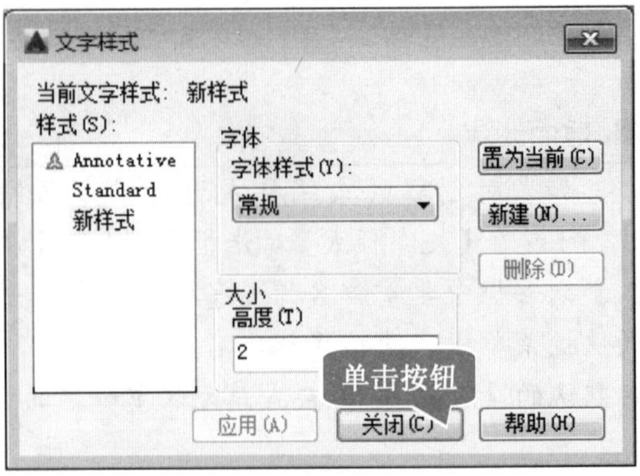

图 8–7

■ 指点迷津

在 AutoCAD 2016 中，执行修改文字样式操作时，默认为当前系统中的文字样式，若需要修改其他文字样式，在【样式】列表框中单击要修改的样式即可。

8.1.3 设置文字效果

微课堂 00 分 31 秒

在 AutoCAD 2016 中，文字的效果包括颠倒、反向、垂直和倾斜等，下面介绍如何设置文字效果。

操作步骤 >> Step by Step

第 1 步 新建 CAD 空白文档，切换到【草图与注释】空间，***1.*** 在菜单栏中，选择【格式】菜单，***2.*** 在弹出的下拉菜单中，选择【文字样式】命令，如图 8-8 所示。

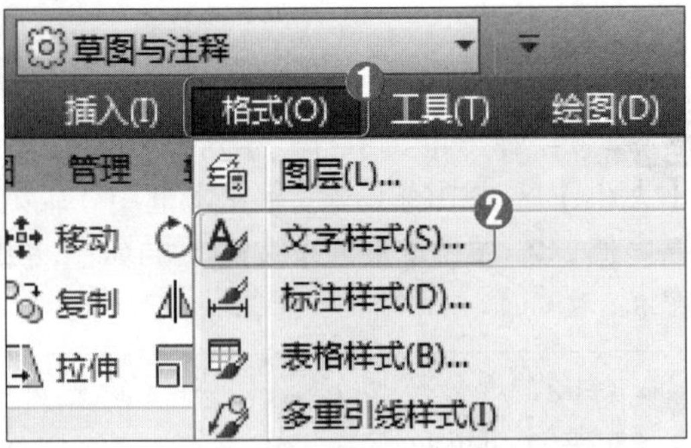

图 8–8

第 2 步 弹出【文字样式】对话框，在【效果】区域中，***1.*** 在【倾斜角度】文本框中输入角度 45，***2.*** 单击【应用】按钮 应用(A) ，如图 8-9 所示。

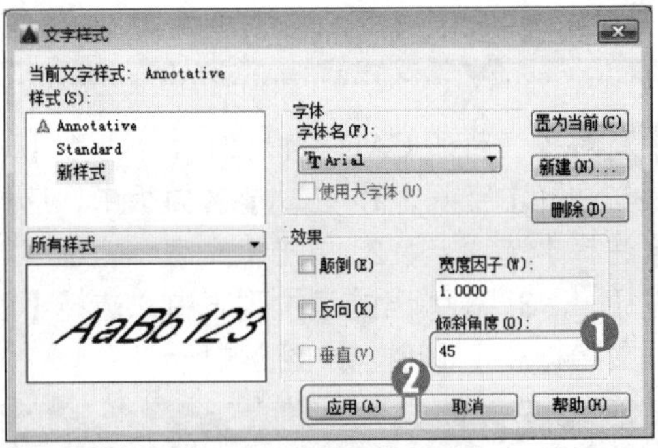

图 8–9

第 3 步 单击【关闭】按钮 关闭(C) ，即可完成设置文字效果的操作，如图 8-10 所示。

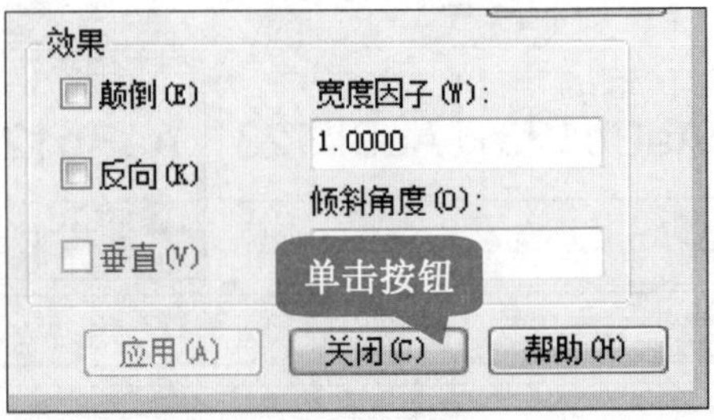

图 8–10

■ 指点迷津

在【文字样式】对话框中，还可以设置文字的颠倒、反向、宽度因子和垂直效果。

Section 8.2 输入单行文字

导读

在 AutoCAD 2016 中，使用单行文字功能可以创建一行或多行文字，每行文字都是单独的对象，可以分别对其进行编辑，本节将介绍输入单行文字的知识与操作。

8.2.1 创建单行文字

微课堂 00 分 38 秒

在 AutoCAD 2016 中，单行文字是指每一行都是单独的一个文字对象，可对其进行移动、格式设置或其他修改，下面介绍创建单行文字的操作方法。

操作步骤 >> Step by Step

第 1 步 新建 CAD 空白文档，切换到【草图与注释】空间，**1.** 在菜单栏中，选择【绘图】菜单，**2.** 在弹出的下拉菜单中，选择【文字】命令，**3.** 在子菜单中选择【单行文字】命令，如图 8-11 所示。

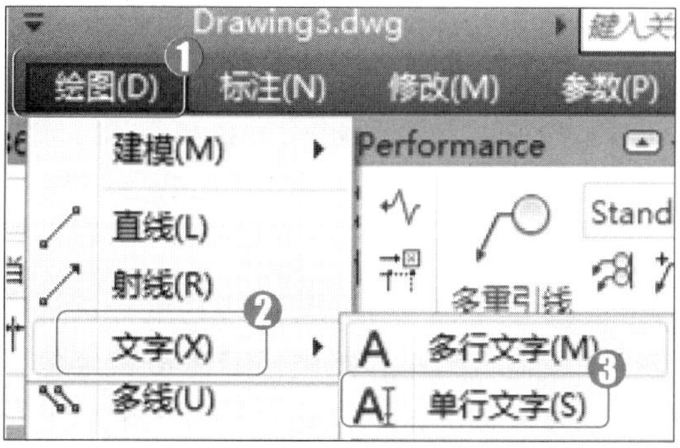

图 8-11

第 3 步 命令行提示“TEXT 指定图纸高度”，在命令行输入文字的高度 1，然后按 Enter 键，如图 8-13 所示。

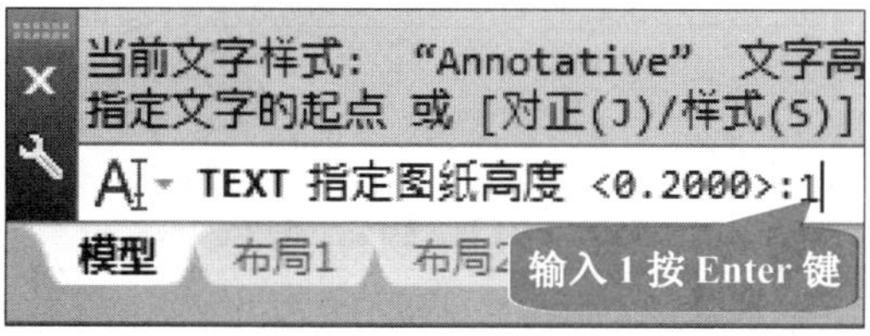

图 8-13

第 2 步 返回到绘图区，**1.** 命令行提示“TEXT 指定文字的起点”，**2.** 在空白处单击确定起点，如图 8-12 所示。

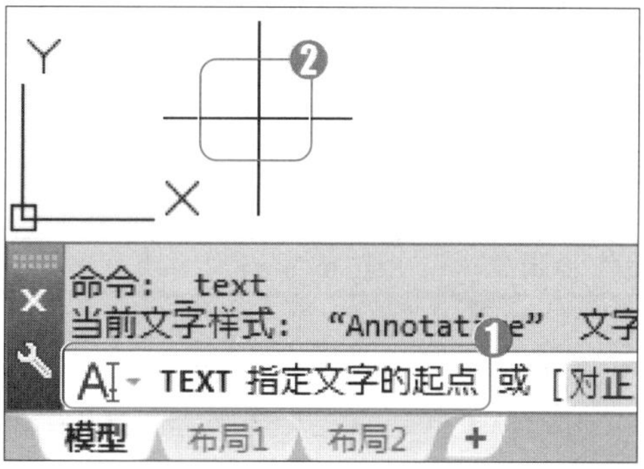

图 8-12

第 4 步 命令行提示“TEXT 指定文字的旋转角度”，在命令行输入文字的旋转角度 0，然后按 Enter 键，如图 8-14 所示。

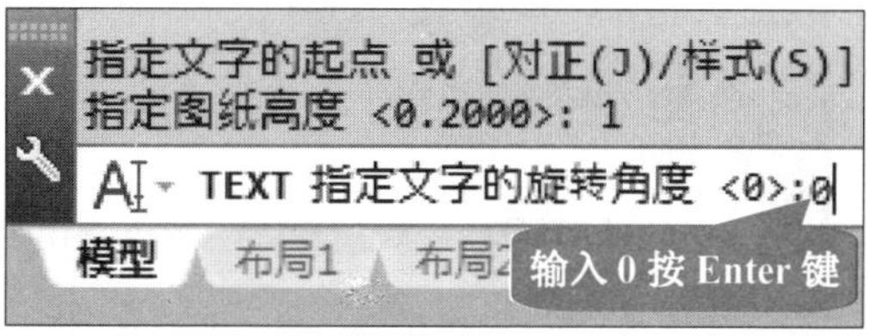

图 8-14

第 5 步 返回到绘图区，**1.** 命令行提示 TEXT，**2.** 在出现的文字输入框中，输入文字，如图 8-15 所示。

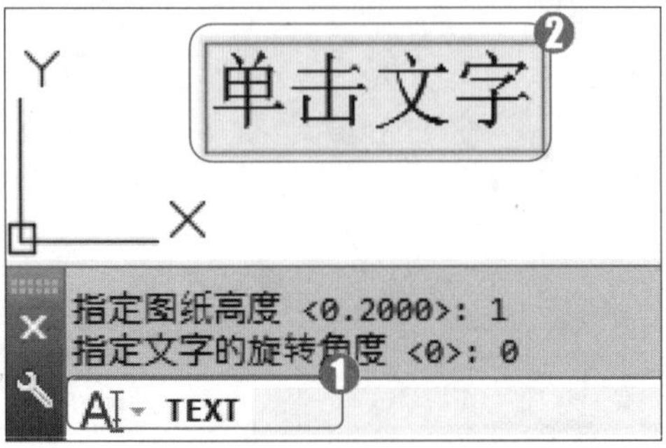

图 8-15

第 6 步 然后按组合键 Ctrl+Enter，退出文字输入框，即可完成创建单行文字的操作，如图 8-16 所示。

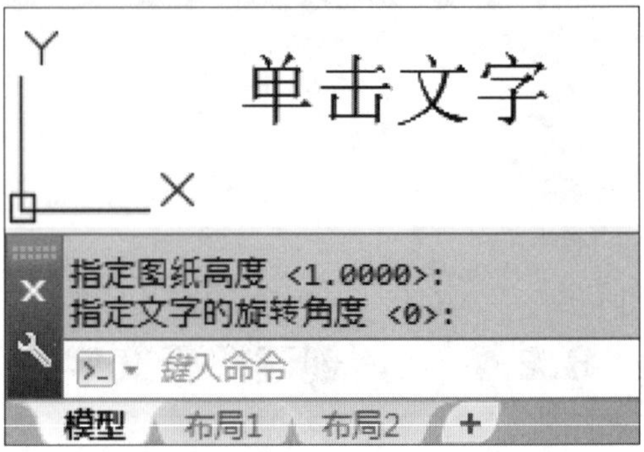

图 8-16

知识拓展：创建单行文字方式

在 AutoCAD 2016 中，选择【注释】选项卡，在【文字】面板中单击【单行文字】按钮 A；或者在命令行中输入 DTEXT 或 DTX 命令，然后按 Enter 键，都可以调用单行文字命令。

8.2.2 编辑单行文字

微课堂 00 分 16 秒

在 AutoCAD 2016 中，创建单行文字后，用户可以对已创建的单行文字进行编辑，下面介绍编辑单行文字的操作方法。

操作步骤 >> Step by Step

第 1 步 新建 CAD 空白文档并创建单行文字，切换到【草图与注释】空间，双击已创建的单行文字，如图 8-17 所示。

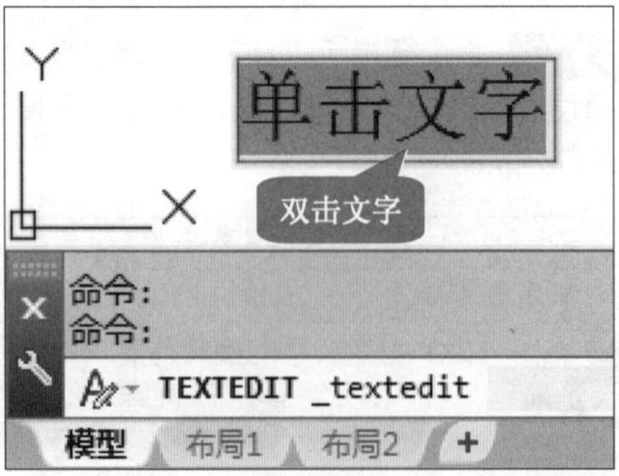

图 8-17

第 2 步 进入文字编辑状态，将鼠标指针定位在文字输入框中，然后按 Delete 键删除文字，之后再输入新的文字，即可完编辑单行文字的操作，如图 8-18 所示。

图 8-18

知识拓展：连续输入单行文字

在 AutoCAD 2016 中，在文字输入完成后，移动鼠标指针至另一个要输入文字的地方，然后单击同样可以出现文字输入框来输入文字，在需要进行多次标注文字的图形中，使用这种方式可以大大节省操作时间。

8.2.3　设置单行文字的对齐方式

微课堂 00 分 34 秒

在 AutoCAD 2016 中，在输入单行文字之前，用户可以设置文字的对齐方式，对齐文字的方式有居中、右对齐、左对齐等，下面介绍设置单行文字对齐方式的操作方法。

操作步骤 >> Step by Step

第 1 步 新建 CAD 空白文档，切换到【草图与注释】空间，***1.*** 在菜单栏中，选择【绘图】菜单，***2.*** 在弹出的下拉菜单中，选择【文字】命令，***3.*** 在子菜单中选择【单行文字】命令，如图 8-19 所示。

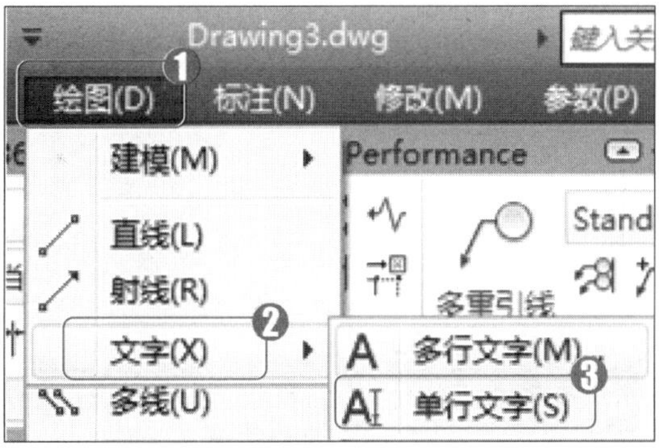

图 8–19

第 2 步 命令行提示“TEXT 指定文字的中心点”信息，在命令行输入【对正(J)】选项命令 J，然后按 Enter 键，如图 8-20 所示。

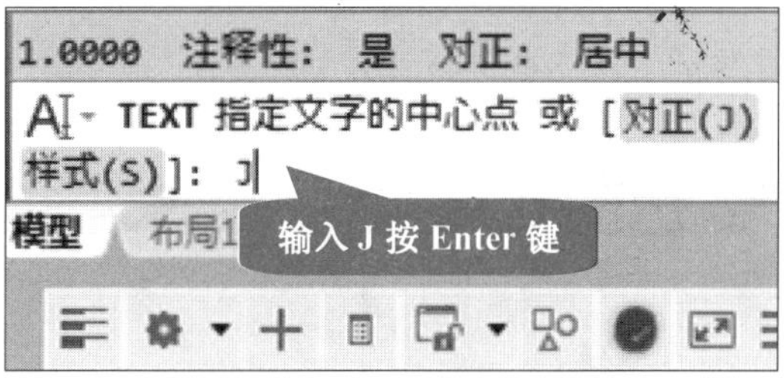

图 8–20

第 3 步 根据命令行提示“TEXT 输入选项”信息，在命令行输入要使用的对齐方式，如输入【左上】选项命令 TL，然后按 Enter 键，即可完成设置单行文字对齐方式的操作，如图 8-21 所示。

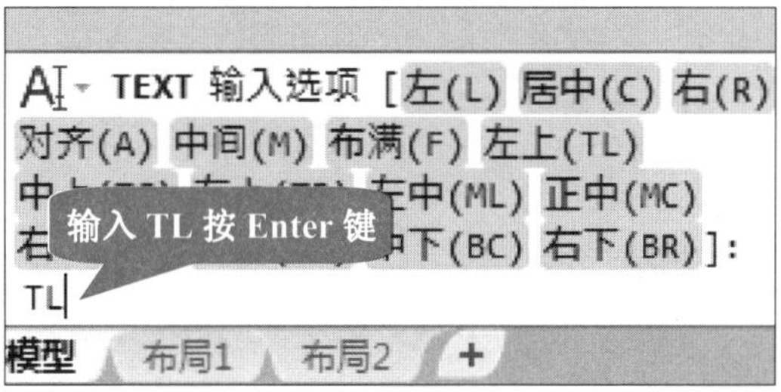

图 8–21

知识拓展：缩放文字

在 AutoCAD 2016 中，选择【注释】选项卡，在【文字】面板中单击【缩放】按钮，选中文字后，根据命令行提示确定缩放的基点，然后输入文字的新高度，可以对文字进行放大或缩小操作，但选定的文字对象位置保持不变。

Section 8.3 输入多行文字

导读

在 AutoCAD 2016 中，可以通过输入或导入文字创建多行文字对象，多行文字对象的长度取决于文字量，可以用夹点移动或旋转多行文字对象，多行文字不能单独编辑。本节将重点介绍输入多行文字的知识与操作技巧。

8.3.1 创建多行文字

微课堂 00 分 35 秒

在 AutoCAD 2016 中，多行文字是将创建的所有文字作为一个整体的文字对象来进行操作，方便用户创建多文字的说明，下面介绍输入多行文字的操作方法。

操作步骤 >> Step by Step

第 1 步 新建 CAD 空白文档，切换到【草图与注释】空间，*1.* 在菜单栏中，选择【绘图】菜单，*2.* 在弹出的下拉菜单中，选择【文字】命令，*3.* 在子菜单中选择【多行文字】命令，如图 8-22 所示。

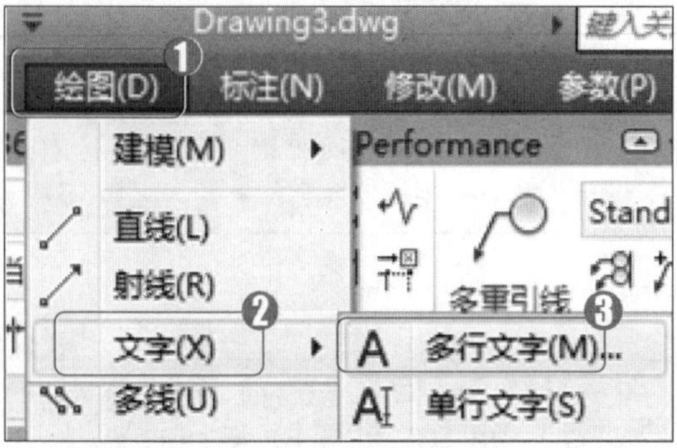

图 8-22

第 2 步 返回到绘图区，*1.* 命令行提示“MTEXT 指定第一角点”，*2.* 在空白处单击确定第一个点，如图 8-23 所示。

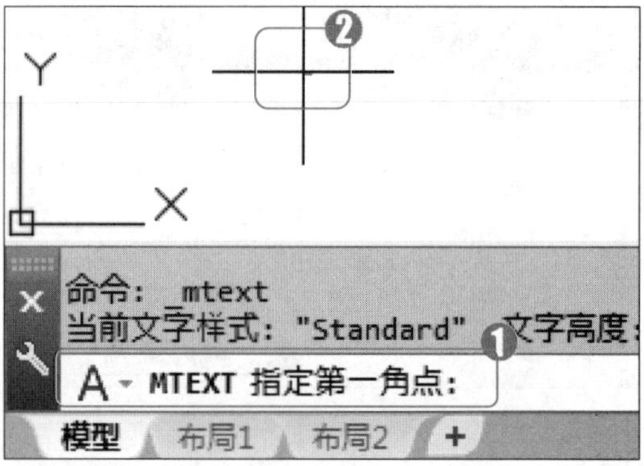

图 8-23

第 3 步 拖动鼠标至合适位置，然后释放鼠标，绘制多行文字输入框，如图 8-24 所示。

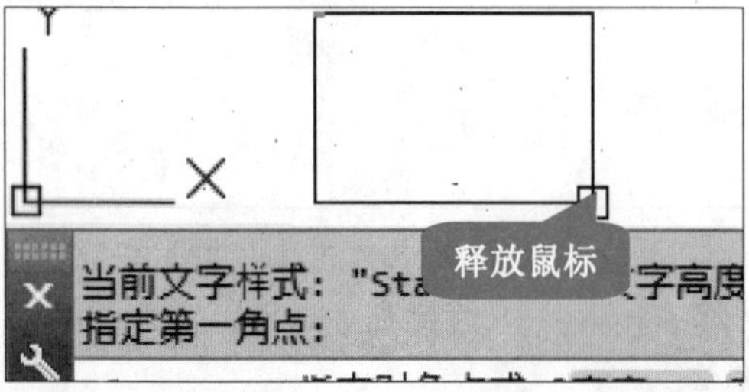

图 8-24

第 4 步 返回到绘图区，在出现的多行文字输入框中输入文字，如图 8-25 所示。

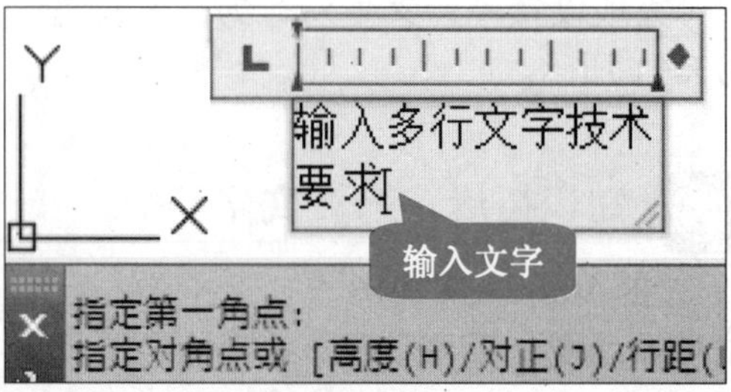

图 8-25

第 5 步　然后按组合键 Ctrl+Enter，退出文字输入框，即可完成创建多行文字的操作，如图 8-26 所示。

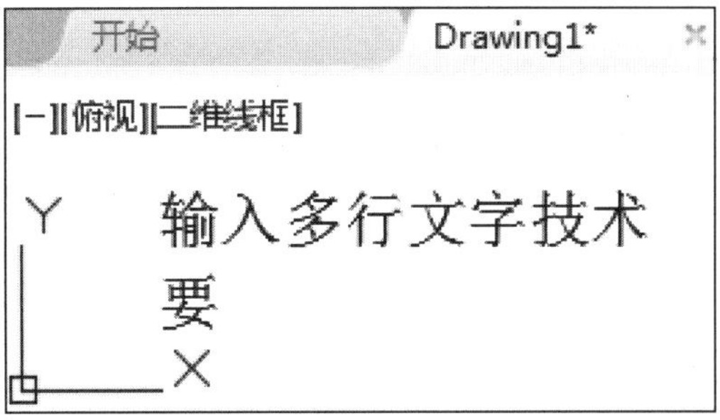

图 8-26

■ 指点迷津

使用【分解】命令 EXPLODE，可以将创建的多行文字变为多个单行文字。

知识拓展：创建多行文字方式

在 AutoCAD 2016 中，选择【注释】选项卡，在【文字】面板中单击【多行文字】按钮A；或者在命令行中输入 MTEXT 命令，然后按 Enter 键，都可以调用多行文字命令。

8.3.2 编辑多行文字

微课堂 00 分 34 秒

在 AutoCAD 2016 中，用户可以对已输入的多行文字进行编辑，包括文字的内容、大小、角度等，下面以为文字添加下划线为例，介绍编辑多行文字的操作方法。

操作步骤 >> Step by Step

第 1 步　新建 CAD 空白文档并创建多行文字，在【草图与注释】空间中，双击已创建的多行文字，如图 8-27 所示。

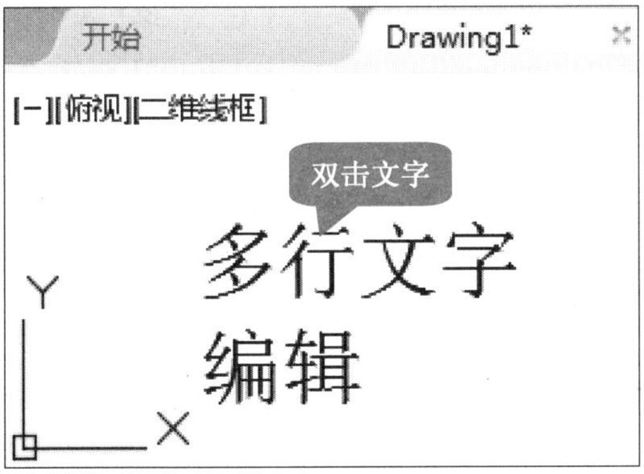

图 8-27

第 2 步　弹出【文字编辑器】选项卡，返回绘图区，将鼠标指针定位在文字输入框中，双击选中多行文字，如图 8-28 所示。

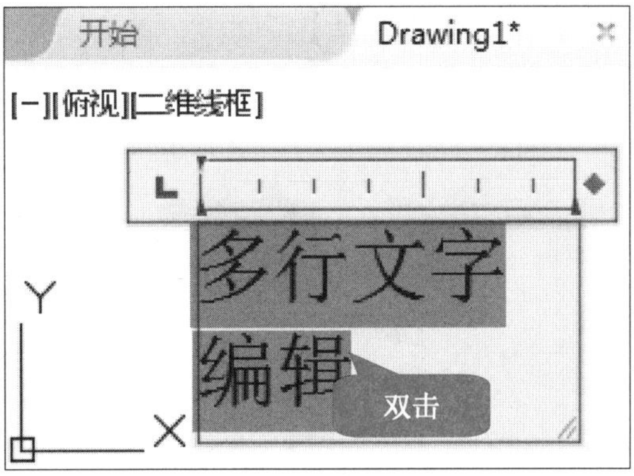

图 8-28

第 3 步　返回【文字编辑器】选项卡，*1.* 在【格式】面板中，单击【下划线】按钮U，*2.* 在【关闭】面板中，单击【关闭文字编辑器】按钮，如图 8-29 所示。

第 4 步　即可完成添加文字下划线的操作，通过以上步骤即可完成编辑多行文字的操作，如图 8-30 所示。

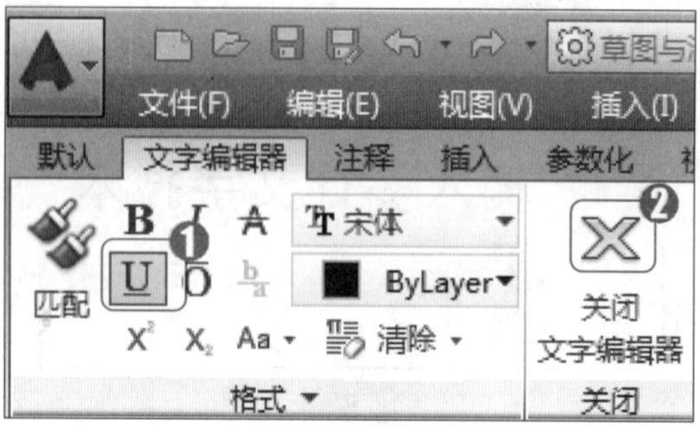

图 8-29

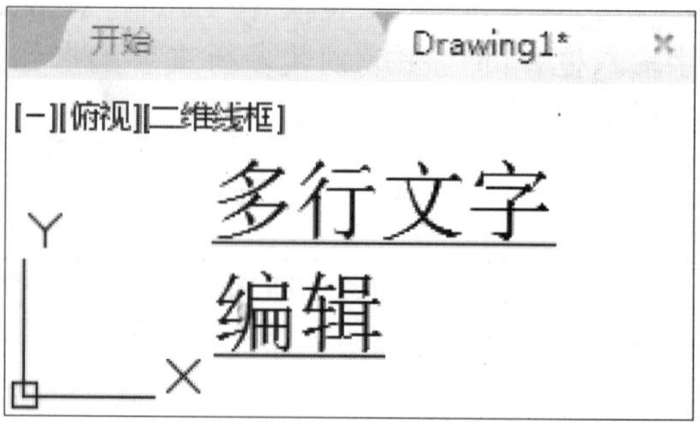

图 8-30

知识拓展:【文字编辑器】选项卡

在 AutoCAD 2016 中,【文字编辑器】选项卡由【样式】、【格式】、【段落】和【插入】等面板组成,在该选项卡中,可以设置多行文字的样式、字体高度、颜色等格式,还可以对多行文字的段落属性进行设置。

8.3.3 通过【特性】选项板修改文字及边框

微课堂 00 分 44 秒

在 AutoCAD 2016 中,使用【特性】选项板,也可以对文字进行旋转、更改颜色、添加边框等编辑操作,下面介绍使用【特性】选项板修改文字及添加边框的操作方法。

操作步骤 >> Step by Step

第 1 步 新建 CAD 空白文档并创建多行文字,在【草图与注释】空间中,单击选中已创建的多行文字,如图 8-31 所示。

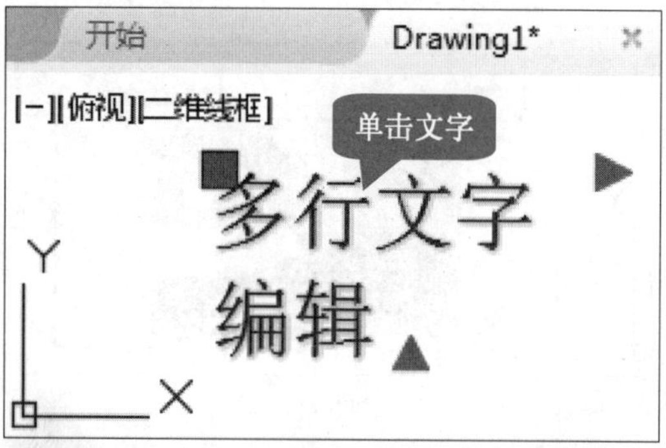

图 8-31

第 2 步 在菜单栏中,*1.* 选择【工具】菜单,*2.* 在弹出的下拉菜单中,选择【选项板】命令,*3.* 在子菜单中选择【特性】命令,如图 8-32 所示。

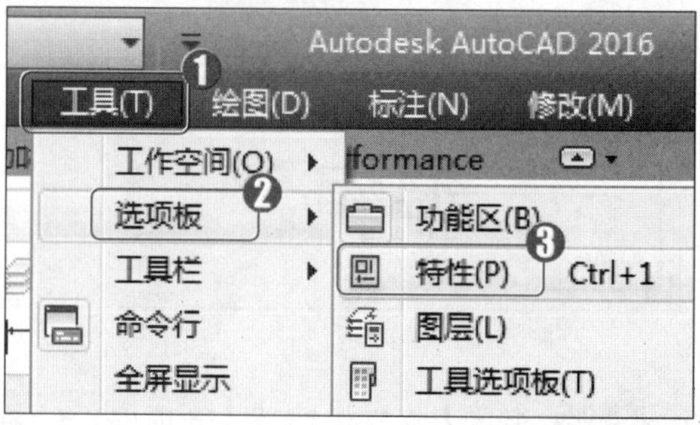

图 8-32

第 3 步 弹出【特性】选项板,*1.* 单击【文字】下拉按钮 +,*2.* 在弹出的下拉列表中,单击【内容】文本框旁边的【编辑文字】按钮,如图 8-33 所示。

第 4 步 返回到绘图区,在文字输入框中,修改文字内容,然后按组合键 Ctrl+Enter,如

图 8–33

第 5 步 返回到【特性】选项板，*1.* 在【文字加框】下拉列表中，选择【是】选项，*2.* 单击【关闭】按钮，如图 8-35 所示。

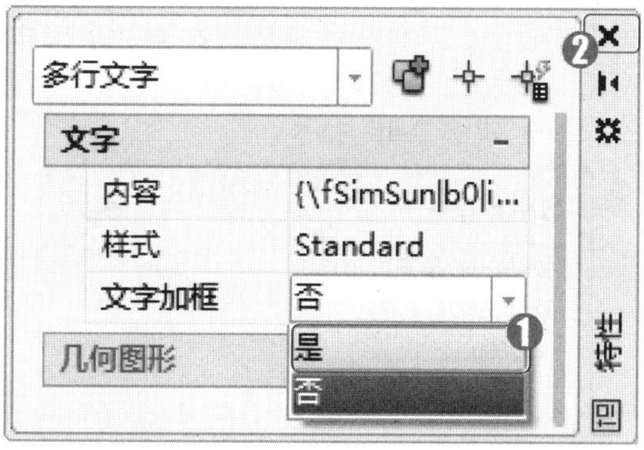

图 8–35

图 8-34 所示。

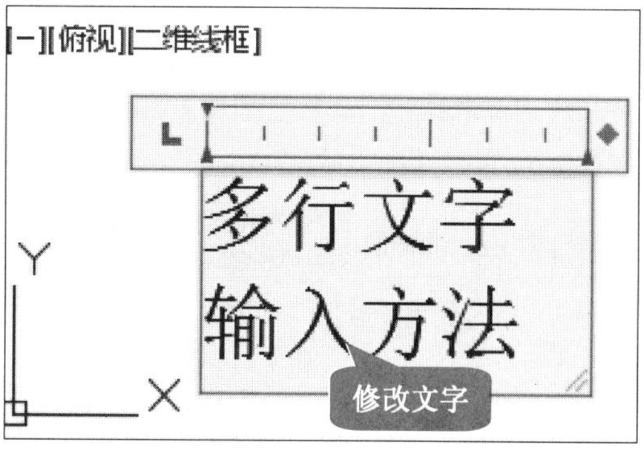

图 8–34

第 6 步 此时可以看到修改的文字及加边框的效果，通过以上步骤即可完成使用【特性】选项，修改文字及添加边框的操作，如图 8-36 所示。

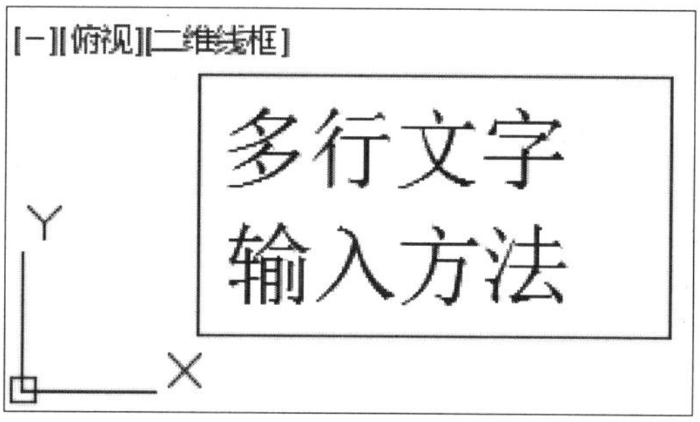

图 8–36

知识拓展：使用【快捷特性】面板

在 AutoCAD 2016 中，可以右击多行文字，在弹出的快捷菜单中，选择【快捷特性】命令，打开【快捷特性】面板，在该面板中可以快速设置文字的样式、文字高度、对正和旋转等格式。

8.3.4　添加多行文字背景

微课堂 00 分 36 秒

在 AutoCAD 2016 中，为了在复杂的图形中突出文字，可以为文字添加背景效果，下面介绍添加多行文字背景的操作方法。

操作步骤 >> Step by Step

第 1 步 新建 CAD 空白文档并创建多行文字，在【草图与注释】空间中，双击已创建的多行文字，如图 8-37 所示。

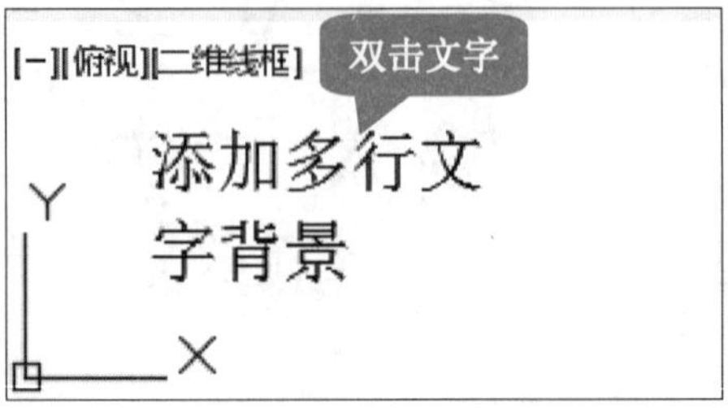

图 8-37

第 2 步 弹出【文字编辑器】选项卡，返回绘图区，将鼠标指针定位在文字输入框中，双击选中多行文字，如图 8-38 所示。

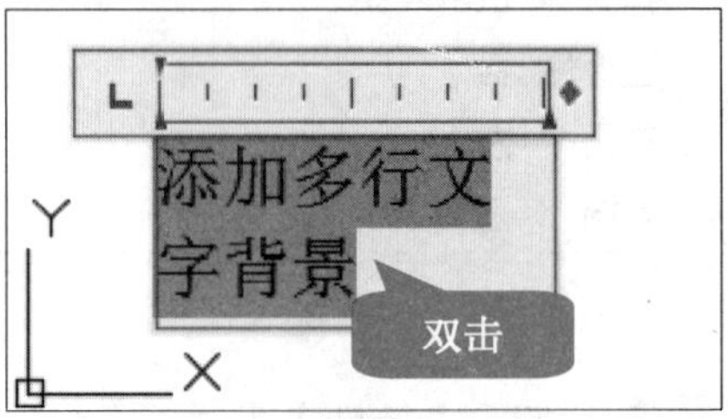

图 8-38

第 3 步 返回【文字编辑器】选项卡，在【样式】面板中，单击【遮罩】按钮，如图 8-39 所示。

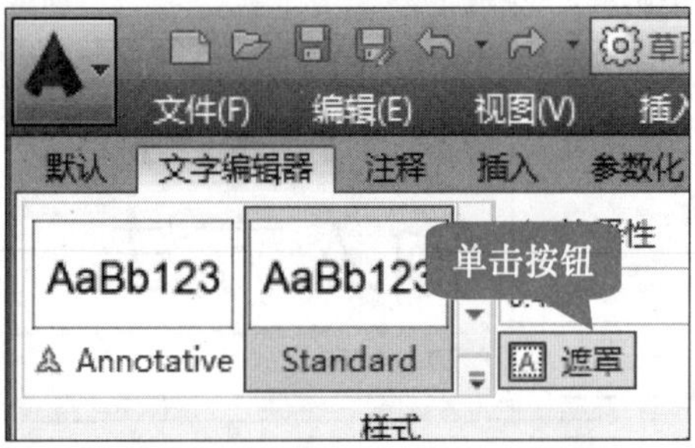

图 8-39

第 4 步 弹出【背景遮罩】对话框，***1.*** 选中【使用背景遮罩】复选框，***2.*** 在【填充颜色】区域中，设置背景颜色，***3.*** 单击【确定】按钮 确定 ，即可完成添加多行文字背景的操作，如图 8-40 所示。

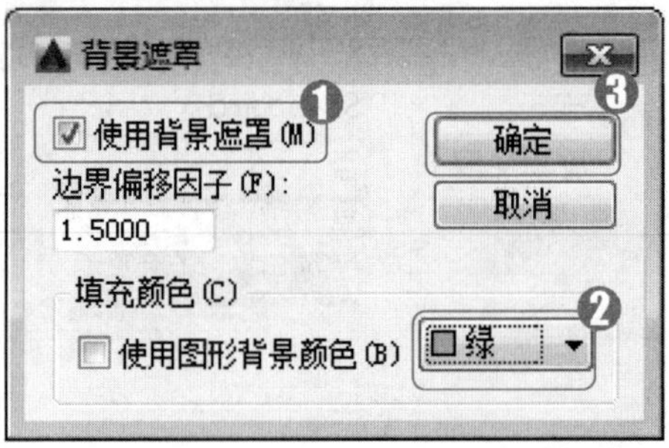

图 8-40

知识拓展：边界偏移因子

在 AutoCAD 2016 中，当需要指定文字周围不透明背景大小时，可以在【背景遮罩】对话框中，设置【边界偏移因子】的值，当偏移因子的值为 1 时，表示非常适合多行文字对象；当值大于 1 时，如为 1.5 时，背景宽度则是文字高度的 1.5 倍。

Section 8.4 创建表格

导读

在 AutoCAD 2016 中，为提高工作效率，节省存储空间，可以创建表格来存放数据。表格是在行和列中包括数据的复合对象，创建了表格还可以对表格样式和表格内容进行操作，本节将重点介绍表格方面的知识与操作技巧。

8.4.1 新建表格

微课堂 00 分 33 秒

在 AutoCAD 2016 中，可以在【绘图】窗口中创建一个新的表格，以便用户对创建的图形数据进行说明，下面介绍新建表格的操作方法。

操作步骤 >> Step by Step

第 1 步 新建 CAD 空白文档，切换到【草图与注释】空间，*1.* 在菜单栏中，选择【绘图】菜单，*2.* 在弹出的下拉菜单中，选择【表格】命令，如图 8-41 所示。

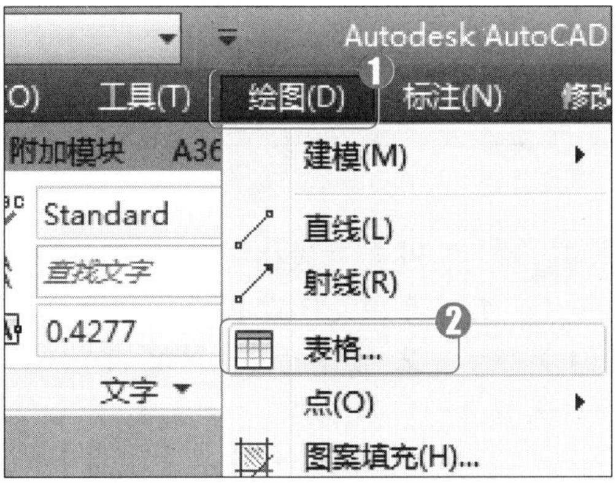

图 8-41

第 2 步 弹出【插入表格】对话框，*1.* 在【列和行设置】区域中，在【列数】下拉列表框中输入列数 3，*2.* 在【数据行数】下拉列表框中输入行数 2，*3.* 单击【确定】按钮 确定 ，如图 8-42 所示。

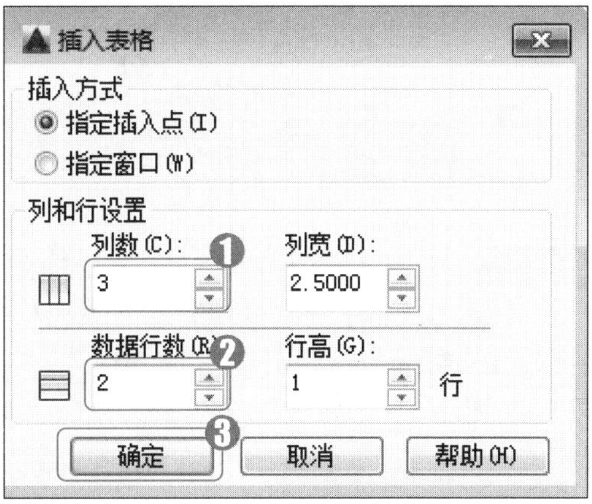

图 8-42

第 3 步 返回到绘图区，命令行提示“TABLE 指定插入点”，在空白处单击指定插入点，如图 8-43 所示。

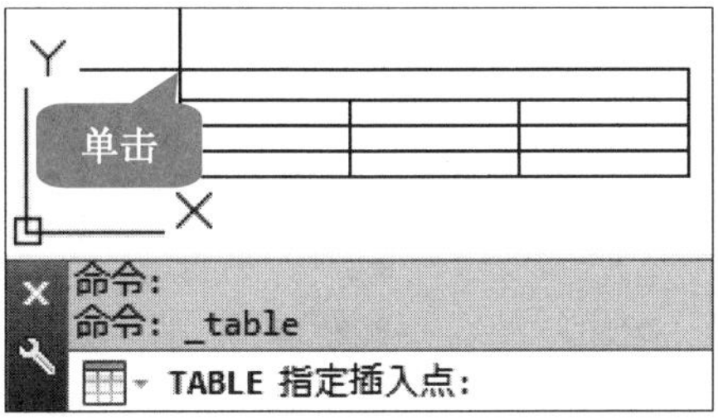

图 8-43

第 4 步 此时即可完成插入表格的操作，如图 8-44 所示。

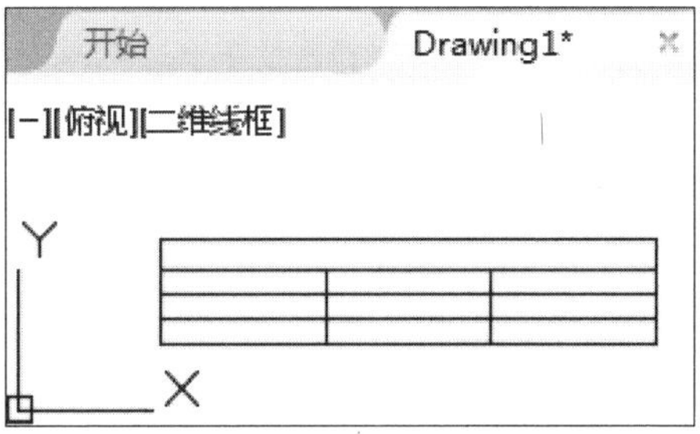

图 8-44

8.4.2 设置表格的样式

微课堂 00 分 51 秒

在 AutoCAD 2016 中，可以通过设置表格的样式来新建不同格式的表格，表格样式包括表格内的文字颜色、字体、大小等，下面介绍创建表格样式的操作方法。

操作步骤 >> Step by Step

第 1 步 新建 CAD 空白文档，切换到【草图与注释】空间，*1.* 在菜单栏中，选择【格式】菜单，*2.* 在弹出的下拉菜单中，选择【表格样式】命令，如图 8-45 所示。

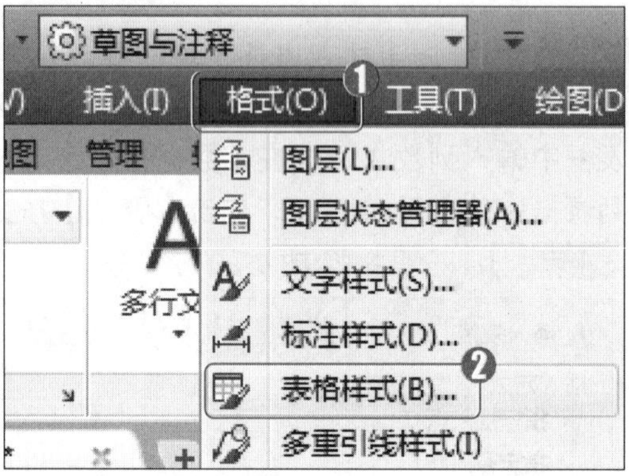

图 8–45

第 2 步 弹出【表格样式】对话框，单击【新建】按钮 新建(N)...，如图 8-46 所示。

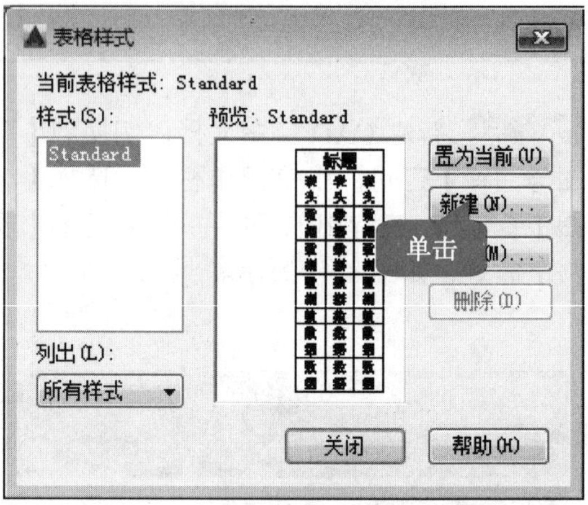

图 8–46

第 3 步 弹出【创建新的表格样式】对话框，*1.* 在【新样式名】文本框中，输入表格样式名称，*2.* 单击【继续】按钮 继续，如图 8-47 所示。

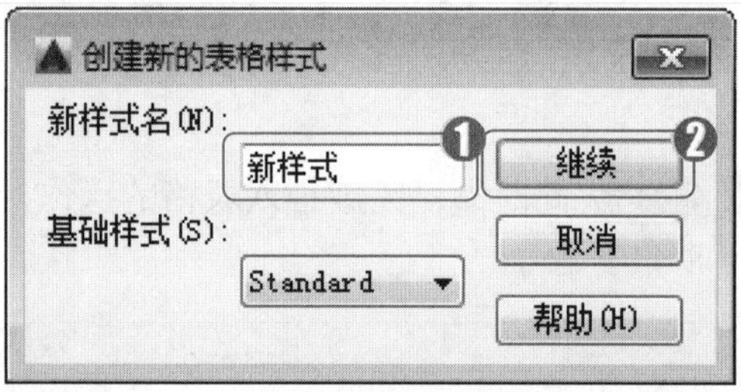

图 8–47

第 4 步 弹出【新建表格样式：新表格样式】对话框，*1.* 在【单元样式】区域中，选择【常规】选项卡，*2.* 在【特性】区域的【对齐】下拉列表框中，选择对齐方式，*3.* 在【页边距】区域中，设置【水平】与【垂直】页边距为 1，*4.* 单击【确定】按钮 确定，如图 8-48 所示。

图 8–48

第 5 步 返回到【表格样式】对话框，单击【关闭】按钮 关闭，即可完成设置表格样式的操作，如图 8-49 所示。

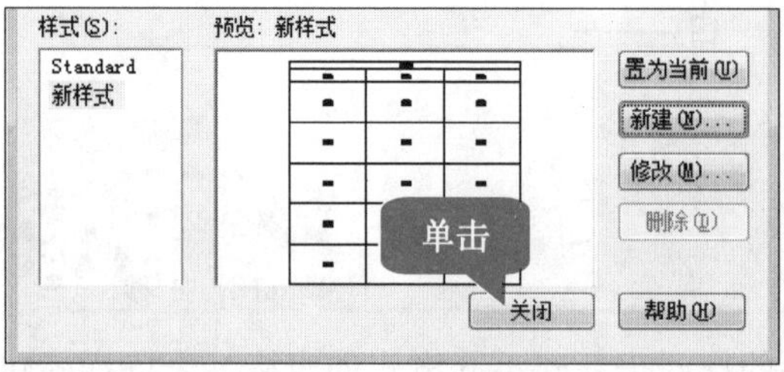

图 8–49

知识拓展：删除表格样式

在 AutoCAD 2016 中，若表格样式为当前系统样式时则无法删除，只有将当前样式设置为其他表格式时，才可以在【表格样式】对话框中，右击表格样式名称，在弹出的快捷菜单中，选择【删除】命令删除该表格样式。

8.4.3 向表格中输入文本内容

微课堂 00 分 21 秒

在 AutoCAD 2016 中，新建表格后，用户可以在表格中输入文字等信息，下面介绍向表格中输入文本内容的操作方法。

操作步骤 >> Step by Step

第 1 步 新建 CAD 空白文档并插入表格，在【草图与注释】空间中，双击准备输入内容的单元格，如图 8-50 所示。

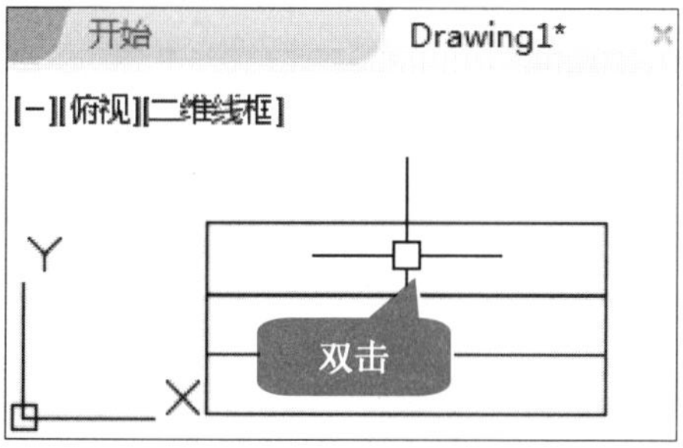

图 8-50

第 2 步 此时该单元格变为输入编辑状态，将鼠标指针定位在文本框中，输入文本内容，如图 8-51 所示。

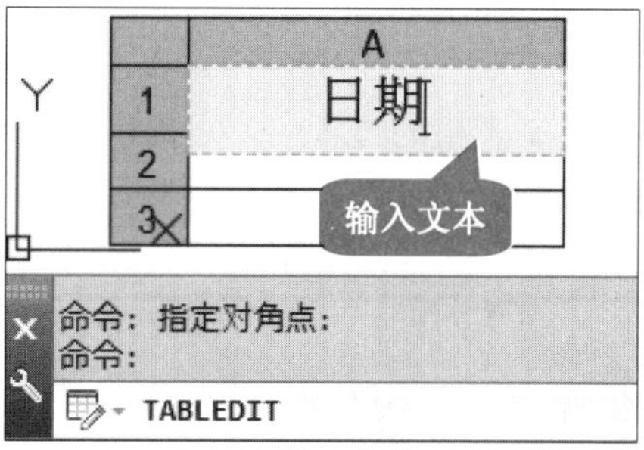

图 8-51

第 3 步 然后将鼠标指针移至表格外单击，退出表格文本输入框，即可完成向表格中输入文本内容的操作，如图 8-52 所示。

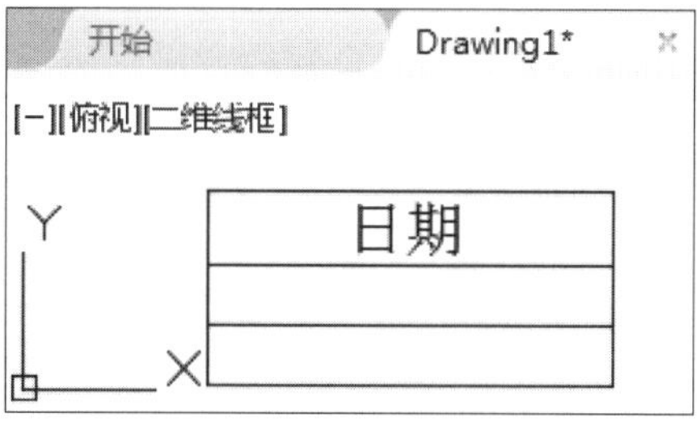

图 8-52

■ 指点迷津

在一个单元格中输入文本内容后，按 Enter 键，可以切换到下一个要输入文本内容的单元格中。

知识拓展：表格文字编辑器

在 AutoCAD 2016 中，双击任意单元格，可以弹出【文字编辑器】选项卡，在该选项卡中，可以对表格中的文字格式进行设置，如文字的大小、粗细、下划线和段落，以及表格背景颜色的设置等。

Section 8.5 编辑表格

导读

在 AutoCAD 2016 中，表格创建后，用户可以随时对表格中的内容进行编辑和修改，同时可以对表格行数、列数、颜色等样式进行设置，以满足绘图的需要，下面重点介绍编辑表格的知识与操作技巧。

8.5.1 添加与删除表格列

微课堂 00 分 34 秒

在 AutoCAD 2016 中，因实际绘图操作需要，用户可以对表格进行添加与删除列操作，下面将介绍添加与删除表格列的操作方法。

1 添加表格列

在绘制表格的过程中，可以根据工作需要，为表格添加一列或多列，下面介绍添加表格列的方法。

操作步骤 >> Step by Step

第 1 步 新建 CAD 空白文档并新建表格，在【草图与注释】空间中，单击选中要插入列的表格列，如图 8-53 所示。

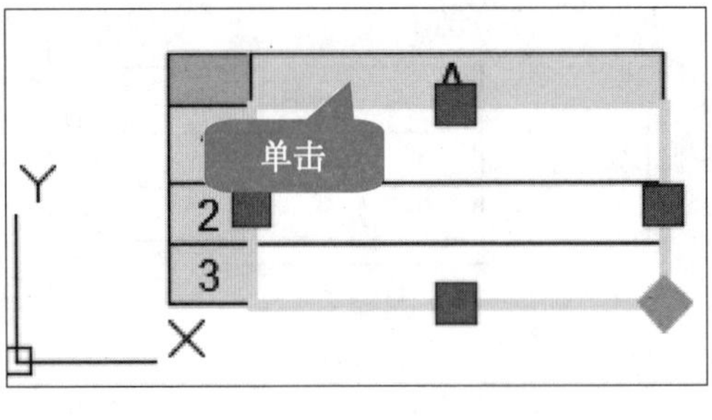

图 8-53

第 2 步 弹出【表格单元】选项卡，在【列】面板中，单击【从左侧插入】按钮，如图 8-54 所示。

图 8-54

第 3 步 此时在选中的列左侧插入一列，通过以上步骤即可完成添加表格列的操作，如图 8-55 所示。

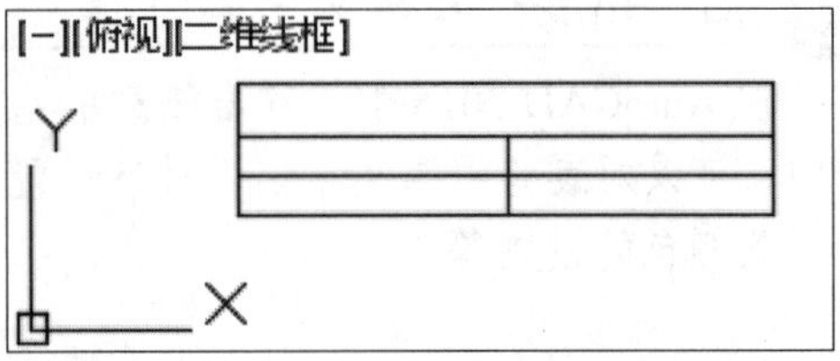

图 8-55

2 删除表格列

在绘制表格的过程中，可以根据工作需要，对多余的列进行删除操作，下面以删除多个列为例，介绍删除表格列的方法。

操作步骤 >> Step by Step

第 1 步 新建 CAD 空白文档并新建表格，在【草图与注释】空间中，单击选中要删除的表格列，如图 8-56 所示。

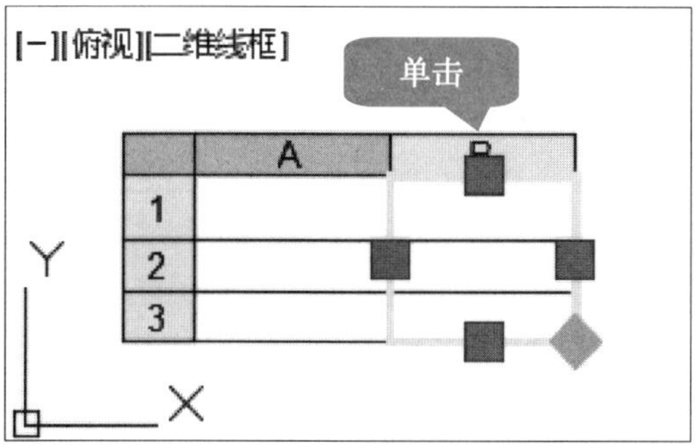

图 8-56

第 2 步 弹出【表格单元】选项卡，在【列】面板中，单击【删除列】按钮，如图 8-57 所示。

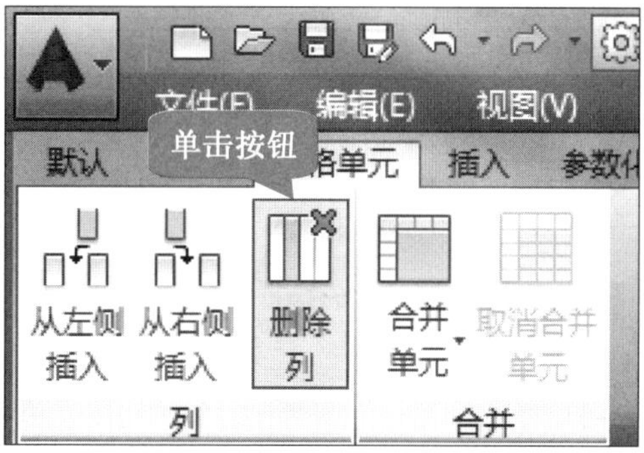

图 8-57

第 3 步 此时选中的表格列被删除，通过以上步骤即可完成删除表格列的操作，如图 8-58 所示。

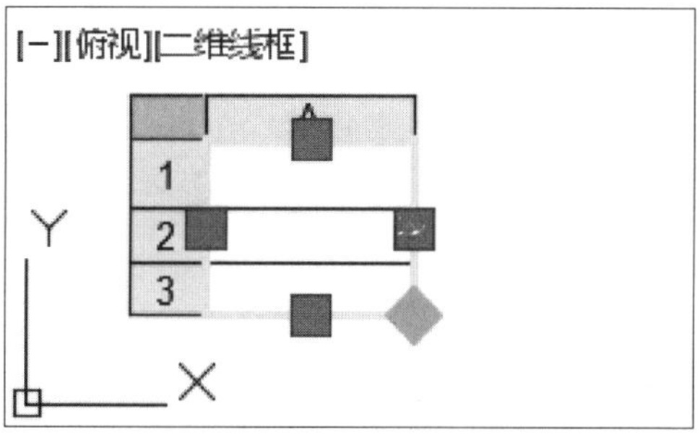

图 8-58

■ 指点迷津

右击选中的表格列，在弹出的快捷菜单中选择【删除列】命令，也可以删除表格列。

8.5.2 添加与删除表格行

微课堂 00 分 34 秒

在 AutoCAD 2016 中，在对数据进行编辑或整理时，有时需要增加项目，此时可以在表格中添加行来存放内容，当出现多余的空行时，则可以将其删除，下面将介绍添加与删除表格行的操作方法。

1 添加表格行

在绘制表格的过程中，用户可以根据工作需要，对表格中的行进行添加操作，下面介绍添加表格行的操作方法。

操作步骤 >> Step by Step

第 1 步 新建 CAD 空白文档并新建表格，在【草图与注释】空间中，单击选中要添加行的表格行，如图 8-59 所示。

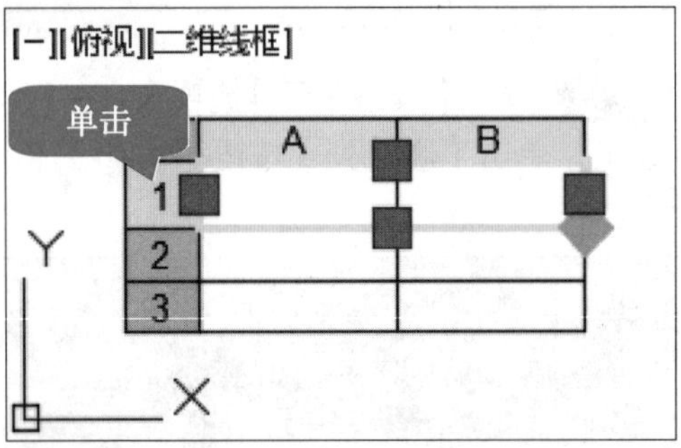

图 8–59

第 2 步 弹出【表格单元】选项卡，在【行】面板中，单击【从下方插入】按钮，如图 8-60 所示。

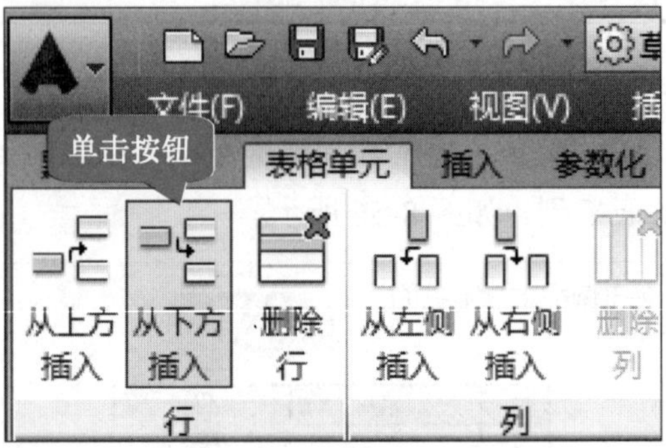

图 8–60

第 3 步 此时在选中行的下方插入一行，通过以上步骤即可完成添加表格行的操作，如图 8-61 所示。

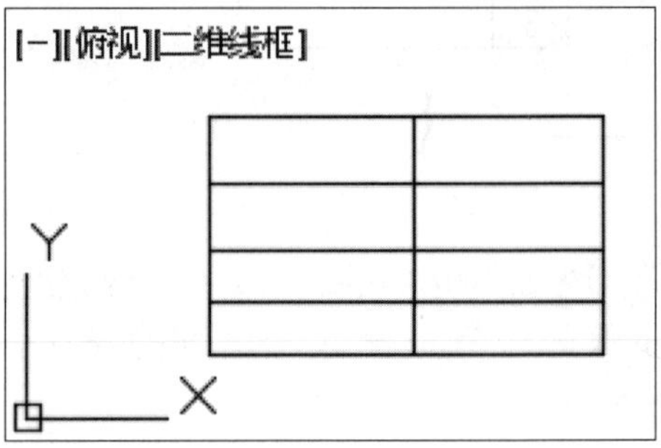

图 8–61

■ 指点迷津

选中表格行后，还可以在【表格单元】选项卡中，单击【从上方插入】按钮，在行的上方即插入表格行。

知识拓展：插入多行

在 AutoCAD 2016 中，若要同时插入多个表格行，可以选中要插入行的行数，右击选中的行，在弹出的快捷菜单中，选择【行】命令，在子菜单中选择【在上方插入】或【在下方插入】命令，即可在指定位置插入需要的表格行数。

2 删除表格行

在绘制表格的过程中，可以根据工作需要，对多余的行进行删除操作，下面以删除单行为例，介绍删除表格行的方法。

操作步骤 >> Step by Step

第 1 步 新建 CAD 空白文档并新建表格，在【草图与注释】空间中，单击选中要删除的表格行，如图 8-62 所示。

第 2 步 然后右击选中的表格行，在弹出的快捷菜单中，选择【删除行】命令，即可完成删除表格行的操作，如图 8-63 所示。

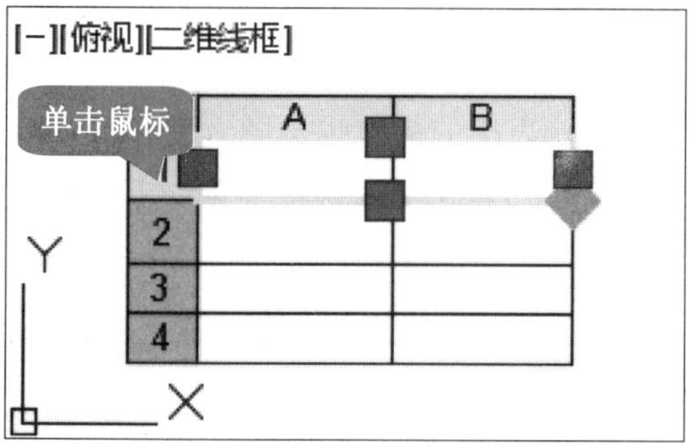

图 8-62

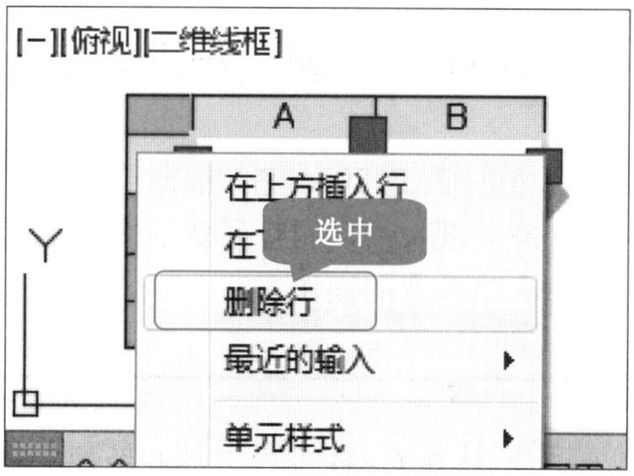

图 8-63

8.5.3　调整表格行高

微课堂 00 分 23 秒

在 AutoCAD 2016 中，根据输入文字大小的不同，表格的行高也会随之变化，为了表格的美观整齐，需要调整行高，下面介绍手动调整表格行高的操作方法。

操作步骤 >> Step by Step

第 1 步 新建 CAD 空白文档并新建表格，在【草图与注释】空间中，单击选中要调整行高的表格行，如图 8-64 所示。

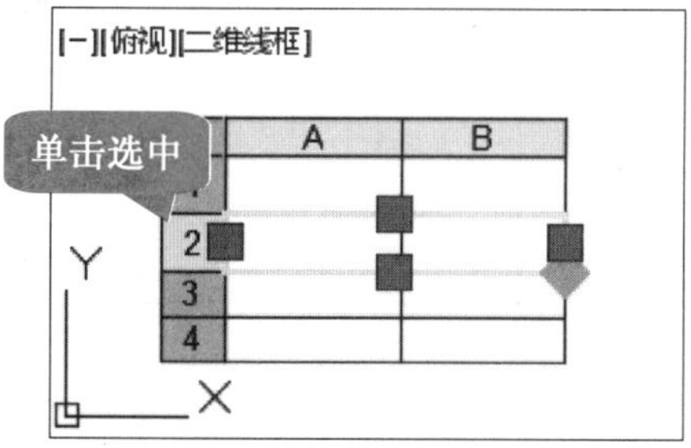

图 8-64

第 2 步 然后单击选中表格行上的夹点并向下拖动，拖动至一定位置后释放鼠标，如图 8-65 所示。

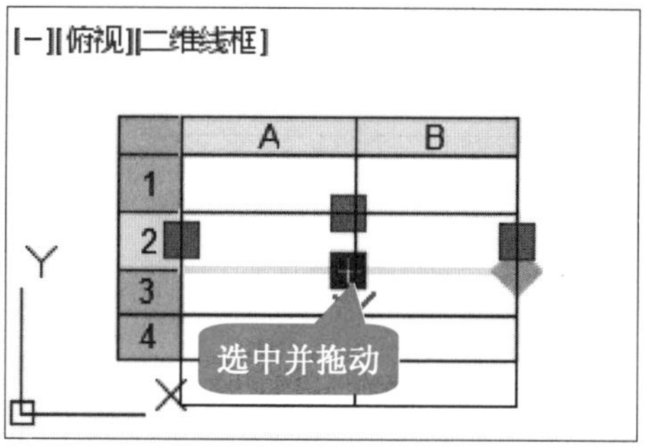

图 8-65

第 3 步 此时即可完成手动调整行高的操作，如图 8-66 所示。

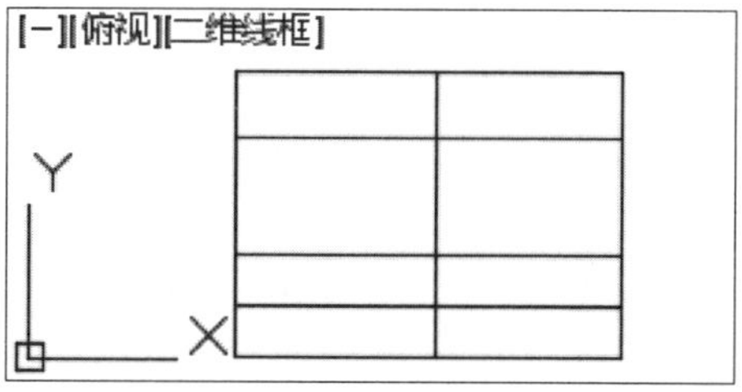

图 8-66

■ 指点迷津

右击选中多行，在弹出的快捷菜中，选择【均匀调整行大小】命令，可以快速将行高设置为相同大小。

8.5.4 调整表格列宽

微课堂 00 分 22 秒

在 AutoCAD 2016 中，根据输入文字多少的不同，表格的列宽也会随之变化，为了表格的整齐美观，需要调整列宽，调整列宽分为手动调整列宽和均匀调整列宽，下面介绍手动调整表格列宽的操作方法。

操作步骤 >> Step by Step

第 1 步 新建 CAD 空白文档并新建表格，在【草图与注释】空间中，单击选中要调整列宽的表格列，如图 8-67 所示。

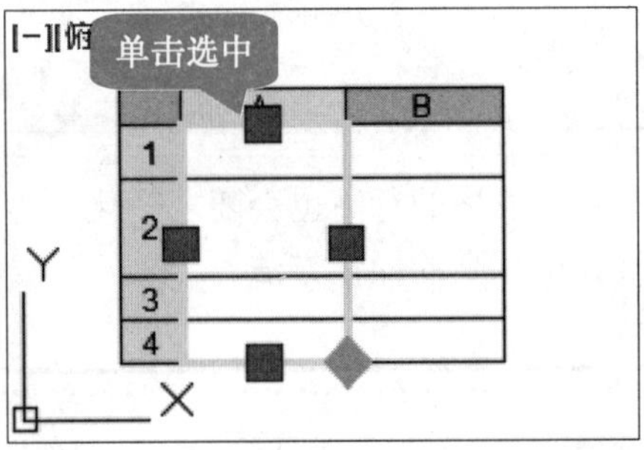

图 8-67

第 2 步 然后单击选中表格列上的夹点并向右拖动，拖动至一定位置后释放鼠标，如图 8-68 所示。

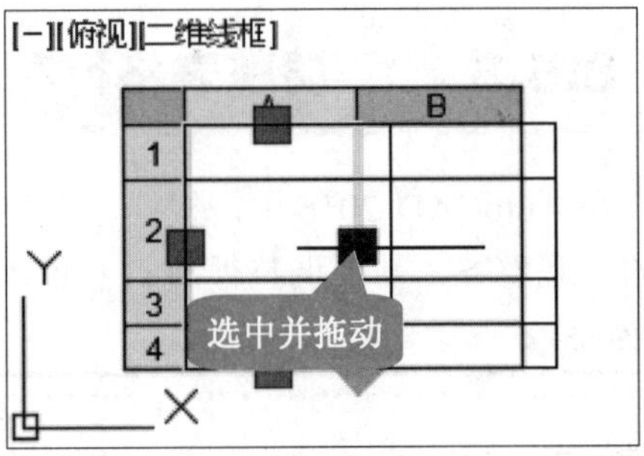

图 8-68

第 3 步 此时即可完成手动调整列宽的操作，如图 8-69 所示。

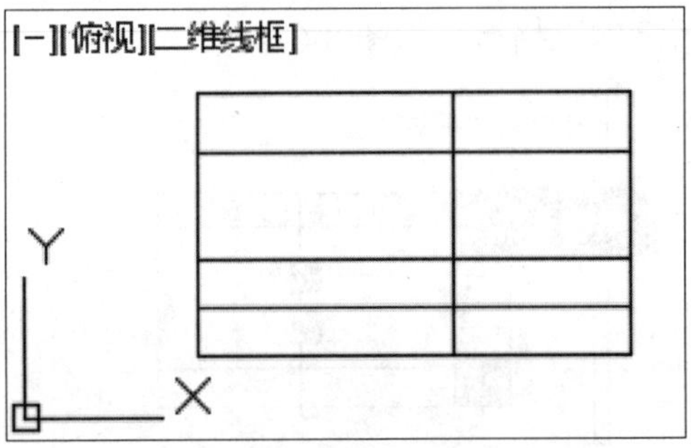

图 8-69

■ 指点迷津

右击选中多列，在弹出的快捷菜中，选择【均匀调整列大小】命令，可以快速将列宽设置为相同大小。

Section 8.6 专题课堂——特殊命令应用

导读

在 AutoCAD 2016 中，特殊命令可以修改一个或多个文字和属性对象的比例，但不修改对象的位置，本节将重点介绍使用 DDEDIT 和 SCALETEXT 特殊命令的知识与操作技巧。

8.6.1 DDEDIT 命令的应用

微课堂 00 分 39 秒

在 AutoCAD 2016 中，使用 DDEDIT 命令可以快速打开【文字编辑器】选项卡，对已经创建的文字样式进行编辑，下面介绍使用 DDEDIT 命令编辑文字的操作方法。

操作步骤 >> Step by Step

第 1 步 新建 CAD 空白文档并创建多行文字，切换到【草图与注释】空间，在命令行输入 DDEDIT 命令，然后按 Enter 键，如图 8-70 所示。

图 8-70

第 2 步 返回到绘图区，*1.* 命令行提示“TEXTEDIT 选择注释对象”，*2.* 将鼠标指针移至多行文字上并单击，如图 8-71 所示。

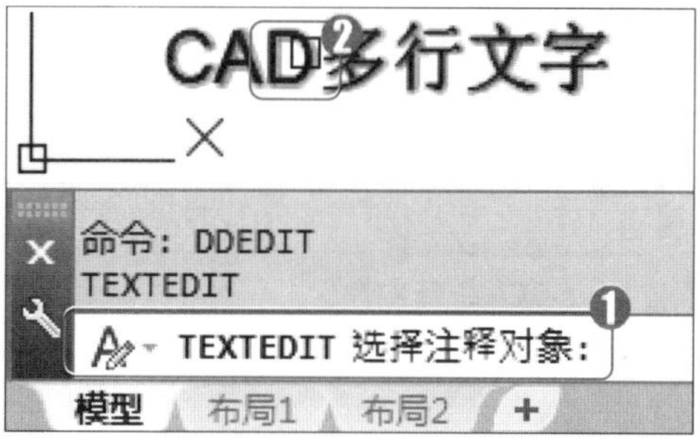

图 8-71

第 3 步 弹出【文字编辑器】选项卡，返回绘图区，将鼠标指针定位在文字输入框中，双击选中多行文字，如图 8-72 所示。

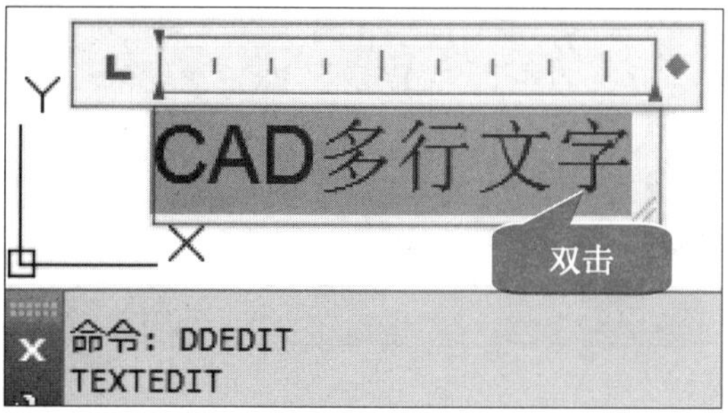

图 8-72

第 4 步 返回【文字编辑器】选项卡，*1.* 在【格式】面板中，单击【斜体】按钮 *I*，*2.* 在【颜色】下拉列表框中，设置文字颜色，如图 8-73 所示。

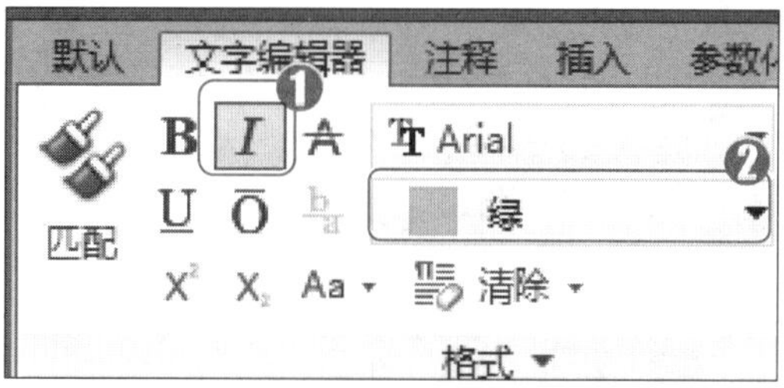

图 8-73

第 5 步 在【关闭】面板中单击【关闭文字编辑器】按钮，文字已经编辑成功，通过以上步骤即可完成使用 DDEDIT 命令编辑文字的操作，如图 8-74 所示。

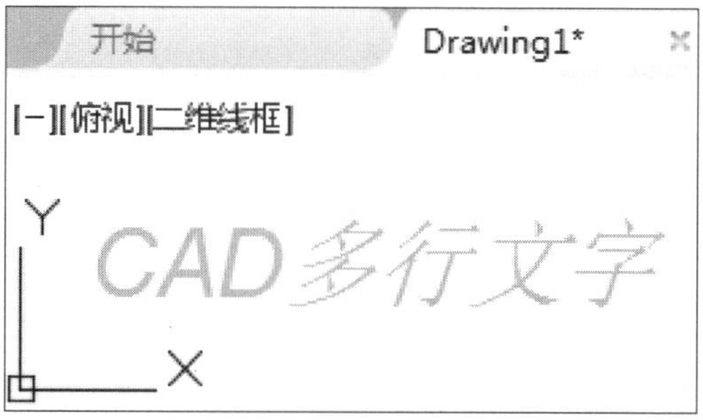

图 8-74

■ 指点迷津

对单行文字使用 DDEDIT 命令，可以直接进入编辑文字状态。

8.6.2 SCALETEXT 命令的应用

微课堂 00 分 39 秒

在 AutoCAD 2016 中，可以使用 SCALETEXT 命令使文字对象增大或缩小而不改变其位置，下面介绍使用 SCALETEXT 命令修改文字高度的操作方法。

操作步骤 >> Step by Step

第 1 步 新建 CAD 空白文档并创建加边框的多行文字，切换到【草图与注释】空间，在命令行中输入 SCALETEXT 命令，然后按 Enter 键，如图 8-75 所示。

图 8–75

第 2 步 返回到绘图区，*1.* 命令行提示“SCALETEXT 选择对象”，*2.* 将鼠标指针移至多行文字上并单击，如图 8-76 所示。

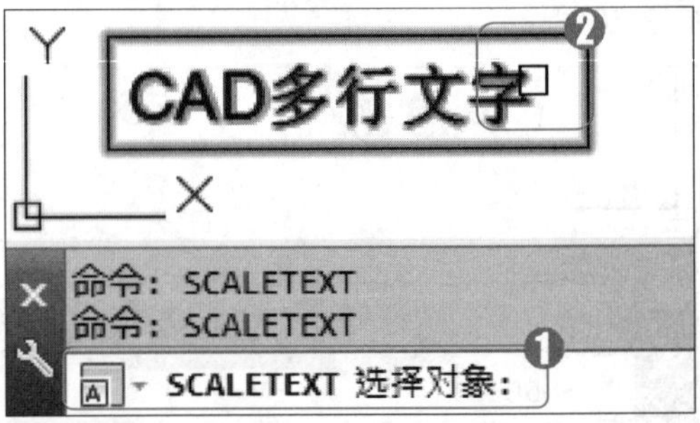

图 8–76

第 3 步 然后按 Enter 键，根据命令行提示“SCALETEXT 输入选项”信息，在命令行输入【右对齐(R)】命令 R，然后按 Enter 键，如图 8-77 所示。

图 8–77

第 4 步 命令行提示“SCALETEXT 指定新模型高度”信息，在命令行输入文字高度 1，按 Enter 键，如图 8-78 所示。

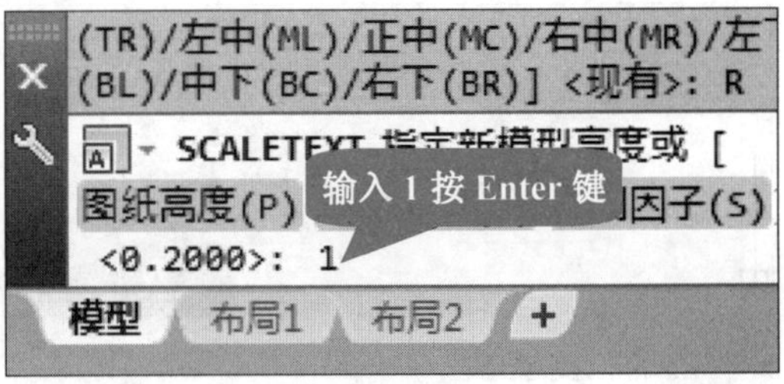

图 8–78

第 5 步 返回到绘图区，文字已经按照设定的要求修改高度，通过以上步骤即可完成使用 SCALETEXT 命令修改文字格式的操作，如图 8-79 所示。

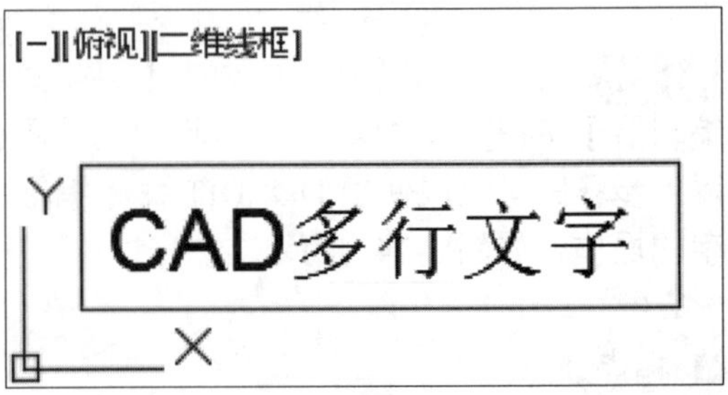

图 8–79

■ 指点迷津

在 AutoCAD 2016 中，使用 SCALETEXT 命令也适用于修改单行文字的大小。

知识拓展：缩放整图文字

在 AutoCAD 2016 中，有时需要将整个图形中的文字更改大小，这里就可以使用 SCALETEXT 命令，选中所有文字，然后调用 SCALETEXT 命令，在命令行设置好文字高度，即可同时对所有文字的大小进行修改。

Section 8.7 实践经验与技巧

导读

在本节的学习过程中，将侧重介绍和讲解与本章知识点有关的实践经验及技巧，主要内容将包括如何插入特殊符号、如何移动表格，以及如何合并单元格等方面的知识与操作技巧。

8.7.1 插入特殊符号

微课堂 00 分 27 秒

在 AutoCAD 2016 中，创建文字后，用户可以在创建的文字中插入特殊符号，特殊符号包括“°”符号、正/负公差符号和直径符号等，下面介绍插入特殊符号的操作方法。

操作步骤 >> Step by Step

第 1 步 新建 CAD 空白文档并创建多行文字，在【草图与注释】空间中，双击已创建的多行文字，如图 8-80 所示。

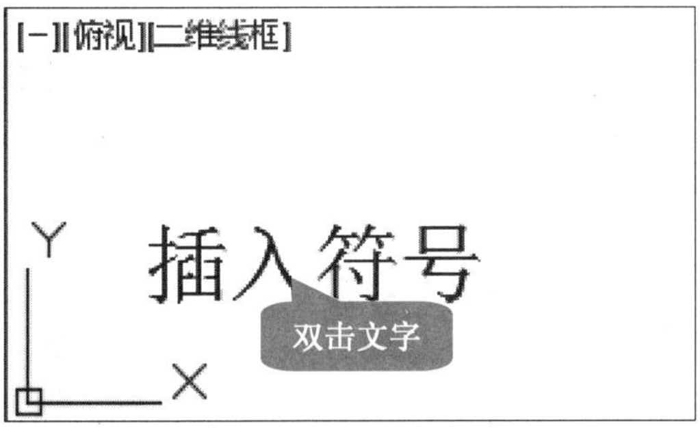

图 8-80

第 3 步 返回绘图区，可以看到插入的符号，通过以上步骤即可完成插入特殊符号的操作，如图 8-82 所示。

第 2 步 弹出【文字编辑器】选项卡，**1.** 在【插入】面板中，单击【符号】下拉按钮 符号，**2.** 在弹出的下拉菜单中，选择【度数】命令，如图 8-81 所示。

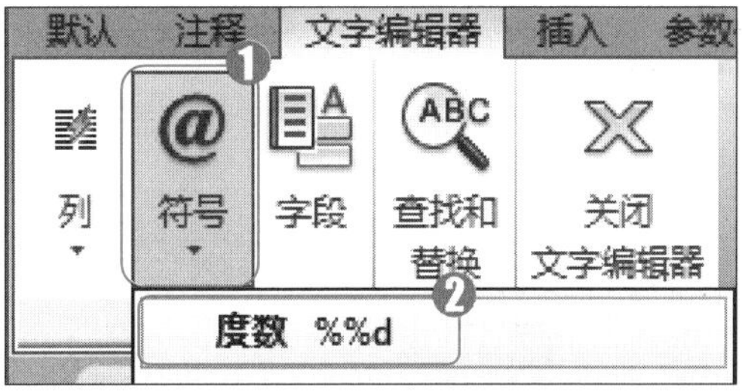

图 8-81

图 8-82

8.7.2 移动表格

微课堂 00 分 22 秒

在 AutoCAD 2016 中，根据绘图的需要，有时要将表格移动至其他位置，下面介绍移动表格的操作方法。

操作步骤 >> Step by Step

第 1 步 新建 CAD 空白文档并创建表格，在【草图与注释】空间中，选中表格，单击选中表格左上角的夹点并向右拖动，如图 8-83 所示。

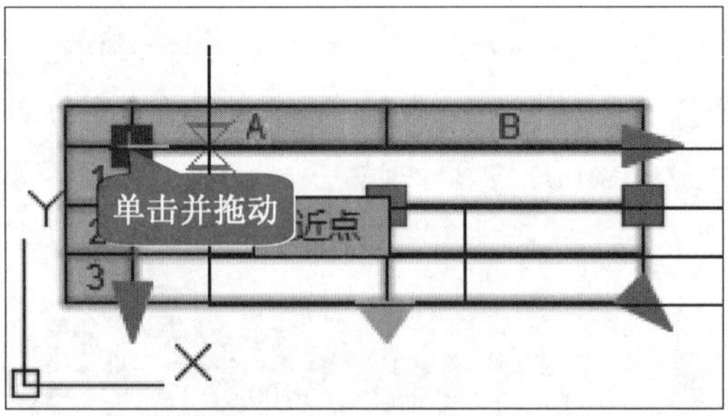

图 8-83

第 2 步 拖动鼠标指针至一定位置释放鼠标，即可完成移动表格的操作，如图 8-84 所示。

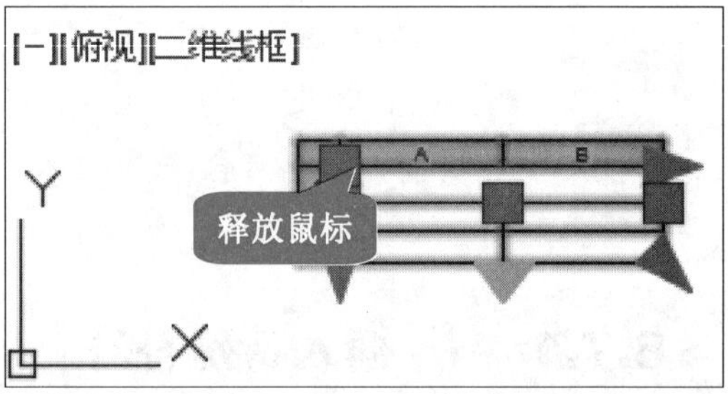

图 8-84

8.7.3 合并单元格

微课堂 00 分 26 秒

在 AutoCAD 2016 中，合并单元格是指将几个连续的单元格合并成一个单元格的操作方法，下面介绍合并表格单元格的操作方法。

操作步骤 >> Step by Step

第 1 步 新建 CAD 空白文档并新建表格，在【草图与注释】空间中，单击选中要合并的单元格，如图 8-85 所示。

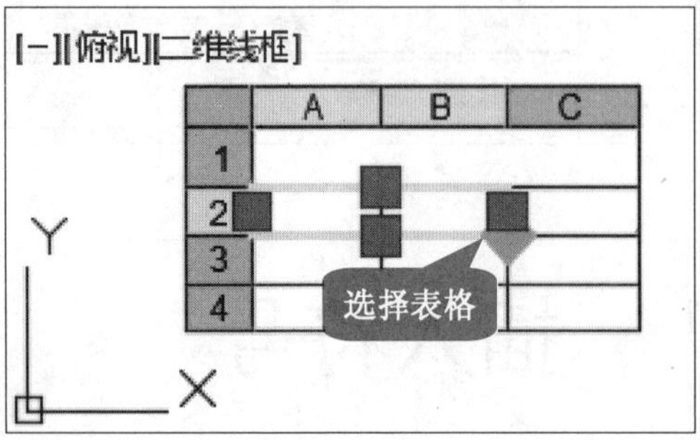

图 8-85

第 2 步 弹出【表格单元】选项卡，在【合并】面板中，单击【合并单元】下拉按钮，如图 8-86 所示。

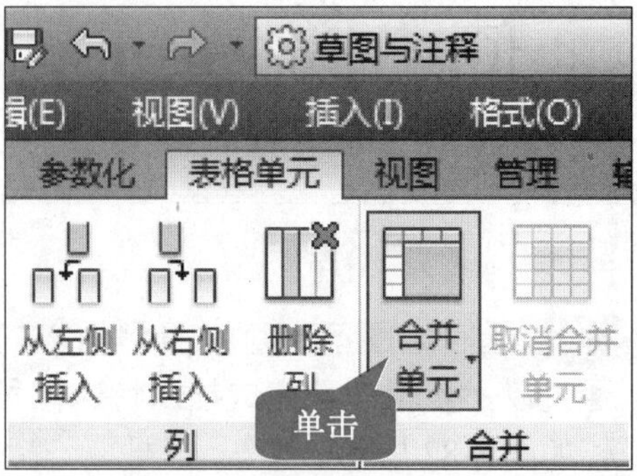

图 8-86

第 3 步 在弹出的下拉菜单中，选择【按行合并】命令，如图 8-87 所示。

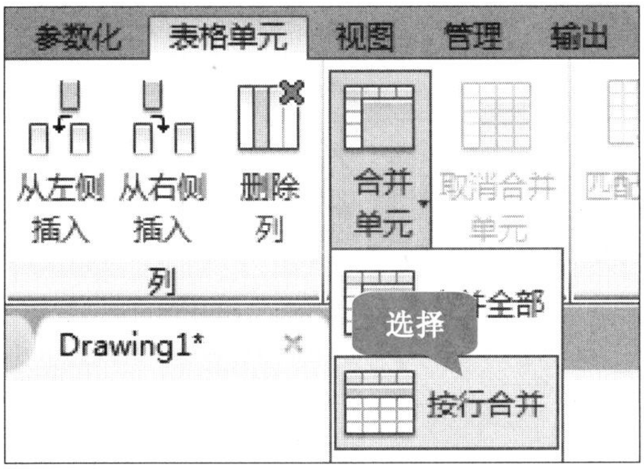

图 8-87

第 4 步 返回到绘图区，选中的单元格被合并，通过以上步骤即可完成合并单元格的操作，如图 8-88 所示。

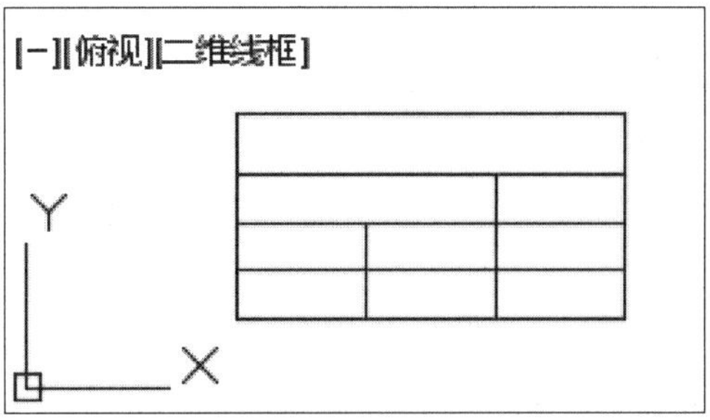

图 8-88

一点即通：取消合并单元格

在 AutoCAD 2016 中，选中已合并的单元格，在【表格单元】选项卡中，单击【取消合并单元】按钮，即可恢复合并的单元格；或者右击合并的单元格，在弹出的快捷菜单中，选择【取消合并】命令，来取消合并的单元格。

8.7.4 旋转文字

微课堂 00 分 33 秒

在 AutoCAD 2016 中，对于创建的文字，可以在【快捷特性】面板中设置其旋转的角度，下面介绍旋转文字的操作方法。

操作步骤 >> Step by Step

第 1 步 新建 CAD 空白文档并创建单行文字，在【草图与注释】空间中，单击选中文字，如图 8-89 所示。

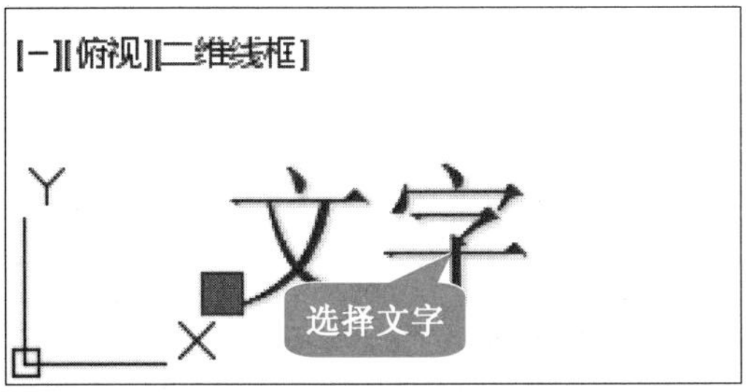

图 8-89

第 2 步 右击选中的文字，在弹出的快捷菜单中，选择【快捷特性】命令，如图 8-90 所示。

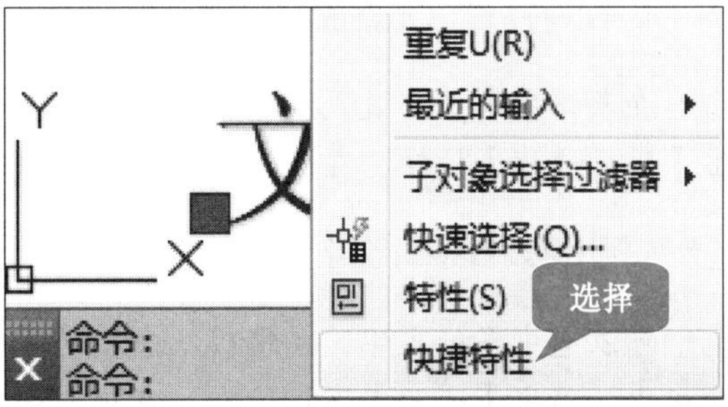

图 8-90

第 3 步 弹出【快捷特性】面板，**1.** 在【旋转】文本框中，输入角度 45，**2.** 单击【关闭】按钮，如图 8-91 所示。

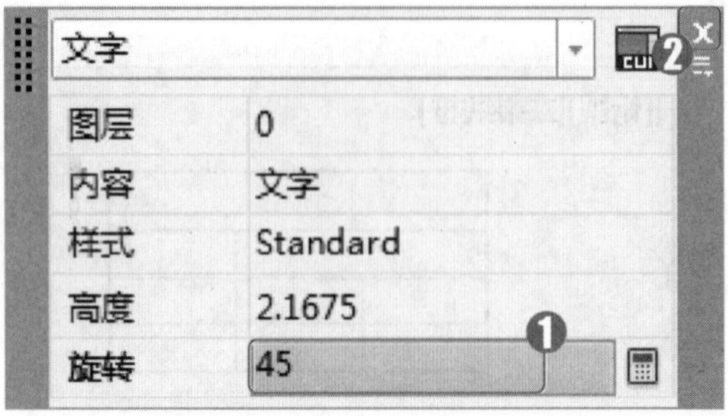

图 8-91

第 4 步 返回到绘图区，文字发生变化，通过以上步骤即可完成旋转文字的操作，如图 8-92 所示。

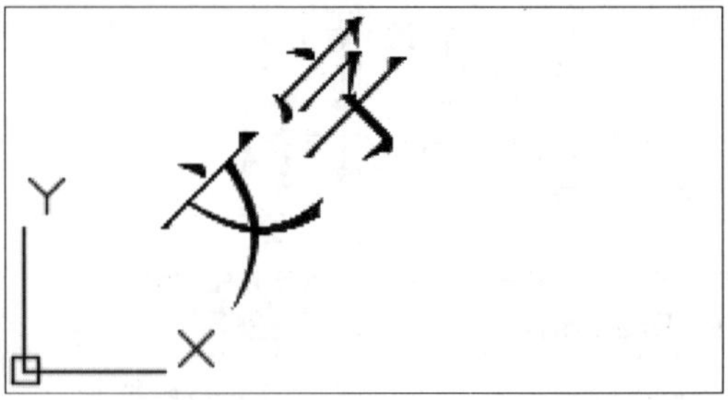

图 8-92

Section 8.8 有问必答

1. 如何删除表格？

可以右击要删除的表格，在弹出的快捷菜单中，选择【删除】命令；或者选中表格，直接按 Delete 键删除。

2. 在表格中，如何同时删除多个表格行或表格列？

可以在表格中选中要删除的多行或多列，在【表格单元】选项卡中，单击【删除行】或【删除列】按钮，即可同时删除多行或多列。

3. 在【文字样式】对话框中，设置文字的颠倒与反向效果无法应用，如何解决？

在 AutoCAD 2016 中，颠倒与反向效果只能应用于单行文字，所以可以创建单行文字来设置这两种效果。

4. 如何设置单元格的边框颜色？

在表格中选择要设置颜色的单元格，在【表格单元】选项卡的【单元格式】面板中单击【编辑边框】按钮，在弹出的【单元格边框特性】对话框中，设置要应用的颜色即可。

5. 如何设置多行文字的行距？

可以选中多行文字，在编辑状态下选中文字，在【文字编辑器】选项卡中的【段落】面板中，单击【行距】下拉按钮，在弹出的下拉菜单中，选择要使用的行距选项即可。

第9章

尺寸标注

本章要点

- 尺寸标注的组成与规则
- 尺寸标注样式
- 基本尺寸标注
- 快捷标注
- 编辑标注
- 多重引线标注
- 形位公差
- 专题课堂——约束

本章主要内容

本章主要介绍 AutoCAD 2016 中尺寸标注的组成与规则、尺寸标注样式和基本尺寸标注方面的知识，同时讲解快速标注、编辑标注、多重引线标注及形位公差方面的知识，在本章的专题课堂环节还将介绍约束应用方面的知识。通过本章的学习，读者可以掌握标注、形位公差和约束应用方面的知识与技巧，为深入学习 AutoCAD 2016 奠定基础。

Section 9.1 尺寸标注的组成与规则

导读

在 AutoCAD 2016 中，尺寸标注是绘图过程中不可缺少的部分，当绘制机械与建筑图纸时，需要对图纸中的元素进行尺寸标注，本节将介绍尺寸标注的组成与规则方面的知识。

9.1.1 尺寸标注的组成元素

微课堂 00 分 11 秒

在 AutoCAD 2016 中，尺寸标注的组成元素包括尺寸界线、尺寸线、尺寸箭头和尺寸文字等，如图 9-1 所示。

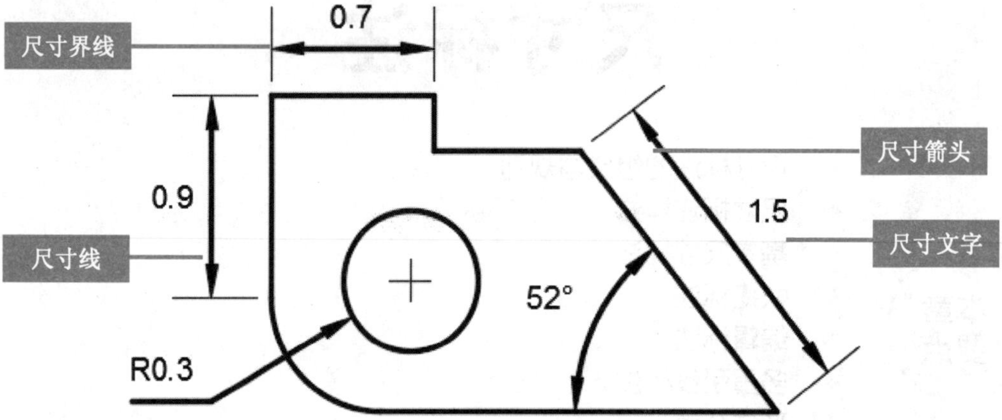

图 9-1

- 尺寸线：尺寸线用于指示尺寸方向和范围的线条，尺寸线通常是与被标注实体平行，如果是角度标注，尺寸线将显示为一段圆弧。
- 尺寸箭头：尺寸箭头用于表示标注的方向，显示在尺寸线两端。
- 尺寸界线：尺寸界线用于界定量度范围的直线，一般应与被标注实体和尺寸线垂直。
- 尺寸文字：尺寸文字用于指示实际测量值的字符串，尺寸文字可以包含前缀、后缀和公差。

9.1.2 尺寸标注规则

微课堂 00 分 18 秒

在 AutoCAD 2016 中，对图形对象作的尺寸标注要准确、完整和清晰，还应该注意如下基本规则。

> ➢ 尺寸标注的大型值：物体的真实大小应以图样上所标注的尺寸数值为依据，与图形的大小及绘图的精确度无关。
> ➢ 尺寸标注的尺寸：图样中的尺寸以毫米(mm)为单位时，不需要标注计量单位的代号或名称。
> ➢ 尺寸标注的说明：图样中所标注的尺寸为该图样所表示物体的最后完工尺寸，否则应另加说明。
> ➢ 尺寸的标注位置：机件上的每一个尺寸，一般在反映该结构最清楚的图形上标注一次。

Section 9.2 尺寸标注样式

导读 尺寸标注样式是用来设置标注的尺寸线粗细、尺寸箭头和尺寸文字大小等样式，在 AutoCAD 2016 中，用户可以新建和修改尺寸的标注样式，本节将重点介绍创建尺寸标注步骤以及尺寸标注样式方面的知识。

9.2.1 创建尺寸标注的步骤

微课堂 00 分 25 秒

在 AutoCAD 2016 中，调用要使用的标注命令，根据命令行提示选中要标注的图形，即可创建一个尺寸标注，下面以使用线性标注为例，介绍创建尺寸标注的操作步骤。

操作步骤 >> Step by Step

第 1 步 新建 CAD 空白文档并绘制直线，切换到【草图与注释】空间，**1.** 在菜单栏中，选择【标注】菜单，**2.** 在弹出的下拉菜单中，选择【线性】命令，如图 9-2 所示。

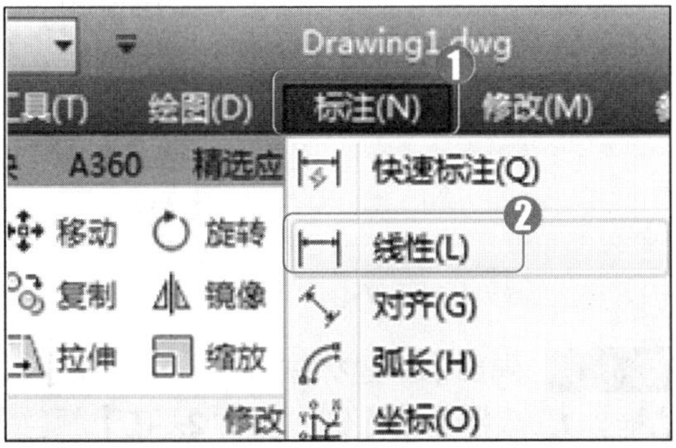

图 9-2

第 2 步 返回到绘图区，**1.** 命令行提示“DIMLINEAR 指定第一个尺寸界线原点”，**2.** 在直线的起点处单击，如图 9-3 所示。

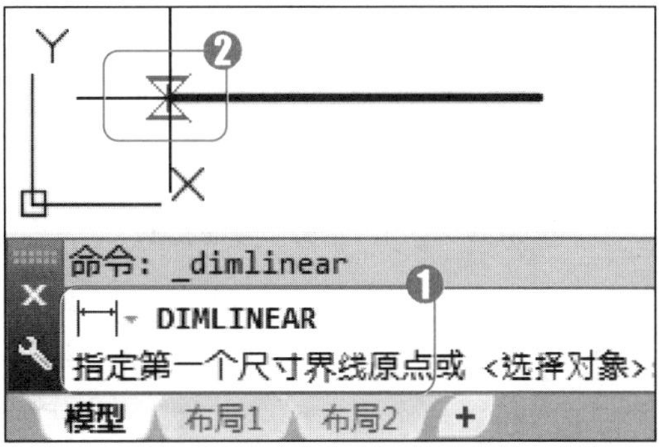

图 9-3

第 3 步　移动鼠标指针，**1.** 命令行提示“DIMLINEAR 指定第二条尺寸界线原点”，**2.** 在直线的终点处单击，如图 9-4 所示。

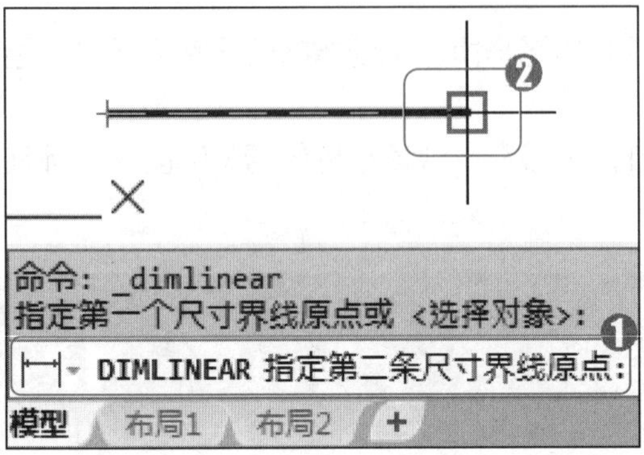

图 9–4

第 4 步　移动鼠标指针，至指定的尺寸线位置处单击，尺寸标注创建完成，通过以上方法即可完成创建尺寸标注的操作，如图 9-5 所示。

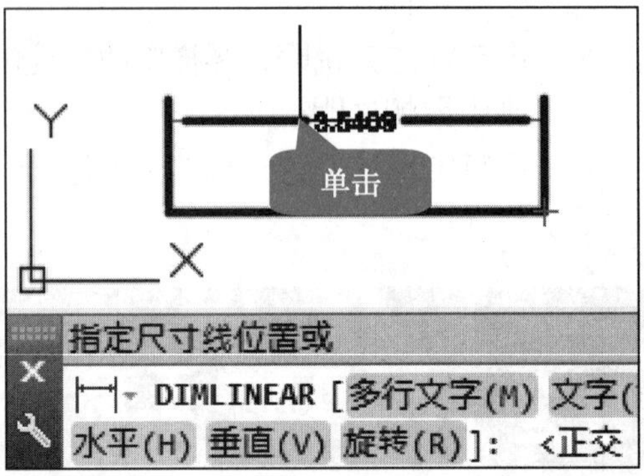

图 9–5

9.2.2　新建标注样式

微课堂　00 分 44 秒

在 AutoCAD 2016 中，在对图形对象进行尺寸标注之前，用户可以根据工作需要，创建新的尺寸标注样式，下面以设置尺寸线为例，介绍新建标注样式的操作方法。

操作步骤 >> Step by Step

第 1 步　新建 CAD 空白文档，切换到【草图与注释】空间，**1.** 在菜单栏中，选择【格式】菜单，**2.** 在弹出的下拉菜单中，选择【标注样式】命令，如图 9-6 所示。

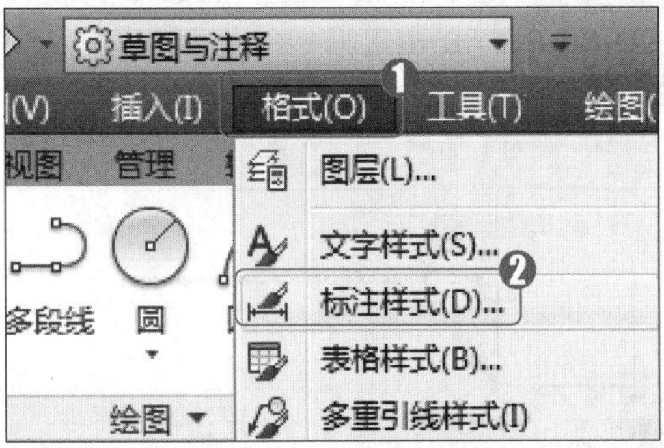

图 9–6

第 2 步　弹出【标注样式管理器】对话框，单击【新建】按钮 新建(N)...，如图 9-7 所示。

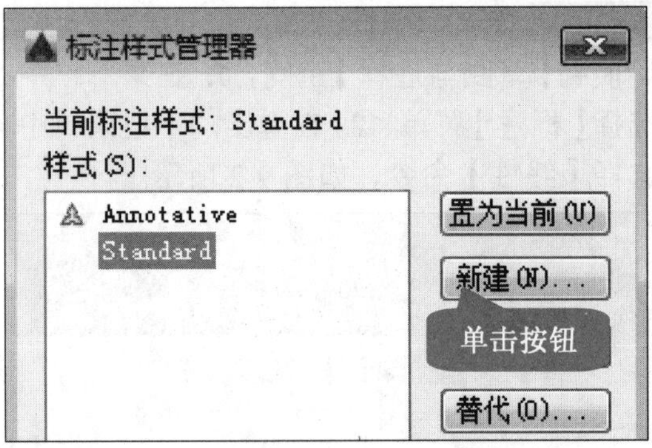

图 9–7

第 3 步　弹出【创建新标注样式】对话框，**1.** 在【新样式名】文本框中，输入标注样式名称，**2.** 单击【继续】按钮 继续 ，如

第 4 步　弹出【新建标注样式：新样式】对话框，**1.** 选择【线】选项卡，**2.** 在【颜色】下拉列表框中，设置颜色为蓝色，**3.** 在【线

图 9-8 所示。

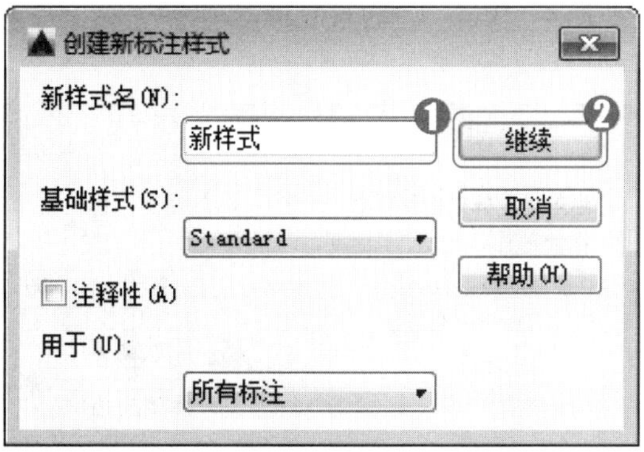

图 9–8

第 5 步　返回到【标注样式管理器】对话框，单击【关闭】按钮 关闭 ，即可完成新建标注样式的操作，如图 9-10 所示。

■ 指点迷津

在新建标注样式时，还可以设置标注的符号和箭头、文字等样式，用户可以根据绘图要求进行设置。

宽】下拉列表框中，设置线宽为 0.30mm，**4.** 单击【确定】按钮 确定 ，如图 9-9 所示。

图 9–9

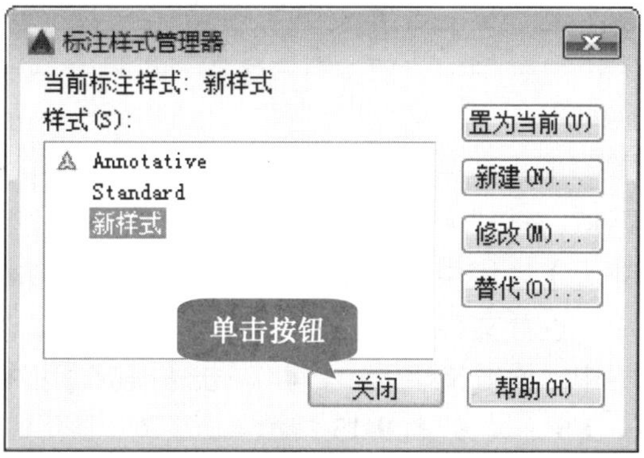

图 9–10

知识拓展：新建标注样式方式

在 AutoCAD 2016 的功能区面板中，单击【注释】选项卡中【标注】面板右下角的【标注，标注样式】按钮 ↘，或者在命令行输入 DIMSTYLE 或 D 命令，然后按 Enter 键，在弹出的【标注样式管理器】对话框中来新建标注样式。

9.2.3　修改标注样式

微课堂　00 分 42 秒

在 AutoCAD 2016 中，如果对于已经创建的标注样式觉得达不到绘图效果，可以修改标注样式以达到要求，下面以修改标注文字样式为例，介绍修改标注样式的操作方法。

知识拓展：标注样式管理器

在【标注样式管理器】对话框中，除了可以设置线样式、符号箭头样式和文字样式外，还可以对标注单位、换算单位、公差和调整样式等进行设置。

操作步骤 >> Step by Step

第 1 步 新建 CAD 空白文档，切换到【草图与注释】空间，*1.* 在菜单栏中，选择【格式】菜单，*2.* 在弹出的下拉菜单中，选择【标注样式】命令，如图 9-11 所示。

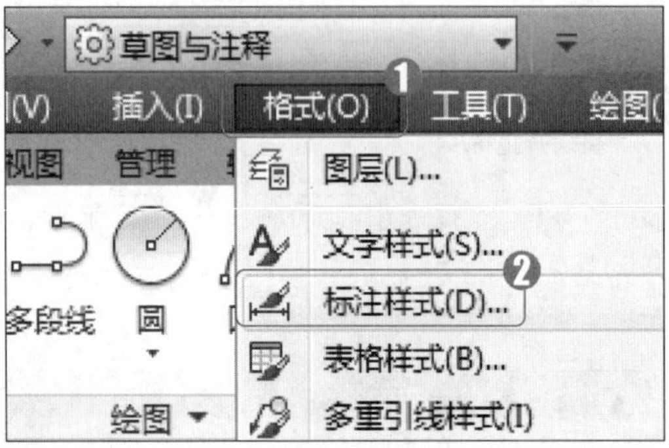

图 9-11

第 2 步 弹出【标注样式管理器】对话框，*1.* 在【样式】列表框中，选择【新样式】选项，*2.* 单击【修改】按钮 修改(M)...，如图 9-12 所示。

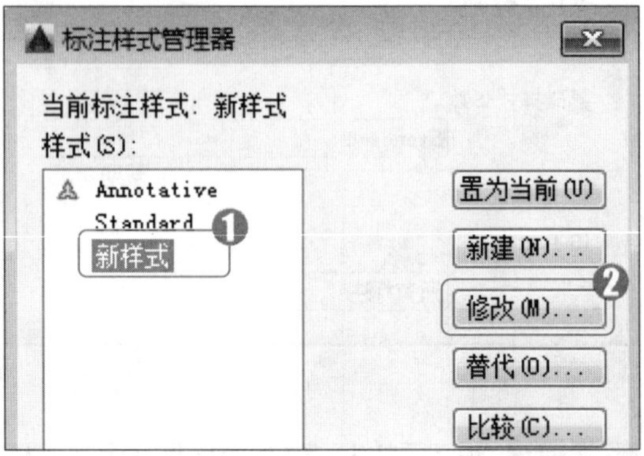

图 9-12

第 3 步 弹出【修改标注样式：新样式】对话框，*1.* 选择【文字】选项卡，*2.* 在【文字外观】区域中，在【文字颜色】下拉列表框中，设置文字颜色，*3.* 在【文字高度】文本框中，设置文字大小，*4.* 单击【确定】按钮 确定，如图 9-13 所示。

图 9-13

第 4 步 返回到【标注样式管理器】对话框，单击【关闭】按钮 关闭，即可完成修改标注样式的操作，如图 9-14 所示。

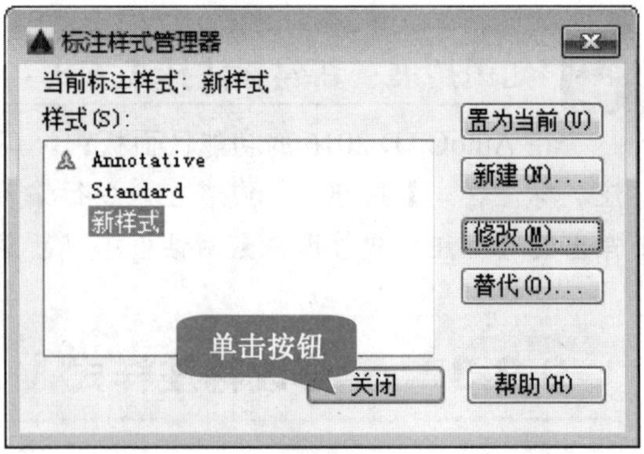

图 9-14

9.2.4 替代标注样式

微课堂 00 分 39 秒

在 AutoCAD 2016 中，在进行尺寸标注时，可以临时改变尺寸标注的样式，又不需要新建一个标注样式，这时可以使用替代标注样式功能来代替当前样式进行尺寸标注，下面介绍替代标注样式的操作方法。

操作步骤 >> Step by Step

第 1 步 新建 CAD 空白文档，切换到【草图与注释】空间，*1.* 在菜单栏中，选择【格式】菜单，*2.* 在弹出的下拉菜单中，选择【标注样式】命令，如图 9-15 所示。

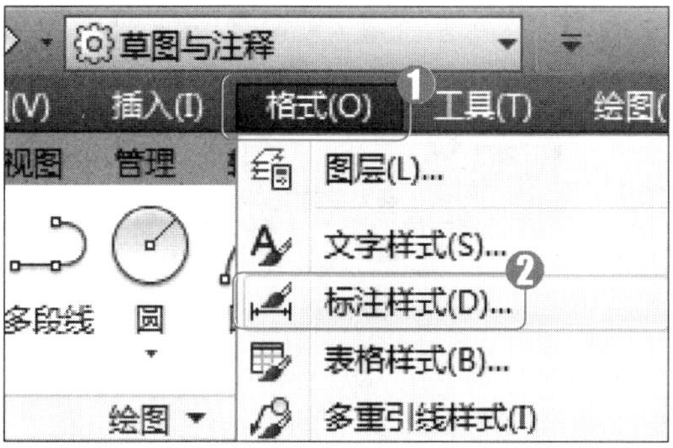

图 9–15

第 2 步 弹出【标注样式管理器】对话框，*1.* 在【样式】列表框中，选择【新样式】选项，*2.* 单击【替代】按钮 替代(O)...，如图 9-16 所示。

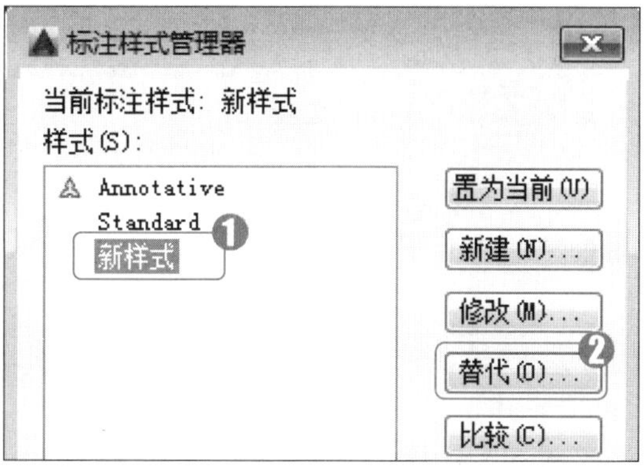

图 9–16

第 3 步 弹出【替代当前样式：新样式】对话框，*1.* 选择【符号和箭头】选项卡，*2.* 在【箭头】区域的【箭头大小】数值框中，输入箭头大小的值，*3.* 单击【确定】按钮 确定，如图 9-17 所示。

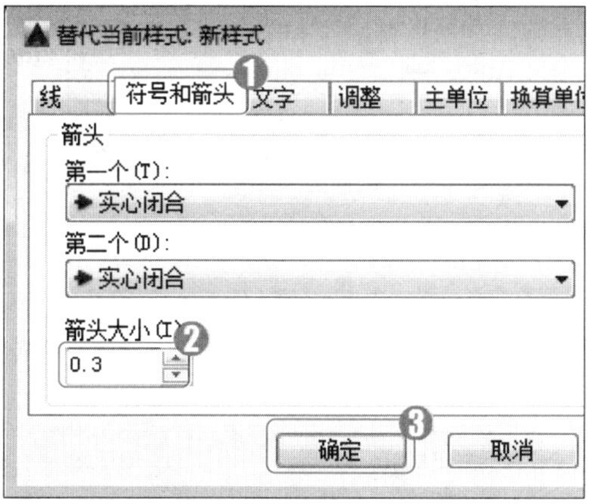

图 9–17

第 4 步 返回到【标注样式管理器】对话框，在【样式】列表框中，可以看到【<样式替代>】选项，单击【关闭】按钮 关闭，即可完成替代标注样式的操作，如图 9-18 所示。

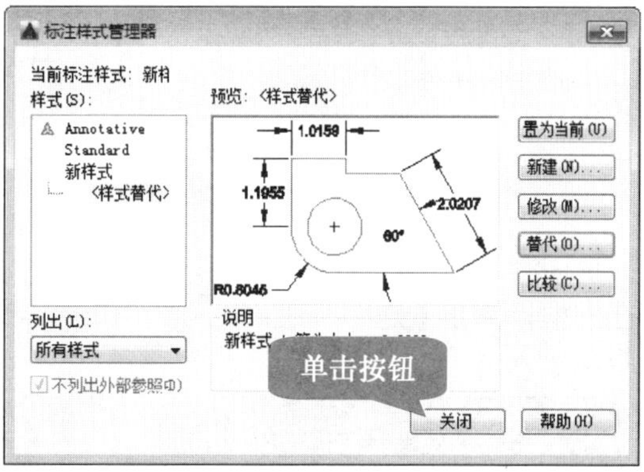

图 9–18

9.2.5 删除与重命名标注样式

微课堂 00 分 31 秒

在 AutoCAD 2016 中，可以对已创建的标注样式重命名，当不需要创建的标注样式时可以将其删除，下面介绍删除与重命名标注样式的操作方法。

操作步骤 >> Step by Step

第 1 步 新建 CAD 空白文档，切换到【草图与注释】空间，*1.* 在菜单栏中，选择【格式】菜单，*2.* 在弹出的下拉菜单中，选择【标注样式】命令，如图 9-19 所示。

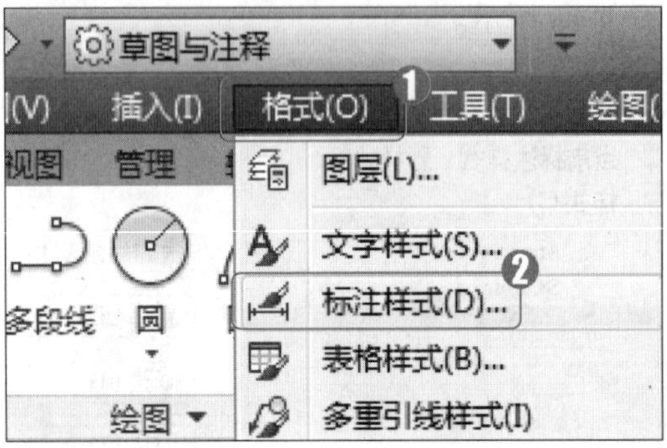

图 9–19

第 2 步 弹出【标注样式管理器】对话框，*1.* 在【样式】列表框中，右击【新样式】选项，*2.* 在弹出的快捷菜单中，选择【重命名】命令，如图 9-20 所示。

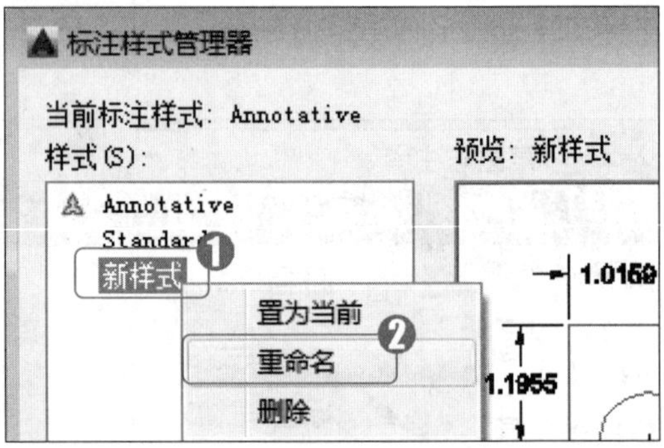

图 9–20

第 3 步 在出现的文本框中，输入新的样式名称，即可完成重命名标注样式的操作，如图 9-21 所示。

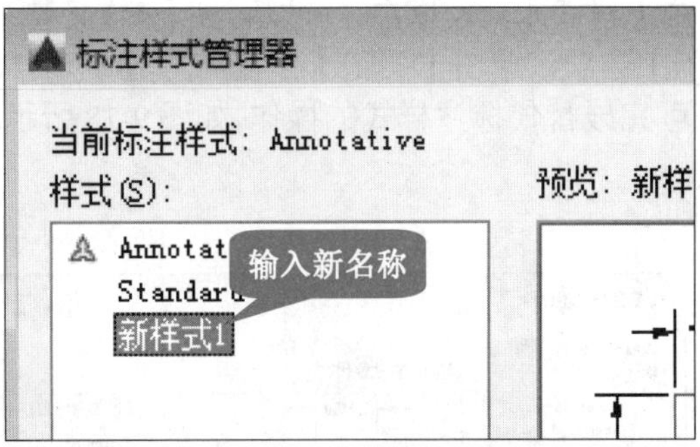

图 9–21

第 4 步 在【样式】列表框中，*1.* 右击重命名的样式名称，*2.* 在弹出的快捷菜单中，选择【删除】命令，如图 9-22 所示。

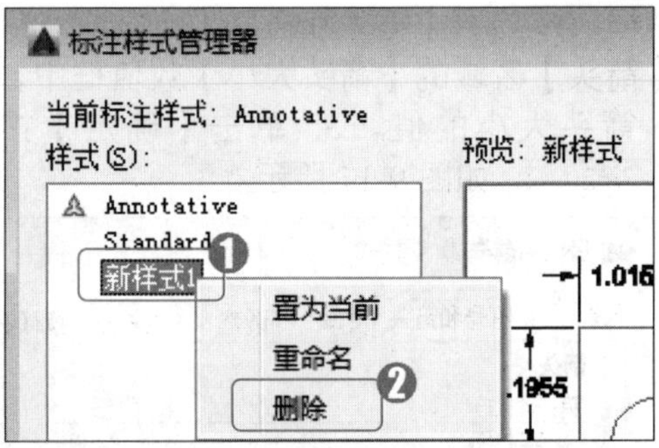

图 9–22

第 5 步 弹出【标注样式-删除标注样式】提示框，单击【是】按钮 是(Y)，如图 9-23 所示。

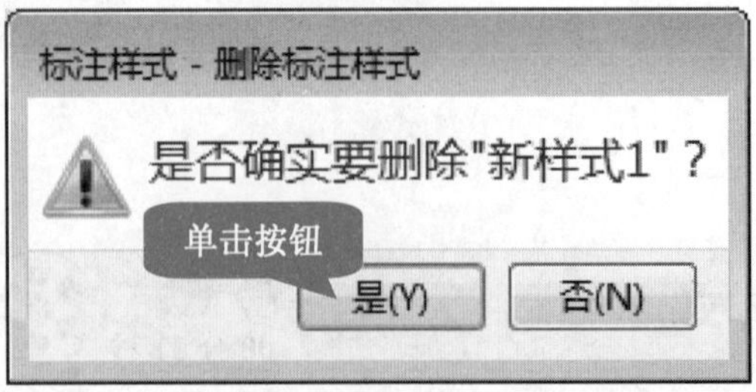

图 9–23

第 6 步 返回到【标注样式管理器】对话框，单击【关闭】按钮 关闭，即可完成重命名与删除标注样式的操作，如图 9-24 所示。

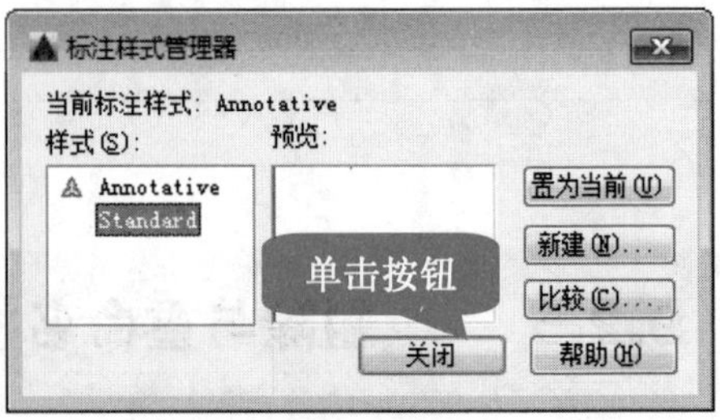

图 9–24

Section 9.3 基本尺寸标注

导读　在 AutoCAD 2016 中，为了准确、快速地为不同形状的图形对象进行尺寸标注，用户可以使用线性标注、对齐标注、半径标注、直径标注和角度标注等类型对图形进行标注，本节将介绍基本尺寸标注方面的知识与操作方法。

9.3.1 线性标注

微课堂 00 分 27 秒

在 AutoCAD 2016 中，线性标注用于标注图形对象的线性距离或长度，包括水平标注和垂直标注，下面将详细介绍使用线性标注的操作方法。

操作步骤 >> Step by Step

第 1 步　新建 CAD 空白文档并绘制直线，切换到【草图与注释】空间，***1.*** 在菜单栏中，选择【标注】菜单，***2.*** 在弹出的下拉菜单中，选择【线性】命令，如图 9-25 所示。

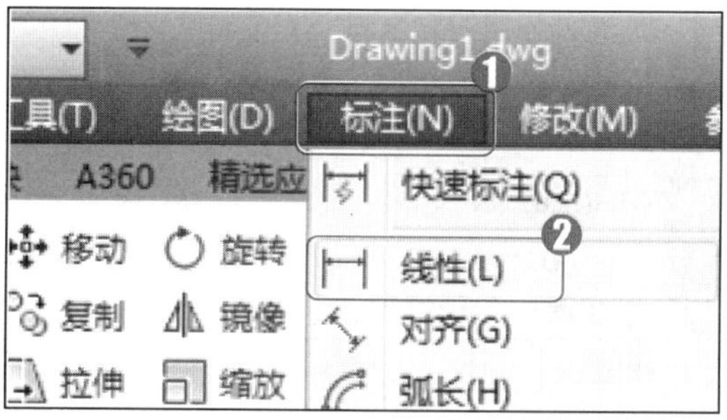

图 9-25

第 2 步　返回到绘图区，***1.*** 命令行提示“DIMLINEAR 指定第一个尺寸界线原点”，***2.*** 在直线的起点处单击，如图 9-26 所示。

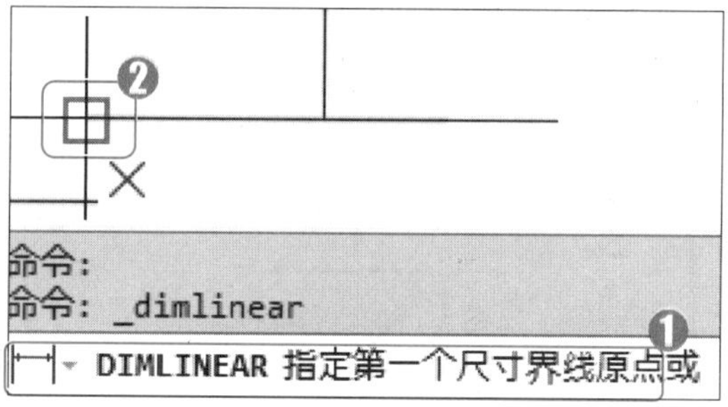

图 9-26

第 3 步　移动鼠标指针，***1.*** 命令行提示“DIMLINEAR 指定第二条尺寸界线原点”，***2.*** 单击直线的终点，如图 9-27 所示。

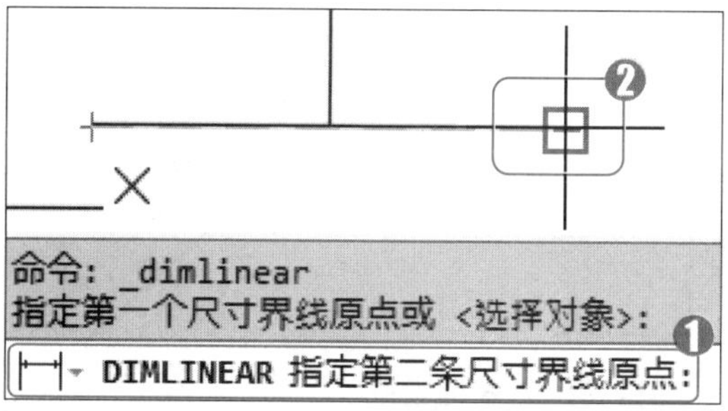

图 9-27

第 4 步　移动鼠标指针，至指定的尺寸线位置处单击，即可完成使用线性标注的操作，如图 9-28 所示。

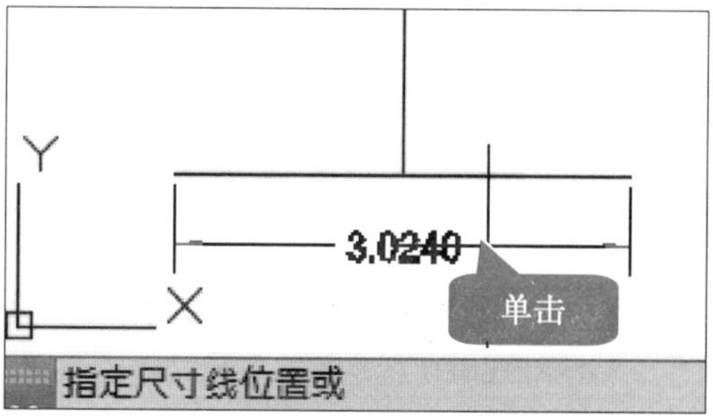

图 9-28

知识拓展：调用线性标注的方式

在 AutoCAD 2016 中，可以在功能区面板中，选择【默认】选项卡，在【注释】面板中单击【线性】下拉按钮，在弹出的下拉菜单中，选择【线性】命令；或者在命令行输入 DIMALINEAR 或 DLI 命令，然后按 Enter 键，来调用线性标注命令。

9.3.2 对齐标注

微课堂 00 分 21 秒

在 AutoCAD 2016 中，对齐标注是指创建与图形指定位置或对象平行的标注，使用对齐标注可以用来标注斜线段，下面介绍使用对齐标注的操作方法。

操作步骤 >> Step by Step

第 1 步 新建 CAD 空白文档并绘制图形，切换到【草图与注释】空间，*1.* 在功能区面板中，选择【默认】选项卡，*2.* 在【注释】面板中，单击【线性】下拉按钮，*3.* 在弹出的下拉菜单中，选择【对齐】命令，如图 9-29 所示。

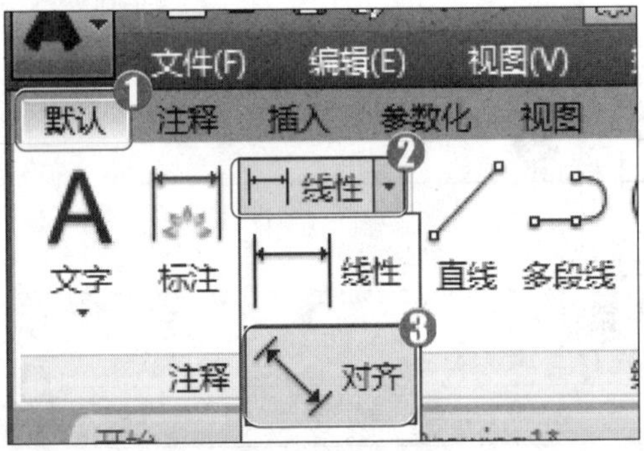

图 9-29

第 2 步 返回到绘图区，*1.* 命令行提示 "DIMALIGNED 指定第一个尺寸界线原点"，*2.* 在直线的起点处单击，如图 9-30 所示。

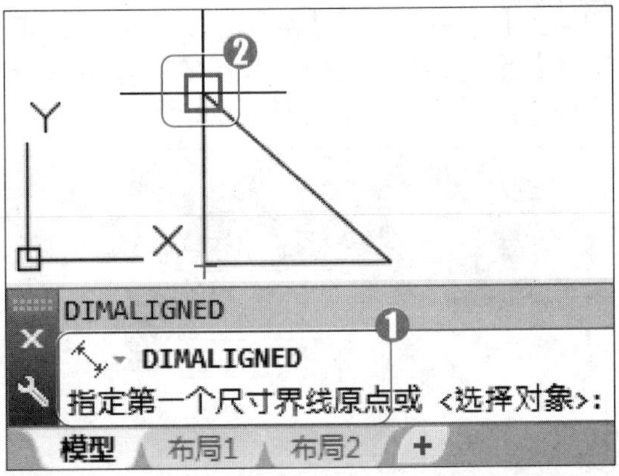

图 9-30

第 3 步 移动鼠标指针，*1.* 命令行提示 "DIMALIGNED 指定第二条尺寸界线原点"，*2.* 单击直线终点，如图 9-31 所示。

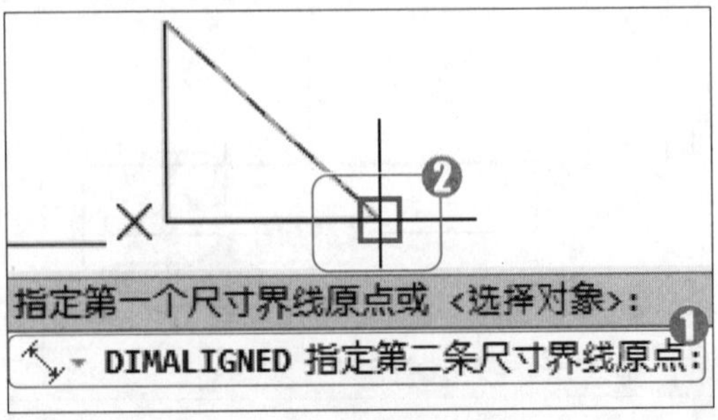

图 9-31

第 4 步 移动鼠标指针，至指定的尺寸线位置处单击，即可完成使用对齐标注的操作，如图 9-32 所示。

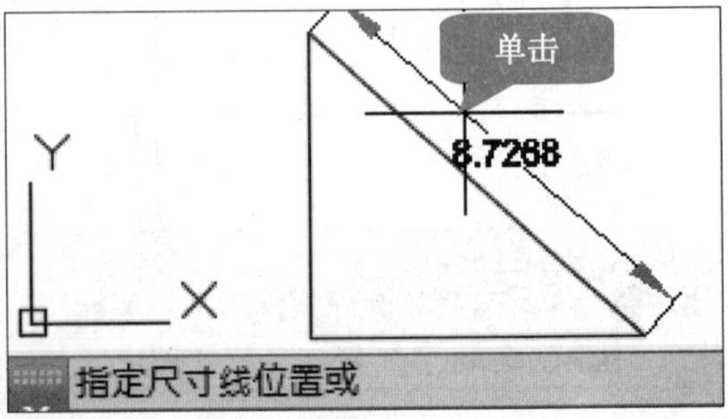

图 9-32

知识拓展：调用对齐标注的方式

在 AutoCAD 2016 中，可以在菜单栏中选择【标注】菜单，在弹出的下拉菜单中，选择【线性】命令；或者在命令行输入 DIMALIGNED 或 DAL 命令，然后按 Enter 键，来调用对齐标注命令。

9.3.3 半径标注

微课堂 00 分 20 秒

在 AutoCAD 2016 中，使用半径标注可以测量圆或圆弧的半径，并显示前面带有半径符号的标注文字，下面介绍使用半径标注的操作方法。

操作步骤 >> Step by Step

第 1 步 新建 CAD 空白文档并绘制圆形，切换到【草图与注释】空间，***1.*** 在菜单栏中，选择【标注】菜单，***2.*** 在弹出的下拉菜单中，选择【半径】命令，如图 9-33 所示。

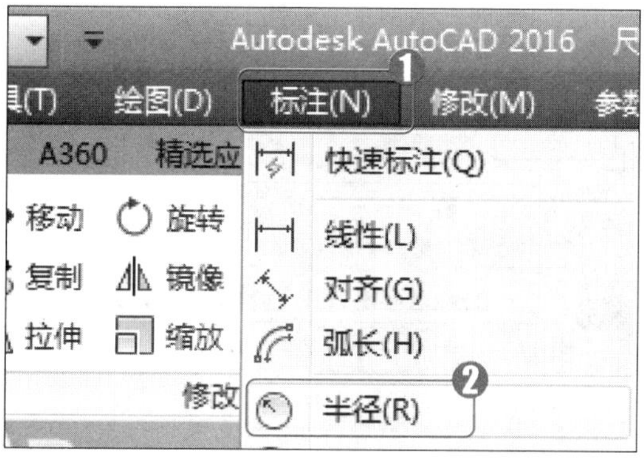

图 9-33

第 2 步 返回到绘图区，***1.*** 命令行提示“DIMRADIUS 选择圆弧或圆”，***2.*** 将鼠标指针移至圆上单击，如图 9-34 所示。

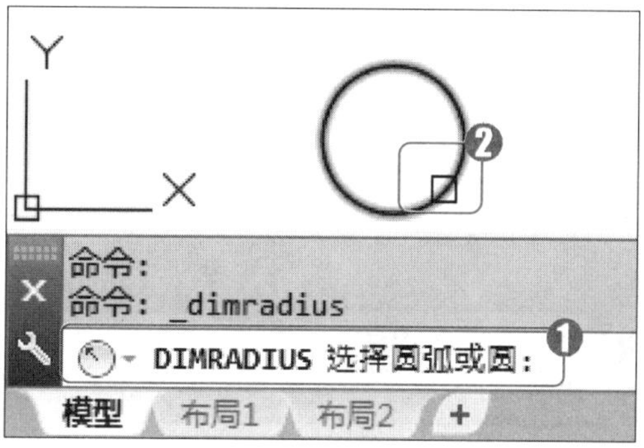

图 9-34

第 3 步 移动鼠标指针，***1.*** 命令行提示“DIMRADIUS 指定尺寸线位置”，***2.*** 在指定位置单击，如图 9-35 所示。

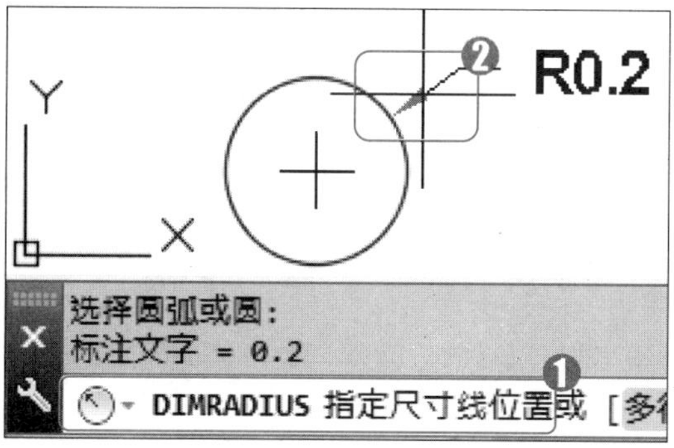

图 9-35

第 4 步 半径标注完成，通过以上步骤即可完成使用半径标注的操作，如图 9-36 所示。

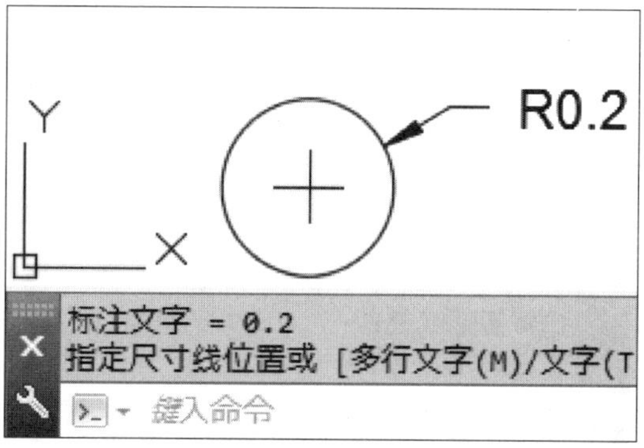

图 9-36

知识拓展：调用半径标注的方式

在 AutoCAD 2016 中，可以在功能区面板中，选择【默认】选项卡，在【注释】面板中单击【线性】下拉按钮，在弹出的下拉菜单中，选择【半径】命令；或者在命令行输入 DIMRADIUS 或 DRA 命令，然后按 Enter 键，来调用半径标注命令。

9.3.4 直径标注

微课堂 00 分 20 秒

在 AutoCAD 2016 中，使用直径标注可以测量圆或圆弧的直径，并显示前面带有直径符号的标注文字，下面介绍使用直径标注的操作方法。

操作步骤 >> Step by Step

第 1 步 新建 CAD 空白文档并绘制圆形，切换到【草图与注释】空间，在命令行输入 DIMDIAMETER 命令，然后按 Enter 键，如图 9-37 所示。

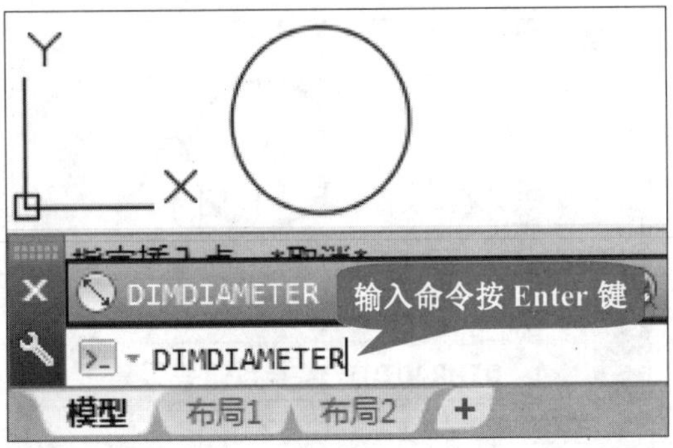

图 9-37

第 2 步 返回到绘图区，1. 命令行提示 “DIMDIAMETER 选择圆弧或圆”，2. 将鼠标指针移至圆上单击，如图 9-38 所示。

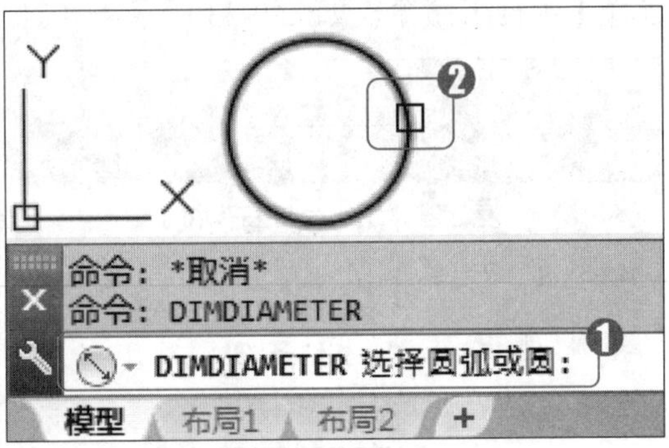

图 9-38

第 3 步 移动鼠标指针，1. 命令行提示 “DIMDIAMETER 指定尺寸线位置”，2. 在指定位置单击，如图 9-39 所示。

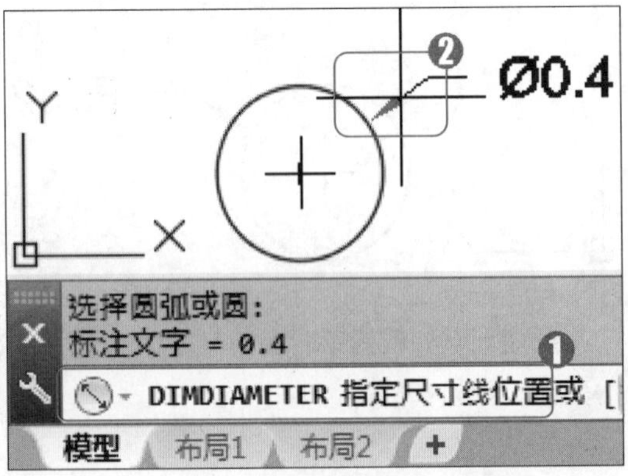

图 9-39

第 4 步 直径标注完成，通过以上步骤即可完成使用直径标注的操作，如图 9-40 所示。

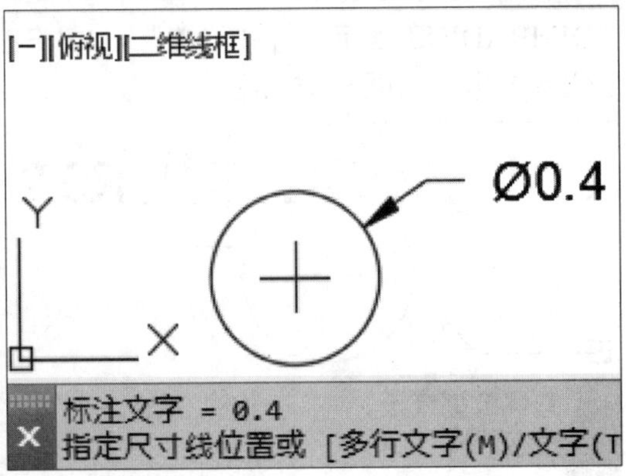

图 9-40

知识拓展：调用直径标注的方式

在 AutoCAD 2016 中，可以在功能区面板中，选择【默认】选项卡，在【注释】面板中单击【线性】下拉按钮 线性 ，在弹出的下拉菜单中，选择【直径】命令；或者在菜单栏中，选择【标注】菜单，在弹出的下拉菜单中选择【直径】命令，来调用直径标注命令。

9.3.5 角度标注

微课堂 00 分 30 秒

在 AutoCAD 2016 中，角度标注是测量两条直线之间或三个点之间的角度，测量的对象可以是圆弧、圆和直线等，下面介绍使用角度标注的操作方法。

操作步骤 >> Step by Step

第 1 步 新建 CAD 空白文档并绘制图形，切换到【草图与注释】空间，在命令行输入 DIMANGULAR 命令，然后按 Enter 键，如图 9-41 所示。

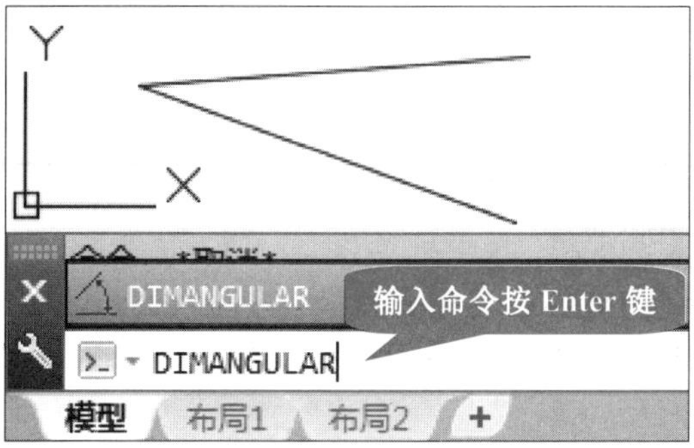

图 9-41

第 2 步 返回到绘图区，*1.* 命令行提示"DIMANGULAR 选择圆弧、圆、直线"，*2.* 将鼠标指针移至直线上单击，如图 9-42 所示。

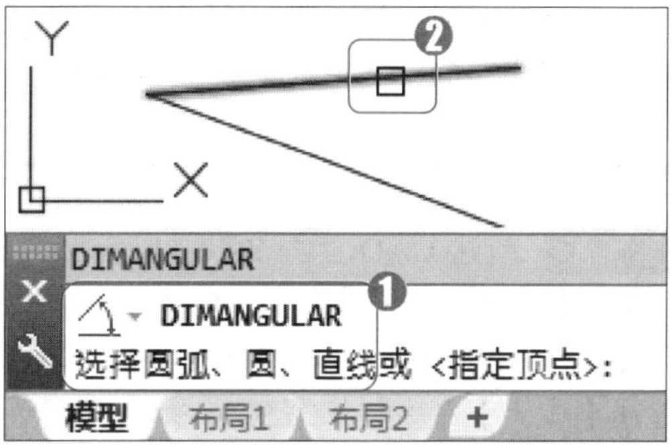

图 9-42

第 3 步 移动鼠标指针，*1.* 命令行提示"DIMANGULAR 选择第二条直线"，*2.* 将鼠标指针移至直线上单击，如图 9-43 所示。

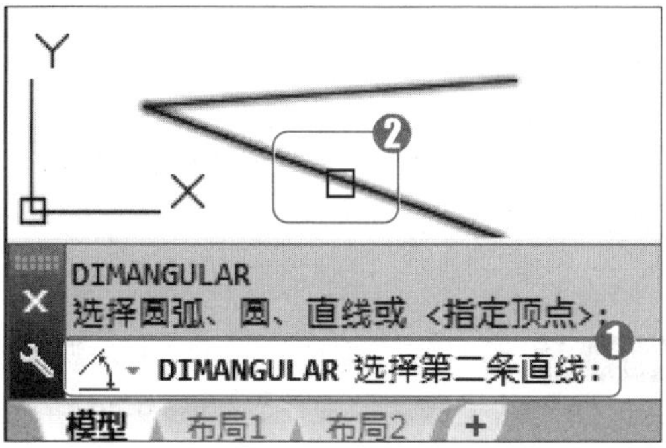

图 9-43

第 4 步 移动鼠标指针，*1.* 命令行提示"DIMANGULAR 指定标注弧线位置"，*2.* 在指定位置单击，如图 9-44 所示。

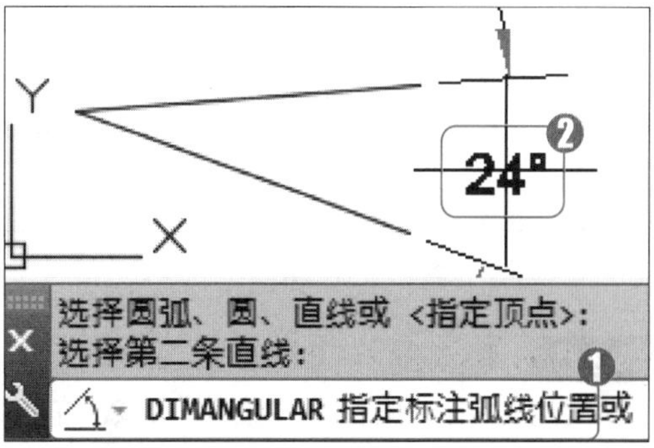

图 9-44

第 5 步 角度标注完成，通过以上步骤即可完成使用角度标注的操作，如图 9-45 所示。

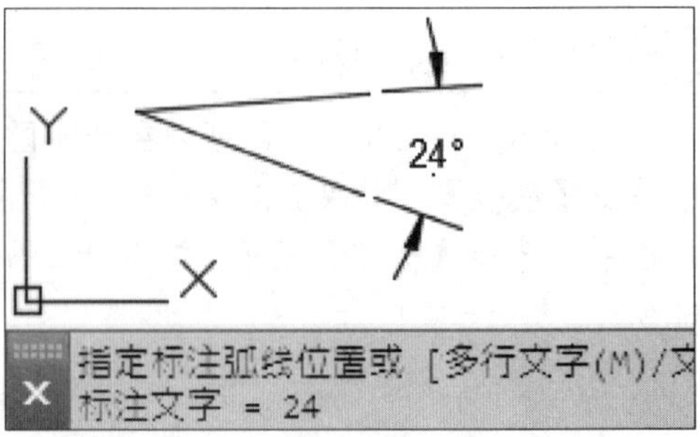

图 9-45

■ 指点迷津

在 AutoCAD 2016 中，使用角度标注还可以标注圆弧的圆心角度。

知识拓展：调用角度标注的方式

在 AutoCAD 2016 中，可以在功能区面板中，选择【默认】选项卡，在【注释】面板中单击【线性】下拉按钮，在弹出的下拉菜单中，选择【角度】命令；或者在菜单栏中，选择【标注】菜单，在弹出的下拉菜单中选择【角度】命令，来调用角度标注命令。

9.3.6 弧长标注

微课堂 00 分 20 秒

在 AutoCAD 2016 中，弧长标注用于测量圆弧或多段线圆弧上的距离，标注的尺寸界线在标注文字的上方或前面将显示圆弧符号，下面介绍使用弧长标注的操作方法。

操作步骤 >> Step by Step

第 1 步 新建 CAD 空白文档并绘制圆弧，切换到【草图与注释】空间，***1.*** 在菜单栏中，选择【标注】菜单，***2.*** 在弹出的下拉菜单中，选择【弧长】命令，如图 9-46 所示。

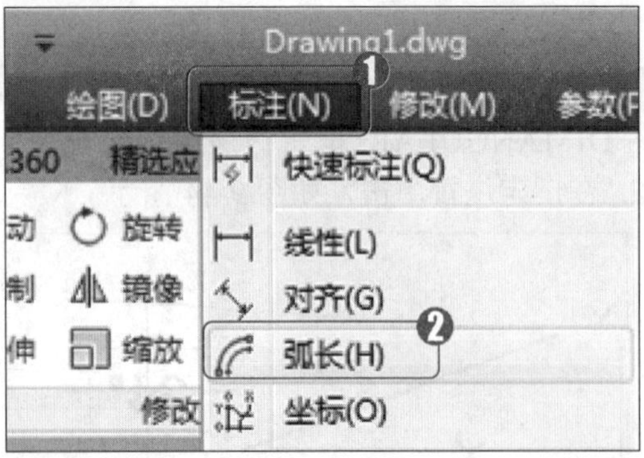

图 9-46

第 2 步 返回到绘图区，***1.*** 命令行提示“DIMARC 选择弧线段或多段线圆弧段”，***2.*** 将鼠标指针移至圆弧上单击，如图 9-47 所示。

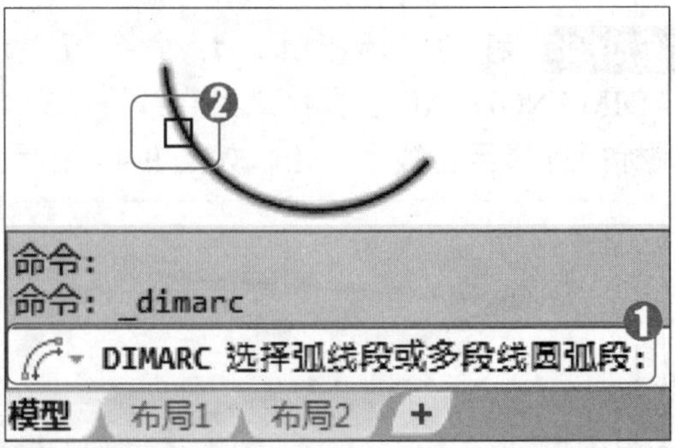

图 9-47

第 3 步 移动鼠标指针，***1.*** 命令行提示“DIMARC 指定弧长标注位置”，***2.*** 在指定位置单击，如图 9-48 所示。

第 4 步 弧长标注完成，通过以上步骤即可完成使用弧长标注的操作，如图 9-49 所示。

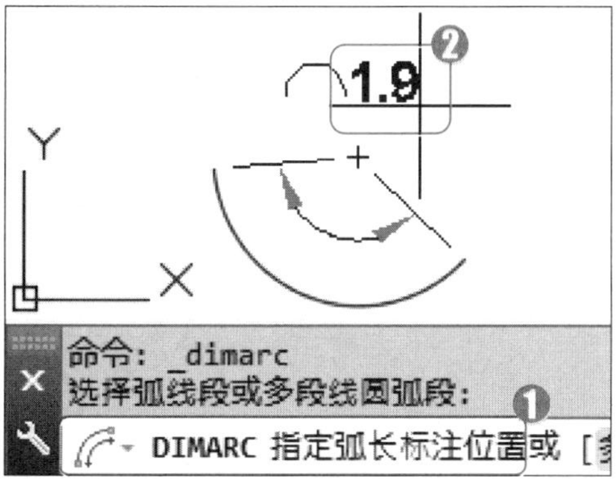

图 9-48

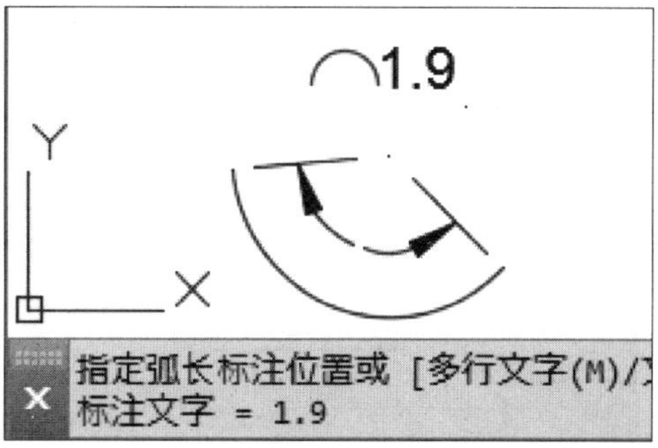

图 9-49

知识拓展：调用弧长标注的方式

在 AutoCAD 2016 中，可以在功能区面板中，选择【默认】选项卡，在【注释】面板中单击【线性】下拉按钮，在弹出的下拉菜单中，选择【弧长】命令；或者在命令行输入 DIMARC，然后按 Enter 键，来调用弧长标注命令。

9.3.7 坐标标注

微课堂 00 分 19 秒

在 AutoCAD 2016 中，坐标标注是指用来测量原点到图形中的特征区域的垂直距离，坐标标注保持特征点与基准点的精确偏移量，可以避免增大误差，下面介绍使用坐标标注的操作方法。

操作步骤 >> Step by Step

第 1 步 新建 CAD 空白文档并绘制图形，切换到【草图与注释】空间，**1.** 在菜单栏中，选择【标注】菜单，**2.** 在弹出的下拉菜单中，选择【坐标】命令，如图 9-50 所示。

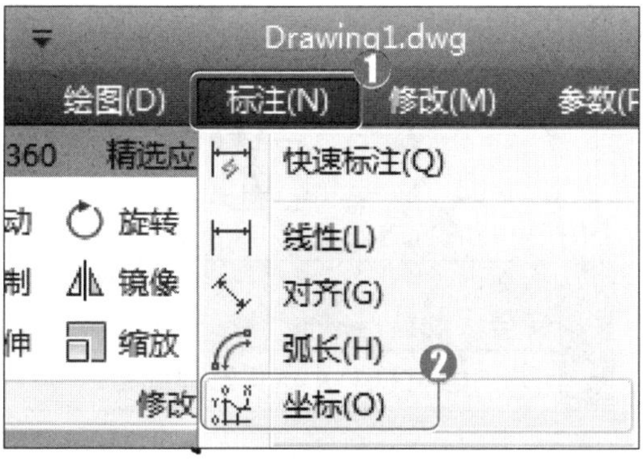

图 9-50

第 2 步 返回到绘图区，**1.** 命令行提示“DIMORDINATE 指定点坐标”，**2.** 将鼠标指针移至要标注的图形上并单击，如图 9-51 所示。

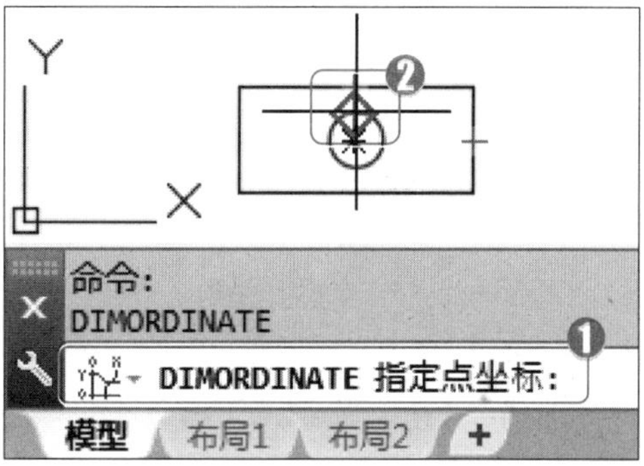

图 9-51

第 3 步 移动鼠标指针，**1.** 命令行提示“DIMORDINATE 指定引线端点”，**2.** 在指定位置单击，如图 9-52 所示。

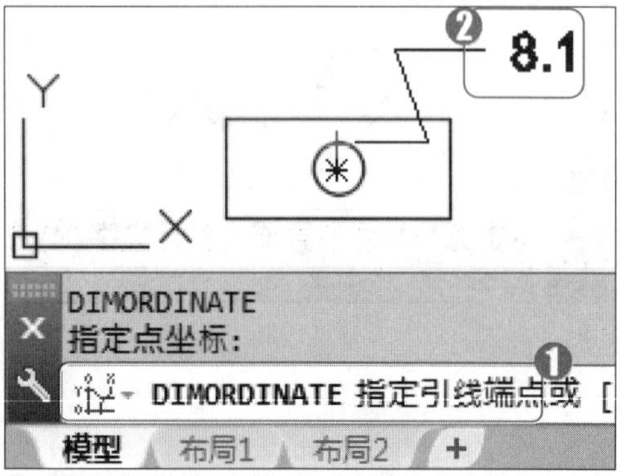

图 9-52

第 4 步 坐标标注完成，通过以上步骤即可完成使用坐标标注的操作，如图 9-53 所示。

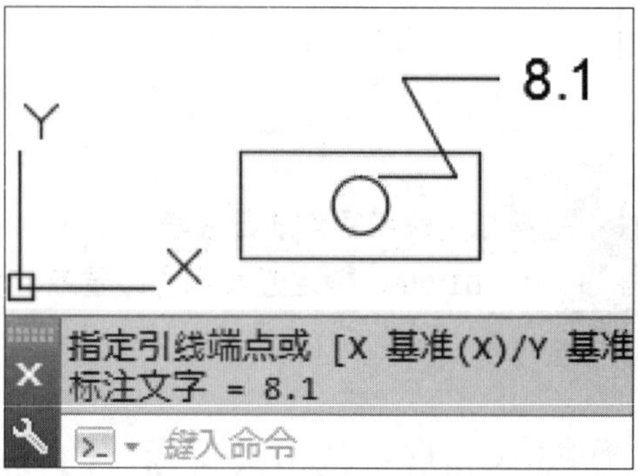

图 9-53

知识拓展：调用坐标标注的方式

在 AutoCAD 2016 中，可以在功能区面板中，选择【默认】选项卡，在【注释】面板中单击【线性】下拉按钮[线性]，在弹出的下拉菜单中，选择【坐标】命令；或者在命令行输入 DIMORDINATE 命令，然后按 Enter 键，来调用坐标标注命令。

9.3.8 圆心标记

微课堂 00 分 15 秒

在 AutoCAD 2016 中，圆心标记用于给指定的圆或圆弧画出圆心符号，标记圆心，其标记可以为短十线，也可以是中心线，下面介绍使用圆心标记的操作方法。

操作步骤 >> Step by Step

第 1 步 新建 CAD 空白文档并绘制圆形，切换到【草图与注释】空间，**1.** 在菜单栏中，选择【标注】菜单，**2.** 在弹出的下拉菜单中，选择【圆心标记】命令，如图 9-54 所示。

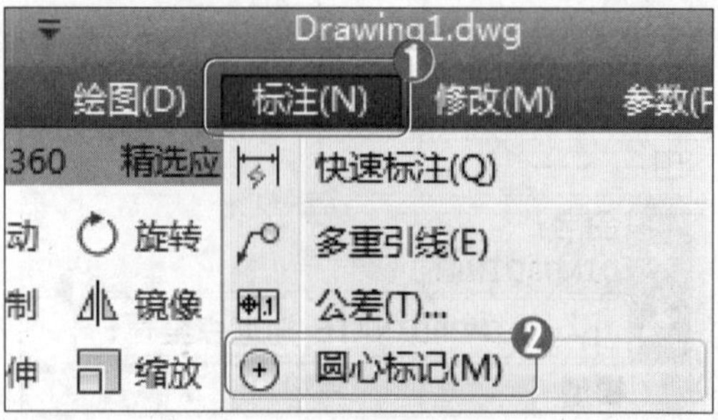

图 9-54

第 2 步 返回到绘图区，**1.** 命令行提示“DIMCENTER 选择圆弧或圆”，**2.** 将鼠标指针移至圆上并单击，如图 9-55 所示。

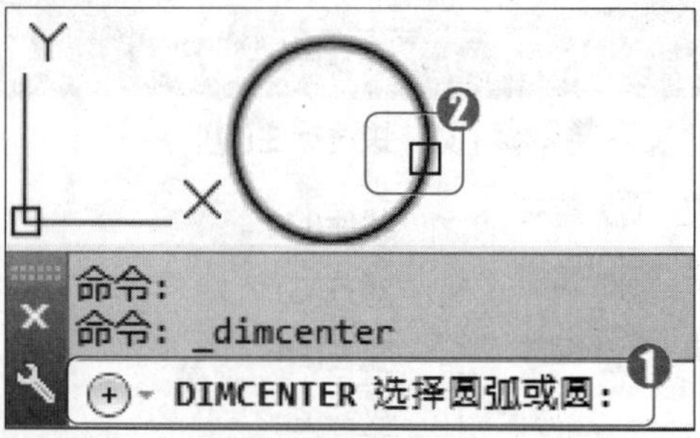

图 9-55

第 3 步 此时在圆的中心位置显示圆心符号，通过以上步骤即可完成使用圆心标记的操作，如图 9-56 所示。

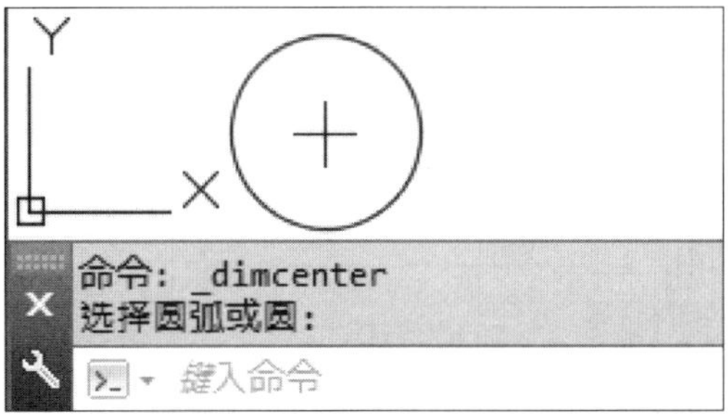

图 9-56

■ 指点迷津

在 AutoCAD 2016 中，使用角度标注还可以标注圆弧的圆心角度。

知识拓展：修改圆心标记样式

在 AutoCAD 2016 中，圆心标记的线型包括短十线和中心线两种，可以在【修改标注样式】对话框中，选择【符号和箭头】选项卡，在【圆心标记】区域中，设置圆心标记的线型以及圆心标记的大小。

9.3.9 折弯标注

微课堂 00 分 25 秒

折弯标注也可称其为缩放的半径标注，在某些图纸当中，大圆弧的圆心有时在图纸之外，这时就要用到折弯标注。下面介绍在 AutoCAD 2016 中，使用折弯标注的操作方法。

操作步骤 >> Step by Step

第 1 步 新建 CAD 空白文档并绘制图形，切换到【草图与注释】空间，在命令行输入 DIMJOGGED 命令，然后按 Enter 键，如图 9-57 所示。

图 9-57

第 2 步 返回到绘图区，*1.* 命令行提示“DIMJOGGED 选择圆弧或圆”，*2.* 将鼠标指针移至要标注的圆上并单击，如图 9-58 所示。

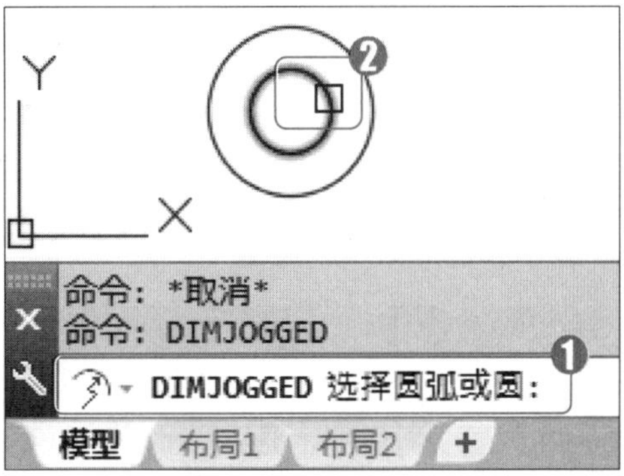

图 9-58

第 3 步 移动鼠标指针，*1.* 命令行提示“DIMJOGGED 指定图示中心位置”，*2.* 在指定位置单击，如图 9-59 所示。

第 4 步 移动鼠标指针，*1.* 命令行提示“DIMJOGGED 指定尺寸线位置”，*2.* 在指定位置单击，如图 9-60 所示。

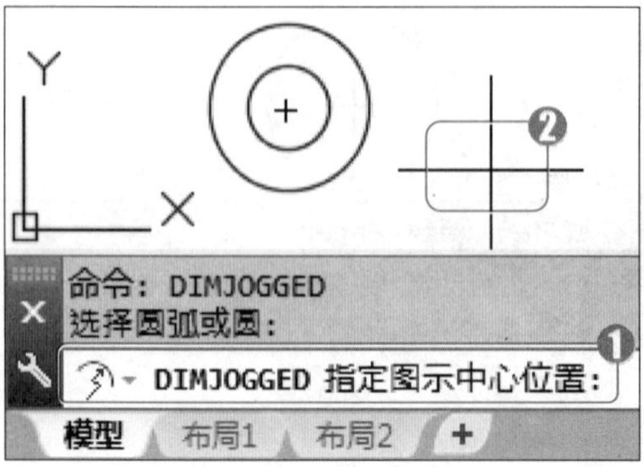

图 9–59

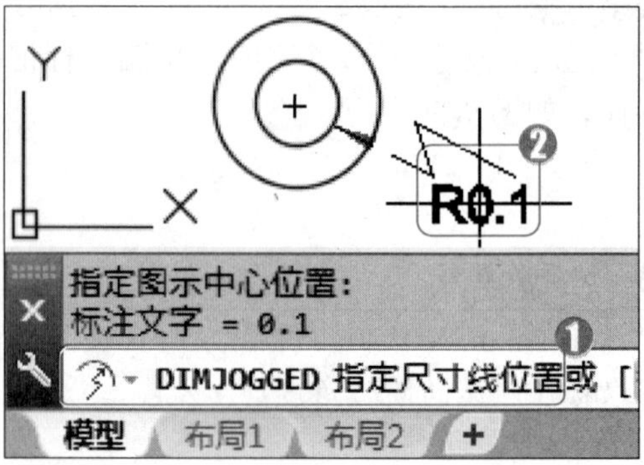

图 9–60

第 5 步 移动鼠标指针，**1.** 命令行提示“DIMJOGGED 指定折弯位置”，**2.** 在指定位置单击，如图 9-61 所示。

第 6 步 此时可以看到内部圆的标注，通过以上步骤即可完成使用折弯标注的操作，如图 9-62 所示。

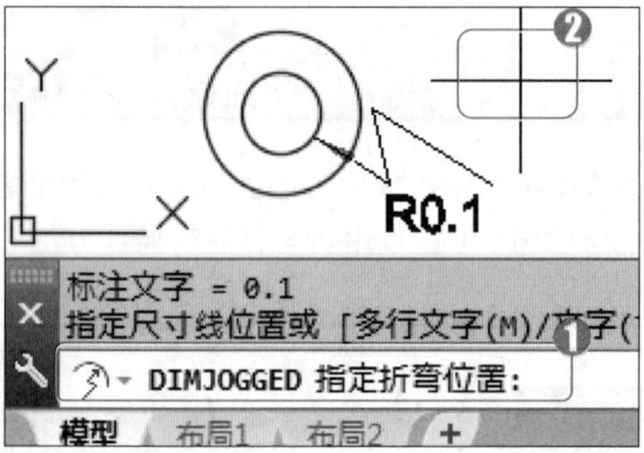

图 9–61

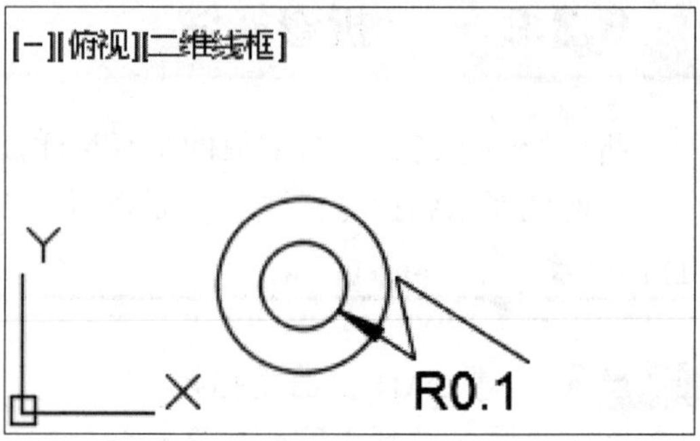

图 9–62

知识拓展：调用折弯标注的方式

可以在功能区面板中，选择【默认】选项卡，在【注释】面板中单击【线性】下拉按钮 线性 ，在弹出的下拉菜单中，选择【折弯】命令；或者在菜单栏中，选择【标注】菜单，在弹出的下拉菜单中选择【折弯】命令，来调用折弯标注命令。

Section 9.4 快捷标注

导读

在 AutoCAD 2016 中，提供了几种快捷标注对象的方式，包括快速标注、基线标注和连续标注，本节将重点介绍快速标注、基线标注和连续标注方面的知识与操作技巧。

9.4.1 快速标注

微课堂 00 分 19 秒

在 AutoCAD 2016 中，使用快速标注功能，系统可以自动查找所选几何体上的端点，并将它们作为尺寸界线的始末点进行标注，在为一系列圆或圆弧创建标注时，使用该方式非常方便，下面介绍使用快速标注的操作方法。

操作步骤 >> Step by Step

第 1 步 新建 CAD 空白文档并绘制图形，切换到【草图与注释】空间，*1.* 在功能区面板中，选择【注释】选项卡，*2.* 在【标注】面板中，单击【快速】按钮，如图 9-63 所示。

图 9-63

第 2 步 返回到绘图区，*1.* 命令行提示"QDIM 选择要标注的几何图形"，*2.* 使用叉选方式选中图形对象，如图 9-64 所示。

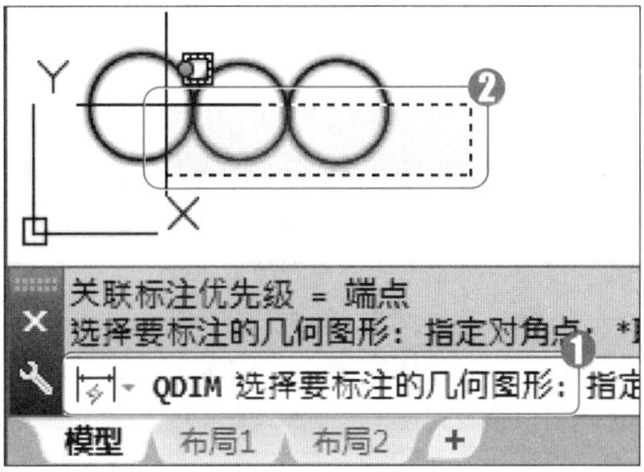

图 9-64

第 3 步 然后按 Enter 键结束选择对象操作，根据命令行提示，在命令行输入【半径(R)】选项命令 R，然后按 Enter 键，如图 9-65 所示。

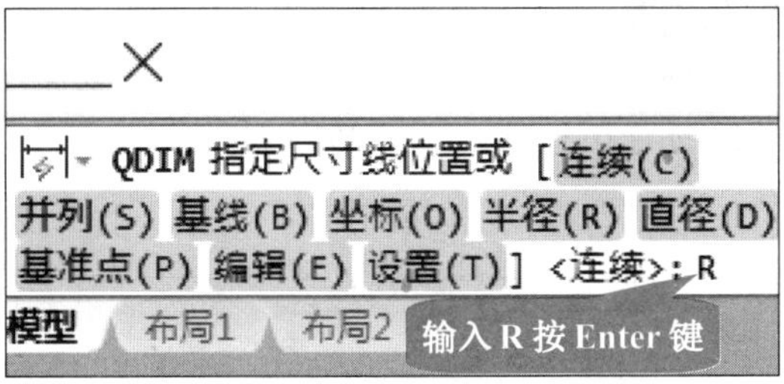

图 9-65

第 4 步 移动鼠标指针，*1.* 命令行提示"QDIM 指定尺寸线位置"，*2.* 在指定位置单击，如图 9-66 所示。

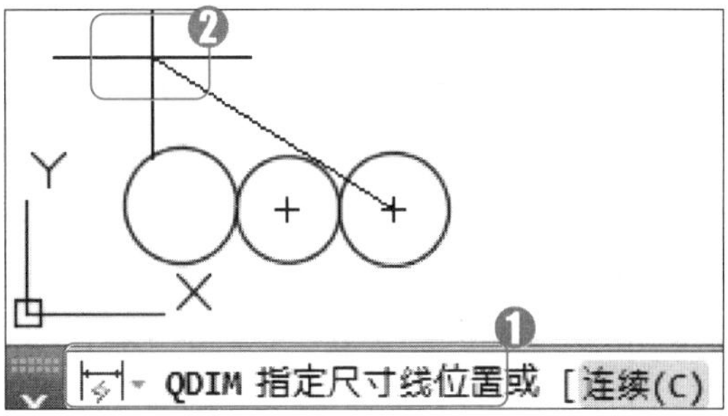

图 9-66

第 5 步 此时，绘图区中的 3 个圆形的半径同时被标注出来，通过以上步骤即可完成使用快速标注的操作，如图 9-67 所示。

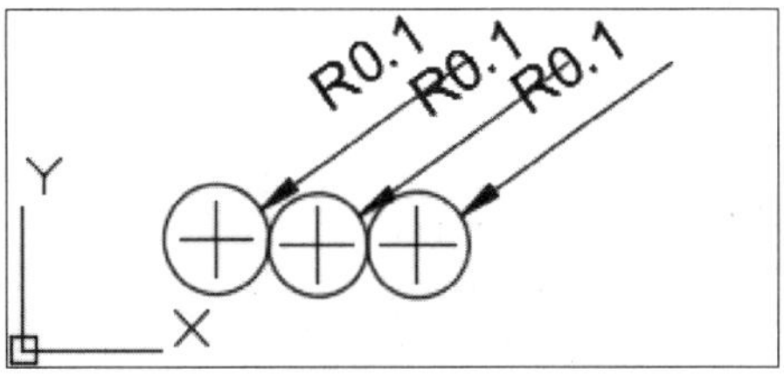

图 9-67

知识拓展：调用快速标注的方式

可以在菜单栏中，选择【标注】菜单，在弹出的下拉菜单中，选择【快速标注】命令；或者在命令行输入 QDIM 命令，然后按 Enter 键，来调用快速标注命令。

9.4.2 基线标注

微课堂 00 分 23 秒

在 AutoCAD 2016 中，基线标注是指从上一个标注或选定标注的基线处创建线性标注、角度标注或坐标标注等，下面介绍基线标注的操作方法。

操作步骤 >> Step by Step

第 1 步 新建 CAD 空白文档并绘制图形，切换到【草图与注释】空间，**1.** 在菜单栏中，选择【标注】菜单，**2.** 在弹出的下拉菜单中，选择【基线】命令，如图 9-68 所示。

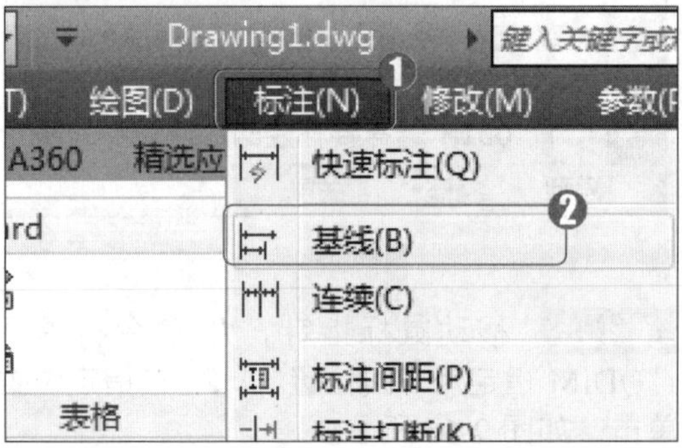

图 9–68

第 2 步 返回到绘图区，**1.** 命令行提示"DIMBASELINE 选择基准标注"，**2.** 单击选中一个标注，如图 9-69 所示。

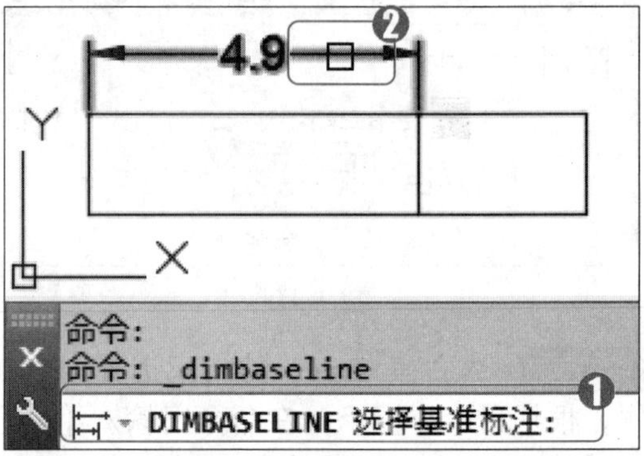

图 9–69

第 3 步 移动鼠标指针，**1.** 命令行提示"DIMBASELINE 指定第二个尺寸界线原点"，**2.** 在第二个尺寸界线原点处单击，如图 9-70 所示。

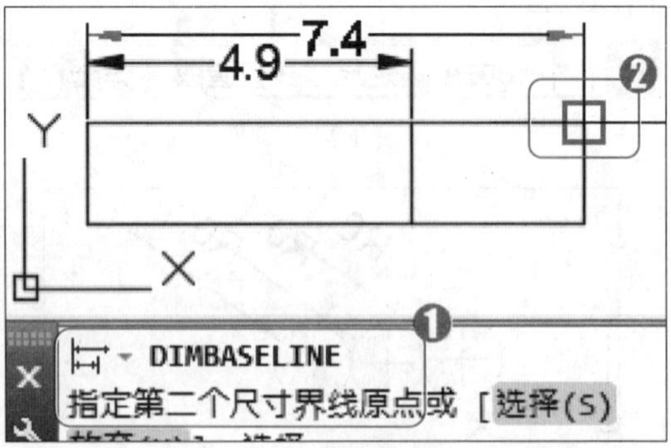

图 9–70

第 4 步 然后按 Esc 键退出基线标注命令，基线标注完成，通过以上步骤即可完成使用基线标注的操作，如图 9-71 所示。

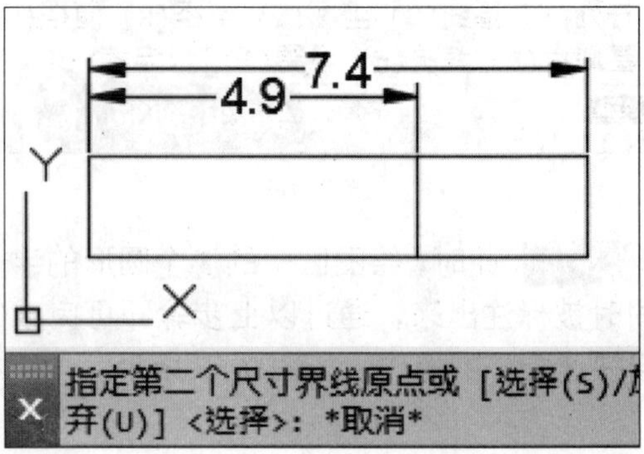

图 9–71

知识拓展：调用基线标注的方式

在功能区面板中，选择【注释】选项卡，在【注释】面板中单击【连续】下拉按钮，在弹出的下拉菜单中，选择【基线】命令；或者在命令行输入 DIMBASELINE 或 DBA 命令，然后按 Enter 键，来调用基线标注命令。

9.4.3 连续标注

微课堂 00 分 25 秒

连续标注是指自动从创建的上一个线性约束、角度约束或坐标标注继续创建其他标注，或者从选定的尺寸界线继续创建其他标注，下面介绍连续标注的操作方法。

操作步骤 >> Step by Step

第 1 步 新建 CAD 空白文档并绘制图形，切换到【草图与注释】空间，**1.** 在菜单栏中，选择【标注】菜单，**2.** 在弹出的下拉菜单中，选择【连续】命令，如图 9-72 所示。

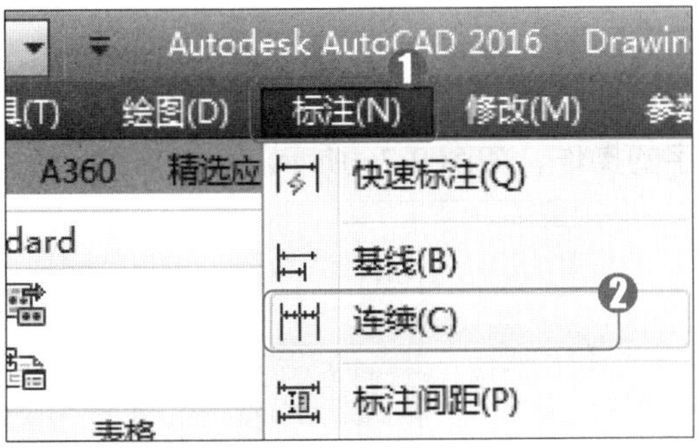

图 9-72

第 2 步 返回到绘图区，**1.** 命令行提示“DIMCONTINUE 指定第二个尺寸界线原点”，**2.** 在第二个尺寸界线原点处单击，如图 9-73 所示。

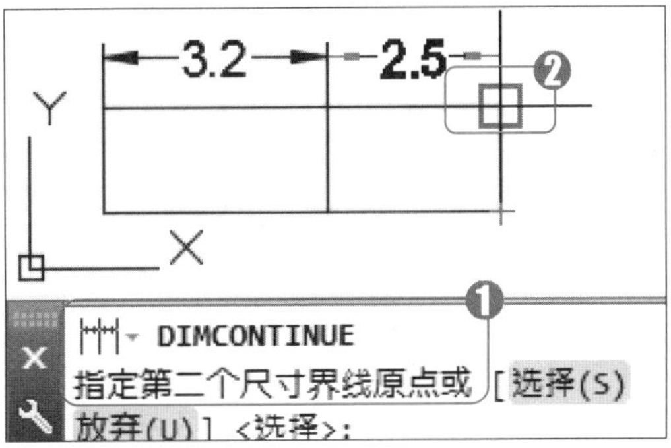

图 9-73

第 3 步 然后按 Esc 键退出连续标注命令，连续标注完成，通过以上步骤即可完成使用连续标注的操作，如图 9-74 所示。

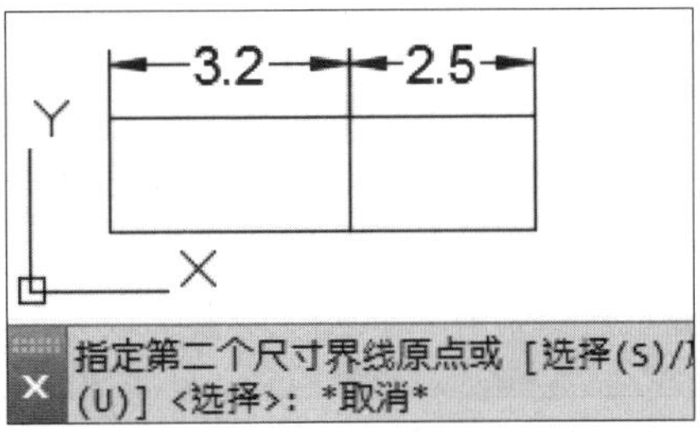

图 9-74

■ 指点迷津

使用连续标注或基线标注时，若上一步的标注操作不是线性、坐标或角度标注时，要先选择连续标注或基线标注的对象。

知识拓展：调用连续标注的方式

在功能区面板中，选择【注释】选项卡，在【注释】面板中单击【连续】下拉按钮，在弹出的下拉菜单中，选择【连续】命令；或者在命令行输入 DIMCONTINUE 或 DCO 命令，然后按 Enter 键，来调用连续标注命令。

Section 9.5 编辑标注

导读

对于已创建的标注对象的文字、位置以及样式等内容，用户可以根据国家绘图的标准进行设定和重新编辑，而不必删除所标注的尺寸对象再重新进行标注，本节将介绍编辑标注方面的知识与操作技巧。

9.5.1 编辑标注文字与位置

微课堂 00 分 21 秒

在 AutoCAD 2016 中，可以对已经创建的标注文字内容与位置进行编辑，下面介绍编辑标注文字与位置的操作方法。

操作步骤 >> Step by Step

第 1 步 新建 CAD 空白文档，绘制图形并创建标注，在【草图与注释】空间中，双击创建的标注文字，如图 9-75 所示。

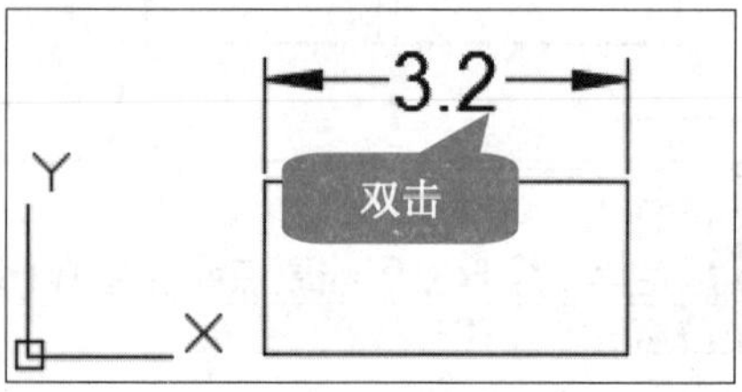

图 9–75

第 2 步 返回到绘图区，在出现的文字输入框中，编辑文字内容，即可完成编辑标注文字的操作，如图 9-76 所示。

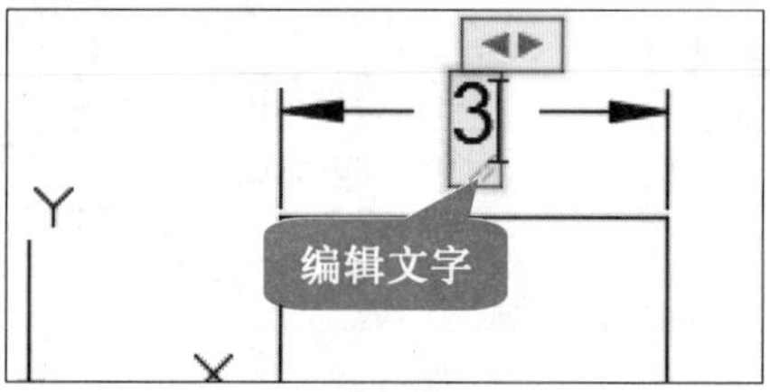

图 9–76

第 3 步 在菜单栏中，*1.* 选择【标注】菜单，*2.* 在弹出的下拉菜单中，选择【对齐文字】命令，*3.* 在子菜单中选择【左】命令，如图 9-77 所示。

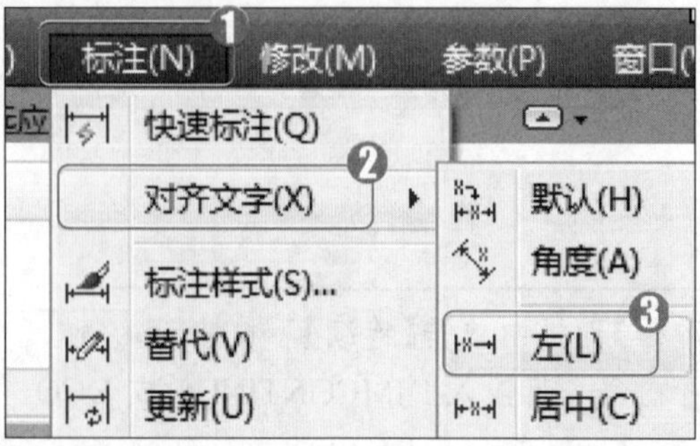

图 9–77

第 4 步 返回到绘图区，*1.* 命令行提示“DIMTEDIT 选择标注”，*2.* 单击选择标注文字，如图 9-78 所示。

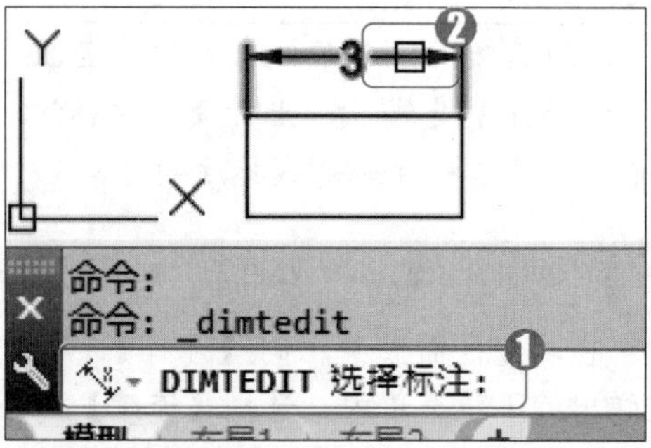

图 9–78

第 5 步　此时可以看到标注文字的位置发生改变，通过以上步骤即可完成编辑标注文字与位置的操作，如图 9-79 所示。

■ 指点迷津

在菜单栏中选择【标注】菜单，在弹出的下拉菜单中选择【对齐文字】命令，在子菜单中选择【角度】命令，可以设置标注文字的显示角度。

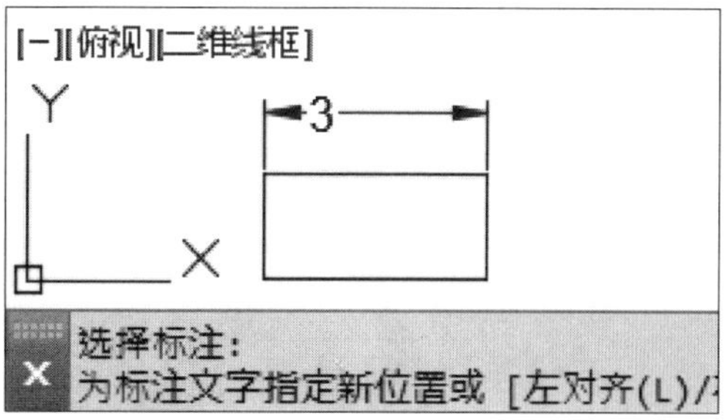

图 9–79

知识拓展：调用编辑标注文字的方式

在 AutoCAD 2016 的功能区面板中，选择【注释】选项卡，在【注释】面板的下拉菜单中，选择要使用的对齐方式；或者在命令行输入 DIMTEDIT 命令，然后按 Enter 键，来调用编辑标注文字命令。

9.5.2　使用【特性】选项板编辑标注

微课堂 00 分 28 秒

在 AutoCAD 2016 中，使用【特性】选项板可以对尺寸标注的文字、尺寸界线和尺寸箭头等进行编辑，下面以更改标注文字颜色为例，介绍使用【特性】选项板编辑标注的操作方法。

操作步骤 >> Step by Step

第 1 步　新建 CAD 空白文档，绘制图形并创建标注，在【草图与注释】空间中，单击选择已创建的标注文字，如图 9-80 所示。

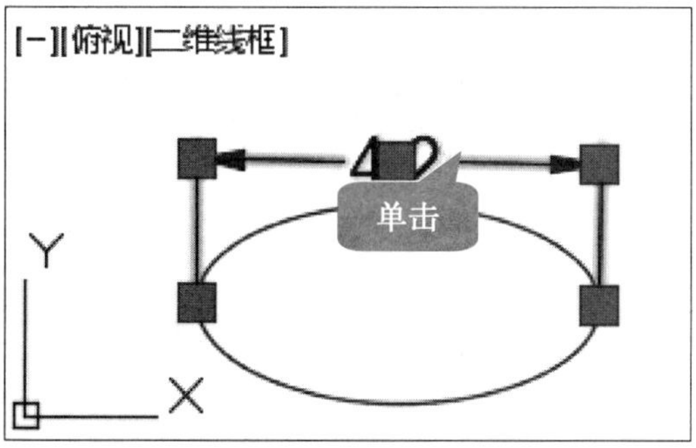

图 9–80

第 2 步　在菜单栏中，**1.** 选择【工具】菜单，**2.** 在弹出的下拉菜单中，选择【选项板】命令，**3.** 在子菜单中选择【特性】命令，如图 9-81 所示。

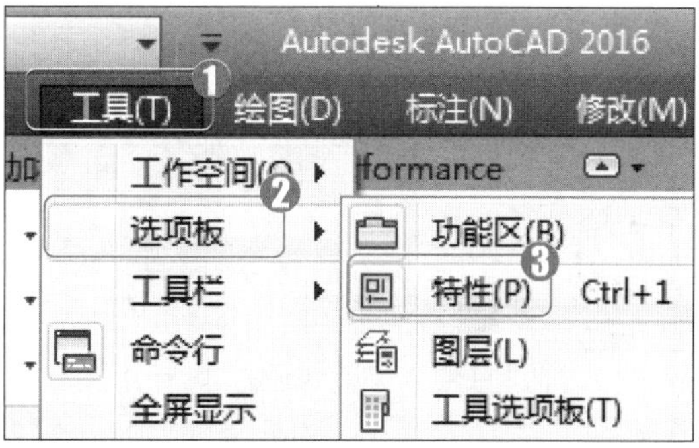

图 9–81

第 3 步　弹出【特性】选项板，**1.** 单击【文字】下拉按钮 +，**2.** 在【文字颜色】下拉列表中选择绿色，**3.** 单击【关闭】按钮 ×，如图 9-82 所示。

第 4 步　此时，标注文字的颜色发生改变，通过以上步骤即可完成使用【特征】选项板编辑标注文字的操作，如图 9-83 所示。

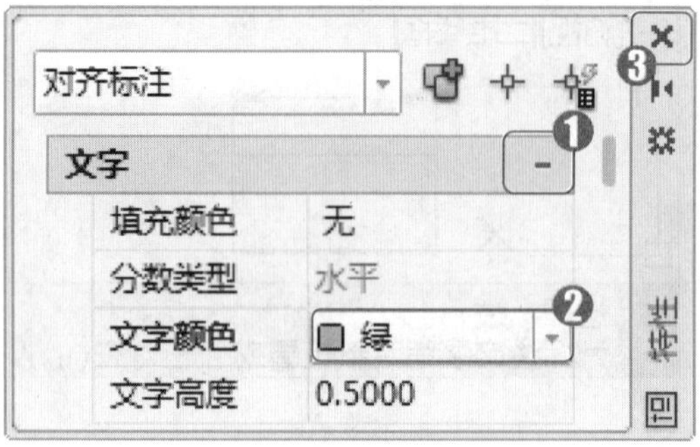

图 9-82

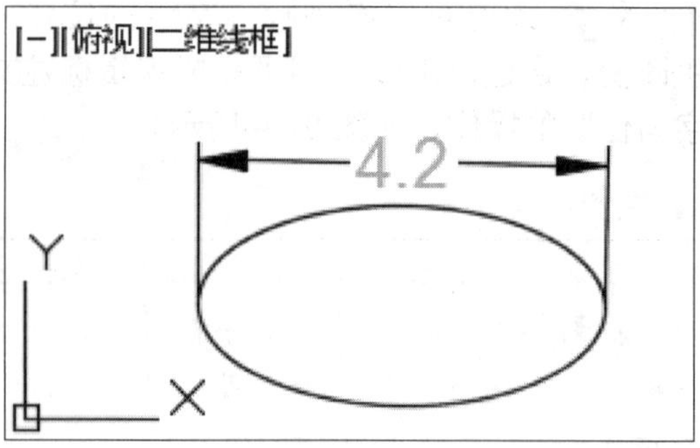

图 9-83

知识拓展：打开【特性】选项板的方式

选中标注，在命令行输入 PROPERTIES 或 PR 命令，然后按 Enter 键；或者右击标注，在弹出的快捷菜单中，选择【特性】命令，都可以打开【特性】选项板。

9.5.3 打断尺寸标注

微课堂 00 分 27 秒

在 AutoCAD 2016 中，有时因绘图工作的要求，不需要显示尺寸标注或尺寸界线等，这时可以使用打断尺寸标注功能来这现。下面介绍打断尺寸标注的操作方法。

操作步骤 >> Step by Step

第 1 步 新建 CAD 空白文档，绘制图形并创建标注，切换到【草图与注释】空间，***1.*** 在功能区面板中，选择【注释】选项卡，***2.*** 在【标注】面板中，单击【打断】按钮，如图 9-84 所示。

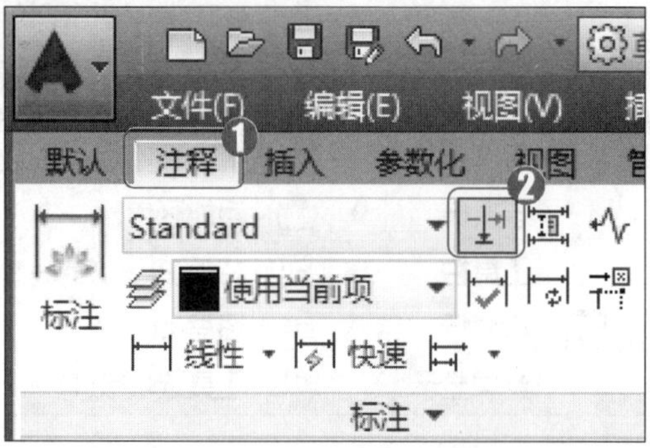

图 9-84

第 2 步 返回到绘图区，***1.*** 命令行提示“DIMBREAK 选择要添加/删除折断的标注”，***2.*** 移动鼠标指针至标注的位置并单击，如图 9-85 所示。

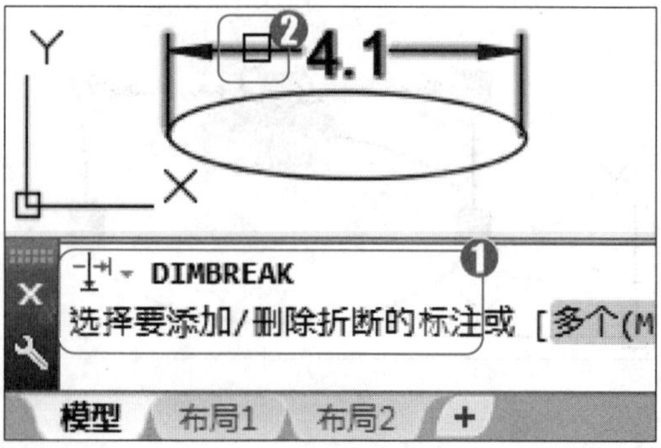

图 9-85

第 3 步 命令行提行“DIMBREAK 选择要折断标注的对象”，在命令行输入【手动(M)】

第 4 步 返回到绘图区，***1.*** 命令行提示“DIMBREAK 指定第一个打断点”，***2.*** 单选项命令 M，然后按 Enter 键，如图 9-86 所示。

图 9-86

第 5 步 移动鼠标指针，**1.** 命令行提示“DIMBREAK 指定第二个打断点”，**2.** 单击选择打断点，如图 9-88 所示。

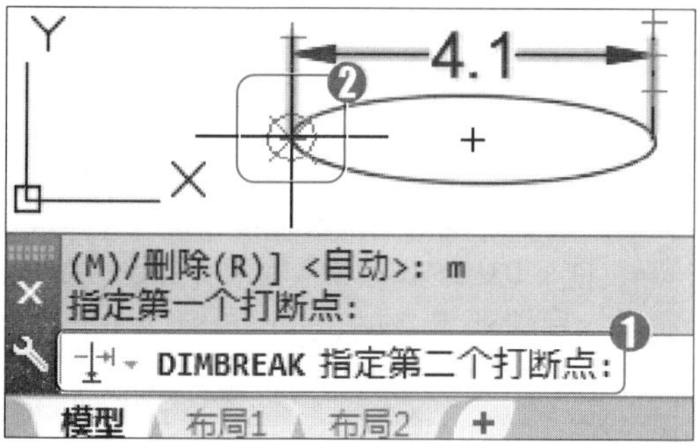

图 9-88

击选择打断点，如图 9-87 所示。

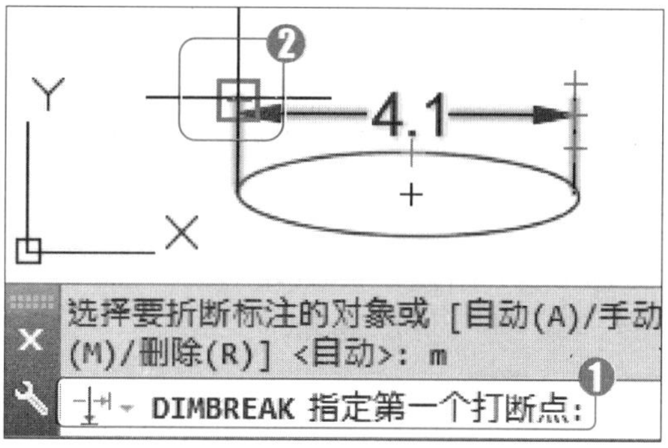

图 9-87

第 6 步 此时可以看到选中标注的一条尺寸界线被打断，通过以上步骤即可完成打断尺寸标注的操作，如图 9-89 所示。

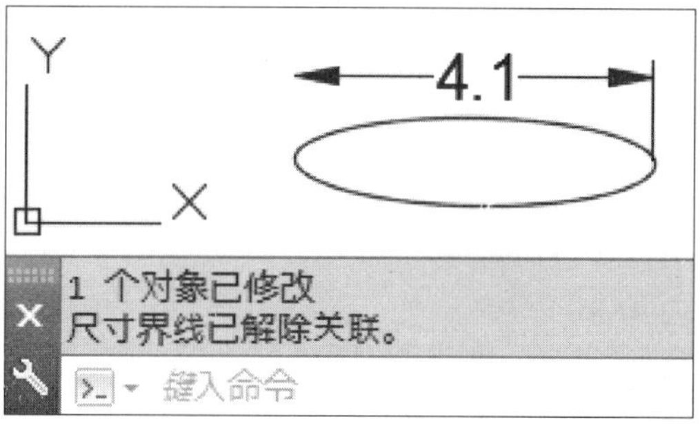

图 9-89

知识拓展：调用打断标注命令方式

在 AutoCAD 2016 的菜单栏中，选择【标注】菜单，在弹出的下拉菜单中，选择【标注打断】命令；或者在命令行输入 DIMBREAK 命令，然后按 Enter 键，都可以调用打断标注命令。

9.5.4 标注间距

微课堂 00 分 26 秒

在 AutoCAD 2016 中，标注间距又称为调整间距，可以调整线性标注或角度标注之间的间距，下面介绍使用标注间距的操作方法。

操作步骤 >> Step by Step

第 1 步 新建 CAD 空白文档，绘制图形并创建标注，切换到【草图与注释】空间，**1.** 在菜单栏中，选择【标注】菜单，**2.** 在弹出的

第 2 步 返回到绘图区，**1.** 命令行提示“DIMSPACE 选择基准标注”，**2.** 单击选择作为基准标注的对象，如图 9-91 所示。

下拉菜单中，选择【标注间距】命令，如图 9-90 所示。

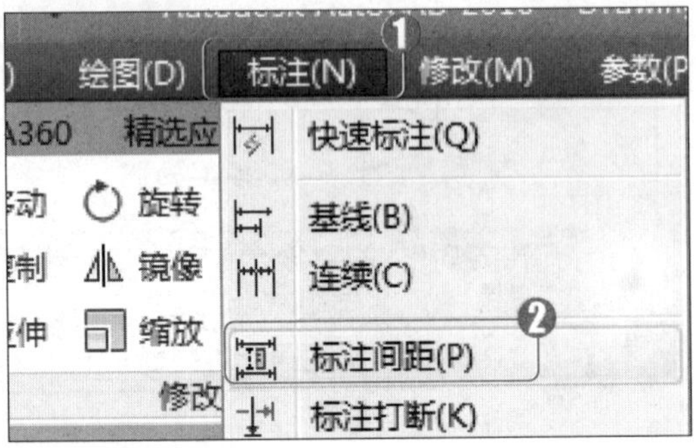

图 9-90

第 3 步 移动鼠标指针，***1.*** 命令行提示“DIMSPACE 选择要产生间距的标注”，***2.*** 单击选择标注，如图 9-92 所示。

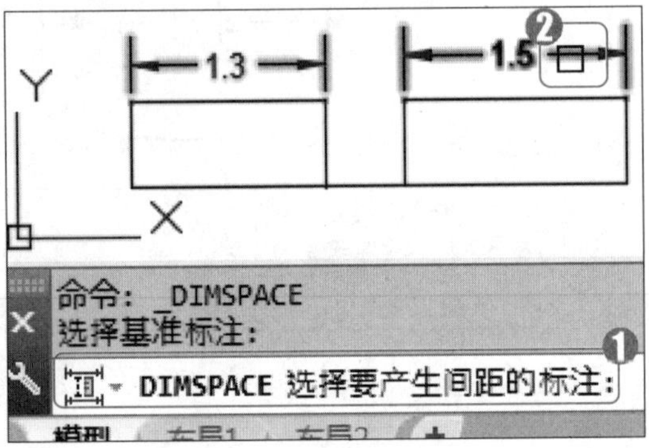

图 9-92

第 5 步 此时选中的标注间距发生变化，通过以上步骤即可完成标注间距的操作，如图 9-94 所示。

■ 指点迷津

在功能区面板中，选择【注释】选项卡，在【标注】面板中单击【调整间距】按钮，也可以对标注间距进行调整。

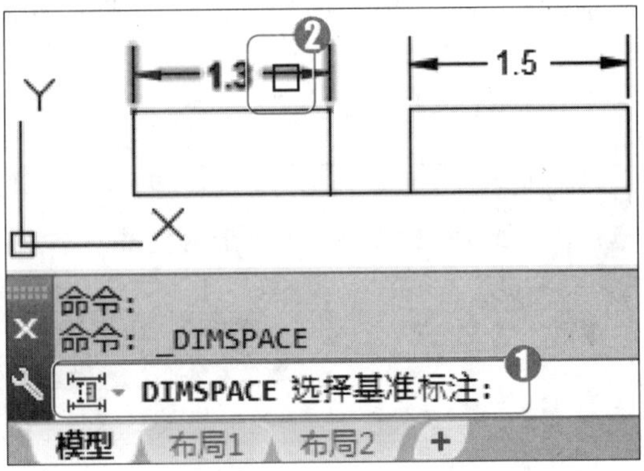

图 9-91

第 4 步 然后按 Enter 键结束选择标注操作，根据命令行提示“DIMSPACE 输入值”，在命令行输入标注的间距值 0.5，然后按 Enter 键，如图 9-93 所示。

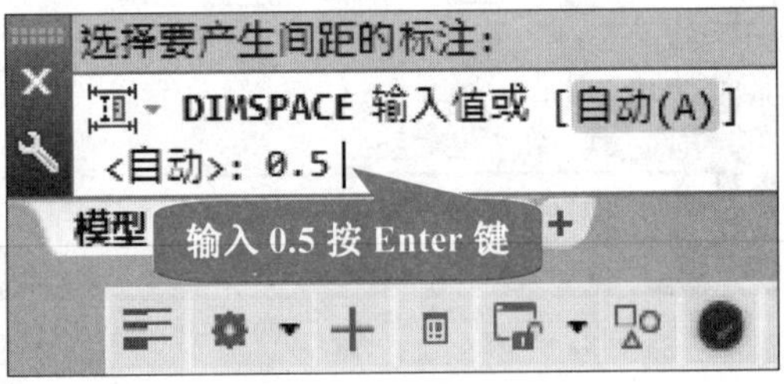

图 9-93

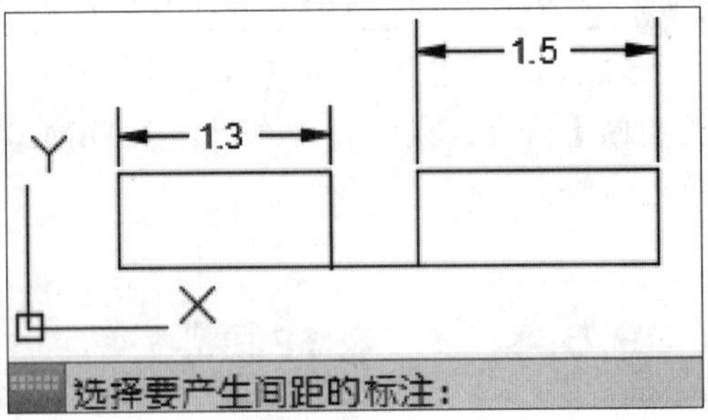

图 9-94

9.5.5 更新标注

微课堂 00 分 15 秒

在 AutoCAD 2016 中，选择标注样式后，使用更新标注功能可以在两个标注样式之间进行切换，下面介绍更新标注的操作方法。

操作步骤 >> Step by Step

第 1 步 切换到【草图与注释】空间，**1.** 在功能区面板中，选择【注释】选项卡，**2.** 在【标注】面板中的【标注样式】下拉列表中，选择 Standard 选项，如图 9-95 所示。

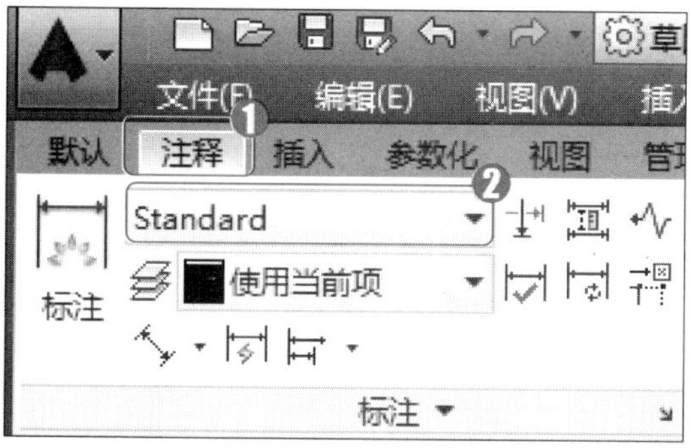

图 9–95

第 2 步 然后在【标注】面板中，单击【更新】按钮，如图 9-96 所示。

图 9–96

第 3 步 返回到绘图区，**1.** 命令行提示"-DIMSTYLE 选择对象"，**2.** 单击选择标注，如图 9-97 所示。

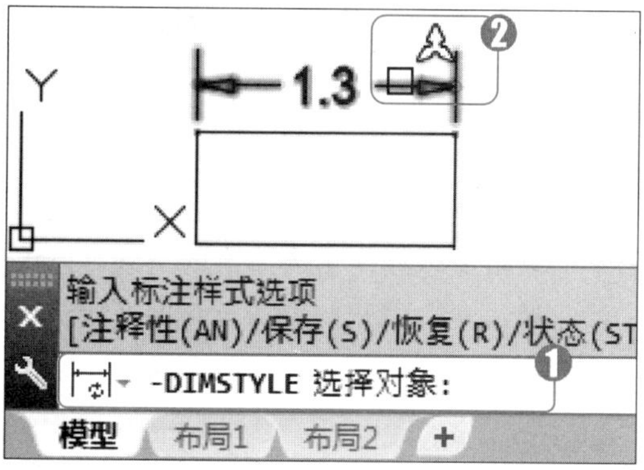

图 9–97

第 4 步 然后按 Enter 键结束选择标注操作，标注以新的样式显示，通过以上步骤即可完成更新标注的操作，如图 9-98 所示。

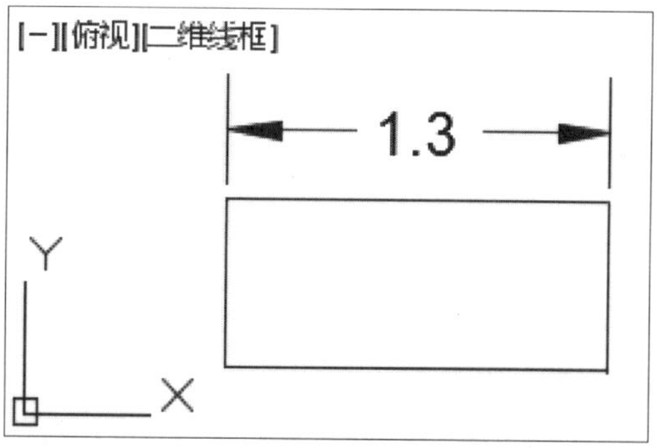

图 9–98

Section 9.6 多重引线标注

导读

在 AutoCAD 2016 中，多重引线标注是指用一条或多条线的一端指向准备标注的对象，在另一端添加说明文字的一种标注方法，创建多重引线后，用户可以进行创建、编辑多重引线和设置多重引线样式等操作，本节将介绍多重引线标注方面的知识。

9.6.1 熟悉多重引线工具

微课堂 00 分 21 秒

在 AutoCAD 2016 中，多重引线标注是由一条短水平线将文字或块和特征控制框连接到引线上，从而标注图形内容，如图 9-99 所示。

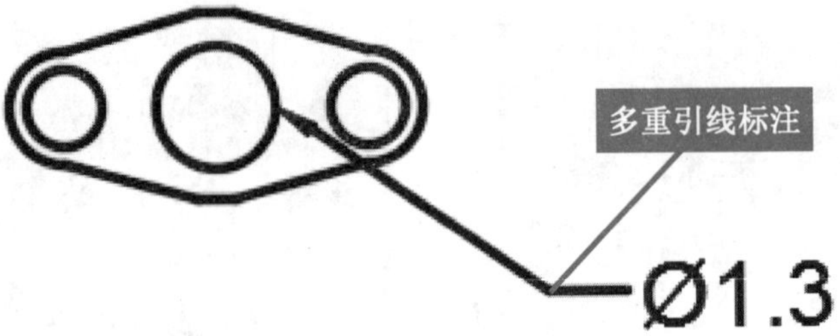

图 9-99

多重引线标注通常由 4 部分组成，分别为引线箭头、引线、引线基线和文字内容等，如图 9-100 所示。

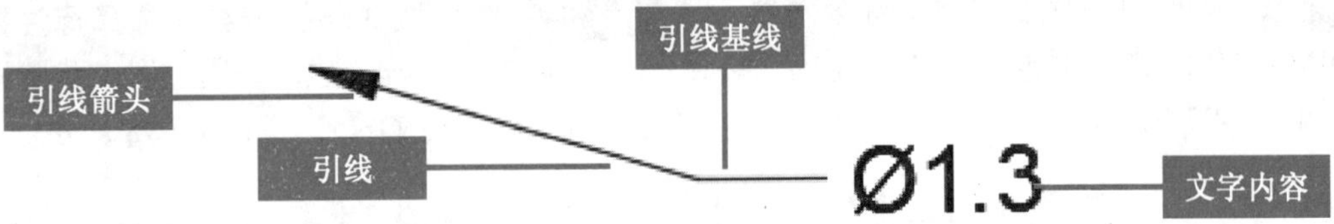

图 9-100

知识拓展：调用快速引线标注命令

在 AutoCAD 2016 中，使用快速引线标注命令可以很快地绘制出有箭头的引线，但该命令不显示在菜单栏、功能区面板和工具栏中，只能通过命令行进行调用。调用方法：在命令行输入 QLEADER 或 LE 命令，然后按 Enter 键即可。

9.6.2 创建多重引线对象

微课堂 00 分 19 秒

在 AutoCAD 2016 中，用户可以根据绘图需要，直接在图形中创建多重引线标注，下面介绍创建多重引线标注的操作方法。

操作步骤 >> Step by Step

第 1 步 新建 CAD 空白文档并绘制图形，切换到【草图与注释】空间，***1.*** 在功能区面板中，选择【注释】选项卡，***2.*** 在【引线】面板中，单击【多重引线】按钮，如图 9-101 所示。

第 2 步 返回到绘图区，***1.*** 命令行提示“MLEADER 指定引线箭头的位置”，***2.*** 在指定位置单击，如图 9-102 所示。

图 9-101

第 3 步　移动鼠标指针，***1.*** 命令行提示“MLEADER 指定引线基线的位置”，***2.*** 在合适位置单击，如图 9-103 所示。

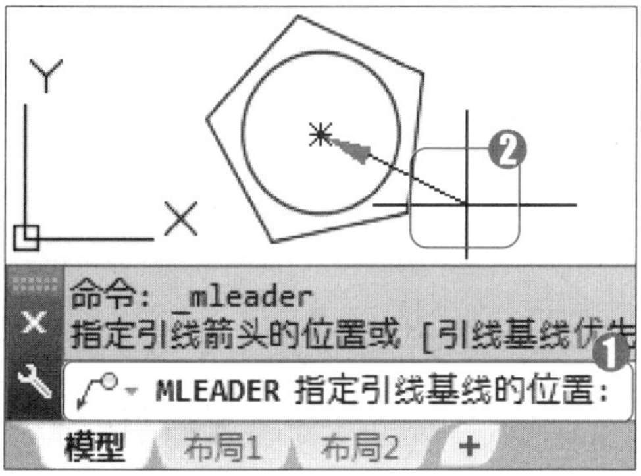

图 9-103

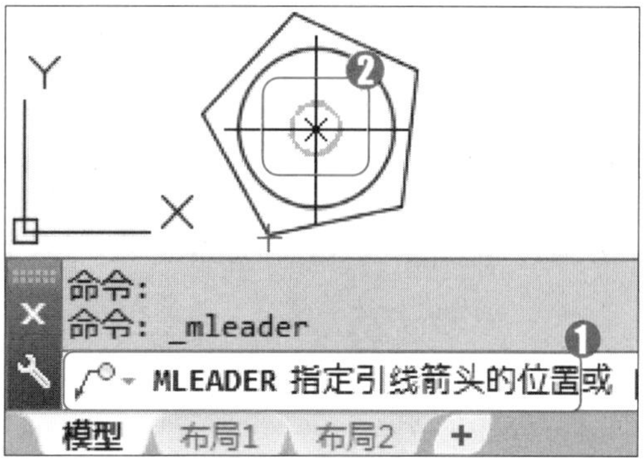

图 9-102

第 4 步　弹出文字输入框，输入文字内容，如 XØ10，然后按 Ctrl+Enter 组合键退出多重引线命令，即可完成创建多重引线对象的操作，如图 9-104 所示。

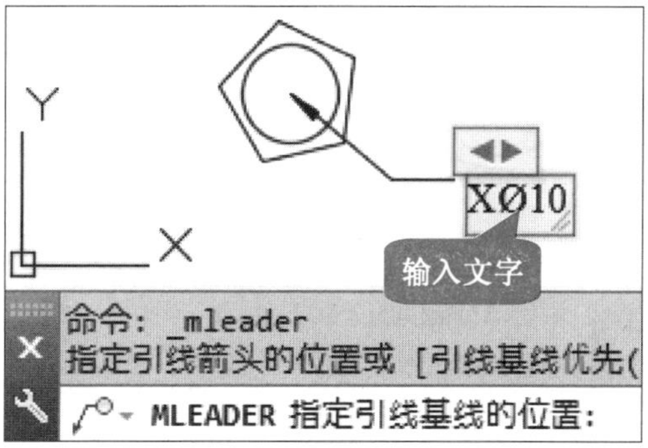

图 9-104

知识拓展：调用多重引线命令方式

在菜单栏中，选择【标注】菜单，在弹出的下拉菜单中，选择【多重引线】命令；或者在命令行输入 MLEADER 或 MLD 命令，然后按 Enter 键，即可调用多重引线命令。

9.6.3　编辑多重引线对象

微课堂　00 分 20 秒

在 AutoCAD 2016 中，创建多重引线标注后，还可以对其进行添加、删除、合并和对齐等编辑操作，下面以添加引线为例，介绍编辑多重引线标注的操作方法。

操作步骤 >> Step by Step

第 1 步　新建 CAD 空白文档，绘制图形并创建多重引线标注，切换到【草图与注释】空间，***1.*** 在功能区面板中，选择【注释】选

第 2 步　返回到绘图区，***1.*** 命令行提示“AIMLEADEREDITADD 选择多重引线”，

项卡，**2.** 在【引线】面板中，单击【添加引线】按钮，如图 9-105 所示。

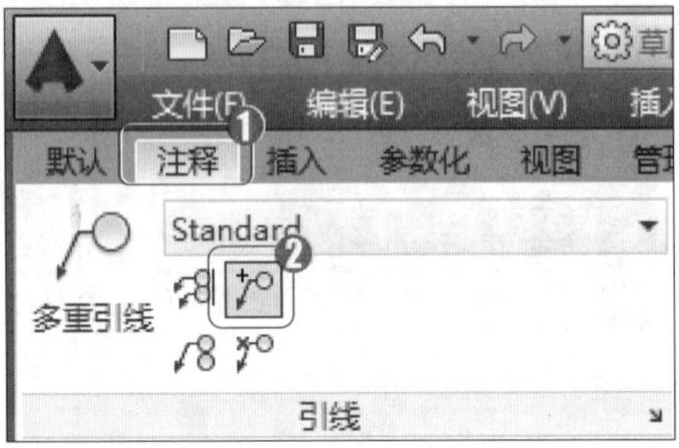

图 9–105

2. 单击选中多重引线标注，如图 9-106 所示。

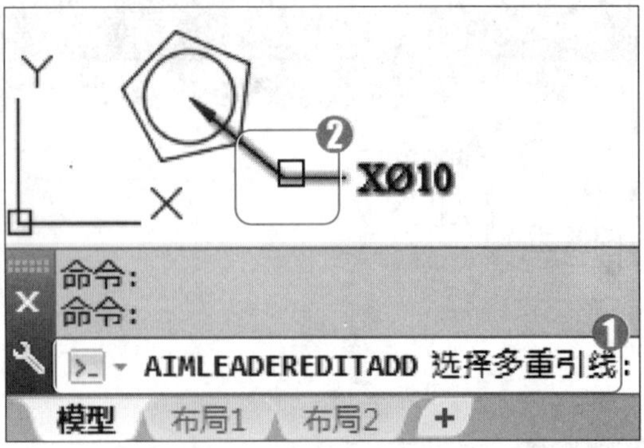

图 9–106

第 3 步 移动鼠标指针，**1.** 命令行提示“AIMLEADEREDITADD 指定引线箭头位置”，**2.** 在合适位置单击，如图 9-107 所示。

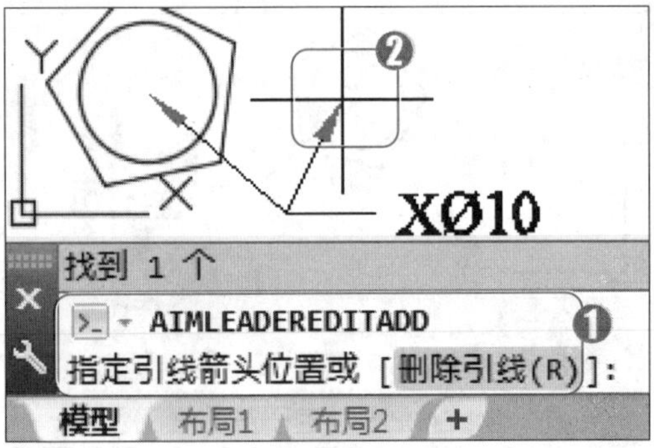

图 9–107

第 4 步 然后按 Esc 键退出添加引线命令，添加引线操作完成，通过以上步骤即可完成编辑多重引线对象的操作，如图 9-108 所示。

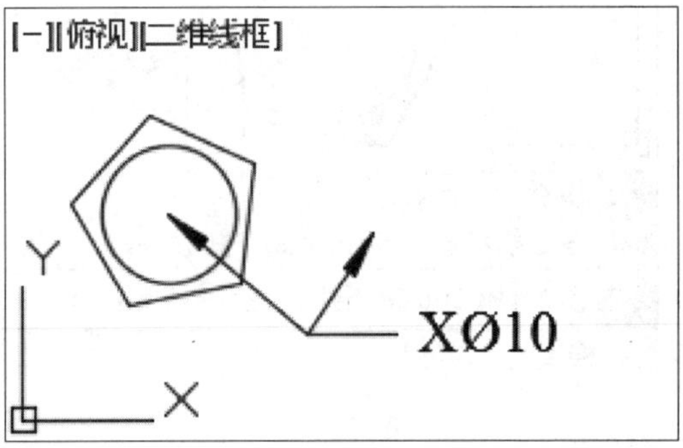

图 9–108

9.6.4 设置多重引线样式

微课堂 00 分 39 秒

在 AutoCAD 2016 中，在对图形对象创建多重引线之前，可以根据绘图需要，在【多重引线样式管理器】对话框中，设置多重引线的箭头、引线、文字等样式，下面将介绍设置多重引线样式的操作方法。

操作步骤 >> Step by Step

第 1 步 新建 CAD 空白文档，切换到【草图与注释】空间，**1.** 在菜单栏中，选择【格式】菜单，**2.** 在弹出的下拉菜单中，选择【多重引线样式】命令，如图 9-109 所示。

第 2 步 弹出【多重引线样式管理器】对话框，单击【新建】按钮 新建(N)...，如图 9-110 所示。

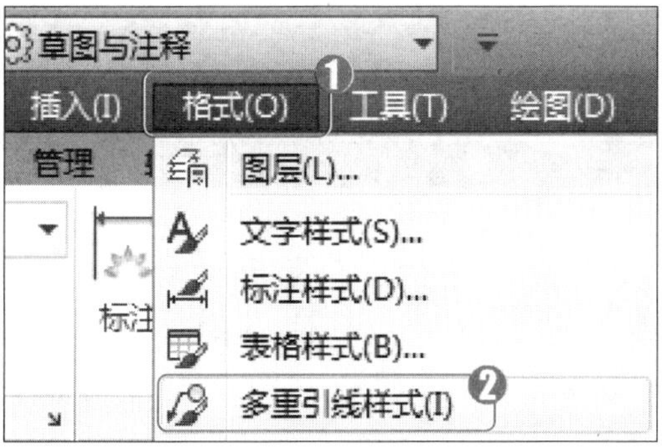

图 9–109

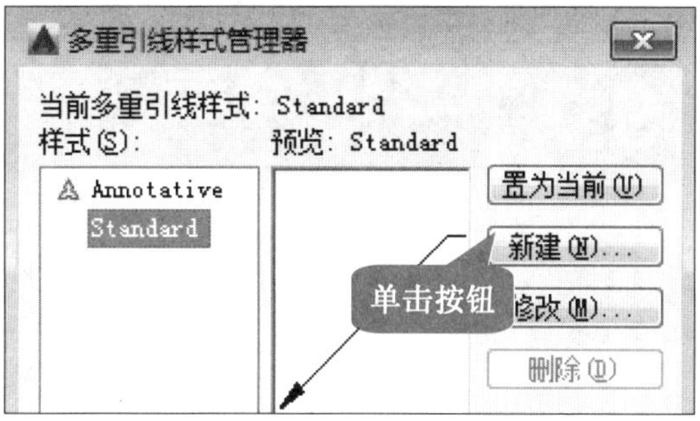

图 9–110

第 3 步　弹出【创建新多重引线样式】对话框，*1.* 在【新样式名】文本框中，输入多重引线样式名称，*2.* 单击【继续】按钮 继续 ，如图 9-111 所示。

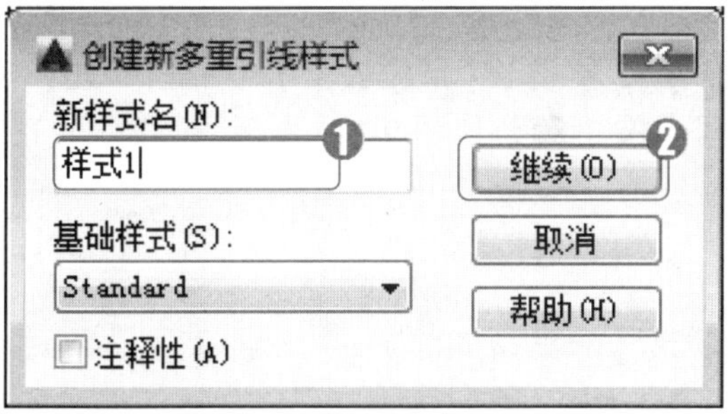

图 9–111

第 4 步　弹出【修改多重引线样式：样式 1】对话框，*1.* 选择【引线格式】选项卡，*2.* 在【常规】区域中的【颜色】下拉列表框中，设置颜色为绿色，*3.* 单击【确定】按钮 确定 ，如图 9-112 所示。

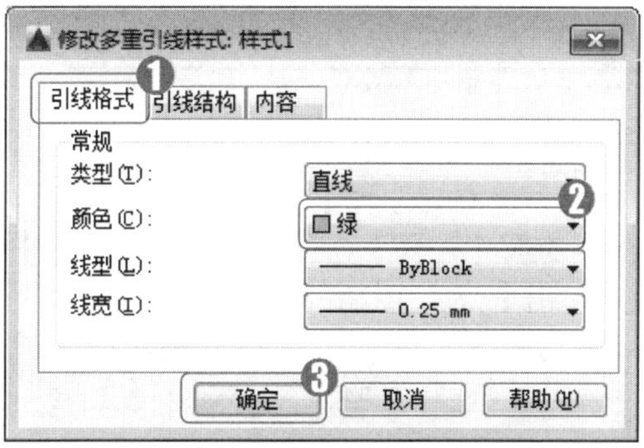

图 9–112

第 5 步　返回到【多重引线样式管理器】对话框，单击【关闭】按钮 关闭 ，即可完成设置多重引线样式的操作，如图 9-113 所示。

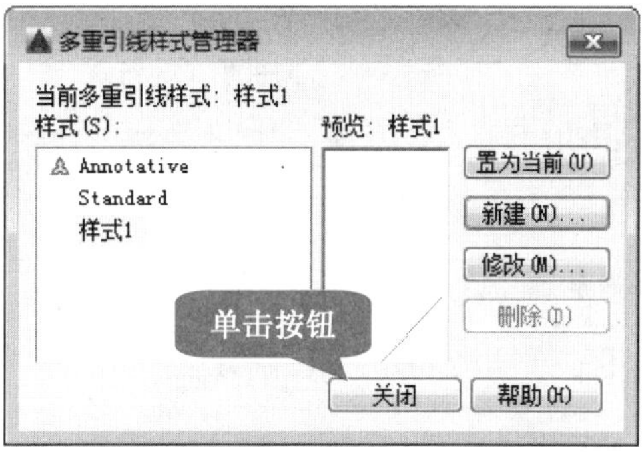

图 9–113

指点迷津

在【修改多重引线样式：样式 1】对话框中，还可以在【内容】选项卡中，设置多重引线文字的格式。

知识拓展：打开【多重引线样式管理器】对话框的方式

在功能区面板中，选择【注释】选项卡，单击【引线】面板右下角的【多重引线样式管理器】按钮；或者在命令行输入 MLEADERSTYLE 或 MLS 命令，然后按 Enter 键，来打开【多重引线样式管理器】对话框。

Section 9.7 形位公差

导读

形位公差表示特征的形状、轮廓、方向、位置和跳动的允许偏差，可以通过特征控制框来添加形位公差，形位公差分为不带引线的形位公差和带引线的形位公差，本节将介绍形位公差方面的知识。

9.7.1 创建不带引线的形位公差

微课堂 00 分 33 秒

在 AutoCAD 2016 中，用户可以创建不带引线的形位公差标注来对图形对象进行说明，下面介绍创建不带引线形位公差的操作方法。

操作步骤 >> Step by Step

第 1 步 新建 CAD 空白文档并绘制图形，切换到【草图与注释】空间，***1.*** 在功能区面板中，选择【注释】选项卡，***2.*** 在【标注】面板中单击【公差】按钮，如图 9-114 所示。

图 9-114

第 2 步 弹出【形位公差】对话框，单击【符号】按钮■，如图 9-115 所示。

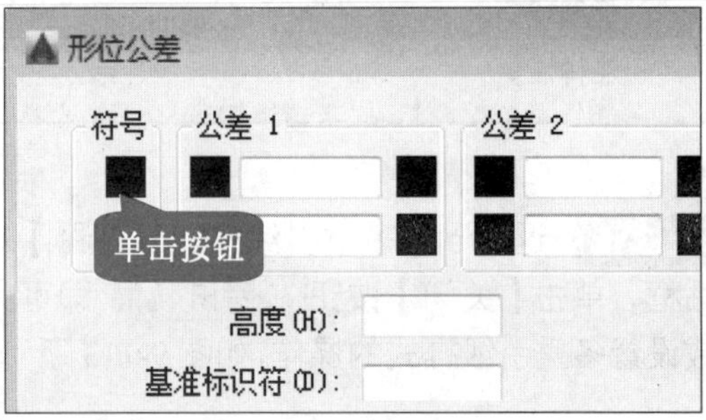

图 9-115

第 3 步 弹出【特征符号】对话框，选择要应用的符号，如图 9-116 所示。

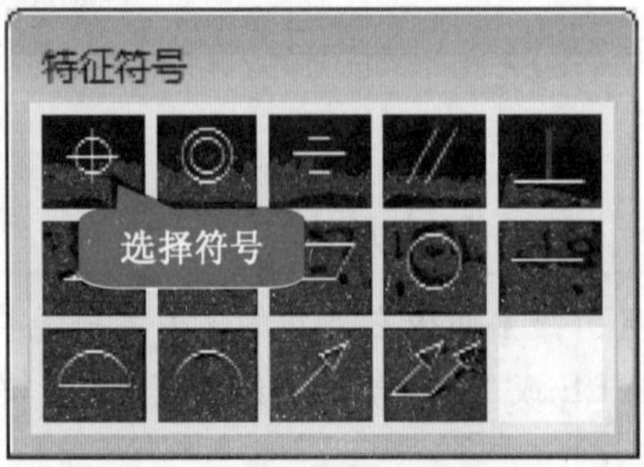

图 9-116

第 4 步 返回到【形位公差】对话框，***1.*** 在【公差 1】文本框中输入公差值，***2.*** 在【公差 2】文本框中输入 A，***3.*** 单击【确定】按钮 确定 ，如图 9-117 所示。

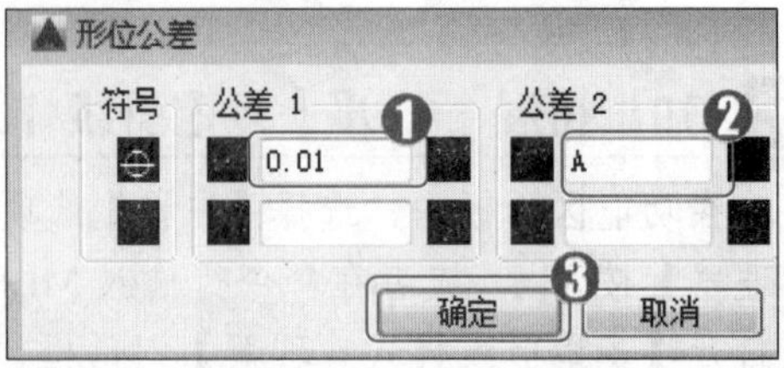

图 9-117

第 5 步 返回到绘图区，***1.*** 命令行提示“TOLERANCE 输入公差位置”，***2.*** 在指定位置单击，如图 9-118 所示。

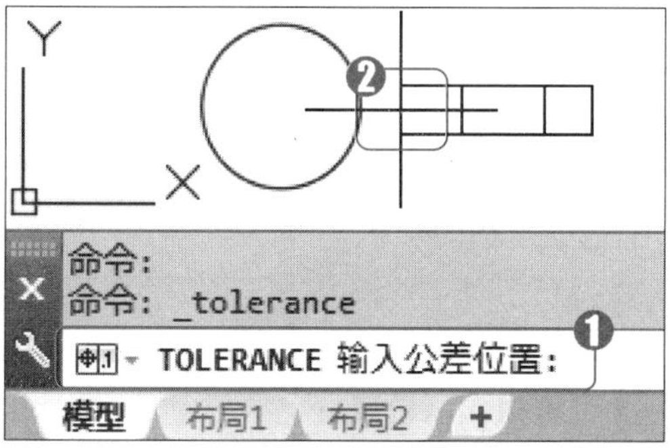

图 9–118

第 6 步 此时可以看到创建的不带引线的形位公差，通过以上步骤即可完成创建不带引线形位公差的操作，如图 9-119 所示。

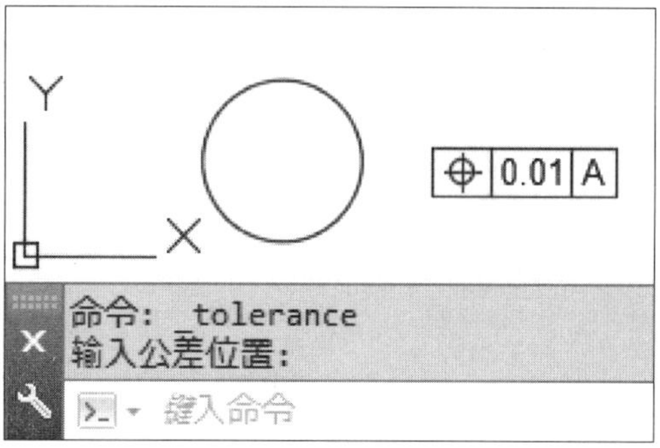

图 9–119

知识拓展：调用形位公差命令的方式

在 AutoCAD 2016 的菜单栏中，选择【标注】菜单，在弹出的下拉菜单中，选择【公差】命令；或者在命令行中输入 TOLERANCE 或 TOL 命令，然后按 Enter 键，都可以调用形位公差命令。

9.7.2 创建带引线的形位公差

微课堂 01 分 03 秒

在 AutoCAD 2016 中，用户还可以创建带引线的形位公差标注，下面介绍如何创建带引线的形位公差标注。

操作步骤 >> Step by Step

第 1 步 新建 CAD 空白文档并绘制图形，切换到【草图与注释】空间，在命令行输入【快速引线】命令 QLEDEAR，然后按 Enter 键，如图 9-120 所示。

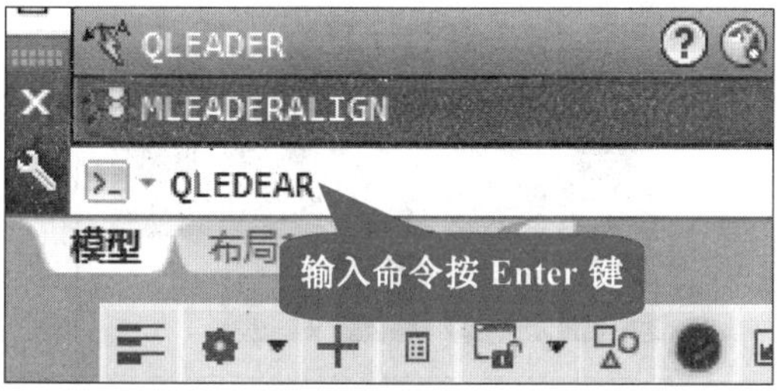

图 9–120

第 3 步 弹出【引线设置】对话框，***1.*** 选

第 2 步 根据命令行提示“QLEADER 指定第一个引线点或【设置(S)】”，在命令行输入 S，然后按 Enter 键，如图 9-121 所示。

图 9–121

第 4 步 返回到绘图区，***1.*** 命令行提示“QLEADER 指定第一个引线点”，***2.*** 在指定位置单击，如图 9-123 所示。

择【注释】选项卡，**2.** 在【注释类型】区域中，选中【公差】单选按钮，**3.** 单击【确定】按钮 确定 ，如图 9-122 所示。

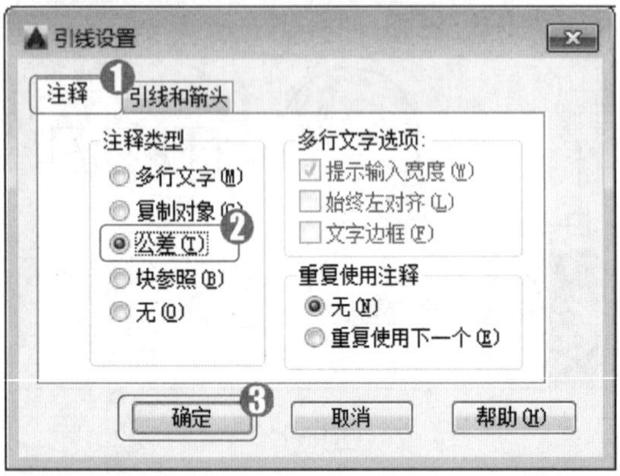

图 9–122

第 5 步 移动鼠标指针，**1.** 命令行提示“QLEADER 指定下一点”，**2.** 在指定位置单击，如图 9-124 所示。

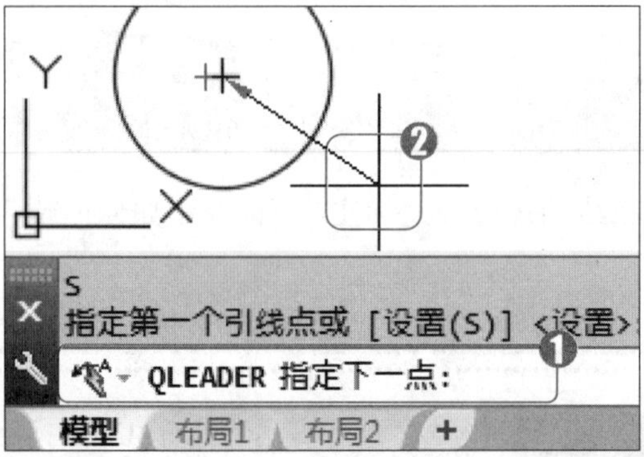

图 9–124

第 7 步 弹出【形位公差】对话框，单击【符号】按钮■，如图 9-126 所示。

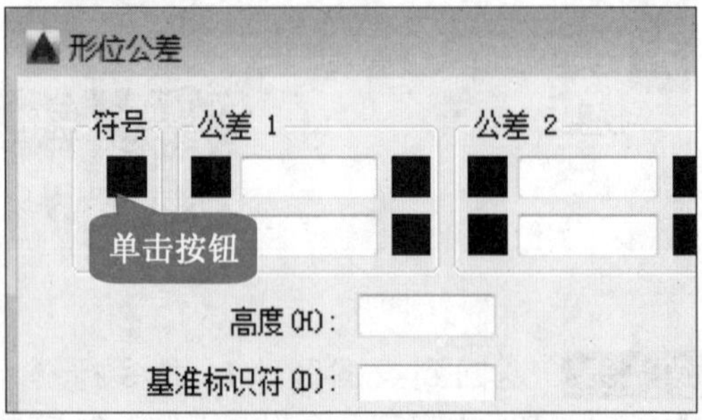

图 9–126

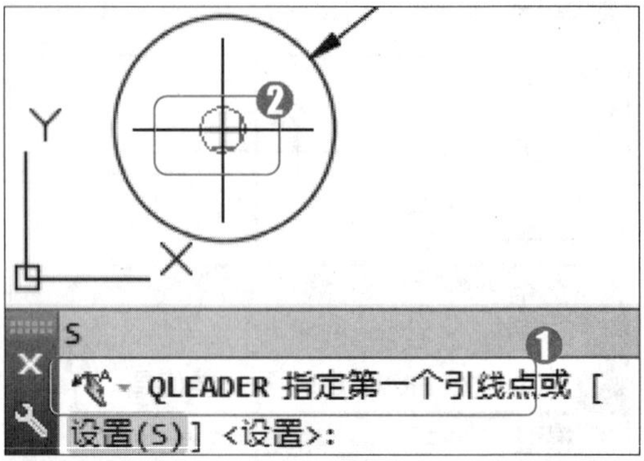

图 9–123

第 6 步 移动鼠标指针，**1.** 命令行提示“QLEADER 指定下一点”，**2.** 在指定位置单击，如图 9-125 所示。

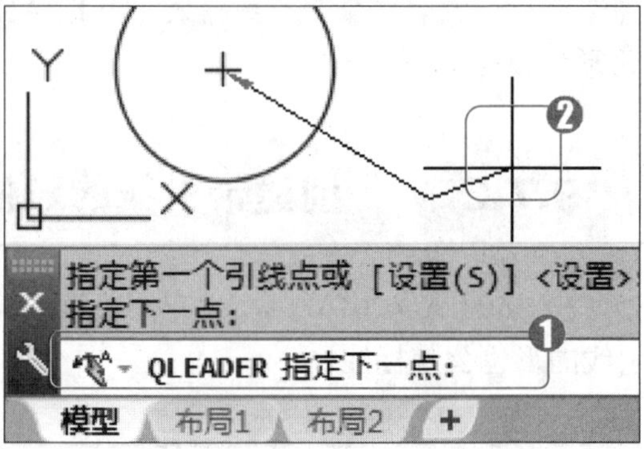

图 9–125

第 8 步 弹出【特征符号】对话框，选择要应用的符号，如图 9-127 所示。

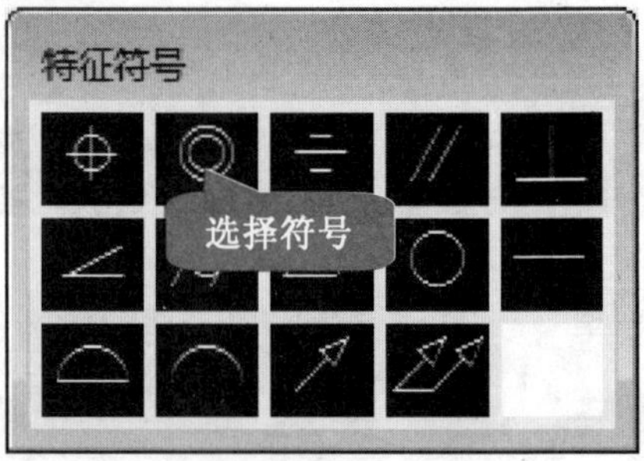

图 9–127

第 9 步 返回到【形位公差】对话框，***1.*** 在【公差 1】文本框中输入公差值，***2.*** 在【公差 2】文本框中输入 B，***3.*** 单击【确定】按钮 确定 ，如图 9-128 所示。

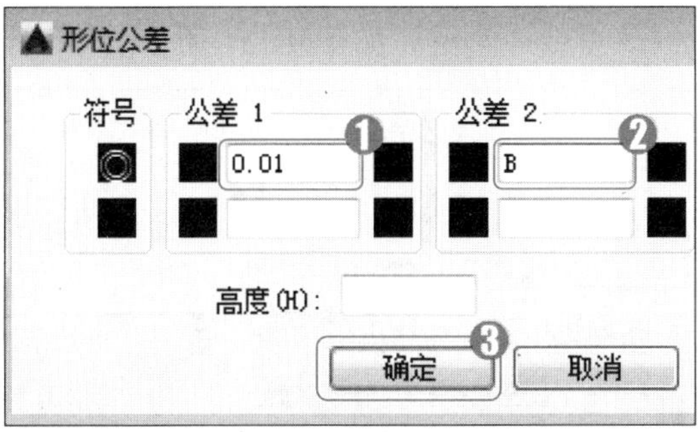

图 9-128

第 10 步 返回到绘图区，带引线的形位公差创建完成，通过以上步骤即可完成创建带引线的形位公差的操作，如图 9-129 所示。

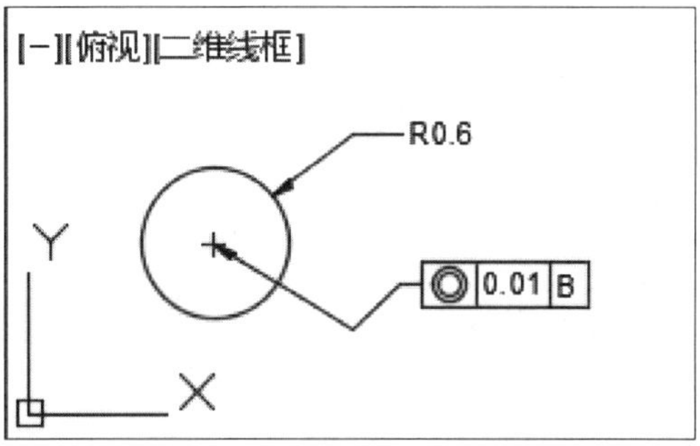

图 9-129

知识拓展：创建多行文字注释

在 AutoCAD 2016 的命令行中输入 QLEADER 命令，然后按 Enter 键，弹出【引线设置】对话框，在【注释类型】区域中选中【多行文字】单选按钮，单击【确定】按钮，返回到绘图区，根据命令行提示，可以为图形创建多行文字的注释。

Section 9.8 专题课堂——约束

导读

在 AutoCAD 2016 中，约束是应用至二维几何图形的关联和限制。常用的约束类型有两种，包括几何约束和标注约束，本节将重点介绍约束应用方面的知识。

9.8.1 创建几何约束

微课堂 00 分 18 秒

在 AutoCAD 2016 中，几何约束用来确定二维几何对象之间或对象上每个点之间的关系，用户可以从视觉上确定与任意几何约束关联的对象，也可以确定与任意对象关联的约束，下面以垂直几何约束为例，介绍创建几何约束的操作方法。

知识拓展：调用几何约束方式

可以在菜单栏中选择【参数】菜单，在弹出的【几何约束】下拉菜单中选择要应用的几何约束命令即可。几何约束类型包括重合、共线、同心、固定、平行、水平、垂直、竖直、相切、平滑、对称和相等。

操作步骤 >> Step by Step

第 1 步 新建 CAD 空白文档并绘制图形，切换到【草图与注释】空间，***1.*** 在功能区面板中，选择【参数化】选项卡，***2.*** 在【几何】面板中单击【垂直】按钮⊻，如图 9-130 所示。

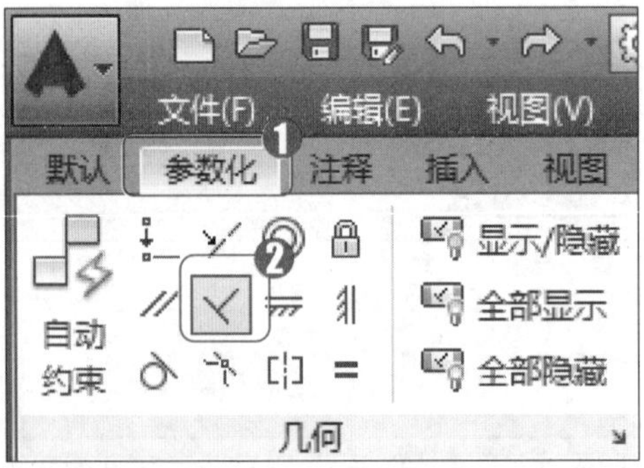

图 9–130

第 3 步 移动鼠标指针，***1.*** 命令行提示“GCPERPENDICULAR 选择第二个对象”，***2.*** 单击选中直线，如图 9-132 所示。

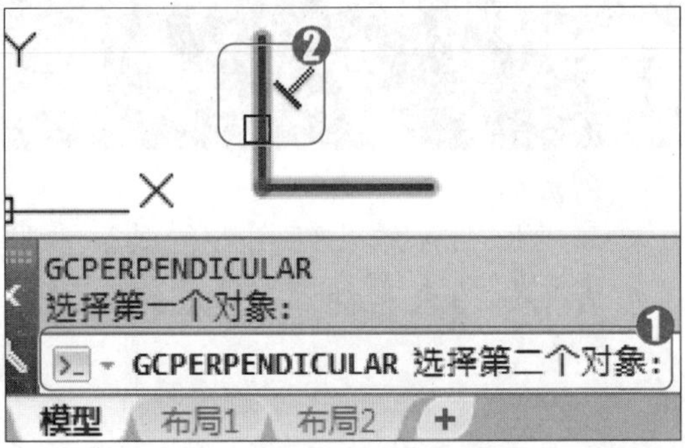

图 9–132

第 2 步 返回到绘图区，***1.*** 命令行提示“GCPERPENDICULAR 选择第一个对象”，***2.*** 单击选中直线，如图 9-131 所示。

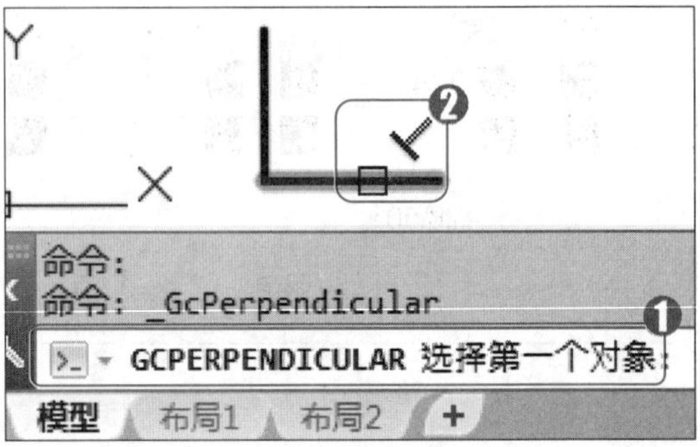

图 9–131

第 4 步 此时可以看到创建的垂直约束对象，通过以上步骤即可完成创建几何约束的操作，如图 9-133 所示。

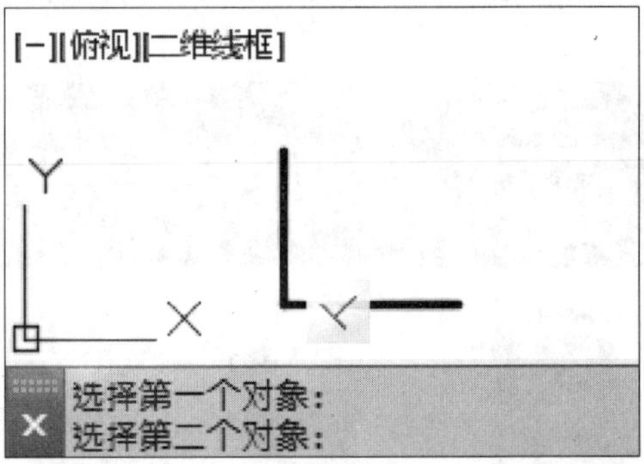

图 9–133

9.8.2 设置几何约束

微课堂 00 分 24 秒

在 AutoCAD 2016 中创建几何约束之前，可以先设置几何约束，下面介绍设置几何约束的操作方法。

操作步骤 >> Step by Step

第 1 步 新建 CAD 空白文档并绘制图形，切换到【草图与注释】空间，***1.*** 在菜单栏中，

第 2 步 弹出【约束设置】对话框，***1.*** 选择【几何】选项卡，***2.*** 在【约束栏显示设置】

选择【参数】菜单，**2.** 在弹出的下拉菜单中，选择【约束设置】命令，如图 9-134 所示。

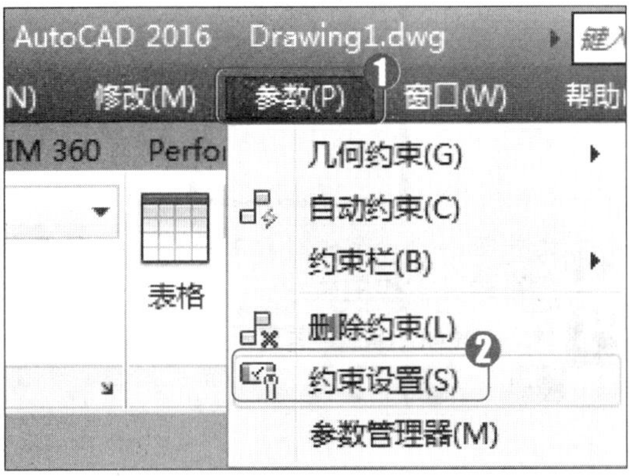

图 9-134

区域中，单击【全部选择】按钮 全部选择(S) ，**3.** 单击【确定】按钮 确定 ，即可完成设置几何约束的操作，如图 9-135 所示。

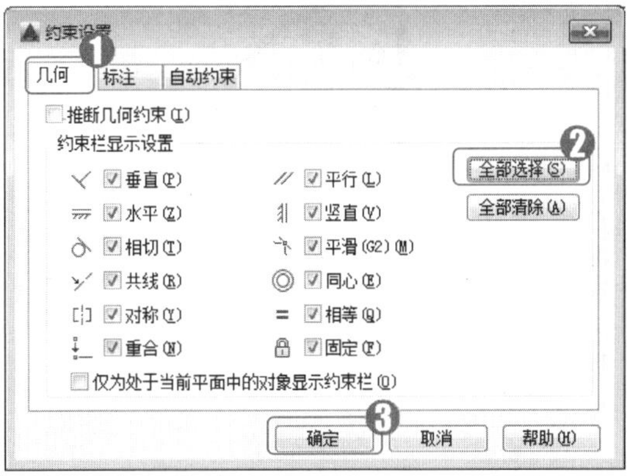

图 9-135

9.8.3 应用标注约束

微课堂 00 分 27 秒

在 AutoCAD 2016 中，标注约束可以控制图形的大小和比例，会使几何对象之间或对象上的点之间保持指定的距离和角度。标注约束分为动态约束和注释性约束，下面以对齐约束为例，介绍应用标注约束的操作方法。

操作步骤 >> Step by Step

第 1 步 新建 CAD 空白文档并绘制图形，切换到【草图与注释】空间，**1.** 在功能区面板中，选择【参数化】选项卡，**2.** 在【标注】面板中，单击【对齐】按钮，如图 9-136 所示。

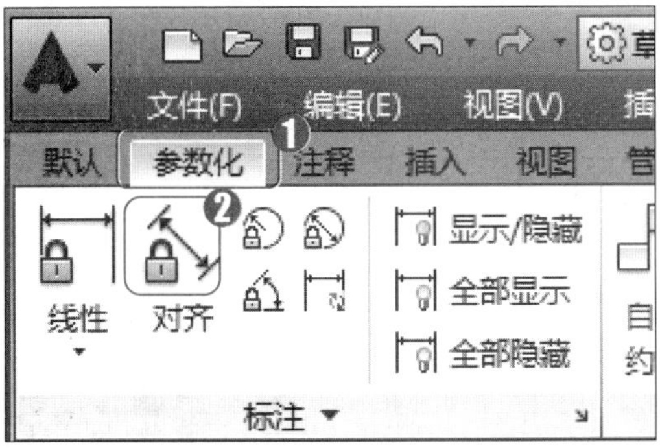

图 9-136

第 2 步 返回到绘图区，**1.** 命令行提示"DCALIGNED 指定第一个约束点"，**2.** 单击选中点，如图 9-137 所示。

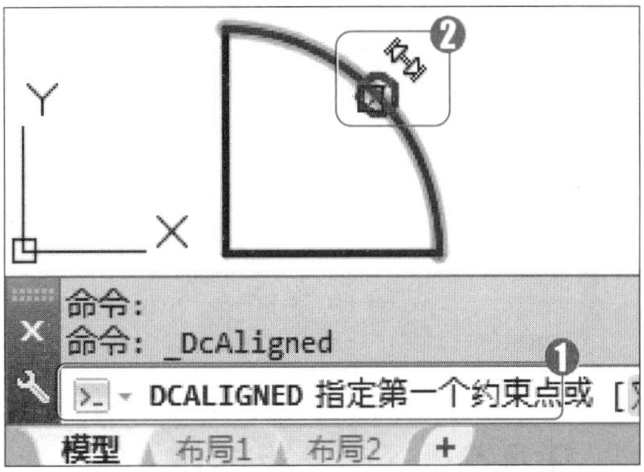

图 9-137

第 3 步 移动鼠标指针，*1.* 命令行提示“DCALIGNED 指定第二个约束点”，**2.** 单击选中点，如图 9-138 所示。

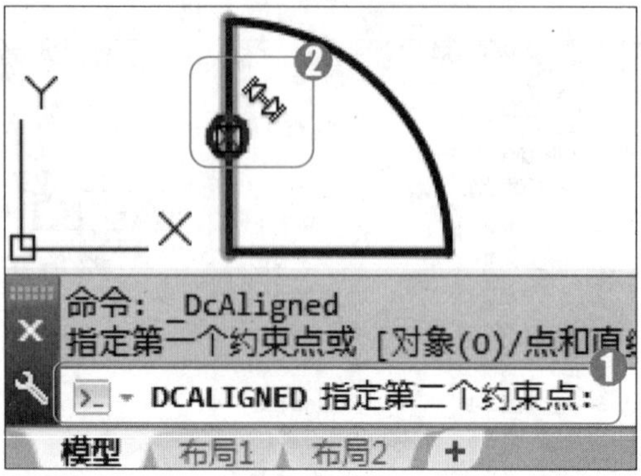

图 9–138

第 4 步 移动鼠标指针，*1.* 命令行提示“DCALIGNED 指定尺寸线位置”，**2.** 在指定位置单击，如图 9-139 所示。

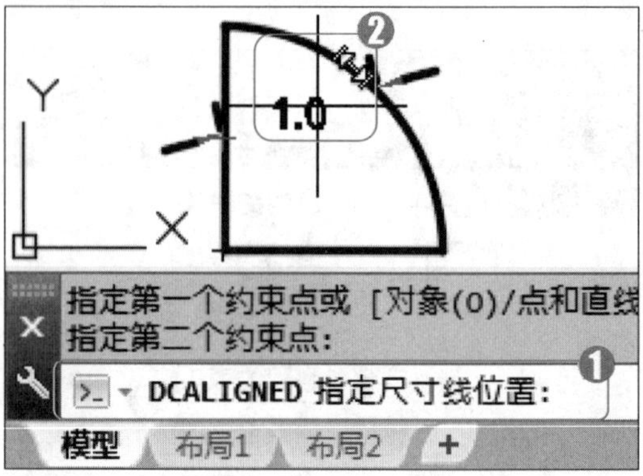

图 9–139

第 5 步 弹出文字输入框，*1.* 命令行提示“DCALIGNED 标注文字=1.0”，**2.** 输入文字内容，然后按 Enter 键，如图 9-140 所示。

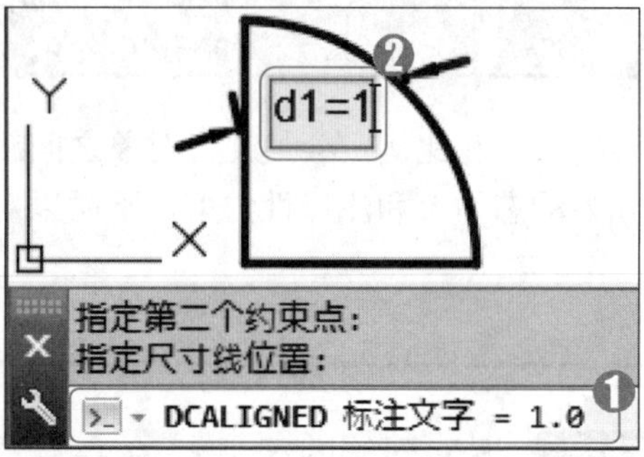

图 9–140

第 6 步 对齐标注约束操作完成，通过以上步骤即可完成应用标注约束的操作，如图 9-141 所示。

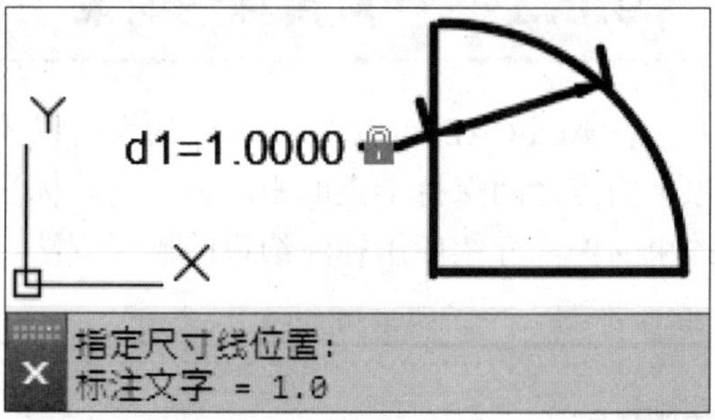

图 9–141

Section 9.9 实践经验与技巧

导读

在本节的学习过程中，将侧重介绍和讲解与本章知识点有关的实践经验及技巧，主要内容将包括如何使用智能标注、删除多重引线和倾斜标注方面的知识与操作技巧。

9.9.1 智能标注

微课堂 00 分 38 秒

在 AutoCAD 2016 中，DIM(智能标注)命令是 AutoCAD 2016 新增加的功能，它可以根据对象的类型自动选择相应的尺寸标注进行操作，下面介绍使用智能标注的操作方法。

操作步骤 >> Step by Step

第 1 步 打开“零件.dwg”素材文件，切换到【草图与注释】空间，*1.* 在功能区面板中，选择【注释】选项卡，*2.* 在【标注】面板中，单击【标注】按钮，如图 9-142 所示。

图 9-142

第 2 步 返回到绘图区，根据命令行提示的信息，使用智能标注命令对圆弧进行标注，如图 9-143 所示。

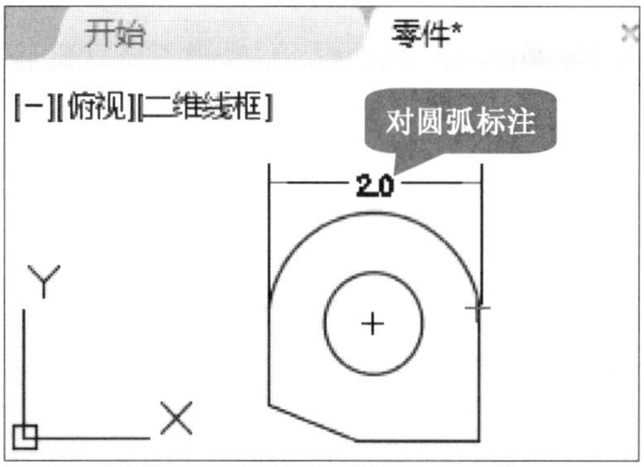

图 9-143

第 3 步 移动鼠标指针，根据命令行提示的信息，使用智能标注命令对图形右侧的直线进行标注，如图 9-144 所示。

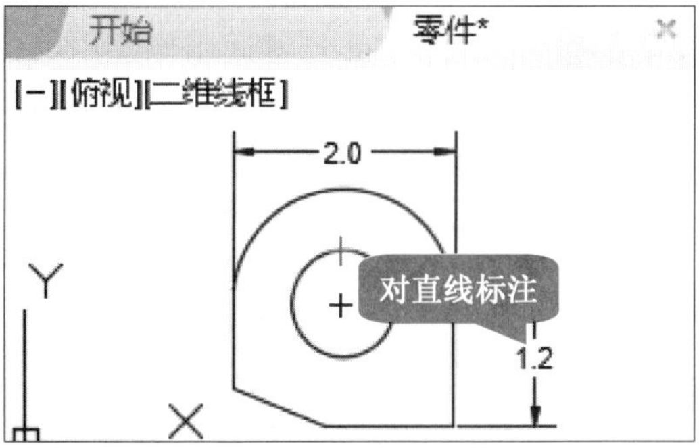

图 9-144

第 4 步 移动鼠标指针，根据命令行提示的信息，使用智能标注命令对圆进行标注，如图 9-145 所示。

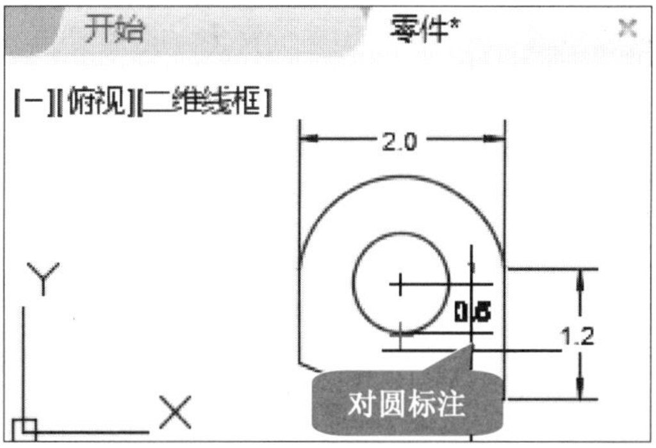

图 9-145

第 5 步 然后按 Enter 键退出智能标注命令，通过以上步骤即可完使用智能标注的操作，如图 9-146 所示。

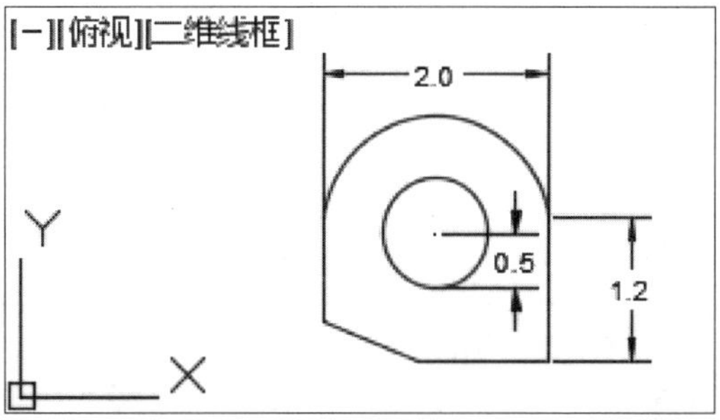

图 9-146

■ 指点迷津

不论对什么类型的图形进行智能标注操作，DIM 命令都会保持活动状态，以便创建适合的标注，直到退出命令。

9.9.2 删除多重引线

微课堂 00 分 33 秒

在 AutoCAD 2016 中，为了保持绘图界面整洁，可以删除多余的引线，下面介绍删除多重引线的操作方法。

操作步骤 >> Step by Step

第 1 步 创建图形并添加多重引线标注，切换到【草图与注释】空间，***1.*** 在功能区面板中，选择【注释】选项卡，***2.*** 在【引线】面板中单击【删除引线】按钮，如图 9-147 所示。

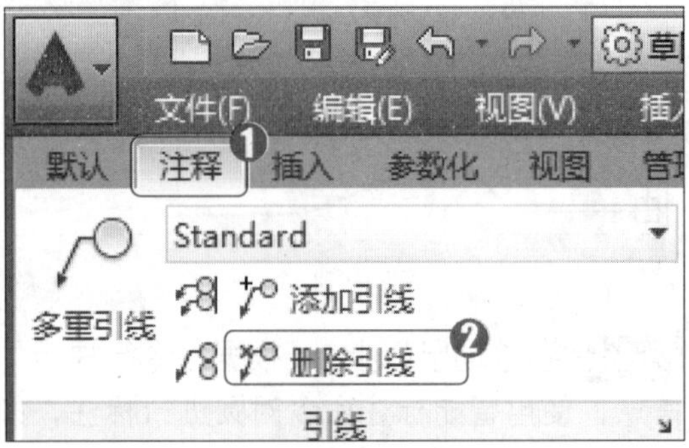

图 9-147

第 2 步 返回到绘图区，***1.*** 命令行提示 “AIMLEADEREDITREMOVE 选择多重引线”，***2.*** 单击选中图形对象，如图 9-148 所示。

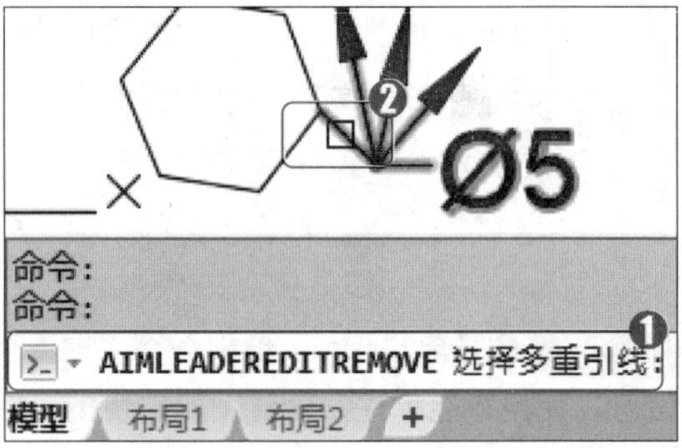

图 9-148

第 3 步 移动鼠标指针，***1.*** 命令行提示 “AIMLEADEREDITREMOVE 指定要删除的引线”，***2.*** 单击选中要删除的引线，如图 9-149 所示。

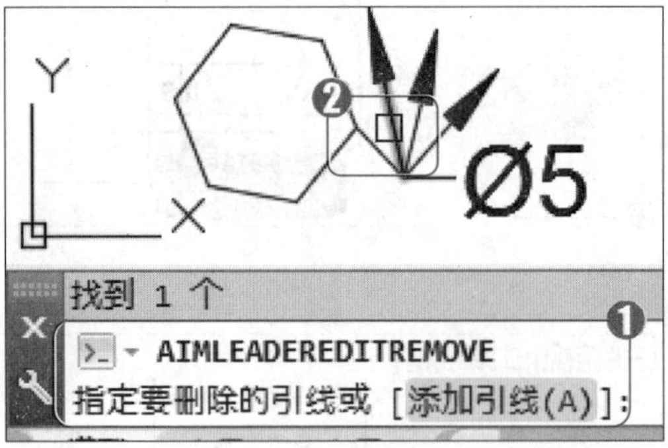

图 9-149

第 4 步 然后按 Enter 键退出删除引线命令，引线被删除，通过以上步骤即可完成删除多重引线的操作，如图 9-150 所示。

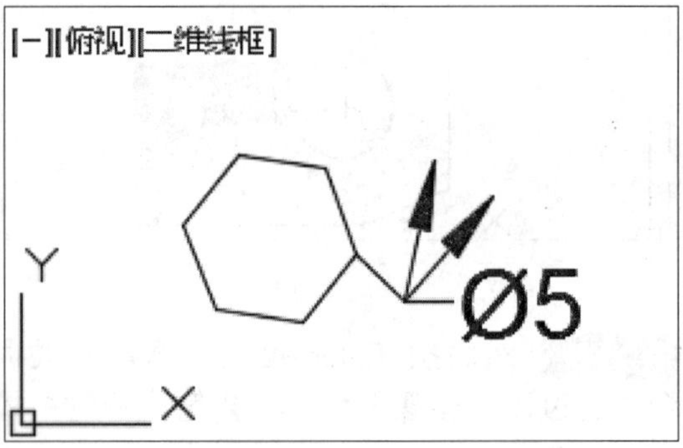

图 9-150

一点即通：删除约束

在 AutoCAD 2016 的菜单栏中选择【参数】菜单，在弹出的下拉菜单中选择【删除约束】命令，在绘图区中选择已创建的几何约束对象，然后按 Enter 键，即可完成删除约束的操作。

9.9.3 倾斜标注

微课堂 00 分 33 秒

在 AutoCAD 2016 中，当尺寸界线与图形的其他要素冲突时，可以使用倾斜命令将标注的延伸线倾斜，倾斜角从 UCS 的 X 轴进行测量。下面介绍倾斜标注的操作方法。

操作步骤 >> Step by Step

第 1 步 打开“零件.dwg”素材文件，切换到【草图与注释】空间，***1.*** 在菜单栏中，选择【标注】菜单，***2.*** 在弹出的下拉菜单中，选择【倾斜】命令，如图 9-151 所示。

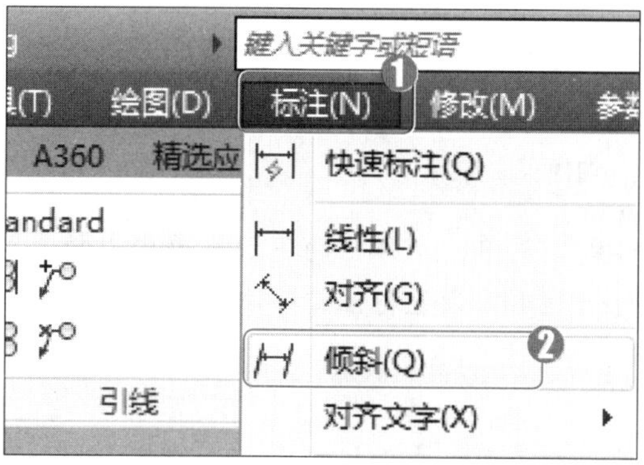

图 9-151

第 2 步 返回到绘图区，***1.*** 命令行提示“DIMEDIT 选择对象”，***2.*** 单击选中标注对象，如图 9-152 所示。

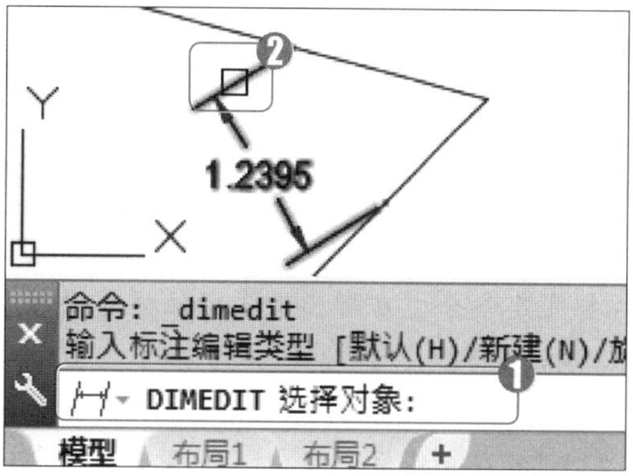

图 9-152

第 3 步 根据命令行提示“DIMEDIT 输入倾斜角度”，在命令行输入 90，然后按 Enter 键，如图 9-153 所示。

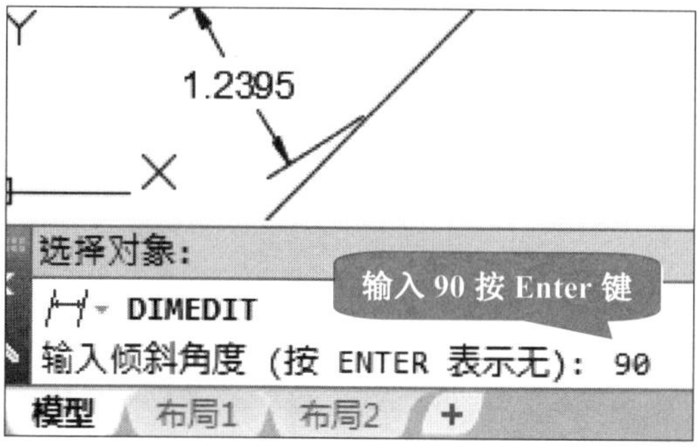

图 9-153

第 4 步 然后按 Enter 键退出倾斜命令，即可完成倾斜标注的操作，如图 9-154 所示。

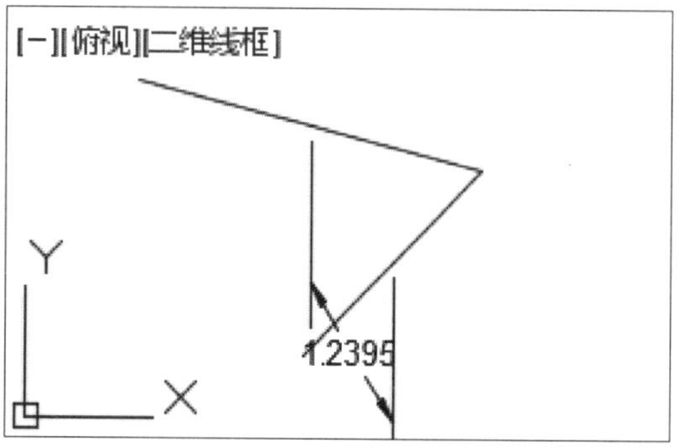

图 9-154

一点即通：指定标注文字角度

在 AutoCAD 2016 的命令行输入 DIMEDIT 命令，按 Enter 键，然后激活【旋转】命令，在命令行输入标注文字的角度，按 Enter 键，然后选中要旋转的标注文字即可。

Section 9.10 有问必答

1. 在【标注样式管理器】对话框中，无法删除标注样式，如何解决?

在 AutoCAD 2016 中，当前使用的标注样式是无法删除的，可以将其他标注样式设置为当前标注样式，然后右击选中要删除的标注样式，在弹出的快捷菜单中选择【删除】命令即可。

2. 在调用更新标注命令后，标注没有变化，如何解决?

可以在功能区面板中，选择【注释】选项卡，在【标注】面板中选择要更换的标注样式，然后单击【更新】按钮，可以看到标注更新了新的标注样式。

3. 使用线性标注后，没有看到标注的内容，如何解决?

可以放大视图，或者在菜单栏中，选择【格式】菜单，在弹出的下拉菜单中选择【标注样式】命令，在弹出的【标注样式管理器】对话框中，设置标注文字与箭头的大小。

4. 如何对齐多重引线?

可以在功能区面板中，选择【注释】选项卡，在【引线】面板中单击【对齐】按钮，选择要对齐的多重引线，再按 Enter 键，然后选中要对齐到的多重引线即可。

5. 如何设置标注约束?

在菜单栏中，选择【参数】菜单，在弹出的下拉菜单中选择【约束设置】命令，在弹出的【约束设置】对话框中，选择【标注】选项卡，在【标注约束格式】区域中的【标注名称格式】下拉列表中，选择【名称和表达式】选项，单击【确定】按钮即可。

第10章

图块与外部参照

本章要点

- 创建图块
- 编辑图块
- 图块属性
- 应用动态块
- 应用外部参照
- 专题课堂——光栅图像

本章主要内容

本章主要介绍在 AutoCAD 2016 中创建图块、编辑图块和图块属性方面的知识与技巧，同时将讲解应用动态块和应用外部参照方面的内容，在专题课堂环节则将介绍光栅图像方面的知识。通过本章的学习，读者可以掌握图块与外部参照的知识及操作方法，为深入学习 AutoCAD 2016 奠定基础。

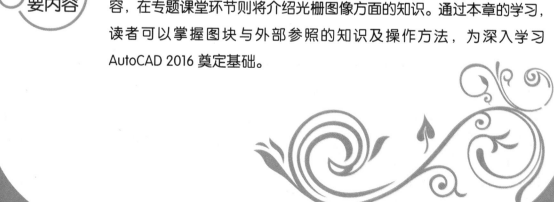

Section 10.1 创建图块

导读

在 AutoCAD 2016 中，为了提高工作效率，可以将经常重复使用的图形对象组合在一起定义成一个块。这样在绘制机械图的过程中，用户可以随时将其插入到其他图形中，同时可以对块进行缩放、旋转等操作，本节将介绍创建图块方面的知识与操作技巧。

10.1.1 块定义与块特点

微课堂 00 分 19 秒

图块是一组图形实体的总称，拥有各自的图层、线型、颜色等特征。在绘制图形时，如果图形中有大量相同或相似的内容时，可以将这些重复绘制的图形定义成块，同时用户可以指定块的名称、用途及设计者等信息，再根据绘图需要，将块插入到图形中，这样可以大大地提高工作效率。

在 AutoCAD 2016 中，块拥有以下特点。

- 提高绘图速度：使用图块可以将重复的图形定义成块，这样在绘制图形时，用户可以有效地提高工作效率。
- 节省存储空间：使用图块可将图形信息存储在块属性中，这样可以节省绘图的磁盘空间。
- 便于修改图形：使用块后，只要对块进行再定义的操作，图中插入的所有该块均会自动进行修改。
- 加入属性：使用块，用户可以将文字信息、说明等添加到块属性中，并且可以根据工作需要，从图中提取这些信息并将其传送到数据库中。

10.1.2 创建内部块

微课堂 00 分 31 秒

在 AutoCAD 2016 中，内部块即为临时块，是指在当前图形中创建并使用的块，在启动【创建块】命令后，系统会弹出【块定义】对话框，在该对话框中可以定义块的各项参数，下面介绍创建内部块的操作方法。

操作步骤 >> Step by Step

第 1 步 新建 CAD 空白文档并绘制图形，切换到【草图与注释】空间，***1.*** 在菜单栏中，选择【绘图】菜单，***2.*** 在弹出的下拉菜单中，选择【块】命令，***3.*** 在【块】子菜单中，选择【创建】命令，如图 10-1 所示。

第 2 步 弹出【块定义】对话框，***1.*** 在【名称】文本框中，输入块的名称，***2.*** 在【对象】区域中，单击【选择对象】按钮，如图 10-2 所示。

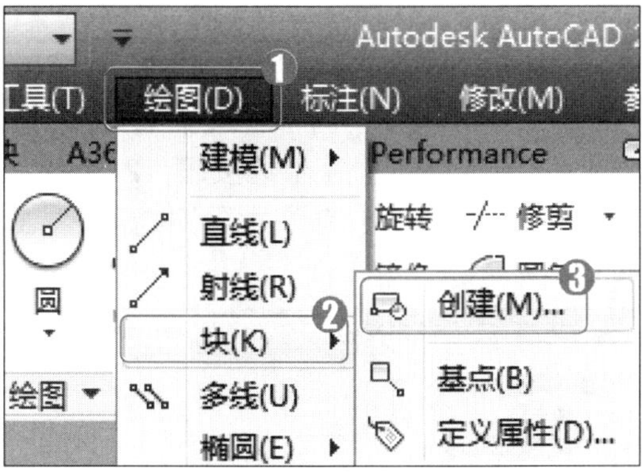

图 10-1

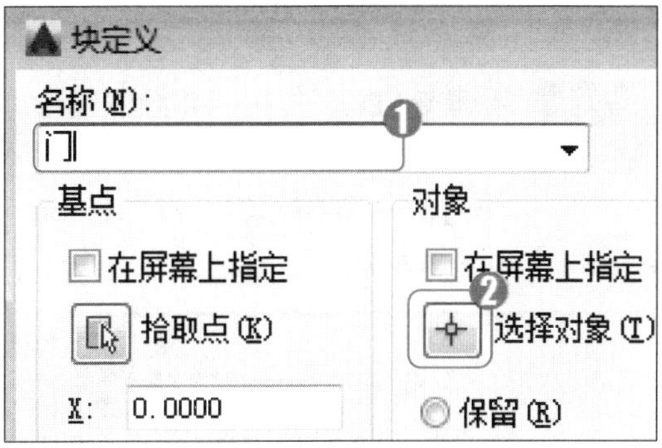

图 10-2

第 3 步　返回到绘图区，*1.* 命令行提示“BLOCK 选择对象”，**2.** 使用叉选方式选择图形对象，如图 10-3 所示。

第 4 步　然后按 Enter 键，返回到【块定义】对话框，单击【确定】按钮 确定 ，即可完成创建内部块的操作，如图 10-4 所示。

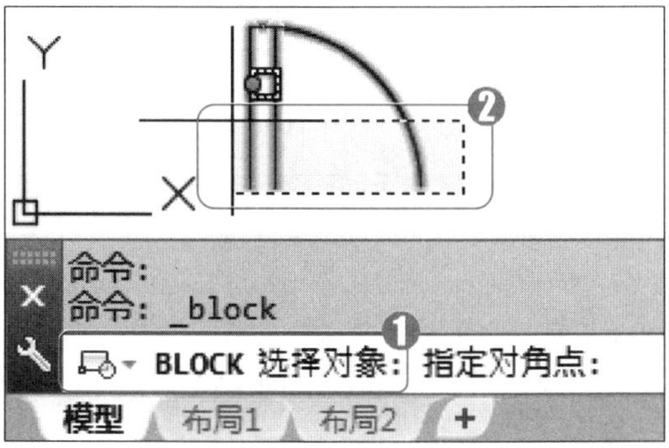

图 10-3

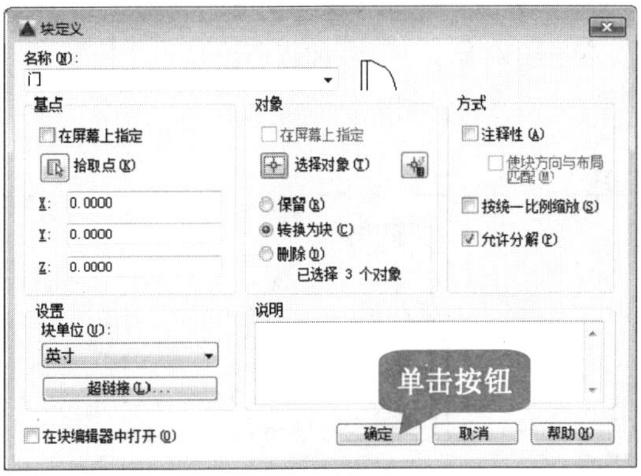

图 10-4

知识拓展：创建内部块的方式

在 AutoCAD 2016 的功能区面板中，选择【默认】选项卡，在【块】面板中单击【创建】按钮 ；或者在命令行输入 BLOCK 命令，然后按 Enter 键，在弹出的【块定义】对话框中创建内部块。

10.1.3　创建外部块

微课堂　00 分 41 秒

因内部块只限于在创建块的文件中使用，所以有时也需要创建外部块，以便于在其他文件中使用。外部块是将块保存在独立的文件中，而不是依赖于某一图形文件，其自身就是一个图形文件，在插入块时只需要指定图形文件的名称即可。

因为 DWG 文件能够被 AutoCAD 其他文件使用，所以创建外部块实际上是将图块保存为 DWG 文件，下面将介绍创建外部图块的操作方法。

操作步骤 >> Step by Step

第 1 步 新建 CAD 空白文档并绘制图形，切换到【草图与注释】空间，在命令行输入【创建外部块】命令 WBLOCK，然后按 Enter 键，如图 10-5 所示。

图 10-5

第 2 步 弹出【写块】对话框，*1.* 在【源】区域中，选中【对象】单选按钮，*2.* 在【对象】区域中，单击【选择对象】按钮，如图 10-6 所示。

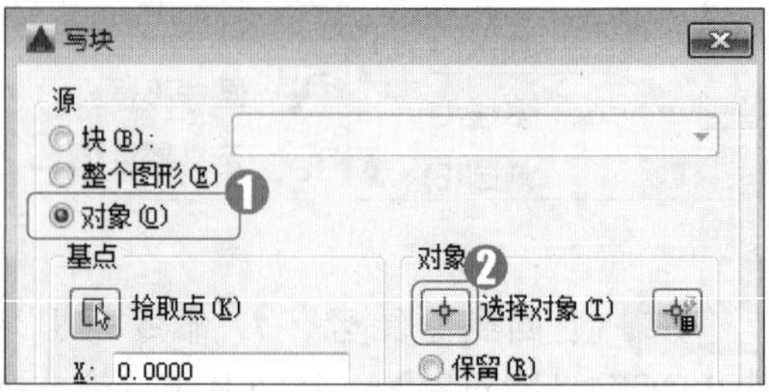

图 10-6

第 3 步 返回到绘图区，*1.* 命令行提示"WBLOCK 选择对象"，*2.* 使用叉选方式选择图形对象，如图 10-7 所示。

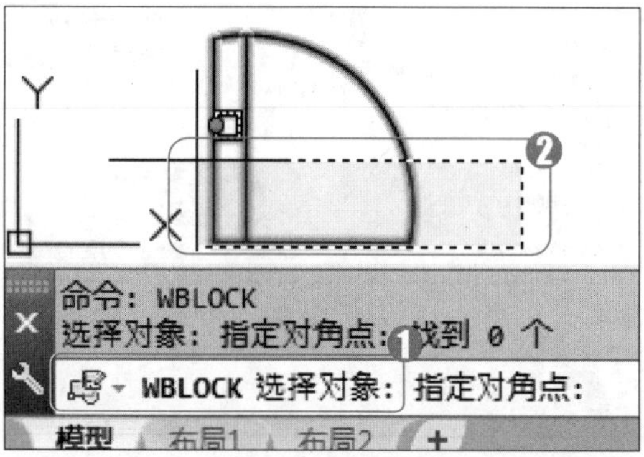

图 10-7

第 4 步 按 Enter 键，返回到【写块】对话框，*1.* 在【目标】区域中，在【文件名和路径】下拉列表框中，设置外部块的存放路径，*2.* 单击【确定】按钮 确定 ，即可完成创建外部块的操作，如图 10-8 所示。

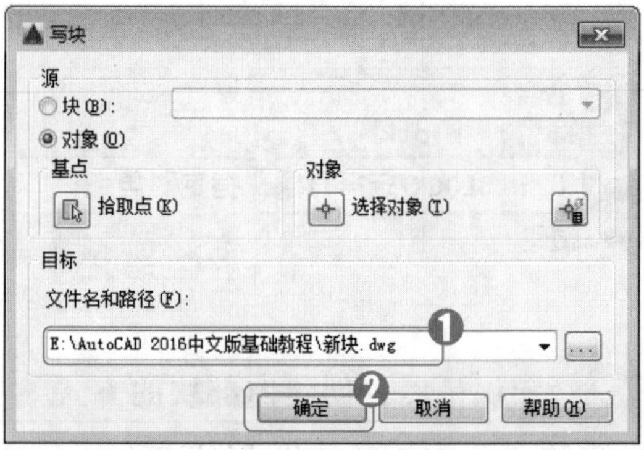

图 10-8

Section 10.2 编辑图块

导读 在 AutoCAD 2016 中，创建块后，用户可以对已经创建的块进行编辑，编辑图块的内容包括插入块、分解块、删除块和清理块等，本节将重点介绍编辑图块方面的知识与操作技巧。

10.2.1 使用块编辑器

微课堂 00 分 49 秒

在 AutoCAD 2016 中，块编辑器包含一个特殊的编写区域，在该区域中，可以像在绘图区域中一样绘制和编辑几何图形，用于为当前图形创建和更改块定义，下面介绍使用块编辑器的操作方法。

操作步骤 >> Step by Step

第 1 步 新建 CAD 空白文档并创建块，切换到【草图与注释】空间，*1.* 在功能区面板中，选择【默认】选项卡，*2.* 在【块】面板中，单击【编辑】按钮，如图 10-9 所示。

图 10-9

第 2 步 弹出【编辑块定义】对话框，*1.* 在【要创建或编辑的块】区域中，选择要编辑的块，*2.* 单击【确定】按钮确定，如图 10-10 所示。

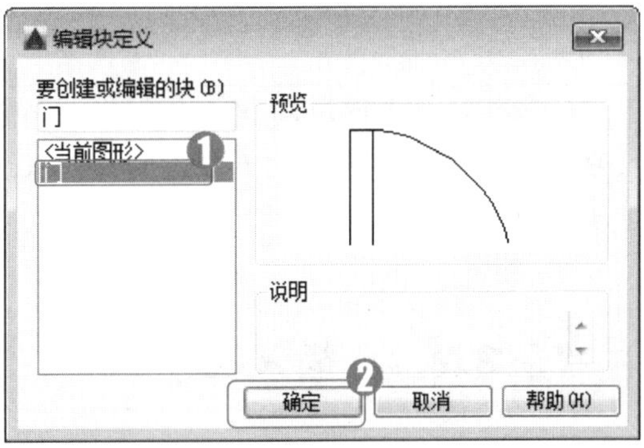

图 10-10

第 3 步 弹出【块编辑器】选项卡，*1.* 选择【默认】选项卡，*2.* 在【注释】面板的【线性】下拉菜单中，选择【线性】命令，如图 10-11 所示。

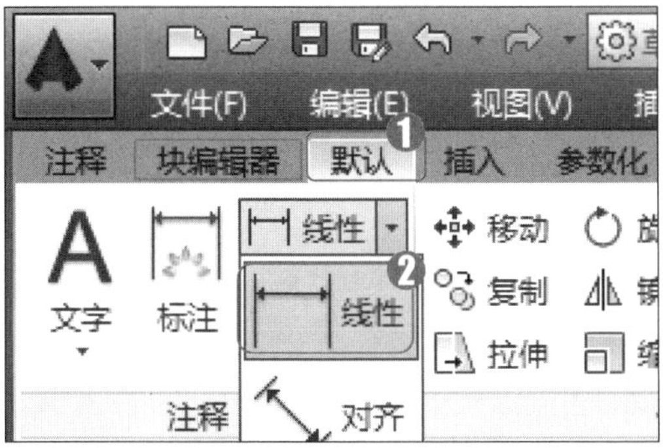

图 10-11

第 4 步 返回到块编辑区，根据命令行提示，对图形添加线性标注操作，如图 10-12 所示。

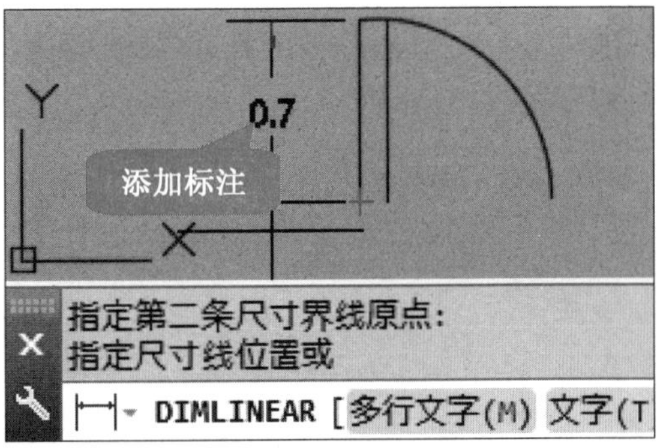

图 10-12

第 5 步 返回到【块编辑器】选项卡，在【关闭】面板中，单击【关闭块编辑器】按钮，如图 10-13 所示。

第 6 步 弹出【块-未保存更改】对话框，选择【将更改保存到 门】选项，如图 10-14 所示。

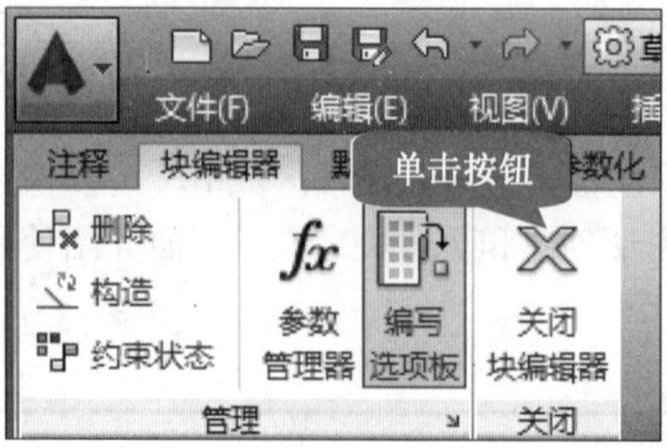

图 10–13

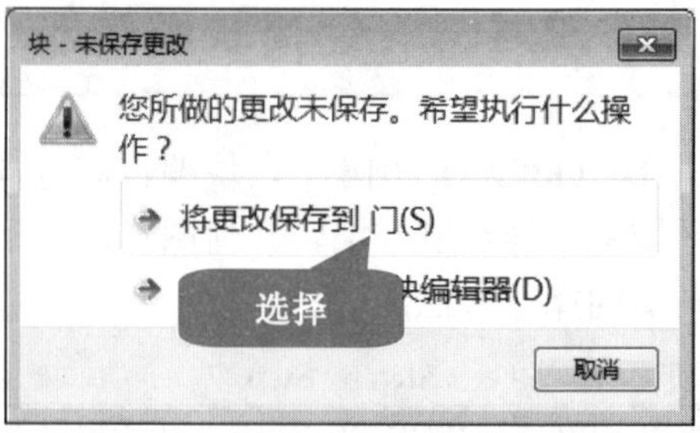

图 10–14

第 7 步 返回到绘图区，创建的块发生改变，通过以上步骤即可完成使用块编辑器的操作，如图 10-15 所示。

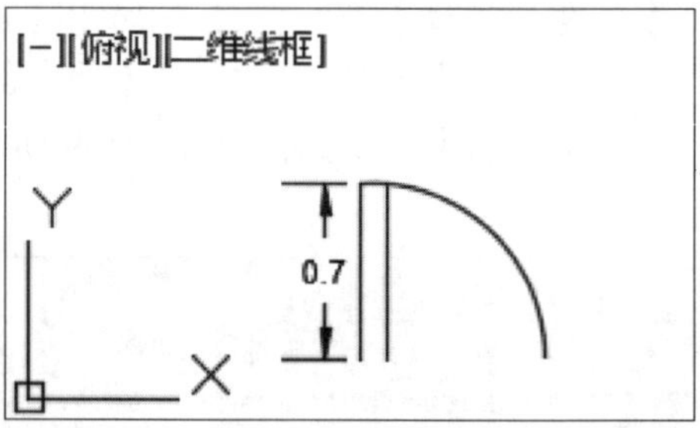

图 10–15

■ 指点迷津

使用鼠标双击图块，或者在命令行中输入 BEDIT 命令，都可以打开【编辑块定义】对话框。

10.2.2 插入块

微课堂 00 分 29 秒

在 AutoCAD 2016 中，创建块后可以通过插入块操作，将块应用到图形当中，并且用户可以确定其位置、比例因子和旋转角度等，下面介绍插入块的操作方法。

操作步骤 >> Step by Step

第 1 步 新建 CAD 空白文档，切换到【草图与注释】空间，**1.** 在菜单栏中，选择【插入】菜单，**2.** 在弹出的下拉菜单中，选择【块】命令，如图 10-16 所示。

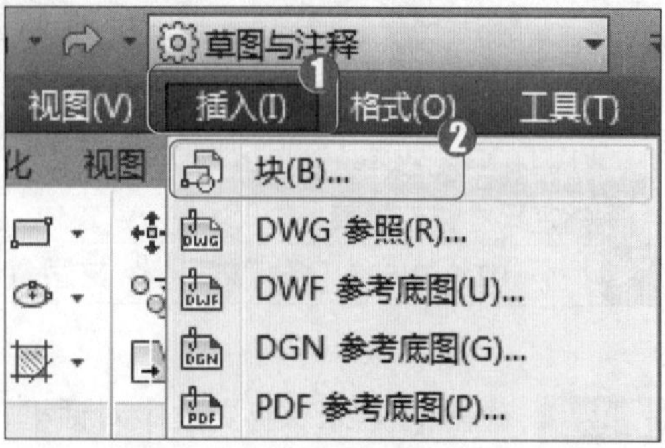

图 10–16

第 2 步 弹出【插入】对话框，**1.** 在【名称】下拉列表中，选择要插入块的名称，**2.** 单击【确定】按钮 确定 ，如图 10-17 所示。

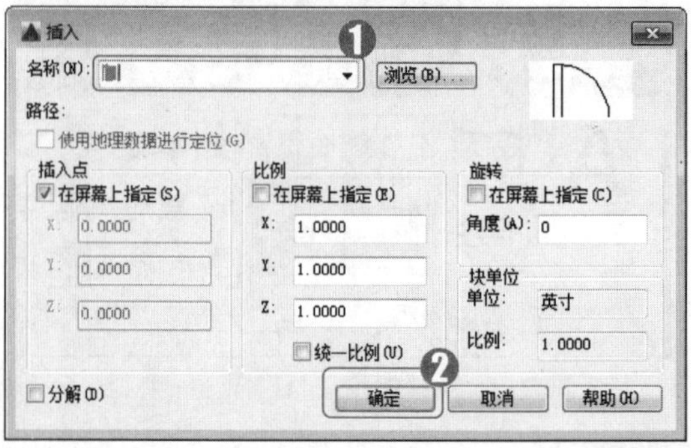

图 10–17

第 3 步　返回到绘图区，*1.* 命令行提示“INSERT 指定插入点”，*2.* 在空白处任意位置单击，如图 10-18 所示。

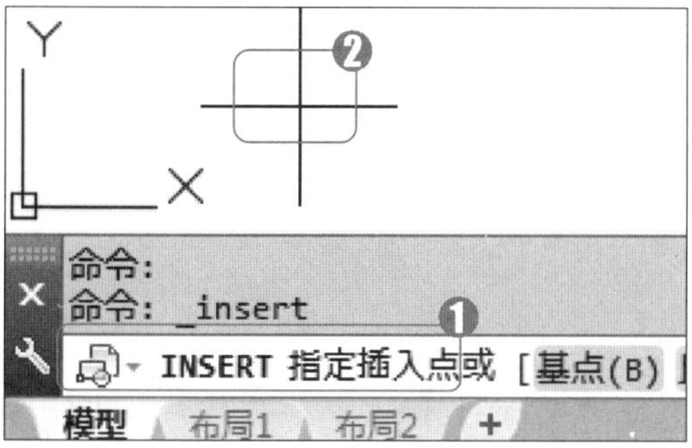

图 10-18

第 4 步　此时图块插入到绘图区中，通过以上步骤即可完插入块的操作，如图 10-19 所示。

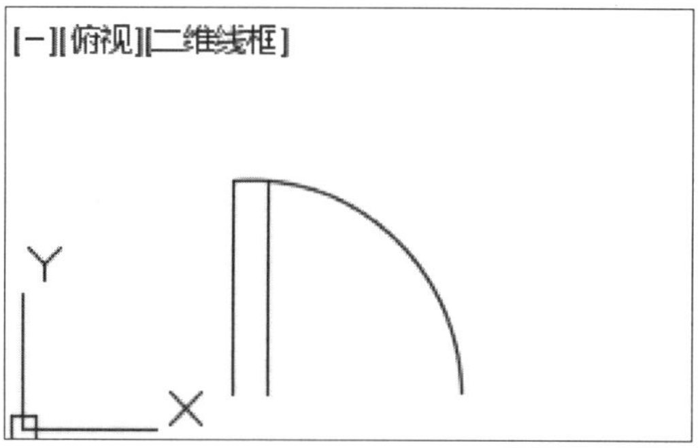

图 10-19

知识拓展：调用插入块命令

在 AutoCAD 2016 中，选择【默认】选项卡，在【块】面板中单击【插入块】按钮；或者在命令行中输入 INSERT 或 I 命令，然后按 Enter 键，都可以打开【插入】对话框进行插入块操作。

10.2.3　分解块

微课堂 00 分 14 秒

在 AutoCAD 2016 中，块的分解是指将插入到图形中的块分解成单个对象，方便用户对分解后的块执行修改操作，下面介绍分解块的操作方法。

操作步骤 >> Step by Step

第 1 步　新建 CAD 空白文档并创建块，切换到【草图与注释】空间，*1.* 在功能区面板中，选择【默认】选项卡，*2.* 在【修改】面板中，单击【分解】按钮，如图 10-20 所示。

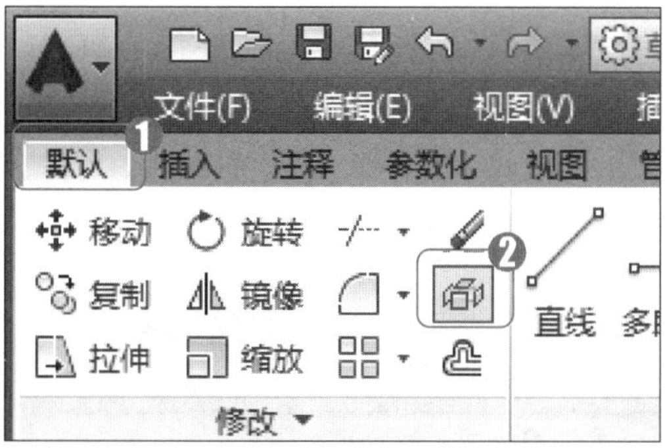

图 10-20

第 2 步　返回到绘图区，*1.* 命令行提示“EXPLODE 选择对象”，*2.* 单击选中要分解的块，如图 10-21 所示。

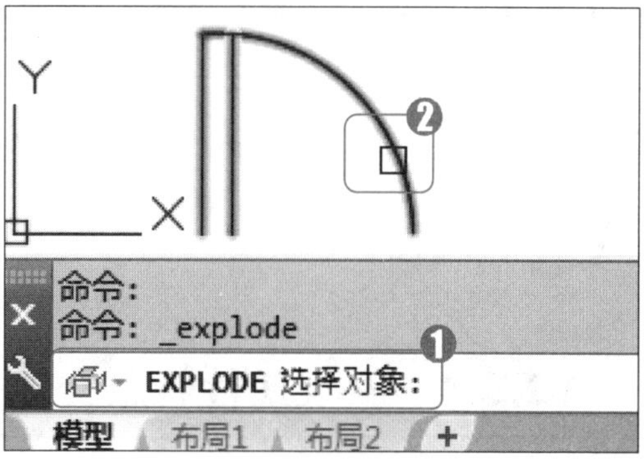

图 10-21

第 3 步 然后按 Enter 键退出分解命令，块被分解，通过以上步骤即可完成分解块的操作，如图 10-22 所示。

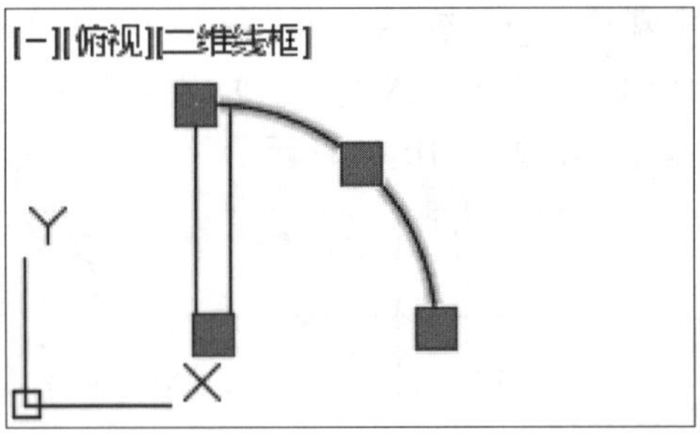

图 10-22

■ 指点迷津

在执行插入块操作时，在【插入】对话框中，选中【分解】复选框，可以插入一个分解的块。

10.2.4 删除和清理块

微课堂 00 分 42 秒

在 AutoCAD 2016 中，使用删除和清理块功能可以对不使用的块对象进行清除操作，下面介绍删除与清理块的操作方法。

1 删除块

当图形中出现多余的块时，可以对其进行删除操作，具体的操作方法为：选择要删除的块，在功能区面板中，选择【默认】选项卡，在【修改】面板中单击【删除】按钮，即可删除块对象。

2 清理块

在 AutoCAD 2016 中，对于一些创建完成后未使用的块，可以使用清理功能将其清除，具体的操作方法为：单击【应用程序】按钮，在弹出的下拉菜单中，选择【图形实用工具】子菜单下的【清理】命令，在弹出的【清理】对话框中清理未使用的块即可。

Section 10.3 图块属性

导读 在 AutoCAD 2016 中，一个块附带很多信息，这些信息就称为属性，它是块的一个组成部分，从属于块，用户可以随块一起保存并随块一起插入图形中，下面介绍图块属性方面的知识与操作技巧。

10.3.1 块属性特点

微课堂 00 分 17 秒

在 AutoCAD 2016 中，第一次建立块时，块的属性就可以被定义，也可以在插入块时为其增加属性，同时还允许用户自定义块的属性，块属性拥有如下特点。

> 一个属性包括属性标签(Attribute tag)和属性值(Attribute value)两个内容。例如，把“name(姓名)”定义为属性标签，而每一次块引用时的具体姓名，如“张华”就是属性值，即称为属性。
> 在定义块之前，每个属性要用属性定义命令(ATTDEF)进行定义，由此来确定属性标签、属性提示、属性默认值、属性的显示格式、属性在图中的位置等。属性定义后，该属性及其标签在图形中显示出来，并把有关的信息保留在图形文件中。
> 在定义块前，可以用 PROPERTIES、DDEDIT 等命令修改属性定义，属性必须依赖于块而存在，没有块就没有属性。
> 在插入块时，通过属性提示要求输入属性值，插入块后属性用属性值显示，因此，同一个定义块，在不同的插入点可以有不同的属性值。
> 在块插入后，可以用属性显示控制命令(ATTDISP)来改变属性的可见性显示，可以用属性编辑命令(ATTEDIT)对属性进行修改，也可以用属性提取命令(ATTEXIT)把属性单独提取出来写入文件，以供制表使用，还可以与其他高级语言如(FORTRAN、BASIC、C 等)或数据库如(Dbase、FoxBASE)进行数据通信。

10.3.2 定义图块属性

微课堂 00 分 38 秒

在 AutoCAD 2016 中，用户可以定义图块属性信息来描述块的特征，包括标记、提示符、属性值等，下面介绍定义图块属性的操作方法。

操作步骤 >> Step by Step

第 1 步 新建 CAD 空白文档并创建块，切换到【草图与注释】空间，**1.** 在功能区面板中，选择【插入】选项卡，**2.** 在【块定义】面板中，单击【定义属性】按钮，如图 10-23 所示。

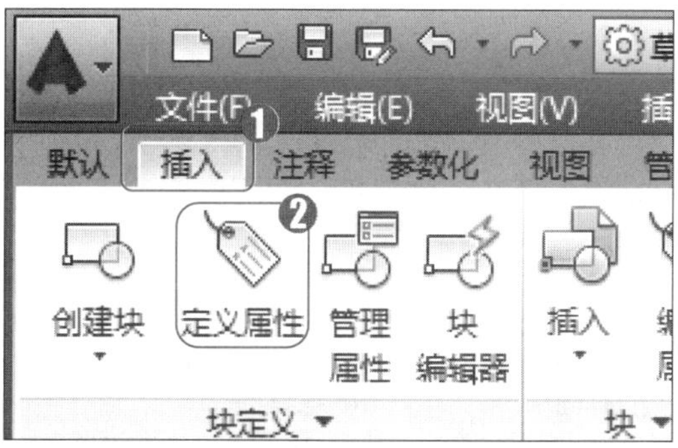

图 10-23

第 2 步 弹出【属性定义】对话框，**1.** 在【属性】区域的【标记】文本框中输入标记信息，**2.** 在【提示】文本框中，输入提示信息，**3.** 单击【确定】按钮 确定 ，如图 10-24 所示。

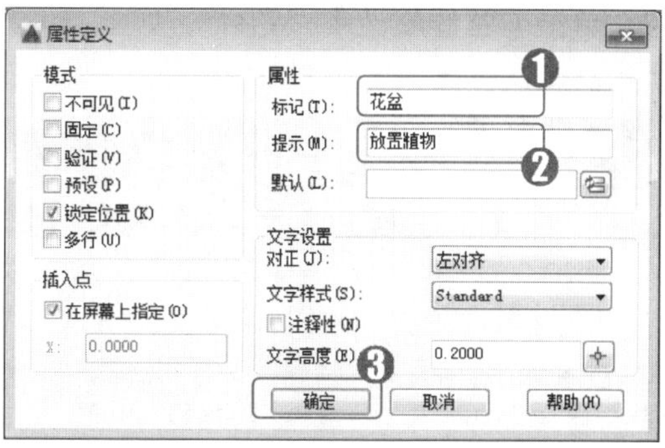

图 10-24

第 3 步 返回到绘图区，**1.** 命令行提示

第 4 步 此时定义属性的块显示在绘图区

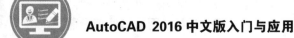

“ATTDEF 指定起点”，**2.** 在空白处任意位置单击，如图 10-25 所示。

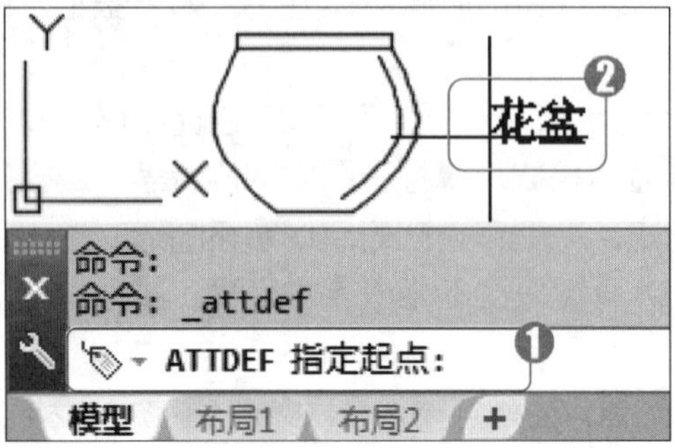

图 10–25

中，通过以上步骤即可完定义图块属性的操作，如图 10-26 所示。

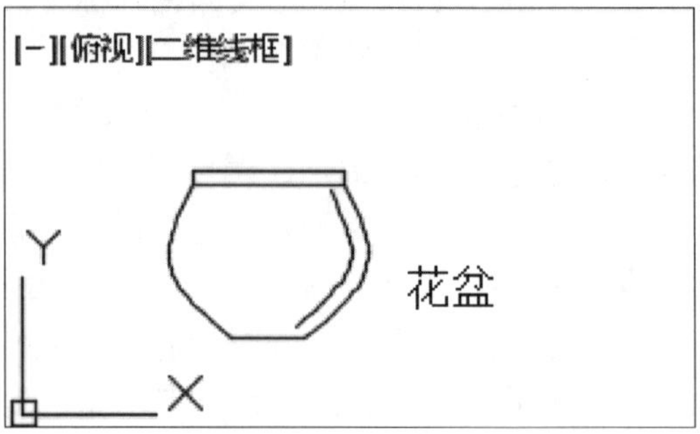

图 10–26

知识拓展：打开【属性定义】对话框方式

在 AutoCAD 2016 的菜单栏中选择【绘图】菜单，在弹出的下拉菜单中选择【块】命令，在子菜单中选择【定义属性】命令；或者在命令行输入 ATTDEF 命令，然后按 Enter 键，都可以打开【属性定义】对话框。

10.3.3 管理图块属性

微课堂 00 分 39 秒

管理图块属性命令是用来控制选定的块定义所有属性特征和设置的，对块定义中的属性所作的任何更改均反映在块参照中，下面介绍管理图块属性的操作方法。

操作步骤 >> Step by Step

第 1 步 新建空白文档并创建属性块，切换到【草图与注释】空间，**1.** 在功能区面板中，选择【插入】选项卡，**2.** 在【块定义】面板中，单击【管理属性】按钮，如图 10-27 所示。

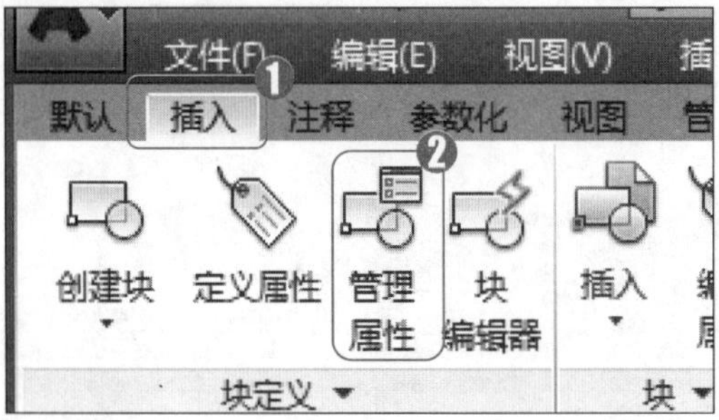

图 10–27

第 2 步 弹出【块属性管理器】对话框，**1.** 在【块】下拉列表中，选择要编辑的块，**2.** 单击【编辑】按钮 编辑(E)...，如图 10-28 所示。

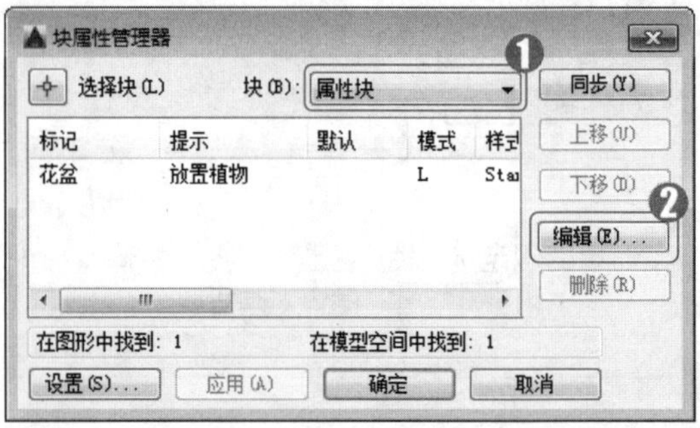

图 10–28

第 3 步　弹出【编辑属性】对话框，*1.* 选择【属性】选项卡，*2.* 在【数据】区域中，编辑【标记】文本框中的内容，*3.*单击【确定】按钮 确定 ，如图 10-29 所示。

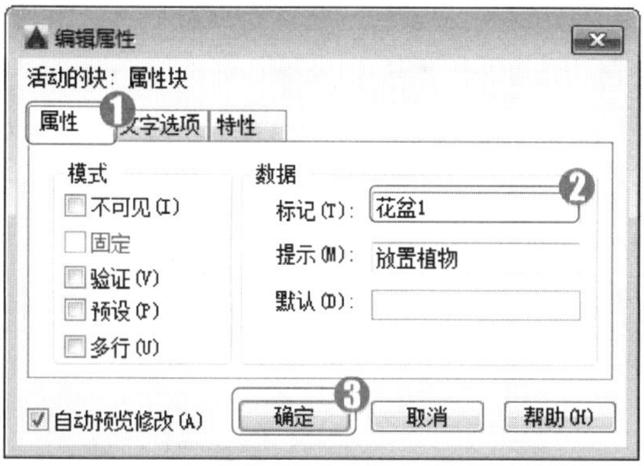

图 10–29

第 4 步　返回到【块属性管理器】对话框，*1.* 单击【应用】按钮 应用(A) ，*2.* 单击【确定】按钮 确定 ，即可完成管理图块属性的操作，如图 10-30 所示。

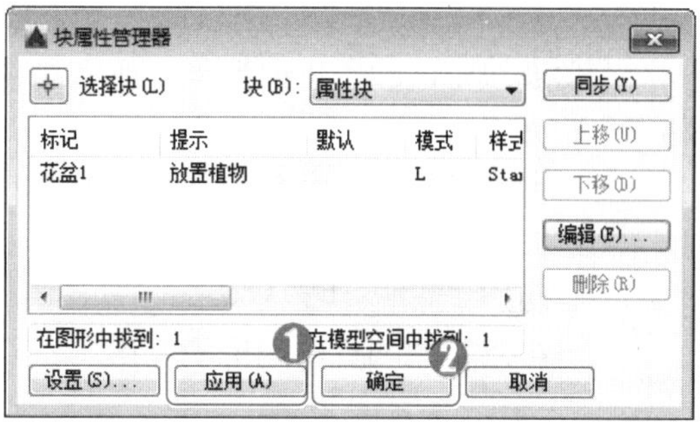

图 10–30

Section 10.4 应用动态块

导读

在 AutoCAD 2016 中，动态块定义包含规则或参数，用于说明当块参照插入图形时如何更改块参照的外观，本节将重点介绍应用动态块方面的知识。

10.4.1 动态块概述

微课堂 00 分 26 秒

在 AutoCAD 2016 中，动态块是用于说明当块参照插入图形时如何更改块参照的外观。创建动态块后，当插入动态块时，可以根据绘图需要更改图形块的外观属性，如更改图形块的大小、角度等，还可以进行拉伸、翻转、阵列等操作，如图 10-31 所示。

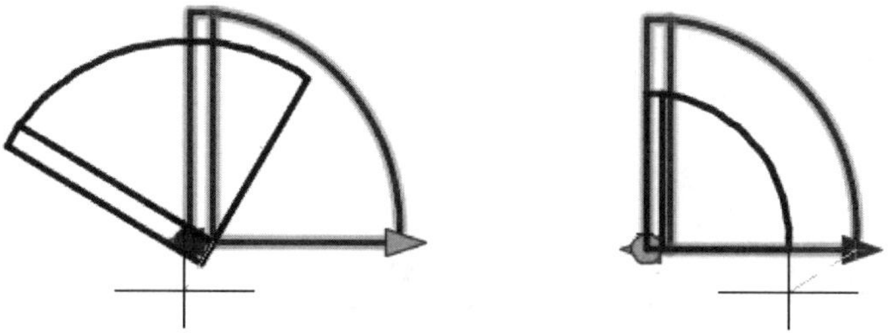

图 10–31

动态块具有灵活性和智能性。在操作时可以方便地更改图形中的动态块，而不需要炸开它们。用户可以通过自定义夹点或自定义特性来操作动态块参照中的几何图形，这使得用户可以根据需要在位调整块，而不用搜索另一个块以插入或重定义现有的块。另外，也可以大大减少块制作数量。

10.4.2 动态块中的元素

微课堂 00 分 12 秒

在动态块中，除几何图形外，通常包含一个或多个参数和动作。这些参数和动作即为动态块的元素，动态块中的元素说明如下。

➢ 参数：通过指定块中几何图形的位置、距离和角度来定义动态块的自定义特性。

➢ 动作：定义在图形中操作动态块参照时，该块参照中的几何图形将如何移动或修改。 向动态块定义中添加动作后，必须将这些动作与参数相关联，也可以指定动作将影响的几何图形选择集。

10.4.3 创建动态块

微课堂 01 分 00 秒

在 AutoCAD 2016 中，用户可以使用块编辑器创建动态块，创建动态块可以创建几何图形，同时用户也可以使用现有的图形或块定义，下面以可以缩放的动态块为例，介绍创建动态块的操作方法。

操作步骤 >> Step by Step

第 1 步 新建 CAD 空白文档并创建块，切换到【草图与注释】空间，***1.*** 在功能区面板中，选择【插入】选项卡，***2.*** 在【块定义】面板中，单击【块编辑器】按钮，如图 10-32 所示。

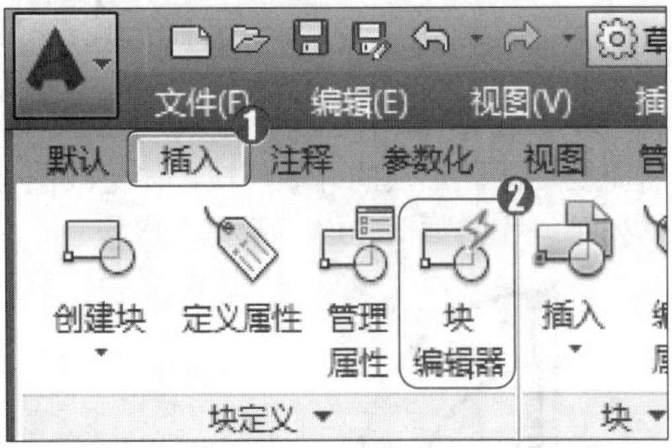

图 10-32

第 2 步 弹出【编辑块定义】对话框，***1.*** 在【要创建或编辑的块】区域中，选择要编辑的块，***2.*** 单击【确定】按钮 确定 ，如图 10-33 所示。

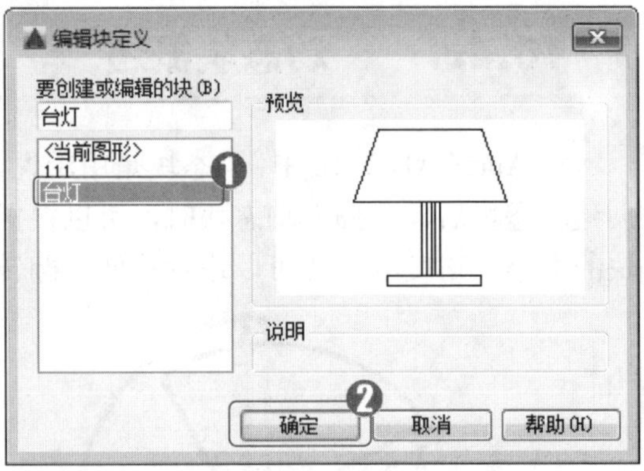

图 10-33

第 3 步 弹出【块编辑器】选项卡与【块编写选项】选项板，***1.*** 选择【参数】选项卡，***2.*** 选择【旋转】选项，如图 10-34 所示。

第 4 步 返回到块编辑区，根据命令行提示，为图形添加旋转参数，如图 10-35 所示。

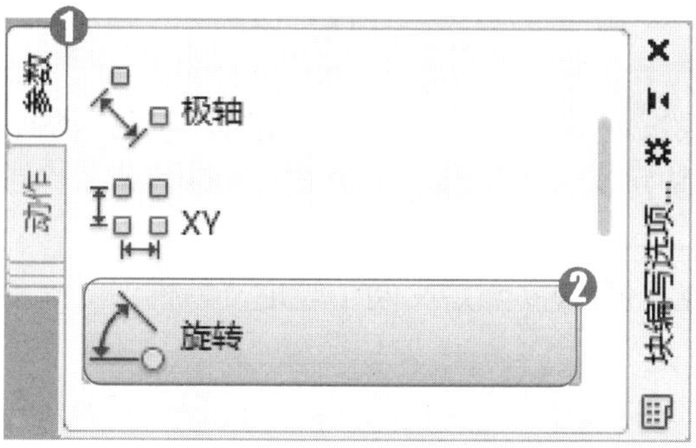

图 10-34

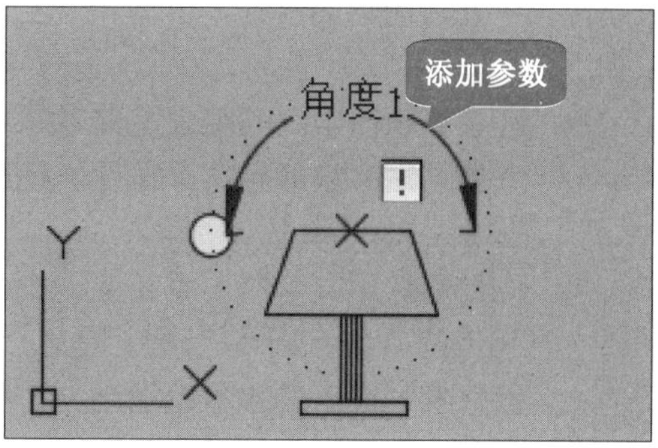

图 10-35

第 5 步 返回到【块编写选项】选项板，**1.** 选择【动作】选项卡，**2.** 选择【旋转】选项，如图 10-36 所示。

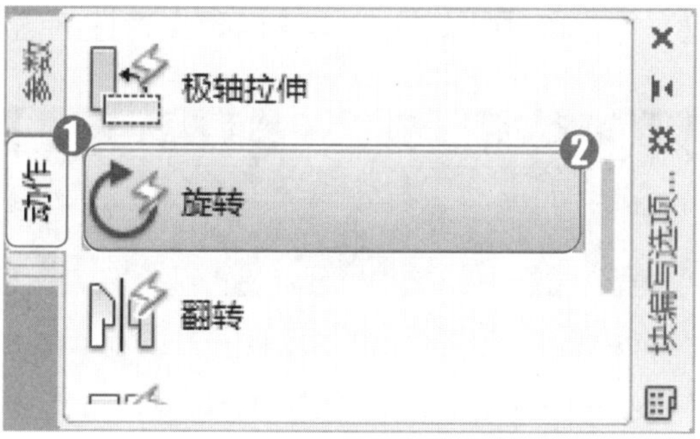

图 10-36

第 6 步 返回到块编辑区，**1.** 命令行提示“BACTIONTOOL 选择对象”，**2.** 使用叉选方式选择对象，如图 10-37 所示。

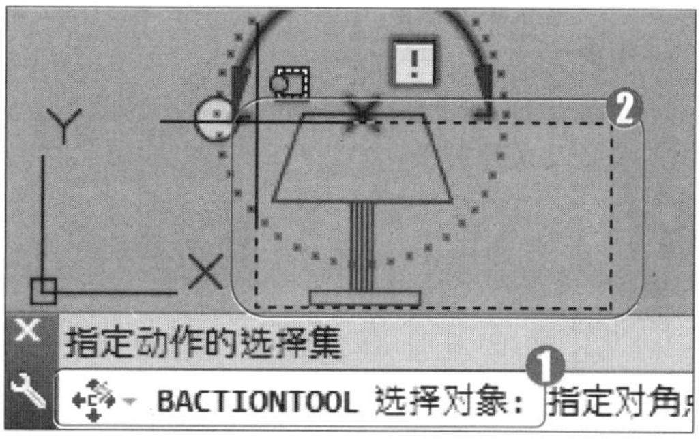

图 10-37

第 7 步 然后按 Enter 键退出【旋转】命令，返回【块编辑器】选项卡，单击【关闭块编辑器】按钮，如图 10-38 所示。

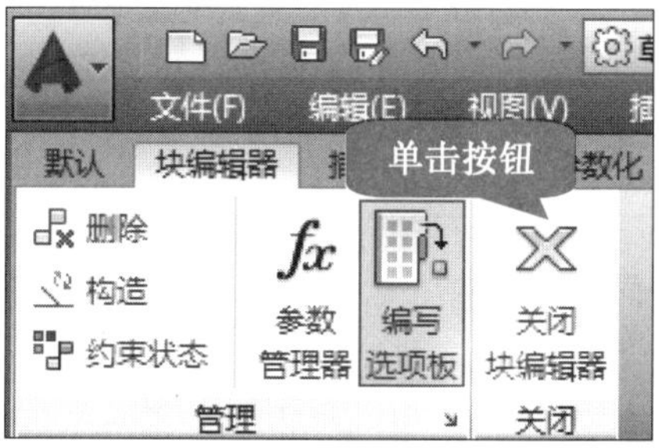

图 10-38

第 8 步 弹出【块-未保存更改】对话框，选择【将更改保存到 台灯】选项，即可完成创建动态块的操作，如图 10-39 所示。

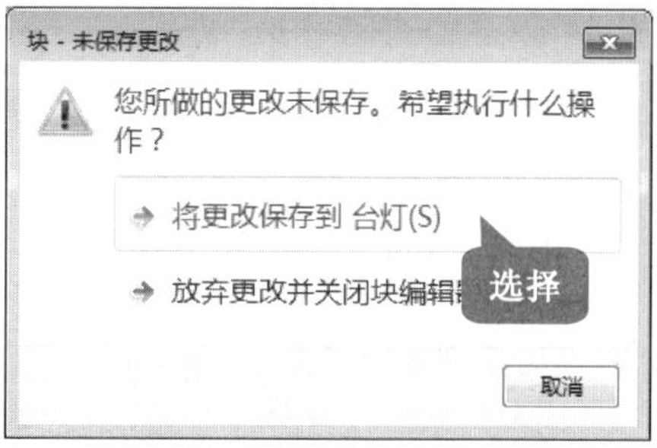

图 10-39

10.4.4 动态块中的参数

微课堂 00 分 17 秒

在 AutoCAD 2016 的动态块中，除几何图形外，通常包含一个或多个参数，参数是通过指定块中几何图形的位置、距离和角度来定义动态块的自定义特性。动态块中的参数介绍如下。

- 在块编辑器中向动态块定义中添加参数：在块编辑器中，参数的外观与标注类似。参数可定义块的自定义特性，向动态块定义添加参数后，参数将为块定义一个或多个自定义特性。
- 向动态块定义中添加点参数：该点参数将为块参照定义两个自定义特性，位置 X 和位置 Y(相对于块参照的基点)。
- 动态块定义中必须至少包含一个参数：向动态块定义添加参数后，将自动添加与该参数的关键点相关联的夹点，然后必须向块定义添加动作并将该参数相关联。
- 参数还可定义并约束影响动态块参照在图形中的行为的值：某些参数可能会具有固定的值集、最小值和最大值或者增量值。块参照插入到图形中后，只能将窗口改为这些值。向参数添加值集可以限制块参照在图形中的操作方式。
- 使用夹点或【特性】选项板中的自定义特性来操作块参照：操作块参照时，通过修改【特性】选项板中自定义特性的值，可修改用于定义块中该自定义特性的值。

Section 10.5 应用外部参照

导读

在 AutoCAD 2016 中，外部参照是将图形插入到某一图形(称为主图形)之中，被插入的图形信息并不会直接添加到主图形，主图形只是将插入的图形信息参照引用，不会改变被插入图形的内容，本节将介绍应用外部参照方面的知识。

10.5.1 外部参照的特点

微课堂 00 分 18 秒

在 AutoCAD 2016 中，使用外部参照生成的图形文件，不会显著增加图形文件的大小，外部参照的特点如下。

- 协调关系：绘制图形时通过在图形中参照其他用户的图形可以协调用户之间的工作从而保证与其他设计师所作的修改保持同步。
- 显示最新版本：使用外部参照设计图形时，确保显示参照图形的最新版本。
- 永久合并：当设计工程完成归档时将附着参照图形和当前图形合并到一起。
- 外部参照的存在形式：与块参照相同，外部参照在当前图形中以单个对象的形式存在，但必须首先绑定外部参照才能将其分解。

10.5.2 引用外部参照图形

微课堂 00 分 33 秒

在 AutoCAD 2016 中，用户可以根据绘图需要引用外部参照文件，以便编辑需要，下面介绍引用外部参照的操作方法。

操作步骤 >> Step by Step

第 1 步　新建 CAD 空白文档，切换到【草图与注释】空间，*1.* 在菜单栏中，选择【插入】菜单，*2.* 在弹出的下拉菜单中，选择【DWG 参照】命令，如图 10-40 所示。

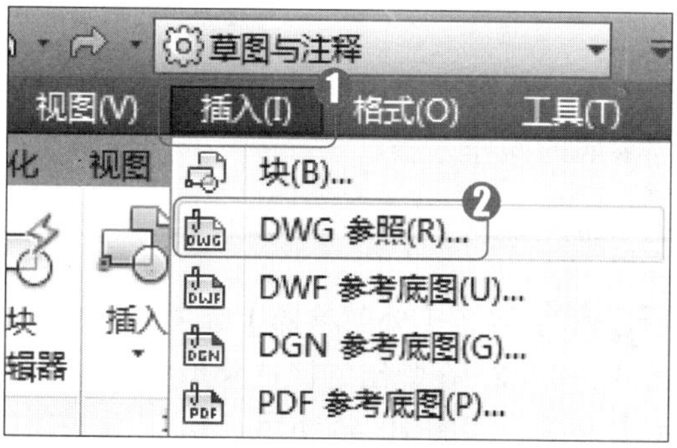

图 10-40

第 3 步　弹出【附着外部参照】对话框，*1.* 在【名称】下拉列表中，选择外部参照文件，*2.* 在【插入点】区域中，选中【在屏幕上指定】复选框，*3.* 单击【确定】按钮 确定 ，如图 10-42 所示。

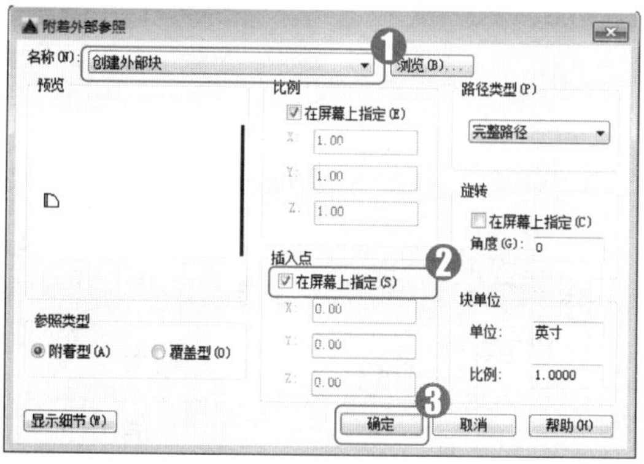

图 10-42

第 5 步　根据命令行提示，连续按两次 Enter 键，指定 X 与 Y 的比例因子，引用外部参照图形的操作完成，如图 10-44 所示。

■ 指点迷津

引用外部参照图形的插入点是以原点坐标为基准的。

第 2 步　弹出【选择参照文件】对话框，*1.* 选择要应用的文件，*2.* 单击【打开】按钮 打开(O) ，如图 10-41 所示。

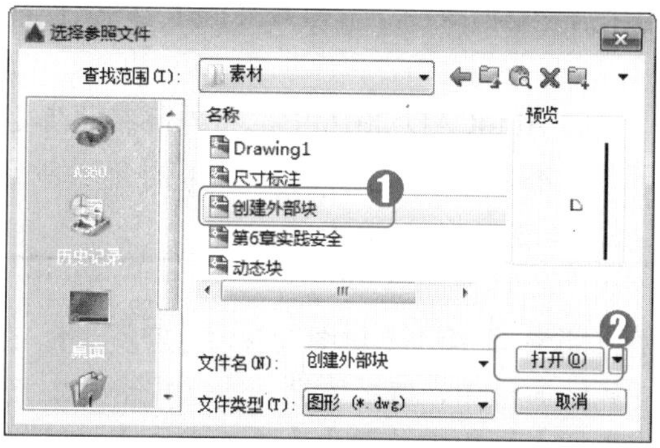

图 10-41

第 4 步　返回到绘图区，*1.* 命令行提示“XATTACH 指定插入点”，*2.* 在空白处单击指定插入点，如图 10-43 所示。

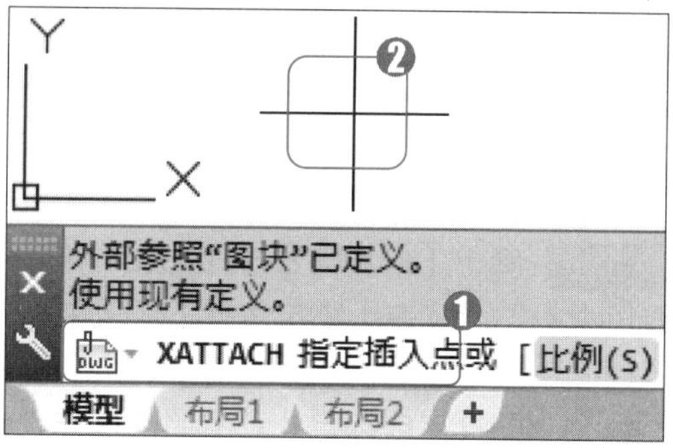

图 10-43

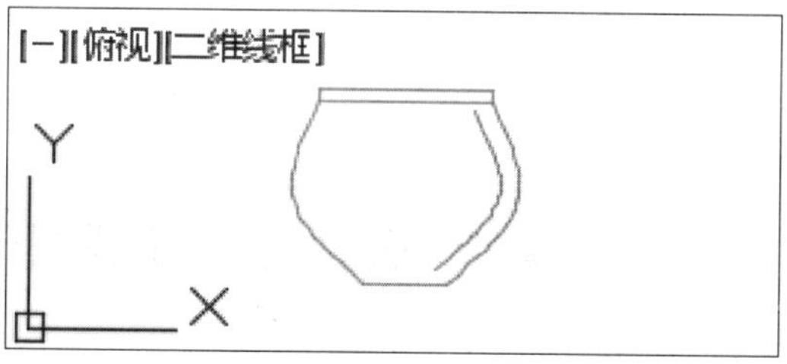

图 10-44

知识拓展：引用外部参照命令

在功能区面板中，选择【插入】选项卡，在【参照】面板中，单击【附着】按钮；或者在命令行中输入 XATTACH 或 XA 命令，然后按 Enter 键，选中 DWG 文件打开后，在弹出的【附着外部参照】对话框中执行引用外部参照图形操作。

10.5.3 绑定外部参照图形

微课堂 00 分 31 秒

在 AutoCAD 2016 中，将外部参照绑定到图形上后，外部参照即可成为图形中固有的部分，不再是外部参照文件，下面介绍绑定外部参照的操作方法。

操作步骤 >> Step by Step

第 1 步 切换到【草图与注释】空间，**1.** 在功能区面板中，选择【插入】选项卡，**2.** 在【参照】面板中，单击【外部参照】按钮，如图 10-45 所示。

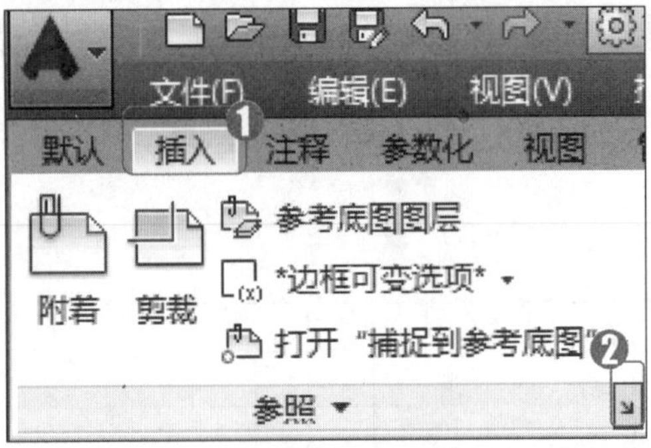

图 10-45

第 2 步 弹出【外部参照】选项板，**1.** 右击文件名称，**2.** 在弹出的快捷菜单中，选择【绑定】命令，如图 10-46 所示。

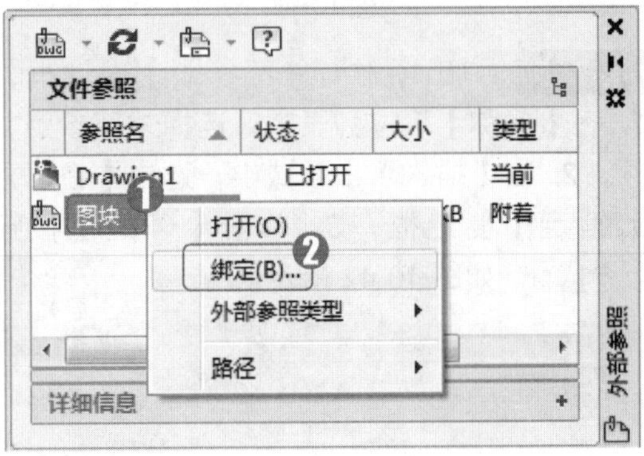

图 10-46

第 3 步 弹出【绑定外部参照/DGN 参考底图】对话框，**1.** 在【绑定类型】区域中，选中【绑定】单选按钮，**2.** 单击【确定】按钮，即可完成绑定外部参照的操作，如图 10-47 所示。

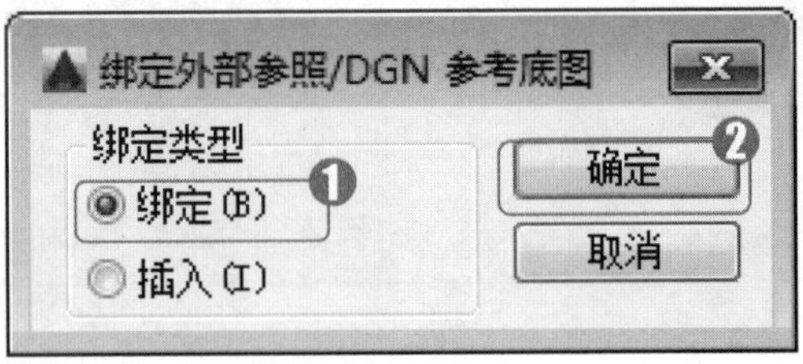

图 10-47

10.5.4 裁剪外部参照图形

微课堂 00 分 31 秒

在 AutoCAD 2016 中，用户可以对外部参照文件进行裁剪操作，以便保留合适的外部参照文件进行编辑，下面介绍裁剪外部参照的操作方法。

操作步骤 >> Step by Step

第 1 步 切换到【草图与注释】空间，*1.* 在功能区面板中，选择【插入】选项卡，*2.* 在【参照】面板中，单击【剪裁】按钮，如图 10-48 所示。

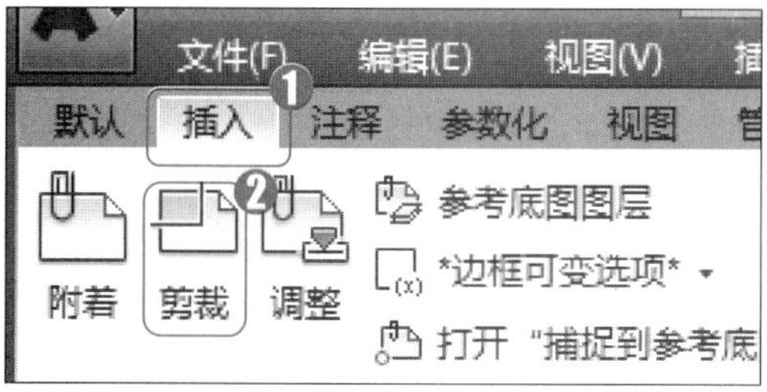

图 10–48

第 2 步 返回到绘图区，*1.* 命令行提示“CLIP_clip 选择要剪裁的对象”，*2.* 单击选中对象，如图 10-49 所示。

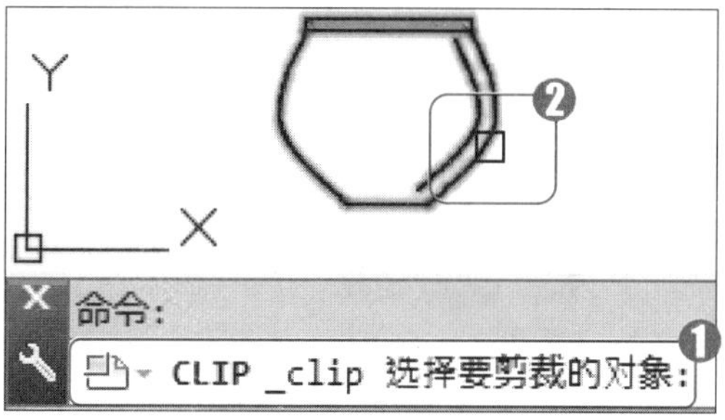

图 10–49

第 3 步 根据命令行提示，在命令行输入【新建边界】选项命令 N，然后按 Enter 键，如图 10-50 所示。

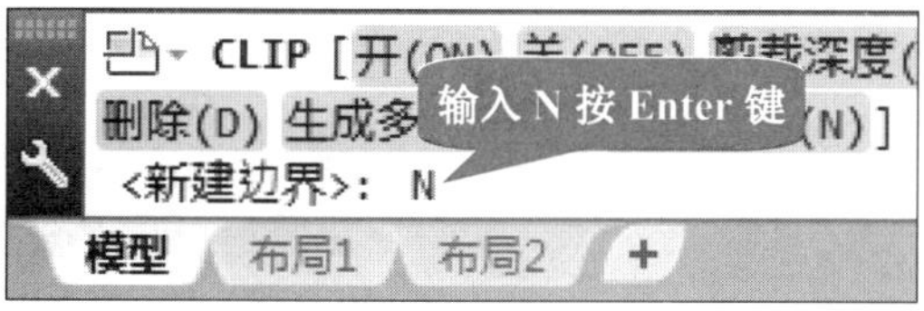

图 10–50

第 4 步 根据命令行提示，在命令行输入【矩形】选项命令 R，然后按 Enter 键，如图 10-51 所示。

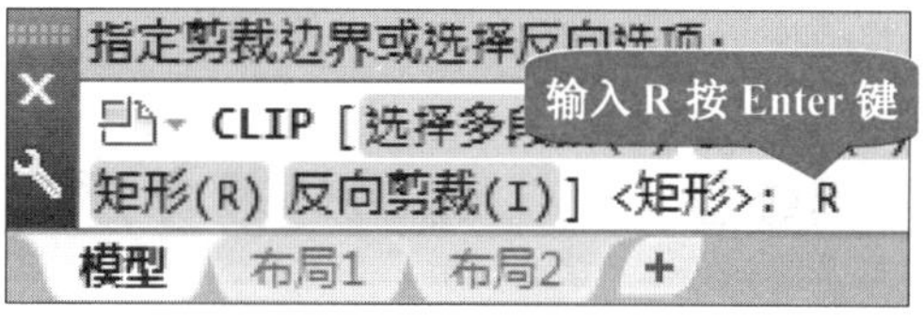

图 10–51

第 5 步 返回到绘图区，*1.* 命令行提示“CLIP 指定第一个角点”，*2.* 单击选择点，如图 10-52 所示。

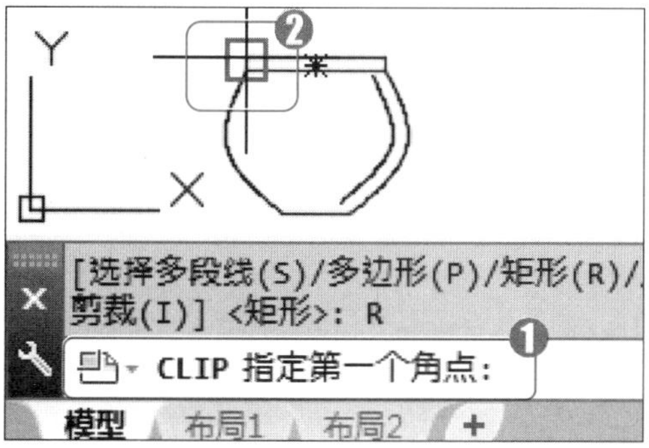

图 10–52

第 6 步 按住鼠标左键并拖动，至合适位置释放鼠标，图形剪裁完成，通过以上步骤即可完成裁剪外部参照图形的操作，如图 10-53 所示。

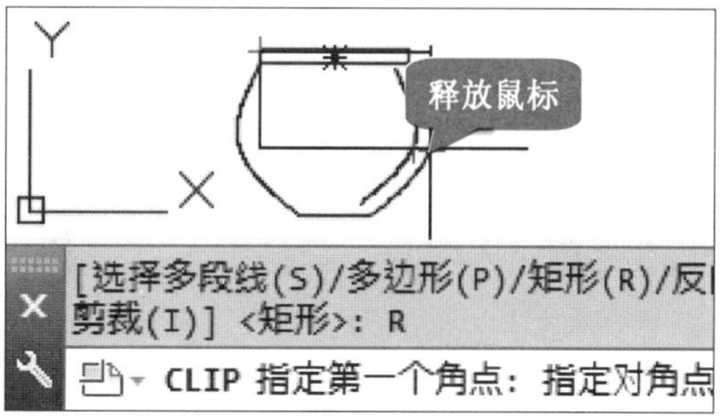

图 10–53

10.5.5 卸载外部参照文件

微课堂 00 分 18 秒

在 AutoCAD 2016 中，对于不使用的外部参照文件，用户可以将其卸载，下面介绍卸载外部参照文件的操作方法。

操作步骤 >> Step by Step

第 1 步 切换到【草图与注释】空间，**1.** 在功能区面板中，选择【插入】选项卡，**2.** 在【参照】面板中，单击【外部参照】按钮↘，如图 10-54 所示。

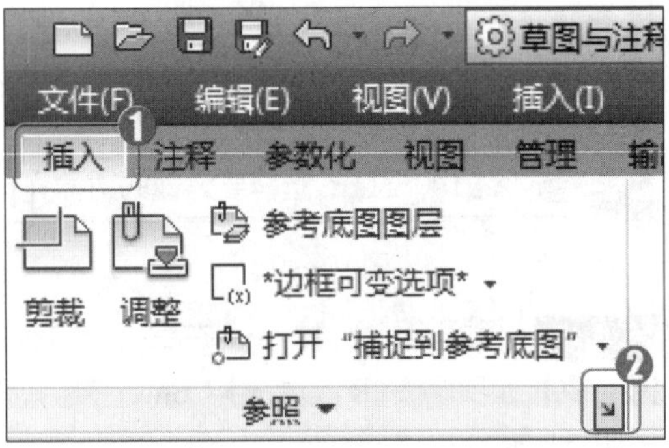

图 10–54

第 2 步 弹出【外部参照】选项板，**1.**右击文件名称，**2.** 在弹出的快捷菜单中，选择【卸载】命令，即可完成卸载外部参照文件的操作，如图 10-55 所示。

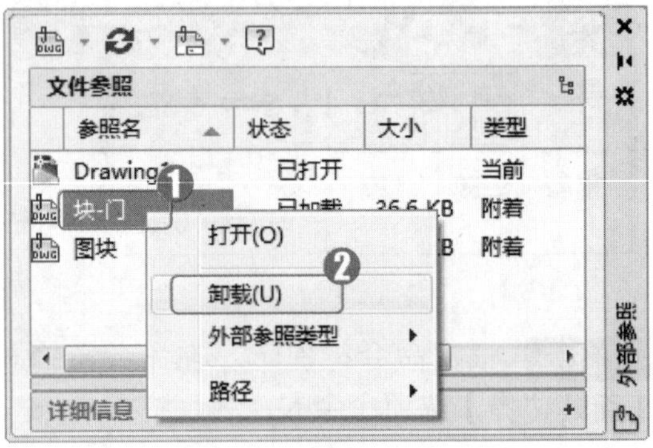

图 10–55

10.5.6 编辑外部参照

微课堂 00 分 20 秒

在 AutoCAD 2016 中，创建外部参照文件后，可以直接在当前图形中对外部参照进行编辑，以满足用户的编辑需要。下面介绍编辑外部参照的操作方法。

操作步骤 >> Step by Step

第 1 步 切换到【草图与注释】空间，**1.** 在功能区面板中，选择【插入】选项卡，**2.** 在【参照】面板中，单击【编辑参照】按钮，如图 10-56 所示。

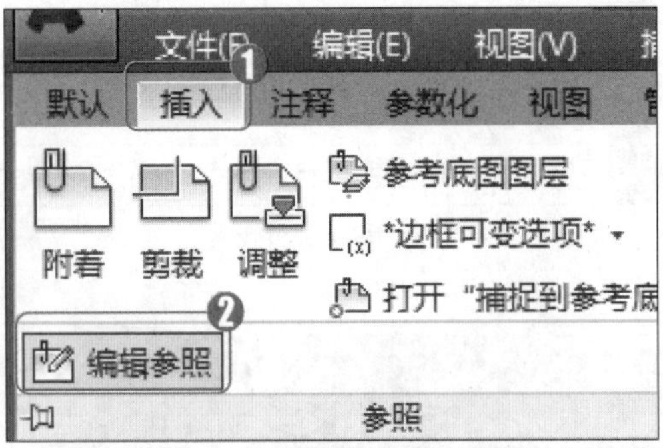

图 10–56

第 2 步 返回到绘图区，**1.** 命令行提示"REFEDIT 选择参照"，**2.** 单击选择图形，如图 10-57 所示。

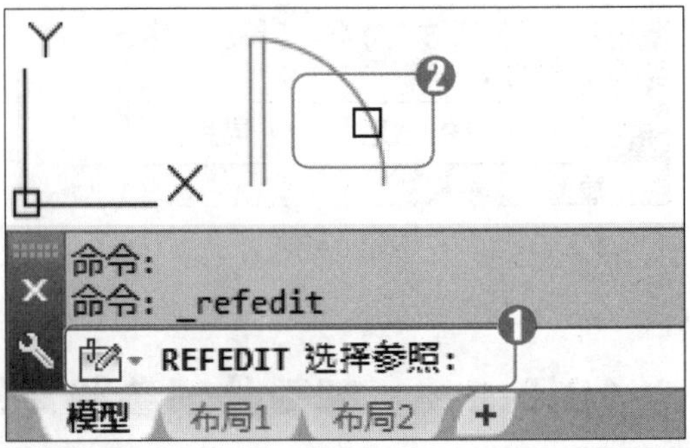

图 10–57

第 3 步 弹出【参照编辑】对话框，*1.* 选中【自动选择所有嵌套的对象】单选按钮，*2.* 单击【确定】按钮 确定 ，即可完成编辑外部参照的操作，如图 10-58 所示。

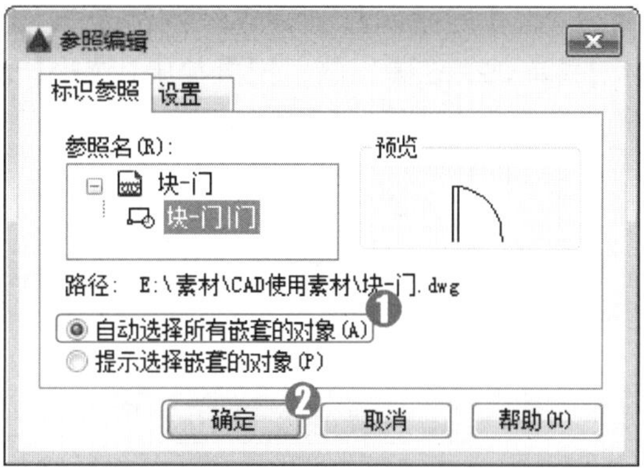

图 10-58

■ 指点迷津

在 AutoCAD 2016 中，可以在命令行输入 REFCLOSE 命令，然后按 Enter 键退出编辑外部参照状态。

Section 10.6 专题课堂——光栅图像

导读

光栅图也叫作位图、点阵图、像素图，在 AutoCAD 2016 中，插入块和外部参照的对象，都是“.dwg”格式的文件，如果是其他格式的，通常使用光栅图像去插入到 CAD 中。本节将介绍光栅图像方面的知识。

10.6.1 光栅图像简介

微课堂 00 分 29 秒

光栅图像由一些称为像素的小方块或点的矩形栅格组成。在 AutoCAD 2016 中，用户可以将光栅图像附着到基于矢量的 AutoCAD 图形中，与外部参照一样，附着的光栅图像不是图形文件的组成部分，而是通过路径名链接到图形文件中。一旦附着了图像，可以像块一样将其多次附着。

每个插入的图像都有自己的剪裁边界、亮度、对比度、褪色度和透明度等特性。将光栅图像与 DWG 文件结合起来，扩展了 AutoCAD 的使用范围，可以完成小到在标题栏中插入公司徽标，大到制作广告、描图、航测等工作。

10.6.2 附着光栅图像

微课堂 00 分 34 秒

在 AutoCAD 2016 中，需要插入一些图片对绘制的图形进行美化时，可以使用附着光栅图像的功能，下面介绍附着光栅图像的操作方法。

操作步骤 >> Step by Step

第 1 步 新建 CAD 空白文档，切换到【草

第 2 步 弹出【选择参照文件】对话框，

图与注释】空间，*1.* 在菜单栏中，选择【插入】菜单，*2.* 在弹出的下拉菜单中，选择【光栅图像参照】命令，如图 10-59 所示。

图 10-59

第 3 步 弹出【附着图像】对话框，*1.* 在【旋转角度】区域的【角度】文本框中，输入角度 0，*2.* 单击【确定】按钮 确定 ，如图 10-61 所示。

图 10-61

第 5 步 根据命令行提示，直接按 Enter 键，选择默认缩放比例因子选项，如图 10-63 所示。

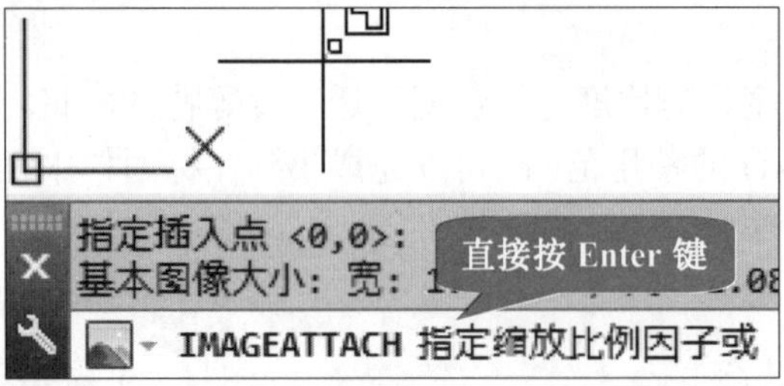

图 10-63

1. 选择光栅图像名称，*2.* 单击【打开】按钮 打开(O) ，如图 10-60 所示。

图 10-60

第 4 步 返回到绘图区，*1.* 命令行提示"IMAGEATTACH 指定插入点"，*2.* 单击确定插入点位置，如图 10-62 所示。

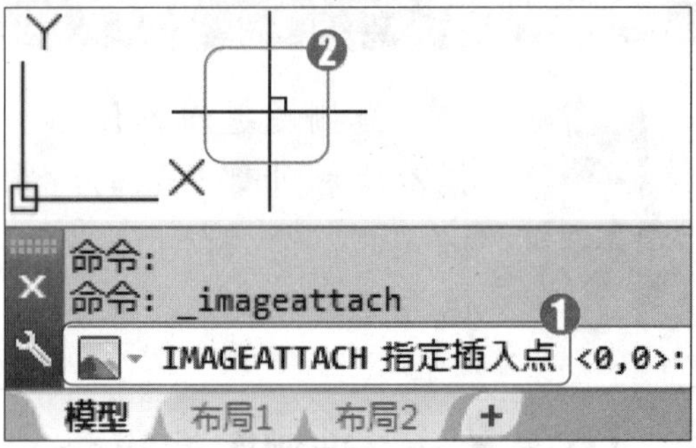

图 10-62

第 6 步 此时可以看到附着的图像，通过以上步骤即可完成附着光栅图像的操作，如图 10-64 所示。

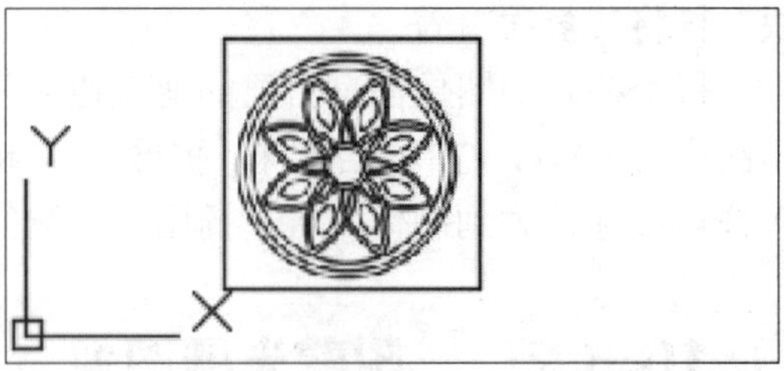

图 10-64

10.6.3 卸载光栅图像

微课堂 00 分 20 秒

在 AutoCAD 2016 中绘图时，用户可以对不需要的光栅图像进行卸载操作，以便提高工作效率，下面介绍卸载光栅图像的操作方法。

操作步骤 >> Step by Step

第 1 步 切换到【草图与注释】空间，**1.** 在菜单栏中，选择【插入】菜单，**2.** 在弹出的下拉菜单中，选择【外部参照】命令，如图 10-65 所示。

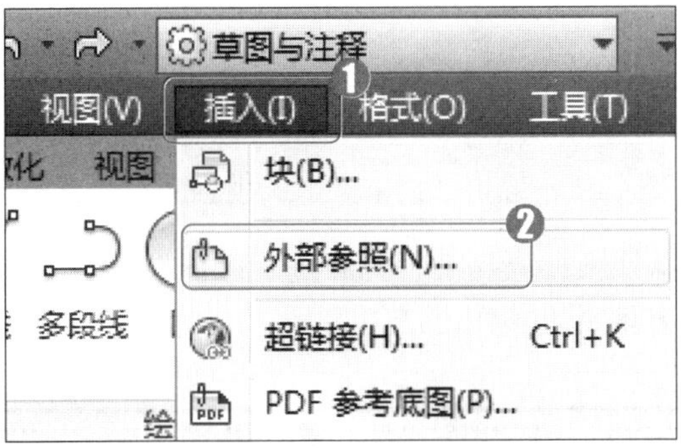

图 10-65

第 2 步 弹出【外部参照】选项板，**1.**右击文件名称，**2.** 在弹出的快捷菜单中，选择【卸载】命令，即可完成卸载光栅图像的操作，如图 10-66 所示。

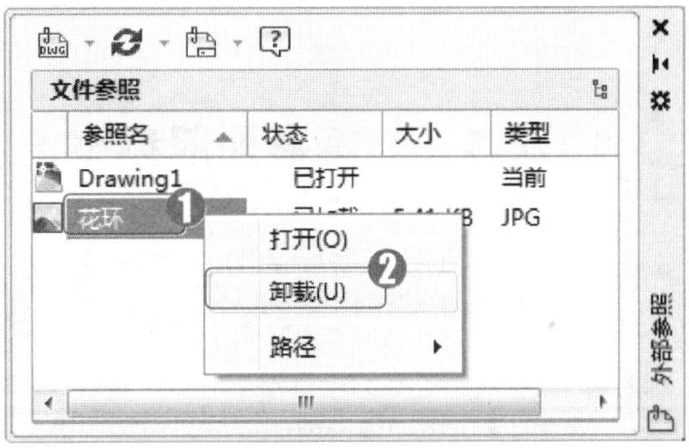

图 10-66

10.6.4 调整亮度、对比度和淡入度

微课堂 00 分 21 秒

在 AutoCAD 2016 中，如果插入的光栅图像在亮度、对比度和淡入度方面达不到工作的要求，可以对其进行调整，下面介绍调整光栅图像亮度、对比度和淡入度的操作方法。

操作步骤 >> Step by Step

第 1 步 切换到【草图与注释】空间，单击选中光栅图像，打开【图像】选项卡，如图 10-67 所示。

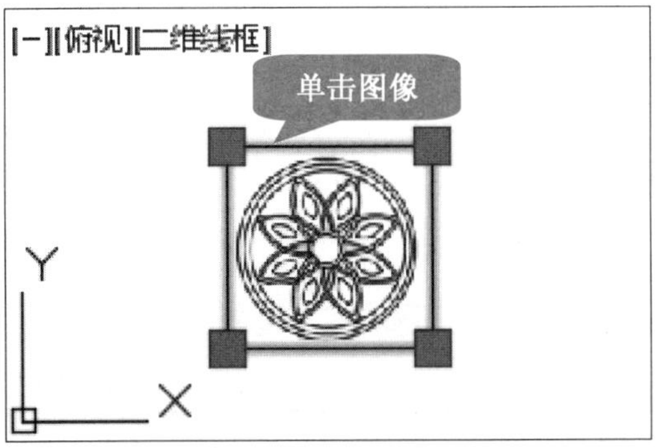

图 10-67

第 2 步 在【调整】面板中，**1.** 在【亮度】文本框中，输入亮度值，**2.** 在【对比度】文本框中，输入对比度值，**3.** 在【淡入度】文本框中，输入淡入度值，即可完成调整亮度、对比度和淡入度的操作，如图 10-68 所示。

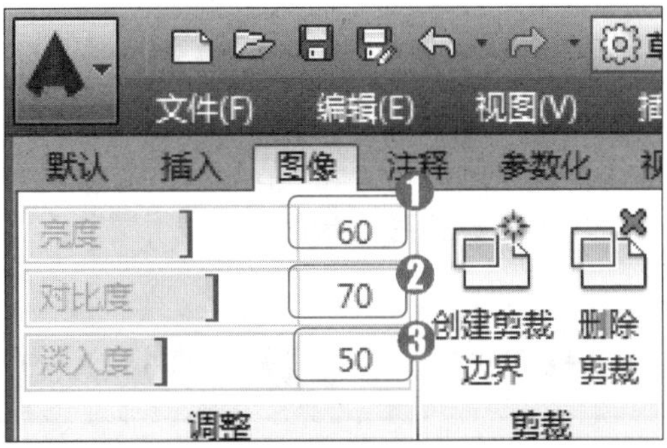

图 10-68

Section 10.7 实践经验与技巧

导读

在本节的学习过程中，将侧重介绍和讲解与本章知识点有关的实践经验及技巧，主要内容包括如何拆离外部参照、设置图块插入点和隐藏光栅图像边框方面的知识与操作技巧。

10.7.1 拆离外部参照

微课堂 00 分 28 秒

对于当前图形不需要的外部参照文件，可以使用拆离功能将其删除，此时删除的文件与当前文件不存在任何关联。下面介绍拆离外部参照的操作方法。

操作步骤 >> Step by Step

第 1 步 切换到【草图与注释】空间，**1.** 在菜单栏中，选择【插入】菜单，**2.** 在弹出的下拉菜单中，选择【外部参照】命令，如图 10-69 所示。

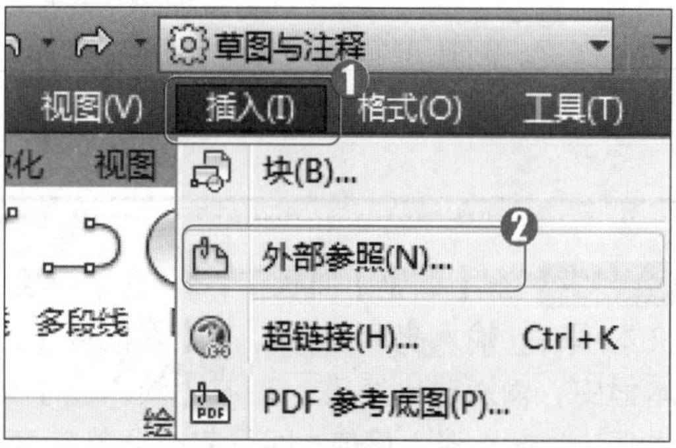

图 10-69

第 2 步 弹出【外部参照】选项板，**1.** 右击文件名称，**2.** 在弹出的快捷菜单中，选择【拆离】命令，即可完成拆离外部参照的操作，如图 10-70 所示。

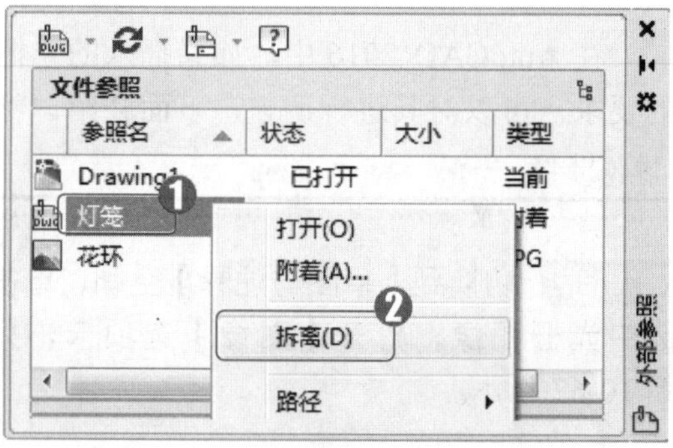

图 10-70

一点即通：拆离光栅图像

在菜单栏中，选择【插入】菜单，在弹出的下拉菜单中，选择【外部参照】命令，弹出【外部参照】选项板，右击光栅图像文件名称，在弹出的快捷菜单中，选择【拆离】命令，即可完成拆离光栅图像的操作。

10.7.2 设置图块插入点

微课堂 00 分 23 秒

在 AutoCAD 2016 中，基点是用当前 UCS 中的坐标来表示的，当向其他图形插入当前图形时，此基点将被用作插入基点，下面介绍设置插入基点的操作方法。

操作步骤 >> Step by Step

第 1 步 切换到【草图与注释】空间，*1.* 在菜单栏中，选择【绘图】菜单，*2.* 在弹出的下拉菜单中，选择【块】命令，*3.* 在弹出的子菜单中选择【基点】命令，如图 10-71 所示。

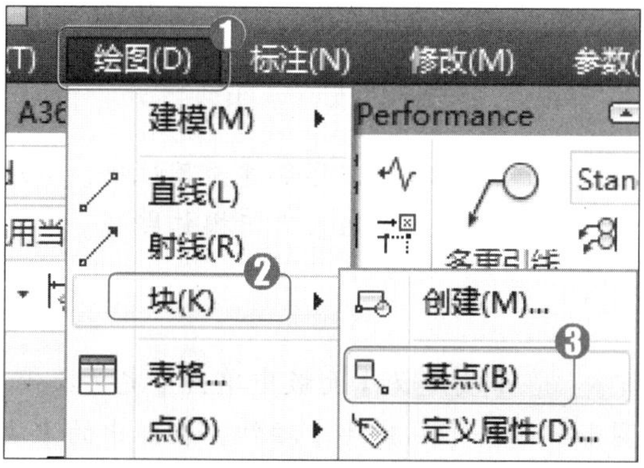

图 10–71

第 2 步 返回到绘图区，*1.* 命令行提示“BASE_base 输入基点”，*2.* 单击选择基点，这样即可完成设置图块插入点的操作，如图 10-72 所示。

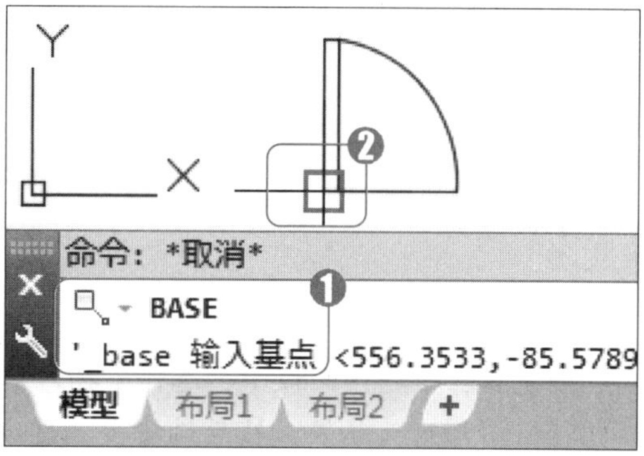

图 10–72

10.7.3 隐藏光栅图像边框

微课堂 00 分 21 秒

在附着光栅图像到绘图区后，图像四周有一个图像边框，为了图形美观可以将其隐藏，下面介绍隐藏光栅图像边框的操作方法。

操作步骤 >> Step by Step

第 1 步 打开“光栅图像.dwg”素材文件，在【草图与注释】空间中，单击选中光栅图像，如图 10-73 所示。

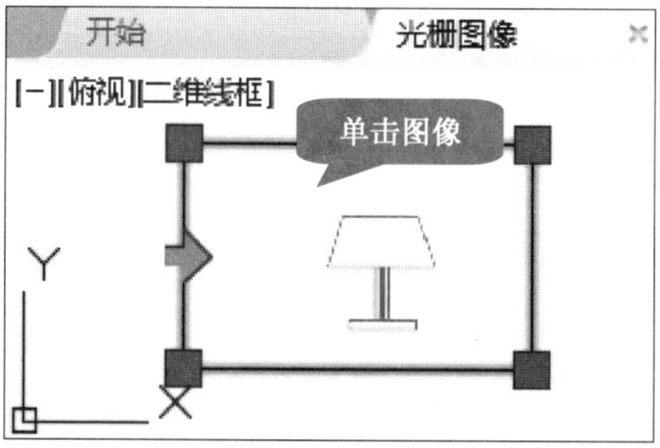

图 10–73

第 2 步 在功能区面板中，*1.* 选择【插入】选项卡，*2.* 在【参照】面板中，单击【隐藏边框】按钮，边框被隐藏，如图 10-74 所示，这样即可完成隐藏光栅图像边框的操作。

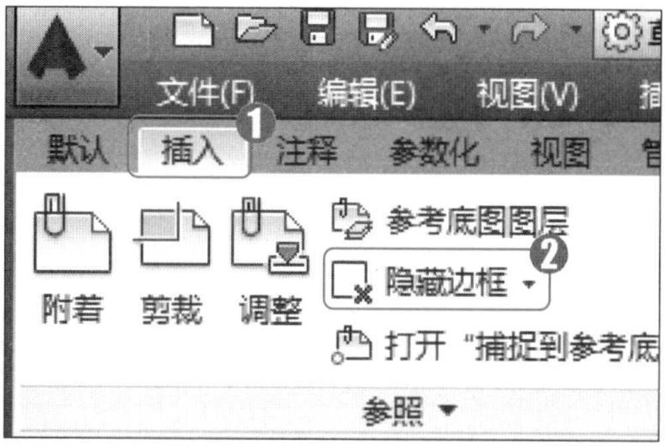

图 10–74

Section 10.8 有问必答

1. 创建动态块时无法添加动作，提示需要参数，如何解决？

打开【块编辑器】选项卡，在【块编写】面板中选择【参数】选项，根据要求创建参数；然后选择【动作】选项卡，根据命令行提示，创建需要的动作即可解决该问题。

2. 执行管理图块属性操作时，提示“此图形不包含带属性的块”，如何解决？

当块不是属性块时，无法进行管理图块属性的操作，可以将图形创建为属性块，然后选择【插入】选项卡，在【块定义】面板中单击【管理属性】按钮来进行操作即可。

3. 如何创建属性块？

首先，在功能区面板中，选择【插入】选项卡，在【块定义】面板中单击【定义属性】按钮，为图形定义属性，然后选中要创建块的图形，单击【创建块】按钮，在弹出的【块定义】对话框中，设置块的参数，单击【确定】按钮，弹出【编辑属性】对话框，单击【确定】按钮即可完成创建属性块的操作。

4. 如何判断 CAD 图纸是否使用外部参照功能？

可以在菜单栏中，选择【格式】菜单，在弹出的下拉菜单中选择【图层】命令，在打开的【图层特性管理器】选项板中，在【过滤器】区域查看是否有外部参照，如果有外部参照，则证明这个图纸使用了外部参照功能，里面的文件名称就是所参照的图纸文件名称。

5. 创建块完成后，再对块进行分解无法炸开，如何解决？

右击块，在弹出的快捷菜单中，选择【块编辑器】命令，进入块编辑器后，复制所有图形，关闭块编辑器，然后在绘图区粘贴刚才复制的图形即可。

第11章

三维绘图基础

本章要点

- 三维工作空间
- 三维坐标系基础
- 在三维空间中绘制简单对象
- 专题课堂——三维实体显示控制

本章主要内容

本章主要介绍 AutoCAD 2016 中三维工作空间、坐标系基础方面的知识，同时讲解如何在三维空间中绘制简单的对象，在本章的专题课堂环节还将介绍三维实体显示控制方面的知识。通过本章的学习，读者可以掌握三维绘图基础方面的知识与操作方法，为深入学习 AutoCAD 2016 三维绘图奠定良好基础。

Section 11.1 三维工作空间

导读 在 AutoCAD 2016 中，系统提供了【三维基础】和【三维建模】两种三维工作空间，以方便用户更好地创建与编辑三维模型，本节将重点介绍三维基础和三维建模工作空间方面的知识。

11.1.1 【三维基础】空间

微课堂 精品阅读 READ TIME

在 AutoCAD 2016 中，【三维基础】工作空间用来创建简单的三维实体模型，其功能区面板由【默认】、【插入】、【视图】、【管理】、【可视化】等选项卡组成，其中【默认】选项卡下的创建、编辑、绘图、修改等面板上的命令，在创建简单的三维模型时会经常使用，如图 11-1 所示。

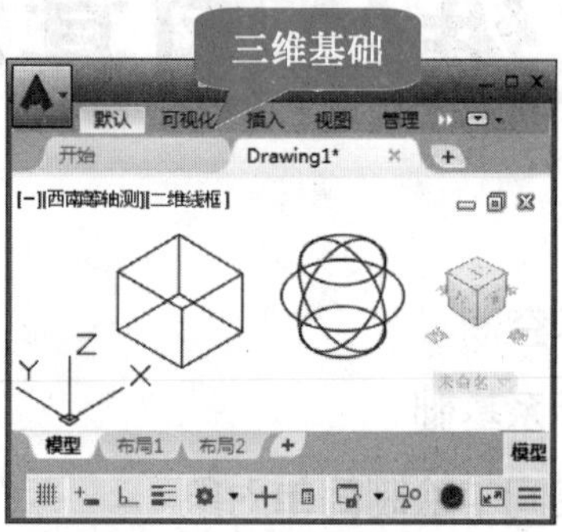

图 11-1

11.1.2 【三维建模】空间

微课堂 精品阅读 READ TIME

在 AutoCAD 2016 中，【三维建模】工作空间用来创建实体、复杂网格和曲面模型等三维模型，其功能区由【常用】、【实体】、【曲面】、【插入】等选项卡组成，在【常用】选项卡下的建模、网格、实体编辑等面板上的命令，是创建三维模型时经常使用的，如图 11-2 所示。

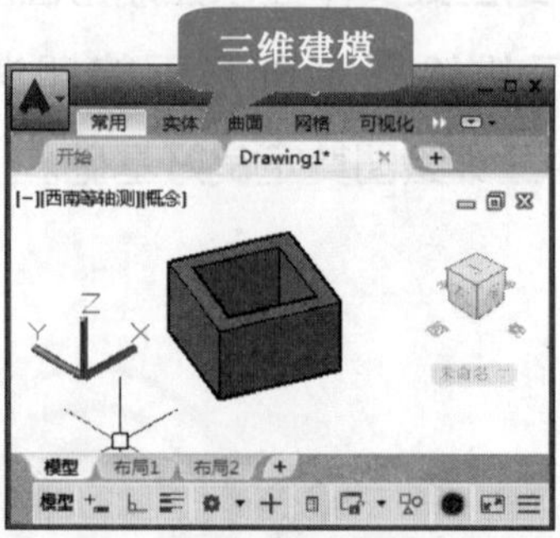

图 11-2

Section 11.2 三维坐标系基础

导读

在 AutoCAD 2016 中，所有图形的图元都需要使用坐标来定位，而三维空间的坐标系则包括世界坐标系和用户坐标系。世界坐标系(WCS)是系统默认的坐标系，本节将详细介绍世界坐标系和用户坐标系方面的知识，以及如何创建与管理用户坐标系。

11.2.1 世界坐标系

微课堂 00 分 30 秒

在 AutoCAD 2016 的三维空间中，世界坐标系包括 X 轴、Y 轴和 Z 轴，其原点一般位于绘图窗口的左下方，所有图形的位移都是通过这个原点来进行计算的，同时规定沿着 X 轴向右及沿着 Y 轴向上的位移被规定为正方向。在绘制图形过程中，因世界坐标系是固定不变的，所以不能对其进行更改。一般新建文件时，系统默认的当前坐标系为世界坐标系，简称 WCS，又叫作通用坐标系，如图 11-3 所示。

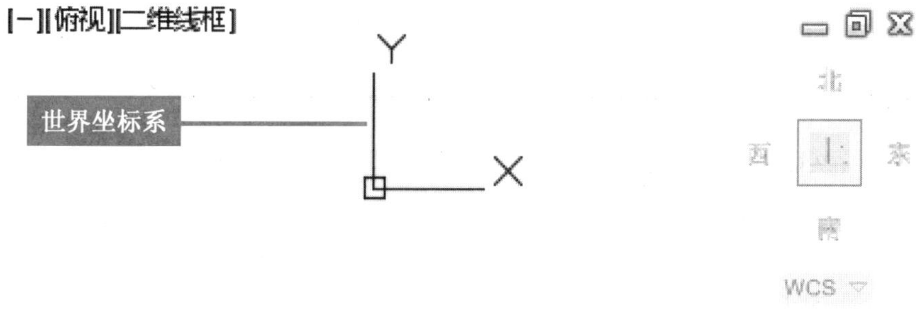

图 11-3

知识拓展：调用 WCS 命令的方式

在 AutoCAD 2016 的【三维建模】空间中，在功能区面板中，选择【常用】选项卡，在【坐标】面板中，单击【UCS，世界】按钮；或者在命令行输入 UCS 命令，激活【世界(W)】选项，然后按 Enter 键，都可以调用 WCS 命令。

11.2.2 用户坐标系

微课堂 00 分 32 秒

在 AutoCAD 2016 的三维空间中，绘制图形时经常会修改坐标系的原点和方向，被更改的世界坐标系(WCS)则变成了一个新的坐标系，即用户坐标系(UCS)，默认情况下世界坐标系与用户坐标系是重合的，可以根据实际的绘图需要定义 UCS。UCS 的 X、Y 和 Z 轴以及原点方向都可以旋转或移动，虽然三个轴之间互相垂直，但在方向及位置上，用户坐标系却具备了更好的灵活性，如图 11-4 所示。

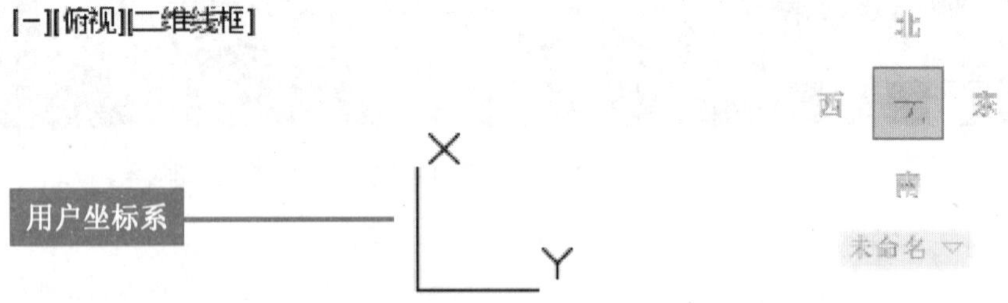

图 11-4

11.2.3 创建与管理用户坐标系

微课堂 00 分 40 秒

在 AutoCAD 2016 中，用户可以自行创建用户坐标系，并且可以对已创建的用户坐标系进行管理，下面介绍创建与管理用户坐标系的操作方法。

1 创建用户坐标系

在 AutoCAD 2016 中，创建用户坐标系有很多种方法，下面以原点方式为例，介绍创建用户标系的操作方法。

操作步骤 >> Step by Step

第 1 步 新建 CAD 空白文档，切换到【三维建模】空间，*1.* 在功能区面板中，选择【常用】选项卡，*2.* 在【坐标】面板中，单击【原点】按钮，如图 11-5 所示。

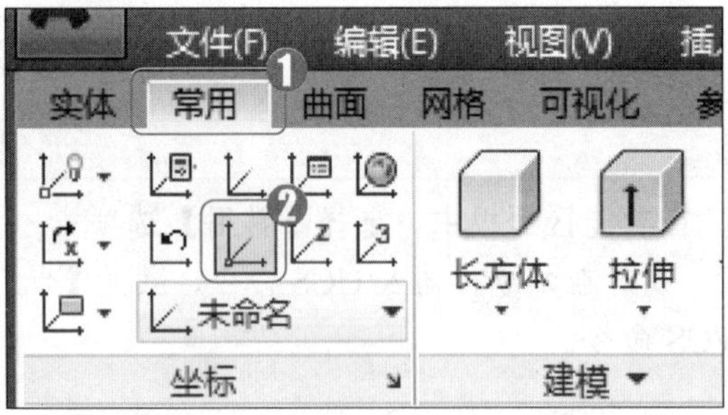

图 11-5

第 3 步 创建的用户坐标系显示在绘图区中，通过以上步骤即可完成创建用户坐标系的操作，如图 11-7 所示。

■ 指点迷津

还可以在命令行输入 UCS 命令，然后按 Enter 键来创建用户坐标系。

第 2 步 返回到绘图区，*1.* 命令行提示“UCS 指定新原点”，*2.* 在空白处单击，确定坐标原点，如图 11-6 所示。

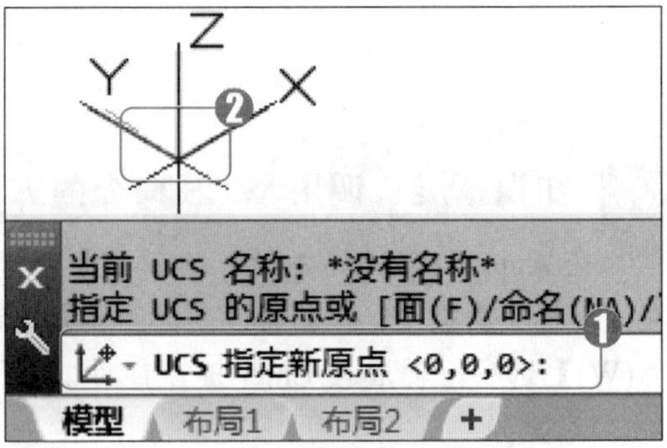

图 11-6

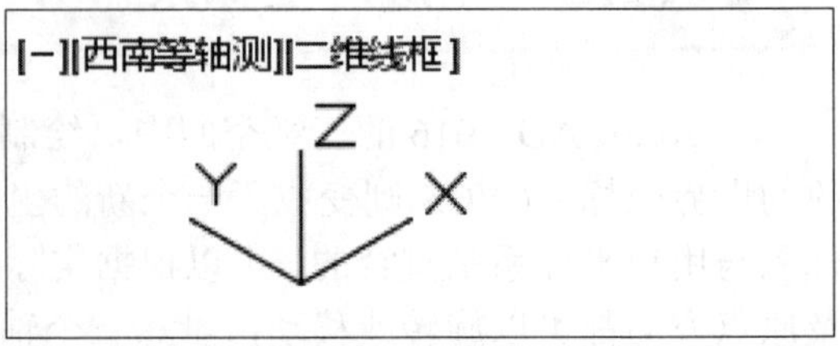

图 11-7

2 管理用户坐标系

在 AutoCAD 2016 中，创建完用户坐标系后，用户可以对已经创建的用户坐标系进行管理操作，下面介绍管理用户坐标系的操作方法。

操作步骤 >> Step by Step

第 1 步 新建 CAD 空白文档，切换到【三维建模】空间，***1.*** 在功能区面板中，选择【常用】选项卡，***2.*** 在【坐标】面板中，单击 UCS 按钮，如图 11-8 所示。

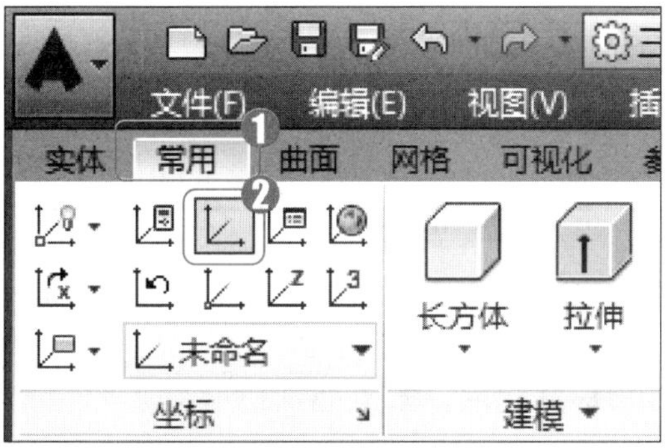

图 11–8

第 2 步 返回到绘图区，***1.*** 命令行提示"UCS 指定 UCS 的原点"，***2.*** 在空白处单击，确定坐标原点，如图 11-9 所示。

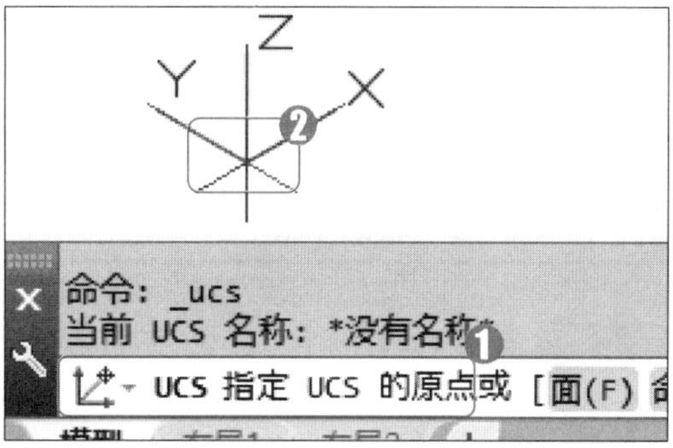

图 11–9

第 3 步 移动鼠标指针，***1.*** 命令行提示"UCS 指定 X 轴上的点"，***2.*** 在指定位置单击，确定 X 轴的点，如图 11-10 所示。

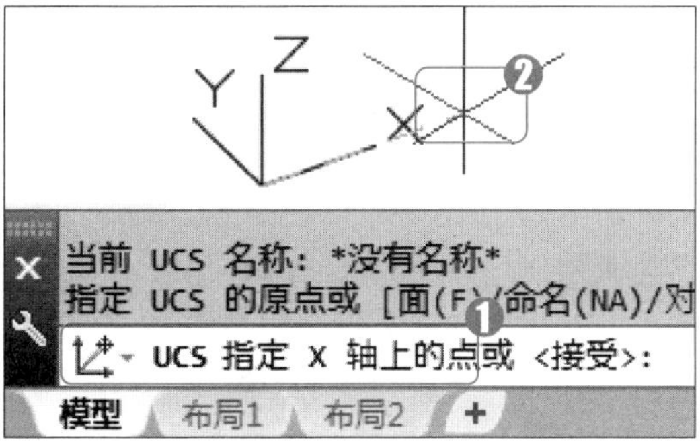

图 11–10

第 4 步 移动鼠标指针，***1.*** 命令行提示"UCS 指定 XY 平面上的点"，***2.*** 在指定位置单击确定点，即可完成管理用户坐标系的操作，如图 11-11 所示。

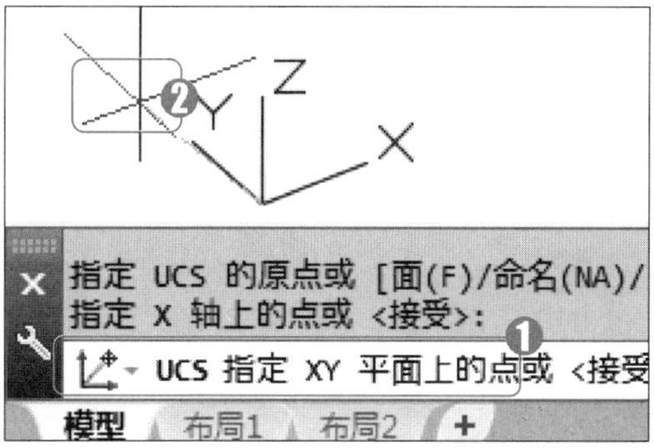

图 11–11

知识拓展：隐藏 UCS 坐标

切换到 AutoCAD 2016 的【三维建模】空间，在功能区面板中，选择【常用】选项卡，在【坐标】面板中，单击【在原点处显示 UCS 图标】下拉按钮，在弹出的下拉菜单中，选择【隐藏 UCS 图标】命令，即可将 UCS 坐标隐藏。

Section 11.3 在三维空间中绘制简单对象

导读

在 AutoCAD 2016 中，用户可以在三维空间绘制一些简单的图形对象，包括在三维空间中绘制线段、射线、构造线等二维图形，以及绘制三维多段线等图形，本节将重点介绍绘制简单三维图形方面的知识与操作技巧。

11.3.1 绘制线段

微课堂 00 分 21 秒

二维多段线是作为单个平面对象创建的相互连接的线段序列，可以创建直线段、圆弧段或两者的组合线段，下面介绍绘制线段的操作方法。

操作步骤 >> Step by Step

第 1 步 新建 CAD 空白文档，切换到【三维建模】空间，*1.* 在功能区面板中，选择【常用】选项卡，*2.* 在【绘图】面板中，单击【多段线】按钮，如图 11-12 所示。

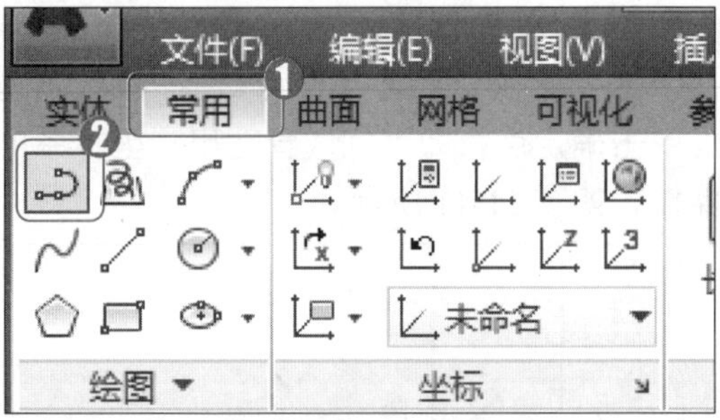

图 11-12

第 2 步 返回到绘图区，*1.* 命令行提示“PLINE 指定起点”，*2.* 在空白处单击，确定多段线起点，如图 11-13 所示。

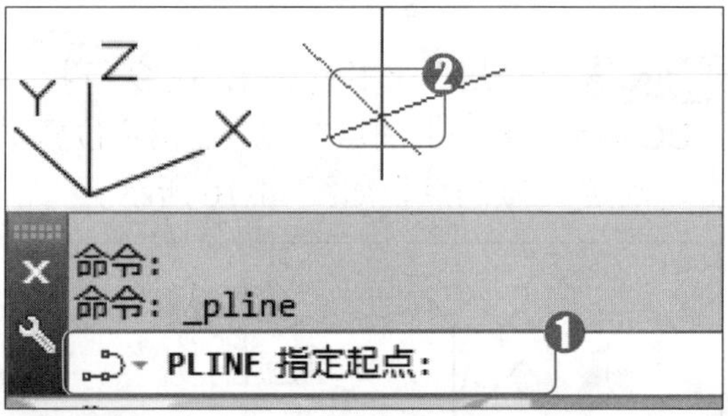

图 11-13

第 3 步 移动鼠标指针，*1.* 命令行提示“PLINE 指定下一个点”，*2.* 在指定位置单击确定线段的端点，如图 11-14 所示。

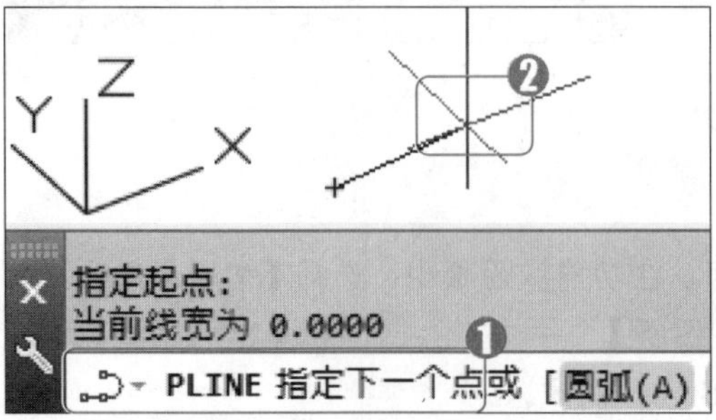

图 11-14

第 4 步 重复步骤 3 的操作，确定多段线其他点，然后按 Enter 键退出多段线命令，绘制线段操作完成，如图 11-15 所示。

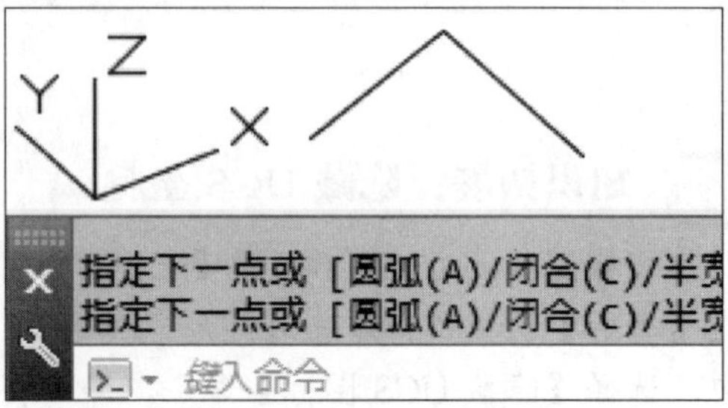

图 11-15

知识拓展：调用多段线命令方式

在 AutoCAD 2016 的菜单栏中，选择【绘图】菜单，在弹出的下拉菜单中，选择【多段线】命令；或者在命令行中输入 PLINE 或 PL 命令，然后按 Enter 键，来调用多段线命令。

11.3.2　绘制射线

微课堂　00 分 19 秒

在 AutoCAD 2016 的【三维建模】空间中，用户可以绘制各种二维射线，下面介绍绘制二维射线的操作方法。

操作步骤　>>　Step by Step

第 1 步　新建 CAD 空白文档，切换到【三维建模】空间中，***1.*** 在菜单栏中，选择【绘图】菜单，***2.*** 在弹出的下拉菜单中，选择【射线】命令，如图 11-16 所示。

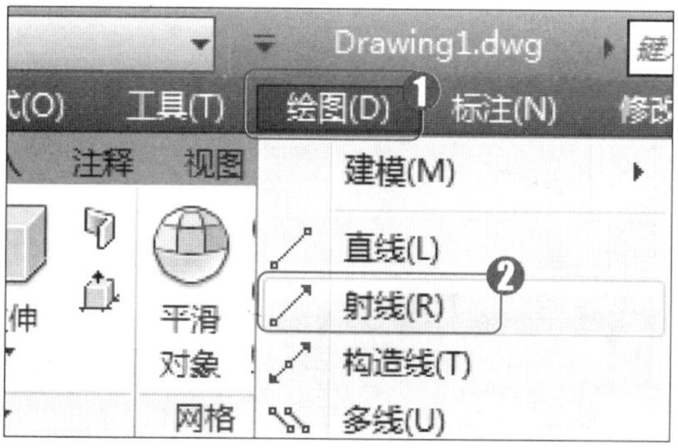

图 11-16

第 2 步　返回到绘图区，***1.*** 命令行提示“RAY 指定起点”，***2.*** 在空白处单击，确定射线起点，如图 11-17 所示。

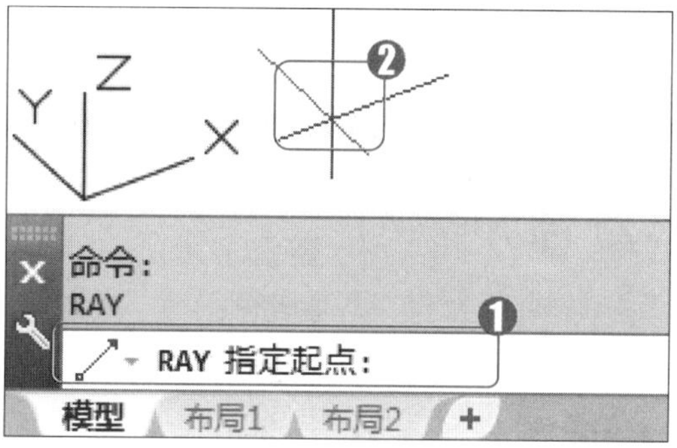

图 11-17

第 3 步　移动鼠标指针，***1.*** 命令行提示“RAY 指定通过点”，***2.*** 在空白处单击，确定射线的通过点，如图 11-18 所示。

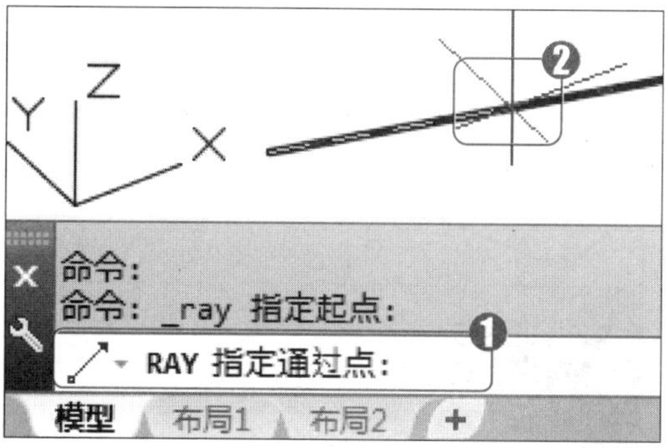

图 11-18

第 4 步　然后按 Esc 键退出射线命令，通过以上步骤即可完成绘制射线的操作，如图 11-19 所示。

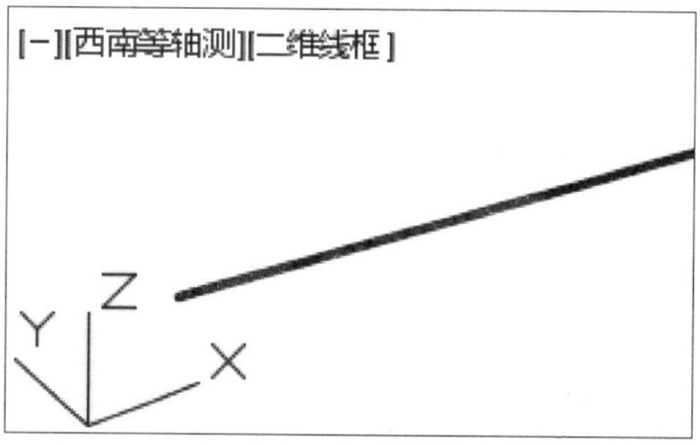

图 11-19

知识拓展：调用射线命令方式

在 AutoCAD 2016 的【三维建模】空间中，在功能区面板中，选择【常用】选项卡，在【绘图】面板中，单击【射线】按钮；或者在命令行中输入 RAY 命令，然后按 Enter 键，来调用射线命令。

11.3.3 绘制构造线

微课堂 00 分 17 秒

在 AutoCAD 2016 的【三维建模】空间中，用户还可以绘制二维构造线，下面介绍绘制二维构造线的操作方法。

操作步骤 >> Step by Step

第 1 步 新建 CAD 空白文档，切换到【三维建模】空间，*1.* 在菜单栏中，选择【绘图】菜单，*2.* 在弹出的下拉菜单中，选择【构造线】命令，如图 11-20 所示。

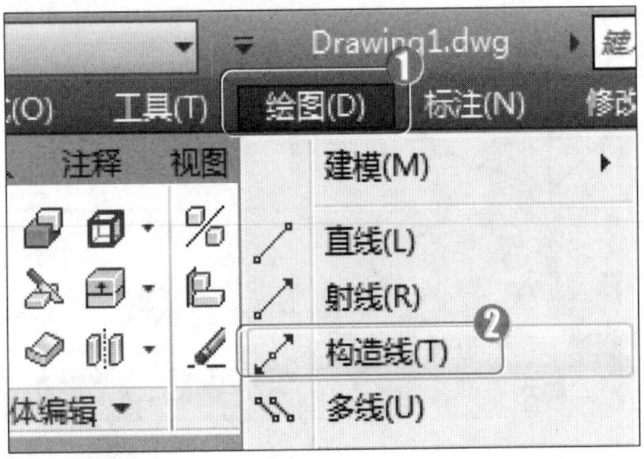

图 11-20

第 2 步 返回到绘图区，*1.* 命令行提示"XLINE 指定点"，*2.* 在空白处单击，确定要绘制构造线的起点，如图 11-21 所示。

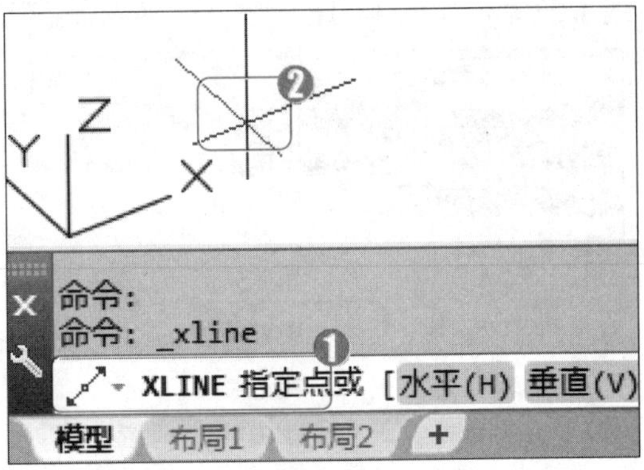

图 11-21

第 3 步 移动鼠标指针，*1.* 命令行提示"XLINE 指定通过点"，*2.* 在指定位置单击，指定通过点，如图 11-22 所示。

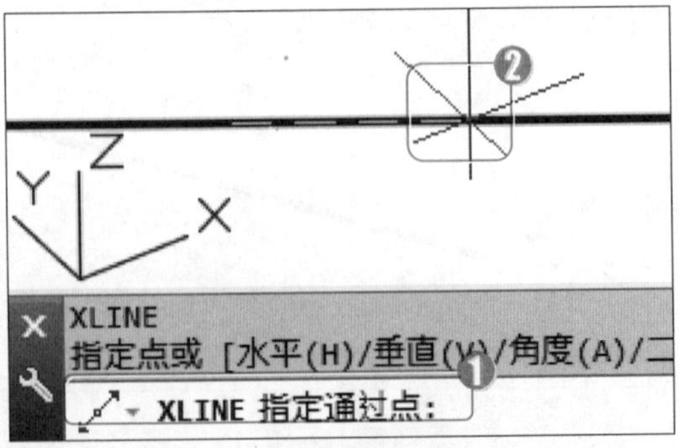

图 11-22

第 4 步 然后按 Esc 键退出构造线命令，通过以上步骤即可完成绘制构造线的操作，如图 11-23 所示。

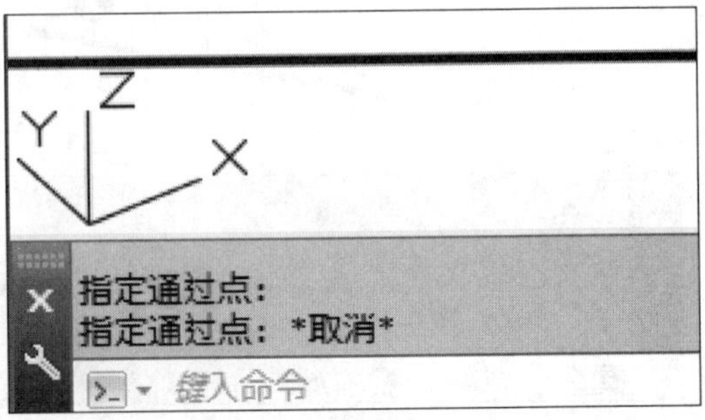

图 11-23

11.3.4　绘制圆环

微课堂
00 分 28 秒

在 AutoCAD 2016 中，圆环是由两条圆弧多段线组成，这两条圆弧多段线首尾相接而形成圆形，多段线宽度由指定内直径和外直径决定，下面介绍绘制圆环的操作方法。

操作步骤 >> Step by Step

第 1 步 新建 CAD 空白文档，切换到【三维建模】空间中，***1.*** 在功能区面板中，选择【常用】选项卡，***2.*** 在【绘图】面板中，单击【圆环】按钮◎，如图 11-24 所示。

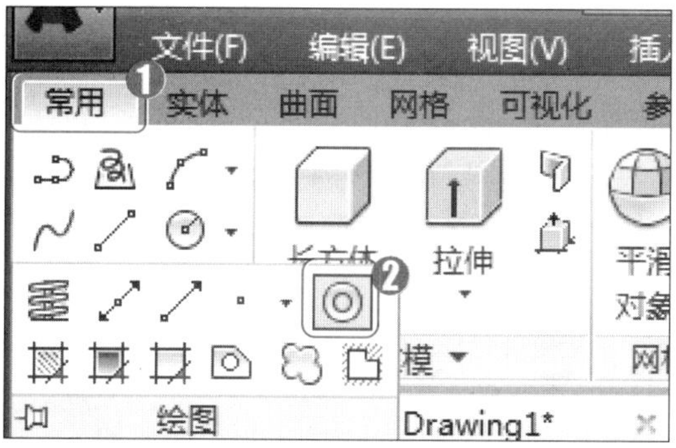

图 11-24

第 2 步 根据命令行提示“DONUT 指定圆环的内径”信息，在命令行输入圆环内径值 3，然后按 Enter 键，如图 11-25 所示。

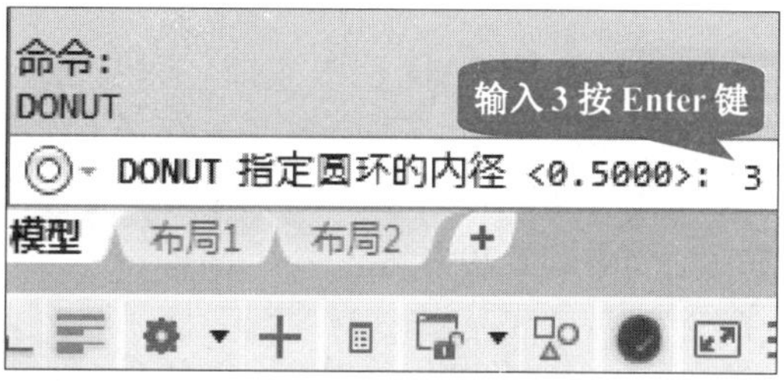

图 11-25

第 3 步 根据命令行提示“DONUT 指定圆环的外径”信息，在命令行输入圆环的外径值 4，然后按 Enter 键，如图 11-26 所示。

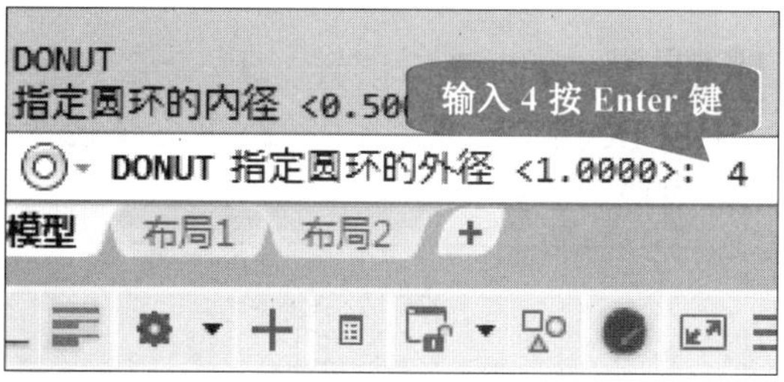

图 11-26

第 4 步 返回到绘图区，***1.*** 命令行提示“DONUT 指定圆环的中心点”，***2.*** 在空白处单击，如图 11-27 所示。

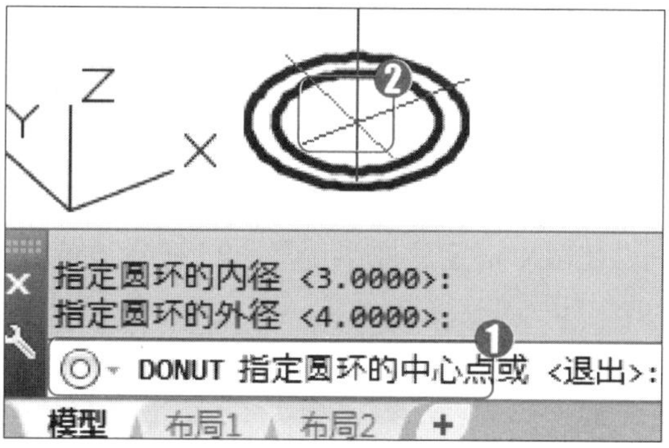

图 11-27

第 5 步 此时，可以看到绘制的圆环，然后按 Esc 键退出圆环命令，即可完成绘制圆环的操作，如图 11-28 所示。

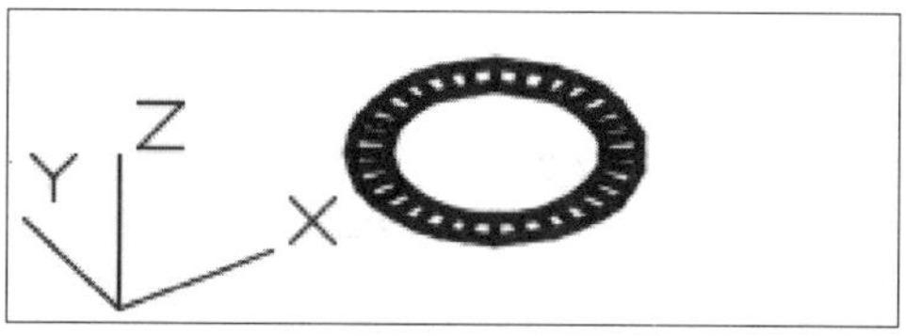

图 11-28

知识拓展：调用圆环命令的方式

可以在菜单栏中，选择【绘图】菜单，在弹出的下拉菜单中，选择【圆环】命令；或者在命令行中输入 DOUNT 或 DO 命令，然后按 Enter 键，来调用圆环命令。

11.3.5 绘制螺旋线

微课堂 00 分 21 秒

在 AutoCAD 2016 中，螺旋就是开口的二维或三维螺旋，用户可以将螺旋用作路径，沿此路径扫掠对象以创建图像，默认情况下，螺旋的顶面半径和底面半径值相同，但该值不能为 0，下面详细介绍绘制螺旋线的操作方法。

操作步骤 >> Step by Step

第 1 步 新建 CAD 空白文档，切换到【三维建模】空间，**1.** 在菜单栏中，选择【绘图】菜单，**2.** 在弹出的下拉菜单中，选择【螺旋】命令，如图 11-29 所示。

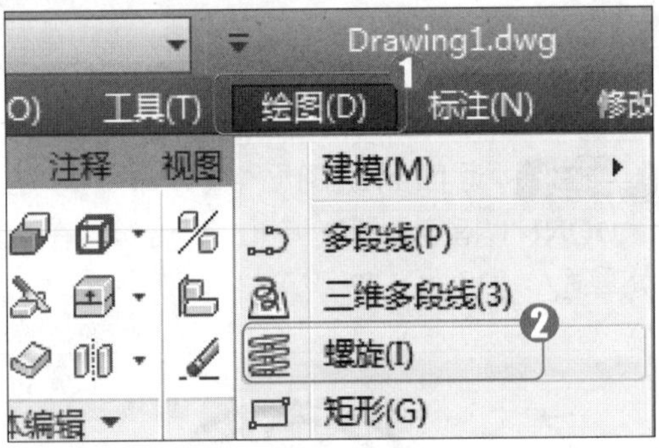

图 11-29

第 2 步 返回到绘图区，**1.** 命令行提示"HELIX 指定底面的中心点"，**2.** 在空白处单击，确定要螺旋的中心点，如图 11-30 所示。

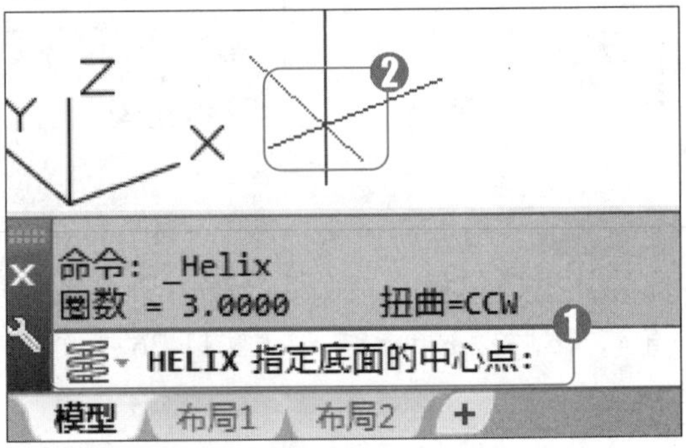

图 11-30

第 3 步 移动鼠标指针，**1.** 命令行提示"HELIX 指定底面半径"，**2.** 在合适位置单击，如图 11-31 所示。

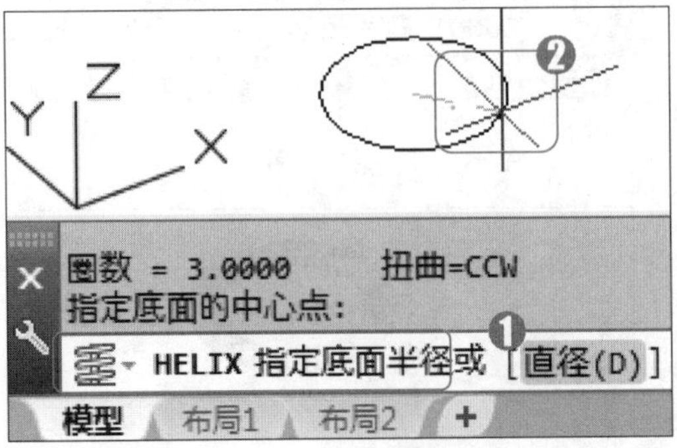

图 11-31

第 4 步 移动鼠标指针，**1.** 命令行提示"HELIX 指定顶面半径"，**2.** 在合适位置单击，如图 11-32 所示。

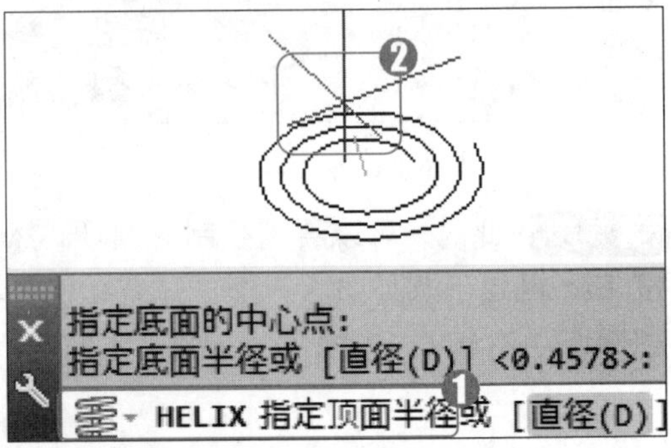

图 11-32

第 5 步 移动鼠标指针，*1.* 命令行提示“HELIX 指定螺旋高度”，*2.* 在合适位置单击，指定螺旋的高度，如图 11-33 所示。

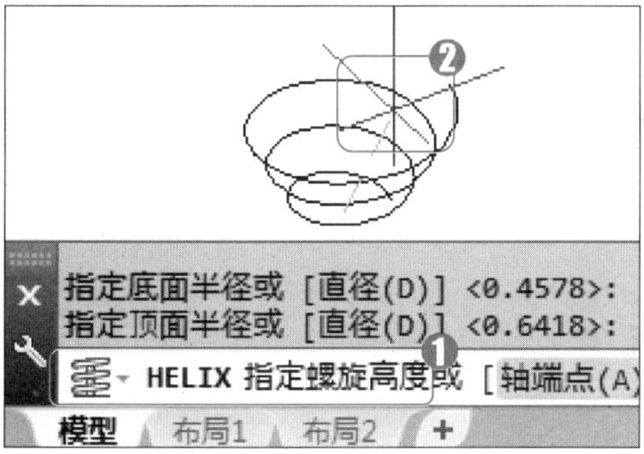

图 11-33

第 6 步 此时在绘图区中可以看到绘制好的螺旋线，通过以上步骤即可完成绘制螺旋线的操作，如图 11-34 所示。

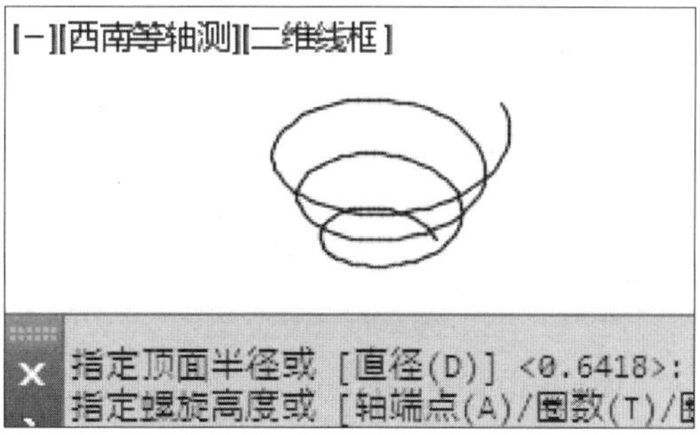

图 11-34

知识拓展：绘制其他简单对象

在 AutoCAD 2016 的三维工作空间中，还可以绘制三维多段线、修订云线、圆、圆弧、多边形、矩形、样条曲线和椭圆与椭圆弧等简单图形对象，用户可以使用菜单栏、功能区面板和命令行来调用这些命令。

Section 11.4 专题课堂——三维实体显示控制

导读 在 AutoCAD 2016 中，可以通过设置来控制三维实体显示的质量。本节将介绍设置曲面网格显示密度、设置实体模型显示质量和曲面网格数量控制方面的知识。

11.4.1 曲面网格显示密度

微课堂 00 分 25 秒

在 AutoCAD 2016 中，执行曲面造型操作时，经常会用到 SURFTAB1 和 SUBFTAB2 这两个系统变量，拉伸表面、回转表面、直纹表面和界限表面的网格密度也是由这两个变量控制的。

曲面网格密度类似于栅格，SURFTAB1 变量控制的是直纹曲面和平移曲面生成的列表数目，SUBFTAB2 变量控制的是旋转曲面和边界曲面垂直方向的列表数目，并且要注意的是，SURFTAB1 和 SUBFTAB2 的值越大，网格越密集，且变量值的范围在 2～32766，如

图 11-35 所示。

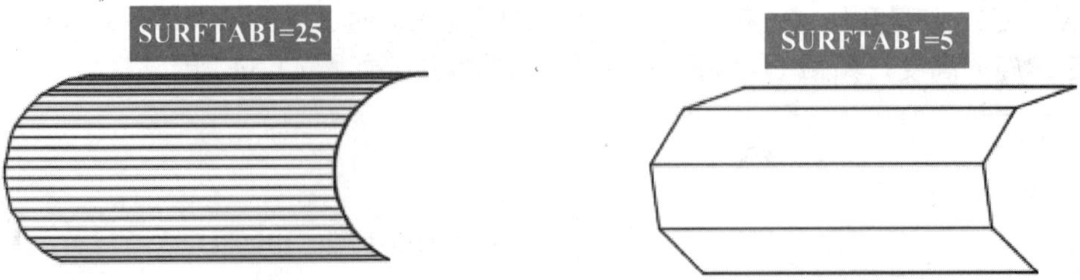

图 11-35

11.4.2 设置实体模型显示质量

微课堂 00 分 21 秒

在 AutoCAD 2016 中，三维实体的曲面用曲线来表示，这些曲面被称为网格。三维实体显示的质量与真实程度取决于网格数量的多少，用户可以在【选项】对话框中设置实体模型显示质量，下面介绍设置显示质量的操作方法。

操作步骤 >> Step by Step

第 1 步 新建 CAD 空白文档，切换到【三维建模】空间，***1.*** 在菜单栏中，选择【工具】菜单，***2.*** 在弹出的下拉菜单中，选择【选项】命令，如图 11-36 所示。

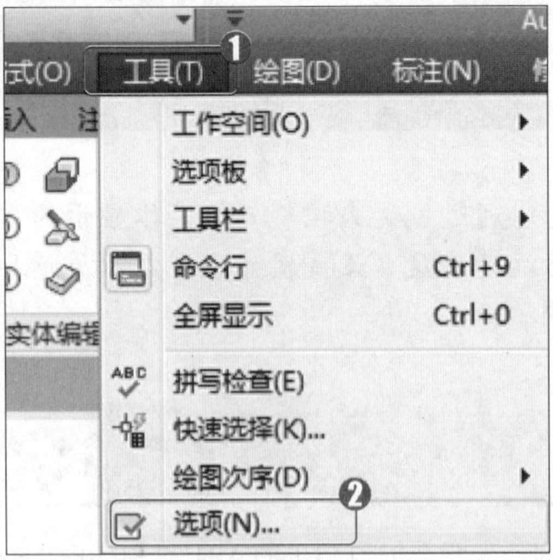

图 11-36

第 2 步 弹出【选项】对话框，***1.*** 选择【显示】选项卡，***2.*** 在【显示精度】区域中，设置实体模型的显示质量，***3.*** 单击【确定】按钮 确定 ，即可完成设置实体模型显示质量的操作，如图 11-37 所示。

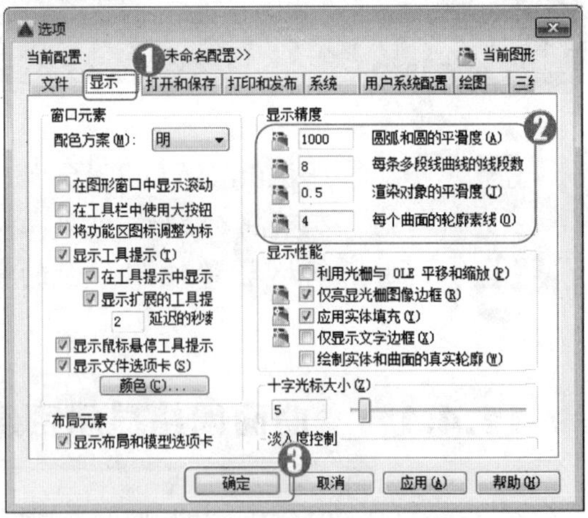

图 11-37

11.4.3 曲面网格数量控制

微课堂 00 分 18 秒

在 AutoCAD 2016 中，曲面网格数量的多少控制实体模型显示的效果，曲面网格数的默认值为 4，其数值在 0～2047，下面介绍使用系统变量 ISOLINES，设置曲面网格数量的操作方法。

操作步骤 >> Step by Step

第 1 步 新建 CAD 空白文档，切换到【三维建模】工作空间，在命令行输入系统变量 ISOLINES 命令，然后按 Enter 键，如图 11-38 所示。

图 11-38

第 2 步 根据命令行提示，在命令行输入曲面网格数量的值，然后按 Enter 键，即可完成使用系统变量 ISOLINES 设置曲面网格数量的操作方法，如图 11-39 所示。

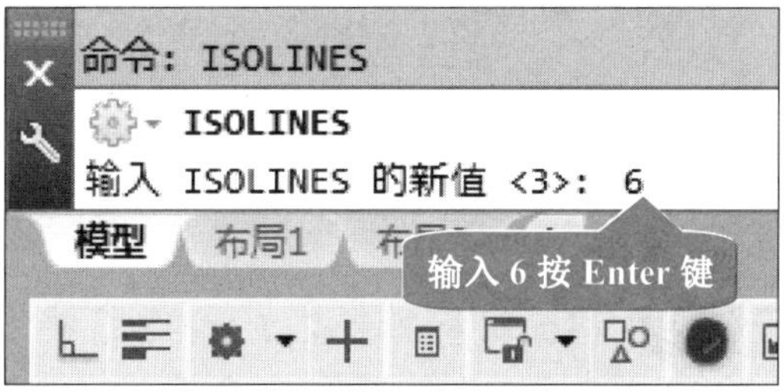

图 11-39

专家解读：如何观察三维模型

在【三维建模】空间中，选择【常用】选项卡，在【视图】面板中，单击【三维导航】下拉列表框，在弹出的下拉列表中，选择要应用的视点，即可对三维模型进行俯视、仰视、右视、左视、主视和后视观察等。

Section 11.5 实践经验与技巧

导读

在本节的学习过程中，将侧重介绍和讲解与本章知识点有关的实践经验及技巧，主要内容将包括如何绘制三维多段线、设置 UCS 平面视图，以及绘制修订云线等方面的知识与操作技巧。

11.5.1 绘制三维多段线

微课堂 00 分 47 秒

在 AutoCAD 2016 中，三维多段线是作为单个对象创建的直线段相互连接而成的序列，三维多段线可以不共面，但是不能包括圆弧，下面介绍绘制三维多段线的操作方法。

操作步骤 >> Step by Step

第 1 步 新建 CAD 空白文档，切换到【三

第 2 步 返回到绘图区，*1.* 命令行提示

维建模】空间，**1.** 在菜单栏中，选择【绘图】菜单，**2.** 在弹出的下拉菜单中，选择【三维多段线】命令，如图 11-40 所示。

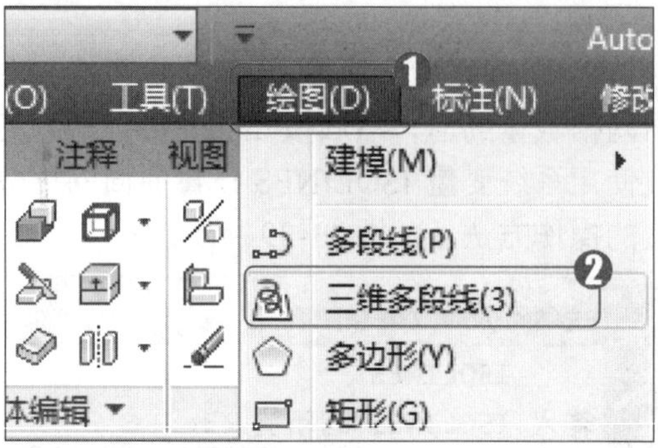

图 11-40

第 3 步 移动鼠标指针，**1.** 命令行提示"3DPOLY 指定直线的端点"，**2.** 在空白处单击，确定三维多段线的端点，如图 11-42 所示。

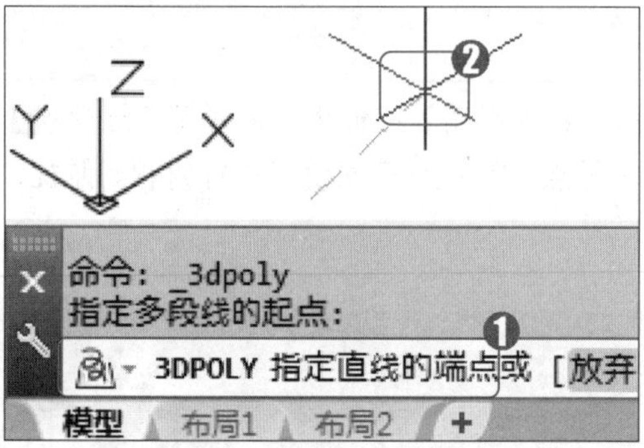

图 11-42

第 5 步 移动鼠标指针，**1.** 命令行提示"3DPOLY 指定直线的端点"，**2.** 在空白处单击，确定三维多段线的端点，如图 11-44 所示。

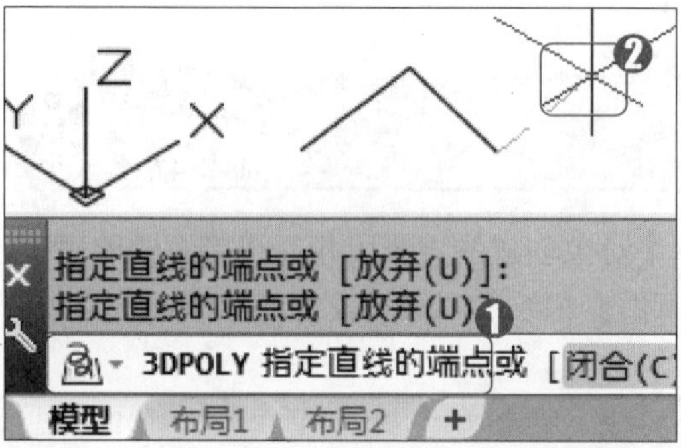

图 11-44

"3DPOLY 指定多段线的起点"，**2.** 在空白处单击，确定起点，如图 11-41 所示。

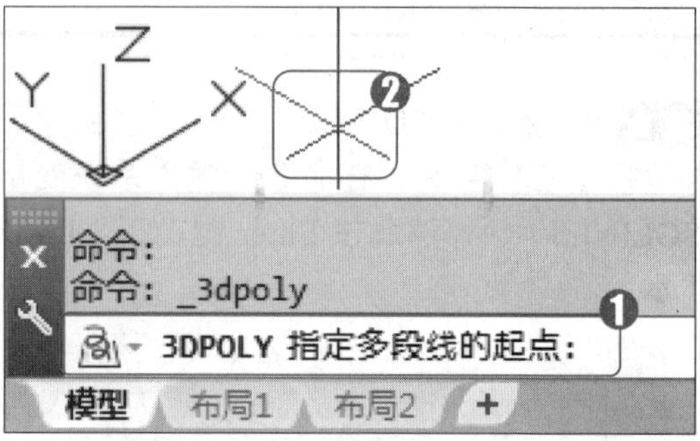

图 11-41

第 4 步 移动鼠标指针，**1.** 命令行提示"3DPOLY 指定直线的端点"，**2.** 在空白处单击，确定三维多段线的端点，如图 11-43 所示。

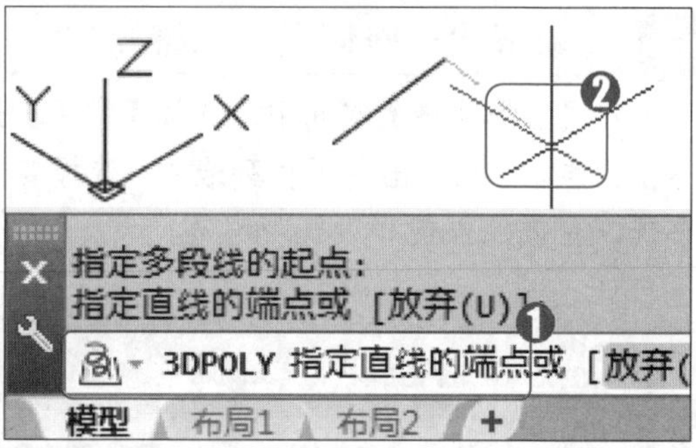

图 11-43

第 6 步 然后按 Esc 键退出三维多段线命令，通过以上步骤即可完成绘制三维多段线的操作，如图 11-45 所示。

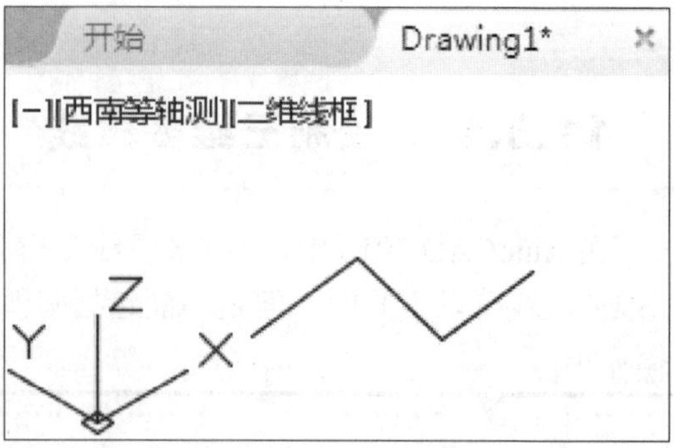

图 11-45

一点即通：绘制直线

切换到 AutoCAD 2016 的【三维建模】空间，在菜单栏中选择【绘图】菜单，在弹出的下拉菜单中选择【直线】命令，根据命令行的提示信息，单击指定直线的第一点与第二点位置，即可完成绘制直线的操作。

11.5.2 设置 UCS 平面视图

微课堂 00 分 28 秒

在 AutoCAD 2016 中，为了方便观察绘制的三维图形，可以将现有视图设置为 UCS 平面视图，下面介绍设置 UCS 平面视图的操作方法。

操作步骤 >> Step by Step

第 1 步 新建 CAD 空白文档并绘制图形，切换到【三维建模】工作空间，在命令行输入【平面视图】命令 PLAN，然后按 Enter 键，如图 11-46 所示。

图 11-46

第 3 步 系统重生成模型，图形以 UCS 平面视图形式显示，通过以上步骤即可完设置 UCS 平面视图的操作，如图 11-48 所示。

■ 指点迷津

选择【视图】菜单，在弹出的下拉菜单中选择【三维视图】命令，在子菜单中选择【平面视图】命令，在【平面视图】子菜单下选择【当前 UCS】命令，也可调用平面视图命令。

第 2 步 命令行提示“PLAN 输入选项”信息，在命令行输入【当前 UCS(C)】选项命令 C，然后按 Enter 键，如图 11-47 所示。

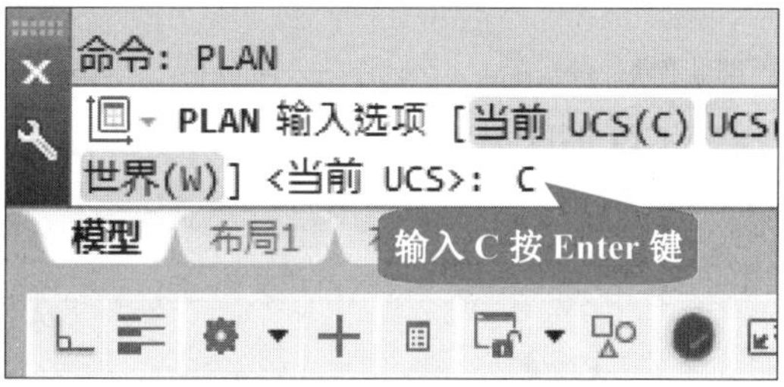

图 11-47

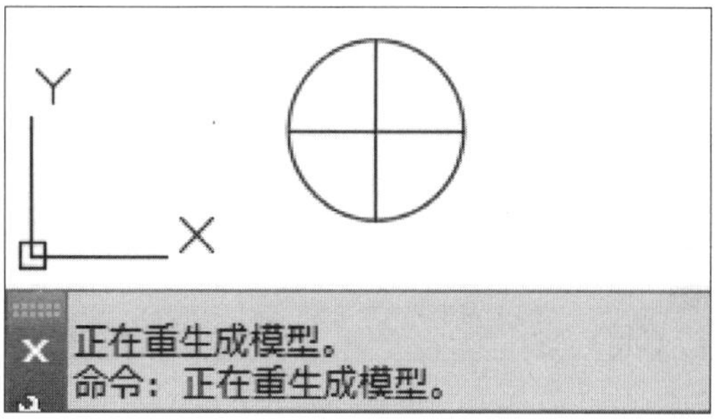

图 11-48

11.5.3 绘制修订云线

微课堂 00 分 32 秒

在 AutoCAD 2016 中，可以通过拖动鼠标指针创建新的修订云线，也可以将如椭圆或多段线等闭合对象转换为修订云线，云线的作用是亮显要查看的图形部分，下面介绍绘制修订云线的操作方法。

操作步骤 >> Step by Step

第 1 步 新建 CAD 空白文档，切换到【三维建模】空间，**1.** 在功能区面板中，选择【常用】选项卡，**2.** 在【绘图】面板中，单击【修订云线】按钮，如图 11-49 所示。

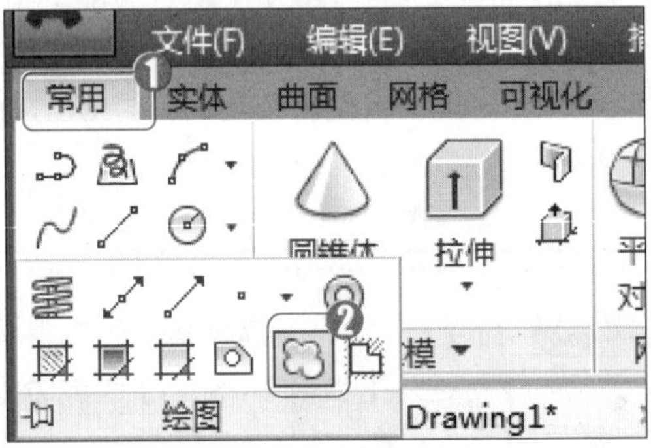

图 11-49

第 2 步 返回到绘图区，**1.** 命令行提示“REVCLOUD 指定第一个点”，**2.** 在空白处单击，确定修订云线的起点，如图 11-50 所示。

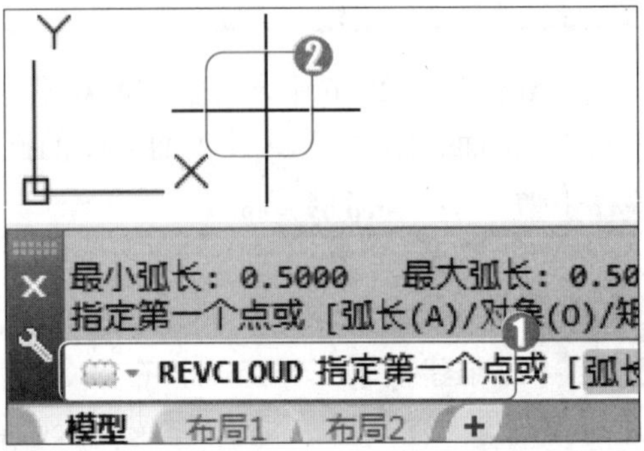

图 11-50

第 3 步 移动鼠标指针，**1.** 命令行提示“REVCLOUD 沿云线路径引导十字光标”，**2.** 移动鼠标指针绘制云线路径，如图 11-51 所示。

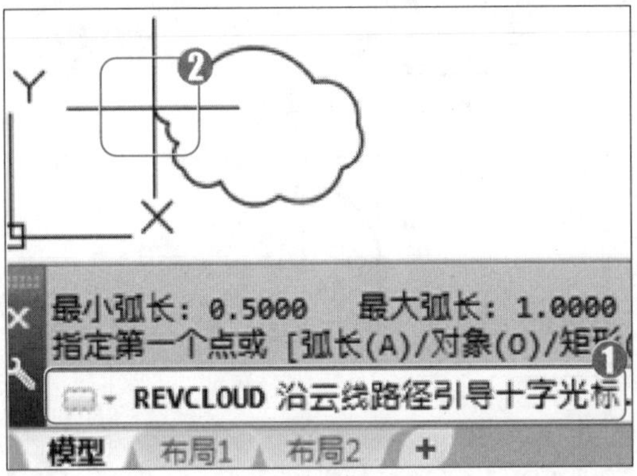

图 11-51

第 4 步 将鼠标指针移动至修订云线的起点处，云线自动闭合，通过以上步骤即可完成绘制修订云线的操作，如图 11-52 所示。

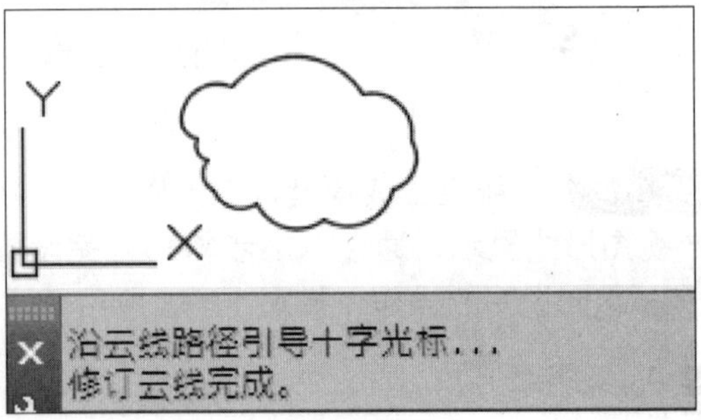

图 11-52

一点即通：使用区域覆盖

切换到 AutoCAD 2016 的【三维建模】空间，在菜单栏中选择【绘图】菜单，在弹出的下拉菜单中选择【区域覆盖】命令，可以创建多边形区域，以当前背景色屏蔽其下面的图形。

11.5.4 设置曲面网格密度

微课堂 00 分 40 秒

通过本章所学的曲面网格密度知识，以 SURFTAB1 变量为例，介绍设置网格密度的操作方法。

操作步骤 >> Step by Step

第 1 步　新建 CAD 空白文档并绘制图形，切换到【三维建模】工作空间，在命令行输入网格密度变量 SURFTAB1，然后按 Enter 键，如图 11-53 所示。

图 11-53

第 2 步　根据命令行提示“SURFTAB1 输入 SURFTAB1 的新值”信息，在命令行输入 SURFTAB1 的新值 15，然后按 Enter 键，如图 11-54 所示。

图 11-54

第 3 步　返回到功能区面板，**1.** 选择【网格】选项卡，**2.** 在【图元】面板中，单击【建模，网格，平移曲面】按钮，如图 11-55 所示。

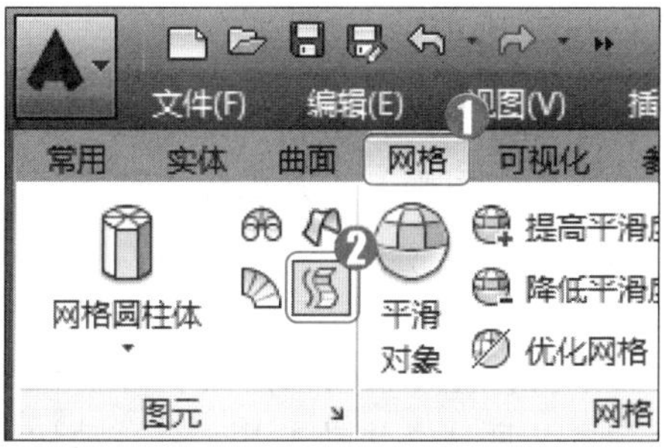

图 11-55

第 4 步　返回到绘图区，**1.** 命令行提示“TABSURF 选择用作轮廓曲线的对象”，**2.** 单击选择图形，如图 11-56 所示。

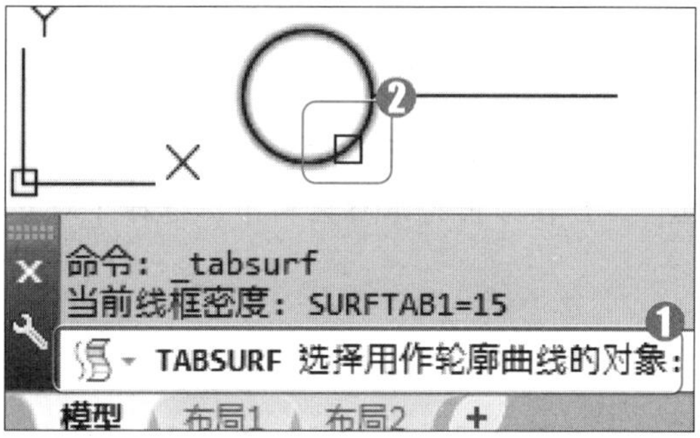

图 11-56

第 5 步　移动鼠标指针，**1.** 命令行提示“TABSURF 选择用作方向矢量的对象”，**2.** 单击选择图形，如图 11-57 所示。

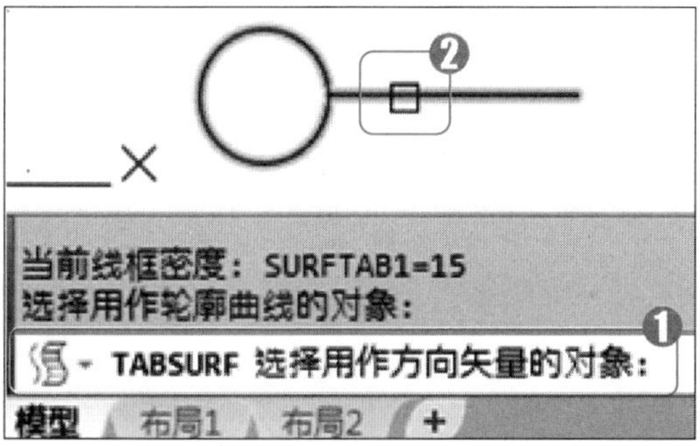

图 11-57

第 6 步　此时可以看到设置网格密度的效果，通过以上步骤即可完成设置曲面网格密度的操作，如图 11-58 所示。

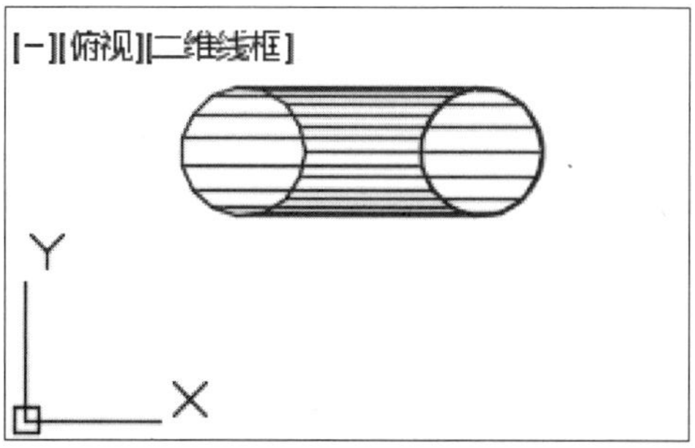

图 11-58

Section 11.6 有问必答

1. 如何在三维空间绘制样条曲线?

可以在功能区面板中，选择【常用】选项卡，在【绘图】面板中，单击【样条曲线】按钮，返回到绘图区，根据命令行提示指定样条曲线的点即可完成绘制操作。

2. 三维建模空间中的 UCS 图标不见了，如何解决?

可以在功能区面板中，选择【常用】选项卡，在【坐标】面板中，单击【在原点处显示 UCS 图标】下拉按钮，在弹出的下拉菜单中，选择【在原点处显示 UCS 图标】命令，即可显示 UCS 坐标。

3. 在三维空间如何绘制椭圆弧?

可以在菜单栏中，选择【绘图】菜单，在弹出的下拉菜单中，选择【椭圆】命令，在子菜单中选择【圆弧】命令，然后根据命令行的提示确定椭圆弧的起点、端点、轴长度，以及起点与端点角度绘制椭圆弧。

4. 如何将用户坐标系与选定的图形对象对齐?

可以在功能区面板中，选择【常用】选项卡，在【坐标】面板中，单击【面】下拉按钮，在弹出的下拉菜单中，选择【对象】命令，即可将图形与用户坐标系对齐。

5. 在 AutoCAD 2016 中的 ViewCube 工具是做什么用的?

ViewCube 工具是一个导航工具，它是一个常驻界面，可以使用该工具在标准视图与等轴测视图之间进行切换，单击 ViewCube 工具的预定义区域或拖动工具，会自动切换到相应方向的视图，单击 ViewCube 工具旁边的弯箭头，可以对视图工具进行旋转操作。

第12章

绘制三维图形

本章要点

- 由二维对象生成三维实体
- 创建三维曲面
- 创建三维网格
- 专题课堂——创建基本三维实体

本章主要内容

本章主要介绍 AutoCAD 2016 中由二维对象生成三维实体方面的知识与技巧，同时将讲解创建三维曲面和三维网格方面的内容，在本章的专题课堂环节还将介绍创建基本三维实体方面的知识。通过本章的学习，读者可以掌握绘制三维图形方面的知识与操作方法，为深入学习 AutoCAD 2016 三维绘图奠定良好基础。

Section 12.1 由二维对象生成三维实体

导读　在 AutoCAD 2016 中，用户可以将二维空间中的图形通过拉伸、放样、旋转和扫掠等操作，将闭合的二维图形生成三维实体，将非闭合的二维图形生成三维曲面，本节将介绍由二维对象生成三维实体的知识与操作技巧。

12.1.1 拉伸

微课堂 00 分 23 秒

在 AutoCAD 2016 中，可以通过拉伸二维或三维曲线来创建三维实体或曲面，下面以矩形为例，介绍拉伸图形的操作方法。

操作步骤 >> Step by Step

第 1 步　新建 CAD 空白文档并绘制矩形，切换到【三维建模】空间，***1.*** 在菜单栏中，选择【绘图】菜单，***2.*** 在弹出的下拉菜单中，选择【建模】命令，***3.*** 在子菜单下，选择【拉伸】命令，如图 12-1 所示。

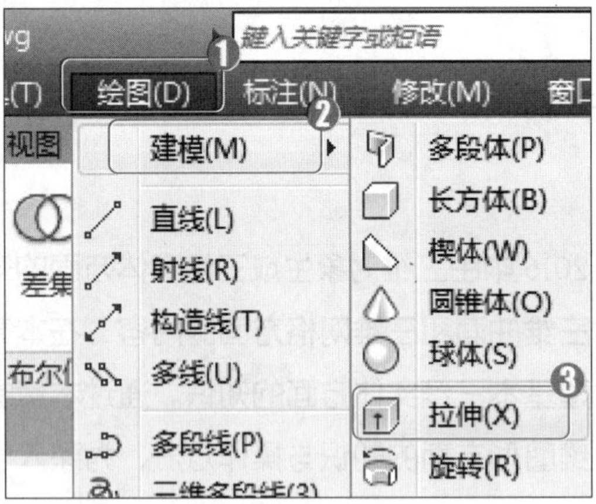

图 12-1

第 2 步　返回到绘图区，***1.*** 命令行提示“EXTRUDE 选择要拉伸的对象”，***2.*** 单击选择图形，如图 12-2 所示。

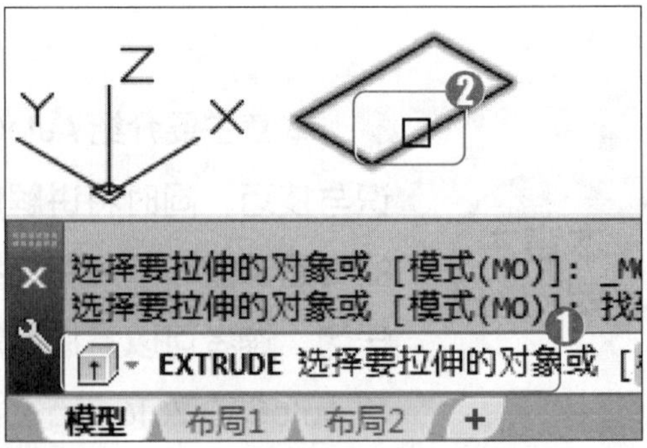

图 12-2

第 3 步　然后按 Enter 键结束选择对象的操作，***1.*** 命令行提示“EXTRUDE 指定拉伸的高度”，***2.*** 移动鼠标指针至合适位置单击，指定图形的拉伸高度，如图 12-3 所示。

第 4 步　此时可以看到拉伸后的图形，通过以上步骤即可完成拉伸图形的操作，如图 12-4 所示。

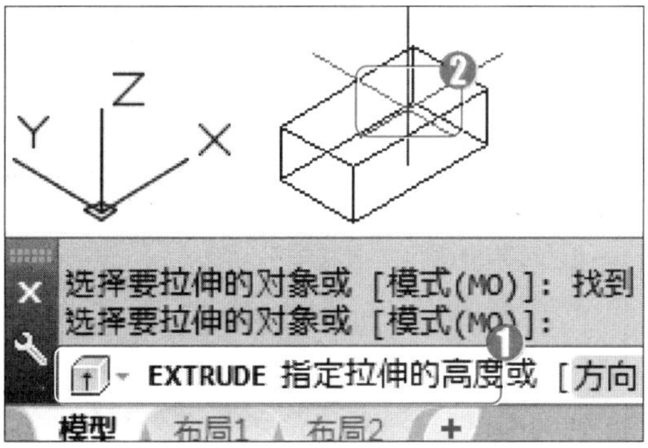

图 12-3

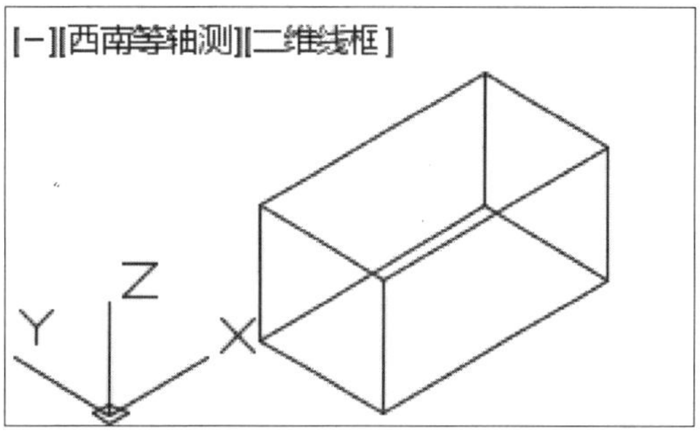

图 12-4

知识拓展：调用拉伸命令的方式

切换到 AutoCAD 2016 的【三维建模】空间，在功能区面板中，选择【实体】选项卡，在【实体】面板中，单击【拉伸】按钮；或者在命令行输入 EXTRUDE 或 EXT 命令，然后按 Enter 键，来调用拉伸命令。

12.1.2　放样

微课堂 00 分 25 秒

在 AutoCAD 2016 中，放样是指在数个横截面之间的空间中创建三维实体或曲面。放样横截面可以是开放或闭合的平面或非平面，也可以是边子对象，开放的横截面创建曲面，闭合的横截面创建实体或曲面，下面介绍放样图形的操作方法。

操作步骤 >> Step by Step

第 1 步 新建 CAD 空白文档并绘制两条圆弧，切换到【三维建模】空间，***1.*** 在菜单栏中，选择【绘图】菜单，***2.*** 在弹出的下拉菜单中，选择【建模】命令，***3.*** 在子菜单中选择【放样】命令，如图 12-5 所示。

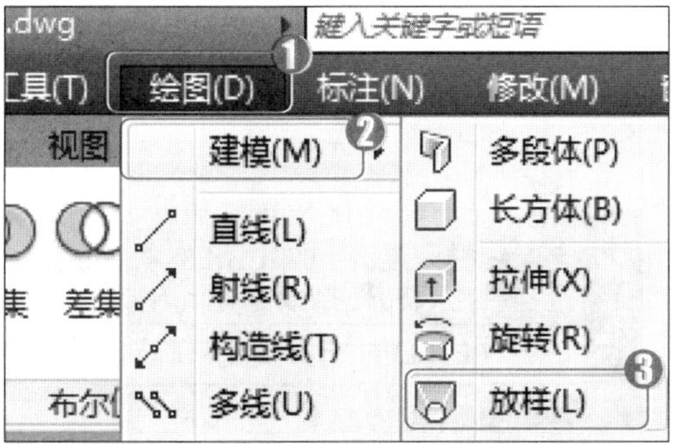

图 12-5

第 2 步 返回到绘图区，***1.*** 命令行提示“LOFT 按放样次序选择横截面”，***2.*** 使用叉选方式选择对象，如图 12-6 所示。

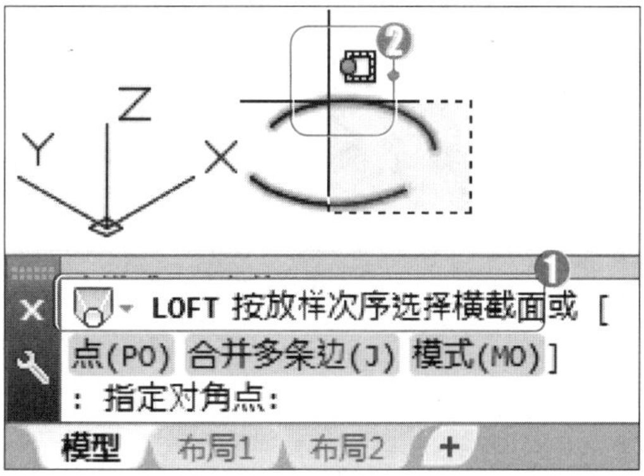

图 12-6

第 3 步 然后按 Enter 键结束选择对象的操作，根据命令行提示“LOFT 输入选项”，按 Enter 键，选择默认【仅横截面】选项，如图 12-7 所示。

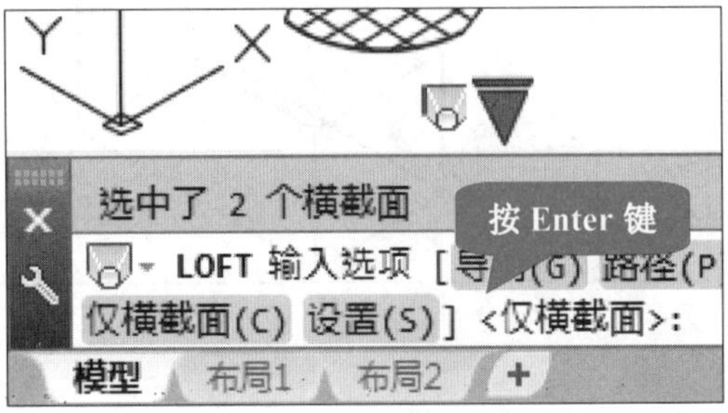

图 12–7

第 4 步 此时可以看到放样后的图形，通过以上步骤即可完成放样图形的操作，如图 12-8 所示。

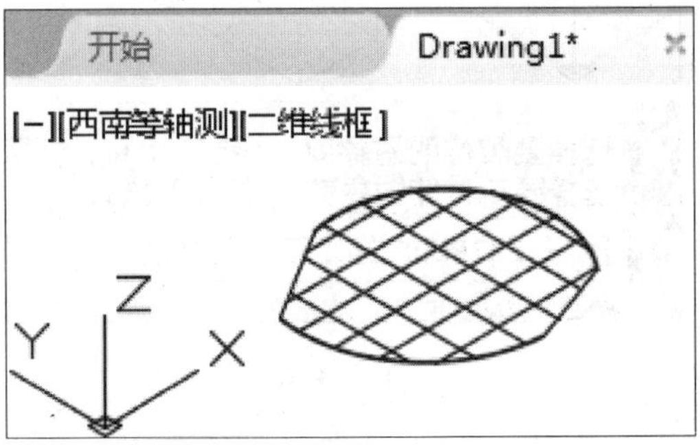

图 12–8

知识拓展：调用放样命令的方式

切换到 AutoCAD 2016 的【三维建模】空间，在功能区面板中，选择【实体】选项卡，在【实体】面板中，单击【放样】按钮；或者在命令行输入 LOFT 命令，然后按 Enter 键，来调用放样命令。

12.1.3 旋转

微课堂 00 分 25 秒

在 AutoCAD 2016 中，旋转是通过绕轴扫掠二维或三维曲线来创建三维实体或曲面，下面以线段为例，介绍旋转图形的操作方法。

操作步骤 >> Step by Step

第 1 步 新建 CAD 空白文档并绘制线段，切换到【三维建模】空间，***1.*** 在功能区面板中，选择【实体】选项卡，***2.*** 在【实体】面板中，单击【旋转】按钮，如图 12-9 所示。

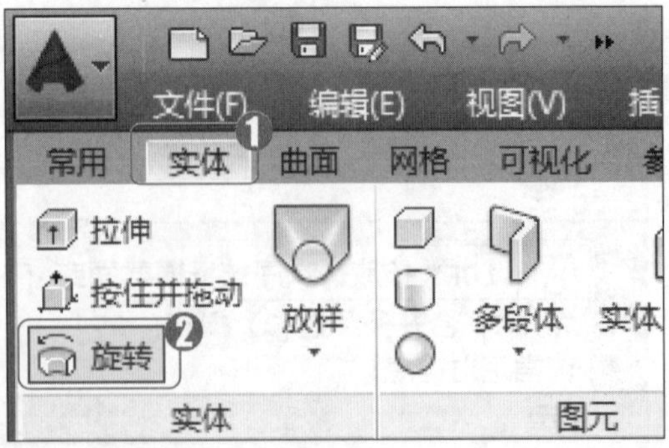

图 12–9

第 2 步 返回到绘图区，***1.*** 命令行提示“REVOLVE 选择要旋转的对象”，***2.*** 单击选择图形，如图 12-10 所示。

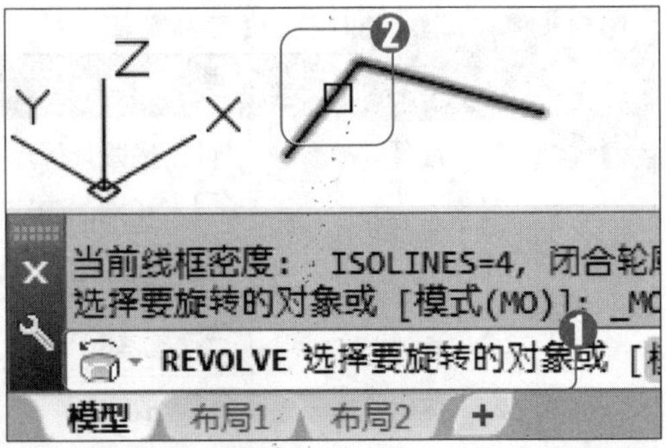

图 12–10

第 3 步 然后按 Enter 键结束选择对象的操作，**1.** 命令行提示“REVOLVE 指定轴起点或根据以下选项之一定义轴”，**2.** 单击指定轴起点，如图 12-11 所示。

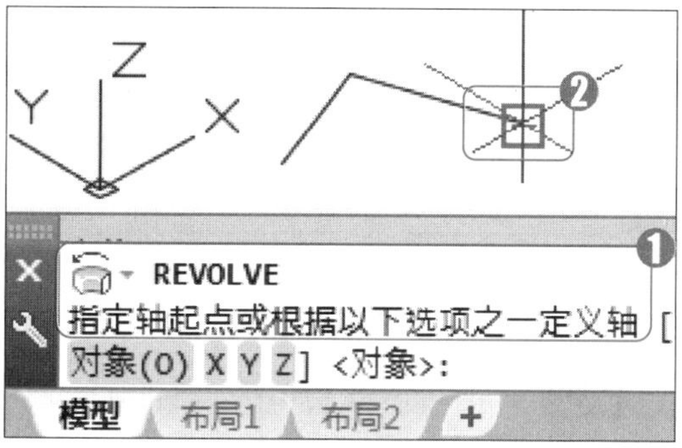

图 12-11

第 4 步 移动鼠标指针，**1.** 命令行提示“REVOLVE 指定轴端点”，**2.** 单击指定轴端点，如图 12-12 所示。

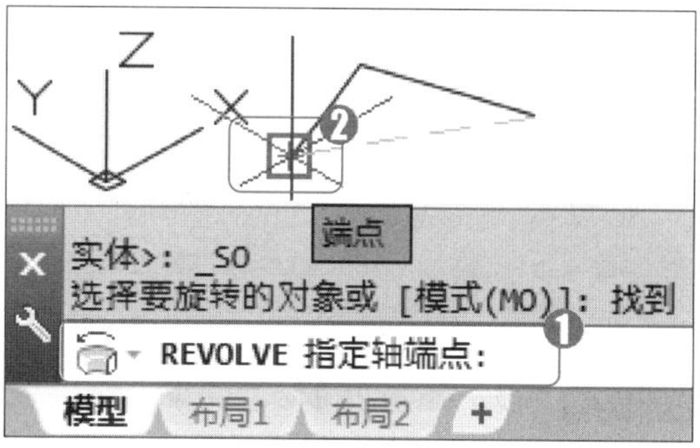

图 12-12

第 5 步 移动鼠标指针，**1.** 命令行提示“REVOLVE 指定旋转角度”，**2.** 在合适位置单击，如图 12-13 所示。

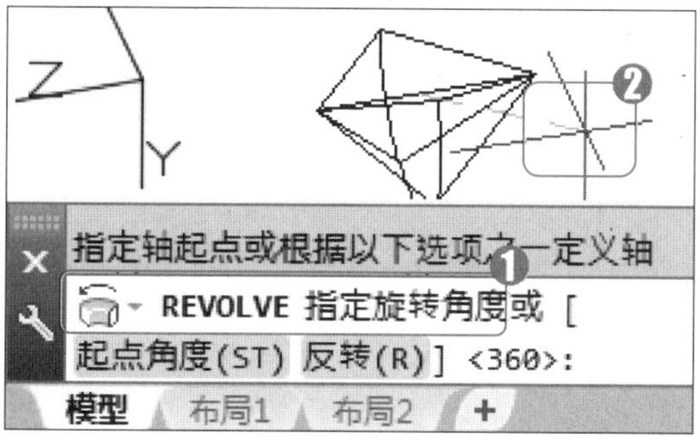

图 12-13

第 6 步 此时可以看到旋转后的图形，通过以上步骤即可完成旋转图形的操作，如图 12-14 所示。

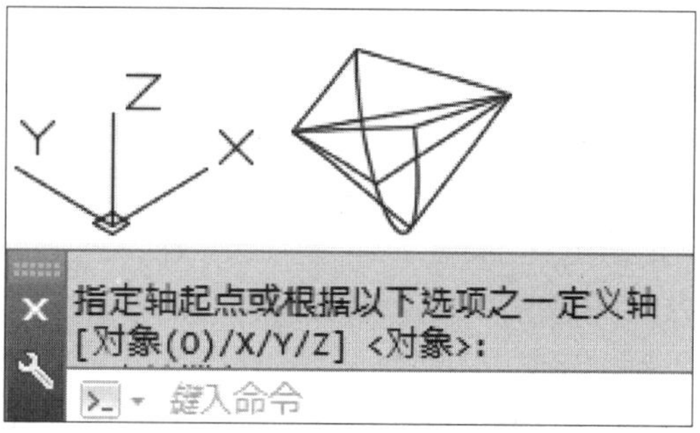

图 12-14

12.1.4 扫掠

微课堂 00 分 19 秒

在 AutoCAD 2016 中，扫掠是通过沿路径扫掠二维或三维曲线来创建三维实体或曲面的建模工具，下面以扫掠圆形为例，介绍具体的操作方法。

操作步骤 >> Step by Step

第 1 步 新建 CAD 空白文档并绘制图形，切换到【三维建模】空间，**1.** 在菜单栏中选择【绘图】菜单，**2.** 在弹出的下拉菜单中，选择【建模】命令，**3.** 在子菜单中选择【扫掠】命令，如图 12-15 所示。

第 2 步 返回到绘图区，**1.** 命令行提示“SWEEP 选择要扫掠的对象”，**2.** 单击选择图形，如图 12-16 所示。

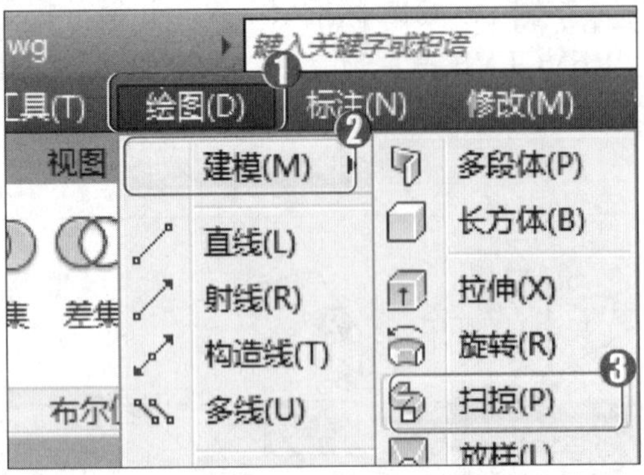

图 12-15

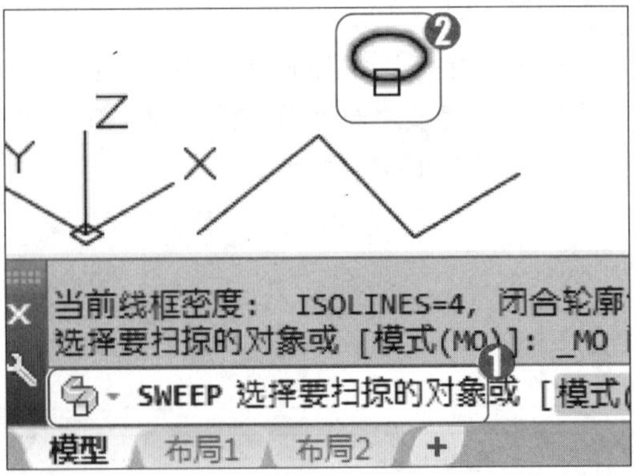

图 12-16

第 3 步 移动鼠标指针，*1.* 命令行提示“SWEEP 选择扫掠路径”，*2.* 单击选择作为路径的图形，如图 12-17 所示。

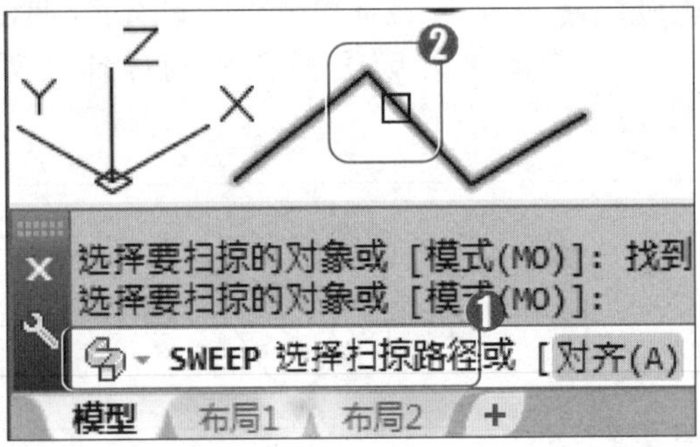

图 12-17

第 4 步 此时可以看到扫掠后的图形，通过以上步骤即可完成扫掠图形的操作，如图 12-18 所示。

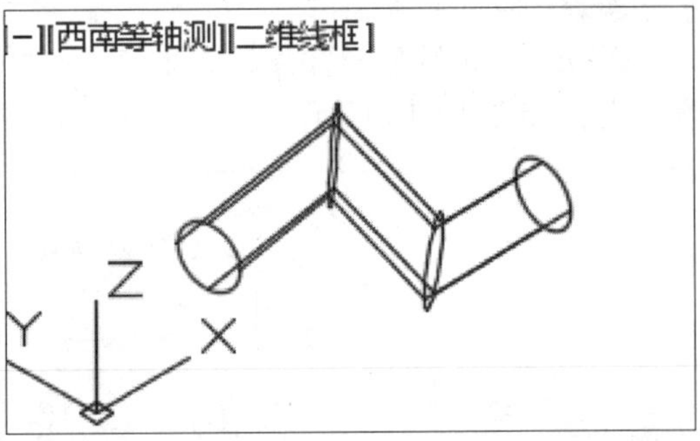

图 12-18

知识拓展：调用扫掠命令的方式

在 AutoCAD 2016【三维建模】空间的功能区面板中，选择【实体】选项卡，在【实体】面板中，单击【扫掠】按钮；或者在命令行输入 SWEEP 命令，然后按 Enter 键，来调用扫掠命令。

12.1.5 按住并拖动

微课堂 00 分 18 秒

在 AutoCAD 2016 中，按住并拖动是指选择二维对象，以及由闭合边界或三维实体形成的区域后，创建拉伸对象，下面介绍按住并拖动图形的操作方法。

操作步骤 >> Step by Step

第 1 步 新建 CAD 空白文档并绘制线段，切换到【三维建模】空间，*1.* 在功能区面板

第 2 步 返回到绘图区，*1.* 命令行提示“PRESSPULL 选择对象或边界区域”，*2.* 移

中，选择【实体】选项卡，**2.** 在【实体】面板中，单击【按住并拖动】按钮，如图 12-19 所示。

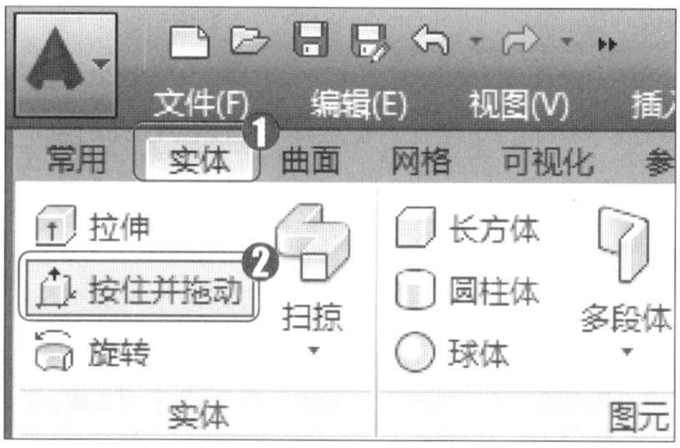

图 12-19

动鼠标指针至区域对象上并单击，如图 12-20 所示。

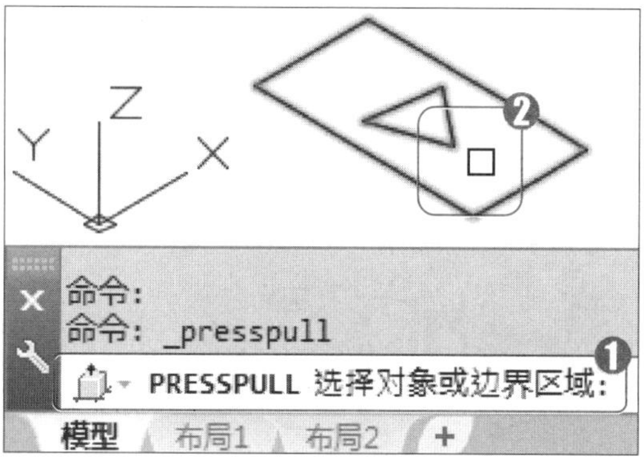

图 12-20

第 3 步 移动鼠标指针，**1.** 命令行提示“PRESSPULL 指定拉伸高度”，**2.** 在合适位置单击，如图 12-21 所示。

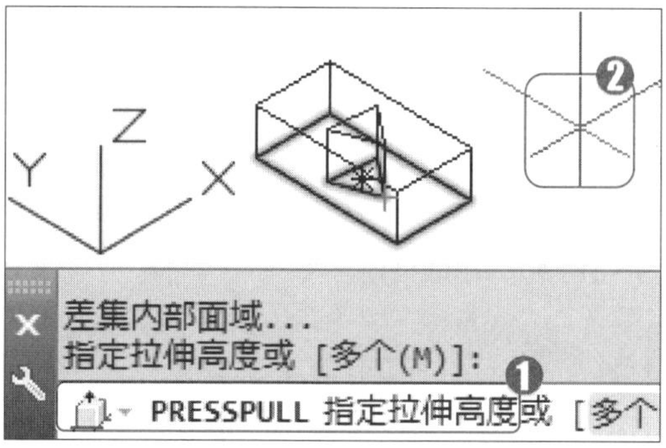

图 12-21

第 4 步 然后按 Esc 键退出按住并拖动命令，通过以上步骤即可完成按住并拖动图形的操作，如图 12-22 所示。

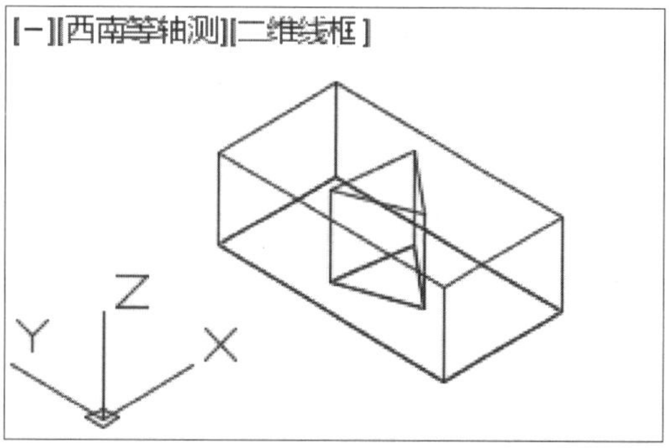

图 12-22

Section 12.2 创建三维曲面

导读 在 AutoCAD 2016 中，曲面是在给定条件下，在空间连续运动的轨迹，用户可以根据需要在【三维建模】空间中创建三维曲面，如创建平面曲面、过渡曲面、修补曲面和偏移曲面等，本节将详细介绍创建三维曲面方面的知识与操作技巧。

12.2.1 创建平面曲面

微课堂 00 分 19 秒

在 AutoCAD 2016 中，可以通过选择关闭的对象，或指定矩形表面的对角点来创建平面曲面，下面介绍创建平面曲面的操作方法。

操作步骤 >> Step by Step

第 1 步 新建 CAD 空白文档，切换到【三维建模】空间，*1.* 在功能区面板中，选择【曲面】选项卡，*2.* 在【创建】面板中，单击【平面曲面】按钮，如图 12-23 所示。

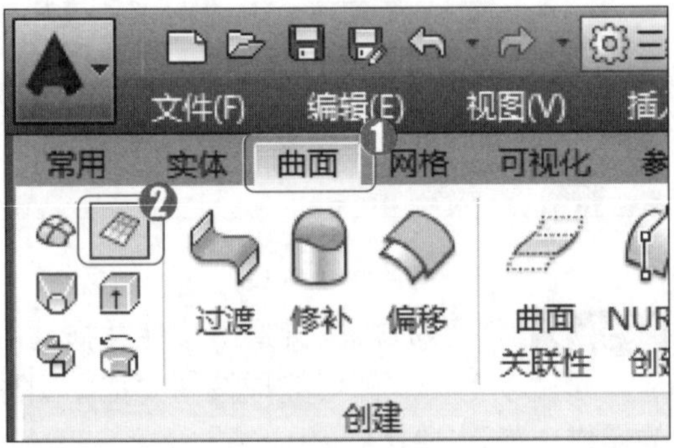

图 12-23

第 2 步 返回到绘图区，*1.* 命令行提示“PLANESURF 指定第一个角点”，*2.* 在空白处单击指定点位置，如图 12-24 所示。

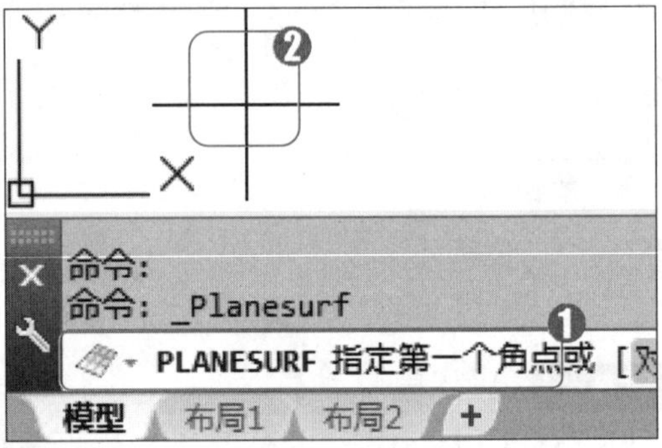

图 12-24

第 3 步 拖动鼠标指针，*1.* 命令行提示“PLANESURF 指定其他角点”，*2.* 在合适位置释放鼠标，如图 12-25 所示。

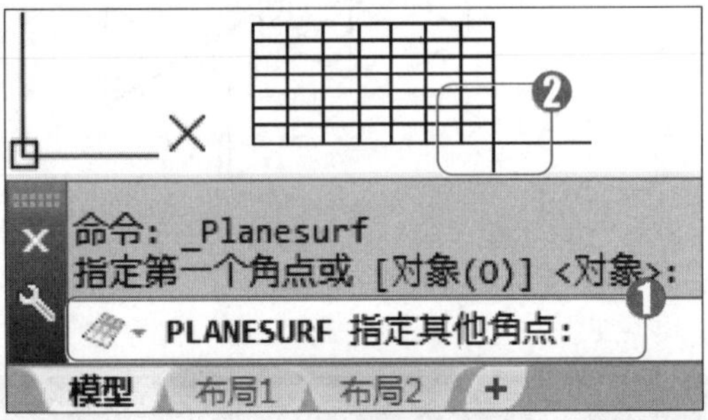

图 12-25

第 4 步 此时可以看到创建好的图形，通过以上步骤即可完成创建平面曲面的操作，如图 12-26 所示。

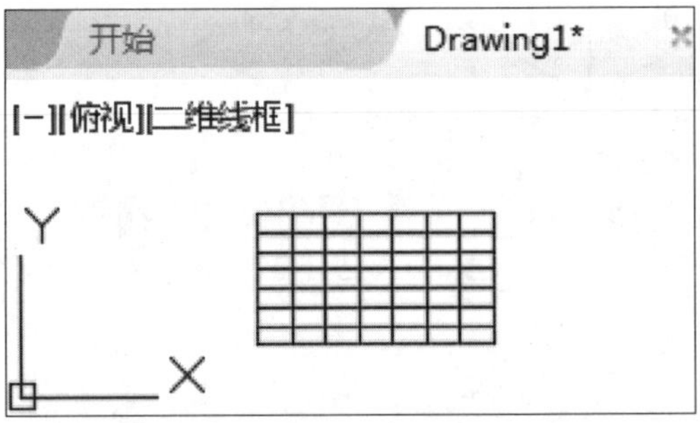

图 12-26

知识拓展：调用平面曲面命令的方式

切换到 AutoCAD 2016 的【三维建模】空间，在菜单栏中选择【绘图】菜单，在弹出的下拉菜单中选择【建模】命令，在子菜单中选择【曲面】命令，在子菜单中选择【平面】命令；或者在命令行输入 PLANESURF 命令，然后按 Enter 键，来调用平面曲面命令。

12.2.2 创建过渡曲面

微课堂 00 分 30 秒

过渡曲面是指在两个现有曲面之间创建的连续曲面，当将两个曲面融合在一起时，可以指定曲面连续性和凸度幅值，下面介绍创建过渡曲面的操作方法。

操作步骤 >> Step by Step

第 1 步 打开“过渡曲面.dwg”素材文件，切换到【三维建模】空间，*1.* 在功能区面板中，选择【曲面】选项卡，*2.* 在【创建】面板中，单击【过渡】按钮，如图 12-27 所示。

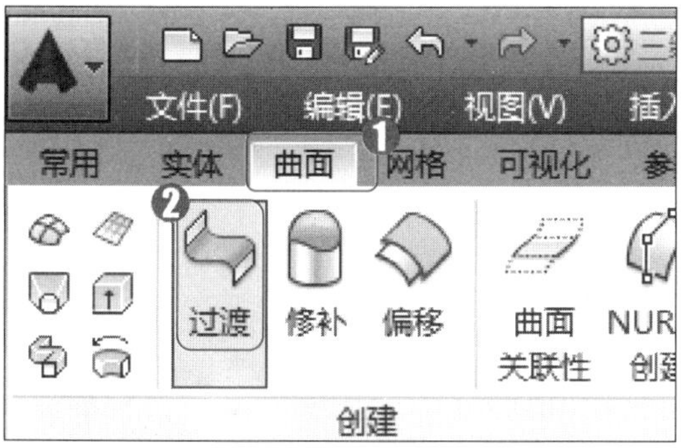

图 12-27

第 2 步 返回到绘图区，*1.* 命令行提示“SURFBLEND 选择要过渡的第一个曲面的边”，*2.* 单击选中曲面的边，如图 12-28 所示。

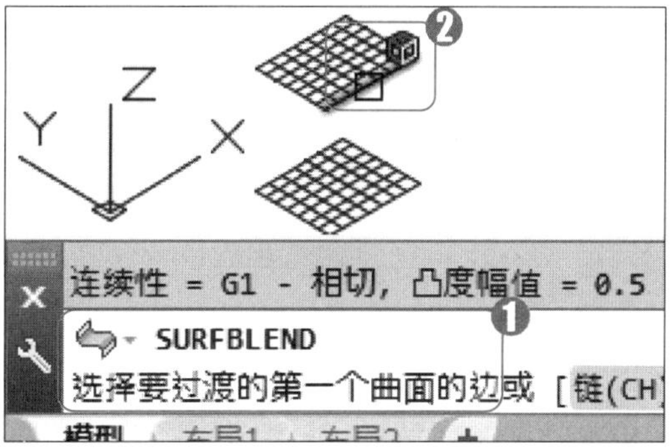

图 12-28

第 3 步 然后按 Enter 键结束选择第一个曲面边的操作，*1.* 命令行提示“SURFBLEND 选择要过渡的第二个曲面的边”，*2.* 单击选中曲面的边，如图 12-29 所示。

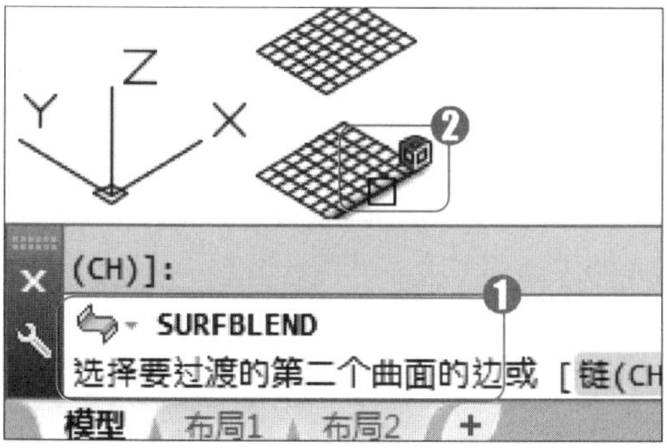

图 12-29

第 4 步 然后按 Enter 键，根据命令行提示“SURFBLEND 按 Enter 键接受过渡曲面”，按 Enter 键，即可完成创建过渡曲面的操作，如图 12-30 所示。

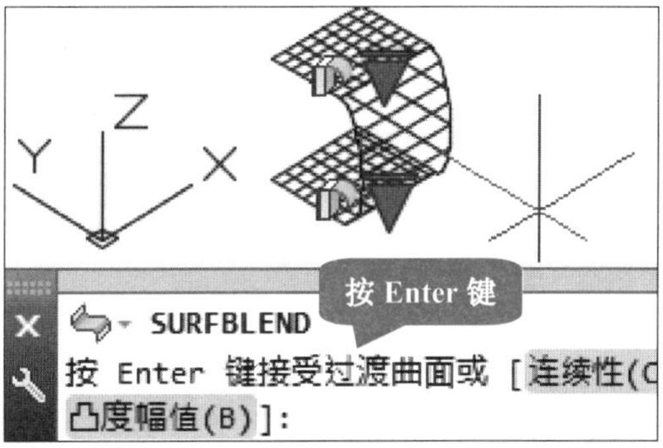

图 12-30

12.2.3　创建修补曲面

微课堂 00 分 17 秒

修补曲面是指创建新的曲面或封口，来闭合现有曲面的开放边，也可以通过闭环添加其他曲线，以约束和引导修补曲面，下面将介绍创建修补曲面的操作方法。

操作步骤 >> Step by Step

第 1 步 打开“修补曲面.dwg”素材文件，切换到【三维建模】空间，*1.* 在功能区面板

第 2 步 返回到绘图区，*1.* 命令行提示“SURFPATCH 选择要修补的曲面边”，

中，选择【曲面】选项卡，**2.** 在【创建】面板中，单击【修补】按钮，如图 12-31 所示。

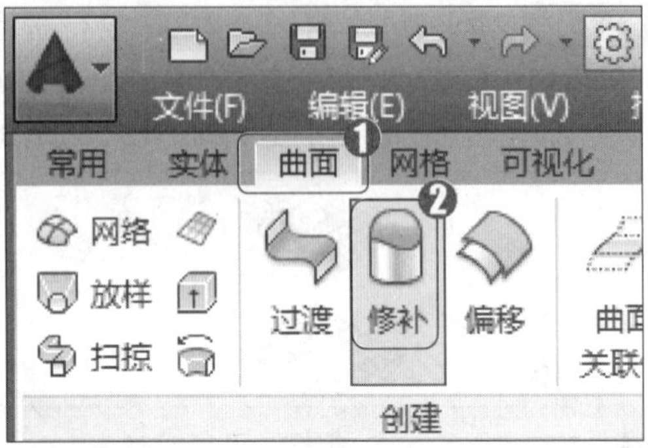

图 12-31

第 3 步 然后按 Enter 键，根据命令行提示"SURFPATCH 按 Enter 键接受修补曲面"，按 Enter 键，如图 12-33 所示。

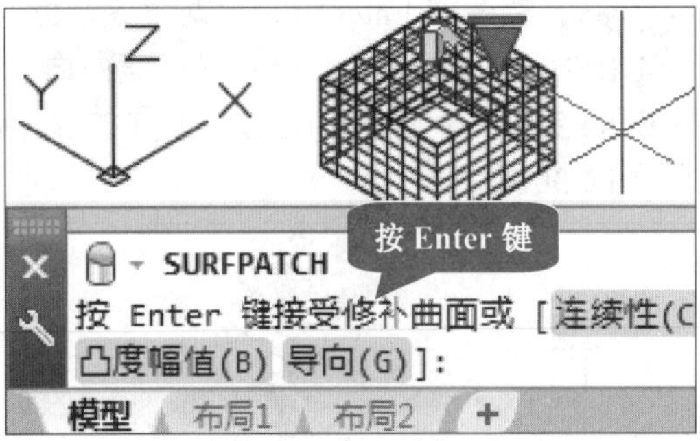

图 12-33

2. 单击逐个选中曲面边，如图 12-32 所示。

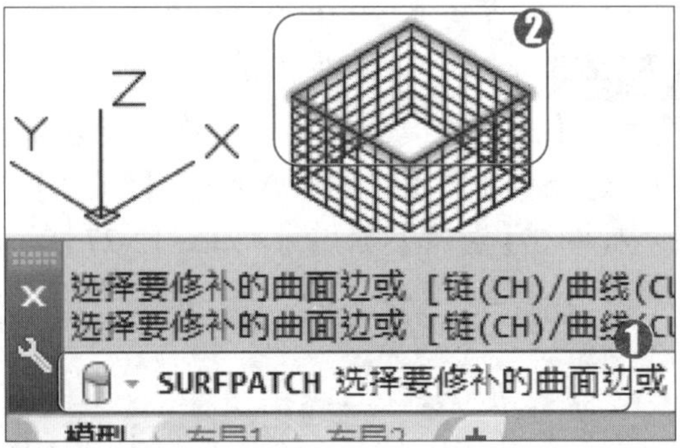

图 12-32

第 4 步 此时修补曲面操作完成，通过以上步骤即可完成创建修补曲面的操作，如图 12-34 所示。

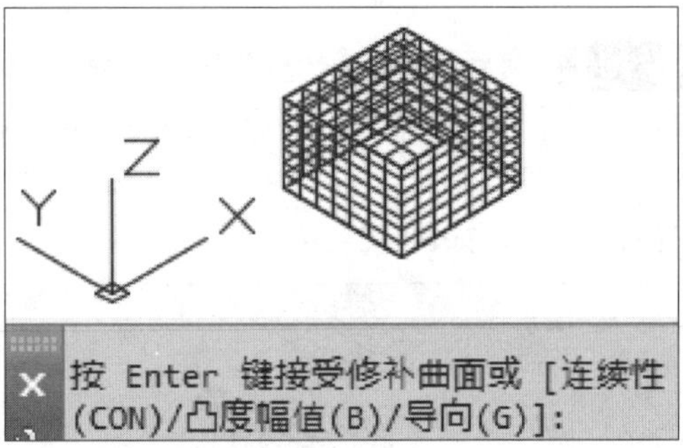

图 12-34

12.2.4 创建偏移曲面

微课堂 00 分 22 秒

在 AutoCAD 2016 中，偏移曲面是指创建与曲面相距指定距离的平行曲面，下面介绍创建偏移曲面的操作方法。

操作步骤 >> Step by Step

第 1 步 新建 CAD 空白文档并创建一个平面曲面，切换到【三维建模】空间，**1.** 在功能区面板中，选择【曲面】选项卡，**2.** 在【创建】面板中，单击【偏移】按钮，如图 12-35 所示。

第 2 步 返回到绘图区，**1.** 命令行提示"SURFOFFSET 选择要偏移的曲面或面域"，**2.** 单击选中曲面，如图 12-36 所示。

图 12-35

图 12-36

第 3 步　然后按 Enter 键结束选择曲面操作，根据命令行提示“SURFOFFSET 指定偏移距离”，在命令行输入距离值 3，然后按 Enter 键，如图 12-37 所示。

图 12-37

第 4 步　此时曲面已被偏移，通过以上步骤即可完成创建偏移曲面的操作，如图 12-38 所示。

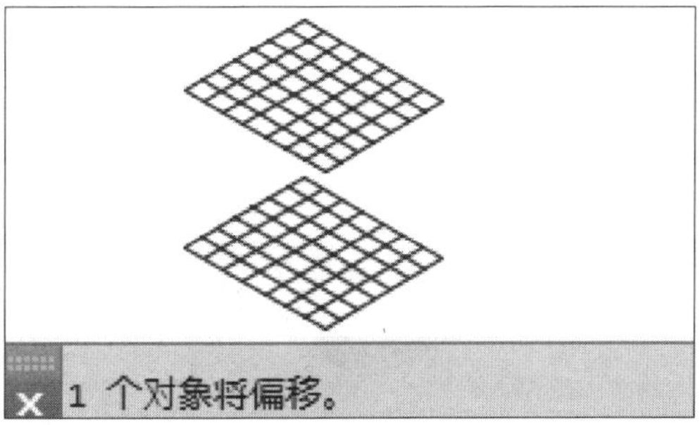

图 12-38

知识拓展：创建三维曲面的其他方式

切换到 AutoCAD 2016 的【三维建模】空间，在菜单栏中选择【绘图】菜单，在弹出的下拉菜单中选择【建模】命令，在子菜单中选择【曲面】命令，在弹出的【曲面】子菜单下，可以选择【过渡】、【偏移】、【修补】和【圆角】命令来创建相应的曲面图形。

12.2.5　创建圆角曲面

微课堂 00 分 24 秒

在 AutoCAD 2016 中，圆角曲面是指在现有曲面之间的空间中创建新的圆角曲面，圆角曲面具有固定半径轮廓，并且与原始曲面相切，下面介绍创建圆角曲面的操作方法。

操作步骤 >> Step by Step

第 1 步　打开“圆角曲面.dwg”素材文件，切换到【三维建模】工作空间，***1.*** 在功能区面板中，选择【曲面】选项卡，***2.*** 在【编辑】面板中，单击【曲面圆角】按钮，如图 12-39 所示。

第 2 步　返回到绘图区，***1.*** 命令行提示“SURFFILLET 选择要圆角化的第一个曲面或面域”，***2.*** 单击选中曲面，如图 12-40 所示。

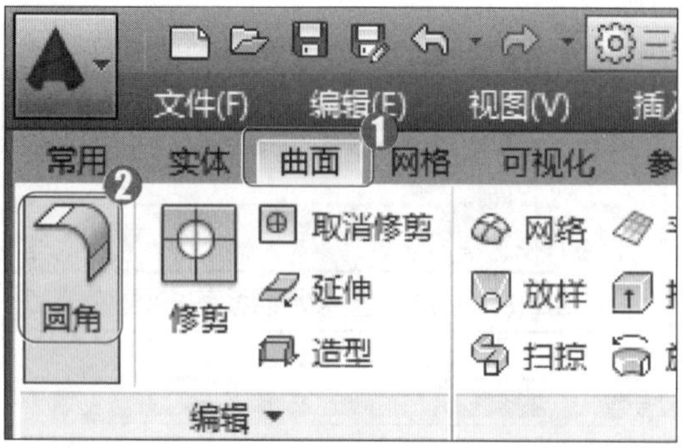

图 12-39

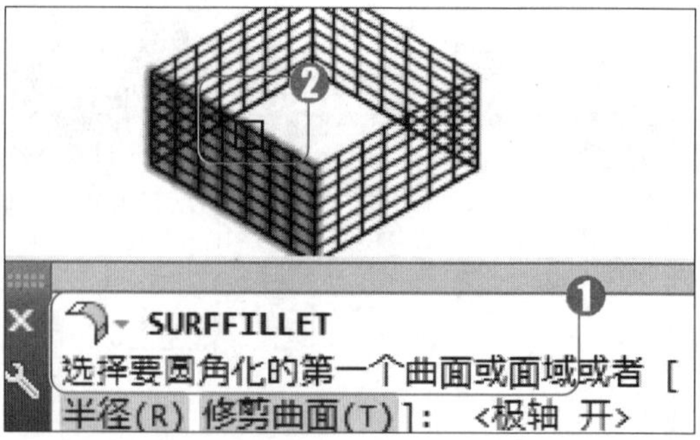

图 12-40

第 3 步 移动鼠标指针，***1.*** 命令行提示“SURFFILLET 选择要圆角化的第二个曲面或面域”，***2.*** 单击选中曲面，如图 12-41 所示。

第 4 步 根据命令行提示“SURFFILLET 按 Enter 键接受圆角曲面”，然后按 Enter 键，即可完成创建圆角曲面的操作，如图 12-42 所示。

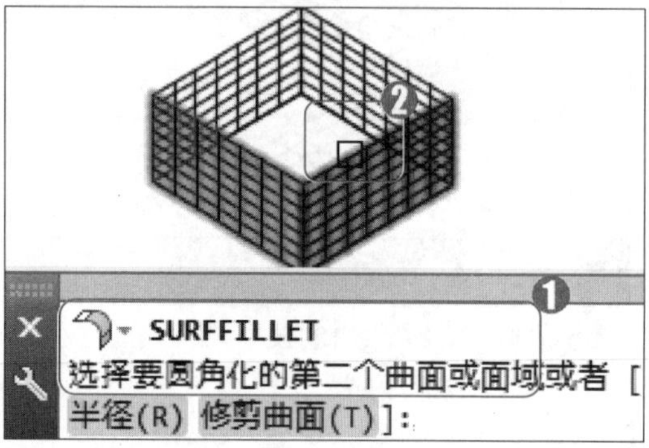

图 12-41

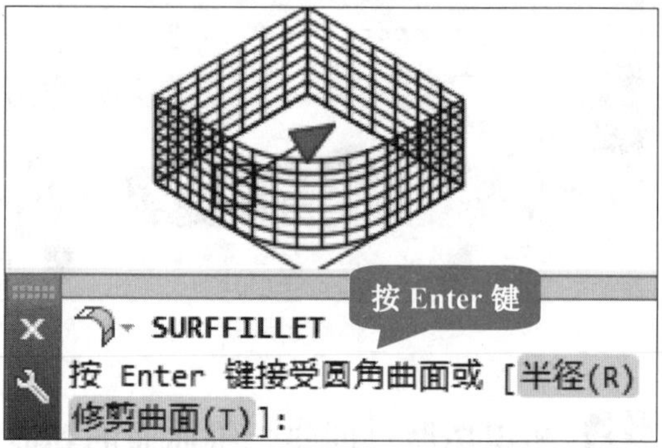

图 12-42

Section 12.3 创建三维网格

导读 在 AutoCAD 2016 中，三维网格没有质量特性，是由多边形来定义三维形状的顶点、边和面。三维网格与三维实体一样，可以创建长方体、圆柱体、圆锥体和棱锥体等网格图形，本节将详细介绍关于绘制三维网格模型方面的知识与操作技巧。

12.3.1 设置网格特性

微课堂 00 分 22 秒

在 AutoCAD 2016 中，用户可以对网格对象的网格特性进行设置，下面以圆锥体为例，介绍设置网格特性的操作方法。

操作步骤 >> Step by Step

第 1 步　新建 CAD 空白文档并绘制圆锥体，切换到【三维建模】空间，*1.* 在功能区面板中，选择【网格】选项卡，*2.* 在【图元】面板中，单击【网格图元选项】按钮，如图 12-43 所示。

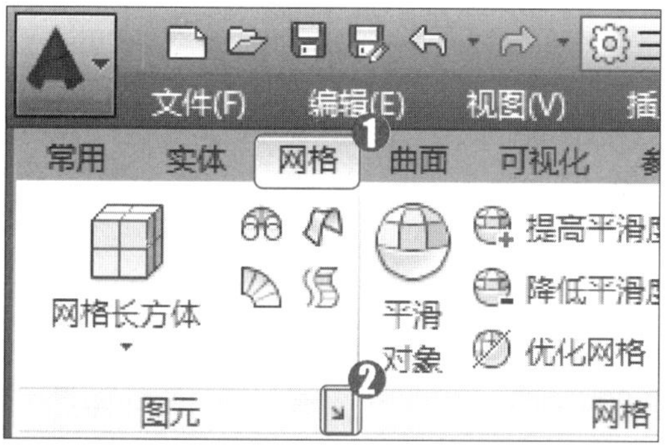

图 12–43

第 2 步　弹出【网格图元选项】对话框，*1.* 在【网格】列表框中，选择【圆锥体】选项，*2.* 在【预览的平滑度】下拉列表中，选择【平滑度 3】选项，*3.* 单击【确定】按钮 确定 ，即可完成设置网格特性的操作，如图 12-44 所示。

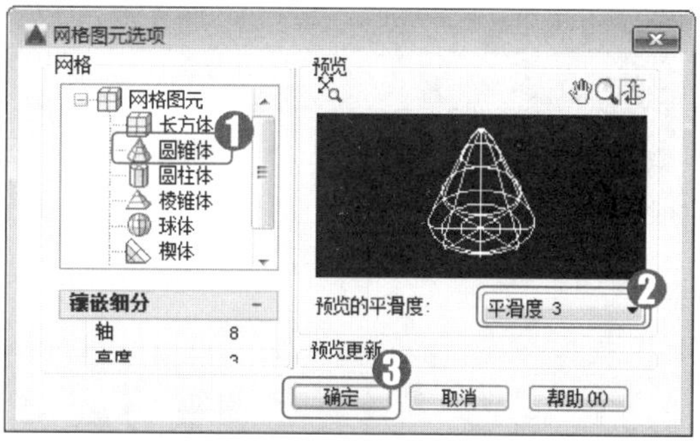

图 12–44

12.3.2　创建长方体网格

微课堂 00 分 19 秒

在 AutoCAD 2016 中，用户可以在【三维建模】空间中，根据绘图需要，绘制一个长方体网格，下面介绍创建长方体网格的操作方法。

操作步骤 >> Step by Step

第 1 步　新建 CAD 空白文档，切换到【三维建模】空间，*1.* 在功能区面板中，选择【网格】选项卡，*2.* 在【图元】面板中，选择【网格长方体】下拉菜单中的【网格长方体】命令，如图 12-45 所示。

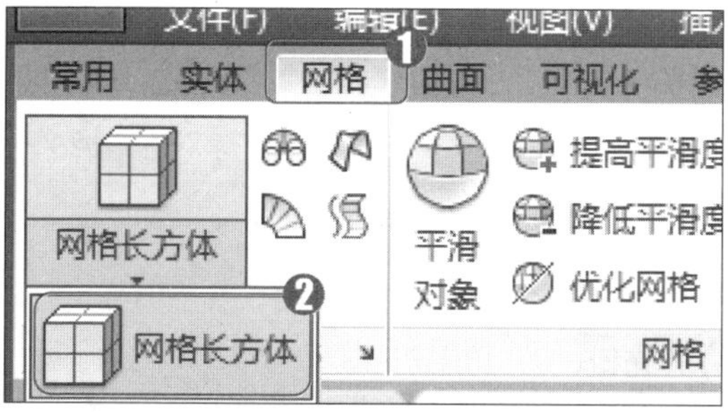

图 12–45

第 2 步　返回到绘图区，*1.* 命令行提示“MESH 指定第一个角点”，*2.* 在空白处单击确定第一点，如图 12-46 所示。

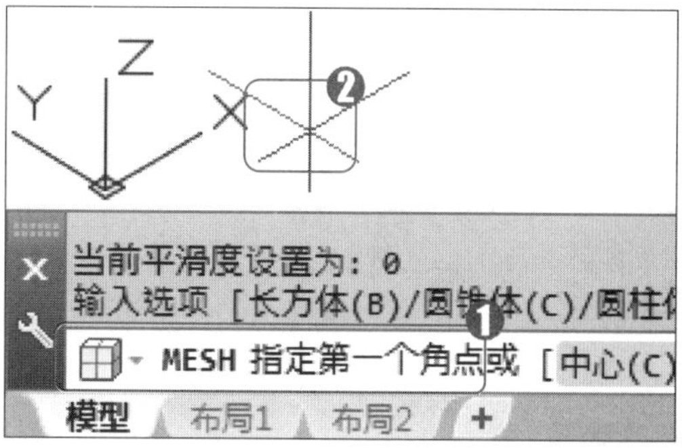

图 12–46

第 3 步 拖动鼠标指针，*1.* 命令行提示“MESH 指定其他角点”，*2.* 在合适位置单击，如图 12-47 所示。

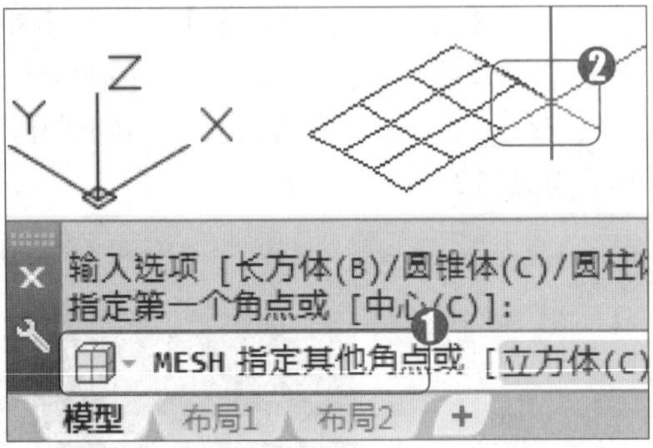

图 12-47

第 4 步 拖动鼠标指针，*1.* 命令行提示“MESH 指定高度”，*2.* 在合适位置释放鼠标，即可完成创建长方体网格的操作，如图 12-48 所示。

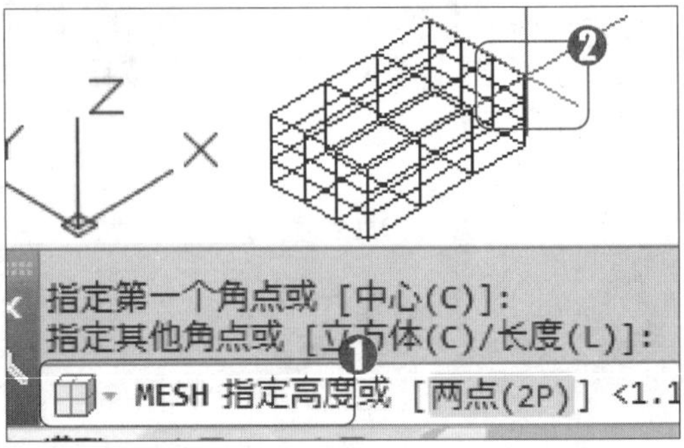

图 12-48

12.3.3 创建圆柱体网格

微课堂 00 分 20 秒

在 AutoCAD 2016 中，可以在【三维建模】空间中，根据绘图需要，创建一个圆柱体网格，下面介绍使用 MESH 命令创建圆柱体网格的操作方法。

操作步骤 >> Step by Step

第 1 步 新建 CAD 空白文档，切换到【三维建模】空间，*1.* 在功能区面板中，选择【网格】选项卡，*2.* 在【图元】面板中，选择【网格长方体】下拉菜单中的【网格圆柱体】命令，如图 12-49 所示。

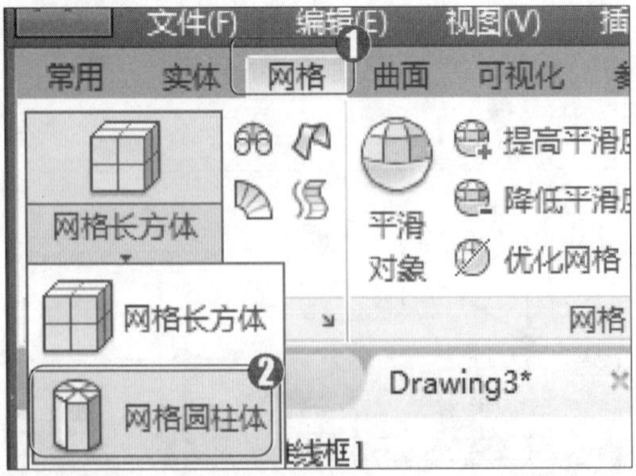

图 12-49

第 2 步 返回到绘图区，*1.* 命令行提示“MESH 指定底面的中心点”，*2.* 在空白处单击确定中心点，如图 12-50 所示。

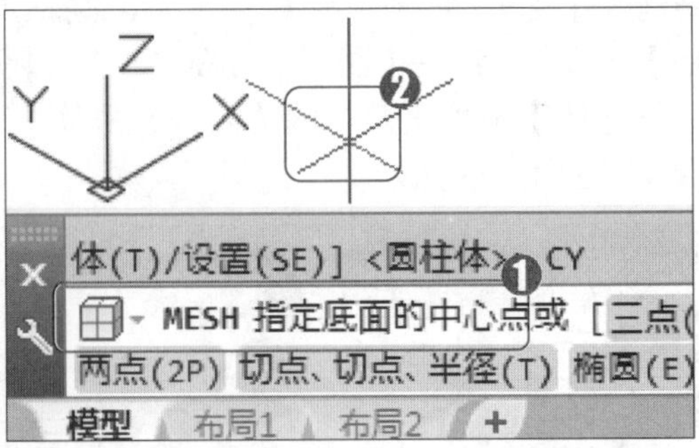

图 12-50

第 3 步 移动鼠标指针，*1.* 命令行提示“MESH 指定底面半径”，*2.* 在合适位置单

第 4 步 移动鼠标指针，*1.* 命令行提示“MESH 指定高度”，*2.* 在合适位置释放鼠标，即可完成创建圆柱体网格的操作，如

击，如图 12-51 所示。

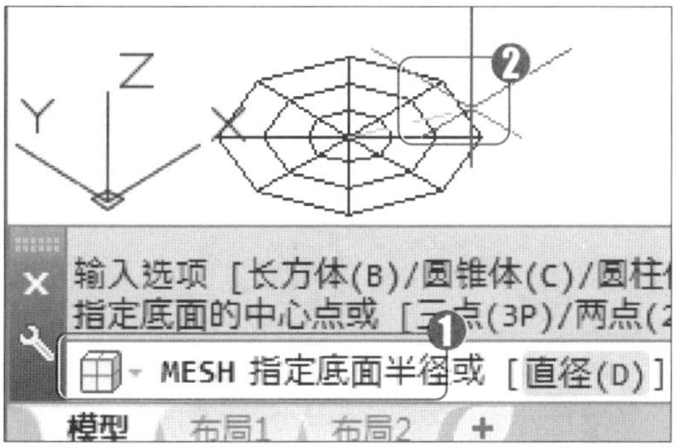

图 12-51

图 12-52 所示。

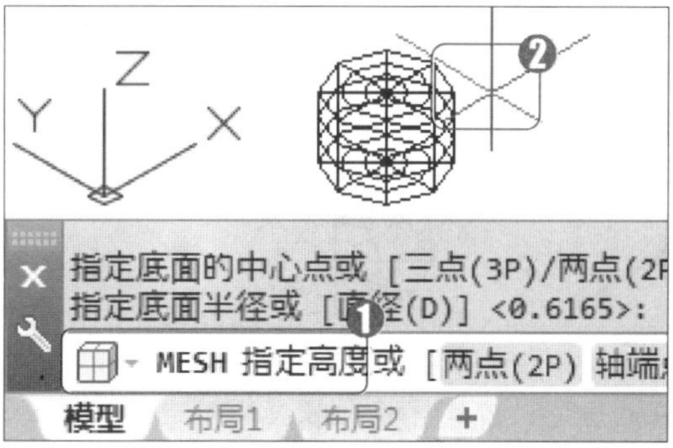

图 12-52

12.3.4 创建圆锥体网格

微课堂 00 分 23 秒

在 AutoCAD 2016 中，可以在【三维建模】空间中，使用 MESH 命令创建一个圆锥体网格，下面介绍使用 MESH 命令创建圆锥体网格的操作方法。

操作步骤 >> Step by Step

第 1 步 新建 CAD 空白文档，切换到【三维建模】空间，在命令行输入 MESH 命令，然后按 Enter 键，如图 12-53 所示。

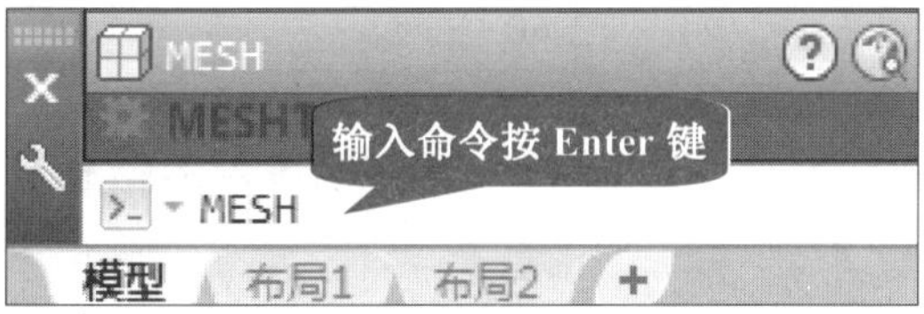

图 12-53

第 2 步 命令行提示“MESH 输入选项”，在命令行输入 C，然后按 Enter 键，激活圆锥体选项，如图 12-54 所示。

图 12-54

第 3 步 返回到绘图区，*1.* 命令行提示“MESH 指定底面的中心点”，*2.* 在空白处单击确定位置，如图 12-55 所示。

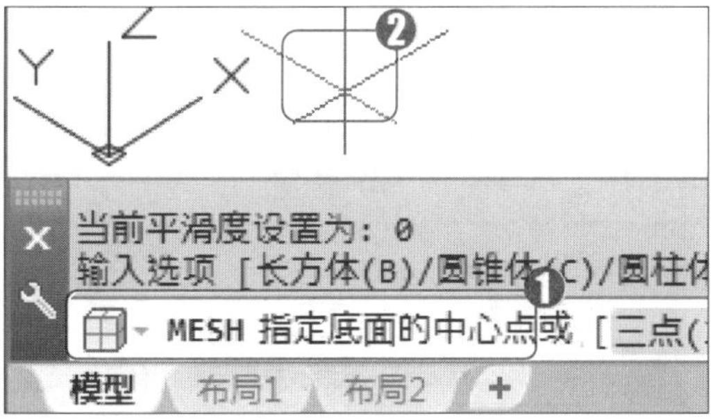

图 12-55

第 4 步 移动鼠标指针，*1.* 命令行提示“MESH 指定底面半径”，*2.* 在合适位置释放鼠标，如图 12-56 所示。

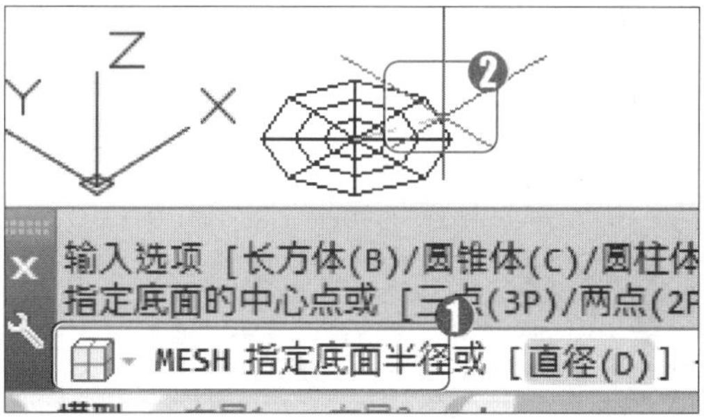

图 12-56

第 5 步　移动鼠标指针，**1.** 命令行提示“MESH 指定高度”，**2.** 在合适位置释放鼠标，如图 12-57 所示。

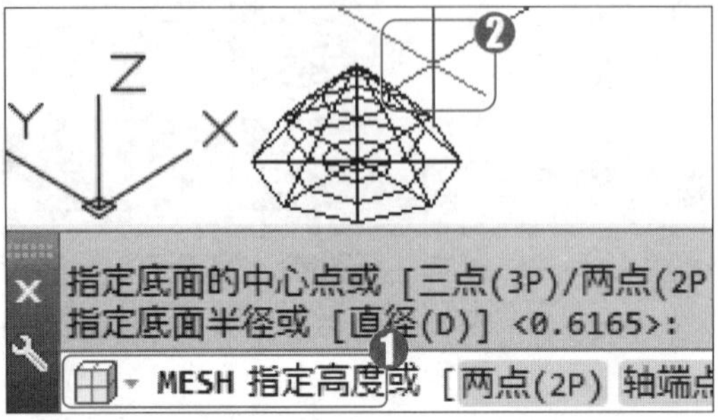

图 12-57

第 6 步　此时在绘图区中即看到创建好的圆锥体，通过以上步骤即可完成使用 MESH 命令创建圆锥体网格的操作，如图 12-58 所示。

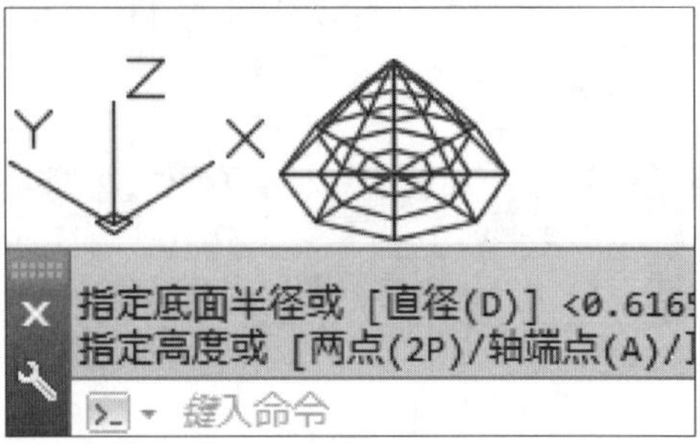

图 12-58

12.3.5　创建棱锥体网格

微课堂 00 分 21 秒

在 AutoCAD 2016 中，用户可以在【三维建模】空间中，根据绘图需要，绘制一个棱锥体网格，下面介绍使用 MESH 命令创建棱锥体网格的操作方法。

操作步骤　>>　Step by Step

第 1 步　新建 CAD 空白文档，切换到【三维建模】空间，在命令行输入 MESH 命令，然后按 Enter 键，如图 12-59 所示。

图 12-59

第 2 步　命令行提示“MESH 输入选项”，在命令行输入 P，然后按 Enter 键，激活棱锥体选项，如图 12-60 所示。

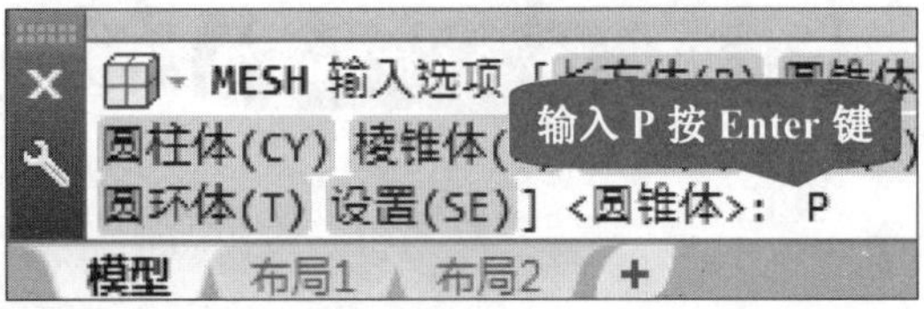

图 12-60

第 3 步　返回到绘图区，**1.** 命令行提示“MESH 指定底面的中心点”，**2.** 在空白处单击确定位置，如图 12-61 所示。

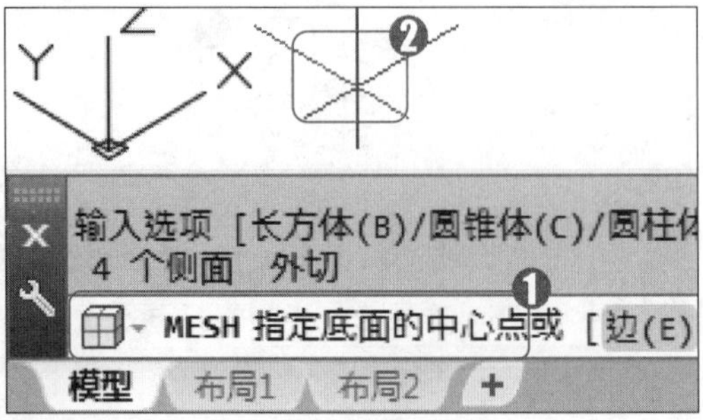

图 12-61

第 4 步　移动鼠标指针，**1.** 命令行提示“MESH 指定底面半径”，**2.** 在合适位置释放鼠标，如图 12-62 所示。

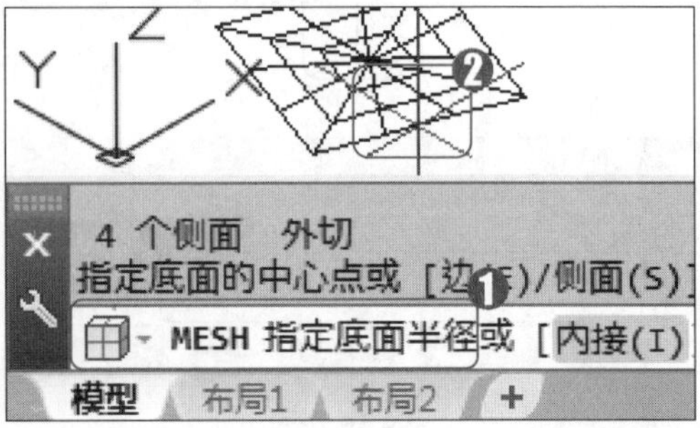

图 12-62

第 5 步 移动鼠标指针，***1.*** 命令行提示“MESH 指定高度”，***2.*** 在合适位置释放鼠标，如图 12-63 所示。

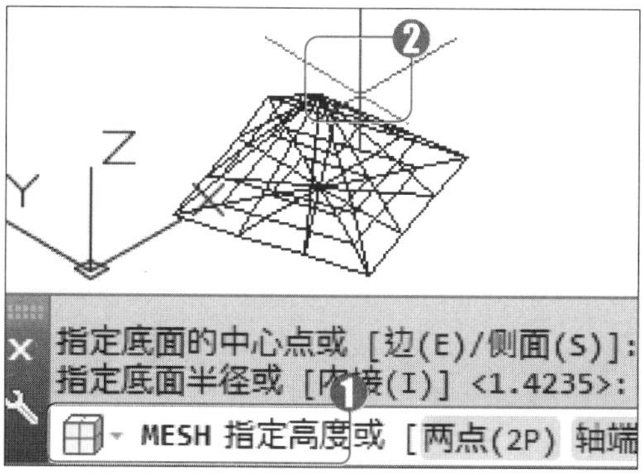

图 12-63

第 6 步 此时在绘图区中即看到创建好的棱锥体，通过以上步骤即可完成使用 MESH 命令创建棱锥体网格的操作，如图 12-64 所示。

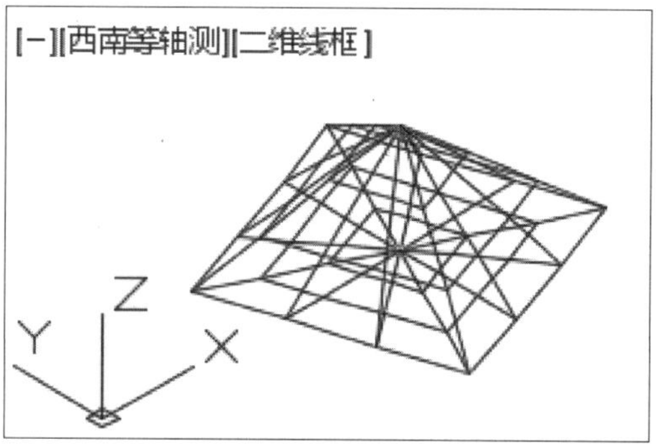

图 12-64

知识拓展：创建其他三维网格

在 AutoCAD 2016 的【三维建模】空间中，还可以创建球体网格、楔体网格和圆环体网格。并且在菜单栏中，可以选择【绘图】菜单，在弹出的下拉菜单中选择【建模】命令，在子菜单中选择【网格】命令，在子菜单中选择【图元】命令，在【图元】子菜单下，选择要调用的创建三维网格的命令即可。

12.3.6 创建直纹网格

微课堂 00 分 20 秒

在 AutoCAD 2016 中，用户可以在两条直线或曲线之间创建一个表示直纹曲面的多边形网格，下面介绍创建直纹网格的操作方法。

操作步骤 >> Step by Step

第 1 步 打开“直纹网格.dwg”素材文件，切换到【三维建模】空间，***1.*** 在功能区面板中，选择【网格】选项卡，***2.*** 在【图元】面板中，单击【直纹曲面】按钮，如图 12-65 所示。

图 12-65

第 2 步 返回到绘图区，***1.*** 命令行提示“RULESURF 选择第一条定义曲线”，***2.*** 单击选中曲线，如图 12-66 所示。

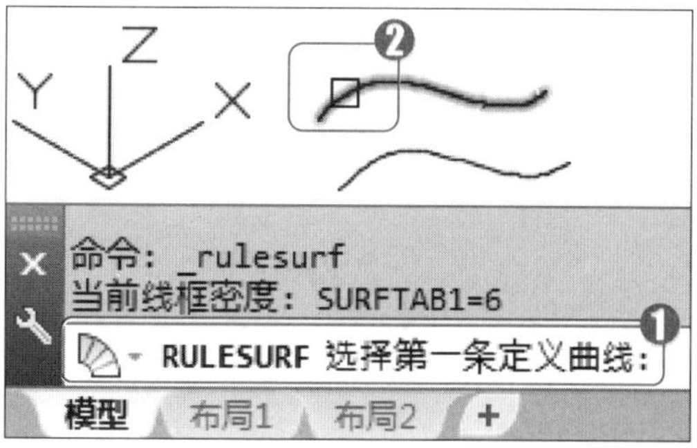

图 12-66

第 3 步 移动鼠标指针，**1.** 命令行提示“RULESURF 选择第二条定义曲线”，**2.** 单击选中曲线，如图 12-67 所示。

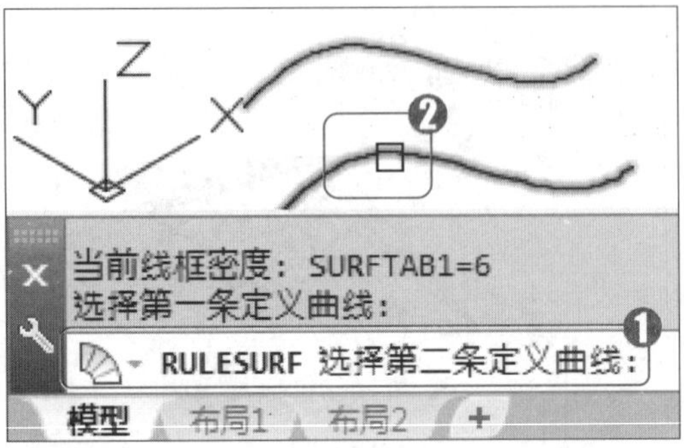

图 12-67

第 4 步 此时可以看到创建好的直纹网格，通过以上步骤即可完成创建直纹网格的操作，如图 12-68 所示。

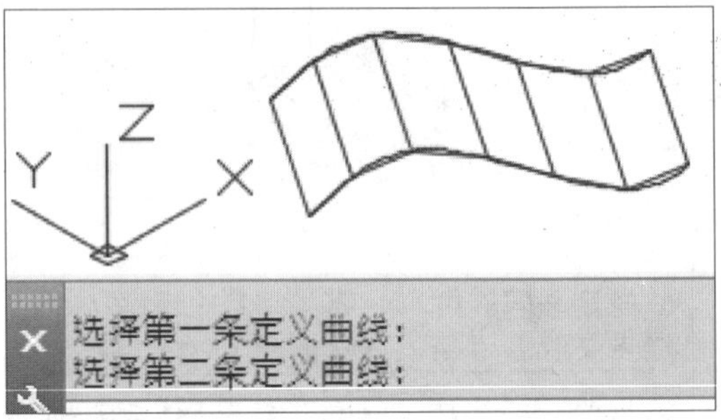

图 12-68

知识拓展：调用直纹曲面命令方式

在 AutoCAD 2016【三维建模】空间的菜单栏中，选择【绘图】菜单，在弹出的下拉菜单中，选择【建模】命令，在子菜单中选择【网格】命令，在子菜单中选择【直纹网格】命令；或者在命令行输入 RULESURF 命令，然后按 Enter 键，都可以调用直纹曲面命令。

12.3.7 创建平移网格

微课堂 00 分 20 秒

在 AutoCAD 2016 中，用户可以运用平移网格功能通过指定的方向和距离(成为方向矢量)拉伸直线或曲线定义网格，下面介绍创建平移网格的操作方法。

操作步骤 >> Step by Step

第 1 步 打开“平移网格.dwg”素材文件，切换到【三维建模】空间，**1.** 在功能区面板中，选择【网格】选项卡，**2.** 在【图元】面板中，单击【平移曲面】按钮，如图 12-69 所示。

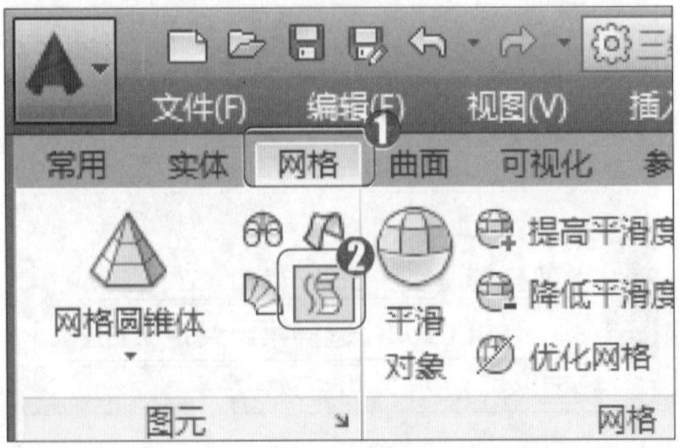

图 12-69

第 2 步 返回到绘图区，**1.** 命令行提示“TABSURF 选择用作轮廓曲线的对象”，**2.** 单击选中对象，如图 12-70 所示。

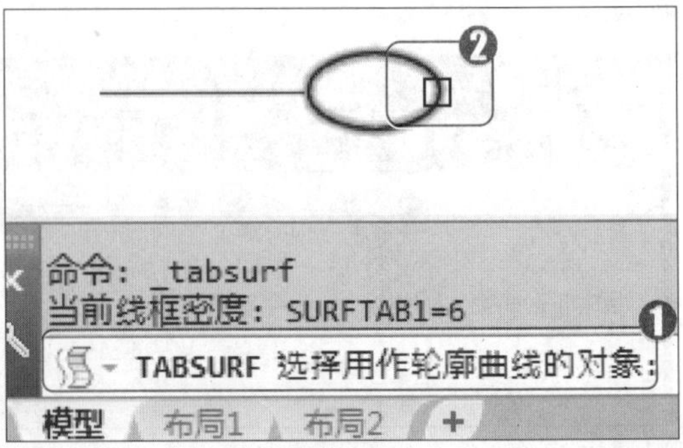

图 12-70

第 3 步 移动鼠标指针，**1.** 命令行提示“TABSURF 选择用作方向矢量的对象”，**2.** 单击选中对象，如图 12-71 所示。

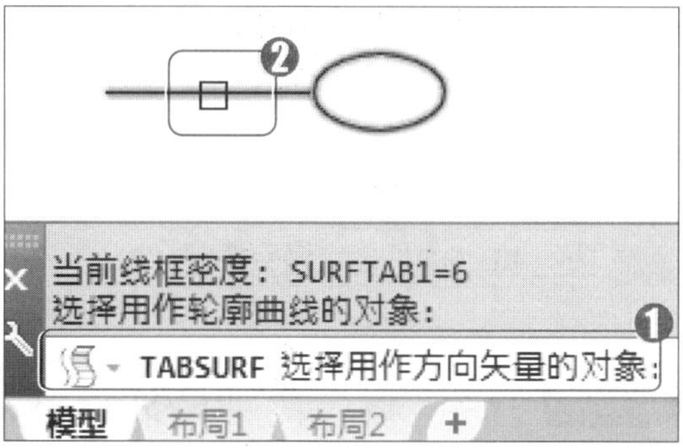

图 12-71

第 4 步 此时可以看到创建好的平移网格，通过以上步骤即可完成创建平移网格的操作，如图 12-72 所示。

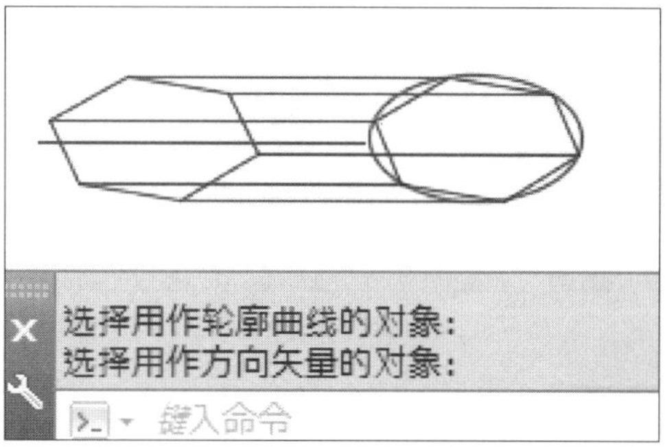

图 12-72

12.3.8 创建旋转网格

微课堂 00 分 30 秒

旋转网格是指通过将路径曲线或轮廓(直线、圆、圆弧、椭圆、椭圆弧、闭合多段线、多边形、闭合样条曲线或圆环)绕指定的轴，旋转创建一个近似于旋转网格的多边形网格。

在 AutoCAD 2016 中，旋转轴可以是直线或开放的二维或三维多段线，下面介绍创建旋转网格的操作方法。

操作步骤 >> Step by Step

第 1 步 打开“旋转网格.dwg”素材文件，切换到【三维建模】空间，**1.** 在功能区面板中，选择【网格】选项卡，**2.** 在【图元】面板中，单击【建模，网格，旋转，曲面】按钮，如图 12-73 所示。

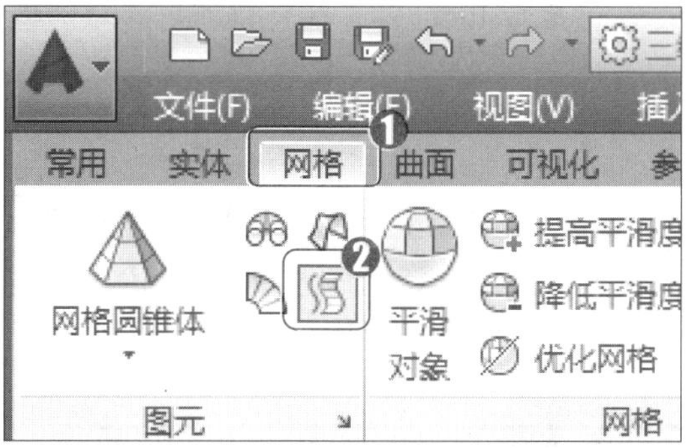

图 12-73

第 2 步 返回到绘图区，**1.** 命令行提示“REVSURF 选择要旋转的对象”，**2.** 单击选中对象，如图 12-74 所示。

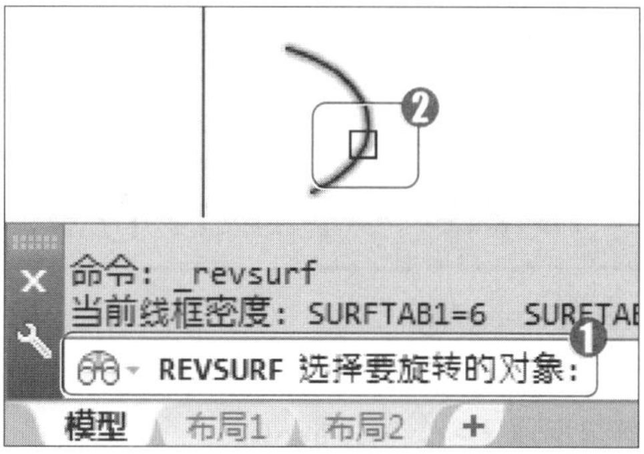

图 12-74

第 3 步 移动鼠标指针，**1.** 命令行提示“REVSURF 选择定义旋转轴的对象”，**2.** 单击选中对象，如图 12-75 所示。

第 4 步 移动鼠标指针，**1.** 命令行提示“REVSURF 指定起点角度”，**2.** 在指定位置单击，如图 12-76 所示。

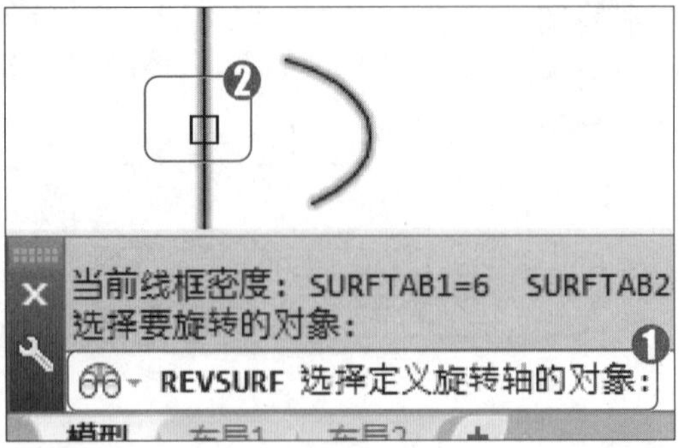

图 12–75

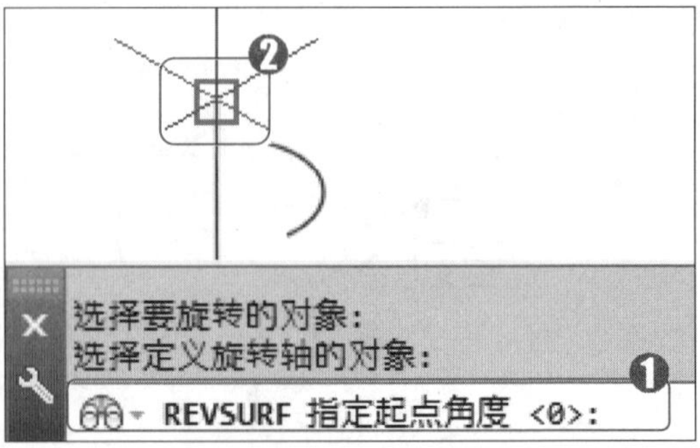

图 12–76

第 5 步 移动鼠标指针，***1.*** 命令行提示“REVSURF 指定起点角度”，***2.*** 在指定位置单击确定点，如图 12-77 所示。

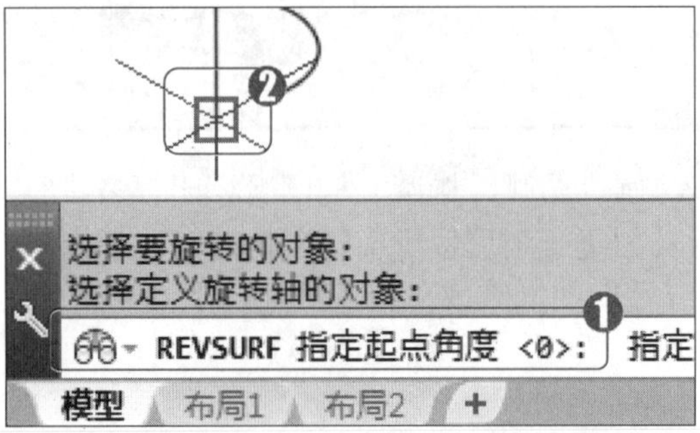

图 12–77

第 6 步 根据命令行提示“REVSURF 指定夹角(+=逆时针，-=顺时针)”，然后按 Enter 键，选择系统默认选项，即可完成创建旋转网格的操作，如图 12-78 所示。

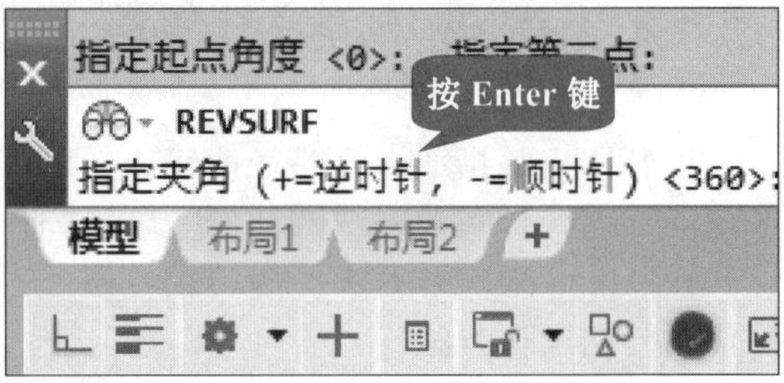

图 12–78

知识拓展：调用旋转网格命令方式

在 AutoCAD 2016 的【三维建模】空间中，在菜单栏中选择【绘图】菜单，在弹出的下拉菜单中，选择【建模】命令，在子菜单中选择【网格】命令，在子菜单中选择【旋转网格】命令；或者在命令行输入 REVSURF 命令，然后按 Enter 键，都可以调用旋转网格命令。

12.3.9 创建边界网格

微课堂 00 分 32 秒

在 AutoCAD 2016 中，边界网格是指在四条彼此相连的边或曲线之间创建的网格，边可以是直线、圆弧、样条曲条或开放的多段线。下面介绍创建边界网格的操作方法。

操作步骤 >> Step by Step

第 1 步 打开“边界网格.dwg”素材文件，切换到【三维建模】空间，***1.*** 在功能区面板中，选择【网格】选项卡，***2.*** 在【图元】面

第 2 步 返回到绘图区，***1.*** 命令行提示“EDGESURF 选择用作曲面边界的对象 1”，***2.*** 单击选中对象 1，如图 12-80 所示。

板中，单击【建模，网格，边界曲面】按钮，如图 12-79 所示。

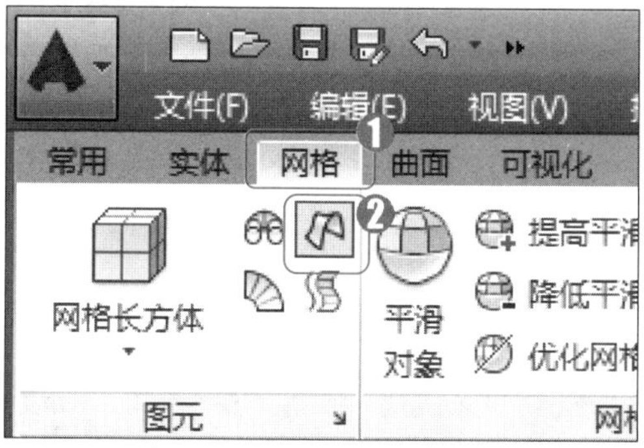

图 12-79

第 3 步 移动鼠标指针，**1.** 命令行提示"EDGESURF 选择用作曲面边界的对象 2"，**2.** 单击选中边界对象 2，如图 12-81 所示。

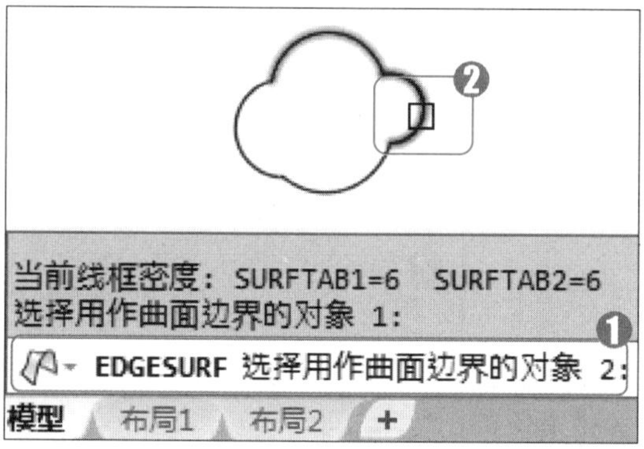

图 12-81

第 5 步 移动鼠标指针，**1.** 命令行提示"EDGESURF 选择用作曲面边界的对象 4"，**2.** 单击选中边界对象 4，如图 12-83 所示。

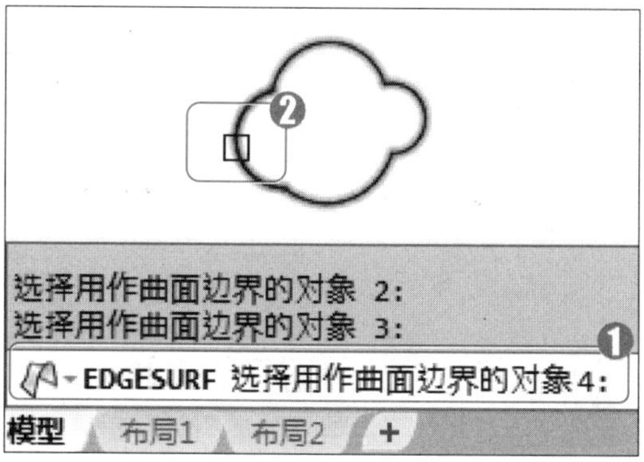

图 12-83

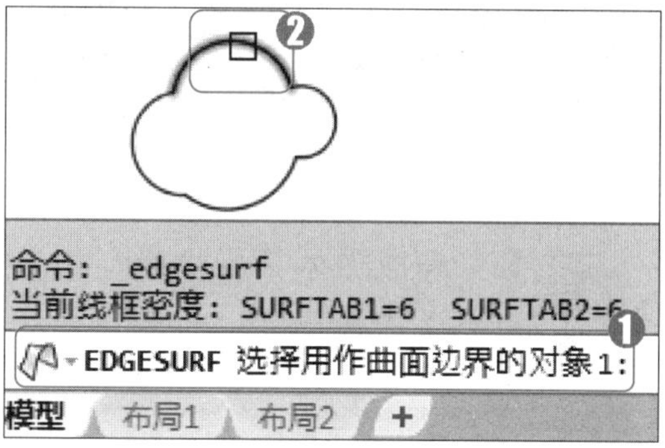

图 12-80

第 4 步 移动鼠标指针，**1.** 命令行提示"EDGESURF 选择用作曲面边界的对象 3"，**2.** 单击选中边界对象 3，如图 12-82 所示。

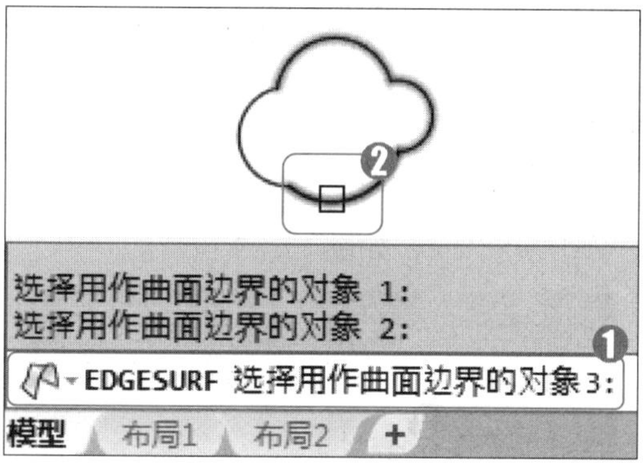

图 12-82

第 6 步 此时可以看到创建好的边界网格，通过以上步骤即可完成创建边界网格的操作，如图 12-84 所示。

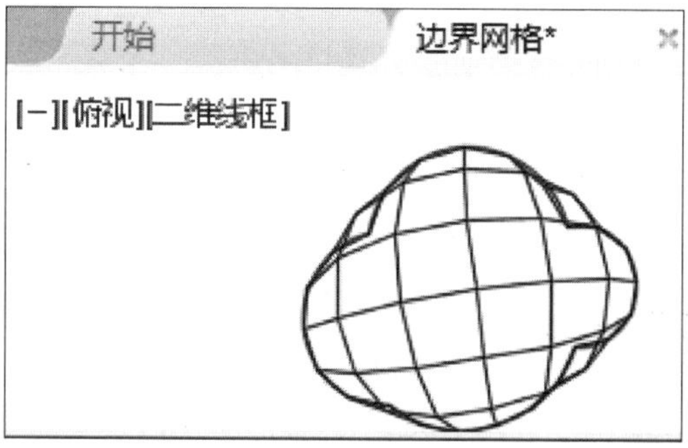

图 12-84

Section 12.4 专题课堂——创建基本三维实体

导读 实体模型是具有质量、体积、重心和惯性矩等特性的封闭三维体，在 AutoCAD 2016 中，可以创建长方体、楔体、球体、圆柱体和圆环体等实体模型。本节将详细介绍绘制三维实体方面的知识与操作技巧。

12.4.1 绘制长方体

微课堂 00 分 19 秒

在 AutoCAD 2016 中，长方体是指底面是矩形的直平行六面体，长方体的任意一个面的对面都与它完全相同。下面介绍绘制长方体的操作方法。

操作步骤 >> Step by Step

第 1 步 新建 CAD 空白文档，切换到【三维建模】空间，***1.*** 在功能区面板中，选择【实体】选项卡，***2.*** 在【图元】面板中，单击【长方体】按钮，如图 12-85 所示。

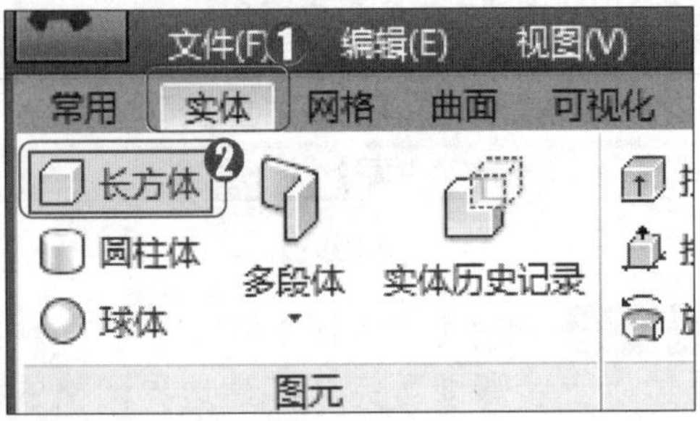

图 12-85

第 2 步 返回到绘图区，***1.*** 命令行提示“BOX 指定第一个角点”，***2.*** 在空白处单击确定第一点，如图 12-86 所示。

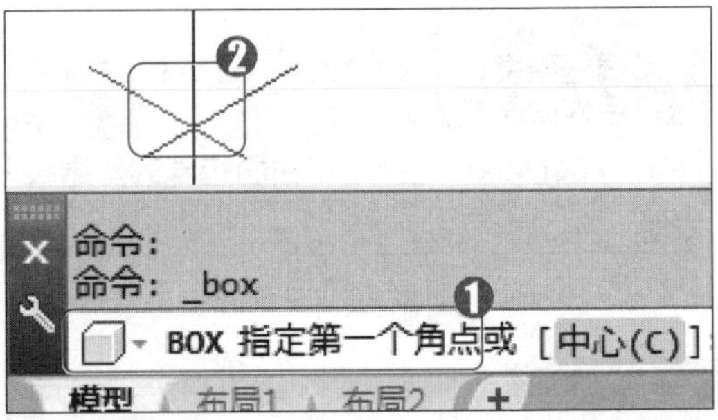

图 12-86

第 3 步 拖动鼠标指针，***1.*** 命令行提示“BOX 指定其他角点”，***2.*** 在合适位置单击，如图 12-87 所示。

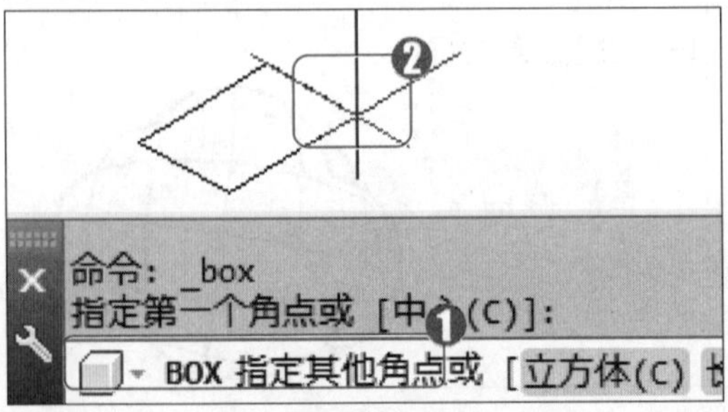

图 12-87

第 4 步 拖动鼠标指针，***1.*** 命令行提示“BOX 指定高度”，***2.*** 在合适位置单击，即可完成绘制长方体的操作，如图 12-88 所示。

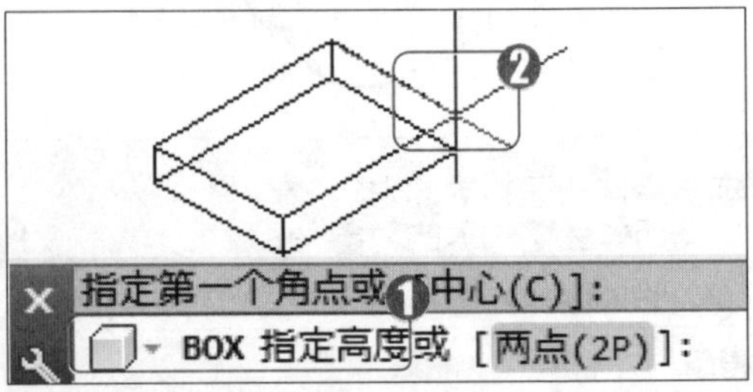

图 12-88

12.4.2 绘制圆柱体

微课堂 00 分 19 秒

在 AutoCAD 2016 中，圆柱体是指一个矩形绕着它的一边旋转一周而得到的几何体。下面介绍绘制圆柱体的操作方法。

操作步骤 >> Step by Step

第 1 步 新建 CAD 空白文档，切换到【三维建模】空间，*1.* 在功能区面板中，选择【实体】选项卡，*2.* 在【图元】面板中，单击【圆柱体】按钮，如图 12-89 所示。

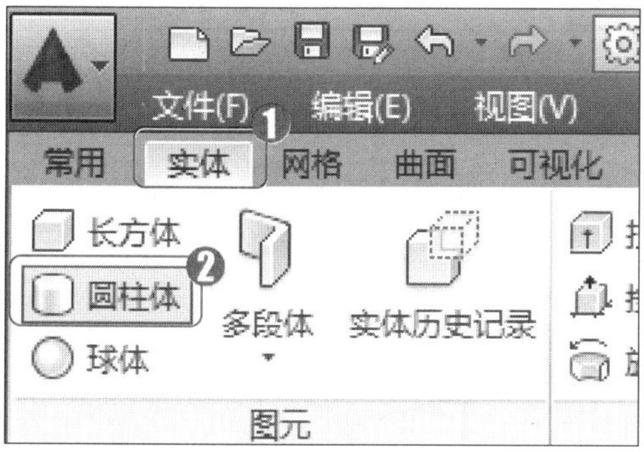

图 12-89

第 2 步 返回到绘图区，*1.* 命令行提示“CYLINDER 指定底面的中心点”，*2.* 在空白处单击，确定中心点位置，如图 12-90 所示。

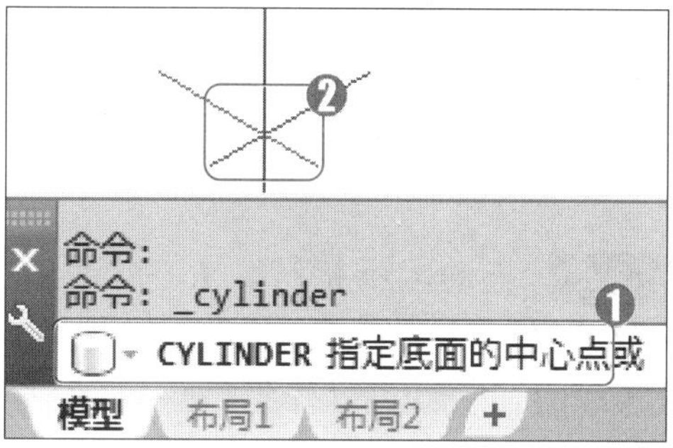

图 12-90

第 3 步 拖动鼠标指针，*1.* 命令行提示“CYLINDER 指定底面半径”，*2.* 在合适位置单击，如图 12-91 所示。

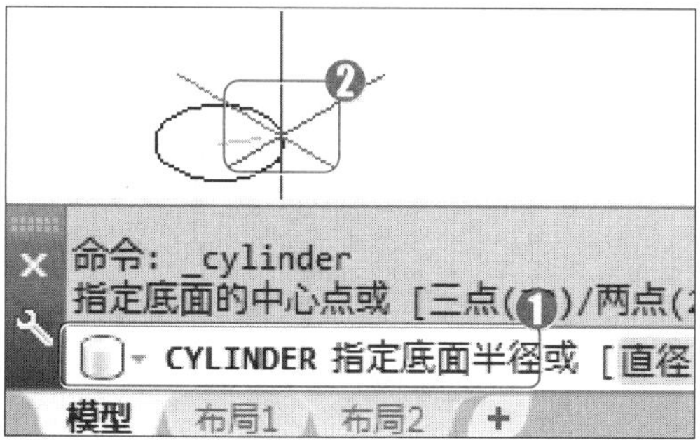

图 12-91

第 4 步 拖动鼠标指针，*1.* 命令行提示“CYLINDER 指定高度”，*2.* 在合适位置单击，即可完成绘制圆柱体的操作，如图 12-92 所示。

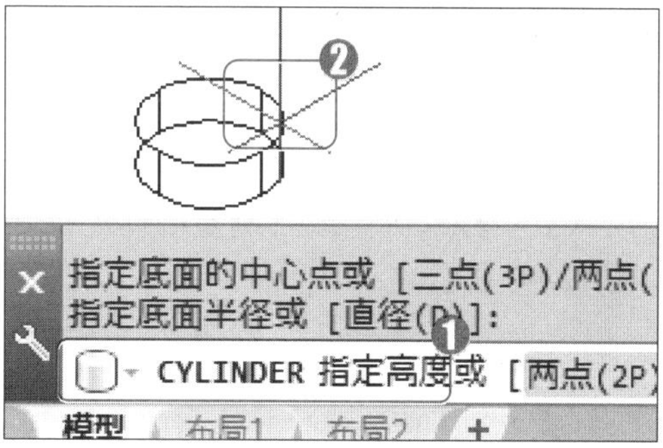

图 12-92

12.4.3 绘制多段体

微课堂 00 分 23 秒

在 AutoCAD 2016 中，用户可以创建具有固定高度和宽度的直线段和曲线段的三维墙状多段体。下面介绍绘制三维多段体的操作方法。

操作步骤 >> Step by Step

第 1 步 新建 CAD 空白文档，切换到【三维建模】空间，*1.* 在菜单栏中，选择【绘图】菜单，*2.* 在弹出的下拉菜单中，选择【建模】命令，*3.* 在子菜单中选择【多段体】命令，如图 12-93 所示。

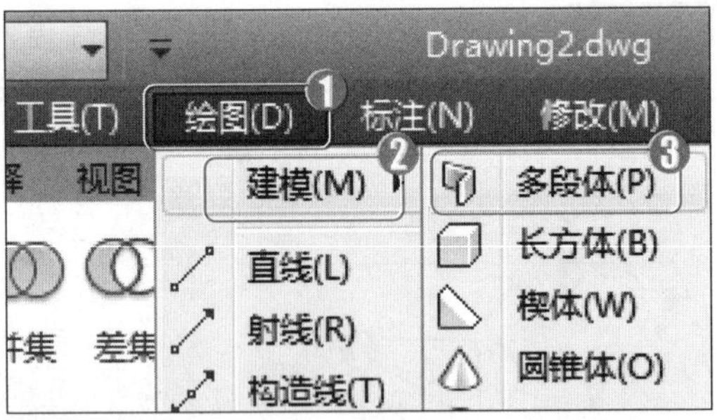

图 12-93

第 3 步 拖动鼠标指针，*1.* 命令行提示“POLYSOLID 指定下一个点”，*2.* 在合适位置单击，如图 12-95 所示。

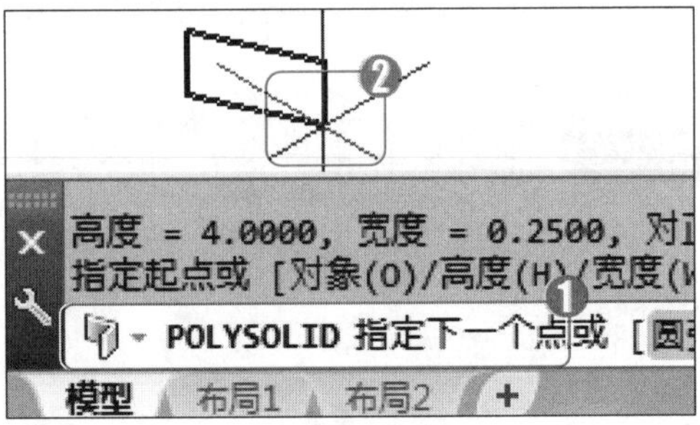

图 12-95

第 5 步 然后按 Enter 键退出多段体命令，通过以上步骤即可完成绘制多段体的操作，如图 12-97 所示。

■ 指点迷津

在【实体】面板或选择【绘图】菜单，在弹出的【建模】子菜单中，都可以调用创建三维实体的命令，包括球体、圆环体和楔体等。

第 2 步 返回到绘图区，*1.* 命令行提示“POLYSOLID 指定起点”，*2.* 在空白处单击，确定起点位置，如图 12-94 所示。

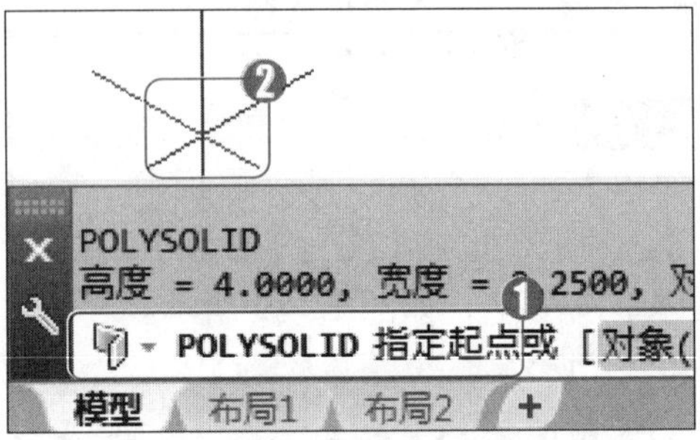

图 12-94

第 4 步 拖动鼠标指针，*1.* 命令行提示“POLYSOLID 指定下一个点”，*2.* 在合适位置单击，如图 12-96 所示。

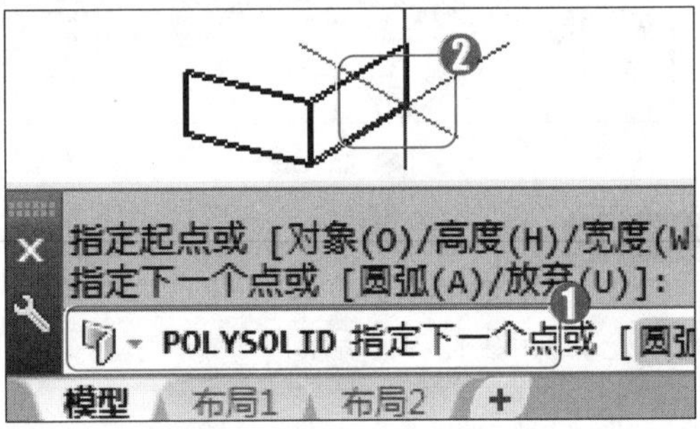

图 12-96

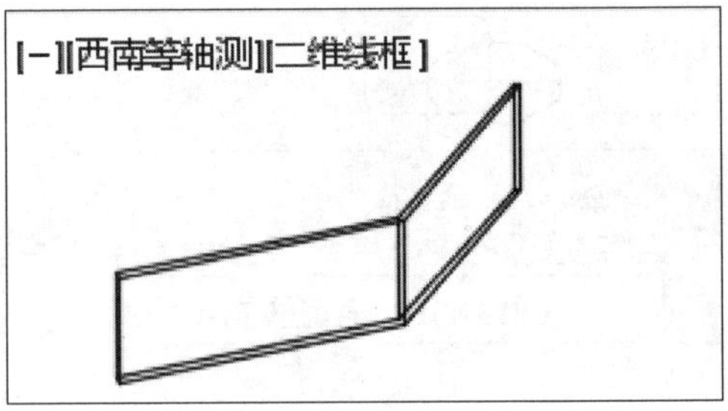

图 12-97

专家解读：创建圆弧多段体

在【三维建模】空间中，使用【多段体】命令还可以创建圆弧多段体，在调用多段线命令后，根据命令行提示，在绘图区指定起点位置，然后在命令行输入命令 A 并按 Enter 键，返回绘图区指定圆弧多段体的其他点位置即可。

Section 12.5 实践经验与技巧

导读

在本节的学习过程中，将侧重介绍和讲解与本章知识点有关的实践经验及技巧，主要内容包括如何绘制球体、拉伸机械图形以及绘制楔体等方面的知识与操作技巧。

12.5.1 绘制球体

微课堂 00 分 28 秒

在 AutoCAD 2016 中，空间中到定点的距离小于或等于定长的所有点组成的图形叫作球体，下面介绍绘制球体的操作方法。

操作步骤 >> Step by Step

第 1 步 新建 CAD 空白文档，切换到【三维建模】空间，***1.*** 在功能区面板中，选择【实体】选项卡，***2.*** 在【图元】面板中，单击【球体】按钮，如图 12-98 所示。

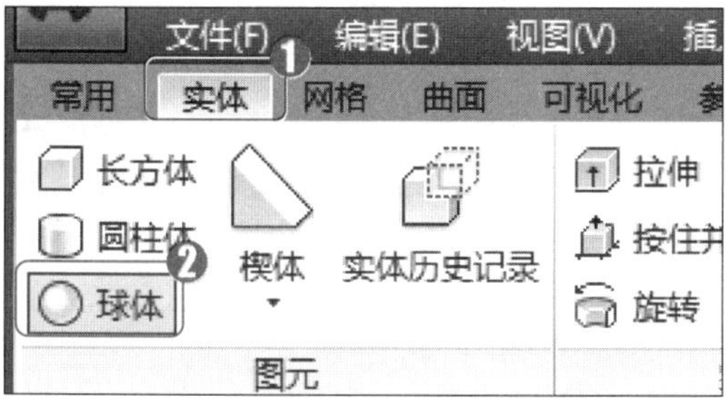

图 12-98

第 2 步 返回到绘图区，***1.*** 命令行提示“SPHERE 指定中心点”，***2.*** 在空白处单击，确定中心点位置，如图 12-99 所示。

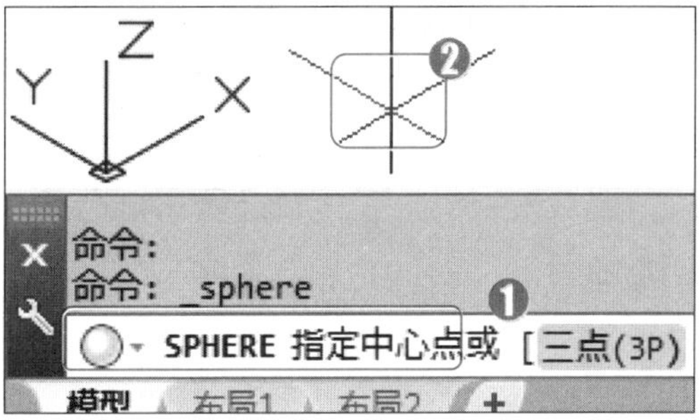

图 12-99

第 3 步 拖动鼠标指针，***1.*** 命令行提示“SPHERE 指定半径”，***2.*** 在合适位置单击，如图 12-100 所示。

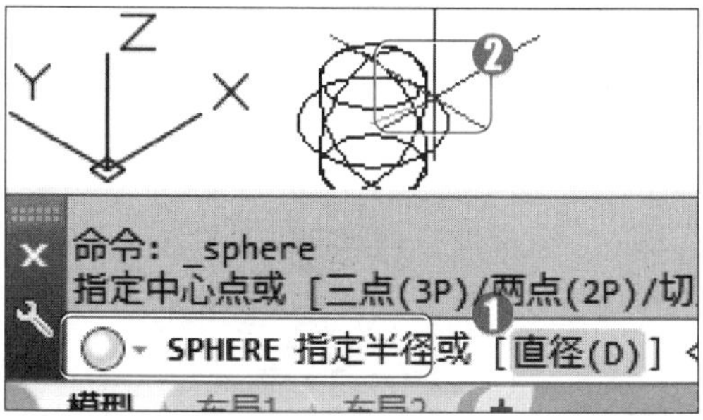

图 12-100

第 4 步 此时可以看到绘制好的球体，通过以上步骤即可完成绘制球体的操作，如图 12-101 所示。

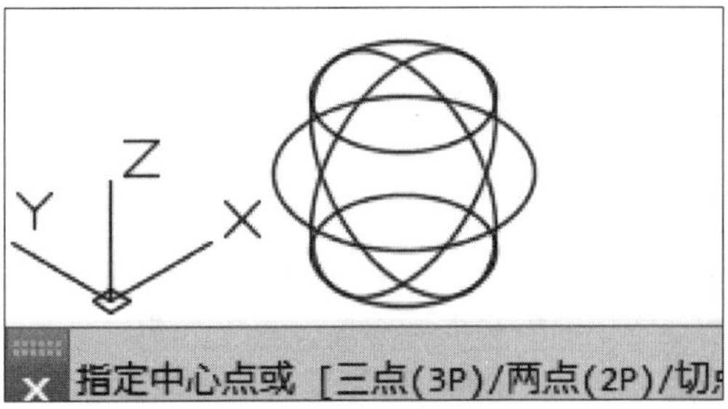

图 12-101

一点即通：绘制网格球体

在 AutoCAD 2016【三维建模】空间的菜单栏中，选择【绘图】菜单，在弹出的下拉菜单中，选择【建模】命令，在子菜单中选择【网格】命令，在子菜单中选择【图元】命令，在子菜单中选择【球体】命令，在绘图区根据命令行的提示信息，指定网格球体的中心点与半径即可绘制一个网格球体。

12.5.2 拉伸机械图形

微课堂 00 分 32 秒

在绘制机械零件图时，可以先绘制基础图形，然后通过拉伸命令将这些图形转换成模型，以便于观察实体效果。下面介绍拉伸机械图形的操作方法。

操作步骤 >> Step by Step

第 1 步 打开“机械图形.dwg”素材文件，切换到【三维建模】空间，*1.* 在功能区面板中，选择【实体】选项卡，*2.* 在【实体】面板中，单击【拉伸】按钮，如图 12-102 所示。

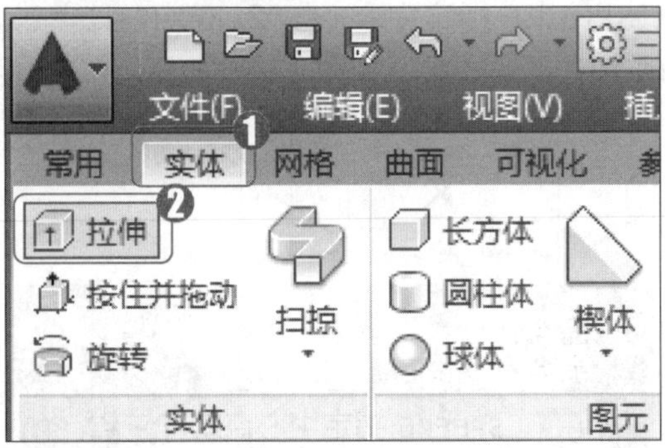

图 12-102

第 2 步 返回到绘图区，*1.* 命令行提示“EXTRUDE 选择要拉伸的对象”，*2.* 使用叉选方式选择图形，如图 12-103 所示。

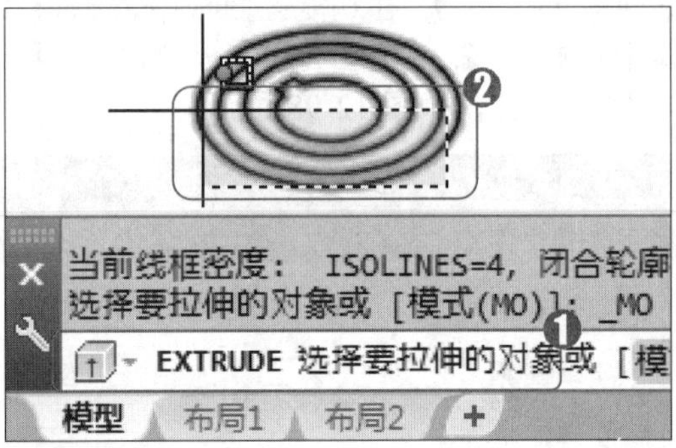

图 12-103

第 3 步 然后按 Enter 键结束选择对象的操作，*1.* 命令行提示“EXTRUDE 指定拉伸的高度”，*2.* 在合适位置单击指定高度，如图 12-104 所示。

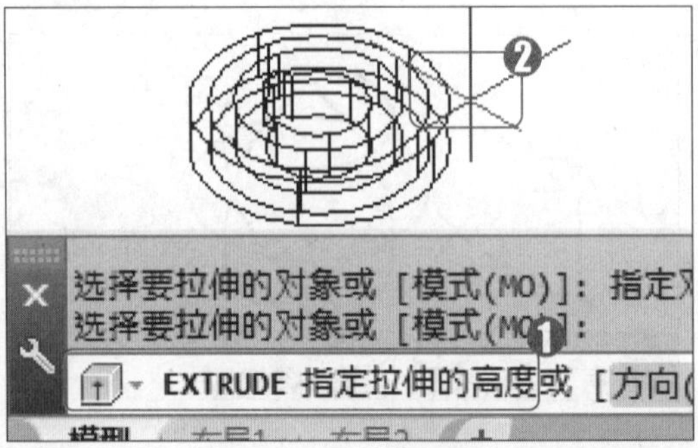

图 12-104

第 4 步 此时可以看到拉伸后的图形，通过以上步骤即可完成拉伸图形的操作，如图 12-105 所示。

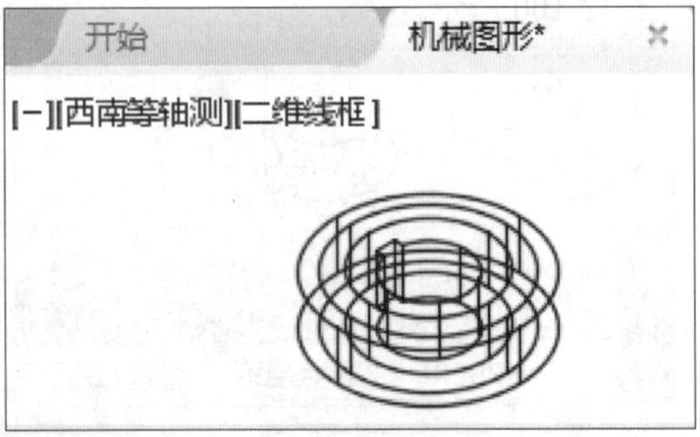

图 12-105

12.5.3 绘制楔体

微课堂 00 分 41 秒

在 AutoCAD 2016 中，楔体是下底面是梯形或平行四边形，上底面是平行于底面的平行边的线段的拟柱体，下面介绍绘制楔体的操作方法。

操作步骤 >> Step by Step

第 1 步 新建 CAD 空白文档，切换到【三维建模】空间，**1.** 在菜单栏中，选择【绘图】菜单，**2.** 在弹出的下拉菜单中，选择【建模】命令，**3.** 在子菜单中选择【楔体】命令，如图 12-106 所示。

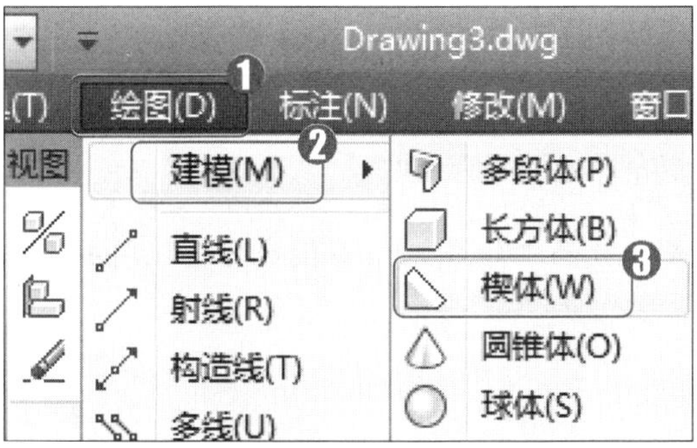

图 12-106

第 2 步 返回到绘图区，**1.** 命令行提示“WEDGE 指定第一个角点”，**2.** 在空白处单击，确定点位置，如图 12-107 所示。

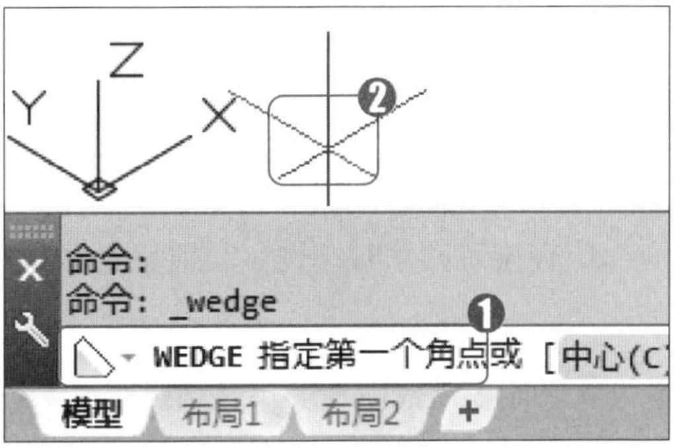

图 12-107

第 3 步 拖动鼠标指针，**1.** 命令行提示“WEDGE 指定其他角点”，**2.** 在合适位置单击，如图 12-108 所示。

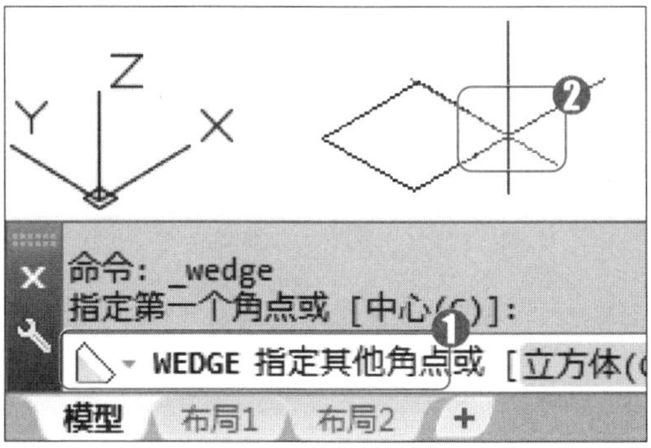

图 12-108

第 4 步 拖动鼠标指针，**1.** 命令行提示“WEDGE 指定高度”，**2.** 在合适位置单击，即可完成绘制楔体的操作，如图 12-109 所示。

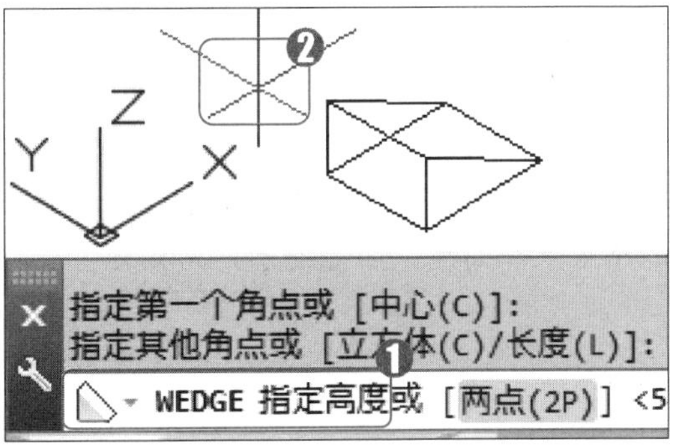

图 12-109

一点即通：绘制棱锥体

在 AutoCAD 2016【三维建模】空间的菜单栏中，选择【绘图】菜单，在弹出的下拉菜单中，选择【建模】命令，在子菜单中选择【棱锥体】命令，根据命令行的提示，指定棱锥体的底面中心点、半径及高度，即可绘制一个棱锥体。

Section 12.6 有问必答

1. 如何绘制网格圆环体?

在【三维建模】空间中，在菜单栏中选择【绘图】菜单，在弹出的下拉菜单中，选择【建模】命令，在子菜单中选择【网格】命令，在子菜单中选择【图元】命令，在子菜单中选择【圆环体】命令，在绘图区根据命令行的提示信息，指定网格圆环体的中心点、半径与圆管半径，即可绘制网格圆环体。

2. 在扫掠图形对象时，提示“无法扫掠选定的对象”，如何解决?

可以查看是否将扫掠路径与扫掠对象的顺序颠倒了，若是该情况，可以调用扫掠命令，重新对扫掠路径和扫掠对象进行拾取。

3. 在旋转网格时，提示“对象无法用作旋转轴”，如何解决?

在 AutoCAD 2016 中，旋转轴可以是直线或开放的二维或三维多段线，可以将轴对象换成直线或多段线即可解决该问题。

4. 如何创建圆环体?

在【三维建模】空间中，在菜单栏中选择【绘图】菜单，在弹出的下拉菜单中，选择【建模】命令，在子菜单中选择【圆环体】命令，在绘图区根据命令行的提示信息，指定圆环体的中心点、半径与圆管半径，即可绘制圆环体。

5. 如何创建网格楔体?

可以在功能区面板中，选择【网格】选项卡，在【图元】面板中，选择【网格长方体】下拉菜单中的【网格楔体】命令，根据命令行提示，在绘图区指定楔体的第一个角点、第二个角点和高度，即可绘制网格楔体。

第13章

编辑三维图形

本章要点

- 三维图形的操作
- 布尔运算
- 编辑三维实体的表面
- 编辑三维图形的边
- 专题课堂——编辑三维曲面

本章主要内容

本章主要介绍 AutoCAD 2016 中编辑三维图形方面的知识与技巧，同时还将讲解编辑三维曲面方面的内容。通过本章的学习，读者可以掌握编辑三维图形方面的知识与操作方法，为深入学习 AutoCAD 2016 三维绘图奠定良好基础。

Section 13.1 三维图形的操作

导读

在 AutoCAD 2016 中，创建三维图形后，用户可以对三维图形进行镜像、旋转、对齐、阵列、剖切、抽壳等操作，方便用户对已创建的三维图形进行编辑操作，使实体对象更符合绘制要求，本节将介绍三维图形操作方面的知识与技巧。

13.1.1 三维镜像

微课堂 00 分 32 秒

在 AutoCAD 2016 中，三维镜像是以图形上的某个点为基点，通过镜像功能生成一个与源图形相对称的图形副本。下面介绍创建三维镜像图形的操作方法。

操作步骤 >> Step by Step

第 1 步 打开"三维镜像.dwg"素材文件，切换到【三维建模】空间，**1.** 在功能区面板中，选择【常用】选项卡，**2.** 在【修改】面板中，单击【三维镜像】按钮，如图 13-1 所示。

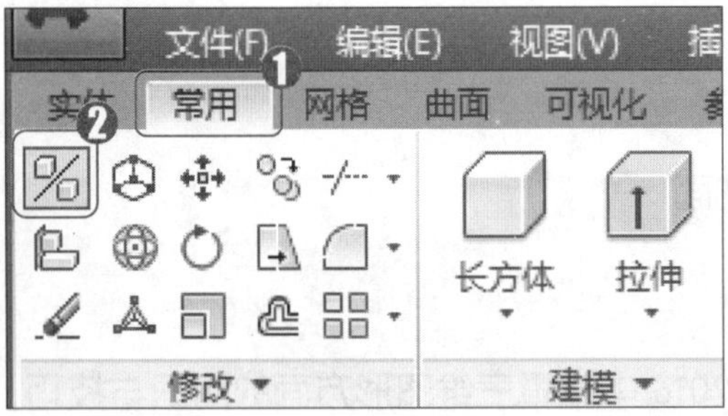

图 13-1

第 2 步 返回到绘图区，**1.** 命令行提示"MIRROR3D 选择对象"，**2.** 单击选择图形，如图 13-2 所示。

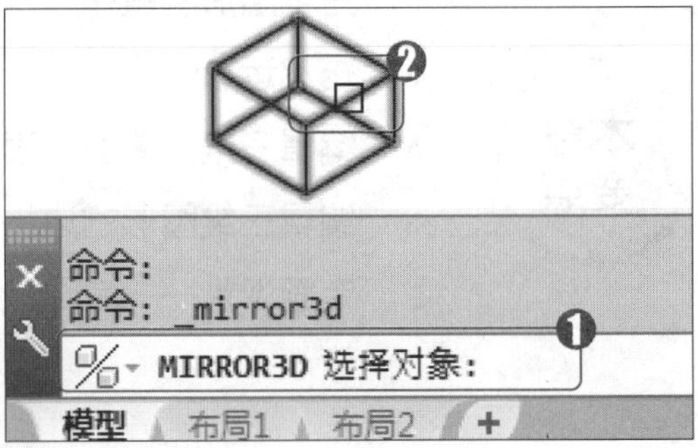

图 13-2

第 3 步 然后按 Enter 键结束选择对象操作，单击选中第一个镜像点，如图 13-3 所示。

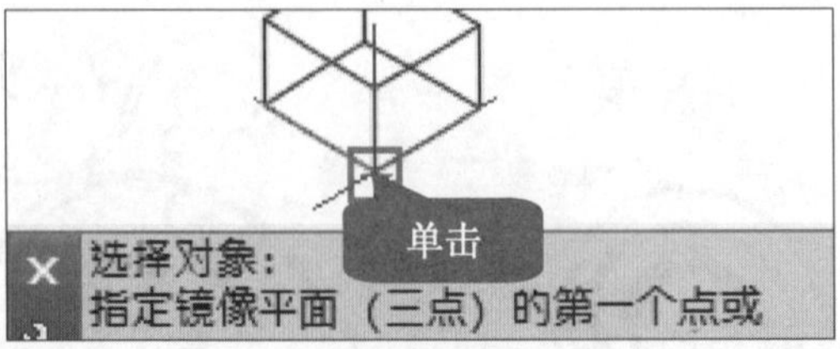

图 13-3

第 4 步 移动鼠标指针，单击选中第二个镜像点，如图 13-4 所示。

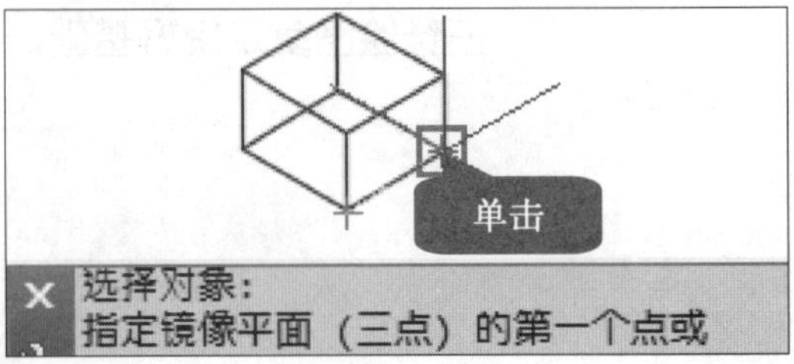

图 13-4

第 5 步 移动鼠标指针，单击选中第三个镜像点，如图 13-5 所示。

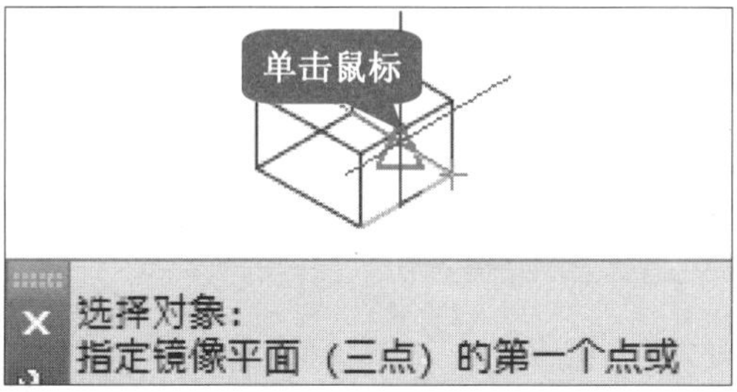

图 13-5

第 6 步 根据命令行提示“MIRROR3D 是否删除源对象？”，直接按 Enter 键选择默认选项【否】，即可完成创建三维镜像图形的操作，如图 13-6 所示。

图 13-6

知识拓展：调用三维镜像命令的方式

在 AutoCAD 2016【三维建模】空间的菜单栏中，选择【修改】菜单，在弹出的下拉菜单中，选择【三维操作】命令，在子菜单中选择【三维镜像】命令；或者在命令行输入 MIRROR3D 命令，然后按 Enter 键，来调用三维镜像命令。

13.1.2　三维旋转

微课堂 00 分 30 秒

在 AutoCAD 2016 中，用户可以使用三维旋转对选定的对象和子对象进行绕基点旋转操作，或按指定轴旋转。下面介绍创建三维旋转的操作方法。

操作步骤 >> Step by Step

第 1 步 打开“三维旋转.dwg”素材文件，切换到【三维建模】空间，*1.* 在功能区面板中，选择【常用】选项卡，*2.* 在【修改】面板中，单击【三维旋转】按钮，如图 13-7 所示。

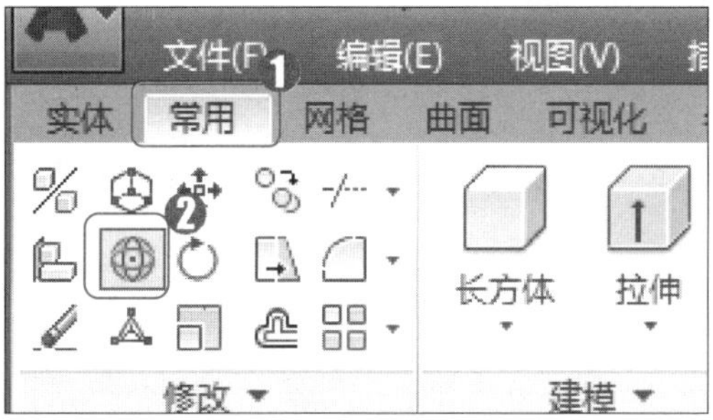

图 13-7

第 2 步 返回到绘图区，*1.* 命令行提示“3DROTATE 选择对象”，*2.* 单击选择图形，如图 13-8 所示。

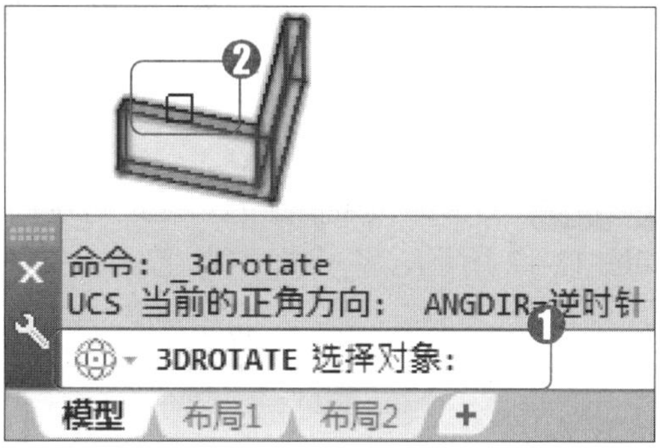

图 13-8

第 3 步 然后按 Enter 键结束选择对象操作，*1.* 命令行提示“3DROTATE 指定基点”，*2.* 单击指定点，如图 13-9 所示。

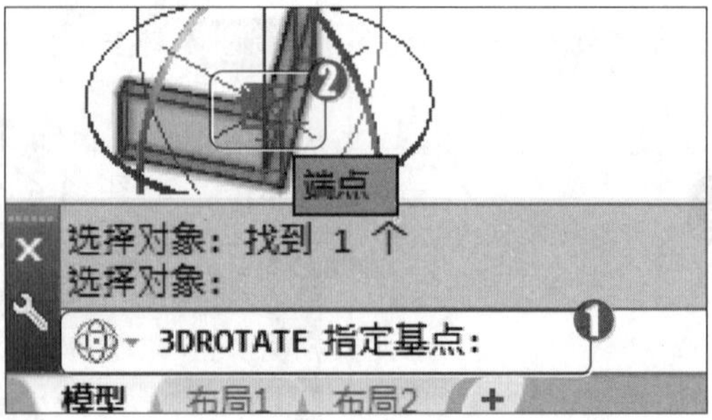

图 13-9

第 4 步 移动鼠标指针，**1.** 命令行提示“3DROTATE 拾取旋转轴”，**2.** 单击选定旋转轴，如图 13-10 所示。

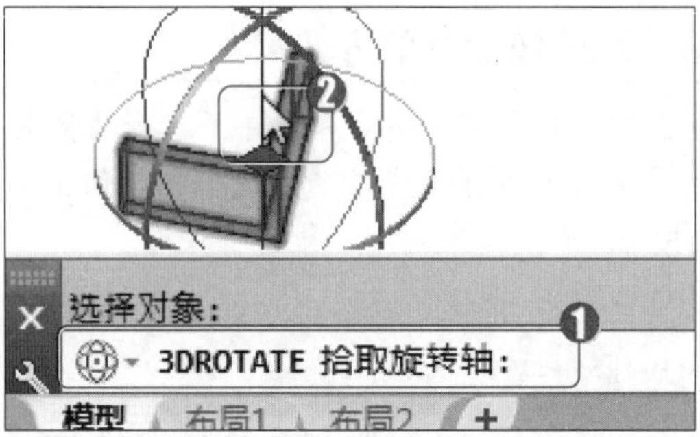

图 13-10

第 5 步 根据命令行提示“3DROTATE 指定角的起点或键入角度”，在键盘上输入角度 40 并按 Enter 键，如图 13-11 所示。

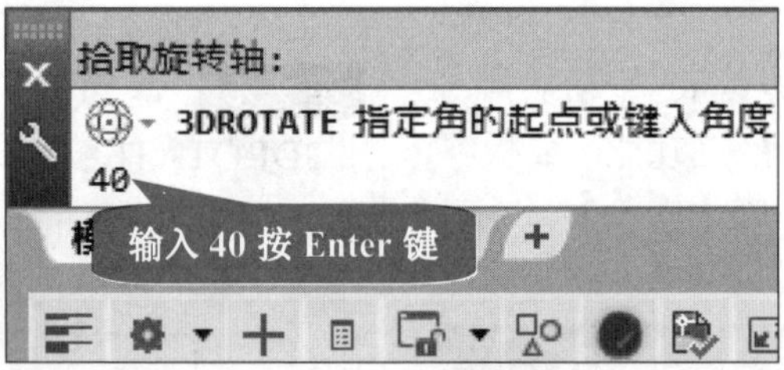

图 13-11

第 6 步 图形即按照指定的角度进行旋转，通过以上步骤即可完成创建三维旋转的操作，如图 13-12 所示。

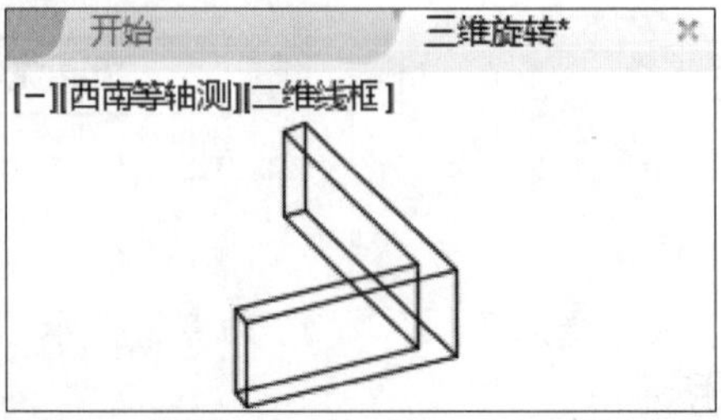

图 13-12

13.1.3　三维对齐

微课堂　00 分 33 秒

在 AutoCAD 2016 中，用户可以使用三维对齐功能，在二维和三维空间中将对象与其他对象对齐。下面介绍对齐三维实体的操作方法。

操作步骤 >> Step by Step

第 1 步 打开“三维对齐.dwg”素材文件，切换到【三维建模】空间，***1.*** 在菜单栏中，选择【修改】菜单，***2.*** 在弹出的下拉菜单中，选择【三维操作】命令，***3.*** 在子菜单中选择【三维对齐】命令，如图 13-13 所示。

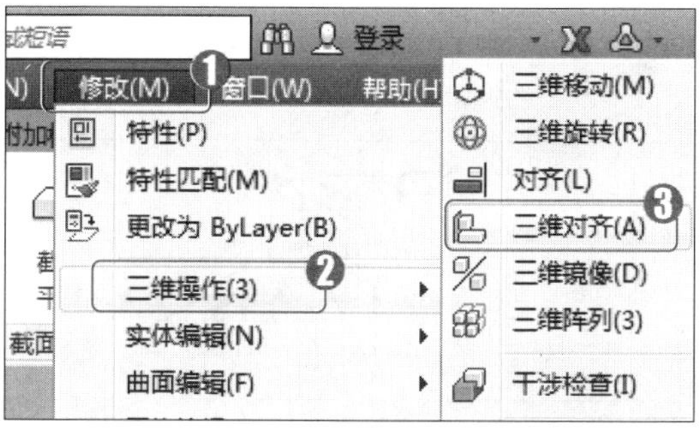

图 13-13

第 2 步 返回到绘图区，***1.*** 命令行提示“3DALIGN 选择对象”，***2.*** 单击选择要进行对齐的对象，如图 13-14 所示。

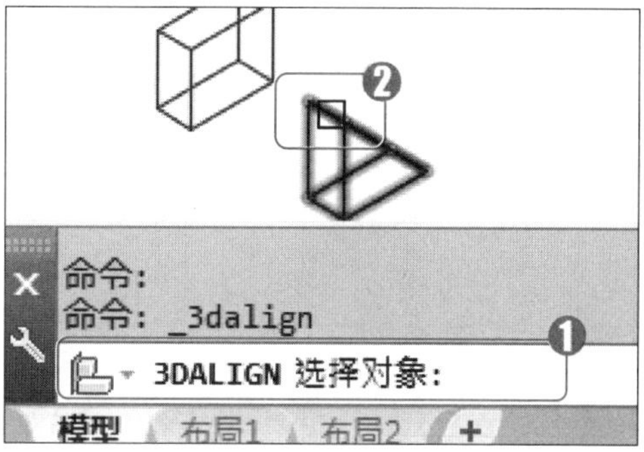

图 13-14

第 3 步 然后按 Enter 键结束选择对象操作，***1.*** 命令行提示“3DALIGN 指定基点”，***2.*** 单击指定点，如图 13-15 所示。

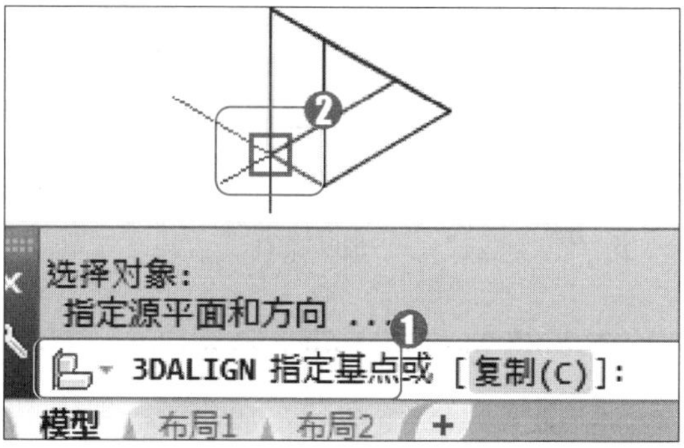

图 13-15

第 4 步 移动鼠标指针，***1.*** 命令行提示“3DALIGN 指定第二个点”，***2.*** 单击指定点，如图 13-16 所示。

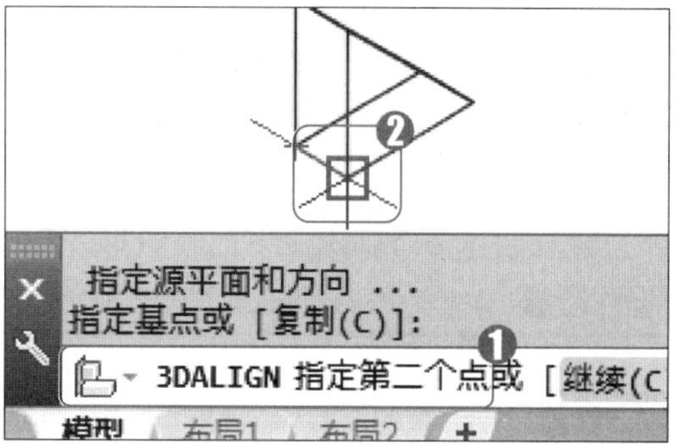

图 13-16

第 5 步 移动鼠标指针，***1.*** 命令行提示“3DALIGN 指定第三个点”，***2.*** 单击指定点，如图 13-17 所示。

第 6 步 移动鼠标指针，***1.*** 命令行提示“3DALIGN 指定第一个目标点”，***2.*** 单击指定点，如图 13-18 所示。

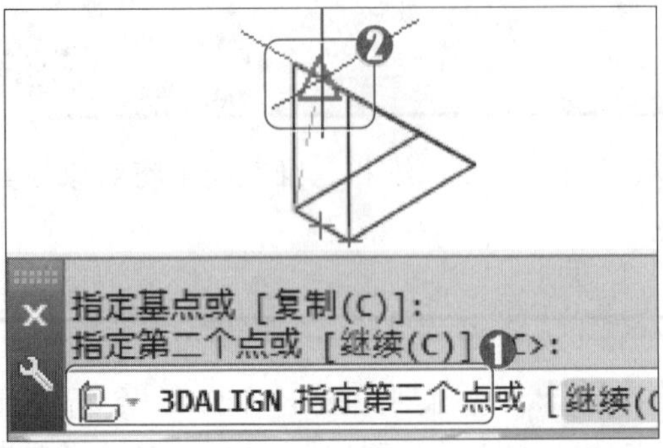

图 13-17

第 7 步 移动鼠标指针，*1.* 命令行提示“3DALIGN 指定第二个目标点”，*2.* 单击指定点，如图 13-19 所示。

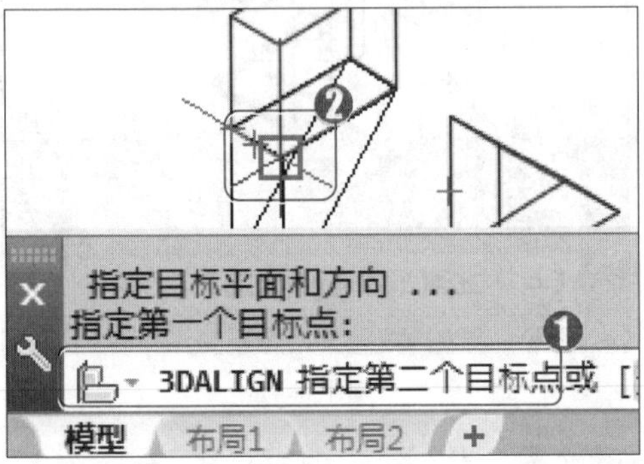

图 13-19

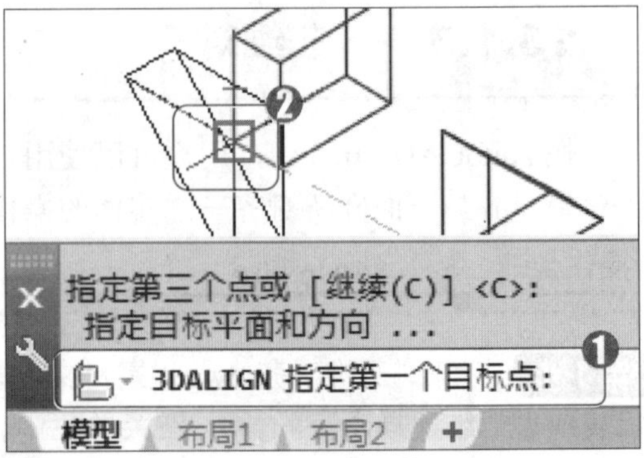

图 13-18

第 8 步 移动鼠标指针，*1.* 命令行提示“3DALIGN 指定第三个目标点”，*2.* 单击指定点，即可完成对齐三维实体的操作，如图 13-20 所示。

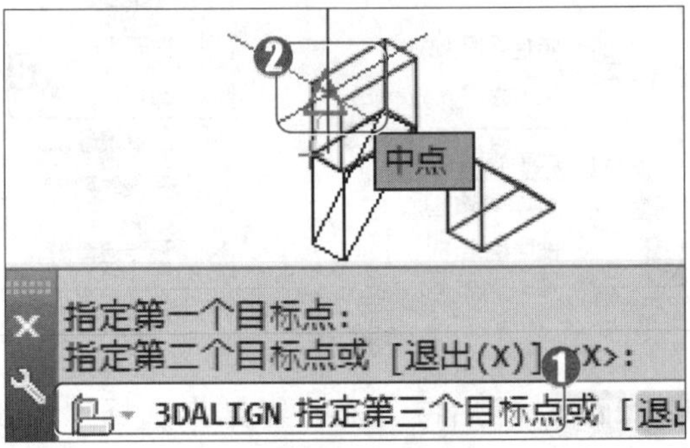

图 13-20

13.1.4 三维阵列

微课堂 01 分 03 秒

在 AutoCAD 2016 中，三维阵列分为矩形阵列和环形阵列两种，用户可以使用三维阵列为对象创建多个副本。下面以矩形阵列为例，介绍创建三维阵列的操作方法。

操作步骤 >> Step by Step

第 1 步 新建 CAD 空白文档并绘制球体，切换到【三维建模】空间，在命令行输入【三维阵列】命令 3DARRAY，然后按 Enter 键，如图 13-21 所示。

第 2 步 返回到绘图区，*1.* 命令行提示“选择对象”，*2.* 单击选择要进行阵列的对象，如图 13-22 所示。

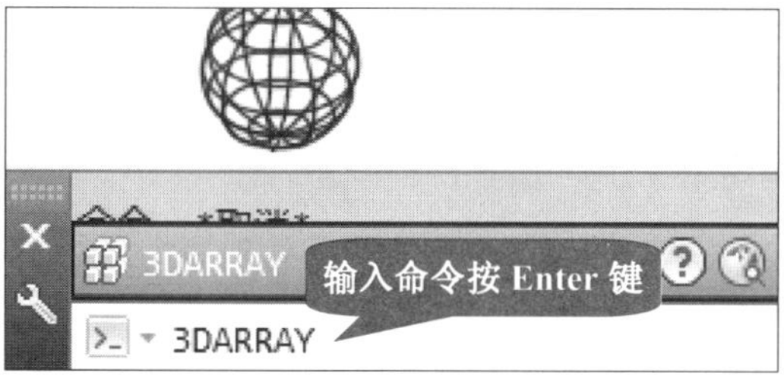

图 13-21

第 3 步 然后按 Enter 键结束选择对象操作，命令行提示“输入阵列类型”，在命令行输入【矩形】命令 R，然后按 Enter 键，如图 13-23 所示。

图 13-23

第 5 步 命令行提示“输入列数”，在命令行输入 2，然后按 Enter 键，如图 13-25 所示。

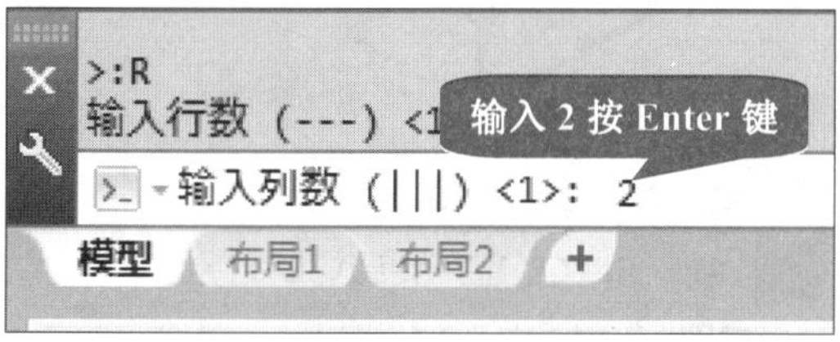

图 13-25

第 7 步 命令行提示“指定行间距”，在命令行输入 10，并按 Enter 键，如图 13-27 所示。

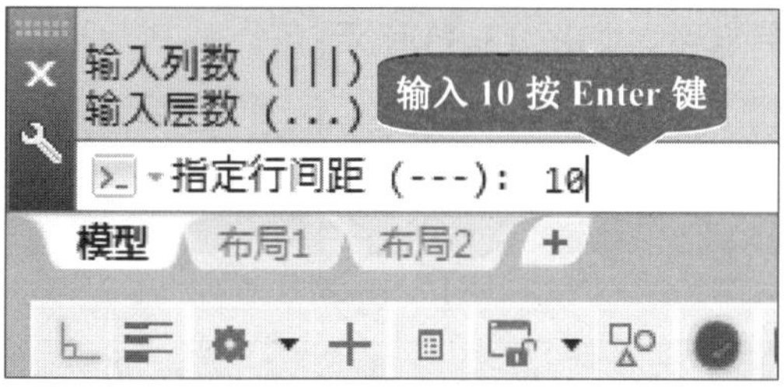

图 13-27

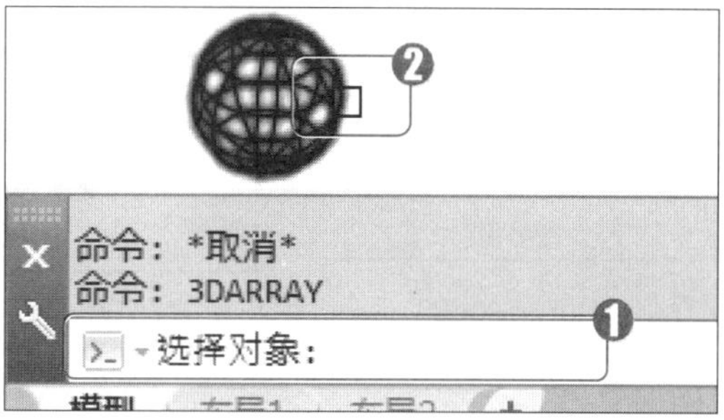

图 13-22

第 4 步 命令行提示“输入行数”，在命令行输入 2，然后按 Enter 键，如图 13-24 所示。

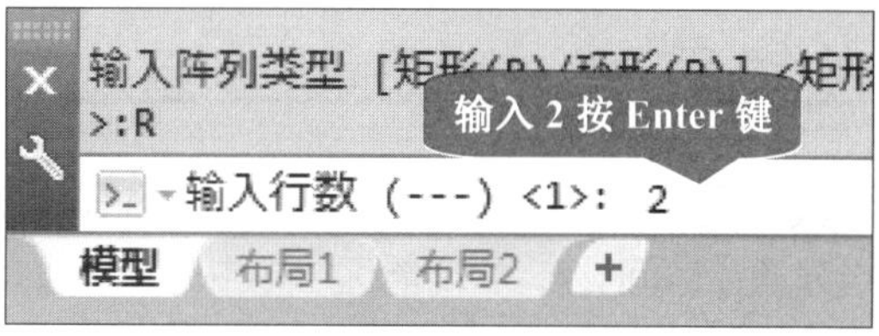

图 13-24

第 6 步 命令行提示“输入层数”，在命令行输入 1，并按 Enter 键，如图 13-26 所示。

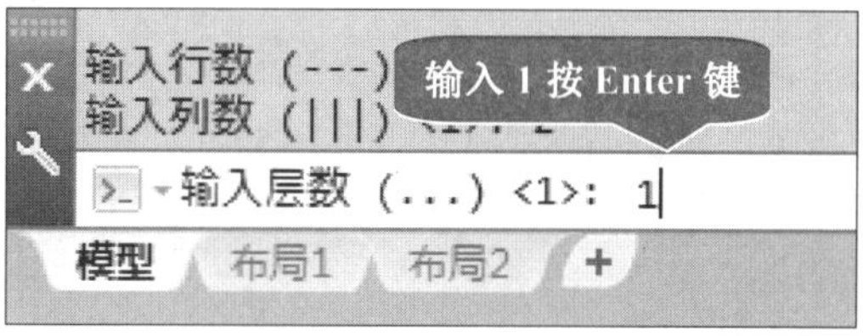

图 13-26

第 8 步 命令行提示“指定列间距”，在命令行输入 10，并按 Enter 键，如图 13-28 所示。

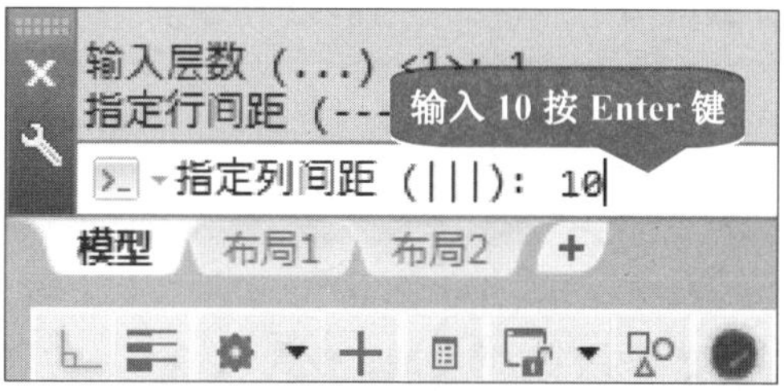

图 13-28

第 9 步 此时矩形阵列操作完成，通过以上步骤即可完成创建三维阵列的操作，如图 13-29 所示。

■ 指点迷津

创建矩形阵列时，若输入的层数大于 1，在后面的操作中还要指定层间距的值。

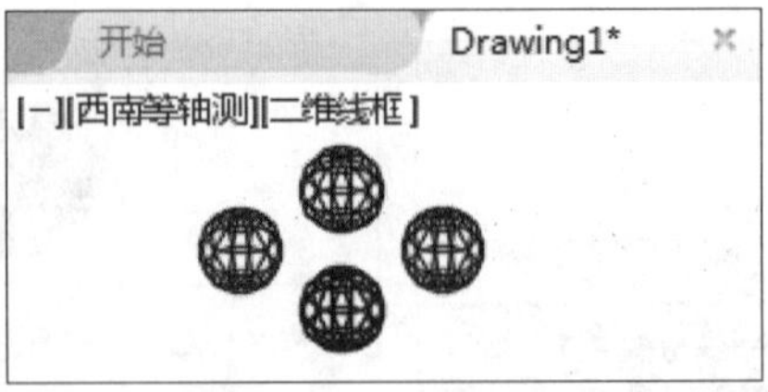

图 13-29

13.1.5 剖切

微课堂
00 分 23 秒

在 AutoCAD 2016 中，剖切是指通过剖切或分割现有对象，来创建新的三维实体和曲面。下面介绍剖切实体的操作方法。

操作步骤 >> Step by Step

第 1 步 新建 CAD 空白文档，切换到【三维建模】空间，***1.*** 在功能区面板中，选择【常用】选项卡，***2.*** 在【实体编辑】面板中，单击【剖切】按钮，如图 13-30 所示。

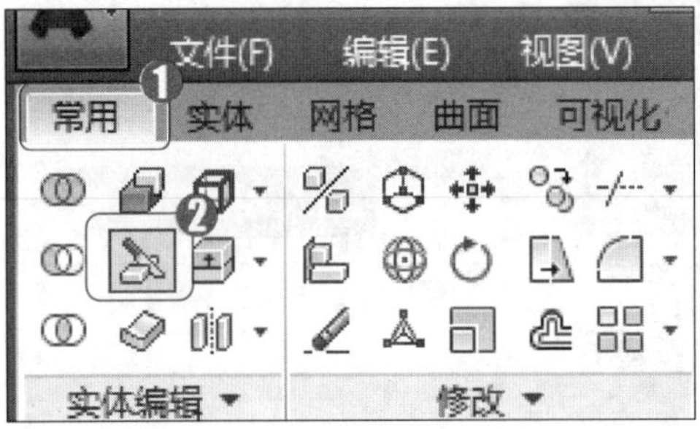

图 13-30

第 2 步 返回到绘图区，***1.*** 命令行提示"SLICE 选择要剖切的对象"，***2.*** 单击选择图形，如图 13-31 所示。

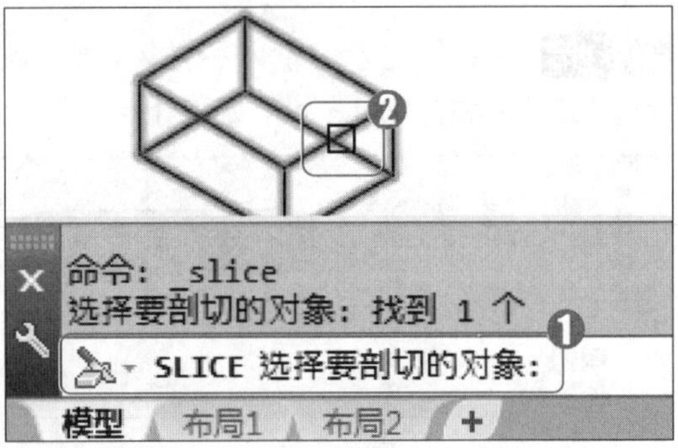

图 13-31

第 3 步 然后按 Enter 键结束选择对象操作，***1.*** 命令行提示"SLICE 指定切面的起点"，***2.*** 单击指定点，如图 13-32 所示。

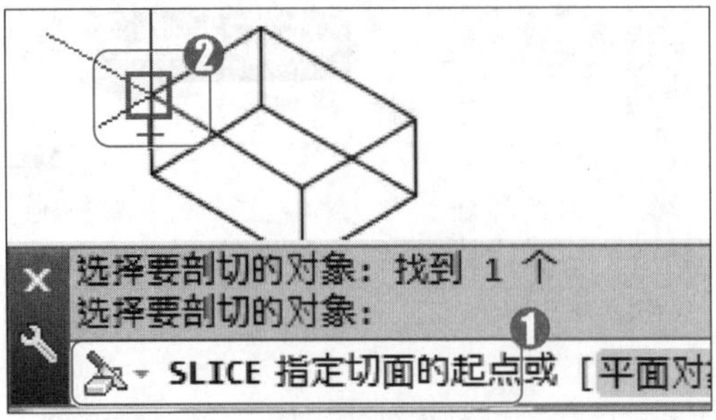

图 13-32

第 4 步 移动鼠标指针，***1.*** 命令行提示"SLICE 指定平面上的第二个点"，***2.*** 单击指定点，如图 13-33 所示。

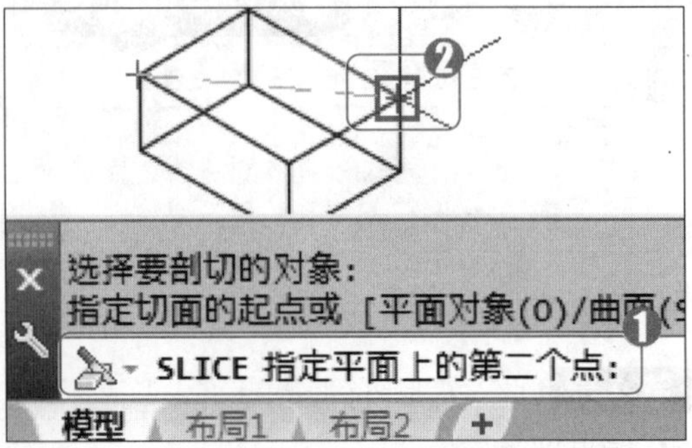

图 13-33

第 5 步 移动鼠标指针，*1.* 命令行提示“SLICE 在所需的侧面上指定点”，*2.* 单击指定点，如图 13-34 所示。

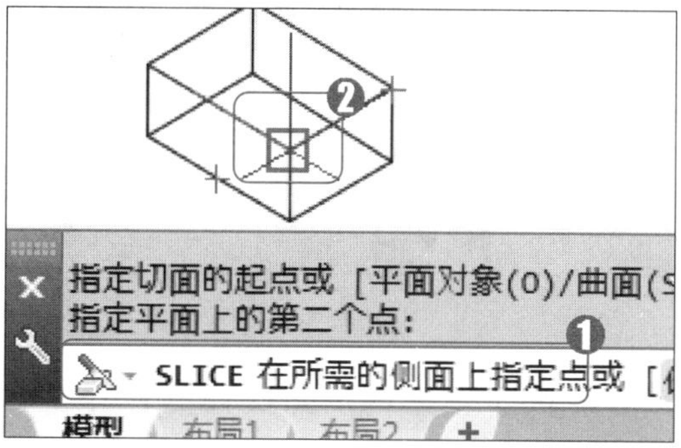

图 13-34

第 6 步 此时可以看到剖切后的图形，通过以上步骤即可完成剖切图形的操作，如图 13-35 所示。

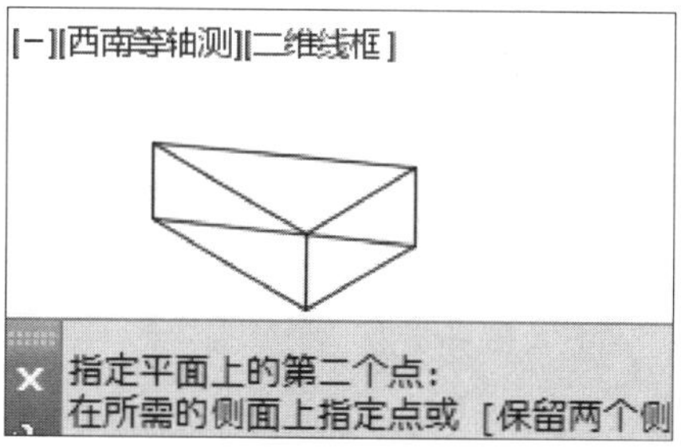

图 13-35

13.1.6 抽壳

微课堂 00 分 25 秒

在 AutoCAD 2016 中，抽壳是通过偏移被选中的三维实体的面，将原始面与偏移面之外的实体删除，转换为有一定厚度的壳体。下面介绍抽壳实体的操作方法。

操作步骤 >> Step by Step

第 1 步 打开“抽壳图形.dwg”素材文件，切换到【三维建模】空间，*1.* 在功能区面板中，选择【实体】选项卡，*2.* 在【实体编辑】面板中的【抽壳】下拉菜单中，选择【抽壳】命令，如图 13-36 所示。

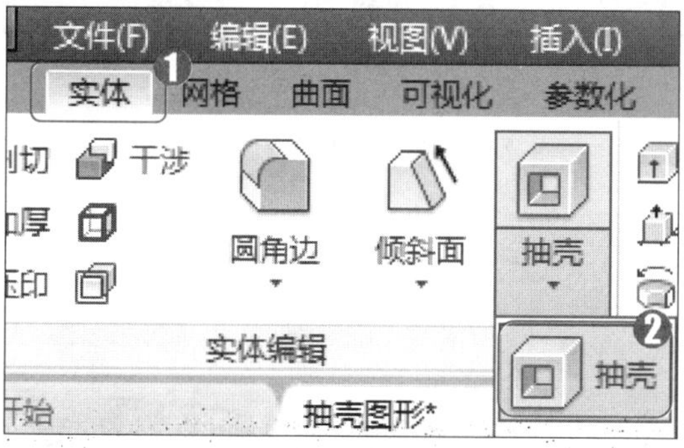

图 13-36

第 2 步 返回到绘图区，*1.* 命令行提示“SOLIDEDIT 选择三维实体”，*2.* 单击选择长方体，如图 13-37 所示。

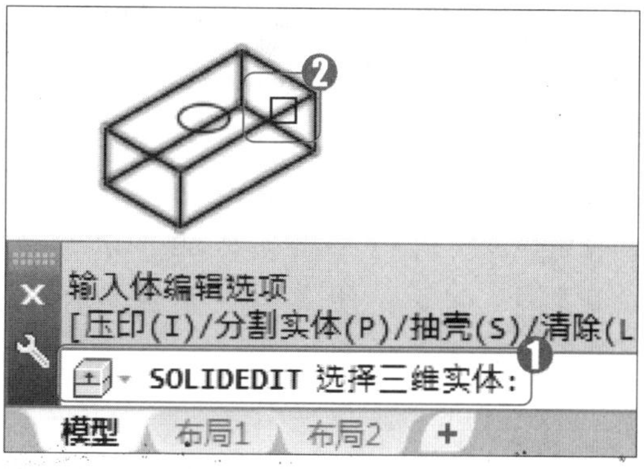

图 13-37

第 3 步 移动鼠标指针，*1.* 命令行提示“SOLIDEDIT 删除面”，*2.* 单击选中圆，如图 13-38 所示。

第 4 步 然后按 Enter 键结束选择对象操作，在命令行中输入抽壳的偏移距离 2，并按 Enter 键，如图 13-39 所示。

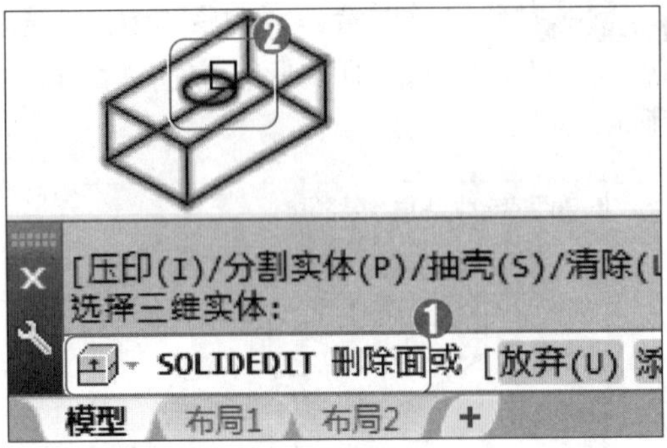

图 13-38

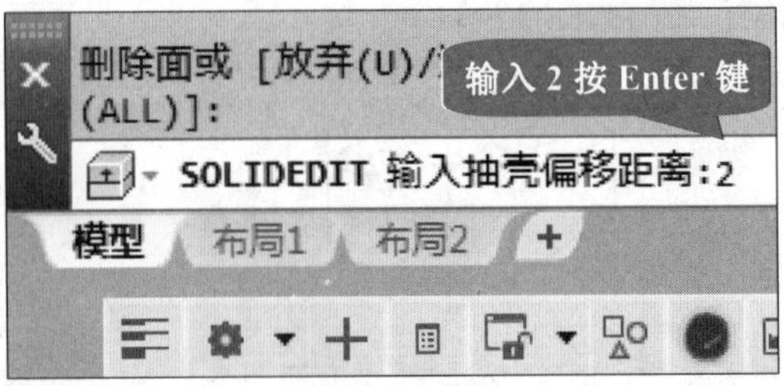

图 13-39

第 5 步 再次按 Esc 键退出抽壳命令，通过以上步骤即可完成抽壳实体的操作，如图 13-40 所示。

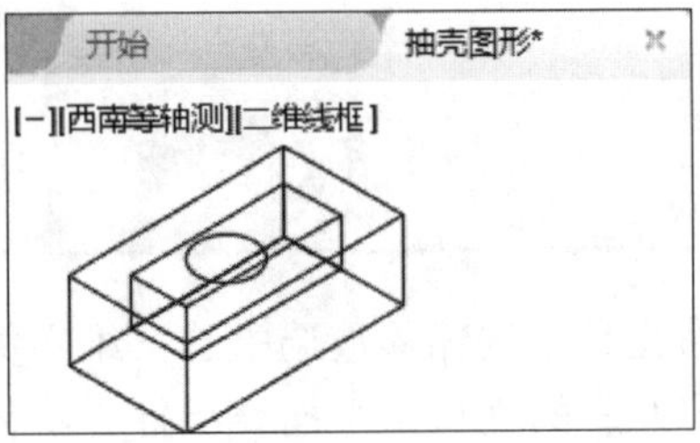

图 13-40

■ 指点迷津

在执行抽壳实体操作时，若输入的抽壳偏移距离为正数，将从三维实体表面向内部抽壳；若为负数则从实体中心向外抽壳。

Section 13.2 布尔运算

导读

在 AutoCAD 2016 中，创建三维图形后，用户可以对三维图形进行三维实体的布尔运算操作，如交集运算、差集运算和并集运算等，使实体对象更符合绘制要求。本节将介绍三维实体布尔运算方面的知识。

13.2.1 交集运算

微课堂 00 分 17 秒

在 AutoCAD 2016 中，交集运算是指保留多个实体对象的公共部分，删除不需要的部分所得到的实体部分的操作。下面介绍交集运算的操作方法。

操作步骤 >> Step by Step

第 1 步 打开“交集图形.dwg”素材文件，切换到【三维建模】空间，*1.* 在功能区面板中，选择【实体】选项卡，*2.* 在【布尔值】面板中，单击【交集】按钮，如图 13-41 所示。

图 13-41

第 2 步 返回到绘图区，*1.* 命令行提示“INTERSECT 选择对象”，*2.* 使用叉选方式选择实体图形，如图 13-42 所示。

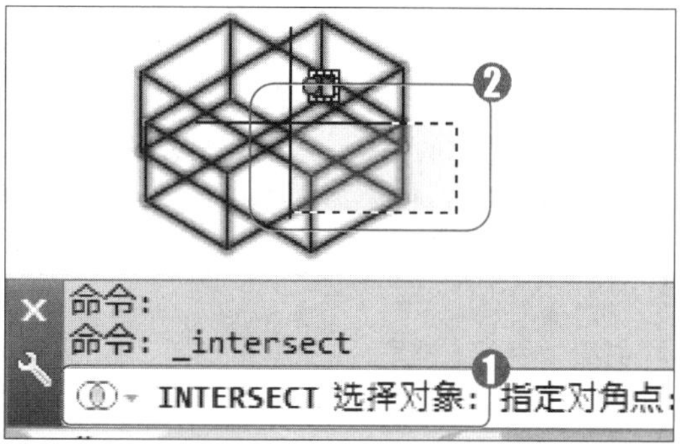

图 13-42

第 3 步 然后按 Enter 键退出交集运算命令，此时可以看到交集运算后的实体，通过以上步骤即可完成实体图形交集运算的操作，如图 13-43 所示。

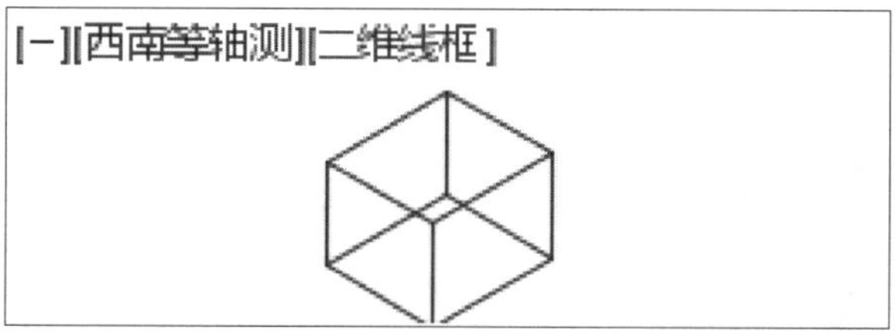

图 13-43

13.2.2 差集运算

微课堂 00 分 20 秒

在 AutoCAD 2016 中，差集运算是指用第一个实体对象减去第二个实体对象而得到实体部分的操作。下面介绍差集运算的操作方法。

知识拓展：差集运算的顺序

在 AutoCAD 2016 的【三维建模】空间中，执行差集运算时，若选择的第二个实体包含在第一个实体中，差集运算的结果是从第一个实体中减去第二个实体；若第二个实体只有部分包含在第一个实体中，差集运算的结果是第一个实体减去两个实体中的公共部分。

操作步骤 >> Step by Step

第 1 步 打开“差集图形.dwg”素材文件，切换到【三维建模】空间，*1.* 在功能区面板中，选择【实体】选项卡，*2.* 在【布尔值】面板中，单击【差集】按钮，如图 13-44 所示。

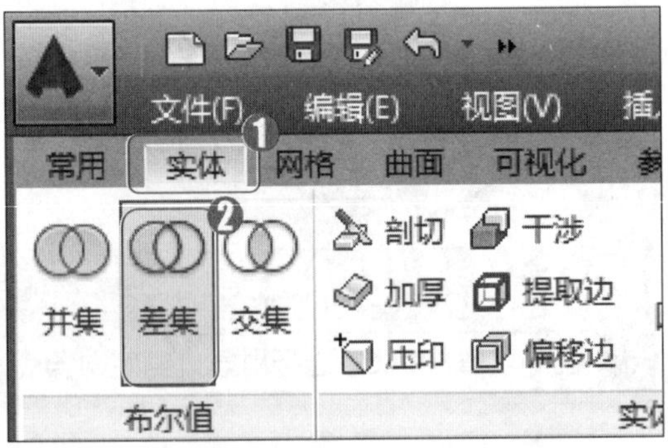

图 13-44

第 2 步 返回到绘图区，*1.* 命令行提示“SUBTRACT 选择对象”，*2.* 单击选中要从中减去的实体，如图 13-45 所示。

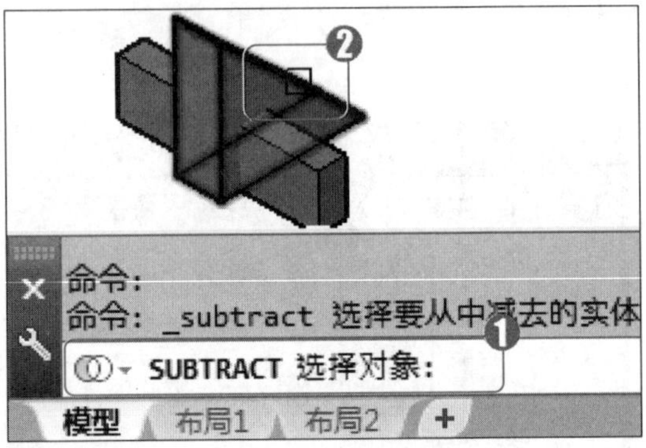

图 13-45

第 3 步 然后按 Enter 键结束选择减去实体操作，*1.* 命令行提示“SUBTRACT 选择对象”，*2.* 单击选中要减去的实体，如图 13-46 所示。

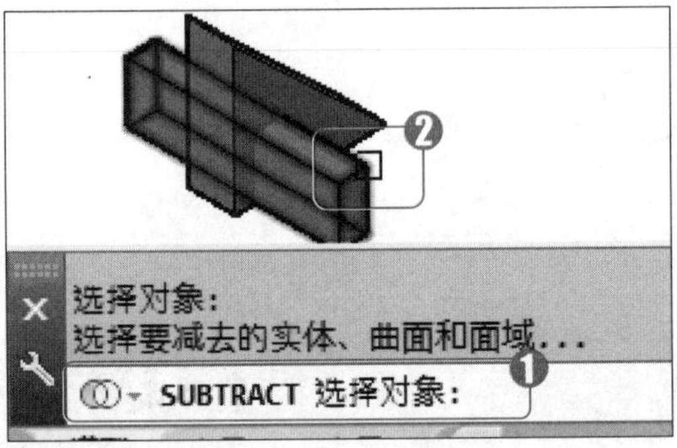

图 13-46

第 4 步 然后按 Enter 键退出差集命令，此时可以看到差集运算后的实体，通过以上步骤即可完成实体差集运算的操作，如图 13-47 所示。

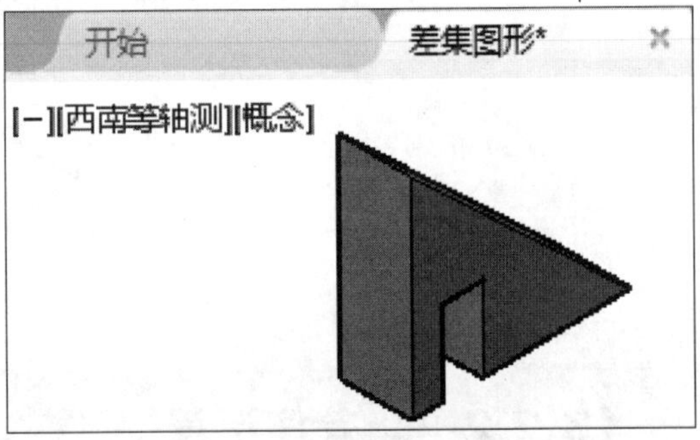

图 13-47

13.2.3 并集运算

微课堂 00 分 18 秒

在 AutoCAD 2016 中，并集运算是指将两个或多个三维实体、曲面或二维面域合并为一个复合三维实体、曲面或面域。下面介绍并集运算的操作方法。

操作步骤 >> Step by Step

第 1 步 打开“并集图形.dwg”素材文件，切换到【三维建模】空间，*1.* 在功能区面板

第 2 步 返回到绘图区，*1.* 命令行提示“UNION 选择对象”，*2.* 使用叉选方式选

中，选择【实体】选项卡，**2.** 在【布尔值】面板中，单击【并集】按钮，如图 13-48 所示。

图 13-48

择实体图形，如图 13-49 所示。

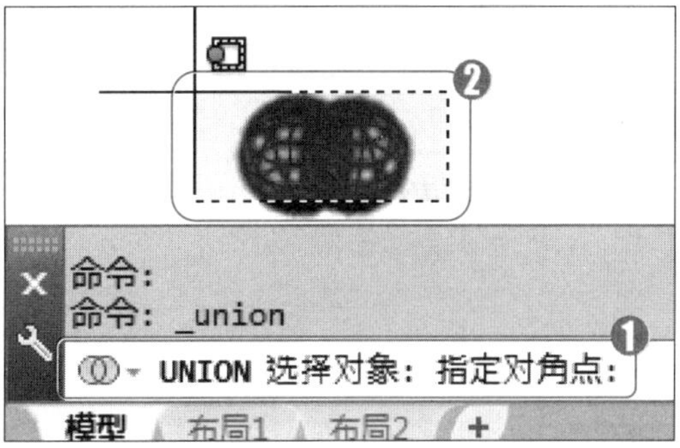

图 13-49

第 3 步 然后按 Enter 键退出并集运算命令，此时可以看到并集运算后的实体，通过以上步骤即可完成实体图形并集运算的操作，如图 13-50 所示。

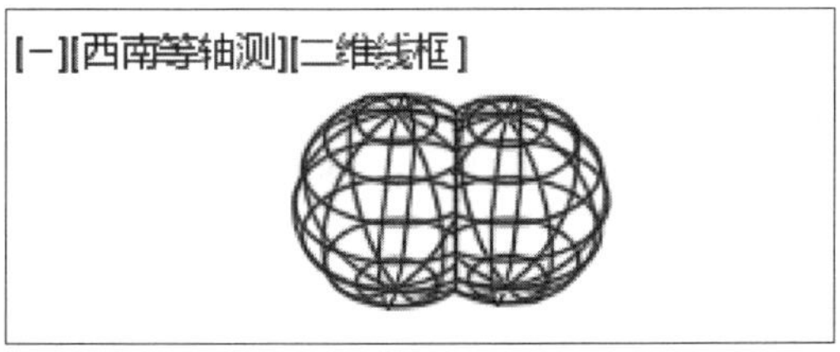

图 13-50

知识拓展：调用并集运算命令的方式

在 AutoCAD 2016【三维建模】空间的菜单栏中，选择【修改】菜单，在弹出的下拉菜单中，选择【实体编辑】命令，在子菜单中选择【并集】命令；或者在命令行输入 UNION 命令，然后按 Enter 键，来调用并集运算命令。

13.2.4 干涉运算

微课堂 00 分 29 秒

在 AutoCAD 2016 中，干涉运算是指将连接两个相交实体对象的公共部分，创建为新的模型的操作，干涉运算后的实体本身没有改变，而其公共部分被创建为一个新的模型。下面介绍干涉运算的操作方法。

操作步骤 >> Step by Step

第 1 步 打开“干涉运算.dwg”素材文件，切换到【三维建模】空间，**1.** 在功能区面板中选择【实体】选项卡，**2.** 在【实体编辑】面板中单击【干涉】按钮，如图 13-51 所示。

第 2 步 返回到绘图区，**1.** 命令行提示“INTERFERE 选择第一组对象”，**2.** 单击选中实体图形，如图 13-52 所示。

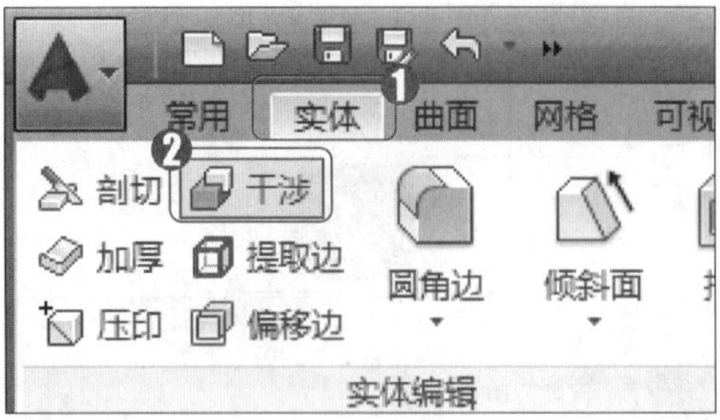

图 13-51

第 3 步 然后按 Enter 键，结束选择第一组对象操作，*1.* 命令行提示“INTERFERE 选择第二组对象”，**2.** 单击选中实体图形，如图 13-53 所示。

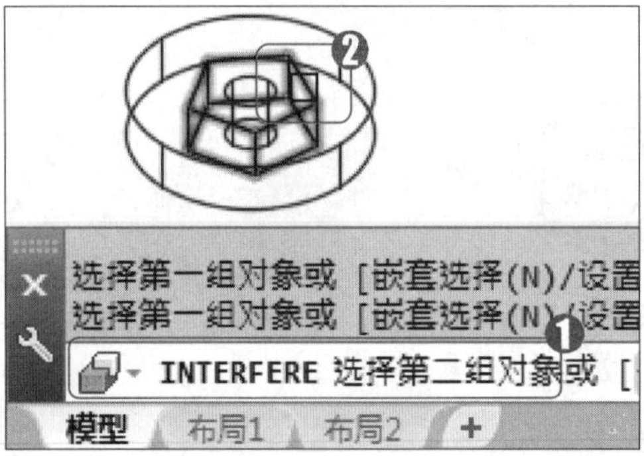

图 13-53

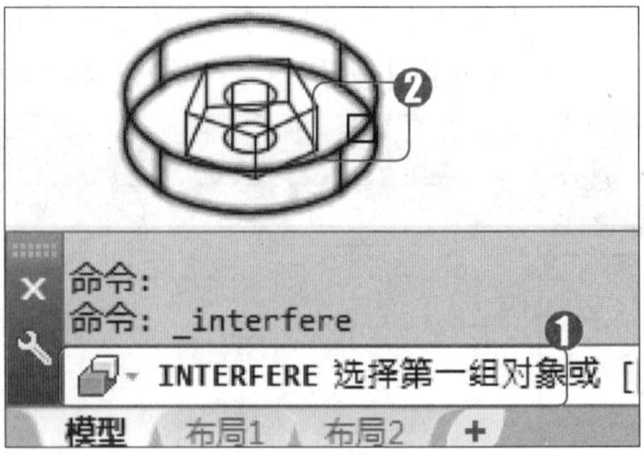

图 13-52

第 4 步 然后按 Enter 键结束选择第二组对象操作，弹出【干涉检查】对话框，*1.* 取消选中【关闭时删除已创建的干涉对象】复选框，**2.** 单击【关闭】按钮 关闭(C) ，即可完成干涉运算的操作，如图 13-54 所示。

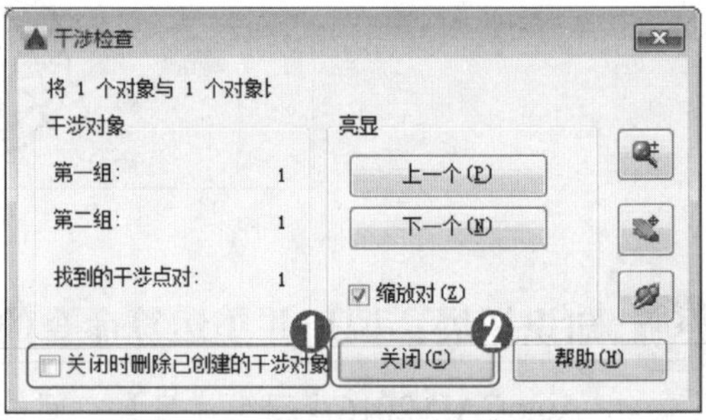

图 13-54

Section 13.3 编辑三维实体的表面

导读

在 AutoCAD 2016 中，可以对创建的三维实体的表面进行编辑，包括移动面、偏移面、倾斜面、拉伸面和旋转面等操作。本节将详细介绍编辑三维实体表面的知识与操作技巧。

13.3.1 移动面

微课堂 00 分 24 秒

在 AutoCAD 2016 中，移动面是指将三维实体上的一个或多个面向指定方向移动，从而更改对象形状的操作，并且移动的只是选定的实体面且不改变面的方向，下面介绍移动面的操作方法。

操作步骤 >> Step by Step

第 1 步　新建 CAD 空白文档并绘制实体图形，切换到【三维建模】空间，*1.* 在菜单栏中，选择【修改】菜单，*2.* 在弹出的下拉菜单中，选择【实体编辑】命令，*3.* 在子菜单中选择【移动面】命令，如图 13-55 所示。

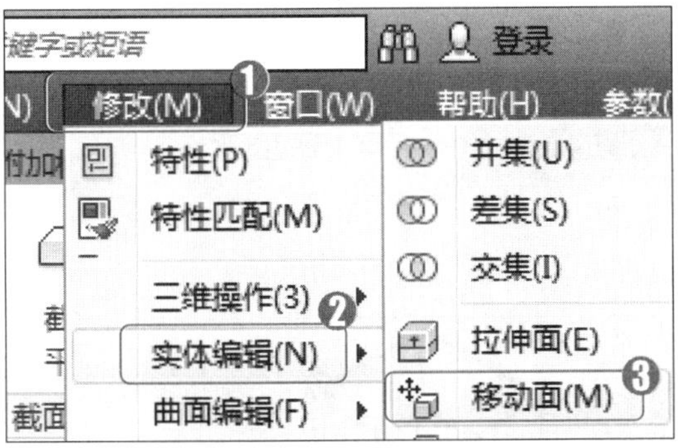

图 13-55

第 2 步　返回到绘图区，*1.* 命令行提示“SOLIDEDIT 选择面”，*2.* 单击选中实体图形的面，如图 13-56 所示。

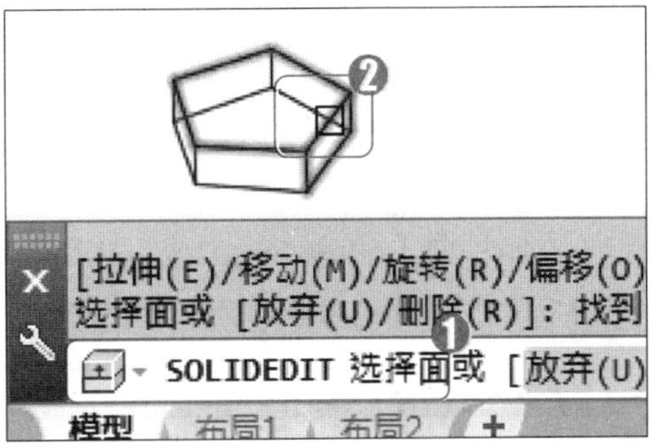

图 13-56

第 3 步　然后按 Enter 键，结束选择面操作，*1.* 命令行提示“SOLIDEDIT 指定基点或位移”，*2.* 单击选中基点，如图 13-57 所示。

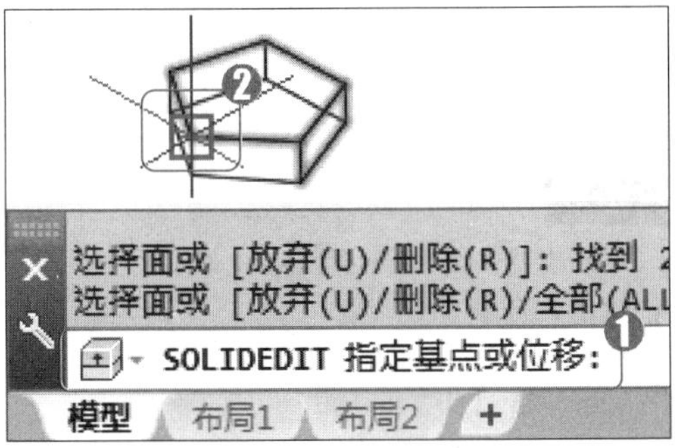

图 13-57

第 4 步　移动鼠标指针，*1.* 命令行提示“SOLIDEDIT 指定位移的第二点”，*2.* 单击指定点，如图 13-58 所示。

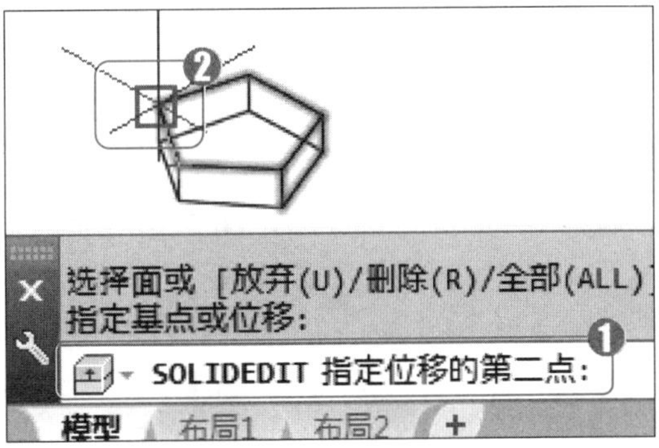

图 13-58

第 5 步　然后按 Esc 键退出移动面命令，通过以上步骤即可完成移动面的操作，如图 13-59 所示。

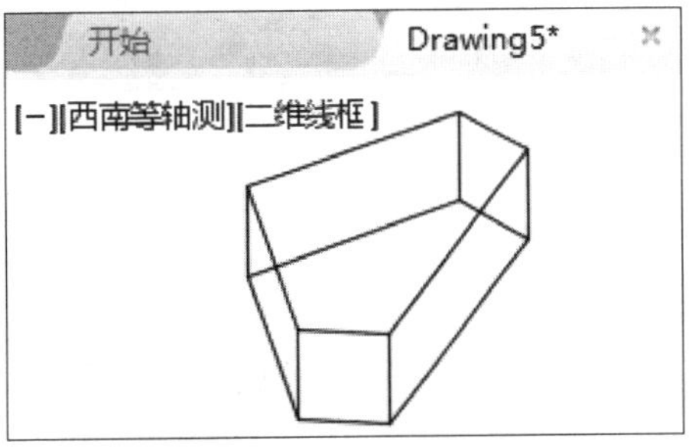

图 13-59

■ 指点迷津

可以在功能区面板【常用】选项卡的【实体编辑】面板中单击【移动面】按钮，来调用移动面命令。

13.3.2 偏移面

微课堂 00 分 25 秒

在 AutoCAD 2016 中，偏移面是指将三维实体选定的面，按照指定的距离进行偏移，从而更改对象形状的操作，下面介绍偏移面的操作方法。

操作步骤 >> Step by Step

第 1 步 新建 CAD 空白文档并绘制实体图形，切换到【三维建模】空间，***1.*** 在菜单栏中，选择【修改】菜单，***2.*** 在弹出的下拉菜单中，选择【实体编辑】命令，***3.*** 在子菜单中选择【偏移面】命令，如图 13-60 所示。

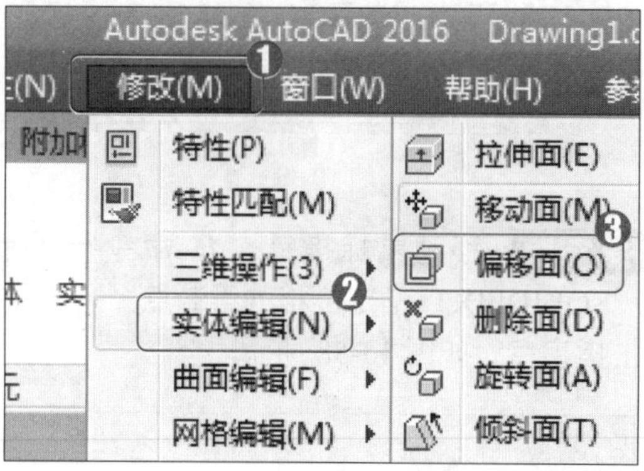

图 13-60

第 2 步 返回到绘图区，***1.*** 命令行提示"SOLIDEDIT 选择面"，***2.*** 单击选中实体图形的面，如图 13-61 所示。

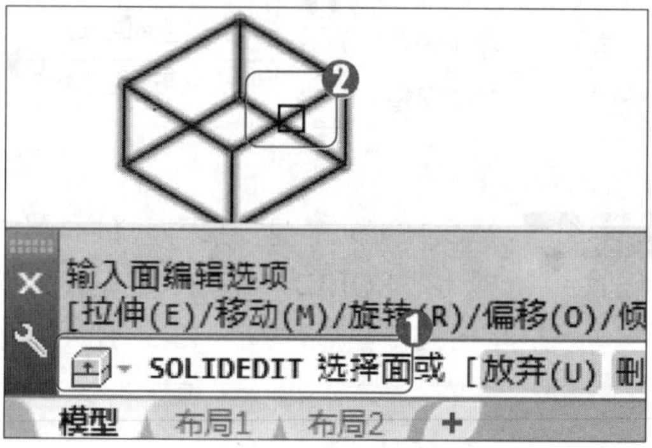

图 13-61

第 3 步 然后按 Enter 键，结束选择面操作，根据命令行提示"SOLIDEDIT 指定偏移距离"，在命令行输入 5 并按 Enter 键，如图 13-62 所示。

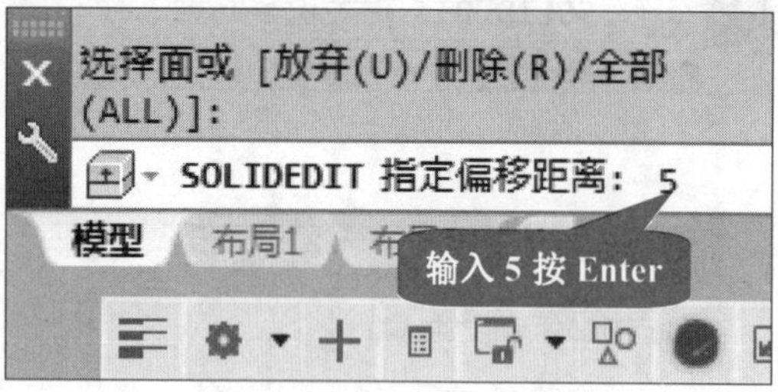

图 13-62

第 4 步 然后按 Esc 键退出偏移面命令，通过以上步骤即可完成偏移面的操作，如图 13-63 所示。

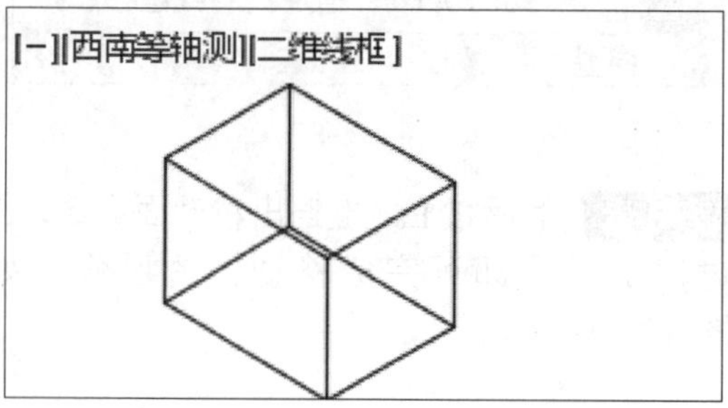

图 13-63

13.3.3 倾斜面

微课堂 00 分 25 秒

在 AutoCAD 2016 中，倾斜面是指以指定的角度倾斜三维实体上的面，其中倾斜角的旋转方向由选择基点和第二点(沿选定矢量)的顺序决定，下面介绍倾斜面的操作方法。

操作步骤 >> Step by Step

第 1 步 新建 CAD 空白文档并绘制长方体，切换到【三维建模】空间，*1.* 在菜单栏中，选择【修改】菜单，*2.* 在弹出的下拉菜单中，选择【实体编辑】命令，*3.* 在子菜单中选择【倾斜面】命令，如图 13-64 所示。

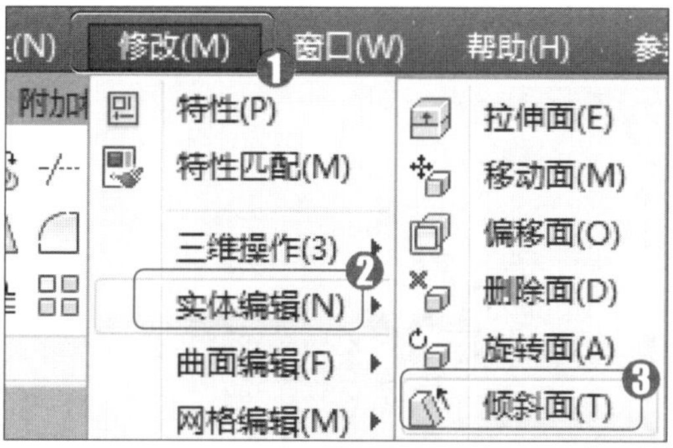

图 13-64

第 2 步 返回到绘图区，*1.* 命令行提示"SOLIDEDIT 选择面"，*2.* 单击选中实体图形的面，如图 13-65 所示。

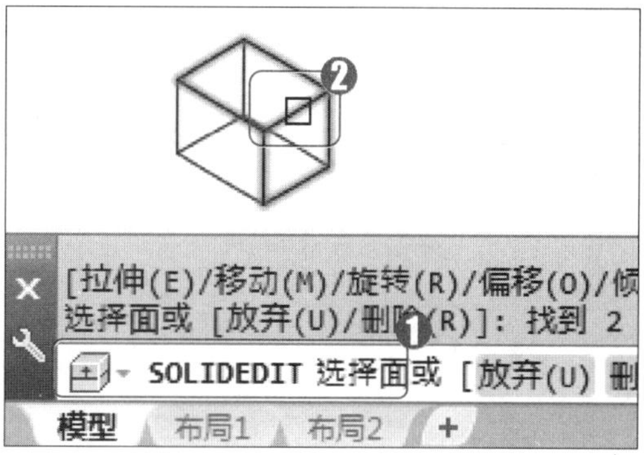

图 13-65

第 3 步 然后按 Enter 键，结束选择面操作，*1.* 命令行提示"SOLIDEDIT 指定基点"，*2.* 单击选中基点，如图 13-66 所示。

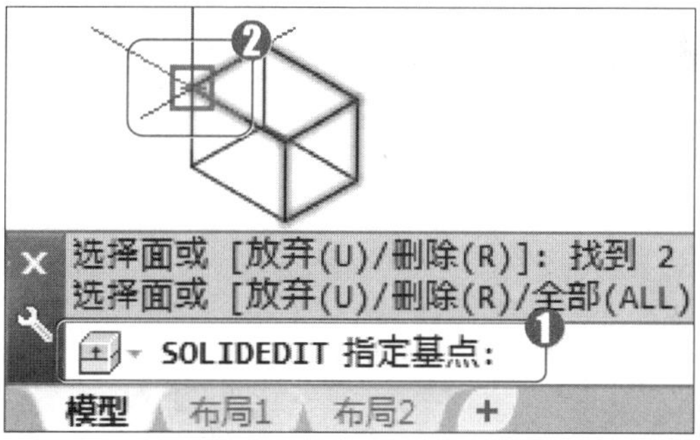

图 13-66

第 4 步 移动鼠标指针，*1.* 命令行提示"SOLIDEDIT 指定沿倾斜轴的另一个点"，*2.* 单击选中第二点，如图 13-67 所示。

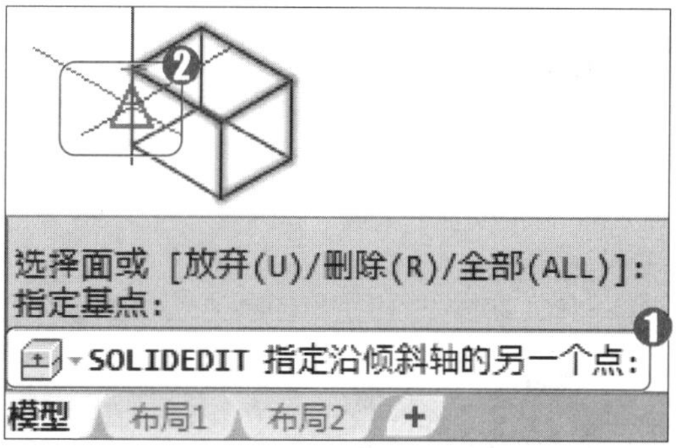

图 13-67

第 5 步 根据命令行提示"SOLIDEDIT 指定倾斜角度"，在命令行输入 45 并按 Enter 键，如图 13-68 所示。

图 13-68

第 6 步 然后按 Esc 键退出倾斜面命令，通过以上步骤即可完成倾斜面的操作，如图 13-69 所示。

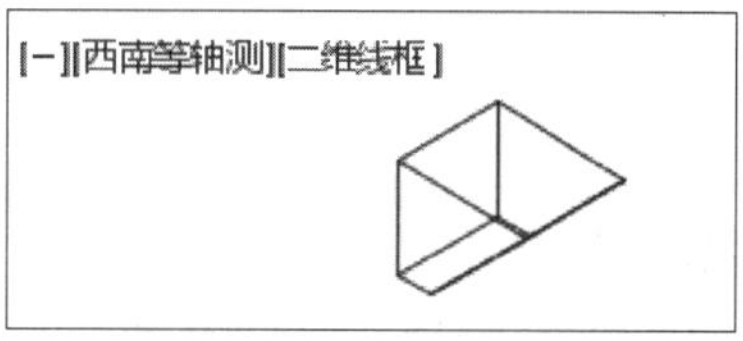

图 13-69

13.3.4 拉伸面

微课堂 00 分 27 秒

在 AutoCAD 2016 中，将三维实体的选定面按指定的距离或沿某条路径进行拉伸的操作，称为拉伸面，下面介绍拉伸面的操作方法。

操作步骤 >> Step by Step

第 1 步 新建 CAD 空白文档并绘制楔体，切换到【三维建模】空间，*1.* 在功能区面板中，选择【常用】选项卡，*2.* 在【实体编辑】面板中，选择【拉伸面】下拉菜单中的【拉伸面】命令，如图 13-70 所示。

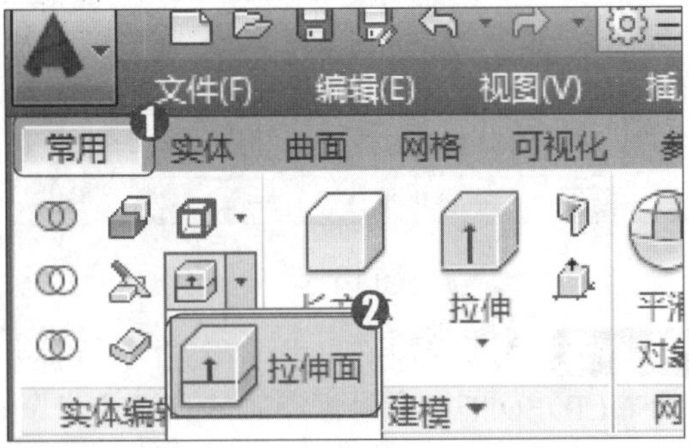

图 13-70

第 2 步 返回到绘图区，*1.* 命令行提示“SOLIDEDIT 选择面”，*2.* 单击选中实体图形的面，如图 13-71 所示。

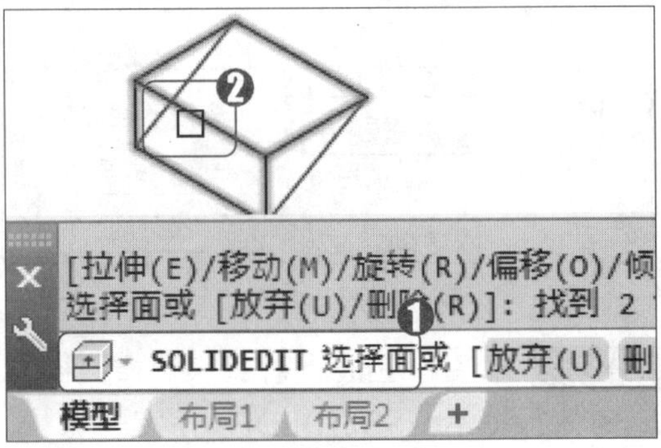

图 13-71

第 3 步 根据命令行提示“SOLIDEDIT 指定拉伸高度”，在命令行输入 5 并按 Enter 键，如图 13-72 所示。

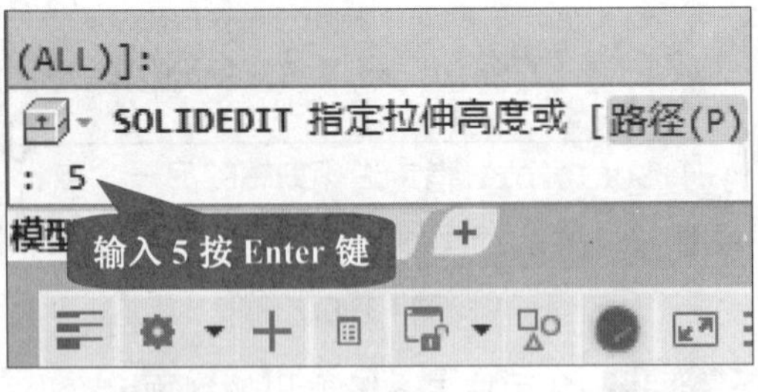

图 13-72

第 4 步 根据命令行提示“SOLIDEDIT 指定拉伸的倾斜角度”，在命令行输入 30 并按 Enter 键，如图 13-73 所示。

图 13-73

第 5 步 此时，可以看到实体被拉伸后的效果，通过以上步骤即可完成拉伸面的操作，如图 13-74 所示。

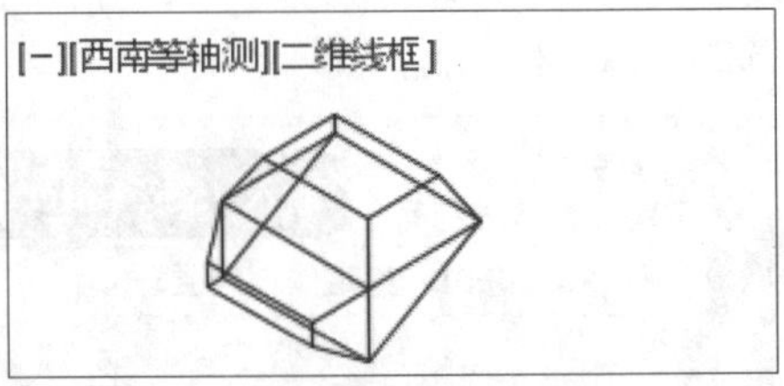

图 13-74

■ 指点迷津

在执行拉伸面操作时，拉伸的倾斜角度必须大于−90° 且小于 90° 。

13.3.5 旋转面

微课堂 00 分 29 秒

在 AutoCAD 2016 中，将三维实体的选定面绕指定的轴旋转，更改对象形状的操作，称为旋转面，下面介绍旋转面的操作方法。

操作步骤 >> Step by Step

第 1 步 新建 CAD 空白文档并绘制长方体，切换到【三维建模】空间，**1.** 在菜单栏中，选择【修改】菜单，**2.** 在弹出的下拉菜单中，选择【实体编辑】命令，**3.** 在子菜单中选择【旋转面】命令，如图 13-75 所示。

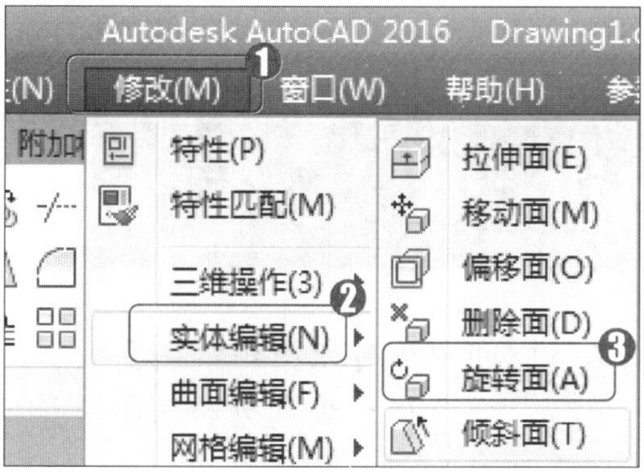

图 13–75

第 2 步 返回到绘图区，**1.** 命令行提示“SOLIDEDIT 选择面”，**2.** 单击选中实体图形的面，如图 13-76 所示。

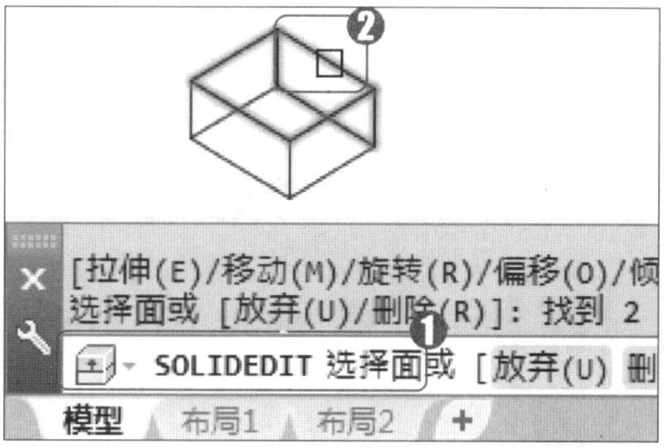

图 13–76

第 3 步 然后按 Enter 键，结束选择面操作，**1.** 命令行提示“SOLIDEDIT 指定轴点”，**2.** 单击选中轴点，如图 13-77 所示。

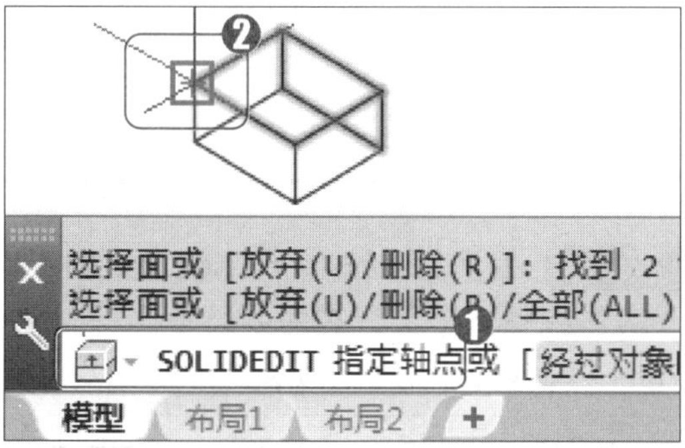

图 13–77

第 4 步 移动鼠标指针，**1.** 命令行提示“SOLIDEDIT 在旋转轴上指定第二个点”，**2.** 单击选中第二点，如图 13-78 所示。

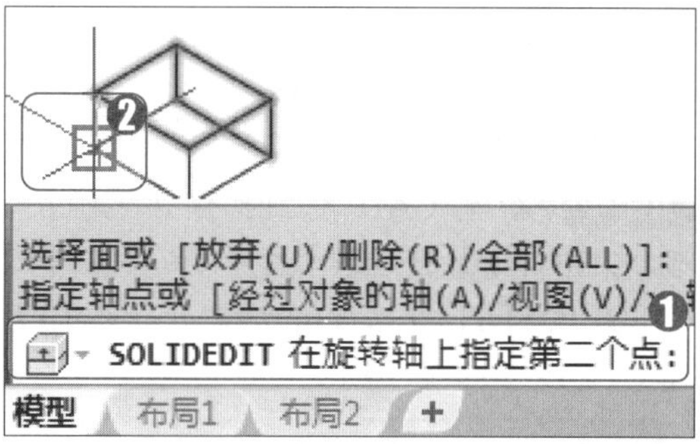

图 13–78

第 5 步 根据命令行提示“SOLIDEDIT 指定旋转角度”，在命令行输入 40 并按 Enter 键，如图 13-79 所示。

第 6 步 然后按 Esc 键退出倾斜面命令，通过以上步骤即可完成倾斜面的操作，如图 13-80 所示。

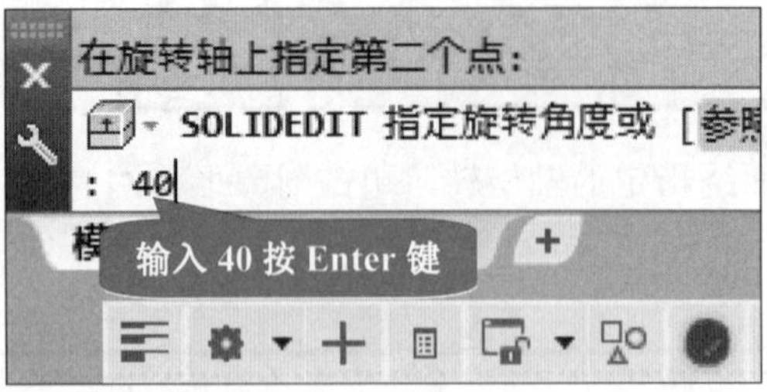

图 13-79

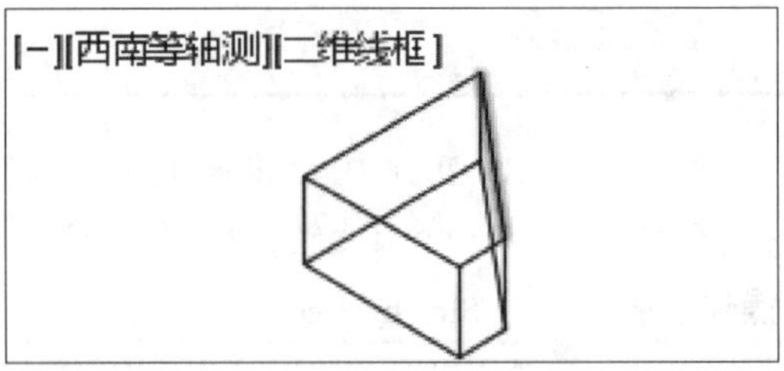

图 13-80

知识拓展：SOLIDEDIT 命令

在 AutoCAD 2016 中，SOLIDEDIT 命令可以拉伸、移动、旋转、偏移、倾斜、复制、删除面、为面指定颜色以及添加材质，还可以复制边以及为其指定颜色，但不能对网格对象使用 SOLIDEDIT 命令。

Section 13.4 编辑三维图形的边

导读

在 AutoCAD 2016 的三维工作空间中，可以根据绘图需要，对三维实体的边进行着色边、倒角边、圆角边、提取边和压印边等操作。本节将详细介绍编辑三维图形边的知识与操作技巧。

13.4.1 着色边

微课堂 00 分 29 秒

在 AutoCAD 2016 中，着色边是指更改三维实体选定的边的颜色，可将着色边用于亮显相交的边等，下面介绍着色边的操作方法。

操作步骤 >> Step by Step

第 1 步 新建 CAD 空白文档并绘制长方体，切换到【三维建模】空间，在命令行输入 SOLIDEDIT 并按 Enter 键，如图 13-81 所示。

图 13-81

第 2 步 根据命令行提示“SOLIDEDIT 输入实体编辑选项”，在命令行输入 E 并按 Enter 键，激活【边】选项，如图 13-82 所示。

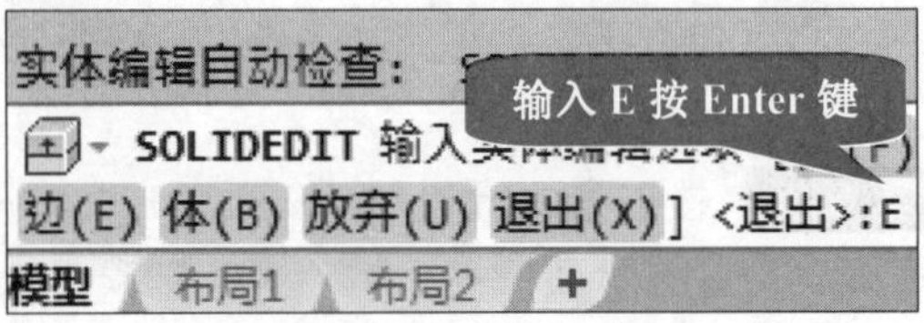

图 13-82

第 3 步 根据命令行提示“SOLIDEDIT 输入边编辑选项”，在命令行输入 L 并按 Enter 键，激活【着色】选项，如图 13-83 所示。

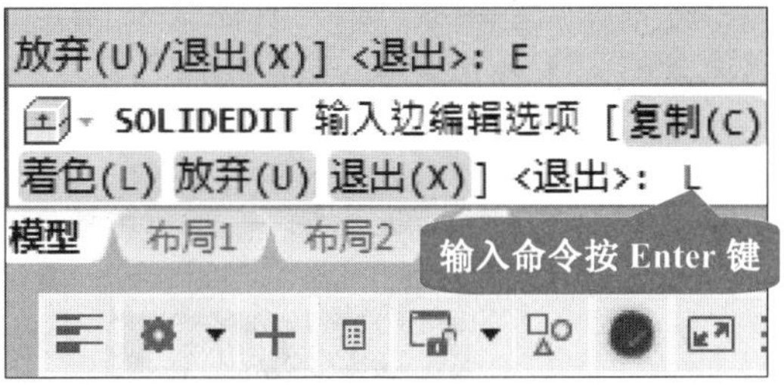

图 13-83

第 4 步 返回到绘图区，**1.** 命令行提示“SOLIDEDIT 选择边”，**2.** 单击选中实体图形的边，如图 13-84 所示。

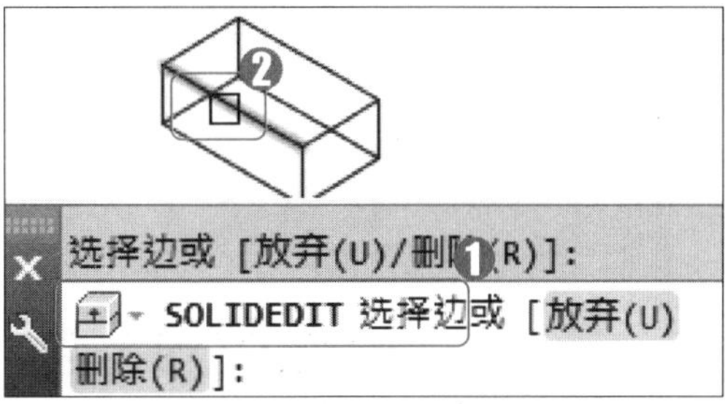

图 13-84

第 5 步 弹出【选择颜色】对话框，**1.** 选择【索引颜色】选项卡，**2.** 设置着色边的颜色，**3.** 单击【确定】按钮 确定 ，如图 13-85 所示。

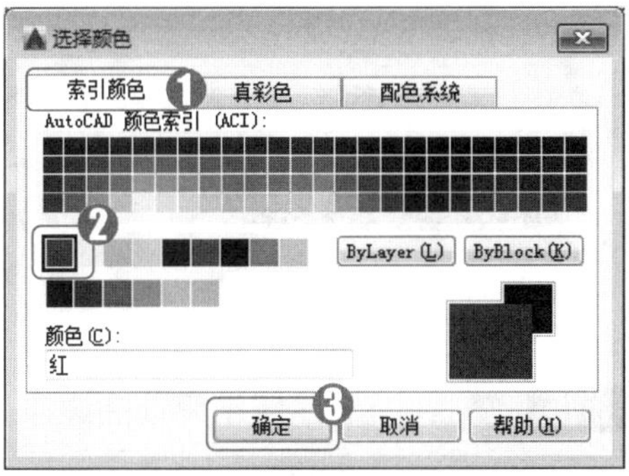

图 13-85

第 6 步 然后按 Esc 键退出着色边命令，通过以上步骤即可完成着色边的操作，如图 13-86 所示。

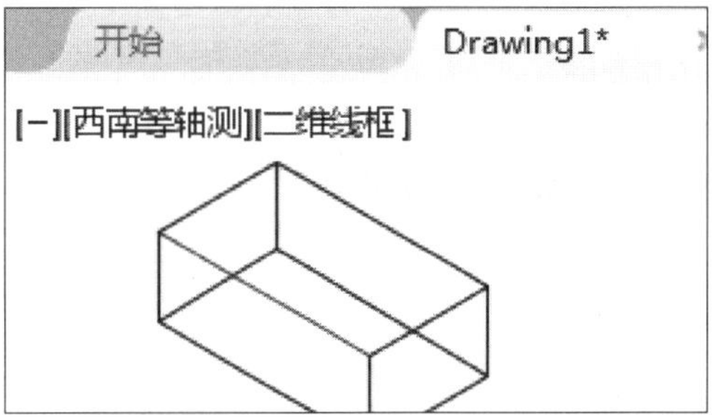

图 13-86

知识拓展：调用着色边命令的方式

在 AutoCAD 2016 的【三维建模】空间中，选择【修改】菜单，在弹出的下拉菜单中，选择【实体编辑】命令，在子菜单中选择【着色边】命令，或者在功能区面板中，选择【常用】选项卡，在【实体编辑】面板中，选择【提取边】下拉菜单中的【着色边】命令，即可调用着色边命令。

13.4.2 倒角边

微课堂 00 分 37 秒

在 AutoCAD 2016 中，倒角边是指对三维实体选定的边进行倒角操作。下面介绍倒角边的操作方法。

操作步骤 >> Step by Step

第 1 步 新建 CAD 空白文档并绘制长方体，切换到【三维建模】空间，在命令行输入【倒角边】命令 CHAMFEREDGE，并按 Enter 键，如图 13-87 所示。

图 13-87

第 2 步 命令行提示“CHAMFEREDGE 选择一条边”，在命令行输入 D 并按 Enter 键，激活【距离】选项，如图 13-88 所示。

图 13-88

第 3 步 命令行提示“CHAMFEREDGE 指定距离 1”，在命令行输入 2 并按 Enter 键，如图 13-89 所示。

图 13-89

第 4 步 命令行提示“CHAMFEREDGE 指定距离 2”，在命令行输入 2 并按 Enter 键，如图 13-90 所示。

图 13-90

第 5 步 返回到绘图区，***1.*** 命令行提示“CHAMFEREDGE 选择一条边”，***2.*** 单击选中实体图形的边，如图 13-91 所示。

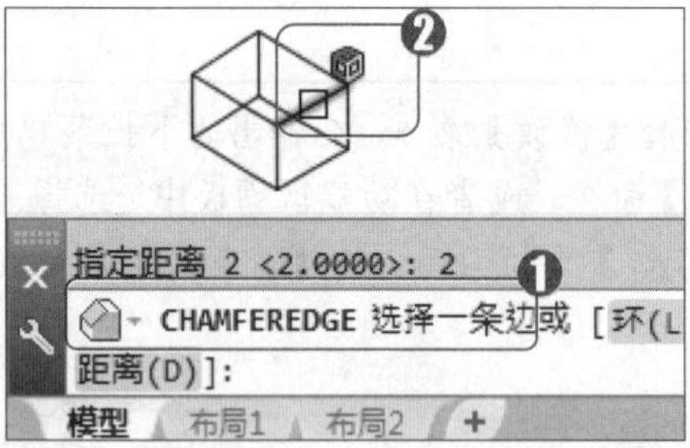

图 13-91

第 6 步 然后按 Enter 键结束选择边操作，根据命令行提示按 Enter 键，接受倒角即可完成倒角边的操作，如图 13-92 所示。

图 13-92

知识拓展：调用倒角边命令的方式

在 AutoCAD 2016 的【三维建模】空间中，选择【修改】菜单，在弹出的下拉菜单中，选择【实体编辑】命令，在子菜单中选择【倒角边】命令；或者在功能区面板中，选择【实体】选项卡，在【实体编辑】面板中，选择【圆角边】下拉菜单中的【倒角边】命令，即可调用倒角边命令。

13.4.3　圆角边

微课堂 00 分 24 秒

在 AutoCAD 2016 中，圆角边是指对三维实体选定的边进行圆角的操作。可以使用 FILLETEDGE 命令来调用圆角边命令，下面介绍具体的操作方法。

操作步骤 >> Step by Step

第 1 步　新建 CAD 空白文档并绘制长方体，切换到【三维建模】空间，在命令行输入【圆角边】命令 FILLETEDGE，并按 Enter 键，如图 13-93 所示。

图 13-93

第 2 步　根据命令行提示“FILLETEDGE 选择边”，在命令行输入 R 并按 Enter 键，激活【半径】选项，如图 13-94 所示。

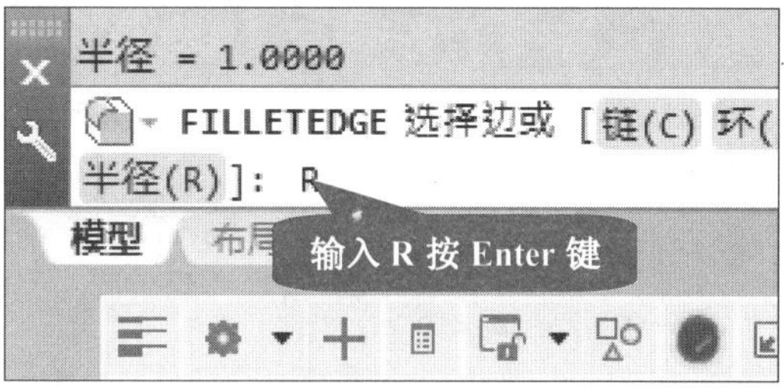

图 13-94

第 3 步　命令行提示“FILLETEDGE 输入圆角半径”，在命令行输入 2 并按 Enter 键，如图 13-95 所示。

图 13-95

第 4 步　返回到绘图区，***1.*** 命令行提示“FILLETEDGE 选择边”，***2.*** 单击选中实体图形的边，如图 13-96 所示。

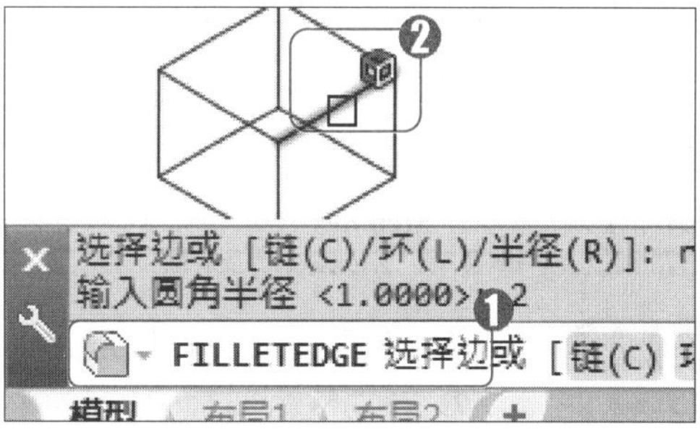

图 13-96

第 5 步　然后按 Enter 键结束选择边操作，根据命令行提示按 Enter 键接受圆角，如图 13-97 所示。

图 13-97

第 6 步　此时可以看到圆角边的图形，通过以上步骤即可完成圆角边的操作，如图 13-98 所示。

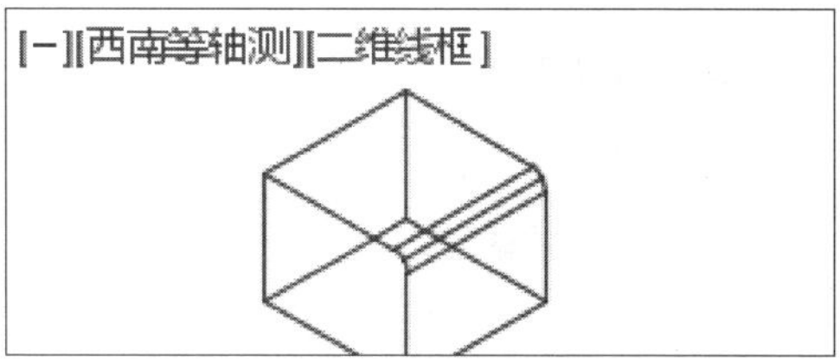

图 13-98

13.4.4 提取边

微课堂 00 分 20 秒

在 AutoCAD 2016 中，提取边是指提取三维实体、曲面、网格、面域或子对象的边，从而创建线框模型，下面介绍提取边的操作方法。

操作步骤 >> Step by Step

第 1 步 新建 CAD 空白文档，切换到【三维建模】空间，*1.* 在功能区面板中，选择【实体】选项卡，*2.* 在【实体编辑】面板中，单击【提取边】按钮，如图 13-99 所示。

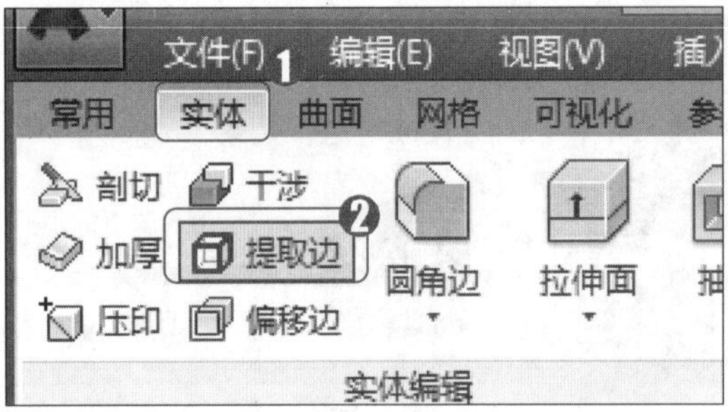

图 13-99

第 2 步 返回到绘图区，*1.* 命令行提示"XEDGES 选择对象"，*2.* 单击选中图形，然后按 Enter 键，即可完成提取边的操作，如图 13-100 所示。

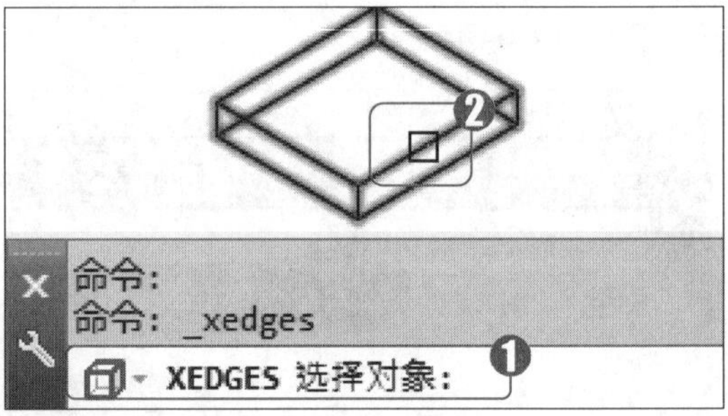

图 13-100

13.4.5 压印边

微课堂 00 分 22 秒

在 AutoCAD 2016 中，压印边是指将二维几何图形压印到三维实体上，下面介绍压印边的操作方法。

操作步骤 >> Step by Step

第 1 步 新建 CAD 空白文档，切换到【三维建模】空间，*1.* 在功能区面板中，选择【实体】选项卡，*2.* 在【实体编辑】面板中，单击【压印】按钮，如图 13-101 所示。

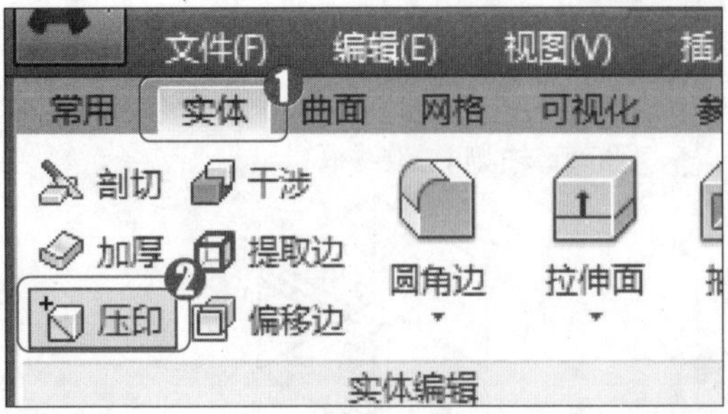

图 13-101

第 2 步 返回到绘图区，*1.* 命令行提示"IMPRINT 选择三维实体或曲面"，*2.* 单击选中实体，如图 13-102 所示。

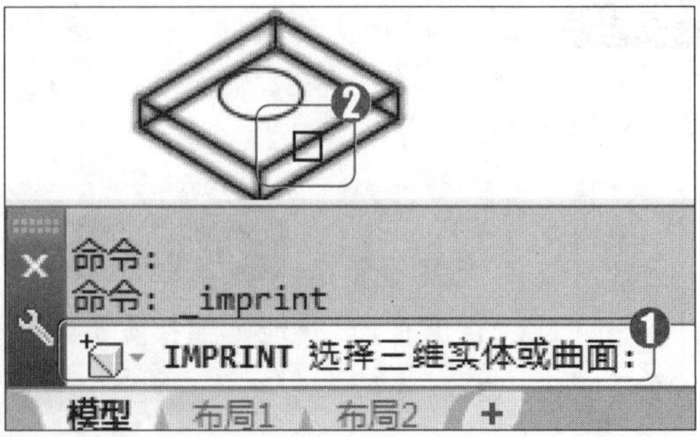

图 13-102

第 3 步 移动鼠标指针，*1.* 命令行提示“IMPRINT 选择要压印的对象”，*2.* 单击选中对象，如图 13-103 所示。

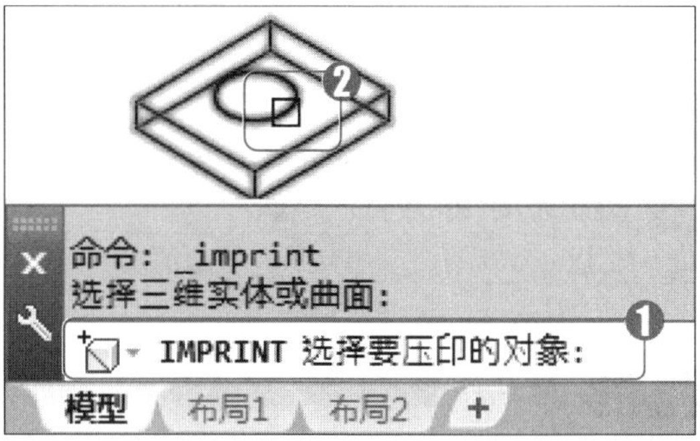

图 13–103

第 4 步 命令行提示“IMPRINT 是否删除源对象”，在命令行按 Enter 键，选择默认选项【否】，然后按 Esc 键退出压印边命令，即可完成压印边的操作，如图 13-104 所示。

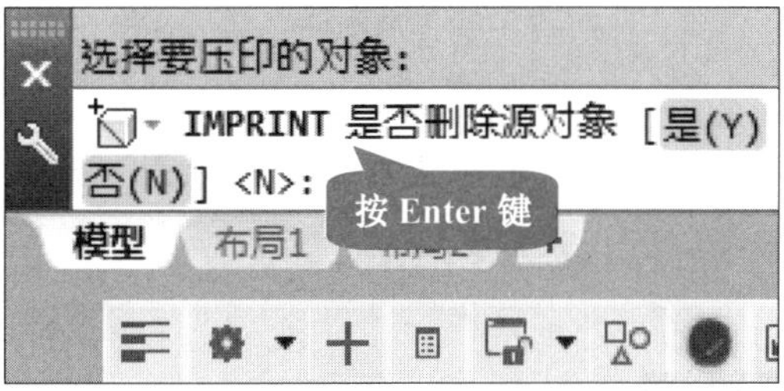

图 13–104

知识拓展：调用压印边命令的方式

在 AutoCAD 2016 的【三维建模】空间中，选择【修改】菜单，在弹出的下拉菜单中，选择【实体编辑】命令，在子菜单中选择【压印边】命令；或者在命令行输入 XEDGES 命令，然后按 Enter 键，即可调用压印边命令。

Section 13.5 专题课堂——编辑三维曲面

导读

在 AutoCAD 2016 的三维工作空间中，可以对已创建的三维曲面进行编辑操作，包括修剪曲面、延伸曲面和造型曲面等。本节将重点介绍编辑三维曲面的知识与操作技巧。

13.5.1 修剪曲面

微课堂 00 分 23 秒

在 AutoCAD 2016 中，用户可以使用修剪曲面命令，剪掉与曲线、面域或曲面相交的曲面部分。下面介绍修剪曲面的操作方法。

操作步骤 >> Step by Step

第 1 步 打开“修剪曲面.dwg”素材文件，切换到【三维建模】空间，*1.* 在功能区面板中，选择【曲面】选项卡，*2.* 在【编辑】面板中，单击【修剪】按钮，如图 13-105 所示。

第 2 步 返回到绘图区，*1.* 命令行提示“SURFTRIM 选择要修剪的曲面或面域”，*2.* 单击选中曲面，如图 13-106 所示。

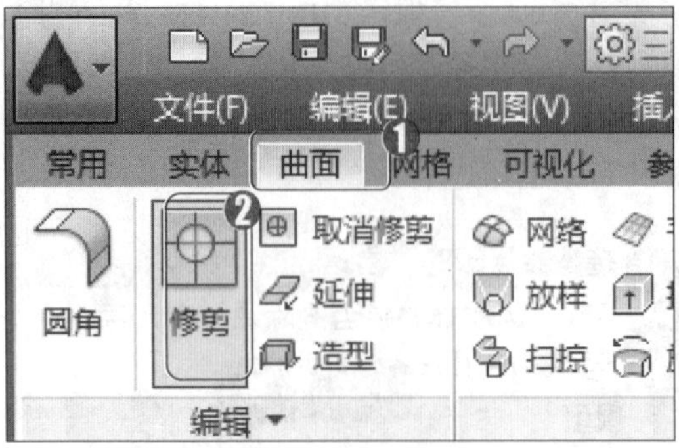

图 13–105

图 13–106

第 3 步 然后按 Enter 键结束选择曲面操作，***1.*** 命令行提示“SURFTRIM 选择剪切曲线、曲面或面域”，***2.*** 单击选中对象，如图 13-107 所示。

第 4 步 然后按 Enter 键结束选择曲线操作，***1.*** 命令行提示“SURFTRIM 选择要修剪的区域”，***2.*** 单击选中要修剪的区域，如图 13-108 所示。

图 13–107

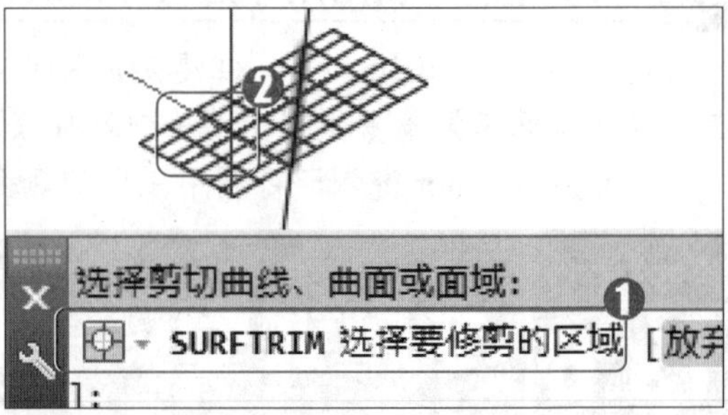

图 13–108

第 5 步 然后按 Enter 键退出修剪曲面命令，通过以上步骤即可完成修剪曲面的操作，如图 13-109 所示。

图 13–109

■ **指点迷津**

剪切曲线的对象还可以是直线、矩形、圆弧和多边形等图形。

知识拓展：调用修剪命令的方式

在 AutoCAD 2016 的【三维建模】空间中，选择【修改】菜单，在弹出的下拉菜单中，选择【曲面编辑】命令，在子菜单中选择【修剪】命令；或者在命令行输入 SURFTRIM 命令，然后按 Enter 键，即可调用修剪曲面的命令。

13.5.2 延伸曲面

微课堂 00 分 18 秒

在 AutoCAD 2016 中，用户可以使用延伸曲面命令，延长选定的曲面，以便与其他对象相交，下面介绍延伸曲面的操作方法。

操作步骤 >> Step by Step

第 1 步 打开“延伸曲面.dwg”素材文件，切换到【三维建模】空间，***1.*** 在功能区面板中，选择【曲面】选项卡，***2.*** 在【编辑】面板中，单击【延伸】按钮，如图 13-110 所示。

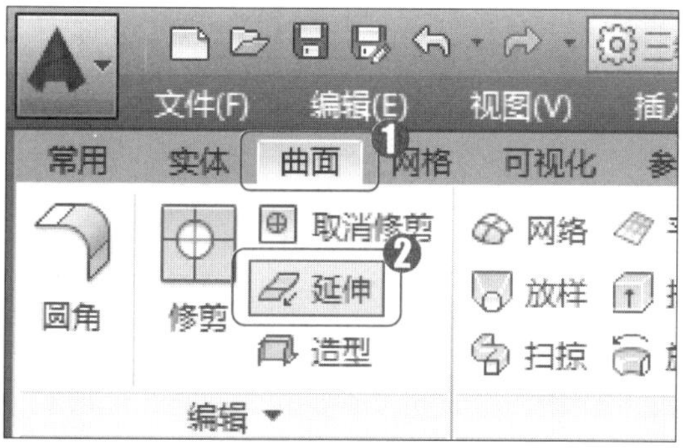

图 13-110

第 2 步 返回到绘图区，***1.*** 命令行提示“SURFEXTEND 选择要延伸的曲面边”，***2.*** 单击选中曲面边，如图 13-111 所示。

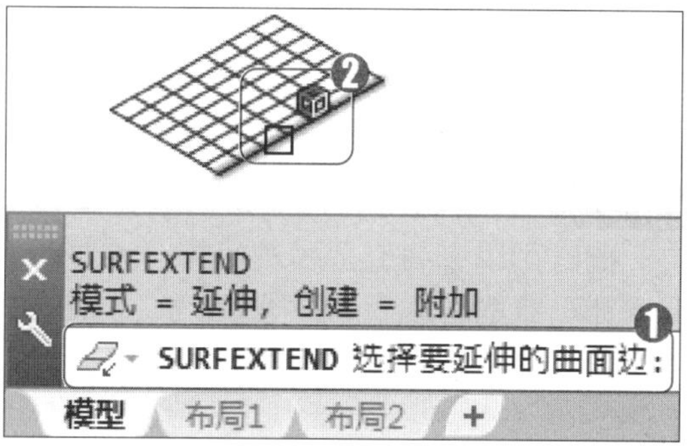

图 13-111

第 3 步 然后按 Enter 键结束选择曲面边操作，***1.*** 命令行提示“SURFEXTEND 指定延伸距离”，***2.*** 移动鼠标指针至合适位置单击，如图 13-112 所示。

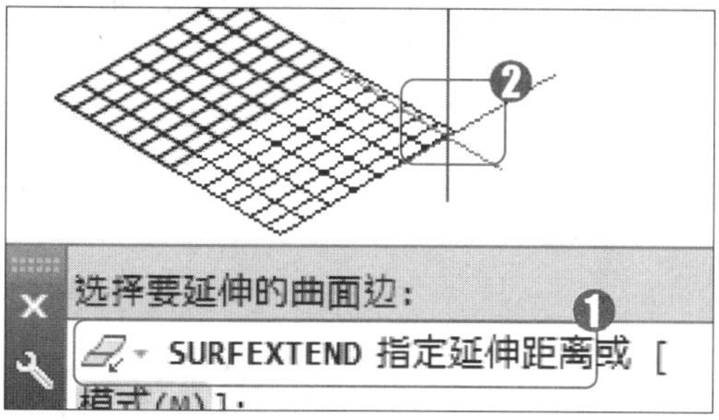

图 13-112

第 4 步 此时可以看到延伸后的曲面，通过以上步骤即可完成延伸曲面的操作，如图 13-113 所示。

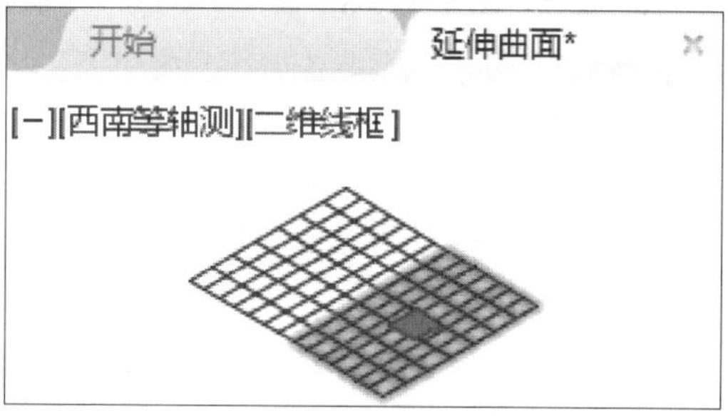

图 13-113

13.5.3 造型曲面

微课堂 00 分 14 秒

在 AutoCAD 2016 中，用户可以使用造型命令，修剪和合并构成面域的多个曲面，以创建无间隙的实体，下面介绍曲面造型的操作方法。

操作步骤 >> Step by Step

第 1 步 打开“造型曲面.dwg”素材文件，切换到【三维建模】空间，*1.* 在功能区面板中，选择【曲面】选项卡，*2.* 在【编辑】面板中，单击【造型】按钮，如图 13-114 所示。

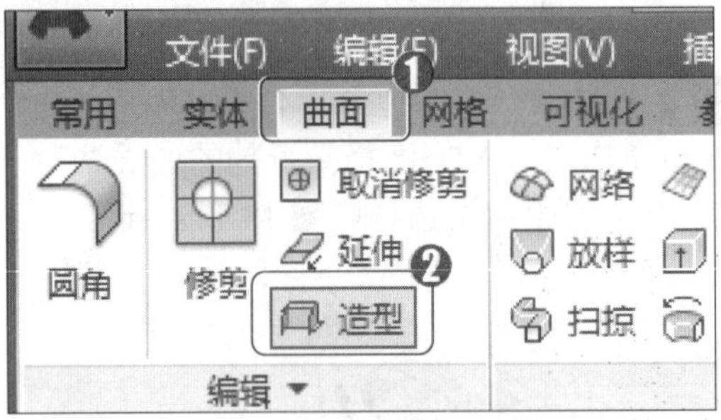

图 13-114

第 2 步 返回到绘图区，*1.* 命令行提示“SURFSCULPT 选择要造型为一个实体的曲面或实体”，*2.* 单击选中实体，如图 13-115 所示。

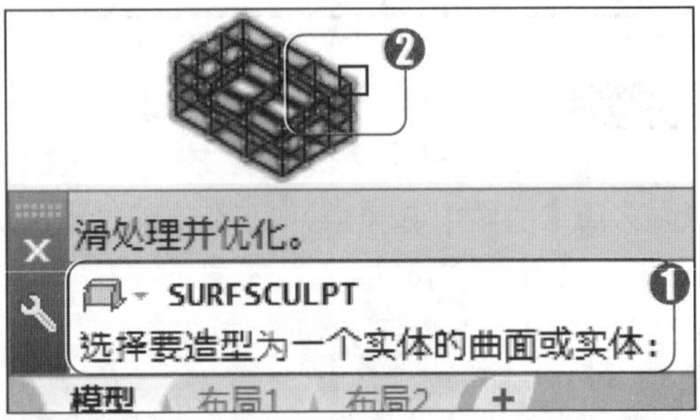

图 13-115

第 3 步 然后按 Enter 键结束选择实体操作，此时可以看到造型后的实体，通过以上步骤即可完成曲面造型的操作，如图 13-116 所示。

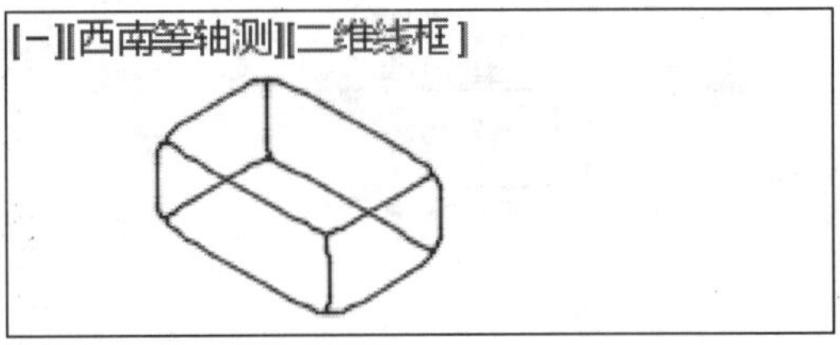

图 13-116

Section 13.6 实践经验与技巧

导读

在本节的学习过程中，将侧重介绍和讲解与本章知识点有关的实践经验及技巧，主要内容包括如何偏移边、删除面和取消修剪等方面的知识与操作技巧。

13.6.1 偏移边

微课堂 00 分 32 秒

在 AutoCAD 2016 的三维工作空间中，可以根据绘图需要，对三维实体的边进行偏移操作，下面介绍偏移边的操作方法。

操作步骤 >> Step by Step

第 1 步 新建 CAD 空白文档并绘制长方体，切换到【三维建模】空间，***1.*** 在功能区面板中，选择【实体】选项卡，***2.*** 在【实体编辑】面板中，单击【偏移边】按钮，如图 13-117 所示。

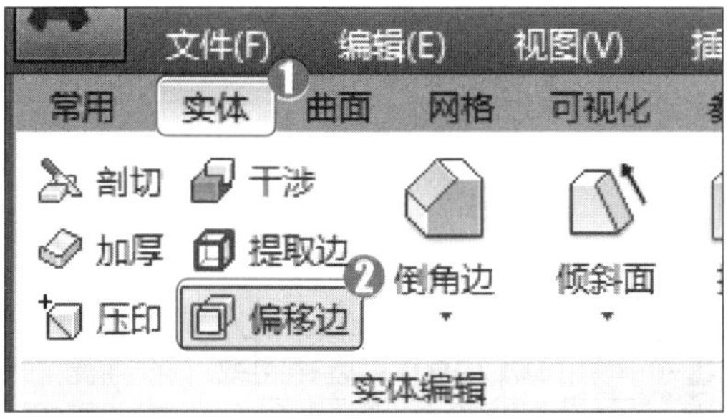

图 13-117

第 2 步 返回到绘图区，***1.*** 命令行提示“OFFSETEDGE 选择面”，***2.*** 单击选中面，如图 13-118 所示。

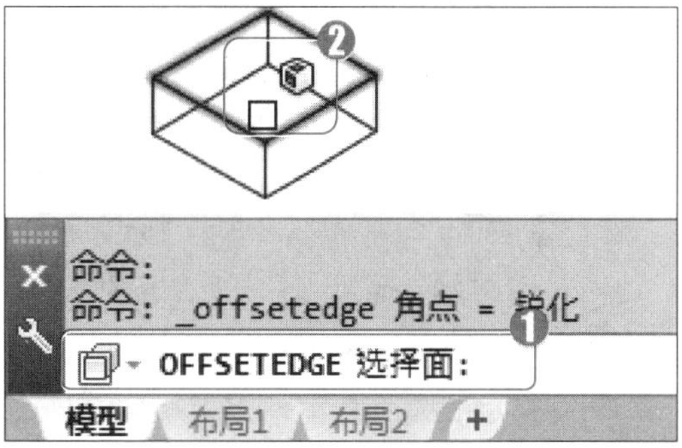

图 13-118

第 3 步 移动鼠标指针，***1.*** 命令行提示“OFFSETEDGE 指定通过点”，***2.*** 在合适位置单击，如图 13-119 所示。

图 13-119

第 4 步 然后按 Enter 键退出偏移边命令，通过以上步骤即可完成偏移边的操作，如图 13-120 所示。

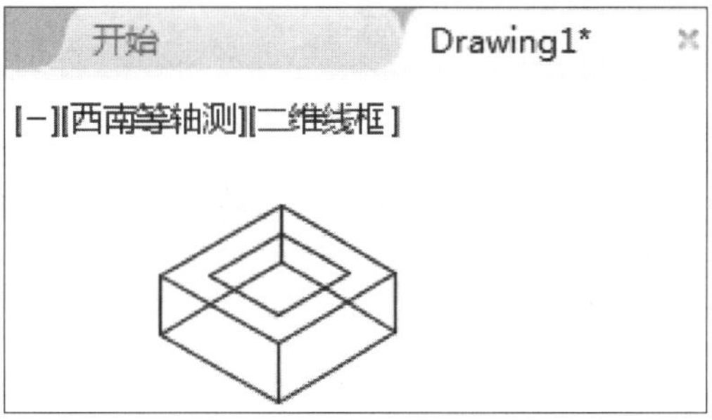

图 13-120

一点即通：如何连续偏移边

在 AutoCAD 2016 的【三维建模】空间中，调用【偏移边】命令后，根据命令行提示，选择要偏移的面，移动鼠标指针至合适位置指定通过点后，继续选择要偏移的面并指定通过点，可以根据需要多次操作，即可对多条边进行偏移。

13.6.2 删除面

微课堂 00 分 31 秒

在 AutoCAD 2016 中，可以根据绘图需要，对不需要的实体面进行删除操作，同时可以删除圆角或倒角边。下面以删除圆角边为例，介绍删除面的操作方法。

操作步骤 >> Step by Step

第 1 步 打开“删除面.dwg”素材文件，切换到【三维建模】空间，*1.* 在菜单栏中，选择【修改】菜单，*2.* 在弹出的下拉菜单中，选择【实体编辑】命令，*3.* 在子菜单中选择【删除面】命令，如图 13-121 所示。

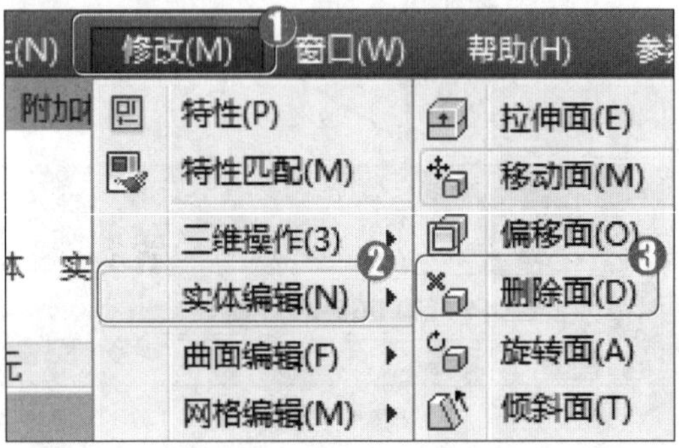

图 13-121

第 2 步 返回到绘图区，*1.* 命令行提示“SOLIDEDIT 选择面”，*2.* 单击选中要删除的面，如图 13-122 所示。

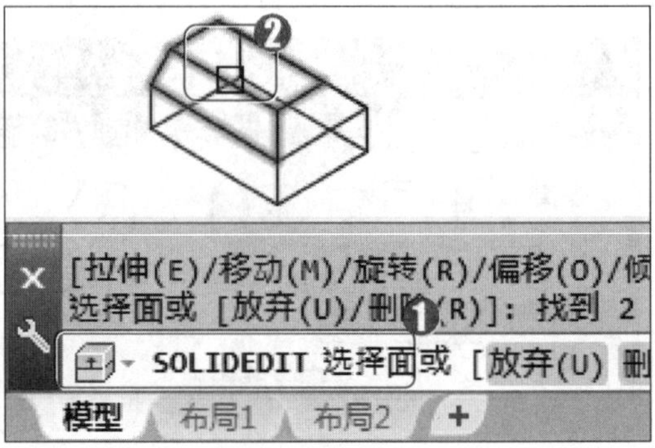

图 13-122

第 3 步 然后按 Enter 键结束，选中的面即被删除，通过以上步骤即可完成删除面的操作，如图 13-123 所示。

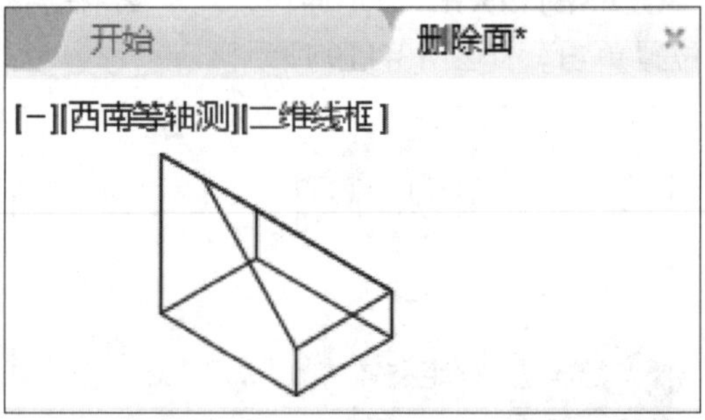

图 13-123

■ 指点迷津

由于删除面之后，其他的面仍要向各自方向延伸后形成封闭的几何体，所以删除面命令一般用来恢复被倒圆角的棱边。

13.6.3 取消修剪

微课堂 00 分 22 秒

在 AutoCAD 2016 的三维工作空间中，取消曲面修剪命令是用来恢复 SURFTRIM 命令删除的曲面区域。下面介绍取消修剪曲面的操作方法。

操作步骤 >> Step by Step

第 1 步 打开“取消修剪曲面.dwg”素材文件，切换到【三维建模】空间，*1.* 在功能区面板中，选择【曲面】选项卡，*2.* 在【编辑】面板中，单击【取消修剪】按钮⊕，如图 13-124 所示。

第 2 步 返回到绘图区，*1.* 命令行提示“SURFUNTRIM 选择要取消修剪的曲面边”，*2.* 单击选中曲面边，然后按 Enter 键，即可完成取消修剪曲面的操作，如图 13-125 所示。

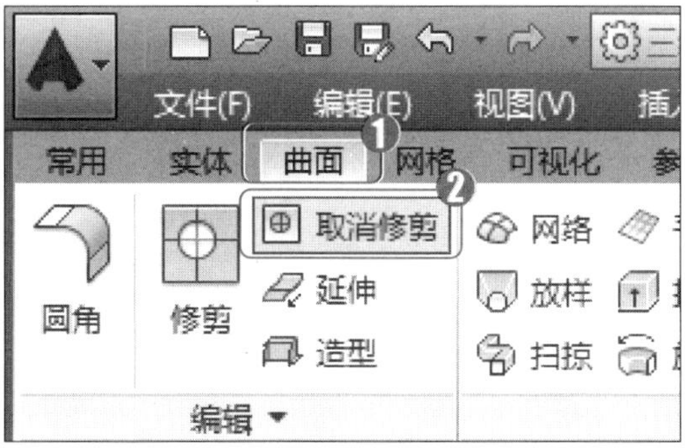

图 13-124

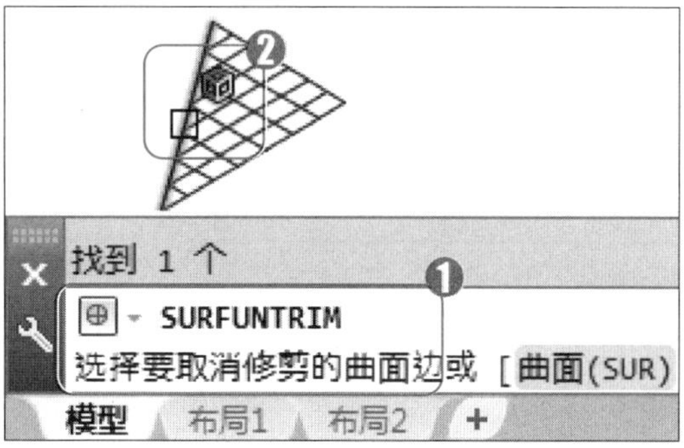

图 13-125

Section 13.7 有问必答

1. 在三维工作空间中，如何着色面？

在功能区面板中，选择【常用】选项卡，在【实体编辑】面板中单击【着色面】按钮，返回到绘图区，单击选择要着色的面，然后按 Enter 键，在弹出的【选择颜色】对话框中，设置要应用的颜色即可。

2. 在三维工作空间中，如何使用【加厚曲面】命令创建三维实体？

在功能区面板中，选择【实体】选项卡，在【实体编辑】面板中，单击【加厚】按钮，选择要加厚的曲面，在命令行输入厚度，然后按 Enter 键即可。

3. 在进行干涉运算后，取消选中【关闭时删除已创建的干涉对象】复选框，没有看到创建的干涉对象，如何解决？

是因为创建的干涉对象与实体对象重合了，此时可以单击图形上的干涉对象，将其拖动至其他位置即可。

4. 在执行拉伸面操作时，输入拉伸角度为 120° 时，提示角度无效，如何解决？

在 AutoCAD 2016 中，拉伸的倾斜角度必须大于-90°且小于90°，将角度设置为-90°～90°，即可解决该问题。

5. 在三维工作空间中，如何复制边？

在功能区面板中，选择【常用】选项卡，在【实体编辑】面板中单击【复制边】按钮，然后单击要复制的边，根据命令行提示，指定基点与位移第二点，即可完成复制边的操作。

第14章

三维图形的显示与渲染

本章要点

- 图形的显示与观察
- 应用相机
- 专题课堂——材质与渲染设置

本章主要内容

本章主要介绍 AutoCAD 2016 中图形的显示与观察方面的知识，同时还将讲解应用相机和材质与渲染设置方面的内容。通过本章的学习，读者可以掌握三维图形的显示和渲染方面的知识与技巧，为深入学习 AutoCAD 2016 奠定基础。

Section 14.1 图形的显示与观察

导读

在 AutoCAD 2016 中，用户可以控制三维图形的显示效果，并通过视觉样式功能等观察实体图形，本节将详细介绍图形消隐、三维视觉样式、视觉样式管理和使用三维动态观察器观察实体方面的知识。

14.1.1 图形消隐

微课堂 00 分 14 秒

在 AutoCAD 2016 中，图形消隐是一个临时的视图，对消隐状态下的模型对象进行编辑或缩放后，视图将恢复到线框图状态。

在绘制复杂图形时，图形中过多的线框会影响图形信息的传达，需要使用消隐功能将背景对象隐藏，这样可以让图形显示效果更加简洁、清晰，下面介绍消隐图形的操作方法。

操作步骤 >> Step by Step

第 1 步 新建 CAD 空白文档并绘制实体图形，切换到【三维建模】空间，在命令行输入【消隐】命令 HIDE，然后按 Enter 键，如图 14-1 所示。

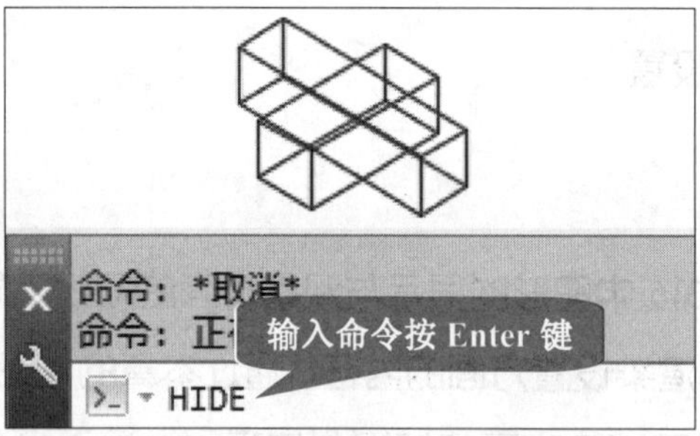

图 14-1

第 2 步 绘图窗口中的图形已经消隐成功，通过以上步骤即可完成消隐图形的操作，如图 14-2 所示。

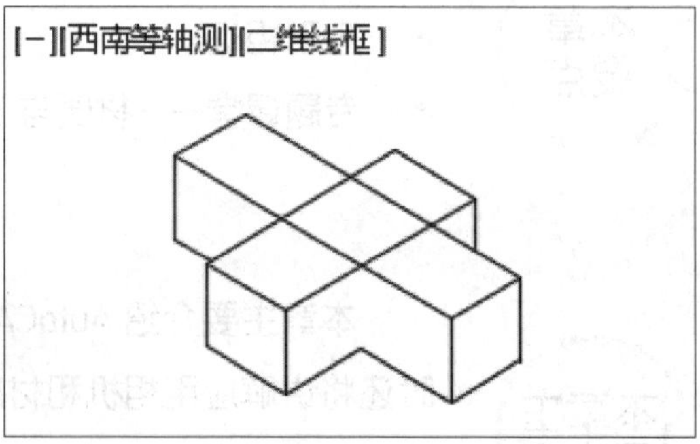

图 14-2

14.1.2 三维视觉样式

微课堂 00 分 22 秒

在 AutoCAD 2016 中，为了更好地观察三维实体图形的显示效果，可以使用三维视觉样式功能。视觉样式包括二维线框、概念、隐藏、真实、着色、勾画、灰度、带边缘着色、X 射线等，如图 14-3 所示。

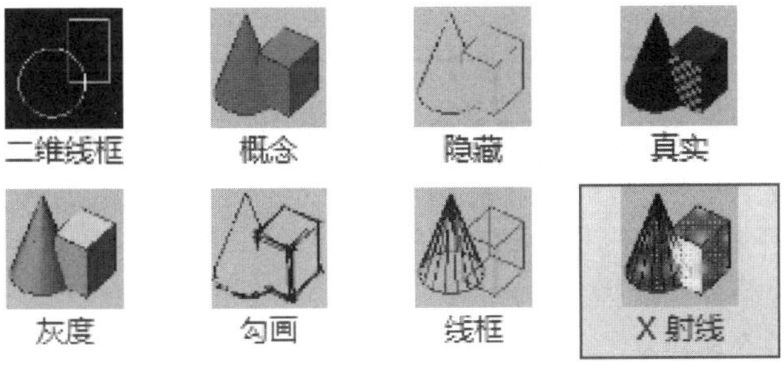

图 14-3

14.1.3 视觉样式管理

微课堂 00 分 23 秒

在 AutoCAD 2016 中，用户可以通过视觉样式管理器对视觉样式进行创建和修改，并将创建和修改的视觉样式应用到视口中。

在菜单栏中，选择【视图】菜单，在弹出的下拉菜单中，选择【视觉样式】命令，在子菜单中选择【视觉样式管理器】命令，即可打开【视觉样式管理器】选项板，在该选项板中用户可以对视觉样式进行管理，如图 14-4 所示。

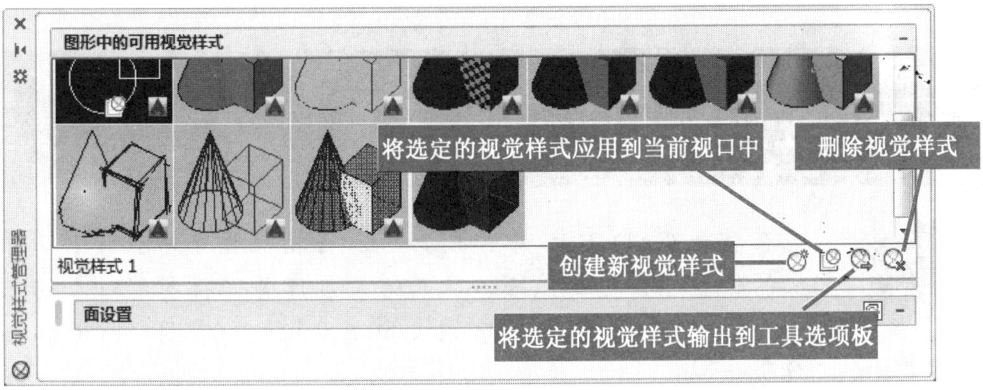

图 14-4

知识拓展：打开【视觉样式管理器】选项板的方法

在 AutoCAD 2016 的【三维建模】空间中，在命令行输入 VISUALSTYLES 命令，然后按 Enter 键；或者在功能区面板中，选择【可视化】选项卡，在【视觉样式】面板中，单击【视觉样式管理器】按钮，打开【视觉样式管理器】选项板。

14.1.4 使用三维动态观察器观察实体

微课堂 00 分 23 秒

AutoCAD 2016 提供了三种动态观察方式，以便于控制和改变当前视口已创建的三维视图，包括受约束的动态观察、自由动态观察和连续动态观察。使用三维动态观察器既可以查看整个图形，也可以查看模型中的单个对象，下面以自由动态观察为例，介绍使用三维动态观察器的操作方法。

操作步骤 >> Step by Step

第 1 步 新建 CAD 空白文档并绘制实体，切换到【三维建模】空间，*1.* 在菜单栏中，选择【视图】菜单，*2.* 在弹出的下拉菜单中，选择【动态观察】命令，*3.* 在子菜单中选择【自由动态观察】命令，如图 14-5 所示。

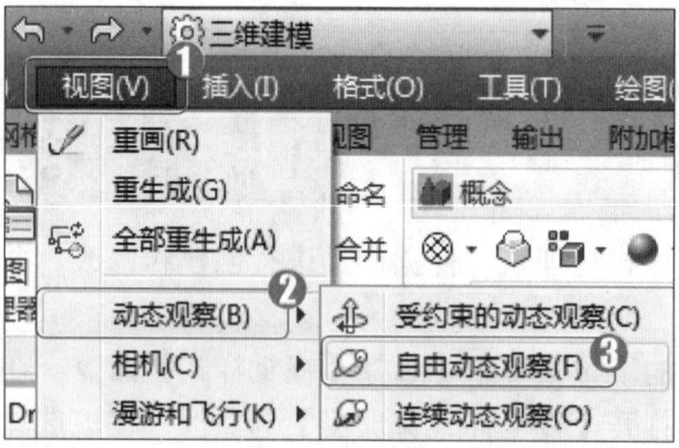

图 14-5

第 2 步 在绘图窗口中显示导航球，单击并按住鼠标向某一方向拖动，即可完成使用三维动态观察器的操作，如图 14-6 所示。

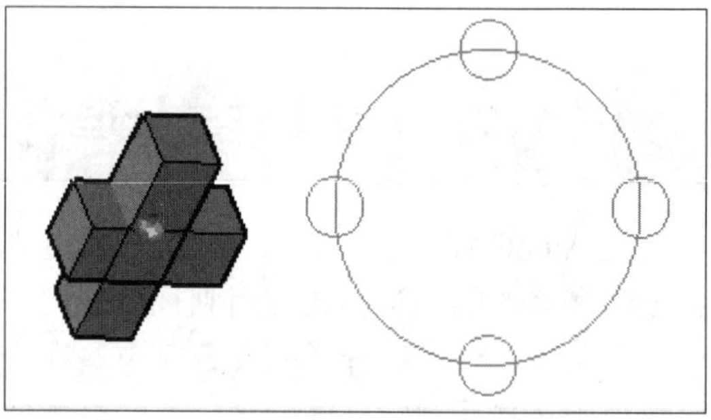

图 14-6

Section 14.2 应用相机

导读

在 AutoCAD 2016 中，用户可以将相机放置到图形中，并指定相机的位置、目标和焦距，从而方便创建并保存图形对象的三维透视图。本节将重点介绍创建相机和使用相机查看图形方面的知识与操作方法。

14.2.1 创建相机

微课堂 00 分 18 秒

在 AutoCAD 2016 中，使用相机命令，用户可以设置相机和目标的位置来观察实体图形，下面介绍创建相机的操作方法。

操作步骤 >> Step by Step

第 1 步 新建 CAD 空白文档并绘制实体，切换到【三维建模】空间，*1.* 在功能区面板中，选择【可视化】选项卡，*2.* 在【相机】面板中，单击【创建相机】按钮，如图 14-7 所示。

第 2 步 返回到绘图区，*1.* 命令行提示“CAMERA 指定相机位置”，*2.* 在合适位置单击，指定相机位置，如图 14-8 所示。

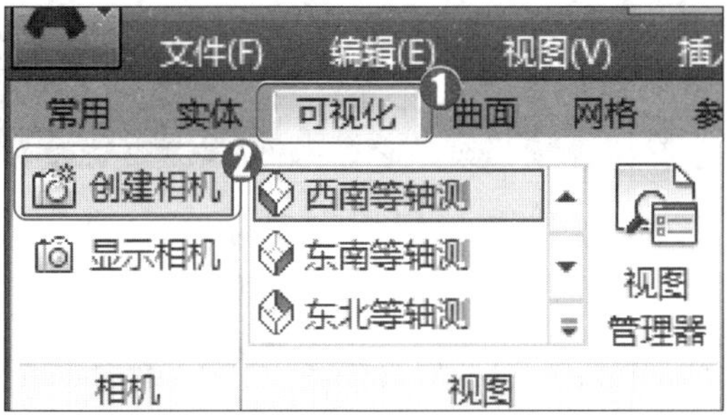

图 14-7

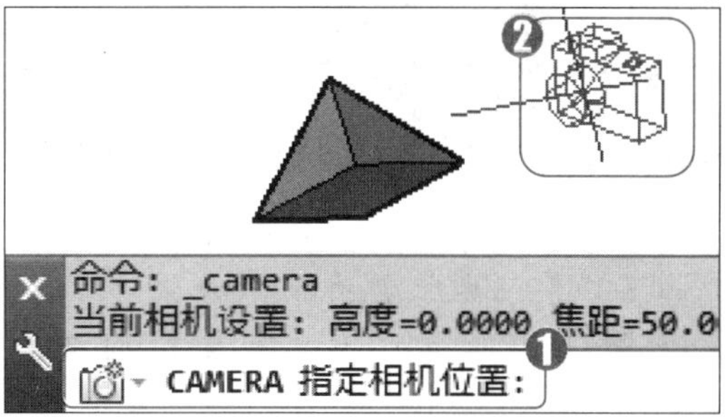

图 14-8

第 3 步 移动鼠标指针，在【三维建模】空间中，**1.** 命令行提示“CAMERA 指定目标位置”，**2.** 在合适位置单击，指定相机的目标位置，如图 14-9 所示。

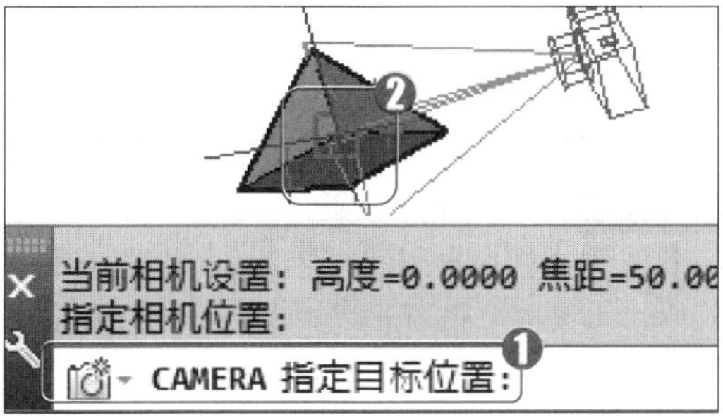

图 14-9

第 4 步 然后按 Enter 键退出创建相机命令，通过以上步骤即可完成创建相机的操作，如图 14-10 所示。

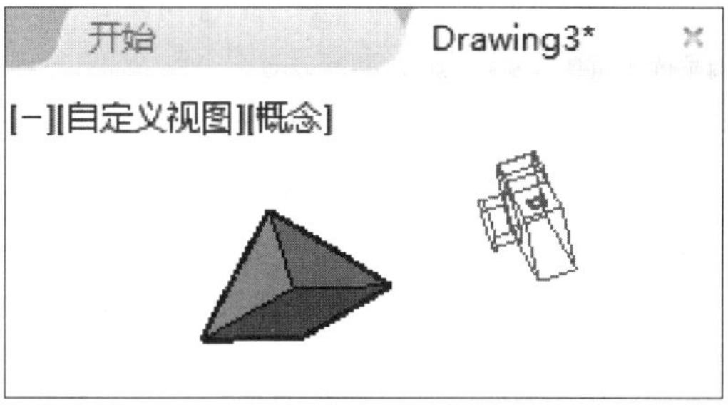

图 14-10

14.2.2 使用相机查看图形

微课堂 00 分 16 秒

在 AutoCAD 2016 中，创建相机后，用户可以使用相机查看图形，同时移动相机的位置，调整观看的角度。下面介绍使用相机查看图形的操作方法。

操作步骤 >> Step by Step

第 1 步 打开“相机.dwg”素材文件，在【三维建模】空间中，单击相机图标，如图 14-11 所示。

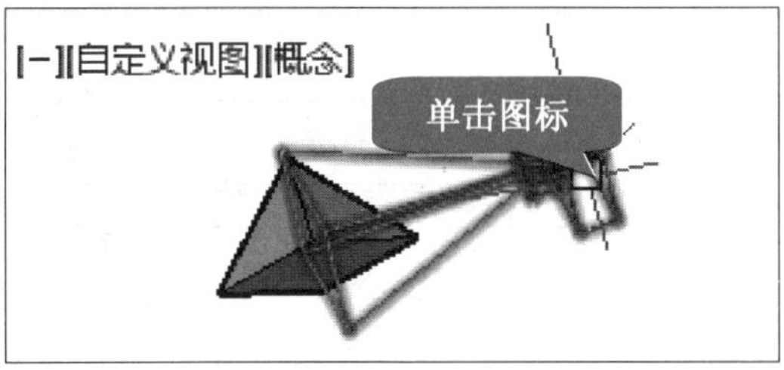

图 14-11

第 2 步 弹出【相机预览】对话框，在该对话框中即可以看到图形显示效果，使用相机查看图形操作完成，如图 14-12 所示。

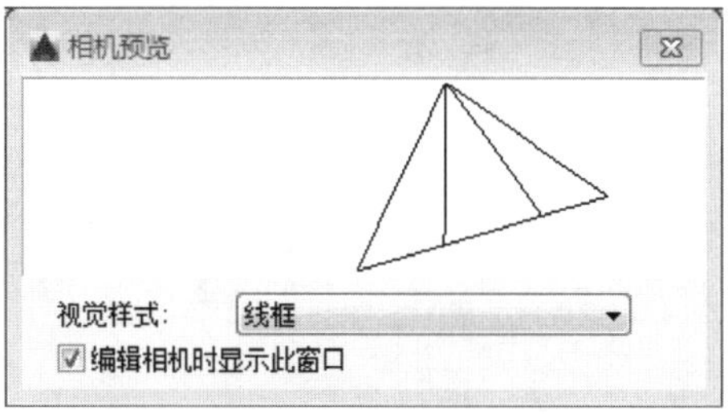

图 14-12

Section 14.3 专题课堂——材质与渲染设置

导读 在 AutoCAD 2016 中，可以将材质添加到图形对象中，从而提供真实的显示效果；同时使用渲染程序，应用三维模型中的材质和光源，来为三维模型进行着色。本节将介绍材质与渲染设置方面的知识。

14.3.1 创建材质

微课堂 00 分 32 秒

在 AutoCAD 2016 中，为了使创建的三维实体模型达到更好的效果，可以根据需要来创建不同的材质。下面介绍在【材质编辑器】选项板中创建材质的操作方法。

操作步骤 >> Step by Step

第 1 步 新建 CAD 空白文档并绘制实体，切换到【三维建模】空间，*1.* 在菜单栏中，选择【视图】菜单，*2.* 在弹出的下拉菜单中，选择【渲染】命令，*3.* 在子菜单中选择【材质编辑器】命令，如图 14-13 所示。

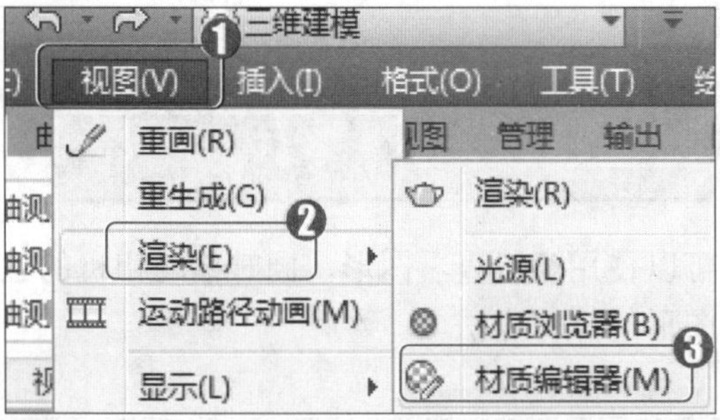

图 14-13

第 2 步 打开【材质编辑器】选项板，*1.* 单击【创建或复制材质】按钮，*2.* 在弹出的下拉菜单中，选择【玻璃】命令，如图 14-14 所示。

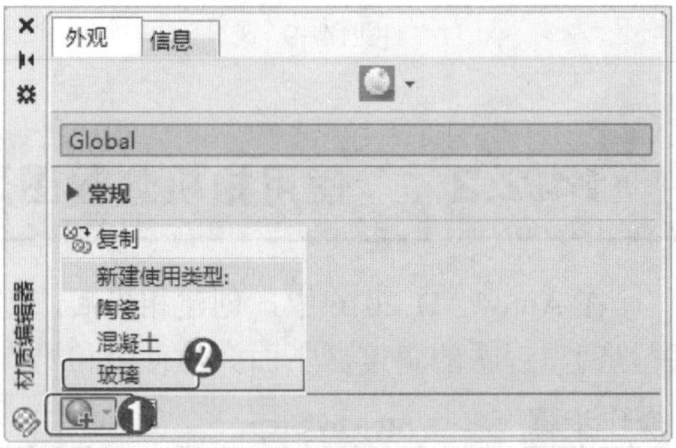

图 14-14

第 3 步 在【外观】选项卡中，*1.* 展开【玻璃】折叠选项卡，在【颜色】下拉列表框中，设置材质颜色，*2.* 在【反射】文本框中，输入材质的反射值，*3.* 在【玻璃片数】文本框中，输入玻璃片数的值，*4.* 单击【关闭】按钮 ×，新建材质的参数设置完成，通过以上步骤即可完成在【材质编辑器】选项板中创建材质的操作，如图 14-15 所示。

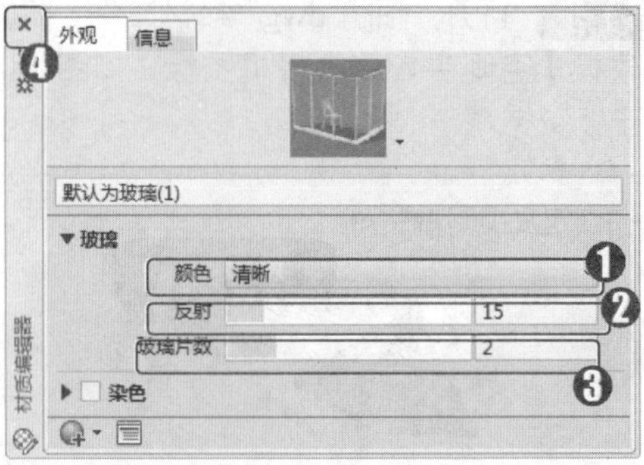

图 14-15

14.3.2 设置光源

微课堂 00 分 25 秒

光源的设置直接影响三维实体渲染的效果，同时影响绘制图形的水准，在 AutoCAD 2016 中，常用的光源类型包括点光源、聚光灯、平行光和光域网灯光。下面以点光源为例，介绍设置光源的操作方法。

操作步骤 >> Step by Step

第 1 步　新建 CAD 空白文档并绘制实体，切换到【三维建模】空间，*1.* 在功能区面板中，选择【可视化】选项卡，*2.* 在【相机】面板中，选择【创建光源】下拉菜单中的【点】命令，如图 14-16 所示。

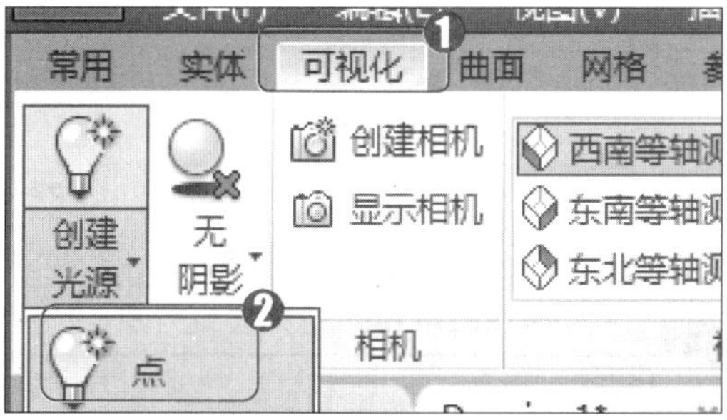

图 14-16

第 2 步　弹出【光源-视口光源模式】对话框，根据“希望执行什么操作”提示信息，选择【关闭默认光源(建议)】选项，如图 14-17 所示。

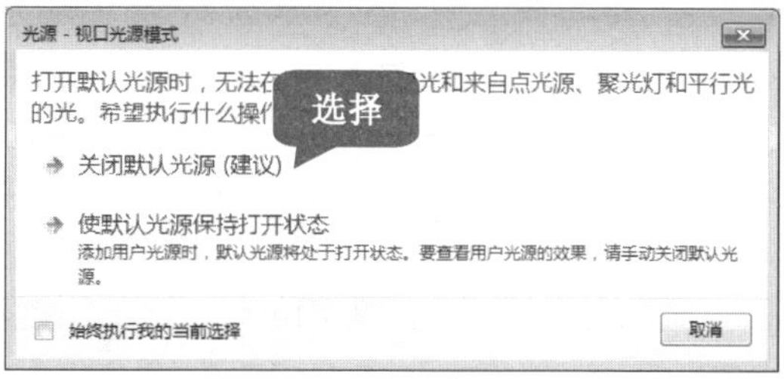

图 14-17

第 3 步　返回到绘图区，*1.* 命令行提示“POINTLIGHT 指定源位置”，*2.* 在合适位置单击，如图 14-18 所示。

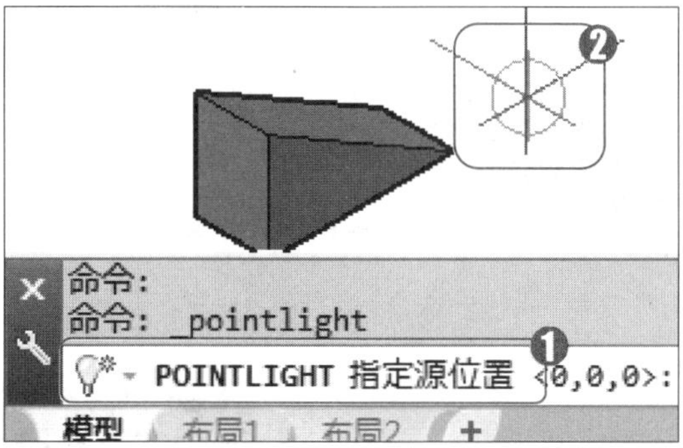

图 14-18

第 4 步　然后按 Enter 键退出创建点光源命令，通过以上步骤即可完成设置光源的操作，如图 14-19 所示。

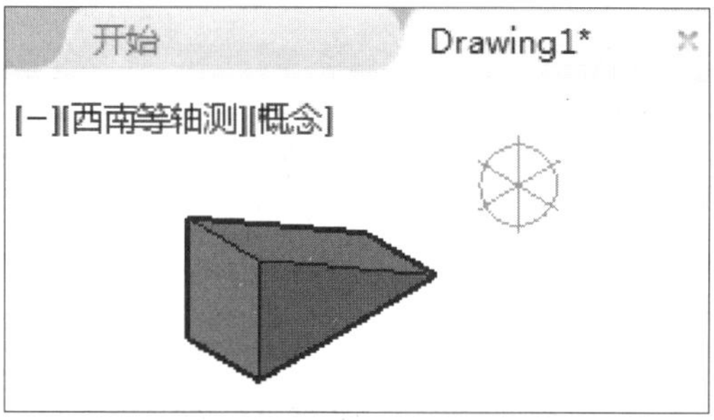

图 14-19

专家解读：关闭默认光源

在 AutoCAD 2016 的【三维建模】空间中，为了便于观察用户自定义的灯光效果，在第一次创建光源时，会弹出【光源-视口光源模式】对话框，这里要选择【关闭默认光源(建议)】选项，来关闭系统默认的灯光。

14.3.3 设置贴图

微课堂 00 分 17 秒

在 AutoCAD 2016 中，使用贴图功能可以让材质更加生动、逼真，下面介绍设置贴图的操作方法。

操作步骤 >> Step by Step

第 1 步 新建 CAD 空白文档并绘制矩形，切换到【三维建模】空间，*1.* 在功能区面板中，选择【可视化】选项卡，*2.* 在【材质】面板中，选择【材质贴图】下拉菜单中的【平面】命令，如图 14-20 所示。

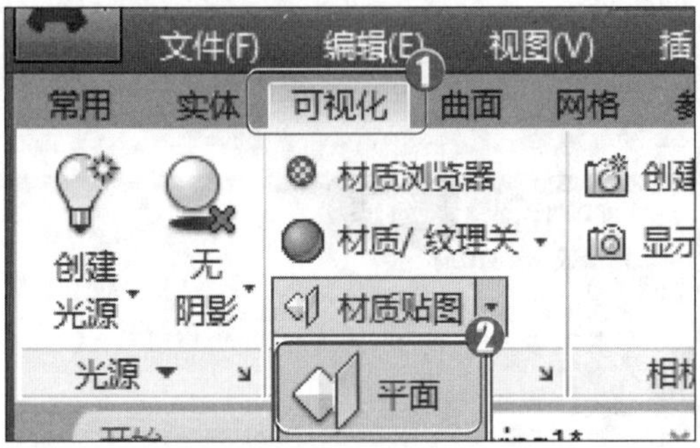

图 14-20

第 2 步 返回到绘图区，*1.* 命令行提示“MATERIALMAP 选择面或对象”，*2.* 单击选择图形，如图 14-21 所示。

图 14-21

第 3 步 然后按 Enter 键，根据命令行提示“MATERIALMAP 接受贴图”，按 Enter 键退出平面贴图命令，通过以上步骤即可完成设置贴图的操作，如图 14-22 所示。

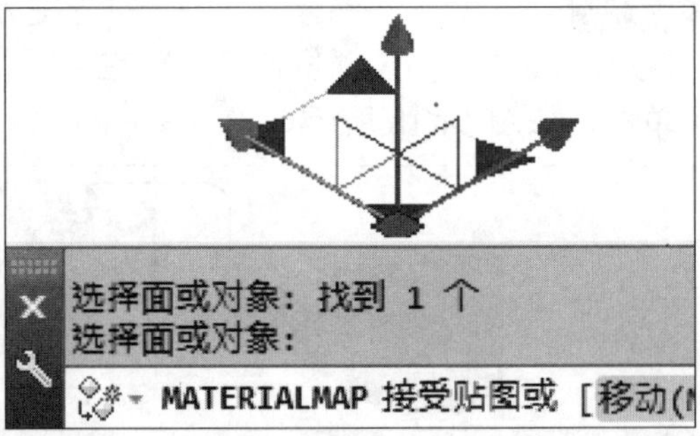

图 14-22

■ 指点迷津

在菜单栏中，选择【视图】菜单，在弹出的下拉菜单中选择【渲染】命令，在子菜单中选择【贴图】命令，可以调用需要的贴图选项。

14.3.4 渲染环境

微课堂 00 分 20 秒

在 AutoCAD 2016 中渲染图形时，用户可以首先设置渲染环境，并且设置曝光、旋转等相关参数。下面介绍设置渲染环境的操作方法。

在菜单栏中，选择【视图】菜单，在弹出的下拉菜单中选择【渲染】命令，在子菜单中选择【渲染环境和曝光】命令，打开【渲染环境和曝光】选项板，分别在【环境】与【曝光】区域中，设置相应的参数，即可完成设置渲染环境的操作，如图 14-23 所示。

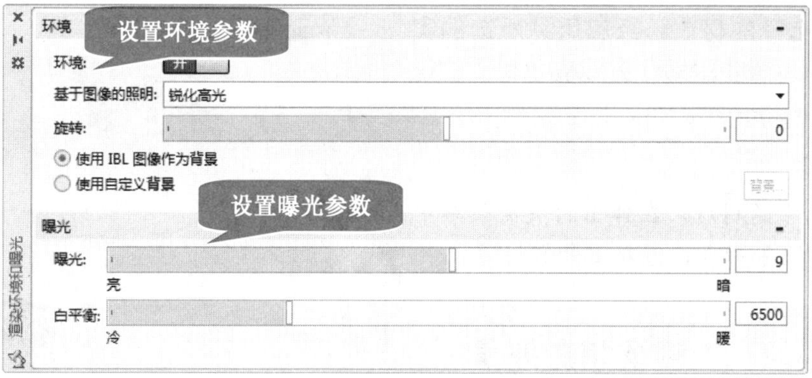

图 14-23

Section 14.4 实践经验与技巧

导读

在本节的学习过程中，将侧重介绍和讲解与本章知识点有关的实践经验及技巧，主要内容包括如何应用材质、设置阴影效果和渲染效果图的知识与操作技巧。

14.4.1 应用材质

微课堂 00 分 26 秒

在 AutoCAD 2016 的三维工作空间中，可以为模型应用各种材质，下面介绍应用材质的操作方法。

操作步骤 >> Step by Step

第 1 步 打开“应用材质.dwg”素材文件，切换到【三维建模】空间，***1.*** 在功能区面板中，选择【可视化】选项卡，***2.*** 在【材质】面板中单击【材质浏览器】按钮 ⊗，如图 14-24 所示。

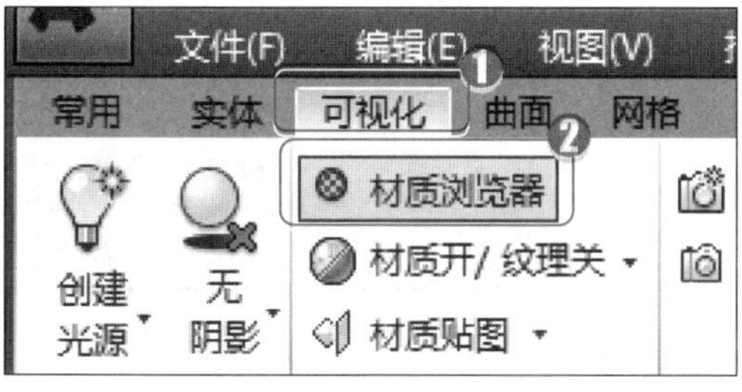

图 14-24

第 2 步 打开【材质浏览器】选项板，单击选择要应用的材质并将其拖曳至图形上，如图 14-25 所示。

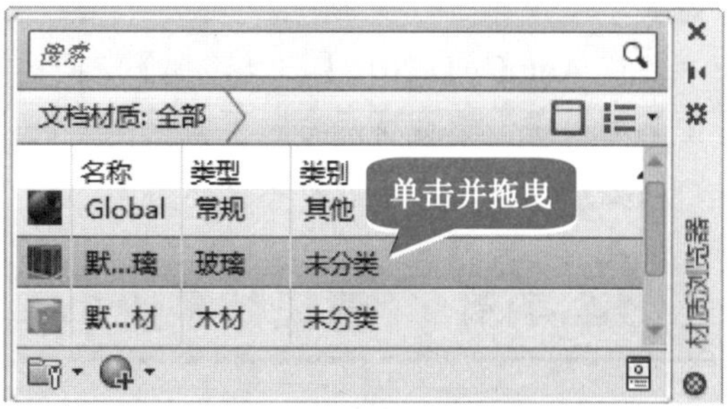

图 14-25

第 3 步 选择的材质已经应用到所选的实体中，通过以上步骤即可完成应用材质的操作，如图 14-26 所示。

■ 指点迷津

右击选中的材质，在弹出的快捷菜单中选择【重命名】命令，可以重命名材质。

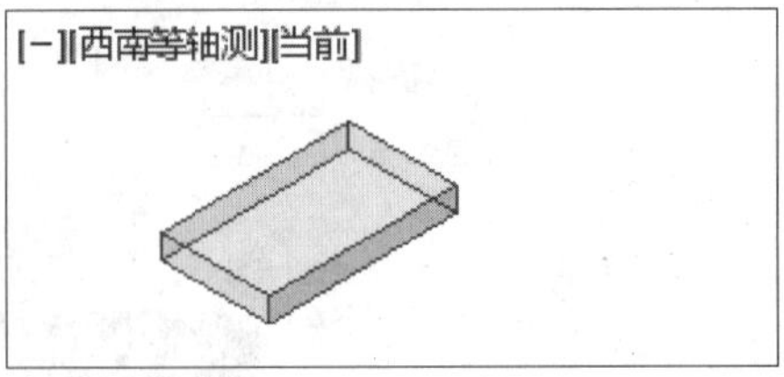

图 14-26

14.4.2 设置阴影效果

微课堂 00 分 24 秒

在 AutoCAD 2016 中，用户还可以为所绘制的实体模型设置阴影效果。下面以灯具为例，介绍设置阴影效果的操作方法。

操作步骤 >> Step by Step

第 1 步 打开“灯具.dwg”素材文件，切换到【三维建模】空间，*1.* 在功能区面板中，选择【可视化】选项卡，**2.** 在【光源】面板中，选择【阴影】下拉菜单中的【地面 阴影】命令，如图 14-27 所示。

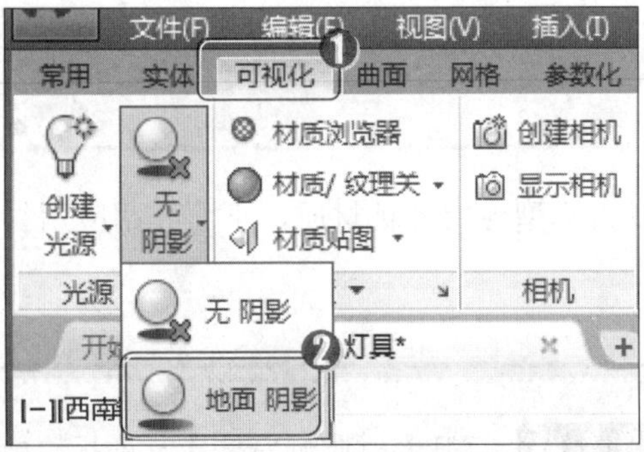

图 14-27

第 2 步 返回到绘图区，可以看到绘图窗口中的模型已显示阴影效果，通过以上步骤即可完成设置阴影效果的操作，如图 14-28 所示。

图 14-28

一点即通：删除阴影效果

在 AutoCAD 2016【三维建模】空间的功能区面板中，选择【可视化】选项卡，在【光源】面板中，选择【阴影】下拉菜单中的【无 阴影】命令，可以将已添加的阴影效果进行删除，恢复为无阴影效果的状态。

14.4.3 渲染效果图

微课堂 00 分 41 秒

在 AutoCAD 2016 中，渲染是比较高级的三维效果处理方式，渲染的目标是创建一个可以表达图形真实感的演示图像。下面介绍渲染效果图的操作方法。

操作步骤 >> Step by Step

第 1 步 打开“效果图.dwg”素材文件，切换到【三维建模】空间，*1.* 在菜单栏中，选择【视图】菜单，*2.* 在弹出的下拉菜单中，选择【渲染】命令，*3.* 在子菜单中选择【渲染】命令，如图 14-29 所示。

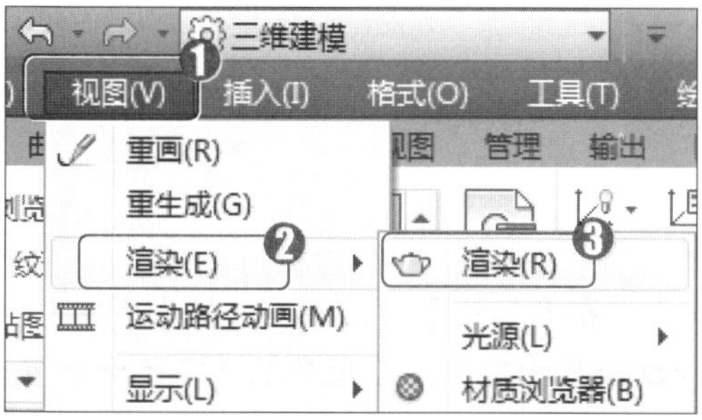

图 14-29

第 2 步 弹出【未安装 Autodesk 材质库-中等质量图像库】对话框，选择【在不使用中等质量图像库的情况下工作(W)】选项，如图 14-30 所示。

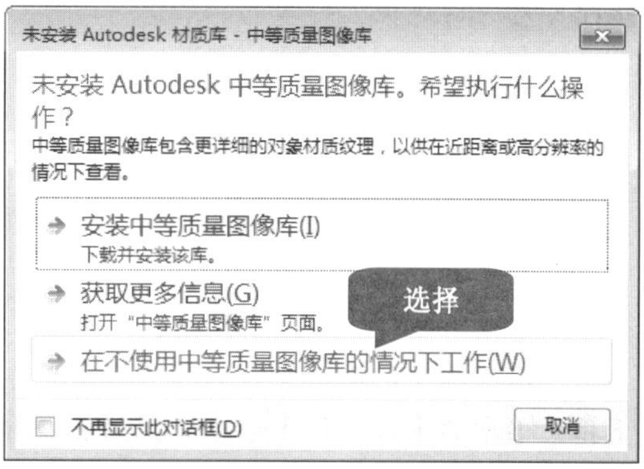

图 14-30

第 3 步 弹出【效果图-Temp0001(缩放 100%)-渲染】对话框，此时在渲染窗口中，可以看到渲染后的效果图，*1.* 单击【放大】按钮，可以查看放大的渲染图像，*2.* 单击【缩小】按钮，可以查看缩小的渲染图像，通过以上步骤即可完成渲染效果的操作，如图 14-31 所示。

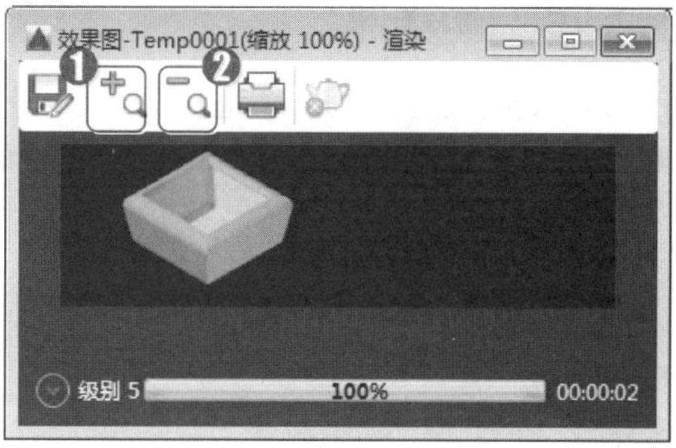

图 14-31

一点即通：设置高级渲染

在 AutoCAD 2016 的【三维建模】空间中，在对效果图进行渲染后，如果需要修改渲染的参数，可以在菜单栏中选择【工具】菜单，在弹出的下拉菜单中，选择【选项板】命令，在子菜单中选择【高级渲染设置】命令，在弹出的【渲染预设管理器】选项板中修改参数即可。

Section 14.5 有问必答

1. 为模型对象创建材质后，看不到效果如何解决?

可以在功能区面板中，选择【可视化】选项卡，在【材质】面板中，选择【材质/纹理】

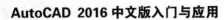

下拉菜单中的【材质/纹理开】命令，即可看到创建材质后的模型。

2. 如何创建视觉样式?

可以在功能区面板中，选择【可视化】选项卡，在【视觉样式】面板中，单击【视觉样式管理器】按钮，在弹出的【视觉样式管理器】选项板中，单击【创建新的视觉样式】按钮，弹出【创建新的视觉样式】对话框，在其中设置新样式的名称，单击【确定】按钮即可完成创建视觉样式的操作。

3. 如何删除不需要的材质?

可以在【材质浏览器】选项板中，选中要删除的材质并右击，在弹出的快捷菜单中，选择【删除】命令，即可将不需要的材质删除。

4. 如何创建聚光灯效果?

可以在功能区面板中，选择【可视化】选项卡，在【相机】面板中，选择【创建光源】下拉菜单中的【聚光灯】命令，然后根据命令行提示，指定聚光灯的源位置与目标位置，即可完成创建聚光灯的操作。

5. 如何隐藏相机?

可以在功能区面板中，选择【可视化】选项卡，在【相机】面板中，单击【显示相机】按钮，即可完成将创建的相机图标隐藏的操作。